ERNST BÄUMLER

FARBEN, FORMELN, FORSCHER

Zu diesem Buch

Es gibt wohl keinen Industriezweig in Deutschland, der so erfolgreich war und ist wie die Chemieindustrie. Seit über hundert Jahren sind chemische Produkte aus unserem Leben nicht mehr wegzudenken, ob es nun Farben, Kunststoffe oder Medikamente sind. Nachdem Ernst Bäumler in seinem erfolgreichen Buch »Die Rotfabriker« die Sozialgeschichte des Chemiegiganten Hoechst geschrieben hat, legt er nun eine Geschichte der Chemie, ihrer technischen Entwicklung seit 1863, vor. Ausgehend von der Geschichte der Hoechst AG beschreibt er, wie Mediziner – Paul Ehrlich, Robert Koch, Emil Behring – neue Medikamente gegen uralte Krankheiten der Menschheit wie Diphtherie, Tuberkulose oder Syphilis entwickelten, wie andere Forscher Formeln für Kunststoffe fanden, die unsere technische Zivilisation erst möglich machten. Bäumler verschweigt auch nicht die dunklen Seiten, die es in dieser Erfolgsstory gegeben hat und gibt, ob es nun die Rolle der »I.G.-Farbenindustrie« während des »Dritten Reiches« oder die Fehlschläge in der Entwicklung von Medikamenten oder Pflanzenschutzmitteln sind. Wichtige Abschnitte sind dem Thema Umwelt gewidmet, das für die chemische Industrie zentrale Bedeutung hat. So ist nicht nur eine *Geschichte* des Chemiegiganten Hoechst entstanden, sondern gleichzeitig eine *Einführung* in die Chemie – wichtig für alle, die wissen wollen, was hinter den »Farben, Formeln und Forschern« der Chemieindustrie wirklich steckt.

Ernst Bäumler, geboren 1926, war Redakteur (u. a. bei der »Süddeutschen Zeitung«), Fernsehproduzent und später zwei Jahrzehnte lang als Direktor der Hoechst AG für die Öffentlichkeitsarbeit des Unternehmens verantwortlich. Er hat zahlreiche Bücher veröffentlicht, darunter »Ein Jahrhundert Chemie« (1963) und »Paul Ehrlich – Forscher für das Leben« (1979). Für seine medizinhistorischen Veröffentlichungen verlieh ihm die Universität Frankfurt die medizinische Ehrendoktorwürde. Bäumler lebt als Autor in München.

ERNST BÄUMLER

FARBEN, FORMELN, FORSCHER

HOECHST UND DIE GESCHICHTE DER INDUSTRIELLEN CHEMIE IN DEUTSCHLAND

Mit 70 schwarzweißen und
18 farbigen Abbildungen

PIPER
MÜNCHEN ZÜRICH

Soweit nichts anderes vermerkt ist,
stammen sämtliche Fotos des Bildteils
aus dem Archiv der Hoechst AG.
Bildredaktion: Annette Bäumler

Von Ernst Bäumler liegt in der Serie Piper außerdem vor:
Die Rotfabriker (669)
Amors vergifteter Pfeil (1015)

ISBN 3-492-10971-3
Originalausgabe
Dezember 1989

Umschlag: Federico Luci
Umschlagfoto: Hoechst AG
Gesamtherstellung: Clausen & Bosse, Leck
Printed in Germany

Inhalt

Kapitel 1

Teer – Schatzkammer der Chemie

Am 30. Januar 1988 wirkte die Jahrhunderthalle in Höchst festlicher denn je. Helle Januarsonne warf ein gleißendes Licht auf ihre silberglänzende Kuppel, die Fahnen auf dem Vorplatz wehten im frischen Wind. Tausende von Personenwagen auf den Parkplätzen vor der Halle verrieten, daß sie bis auf den letzten Platz besetzt sein mußte.

Das war auch kaum verwunderlich: Hoechst feierte seinen 125. Geburtstag. Nicht nur im Hinblick auf die Vergangenheit, sondern auch auf eine äußerst respektable Gegenwart beging das Unternehmen dieses Jubiläum mit einigem Stolz. Ein Umsatz von 37 Milliarden DM war erreicht und erst vor wenigen Monaten die spektakulärste Akquisition in der Geschichte des Unternehmens geglückt: Hoechst hatte das amerikanische Chemieunternehmen Celanese gekauft und damit seine Stellung auf dem größten Chemiemarkt der Welt beträchtlich gestärkt.

Hoechst denkt heute allerdings keineswegs allein in den Begriffen Umsatz und Rendite – gesellschaftliche Ziele besitzen einen nicht minder hohen Stellenwert. Es gilt, wie Professor Wolfgang Hilger, seit 1985 Vorstandschef, nicht nur bei dieser Gelegenheit betonte, Vertrauen zu gewinnen.

»Wir haben erkannt«, sagte Hilger, »daß die Sorgen der Menschen ernst zu nehmen sind und wir uns auch zu Fehlern bekennen müssen. Jedes menschliche Handeln, wenn es auch noch so gut gemeint ist, birgt den Keim des Irrtums in sich. Das darf uns aber nicht handlungsunfähig machen. Wir sind überzeugt, daß nur mit Hilfe der Naturwissenschaften es möglich sein wird, unsere vielfältigen Zivilisationsprobleme zu lösen.«

Nicht immer sei es leicht, Arbeitsprozesse in der chemischen Industrie inhaltlich so klar darzustellen, daß sie für jedermann verständlich seien. »Nackte Zahlen und Fakten sind allein keine ausreichende Information. Die Zusammenhänge, die vielfältigen Wirkungen von Nutzen und Risiko für Mensch und Umwelt, müssen in absoluter Offenheit verständlich dargestellt und ehrlich interpretiert werden. Kompetenz allein reicht nicht mehr aus. Akzeptanz ist gefragt. Akzeptanz gewinnt man durch Vertrauen. Dies zu erreichen ist unser aufrichtiges und andauerndes Bemühen.«

»Wir leben«, sagte Hilger weiter, »in einer Zeit faszinierender naturwissenschaftlicher Entdeckungen. Beispiele sind die Gentechnik, die neuen Hochleistungswerkstoffe, die keramischen Supraleiter und vieles andere. Auf all diesen Gebieten sind die Forscher von Hoechst tätig. Wir werden die Chancen in einer neuen und hohen Verantwortung wahrnehmen. Dies schulden wir der Zukunft unserer Kinder und Kindeskinder.«

»Wissenschaft verdient Vertrauen«

Auch der Festredner der Jubiläumsfeier, der Konstanzer Biologe und Präsident der Deutschen Forschungsgemeinschaft, Professor Hubert Markl, setzte sich mit dem Thema »Vertrauen in die Wissenschaft« auseinander. »Wissenschaft verdient vor allem deshalb Vertrauen«, sagte Markl, »weil sie erfolgreicher als jede andere Methode der Erkenntnissuche darin war, unserem Handeln zuverlässige Kenntnisgrundlagen zu geben. Zwar weiß sie nicht auf alle Fragen eine Antwort, sie wird dies auch sicher niemals erreichen, zwar war und ist sie nicht gegen Irrtümer, ja nicht einmal gegen Betrug gefeit, doch ist das, was sie an Wissen zu bieten hat, in aller Regel solider begründet und gründlicher geprüft als jede Alternative. Mehr noch, sie ist zugleich der beste Weg, bestehendes Unwissen und verbliebene Irrtümer zu beseitigen: Sie ist ein fehlerfeindliches, erkenntnisfreundliches Produkt des Menschengeistes.«

Bundeskanzler Helmut Kohl und Ministerpräsident Walter Wallmann gehörten zu den zahlreichen Ehrengästen, dazu kamen Mitarbeiter aus allen Werken des Unternehmens rund um den Erdball. Nicht wenige von ihnen, vor allem »Rotfabriker« aus dem Stammwerk, hatten schon die Hundert-Jahr-Feier miterlebt. Damals hatte Hoechst einen Umsatz von 3,7 Milliarden DM erzielt – immerhin fünfmal so viel wie bei der Ausgründung aus der alten I.G.-Farbenindustrie. Wachstum hieß und mußte damals die Parole heißen, vor allem im Ausland. Der Weg zum internationalen Unternehmen war zwar vorgezeichnet, mußte aber erst Schritt für Schritt verwirklicht werden.

Noch waren die »Grenzen des Wachstums« nicht sichtbar, noch schien Ökonomie wichtiger als Ökologie. Immerhin hatte auch schon damals Professor Karl Winnacker, der das Unternehmen von 1952 an leitete, in seiner Jubiläumsansprache formuliert: »In einer solchen Zeit fortschrittlich zu sein, ohne die Grundlagen von Recht und Gleichberechtigung zu verletzen, bedarf es der vertrauensvollen Zusammenarbeit aller und kann weder durch Interessen einzelner Menschen und Volksschichten noch durch abstrakte staatliche Autorität garantiert werden.«

Es begann mit einer Teerdestillation

Ein Teil der im Januar 1988 versammelten Belegschaft hätte sogar Grund gehabt, ein noch weiter zurückreichendes Jubiläum zu feiern, denn die Werke Offenbach, Albert und Griesheim waren einst noch früher am industriellen Startplatz als das Mutterhaus.

In einer Geschichte von Hoechst, die zugleich eine Geschichte der industriellen Chemie ist, muß von diesen Unternehmen noch vor Hoechst berichtet werden, zumal sie sich einiger bedeutender technologischer Errungenschaften rühmen können.

Das Werk Offenbach, heute ein Komplex moderner Chemie, besitzt die am längsten zurückreichende Geschichte. Vergeblich wird der Besucher allerdings nach einem kleinen Gartenhaus Ausschau halten, das hier vor eineinhalb Jahrhunderten stand, als sich auf dem Gelände einer ehemaligen Ziegelei eine Teerdestillation befand. Sie gehörte dem Chemiker Dr. Ernst Sell, Sohn eines Hofrates aus Darmstadt, einst Student bei Justus Liebig in Gießen. In diesem Gartenhaus, das 1936 gedankenlos abgerissen wurde, hatte der junge Chemiker August Wilhelm Hofmann eine Entwicklung eingeleitet, die eine neue Welt erschloß: die Welt der Farbstoffe.

Während Liebig zum gefeierten Star-Chemiker wurde, in dessen Gießener Hörsaal sich Studenten aus aller Welt drängten, hatte sich der stille und meist etwas kränkelnde Sell der Praxis und einem Produkt verschrieben, das lange Zeit nicht nur als übelriechend und unansehnlich galt, sondern auch als nutzlos: dem Teer.

Teer fiel an, wenn Steinkohle zu Koks verarbeitet wurde, den die Stahlwerke benötigten. Aber auch bei der Herstellung von Leuchtgas, der strahlenden Errungenschaft der Zeit, ergab sich dieses lästige Abfallprodukt. Es wurde gleich bei den Gaskesseln gelagert und später auf Halden transportiert, da niemand wußte, wie man es weiterverarbeiten könnte.

Viele Namen – eine Verbindung: Anilin

Doch gab es einen deutschen Chemiker, Friedlieb Ferdinand Runge, ein stiller, etwas menschenscheuer Wissenschaftler, der aus unerfindlichen Gründen ein merkwürdiges Faible für diesen Steinkohlenteer entwickelte. Er hatte in der schwarzen Masse tatsächlich einige interessante Stoffe gefunden, zum Beispiel Karbolsäure (Phenol) – Runge nannte sie zunächst Leukol –, die später von Joseph Lister als Desinfektionsmittel benutzt wurde und der damit die Ära der Antisepsis einleitete.

Neben der Karbolsäure entdeckte Runge auch eine andere Verbindung, die er »Kyanol« nannte und die unter dem Namen Anilin zur Mutterverbindung für Generationen von Farbstoffen werden sollte. Sie war bei Experimenten anderer Chemiker als Nebensubstanz angefallen. Der Chemiker Otto Unverdorben zum Beispiel hatte sie aus dem blauen Naturfarbstoff Indigo gewonnen.

Ernst Sell, der auf diesem Gebiet Pionierarbeit leistete, hatte keine hochfliegenden Pläne. Nachdem endlich feststand, daß der Teer einige interessante Verbindungen enthielt, bezog Sell zunächst sehr billig viele Tonnen Teer von der Frankfurter Gasanstalt. Später sollten noch andere Lieferanten hinzukommen, darunter sogar ausländische.

Je nach den bei der Destillation erzeugten Temperaturen gewann Sell leichte, mittlere und schwere Teeröle und daraus wiederum Kreosot, wie damals die Karbolsäure genannt wurde. Sie wurde von Apothekern benötigt und von kleineren chemischen Firmen bezogen. Auch aus Teer gewonnene Imprägnierungsmittel fanden guten Absatz, vor allem beim Bau von Eisenbahnen: Die Imprägnierungsmittel wurden gebraucht, um die Holzschwellen unter den Schienen gegen Witterungseinflüsse zu schützen. Eine weitere Einnahmequelle war Ruß, den Sell aus Teerölen für die Druckereien herstellte.

Schließlich kam noch Salmiakgeist hinzu, den er besonders an E. Merck in Darmstadt lieferte – eine Firma, die aus einer Apotheke hervorging und zu den führenden Pharmaherstellern heranwuchs.

Ein Geschenk für Liebig

Als der Betrieb angelaufen war, schickte Sell seinem Lehrer Liebig ein Fläschchen seines Teeröls. Denn ein wenig stolz war er doch auf seine Teer-Produkte, wenngleich es ihm wenig lag, allzu heftig die Propaganda-Trommel zu rühren.

Vermutlich hatte der meist glänzend informierte Liebig schon von den Forschungen Runges gehört, vielleicht war es auch nur eine seiner Intuitionen, als er seinen Schüler August Wilhelm Hofmann bat, sich das Offenbacher Teeröl etwas genauer anzusehen.

Hofmann, gerade promoviert und nun mit 23 Jahren der jüngste Assistent Liebigs, besaß Ehrgeiz und Tatendurst. »Es gelang mir ohne Schwierigkeit«, so berichtet er später, »die von Runge in dem Steinkohlenteer signalisierten Basen Kyanol und Leukol in dem Öle nachzuweisen. Allein für eine eingehende Untersuchung der nur in kleiner Menge in demselben enthaltenen, reichte das Material nicht aus. Als ich Dr. Sell von dem Ergebnis meiner Versuche in Kenntnis setzte, lud mich derselbe sofort ein, nach Offenbach zu kommen, um in seinen Werkstätten eine hinreichende Menge der beiden Basen zu gewinnen.«

Ernst Sell war glücklich, jemanden zu haben, mit dem er sich über Steinkohlenteer und die in ihm verborgenen Schätze unterhalten konnte.

So wurde Hofmann in dem kleinen Gartenhaus einquartiert, dessen Inneres allerdings nicht so idyllisch war, wie es von außen anmutete. Vielmehr stapelten sich Chemikalien in verschiedenen Fässern, Behälter mit Säuren, Retorten und Kübel voll schwarzen Teers. Hier widmete sich Sell nicht nur der Erforschung neuer Stoffe im Teer, sondern auch der Suche nach neuen Anwendungsmöglichkeiten für seine Teerprodukte. Um die Dachpappenhersteller mit seinen Fabrikaten vertraut zu machen, engagierte er sogar einen eigenen Techniker, den Ahnherrn der späteren Anwendungstechniker.

Hofmann war bisher nur gewohnt, mit kleinen Mengen zu experimentieren. Sell lieferte ihm jetzt gleich einige Zentner Steinkohlenteer und zeigte ihm, damit umzugehen. »In einer Woche waren unter seinen Auspizien«, so Hofmann, »einige Zentner Steinkohlenteer mit roher Salzsäure ausgeschüttelt und die salzsaure Lösung mit Kalk destilliert. Ich verließ die Offenbacher Fabrik mit einem Schatze von Material, reicher als ich in meinen kühnsten Träumen erhofft hatte. Wenn ich nun noch flüchtig mitteile, daß es mit Hilfe der großen Menge von Teerbasen ein leichtes war, die Natur des Kyanols und Leukols festzustellen, so wird man es begreiflich finden, in wie gutem Andenken ich die Offenbacher Fabrik behalten habe ...«

Hofmann beschäftigte sich auch in Gießen und bald darauf in Bonn, wo er Privatdozent wurde, mit dem Kyanol, das er Anilin nannte.

Da er schon in Offenbach festgestellt hatte, daß der Steinkohlenteer nur winzige Anteile Anilin enthält, suchte er nach einem anderen Herstellungsweg. Schließlich wählte er als Ausgangssubstanz Benzol, das der englische Physiker und Chemiker Michael Faraday in einem Kondensat aus der Leuchtgasgewinnung entdeckt hatte. Er nannte sie ein »Bicarburet of Hydrogen«. Liebig gab später der Verbindung ihren endgültigen Namen, nämlich Benzol.

In gewöhnlicher Form war Benzol flüssig und besaß einen charakteristischen Geruch. Die Elementaranalyse zeigte, daß es aus sechs Kohlenstoff- und sechs Wasserstoffatomen aufgebaut war. Der breiteren Bevölkerung wurde Benzol als Fleckenwasser bekannt, denn ein ehemaliger Mitarbeiter Sells, namens Brönner, gewann es aus den leichtsiedenden Anteilen des Steinkohlenteers und vertrieb es recht erfolgreich als »Brönners Fleckenwasser«.

Hofmann nitrierte das Benzol, er ließ »Milchsäure«, d.h. starke Salpeter- und Schwefelsäure darauf einwirken. So erhielt er Nitrobenzol. Wenn er dieser Verbindung den Sauerstoff entzog, sie also reduzierte, entstand Anilin, das zur Grundlage für die Farbstoffchemie werden sollte.

Benzol aus Teer

In Bonn machte Hofmann die vor allem für die Industrie bedeutende Entdeckung, daß sich Benzol nicht nur aus Benzoesäure gewinnen läßt, sondern auch aus dem Steinkohlenteer, der sich allmählich als wahre Schatzkammer der Chemiker erwies.

Der Schauplatz für die weitere Entwicklung hieß London: Dort, im Mutterland der Industrie, war von Privatleuten unter der Schirmherrschaft von Prinz Albert, dem Ehemann der Queen Victoria, ein ähnliches Zentrum für Chemie entstanden, wie jenes von Liebig in Gießen: das »Royal College of Chemistry«.

Liebig wurde gebeten, einen geeigneten Leiter für das neue Institut vorzuschlagen: Er nannte die Namen seiner drei Assistenten Remigius Fresenius, Heinrich Will und August Wilhelm Hofmann.

Hofmann, der dem Ruf schließlich folgte, dachte ursprünglich daran, sich nur zwei oder drei Jahre in England aufzuhalten, um dann in Deutschland seine akademische Laufbahn fortzusetzen. Doch er blieb über zwanzig Jahre und gewann in seinem Gastland fast eben solchen Ruhm wie sein Lehrer Liebig, der inzwischen eine Professur in München angenommen und seine Lehrtätigkeit fast völlig aufgegeben hatte.

Viele bedeutende deutsche und englische Chemiker begannen damals ihren Weg als Schüler oder Mitarbeiter Hofmanns. So etwa Charles Mansfield – ihm gelang es, das leichte Teeröl in Benzol und Toluol zu zerlegen, doch kam er bei einem Experiment ums Leben, bei dem sich Benzol entzündete.

Auch an deutschen Kollegen fehlte es Hofmann nicht. Einer von ihnen war der geniale Peter Griess, der einst Chemiker in der Teerdestillation in Offenbach gewesen war. Nachdem dort ein Benzol-Brand ausgebrochen war und er gegen manche der in Offenbach gewonnenen Stoffe allergisch war, hatte er in Marburg bei Hermann Kolbe gearbeitet, der ihn später zu Hofmann nach London schickte. Griess ging als der Erfinder der Azo-Farbstoffe in die Chemiegeschichte ein.

Auch C. A. Martius gehörte zum Kreis Hofmanns in London. Martius wurde später einer der Gründer der Agfa, der Berliner »Aktiengesellschaft für Anilinfabrikation«, zusammen mit Mendelssohn-Bartholdy, der aber nur Geldgeber war.

Perkin kommt seinem Lehrer zuvor

In London beschäftigte sich Hofmann weiterhin mit der Substanz, die er einst in der Offenbacher Teerdestillation gewonnen hatte, dem so ergiebigen Anilin. Sein langfristiges Ziel blieb es, Farbstoffe zu gewinnen.

Doch da kam ihm unerwartet jemand zuvor: ausgerechnet der jüngste Schüler Hofmanns, der erst 17jährige William Perkin, von seinen älteren Kollegen im College »Apostel Johannes« genannt, da sein Lehrmeister für den begabten Jungen eine besondere Vorliebe hatte. Hofmann hatte Perkin Anfang 1856 den schwierigen Auftrag gegeben, Chinin aus dem Anilin chemisch aufzubauen. Hofmann wußte damals noch nicht, wie kompliziert die Struktur dieser Substanz ist, die bisher aus der Rinde von peruanischen Bäumen gewonnen wurde und das einzig wirksame Mittel gegen fiebrige Erkrankungen bildete.

Perkin scheiterte – und hatte doch unerwarteten Erfolg. Als er in den Ostertagen 1856 schwefelsaures Anilin mit Kaliumbichromat versetzte, bildete sich am Boden des Gefäßes ein schwarzer Niederschlag. Perkin schüttete ihn nicht in den Ausguß, sondern gewann daraus mit Hilfe von Lösungsmitteln eine hellviolette Flüssigkeit. Sogleich stellte sich die Frage, ob dieses Violett nicht ein Farbstoff war.

Tatsächlich erwiesen sich weitere Versuche als erfolgreich. Perkin ließ die Verbindung patentieren und nannte die gewonnene Substanz, deren Farbe an Malvenblüten erinnerte, »Mauve«. Er brach sein Studium ab und gewann seinen Vater, in Greenford Green eine kleine Fabrik aufzubauen.

Nach anfänglichem Zögern erwiesen sich die französischen Seidenverarbeiter begeistert von dem »Mauvein«, das wesentlich billiger war als der natürliche Farbstoff.

Der junge Perkin, in dem der Unternehmer erwacht war, hatte den großen Meister Hofmann regelrecht überholt. Er wurde ein berühmter Mann, ein erfolgreicher Unternehmer und schließlich geadelt.

Jetzt wandte sich auch Hofmann wieder dem Anilin zu, dem Stoff, den er einst in Sells kleiner Teerdestillation in Offenbach gewonnen hatte. Vielleicht hatte ihn der Erfolg seines Schülers doch stärker »angestachelt«, als er nach außen hin einzugestehen bereit war.

Hofmann gelang es zunächst, aus Anilin und Tetra-Chlorkohlenstoff den Farbstoff »Rosanilin« zu gewinnen. Er fand noch einige andere Eigenschaften dieser Verbindung heraus, woraus sich ergab, daß sie zur gleichen Farbstoffklasse wie Triphenylmethan gehörte. Diesen Farbstoff hatte der französische Chemiker François Verguin gewonnen, als er 1858 ein Gemisch aus Anilin und Toluidinen der Einwirkung von Oxidationsmitteln aussetzte.

Das entstandene Produkt, das sich zum erfolgreichsten und meistverkauften Farbstoff entwickeln sollte, nannte er »Fuchsin« nach dem Namen der roten Fuchsien-Blüten.

Zwei französische Chemiker, Charles Girard und Georges de Laire, entdeckten bald darauf das Anilinblau, indem sie Hofmanns Rosanilin mit überschüssigem Anilin erhitzten.

Zusammen mit den Brüdern Renard, den größten Seidenfärbern in Lyon, gründete Verguin eine Gesellschaft: »Société de la Fuchsine«, die aufgrund des französischen Patentgesetzes ein Monopol besaß und jedem Konkurrenten scharf auf die Finger schaute.

Überall entstanden Fuchsin-Fabriken. Den Rohstoff bildete Anilin, das auf dem Umweg über Benzol und Nitrobenzol gewonnen wurde.

Wie eine neue Firma entsteht

Ein Chemiker im belgischen Antwerpen, de Changy, glaubte, ein aussichtsreiches Verfahren gefunden zu haben. Er trat in Verhandlungen mit Ludwig August Müller, der in Antwerpen ein Handelsgeschäft betrieb und dessen angeheirateter Neffe Eugen Lucius Chemiker war. Lucius hatte vor kurzem erst seinen Doktor gemacht und eine kleine Drogenhandlung in Frankfurt eingerichtet. Hier hatte er auch die Bekanntschaft seiner Frau Maximiliane Eduarde gemacht, einer Tochter des Kunstmaler-Ehepaares Becker. Ihre Mutter, Frau Wally Becker, war übrigens eine Schwester von Müller. Lucius hatte sich in seiner Drogenhandlung ein Laboratorium eingerichtet, wo er mit den neuen Substanzen experimentierte. Er hatte zumeist von Farbstoffen gefärbte Hände, und selbst bei den abendlichen Gesellschaften im Hause Becker waren diese Spuren der Farbstoff-Leidenschaft nicht immer gänzlich getilgt.

Müller mußte nicht viel Überredungskunst aufbringen, um den Chemiker für seine Idee zu gewinnen. Lucius versprach ihm schon nach kurzer Zeit, sich die Erfindung de Changys gründlich anzusehen. Wenn das Verfahren etwas tauge, müsse man unbedingt eine eigene Firma gründen. Zwar gab es mittlerweile schon eine stattliche Anzahl Fuchsin-Fabriken, wer jedoch Anilin direkt aus dem Steinkohlenteer herstellen konnte, besaß einen erheblichen Vorteil.

Müller wußte, daß Lucius sich zum Unternehmer geboren fühlte und ihm die Drogenhandlung in Frankfurt nur als Sprungbrett für weitere Unternehmungen diente. Dennoch war Müller überrascht, mit welchem Eifer und Schwung Lucius nun ans Werk ging – er schien nur auf diesen Anstoß gewartet zu haben.

Brüning wird gewonnen

Der erste, den Lucius über seine Pläne informierte, war sein Freund Adolf Brüning. Lucius hatte den vier Jahre jüngeren Brüning im Institut von Fresenius in Wiesbaden kennengelernt. Im Gegensatz zu ihm, der schon einige Semester in Berlin studiert hatte, ging Brüning unmittelbar nach dem Abitur nach Wiesbaden. Danach studierte er an der Hochschule von Kristiania (dem heutigen Oslo) und schließlich in Heidelberg. Nach der Promotion bei Bunsen arbeitete Brüning als Chemiker in der Berliner Firma W. Spindler, die sich aus kleinen Anfängen zu einer Großfärberei, Druckerei und Wäscherei entwickelt hatte. Brüning besaß dort eine »Lebensstellung«, denn über seine hohe geschäftliche Position hinaus, heiratete er die Tochter des Chefs und Inhabers der Firma, Klara Spindler.

Doch konnte er dem Angebot von Lucius nicht widerstehen. Da er nur wenig Vermögen besaß, bot Lucius ihm die Position des technischen Direktors und eine Gewinnbeteiligung von 25 Prozent. Brüning sagte zu und verließ die Firma Spindler, um in das neue Unternehmen des Freundes einzutreten.

Wilhelm Meister – vierter im Bunde

Der nächste, den Lucius für sein Vorhaben gewann, war der Kaufmann Wilhelm Meister. Der 42jährige Meister war der älteste in der Runde. Er stammte aus einer Hamburger Großkaufmannsfamilie, hatte für das elterliche Geschäft in Westindien gearbeitet und vor kurzem die englische Filiale in Manchester übernommen. Als Lucius einen Studienaufenthalt in dieser Metropole des Überseehandels und der Textilfabrikation absolvierte, hatte er Meister kennengelernt. Er war von dessen Weltkenntnis und kaufmännischer Versiertheit ebenso angetan, wie von seiner aufrechten und noblen Persönlichkeit.

Als Meister nach Wiesbaden zur Kur reiste, traf er Lucius und lernte – nicht ohne Hinzutun des Freundes – die älteste Tochter des Maler-Ehepaares Becker, Marie, kennen. Seine Bemühungen um das hübsche Mädchen wurden von Wally Becker allerdings zunächst nicht gerne gesehen. Meister lebte in Manchester, er hatte sich sogar um die englische Staatsangehörigkeit bemüht. Frau Becker sah voraus, daß ihre Tochter Marie sich in der grauen Industriestadt nie wohl fühlen würde. Erst als Meister versicherte, er werde im Falle einer Heirat so schnell wie möglich eine Rückkehr nach Deutschland planen, willigten die Eltern Becker ein. Lucius hatte deshalb keine besondere Mühe, Meister für die Firmengründung zu gewinnen, ein Partner, dem es überdies auch nicht an Kapital fehlte.

Meister behielt zunächst allerdings noch sein Geschäft in Manchester, so wie Müller seines in Antwerpen. Schließlich waren beide vorsichtige Kaufleute.

Lucius hatte sein erstes Ziel erreicht. Daß alle Geschäftspartner untereinander verwandt oder befreundet waren, schien ihm die sicherste Garantie für ein loyales Zusammenstehen im Unternehmen. Das Geschäft schien wirklich vielversprechend. Es barg jedoch, und das übersah selbst der notorische Optimist Lucius nicht – schließlich war er der Sohn eines sehr realistischen Erfurter Großkaufmanns –, auch große Risiken.

Wo sollte sich das neue Unternehmen ansiedeln? Frankfurt

erschien aufgrund seiner günstigen Verkehrslage als idealer Standort. Auch die Damen Becker plädierten aus familiären Gründen für ihre Heimatstadt. Frankfurt selbst kam jedoch als Standort für die Fabrik nicht in Frage. Die Bürger der freien Stadt – noch war man es ja – liebten Finanz- und ertragreiche Handelsgeschäfte, sie ehrten das Handwerk und achteten seine strengen Zünfte. Von der Industrie hingegen, besonders der chemischen mit all ihren Belastungen und Ausdünstungen, wollte man nichts wissen.

Blick auf Höchst

Lucius, erst seit wenigen Jahren Frankfurter Bürger, hatte jedoch gar nicht die Absicht, sich in Frankfurt selbst niederzulassen. Er blickte vielmehr nach dem kleinen Städtchen Höchst, das er schon von seinen Wanderungen her kannte, als er noch mit Brüning bei Fresenius studierte.

Höchst bot große Vorteile. Es gehörte zum kleinen Herzogtum Nassau, das schon früh die Gewerbefreiheit eingeführt hatte, mochte sein Herzog Adolph auch sonst nicht gerade ein Muster an Aufgeschlossenheit sein. An Arbeitskräften würde hier kein Mangel sein, denn für viele Handwerker gab es in der kleinen Stadt kaum mehr ein Auskommen.

Balthasar Schweizer, ein entfernter Verwandter von Lucius und hochangesehener Holzhändler in Höchst, informierte Lucius über die Lage in Höchst und vermittelte den Kauf der ersten Grundstücke.

Das Gesellschaftskapital von 66450 Gulden aufzubringen, bereitete Eugen Lucius, August Müller und Wilhelm Meister keine Mühe. Etwas schwieriger hingegen war es, die Konzession der herzoglichen Regierung zu erlangen: Da die neue Fabrik direkt neben der Bleiche der Stadt lag, mußte ein hoher Schornstein errichtet werden, »damit die Bleicherei keinerlei Schaden durch die projektierte Anlage erleiden könne«.

Die erste »Bürgerinitiative«

Um die Konzession zu erhalten, bedurfte es eines Gutachtens des Instituts Fresenius in Wiesbaden, was jedoch keine Schwierigkeiten bereitete. Fresenius kannte Lucius und Brüning, die ja seine Schüler gewesen waren, und er war ihrem Projekt wohlgesonnen.

Weniger angetan zeigte sich Herr J. G. Winckler, der Hausherr im neuen Schloß in Höchst. Eine chemische Fabrik in seiner unmittelbaren Nachbarschaft schien ihm keine angenehme Aussicht. Winckler, ein reicher Weinhändler, ließ deshalb nichts unversucht, um den Bau der Fabrik zu verhindern. Unermüdlich schrieb er Eingaben an die Regierung in Wiesbaden. Darin wurde die Befürchtung ausgesprochen, es seien von der neuen Fabrik »nachteilige Dämpfe und Niederschläge sowie den Menschen schädliche und empfindliche Gerüche« zu erwarten.

Winckler versuchte sogar, eine Art »Bürgerinitiative« gegen die Fabrik zu mobilisieren. Doch seine Anstrengungen blieben erfolglos. Offenbar erschien seinen Nachbarn in den umliegenden Häusern, hauptsächlich Fischern und Handwerkern, die Hoffnung auf neue Arbeitsplätze wichtiger.

Beim »Bärenwirt«, der alten Gaststätte auf dem Schloßplatz, wurde viel über die neue Fabrik diskutiert. Vielleicht, so mutmaßten manche, werde jetzt die Stadt auch bald Gaslicht und einige gepflasterte Straßen erhalten, wenn der Betrieb erst einmal eingeführt sei. Doch war die Skepsis immer noch groß, denn die meisten Fabriken, die sich im Laufe der Zeit in Höchst niedergelassen hatten, waren weggezogen oder hatten Konkurs anmelden müssen. Niemand wußte so genau, warum. Dennoch wurden optimistische Stimmen laut, die dem neuen Unternehmen hoffnungsvoll entgegensahen. Daß hier allerdings ein Werk entstehen sollte, das mehr als einige hundert Arbeiter beschäftigen würde, daran dachte niemand.

Inzwischen wurde auf dem Gelände nahe dem Schloßgraben schon heftig gemauert. Es entstand eine kleine Werkshalle von ungefähr hundert Quadratmetern.

Dann kam der Tag, an dem mehrere Pferdewagen mit besonders kräftigen Rössern gußeiserne Kessel vom Bahnhof zum Werk transportierten – die Arbeit konnte beginnen.

Brüning gibt Chemieunterricht

Erster Arbeiter war der dreißigjährige Schustergeselle Johann Barthel. Er hatte bei seinem Vater, der in der Storchengasse eine Schusterei betrieb, nicht unterkommen können. So mußte er sich für alle möglichen Nebenarbeiten, auch auf dem Lande, anstellen lassen.

Barthel war klein und nicht allzu kräftig, aber flink, einsatzbereit und zuverlässig. Zuverlässigkeit und Umsicht schätzte Werksleiter Adolf Brüning, der die ersten Arbeiter anlernte, am meisten. Denn in einer chemischen Fabrik, wo man mit giftigen Substanzen wie der Arsensäure oder mit feuergefährlichen Verbindungen wie dem Benzol hantierte, lauerten überall Unfallmöglichkeiten und Gefahren.

Natürlich mußten Barthel und seine ersten Kollegen auch mit den einfachsten chemischen Regeln vertraut werden, eine Aufgabe, die Brüning mit Freude übernahm. Ihm machten diese »Vorlesungen« ausgesprochen Spaß, hatte er doch während seiner Studienzeit manchmal mit dem Gedanken gespielt, Hochschullehrer zu werden. So verfertigte er jetzt einige Zeichnungen, in denen er für seine Arbeiter den Ablauf chemischer Reaktionen darstellte.

Barthel wurde von Brüning bald auch zu anderen Arbeiten in der kleinen Fabrik herangezogen. Er mußte mit dem Pferdefuhrwerk Lieferungen vom Bahnhof abholen, Farbstoff-Fässer dorthin bringen, die Post besorgen und vieles andere. So entstand bald eine besondere Beziehung zwischen dem Werksleiter und seinem ersten Arbeiter, die sogar über Brünings Tod hinaus andauerte. Auch Frau Klara Brüning nahm später helfend Anteil an Barthels wachsender Kinderschar.

Die Tagesproduktion von Fuchsin betrug in den ersten Monaten des Jahres 1863 zwischen 10 und 14 Pfund. Der Preis für das Pfund war 8 Taler, ein respektabler Betrag. Das Herstellungsverfahren war das in allen ähnlichen Fuchsin-Betrieben übliche: etwa 25 Pfund Anilinöl, aus England bezogen, und rund 50 Pfund Arsensäure als Oxydationsmittel wurden in den Kesseln auf rund 200 Grad erhitzt. Aus der dabei entstehenden Schmelze wurde durch Auskochen Fuchsin gewonnen.

In den Aufzeichnungen Lucius' über die ersten Produktionen fehlt eine exakte Darstellung der Arbeitsbedingungen. Doch man braucht nicht viel Phantasie, um sich vorzustellen, welch große Hitze in der kleinen Werkshalle geherrscht haben muß. Das ständige Rühren der Flüssigkeit in den Kesseln – Rührwerke gab es erst später – bedurfte kräftiger Männerarme, ebenso der Transport der Fässer. Aus diesem Grund gab es, obwohl die Menschen in jener Zeit an harte Arbeit gewöhnt waren, viel Wechsel in der kleinen Fabrik, besonders unter den Arbeitern, die vom Lande kamen. Sie konnten sich an die Fabrikluft nicht gewöhnen. Andere, wie der Heizer Jonas Nathan, blieben über vierzig Jahre, ohne mehr als ein paar Tage krank zu sein.

Die tägliche Arbeitszeit betrug zwölf, später zehn Stunden. Der Lohn schwankte in den ersten Jahren zwischen zwei und drei Mark täglich, hinzu kamen Prämien. Am wenigsten verdienten die Hofarbeiter, die hauptsächlich mit dem Be- und Entladen der Fässer von den Fuhrwerken beschäftigt waren. Als die Firma einen Speisesaal, Menage genannt, einrichtete, kostete das Mittagessen zwanzig Pfennige. Dazu kam noch zweimal täglich ein halber Liter Kaffee.

Was die erste Vorhut einer späteren Firmenmannschaft von über 30000 Menschen erzeugte, blieb der Umwelt nicht lange verborgen: An ihren Schuhen trugen sie die roten Spuren der ersten Hoechster Farbstoffproduktion in ihre Häuser oder Schlafstellen in Höchst, weshalb der Volksmund das kleine Werk »Rotfabrik« und die darin Beschäftigten »Rotfabriker« taufte.

Konkurrenz belebt das Geschäft

Das Höchster Unternehmen war mit seinem Fuchsin freilich keineswegs als erstes am Startplatz. Nicht allzu weit entfernt, in Offenbach, hatte sich bereits die Konkurrenz etabliert.

Ernst Sell, bei dem Hofmann sein erstes Anilin gewann, hatte 1850 aus gesundheitlichen Gründen seine Teer-Destillation verkaufen müssen. Der neue Inhaber war ebenso Chemiker wie Sell: Karl G. Reinhold Oehler, 1797 in Frankfurt geboren, hatte einst sogar in Paris studiert und dort mit Liebig ein Zimmer geteilt. (Liebig hatte sein Chemiestudium in Erlangen begonnen, war dann aber nach Paris gegangen – Frankreich galt damals als führend in der Chemie.)

Nachdem Oehler zwanzig Jahre in der Baumwollfärberei seines Schwiegervaters in der Schweiz tätig gewesen war, besaß er genügend geschäftliche Erfahrung und auch die 23500 Gulden, die für den Kauf des »kleinen Geschäftchens in Offenbach«, wie es Oehler in einem Brief an Liebig ausdrückte, nötig waren.

Oehler erkannte bald: die bisherige Produktion war zu klein, um rentabel zu sein. So erweiterte er die Kreosot-Herstellung, schaffte größere Kessel und Destillationsgeräte an und baute eine neue Rußerzeugungsanlage. Dazu richtete er noch ein Handelsgeschäft für Färbereiprodukte ein.

Aber trotz all dieser Neuerungen kam Oehler mit seinem Betrieb auf keinen grünen Zweig. Mehrmals stand er kurz vor dem Ruin, besonders als ein großer Brand das halbe Werk verwüstete.

Doch dann kam Oehlers Stunde. Er hörte von Perkins »Mauvein« und dem in Lyon erzeugten Fuchsin. Sofort versuchten er und sein Sohn Eduard, diese neuen Farbstoffe herzustellen. Schon 1860 gelang es ihnen, Anilin und Fuchsin in Offenbach zu erzeugen, und bald danach fabrizierten sie auch blaue Farbstoffe.

1861 las Oehler die Bilanz seines Unternehmens zum erstenmal mit Freude – sie wies einen Gewinn aus. Und von der Weltausstellung in London im Jahre 1863 brachte er einen zweiten Preis nach Offenbach.

Oehler gründete Kommissionslager im Ausland und erweiterte 1864 seine Farbstoff-Palette durch Aldehydgrün. Doch dann folgte ein Rückschlag, der die Expansion der Firma mit einem Schlage lahmzulegen drohte. Die französische Gesellschaft »Société de la Fuchsine«, die über die Patente Verguins verfügte, drohte mit einem großen Schadensersatzprozeß: »Unglücklicherweise haben ihre Späher«, so schrieb Oehler an seinen Freund Liebig, »etwas beim ersten französischen Färber von meinen Farben vorgefunden und saisirt. Sie hat daraufhin einen Prozeß wegen Contrefaçon gegen mich angestrengt und durch zwei Instanzen verfolgt.«

Da sich die Gerichte in solchen Patentstreitigkeiten, in denen es für junge Firmen tatsächlich oft um Leben und Tod ging, in der Regel von dem Gutachten angesehener Sachverständiger leiten ließen, appellierte Oehler an Liebig, sich für ihn zu verwenden. Er sei eine Weltautorität, seine Meinung werde jedes Gericht respektieren.

Liebig ließ offenbar auch seinen Freund Karl Oehler nicht im Stich, denn 1870 erreichte Oehler tatsächlich, daß die französischen Patentvorwürfe für nichtig erklärt wurden.

Doch die Konkurrenz ruhte nicht, allerorten schossen Farbwerke aus dem Boden: über zwanzig Anilin-Fabriken entstanden zwischen 1858 und 1862 in Deutschland.

Zur gleichen Zeit wie Brüning, Lucius und Meister gründete Friedrich Bayer zusammen mit dem Färbemeister Friedrich Weskott in Barmen eine Fuchsin-Herstellung, wenn auch in begrenztem Rahmen: Zunächst war es nicht einmal möglich, einen Chemiker zu beschäftigen, und die Schmelze wurde im wöchentlichen Wechsel in den Wohnküchen von Bayer und Weskott hergestellt.

Erst im Jahre 1864 konnte sich Bayer einen Chemiker, der von einer der Gewerbeschulen kam, leisten. Den Aufstieg zum Weltunternehmen konnte dieses Manko allerdings nicht verhindern.

Der Mann, der sich in der engeren Nachbarschaft von Höchst

eine Fuchsin-Produktion aufbaute, brauchte keinen Chemiker, denn er war selbst Wissenschaftler: Dr. Paul Wilhelm Kalle, ebenso wie Lucius aus begütertem Haus – sein Vater war einst Krupp-Repräsentant in Paris. Kalle hatte in Marburg bei dem berühmten Chemiker Hermann Kolbe studiert und die praktische Seite seiner Wissenschaft bei dem bewährten Remigius Fresenius in Wiesbaden erlernt. In einer französischen Fuchsin-Fabrik sammelte er wertvolle Erfahrungen, die er nach Wiesbaden importierte.

Gründer mußten vielseitig sein

Ebenso wie die Konkurrenz in Höchst, mit der Paul Wilhelm Kalle auf freundschaftlichem Fuß stand, mußte der knapp Dreißigjährige die Zeichnungen für die Herstellung seiner Apparaturen und chemischen Geräte selbst entwerfen und die besten Liefermöglichkeiten für die Beschaffung von Werk- und Hilfsstoffen ausfindig machen.

So war Kalle zugleich Chemiker, Bauleiter, Vorarbeiter, Verhandlungspartner von Handwerkern und natürlich auch kaufmännischer Leiter sowie Vertriebschef.

Wie Albert entstand

In Kalles Nachbarschaft hatte sich schon 1858 ein Apotheker-Provisor, Heinrich Albert aus Amorbach im Odenwald, mit einem kleinen Düngemittelbetrieb niedergelassen. Albert, erst 22 Jahre alt, hatte sich von Verwandten 6000 Gulden geliehen, um »irgendwo am Rhein« eine Anilinfabrik zu gründen. Doch sein Partner, mit dem er sein Vorhaben verwirklichen wollte, erkrankte und schied aus. So entschied sich Albert nun für eine kleine Düngemittelherstellung getreu den Lehren Liebigs, bei dem er zwei Jahre zuvor sein Examen abgelegt hatte. »Alberts ›Düngemittel-Rezept‹ würde heute wahrscheinlich einen Preis für das perfekte Recycling, für die beste Abfallverwertung erhalten«, heißt es in einer Schrift zum 125jährigen Bestehen des Betriebs. Er beschaffte sich nämlich Alt-Wolle, Horn, Klauen und Tierhaare, das heißt stickstoffhaltige Abfallprodukte, die er mit billiger Abfallschwefelsäure aus Farbstoffbetrieben aufschloß. Von Zuckerfabriken kaufte er die bei der Raffinade verbrauchte Knochenkohle, die einen hohen Phosphatgehalt aufwies, und setzte diese dem Aufschluß zu. Das Ergebnis war ein Superphosphat von schwarzer Farbe und »bestialischem Gestank«. Albert nannte das Produkt »künstlichen Guano«.

Nur gut, so räumt sogar die Firmenchronik ein, daß die Lohmühle sehr einsam in dem wenig besiedelten Mühlbachtal stand: Von der kleinen Fabrik gingen alles andere als Wohlgerüche aus, die Biebricher hatten auch schnell einen treffenden Spitznamen parat: »Die Stinkhütt«. Als es Albert und seinem Bruder Eugen mehr und mehr gelang, die Bauern von den Vorteilen dieses Kunstdüngers zu überzeugen und ihr Produkt durchzusetzen, erlebte das Geschäft eine positive Entwicklung: 1866 erreichte die Produktion, die inzwischen auf groß-hessisches Gebiet verlagert wurde, 3000 Tonnen Düngemittel.

Rückschläge stellen sich ein

Noch schien das Gründer-Quartett in Höchst mit keinen besseren Startchancen gesegnet als die anderen. Weder bei Kalle noch bei Albert oder in Offenbach konnte man natürlich ahnen, daß man später im gemeinsamen Hoechster Firmenverband landen würde.

Im Gegenteil: das erste Jahr verlief für das Unternehmen außerordentlich ungünstig. Zu viele andere Firmen hatten auf die gleiche Karte gesetzt, und als Folge stellten sich bei Fuchsin Überkapazitäten ein. Es kam zu einem drastischen Preissturz. Die ersten Rechnungen, die Kontorist Gustav Martinengo ausschrieb, lauteten noch auf zwanzig Taler das Pfund. Jetzt aber sank der Preis auf acht Taler, womit jegliche Gewinnaussicht vernichtet wurde. Die kleine Belegschaft arbeitete zwar schon eifrig an neuen Farbstoffen, wie etwa dem Anilin-Blau – wer aber garantierte, daß dabei nicht ein ähnlicher Preisverfall eintreten würde wie bei Fuchsin?

Auch das Verfahren de Changys, Anilin direkt aus dem Steinkohlenteer zu gewinnen, ließ sich in der Praxis nicht anwenden. Das so erzeugte Anilin wäre viel zu teuer geworden. Die Firma mußte also, wie ihre Konkurrenz auch, Anilinöl aus England beziehen.

Die Enttäuschung muß wohl groß gewesen sein, und sicher fanden viele besorgte Gespräche in den Familien Becker, Müller, Meister und Lucius statt. Die Folge: August Müller, der Onkel von Lucius und Meister, trat aus dem Unternehmen aus und widmete sich wieder ausschließlich seinem vertrauten und wohlzuberechnenden Handelsgeschäft in Antwerpen. Er war wohl doch mehr zum Händler als zum Unternehmer geboren. Wie er später über seine Entscheidung dachte, als das von ihm mitbegründete Unternehmen in Millionenumsätze hineinwuchs und Dividenden zwischen zwanzig und dreißig Prozent zahlte, ist allerdings nicht bekannt...

Das »Co.« im Firmennamen, das für Müller stand, verschwand und wurde durch Brüning ersetzt, der den Anteil Müllers übernahm.

Noch war die Arbeit in den Farbstoff-Unternehmen nur wenig wissenschaftlich fundiert. Sie bestand vielmehr in einem vorsichtigen Herantasten an neue, möglicherweise aussichtsreiche Verbindungen. Niemand besaß ein Konzept, wie die Entwicklung in den nächsten Jahren aussehen sollte, niemand wußte, wohin der Weg führen würde. Die kleinen Fabrikationsgeheimnisse, die man bei einzelnen Verfahren erarbeitet hatte, wurden streng gehütet. Deshalb gewährte man Besuchern, ja selbst guten Freunden, nur ungern Einsicht in die Fabrikation. Die Furcht, ausgekundschaftet zu werden, trug manchmal geradezu irrationale Züge. Selbst Arbeiter durften sich nur unmittelbar an dem Platz aufhalten, wo sie zu tun hatten. Das Betreten gar eines fremden Betriebes war streng verboten.

Noch kamen die meisten wissenschaftlichen Anstöße von den Professoren an den Universitäten und Technischen Hochschulen. Immer wieder holten sich die Betriebschemiker dort Rat. Sie besaßen den Vorzug, daß sie die gleiche Sprache sprachen, denn Männer wie Lucius, Brüning oder Kalle hatten ja noch vor wenigen Jahren selber in den Hörsälen gesessen oder in den Laboratorien der Universitäten oder Technischen Hochschulen experimentiert.

Benzolkern als Vision

Für Lucius, Brüning und all die anderen Chemiker in den Firmen bekamen in den 60er Jahren die Veröffentlichungen eines Forschers immer mehr Faszination, der kaum älter war als sie selbst, aber dennoch zum Wegweiser in den unerforschten Bereichen der organischen Chemie wurde: August Kekulé, geboren 1829 in Darmstadt, Privatdozent in Heidelberg, Professor in Gent. Kekulé hatte ursprünglich beabsichtigt, Architektur zu studieren, doch unter dem Einfluß Liebigs war er dann zur Chemie übergewechselt. Bald nach dem Examen beschäftigte ihn die Frage, wie sich die Atome räumlich zusammenfügten, wie die Struktur der einzelnen Verbindungen aussah. Viele seiner Einfälle überfielen ihn – gleich Visionen – im Schlaf oder Halbschlaf.

Kekulé fand heraus, daß Kohlenstoff vierwertig ist, ein Atom Kohlenstoff also vier Wasserstoffatome binden kann. Der Sauerstoff dagegen ist zwei-, der Stickstoff dreiwertig.

Bis dahin stellte man sich die Kohlenstoff-Atome in geraden Ketten geordnet vor. Wie aber paßte in solche Vorstellungen das Molekül des Benzols, das jetzt als einer der Grundstoffe in der Farbenherstellung eine so große Rolle spielte?

Viele Chemiker zerbrachen sich über die Konstitution des Benzols die Köpfe, bis Kekulé im Jahre 1861 das Geheimnis löste:

Das Benzol bestand nicht aus einer geraden Kette, sondern die Kette war zu einem Kreis zusammengefügt, einem geschlossenen Ring aus Kohlenstoffatomen, die abwechselnd einfach oder doppelt aneinander gebunden waren. Wenn man sich ein Sechseck vorstellte, dann hing an jedem Eck ein Kohlenstoff- und ein Wasserstoffatom.

Auch Chemiker brauchen Fortune

Oft genug waltete freilich nicht die exakte wissenschaftliche Vorherberechnung, sondern ebensosehr der nicht faßbare Zufall. Denn nicht nur Generäle, auch Chemiker bedürfen der Fortune. So hatte Perkin nicht im Traum an Farbstoffe gedacht, als er im Labor experimentierte. Er wollte vielmehr Chinin künstlich herstellen – und fand den ersten Teerfarbstoff.

Auch für Lucius lächelte Fortuna, als ihn wenige Jahre nach der Hoechster Gründung ein Lederhändler aufsuchte. Der dem Fortschritt zugewandte Mann war um ein einfacheres Färbeverfahren für einen grünen Anilin-Farbstoff bemüht. Lucius erbat sich ein Stück gegerbter Haut und beobachtete sein Verhalten in der färbenden Lösung. Der Rest war Staunen: Anstatt das Leder zu färben, schlug sich der Farbstoff nieder und setzte sich als Teig ab.

Brüning wurde geholt. Bald erkannten die beiden Chemiker den Grund – der Gerbstoff hatte als Fällungsmittel gewirkt. Beide waren Männer, die eine dargebotene Chance zu erfassen verstanden: Lucius arbeitete ein neues Herstellungsverfahren aus, mit dessen Hilfe das begehrte Grün, das bisher nur in Lösungen verschickt wurde, zu einer versand- und gebrauchsfertigen Paste verarbeitet werden konnte.

Aldehydgrün im Reisegepäck

Um neue Absatzmärkte zu erschließen, setzte sich der Verkaufschef August de Ridder in die Bahn, um höchstpersönlich auf Kundenwerbung zu gehen. In seinem Reisegepäck befanden sich zehn Pfund Aldehydgrün. Sein Reiseziel war Lyon – die Stadt der französischen Seidenfärber. Dort steuerte de Ridder sofort die renommierteste Firma an –Renard & Villet, die größten Seidenfärber Lyons.

In Lyon ist man begeistert

Renard fand das neue Grün aus Deutschland ganz hervorragend. Mit einem halben Kilo Teig, das ihm de Ridder überreichte, führte er noch am selben Abend einen Versuch durch – das Resultat war offenbar glänzend. De Ridder berichtete viele Jahre später darüber: »Am folgenden Morgen war Renard schon in aller Frühe bei mir im Hotel und wollte die restlichen Büchsen Grün absolut auch noch haben. Ich weigerte mich und erklärte ihm, meine Absicht sei, sie auch noch den anderen Färbern in Lyon anzubieten. Das beunruhigte den Mann ganz außerordentlich. Er wurde furchtbar aufgeregt. Nach einer kurzen Besprechung, die er mit seinem Teilhaber hatte, machte er mir den festen Vorschlag, während der nächsten zwölf Monate alles Grün abzunehmen, das wir ihm liefern wollten. Der Preis sollte unser jeweiliger Tagespreis sein. Wir unsererseits sollten uns verpflichten, das Grün nur an ihn allein in Frankreich zu liefern.«

Nach einigen Verhandlungen schloß de Ridder einen solchen Vertrag. Renard knüpfte daran allerdings noch eine Bedingung: de Ridder mußte sich verpflichten, Lyon sofort zu verlassen, ohne die anderen Firmen der Stadt aufzusuchen. Um ganz sicherzugehen, daß die Vereinbarung eingehalten wurde, kam Renard sogar an den Bahnsteig, um de Ridders prompte Abfahrt persönlich zu überwachen.

Das grüne Kleid der Kaiserin

Nach de Ridders Abreise färbte Renard sofort eine Partie Seide mit dem neuen Grün aus Höchst, ließ das Garn verweben und brachte es zur Schneiderin der Kaiserin Eugenie, die für die Majestät eine Abendtoilette anfertigte. Schon ein paar Tage später erschien die Kaiserin mit dieser exquisiten Robe in der großen Oper. Die Besucher verrenkten sich die Köpfe: Während bisher das Licht der Gaslampen grüne Farben von Stoffen unvermeidbar in Blau verwandelt hatten, blieb das Kleid der Kaiserin unverändert grün.

Die Auswirkungen dieses Opernbesuchs der französischen Kaiserin waren beachtlich: Alle Welt verlangte nach Kleidern in der von Eugenie bevorzugten Farbe. Der kluge Kaufmann de Ridder schließt seinen Bericht mit dem lakonischen Satz: »Renard machte ein großes Geschäft und wir auch.«

So produktiv sich die chemische Forschung in diesen Jahren erwies – nicht immer stimmten die Kaufleute in den Jubel der Wissenschaftler mit ein: Der Prozeß, dessen es bedurfte, um eine Labor-Entdeckung in die großindustrielle Massenproduktion umzusetzen, verursachte schon damals einen erheblichen Aufwand. Jeden Tag aber konnte eine neue Entdeckung die Investitionen von Hunderttausenden von Mark zunichte machen, wenn sie den Weg zu einer besseren, billigeren und beständigeren Farbe wies. Kalkulation und Planung waren solcherart mit einem nie berechenbaren Risiko behaftet.

Auch das Aldehydgrün blieb kein beständiger Absatzfavorit. Das Jodgrün kam auf, mußte dann einige Jahre später dem Methylgrün weichen, bis schließlich das Malachitgrün den Markt – ebenfalls nur für einige Zeit – eroberte. So kam es, daß die Farbstoffpalette der Firma sprunghaft anwuchs: Auf der Pariser Weltausstellung von 1867 konnte die Firma Meister Lucius & Brüning bereits dreißig Farbstoffe vorlegen. Zufrieden standen die Herren aus Höchst vor ihren Ausstellungsstücken.

Die neue »Rotfabrik«

Bereits ein paar Jahre nach der Errichtung der ersten »Rotfabrik« nahe am Schloßgraben in Höchst bekam die Baufirma Kunz erneut zu tun: Einen Kilometer mainabwärts entstand im Frühjahr 1869 eine Anlage zur Herstellung von Anilin.

Die Inhaber von Meister Lucius & Brüning hatten damit den ersten Schritt zur, wie man heute sagen würde, vertikalen Integration des Unternehmens getan. Man machte sich somit unabhängig von den Anilinlieferungen, bei denen es immer wieder zu ärgerlichen und kostspieligen Engpässen gekommen war. In Zukunft sollte dieser wichtige Ausgangsstoff für die Farbenproduktion in der Firma selbst hergestellt werden.

Schon Ende des Jahres wurden die ersten 1740 Kilogramm Benzol nitriert, also mit Schwefel- und Salpetersäure vermischt. Man mußte dabei sehr vorsichtig vorgehen, denn diese Nitroverbindungen waren nicht ungefährlich – deshalb dienten ihre Abkömmlinge auch als Sprengstoffe. Anfang Januar 1870 endlich begann dann die Herstellung von Anilin aus Nitrobenzol im größeren Maßstab. Noch im gleichen Monat wurden 15000 Pfund Anilin produziert. Das reichte aus, um alle Farbstoffbetriebe zu versorgen. »Damit hatte sich Hoechst«, so hieß es später in einer Festschrift, »von auswärtigen Anilinfabriken unabhängig gemacht, und dieser Entschluß erwies sich um so glücklicher, als die erste Anlage mit einer für die damaligen Zeiten außerordentlichen Großzügigkeit gebaut wurde.«

Weniger als heute war damals Raum für Denkmalpflege und Gründerzeitromantik: Bereits 1874 hatte man die erste Fabrikhalle, die Urzelle des heutigen Konzerns, bis auf den letzten Stein wieder abgetragen. Auf dem kleinen Fabrikgelände von ehedem stehen heute die Mainkraftwerke.

Platz dem technischen Fortschritt – diese Losung ließ Bedenken, die die Erben des wissenschaftsgläubigen Jahrhunderts heute häufig überfällt, nur wenig Raum. Wissenschaft und Forschung bescherten ihre Erfindungen und Entdeckungen gleich-

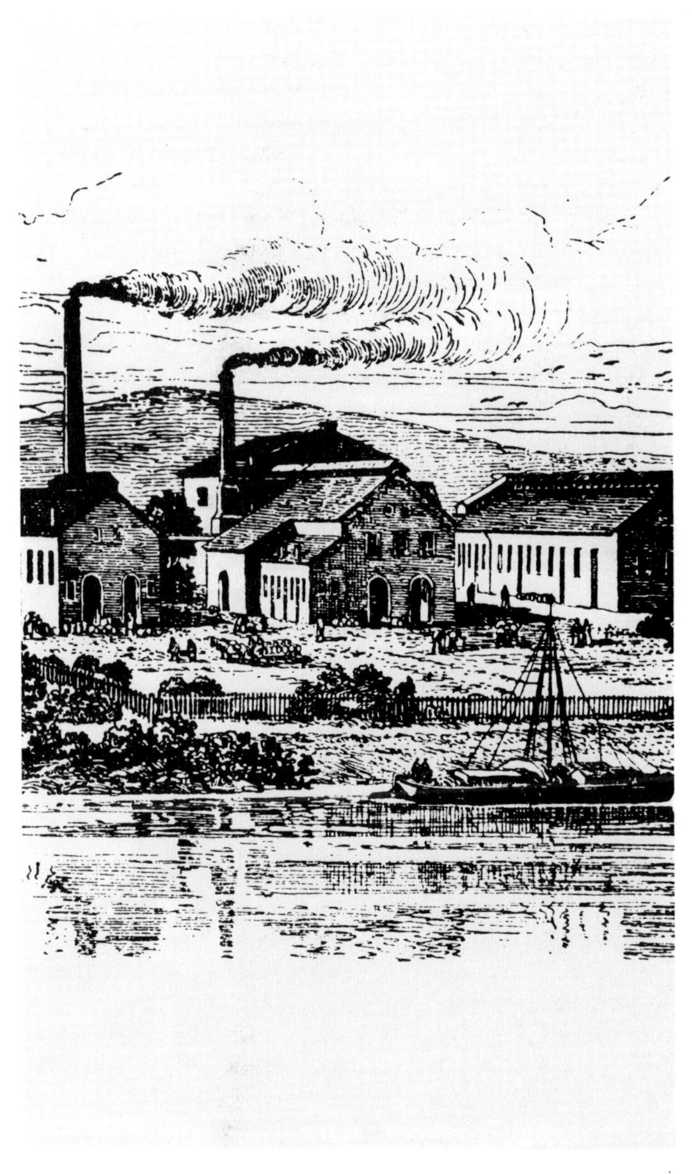

So sah der Startplatz von Meister Lucius & Brüning 1866 aus

Das erste Foto des BASF-Werkes (oben)
(Archiv BASF AG)
Das erste Quartier von Bayer im heutigen Wuppertal (unten)
(Archiv Bayer AG)

FARBWERKE VORM. MEISTER LUCIUS & BRÜNING

EINE MARK 1 M.

Bezugsrecht 1922 ausgeübt

Bezugsrecht ausgeübt

Bezugsrecht ausgeübt 1904

Farbwerke vorm. Meister Lucius & Brüning

Höchst am Main.

1000 Mark **ACTIE** № 9320

Zweiter Emission

TAUSEND MARK

Deutscher Reichswährung

Umgestellt auf RM 200.–

Zweihundert Reichsmark

für Herrn Dr. Adolf Brüning

welcher mit dem Betrage von **Tausend Mark** Deutscher Reichswährung bei der Actien-Gesellschaft **Farbwerke vorm. Meister Lucius & Brüning Höchst a/M.** als Actionär nach Massgabe der Statuten betheiligt ist.

Bezugsrecht ausgeübt 1921

Höchst am Main, den 1. Januar 1881

Der Aufsichtsrath: Der Vorstand:

Dr. E. Lucius

Eingetragen Fol. des Actien-Registers.

Der Controlbeamte:

Bezugsrecht ausgeübt 1899

Zu dieser Actie gehört ein Dividendenschein-Bogen nebst Talon.

Hoechster Aktie aus dem Jahre 1881

Ad № Exh. 13228. W. № Exp. 13074. Speyer, den 27 April 1885.

BEMERKUNG.

Bei den Berichterstattungen etc. muss jedesmal die betreffende Nummer und der Buchstabe, sowie der Datum der Verfügung, worauf geantwortet wird, bemerkt werden.

Seiner Majestät des Königs.

Betreff.

Errichtung einer chemischen Fabrik in Hemshofen-Rheinfeld bei Ludwigshafen.

Anliegend erhält das k. Bezirksamt eine durch eine Deputation des Stadtrathes in Ludwigshafen übergebene Vorstellung, resp. einen Stadtrathsbeschluß vom 21 April l. Js. in rubrizierter Angelegenheit zur zuständigen weiteren Würdigung bei Verbescheidung des bezüglichen Concessionsgesuches.

Koeniglich Bayerische Regierung der Pfalz,
Kammer des Innern.
i. Pr.

Ad acta.
Speyer 2 Mai 1885

An
das k. Bezirksamt
Speyer

Genehmigungsurkunde zur Gründung der BASF (1885)
(Landesarchiv Speyer)

sam am Fließband. Werner von Siemens entwickelte den Elektrodynamo, Johann Philipp Reis das Telefon, um nur zwei Beispiele zu nennen.

Adolf Baeyer und der Indigo

In den späten 60er Jahren ließ der Name eines Wissenschaftlers die deutschen Farbstoffhersteller aufhorchen: Adolf Baeyer, der dreißigjährige Professor der organischen Chemie am Berliner Gewerbeinstitut, der sich der Analyse und Synthese des Indigo, des Königs der Farbstoffe, verschrieben hatte.

Baeyer war der Sohn eines Berliner Offiziers. Er hatte in Heidelberg Chemie studiert und gehörte zu Kekulés ersten Schülern. Wie für Kekulé, ja für die ganze Generation jener jungen Chemiker, ist die Chemie der aromatischen Kohlenwasserstoffe mit dem Benzolring und seinen Derivaten das Zentrum ihrer Wissenschaft, die Pate bei der Entwicklung so vieler Farbstoffe stand.

Im Gegensatz zu seinem Lehrer Kekulé, dem genialen Theoretiker, war Baeyer ein genialer Praktiker. Er kreiste mit seinen Experimenten die Formel des Indigo Stück für Stück ein.

Um seiner Struktur auf die Spur zu kommen, entwickelte Baeyer einen neuen Weg durch Destillation über Zinkstaub. Behilflich bei seinen experimentellen Arbeiten war ihm sein Mitarbeiter Carl Graebe, der neben seiner Assistenten-Tätigkeit ein eigenes Ziel verfolgte: die Synthese des Naturstoffs Krapp.

Graebe war, 1841 in Frankfurt geboren, nur sechs Jahre jünger als sein Lehrer. Wie so viele geniale Chemiker wollte auch er ursprünglich nicht wissenschaftlich tätig sein, sondern studierte zunächst Maschinenbau. Nachdem er dann doch auf Chemie übergewechselt hatte, war er 1864 als zweiter Chemiker bei Hoechst eingetreten. Doch er vertrug die Anilindämpfe nicht, und so kam er schließlich für ein Jahressalär von kaum 600 Gulden zu Adolf Baeyer, dessen Vorlesungen er vorbereitete und dem er bei den Indigoarbeiten zur Hand ging.

Synthese eines Naturstoffes

Graebes eigenes Ziel war die Synthese des Naturstoffes Krapp. Dieser Krapp, auch Türkisch-Rot genannt, stammte aus dem Orient und wurde seit einem Jahrzehnt auf französischen Feldern angebaut. Seiner leuchtend roten Farbe verdankte Krapp weiten Absatz – 60 Millionen Mark betrug allein 1868 der Umsatz dieses Farbstoffes.

Graebe und seinem Kollegen Carl Liebermann gelang es, natürlichen Krapp in seinen Grundbaustein, das Anthracen, zu zerlegen und schließlich aus dem Anthracen wieder den Farbstoff zu synthetisieren. Als Graebe mit seiner Arbeit zunächst keine befriedigenden Ergebnisse erzielte, erhielt er von seinem Lehrer Baeyer den wertvollen Rat, doch einmal über Zinkstaub zu destillieren. Baeyer mußte Graebe zu diesem Schritt regelrecht drängen, denn der Assistent wollte sich nicht mit den Federn des großen Meisters schmücken.

Die Synthese des Farbstoffs, nun Alizarin genannt, gelang in einem einzigen, zähen Anlauf im Frühjahr 1868. Nachdem Graebe und Liebermann die ersten paar Gramm Alizarin im Reagenzglas bestaunt hatten, kam bald die Zeit, in der die französischen Bauern ihre Krapp-Plantagen in profane Kartoffeläkker verwandeln mußten. Der Krapp-Anbau lohnte sich nicht mehr, denn die Chemie lieferte den Farbstoff in wenigen Jahren zu einem Bruchteil des Preises. Während beispielsweise um 1870 ein Kilogramm Natur-Krapp neunzig Mark kostete, wurde 1888 ein Kilogramm zwanzigprozentiges Alizarin also für 1,60 Mark angeboten, was umgerechnet auf hundertprozentiges etwa acht Mark entsprach. Und den Färbern im Orient, den Hauptabnehmern des Krapps, war es egal, woher Allah die Substanz kommen läßt, die ihren Gewändern und dem Fez das leuchtende Rot verleiht.

Wer macht das Rennen bei Alizarin?

Bei Hoechst hatte man gehofft, Graebe und Liebermann würden ihrer Firma die Herstellung von Alizarin anvertrauen. Doch die beiden jungen Chemiker entschieden sich für die BASF. Sie war zwar ein wenig später, nämlich erst 1865, am industriellen Startplatz, begann jedoch von vornherein als Aktiengesellschaft mit größerem Kapital sowie 130 Arbeitern und 5 Chemikern. Einer ihrer Gründer und Teilhaber, Friedrich Engelhorn, hatte vorher schon eine andere Fabrik besessen, die ebenfalls Fuchsin produzierte.

Den Ausschlag, die BASF zu wählen, hatte die Tatsache gegeben, daß Liebermanns Vater dort mit dem Chemiker Heinrich Caro befreundet war. Caro hatte lange Zeit in England gearbeitet und gehörte zu den bedeutendsten Farbstoffchemikern.

Lucius hatte diese Entwicklung, offenbar mit dem ihm eigenen feinen Instinkt, im voraus mit einkalkuliert und den Hoechster Chemiker Ferdinand Riese beauftragt, nach einem eigenen Verfahren zu suchen, um Alizarin herzustellen. So war es nun einmal in der chemischen Industrie: Der Wettbewerb war unerbittlich, kannte keine Gnade. Obwohl die Aussichten ursprünglich gar nicht so gut schienen, entwickelte Riese in verhältnismäßig kurzer Zeit eine vielversprechende Methode. Sein Syntheseweg erwies sich sogar als wesentlich billiger, da er die Zwischenstufe der Bromierung durch eine Reaktion mit Schwefelsäure ersetzte.

Bereits am 18. Mai 1869 deponierte Adolf Brüning das neue Verfahren beim Amtsgericht in Höchst. Da es kein deutsches Patentgesetz gab – noch existierte ja kein einheitliches Reich, sondern lediglich ein Bund deutscher Staaten –, war dies die einzige Möglichkeit, um wenigstens die Priorität des Verfahrens zu notifizieren.

Schon im Herbst 1869 brachte Hoechst die ersten Kilogramm Alizarin auf den Markt. Sie besaßen sicherlich noch nicht vollendete Qualität, doch man wollte die Kunden so früh wie möglich mit dem neuen Produkt aus Höchst vertraut machen.

Um das noch nicht ausgereifte Verfahren zu verbessern und den chemischen Ablauf völlig aufzuklären, ging Lucius für einige Zeit nach Heidelberg. Zusammen mit Professor Adolf Strecker, einem der früheren Lehrer von Brüning, gelang es, den Chemismus der Alkalischmelze aufzuklären.

Alle Anzeichen sprachen dafür: Aus dem synthetischen Krapp, dem Alizarin aus den chemischen Retorten, würde ein großes Produkt werden. Dafür aber reichte das Anthracen, ein Kohlenwasserstoff mit drei Benzolringen, den die deutschen Gasanstalten und Kokereien liefern konnten, nicht aus. Deshalb machte sich Verkaufschef August de Ridder wieder einmal auf den Weg nach England. Die Firmenchronik berichtet über die denkwürdige Reise: »Da zur Zeit England das größte Produktionsland von Teer-Rohproduktion war, machte A. de Ridder den Versuch, Rohanthracen dort einzukaufen. Es stellte sich dabei zunächst heraus, daß in England niemand wußte, was Rohanthracen war. Auch wollte man ihm das Betreten der Fabriken nicht gestatten, im Glauben, er suche englische Geheimnisse auszukundschaften. Erst nach vielen vergeblichen Versuchen gelang es de Ridder, sich bei John Blott in Poplar an der Themse Eingang zu verschaffen. Gleich beim Eintritt in den Fabrikhof sah er einen Berg von Abfallprodukten, die er als Rohanthracen erkannte und erbot sich, das ganze Quantum gegen bar zu zwanzig Pfund für 1000 Kilo zu kaufen, weiterhin alles, was er in den nächsten zwölf Monaten erhalten würde.

Der Kauf kam zustande, und es wurde ein Lieferungsvertrag auch für die ganze Abfall-Produktion der nächsten zwölf Monate abgeschlossen. Als die Lieferungen nach Höchst bald aufhörten, fand es sich, daß die deutsche Konkurrenz ebenfalls in England gewesen war und Rohanthracen zu einem höheren Preis gekauft hatte, der für die Folge dann auch von den Farbwerken bezahlt werden mußte.«

Bei der Konkurrenz handelte es sich in erster Linie um die BASF, die in diesem Fall zunächst von dem Hoechster Schwung etwas überrumpelt worden war. Doch dies tat in den rauhen Zeiten frühkapitalistischen Wettbewerbs der Freundschaft zwischen Höchst und Ludwigshafen kaum einen Abbruch, zumal beide Firmen an dem Alizarin glänzend verdienten.

Bald trat im übrigen auch Bayer mit Alizarin auf den Markt.

Eine neue Fabrik – ein neues Reich

Die Zukunftschancen für Alizarin wurden von Verkaufschef de Ridder außerordentlich günstig beurteilt. Deshalb beschlossen die Hoechster Firmenchefs im Frühjahr 1870, eine neue große Alizarinfabrik zu bauen. Brüning übernahm die oberste Leitung über das Projekt, das am neuen Standort, wo auch das Anilin hergestellt wurde, realisiert werden sollte. Als der Rohbau stand, brach der Krieg zwischen Frankreich und den deutschen Staaten aus, und vorübergehend mußten alle Bauarbeiten eingestellt werden. Doch bald, nachdem sich der deutsche Sieg abzeichnete, stand der Ausführung nichts mehr im Wege, und es ging mit um so größerer Kraft voran.

Am Ende des Krieges standen das von Bismarck geschaffene Reich, das wirtschaftlich mächtig expandierte. Eine liberale Handelspolitik stützte die auf den Export angewiesene Industrie, die bisher trotz des Zollvereins an der Enge der deutschen Kleinstaaterei litt.

Die politische Gruppierung, die im neuen Reichstag am konsequentesten liberale wirtschaftliche Interessen vertrat, war die Nationalliberale Partei, zu deren Führern Männer wie Bennigsen, Miquel und Adickes gehörten. Sie unterstützten Bismarcks Politik und die großen Reformen des Reiches, beispielsweise die Schaffung einer einheitlichen Währung.

Neben vielen anderen Unternehmern engagierten sich auch Lucius und Brüning bei den Nationalliberalen. Brüning zog 1874 sogar für die Nationalliberalen in den Reichstag; Lucius gehörte für einige Zeit dem preußischen Abgeordnetenhaus an und betätigte sich im Frankfurter Stadtparlament. Beide fühlten sich der Gemeinschaft verpflichtet und lehnten es ab, »Nur-Chemiker« oder »Nur-Unternehmer« zu sein. Seit dem Beginn der Fuchsin-produktion hat im übrigen beide das Problem beschäftigt, daß die Farbstoffherstellung nur mit der giftigen Arsensäure möglich war. Der Umgang mit dieser Substanz bedeutete eine ständige Gefährdung der Arbeiter in diesen Betrieben. Leider hatten sich erste Versuche, das sogenannte Coupier-Verfahren zu übernehmen, bei dem keine Arsensäure mehr benötigt wurde, zerschlagen.

Im Jahre 1870 endlich gelang es, eine neue Fabrikationsmethode einzuführen, bei der keine Arsensäure mehr benötigt wurde. Brüning nahm bei der Weltausstellung in Wien 1873 eine Goldmedaille entgegen.

Im Jahre 1875 brachte Hoechst die Resorcinfarben, wie zum Beispiel Eosin, heraus. Dies ist die letzte Gruppe von Farbstoffen, die angeboten wurde, ohne vor Nachahmung geschützt zu sein. 1877 endlich trat das neue Patentgesetz in Kraft.

Azo-Farbstoffe erobern den Markt

Das erste deutsche Reichspatent der Farbwerke stammte vom 24. April 1878. Es betraf einen der ersten aus einer Gruppe von Farbstoffen, die bald Berühmtheit erlangten: die Azo-Farbstoffe. Sie werden so genannt, weil sie stets eine Stickstoff-Stickstoff-Bindung aufweisen und »azote« das französische Wort für Stickstoff ist.

Der Chemiker Peter Griess hatte zuerst in Marburg und dann in England die Grundlagen für diese Azo-Farbstoffe geschaffen. Er erlebte ihren Erfolg allerdings nur mehr in der ersten Phase, da er bereits 1888 als kaum Sechzigjähriger in England starb.

Den ersten Hoechster Azo-Farbstoff hatte Heinrich Baum synthetisiert. Er eröffnete die Reihe der Ponceau-Farbstoffe, die alle bisherigen Wollfarbstoffe an Schönheit und Echtheit übertrafen. Sie erregten großes Interesse bei den Färbern und verdrängten die Cochenille bald vollständig.

Die Grundlage für viele Azo-Farbstoffe bildete das ebenfalls im Teer enthaltene Naphthol. 1878 errichtete Hoechst Neuanlagen für die Herstellung der Azo-Farbstoffe und ihrer Vorprodukte.

Die Belegschaft stieg 1880 auf 1650 Arbeiter und 40 Aufseher. In den Laboratorien standen 25 Chemiker und 10 Techniker, in den Kontoren waren 45 Kaufleute beschäftigt.

Die AG wird gebildet

Für ein so kraftvolles Unternehmen war die Basis der Offenen Handelsgesellschaft zu schmal: Im Jahre 1880, 17 Jahre nach der Gründung, wurde das Unternehmen in eine Aktiengesellschaft umgewandelt. Das Kapital betrug 8,5 Millionen Mark. Dem Vorstand gehörten die Herren August de Ridder und Dr. Carl König an, der technische Werksleiter. König war seit 1869 in der Firma.

Die Gründer bildeten den Aufsichtsrat des Unternehmens, das sich jetzt »Farbwerke, vormals Meister Lucius & Brüning, Höchst am Main« nannte.

Die Säuren werden selbst produziert

Vermutlich bildete die Gründung der AG auch eine der Voraussetzungen für den nächsten Schritt des Unternehmens: Hatte man sich mit dem Bau einer Anilinfabrik schon eine eigene Zwischenproduktionsbasis geschaffen, so sollten nun auch die wichtigsten Säuren selbst hergestellt werden. Der Bedarf an Schwefelsäure war vor allem durch die Alizarinproduktion wesentlich gestiegen.

Hart betroffen von diesen Hoechster Plänen war natürlich die Griesheimer Fabrik, durch die bisher der größte Teil des Säurebedarfs gedeckt wurde. Wir werden die Konsequenzen im dritten Kapitel schildern, die sich durch die Hoechster Entscheidung für die Nachbarfirma ergaben.

Weder Brüning noch Lucius übernahmen beim Aufbau der

Säureproduktion die Leitung. Man übertrug diese Aufgabe statt dessen dem Chemiker Philipp Pauli, dem Chef eines Pfälzer Unternehmens, das sich auf die Herstellung von Säuren spezialisiert hatte.

Neben hochkonzentrierter Schwefelsäure wurde Oleum, also rauchende Schwefelsäure und deren Salze, hergestellt, aber auch Salzsäure, Salpetersäure, Chlor- und Chlorierungsprodukte, Benzaldehyd und Benzoesäure, Nitroaromaten, Naphthole und Resorcin. Von 1884 an wurde auch Nitrit und ab 1886 Ätznatron fabriziert. Hoechst hatte damit seine Produktionsbasis gewaltig gestärkt.

Der künstliche Indigo lockt

Als Aktiengesellschaft konnte sich Hoechst auch leichter an das bisher größte Produktionsvorhaben heranwagen, wenngleich niemand ahnte, welche Kraftprobe das Unternehmen damit einging: die Produktion des künstlichen Indigo.

Der entscheidende Anstoß dafür kam aus dem Labor von Professor Adolf Baeyer. Baeyer, seit 1875 Nachfolger Liebigs auf dem Chemielehrstuhl der Münchener Universität, hatte auch an der Isar seine Indigo-Synthesen weitergeführt.

Den Weg dazu hatte er schon 1869 abgesteckt: »Man muß in das Benzol eine zweigliedrige Kohlenstoffkette und ein Stickstoffatom einführen und dann beide miteinander verbinden. Die hierzu notwendigen Bedingungen finden sich in der Nitrozimtsäure verwirklicht.« Anfang 1880 ließ er sich die erste Indigo-Synthese patentieren.

Brüning hörte in Berlin davon und alarmierte sofort einen Mitarbeiter in München. Er schrieb am 14.4.1880: »Mit ziemlicher Sicherheit habe ich erfahren, daß das von B. hier angemeldete Patent die künstliche Darstellung des Indigo zum Gegenstand hat. Die Ausführung sei einfach und schön, nur der Preis des Ausgangsmaterials vorderhand zu hoch. Unter diesen Umständen müssen wir alles aufbieten, dabeizusein.« Wie aus dem

Brief weiter hervorgeht, plante Brüning eine Vorsprache bei Baeyer in München, um ihn für eine Auswertung der Patente zu gewinnen.

Aber auch die BASF wollte den »König der Farbstoffe« herstellen – sie war darüber mit Baeyer sogar vor den Hoechstern in Verhandlungen getreten. Heinrich Caro, der bedeutendste Farbstoffchemiker der BASF, und einer der Leiter des Ludwigshafener Unternehmens, Geheimrat Heinrich Brunck, besaßen hervorragende Kontakte in München. Dank Brünings schneller Reaktion erreichte Hoechst, daß es mit der BASF die Patente Baeyers gemeinsam übernahm.

Sehr bald zeigte sich, daß Brüning richtig informiert war, was das Ausgangsmaterial für den Indigo anging. Es war so teuer, daß auf diese Weise hergestellter Indigo niemals mit dem in billiger Arbeit hergestellten »natürlichen« Indigo hätte konkurrieren können.

Schon atmeten die Plantagenbesitzer in Indien wieder auf: Der künstliche Farbstoff würde noch auf lange Zeit zu keiner Konkurrenz werden. Schließlich konnte man sich erlauben, die Preise mehrmals zu senken und trotzdem noch einen Verdienst zu erzielen.

Die Chemiker in Ludwigshafen und Höchst aber waren von ihrer Fährte nicht mehr abzubringen. Die Firmen schlossen im Sommer 1880 ein Abkommen, um den natürlichen Indigo gemeinsam in die Knie zu zwingen. Beide Unternehmen geboten damals über eine beträchtliche Wirtschaftskraft: Sie verfügten über beinahe 4000 Arbeitskräfte, über einige hundert geschulte Chemiker und hochqualifizierte Techniker. Ihre Labors gehörten zu den modernsten der Welt, und für neue technische Versuche wurden Millionen bereitgestellt.

Aber so oft die Chemiker und Ingenieure auch mit neuen Verfahren aufwarteten, winkten die Kaufleute ab. Ihr Rechenstift gab der Hoffnung keine Chance: »Unwirtschaftlich« wurde das gefürchtetste Wort in Höchst und Ludwigshafen.

Schwieriger Weg zur Großproduktion

Im Jahre 1882 fand der unermüdliche Adolf Baeyer eine neue Indigo-Synthese. Wieder hieß die bange Frage: Läßt sie sich in großtechnischem Maßstab übernehmen?

Acht lange Jahre reihte sich Versuch an Versuch. Vergeblich. Da trat Karl Heumann vom Eidgenössischen Polytechnikum in Zürich mit der Entdeckung von zwei Indigo-Synthesen auf den Plan. Hoechst und Ludwigshafen erwarben die Patente. Neue Versuchsreihen begannen in beiden Firmen, neue Hoffnungen auf den Erfolg, neue Rückschläge ...

Bei dem ersten der zwei neuen Verfahren bot der Ausgangsstoff keine Schwierigkeiten. Das notwendige Phenylglycin ließ sich aus Anilin und Chloressigsäure darstellen. Die Weiterverarbeitung zum Farbstoff führte indessen in eine Sackgasse: Die Ausbeute war zu gering.

Die Alternativmethode hingegen berechtigte zu Hoffnungen. Sie führte über Phenylglycin-o-carbonsäure, doch war schon der erste Schritt problematisch: die Oxidation des Naphthalins zu Phthalsäureanhydrid. Konnte dieser Prozeß nur mit der teuren Salpetersäure bewerkstelligt werden, wurde das ganze Verfahren hoffnungslos unrentabel.

So konzentrierten sich zunächst alle Bemühungen auf die Suche nach einem billigeren Mittel zur Oxidation von Naphthalin zu Phthalsäure.

Hoechst versuchte es mit Chromsäure und Chromaten. Wieder stand man vor dem gewohnten Dilemma: Dieser Weg war technisch gesehen gangbar, wirtschaftlich indessen versperrt. Die Lösung bestünde darin, die Chromlaugen auf billige Weise wieder in Chromsäure zu verwandeln und sie regeneriert in den Herstellungsprozeß zurückzuführen. Nur neue Versuche mit Hilfe der Elektrochemie konnten diese Frage beantworten, wobei das Wichtigste bei diesen Prozessen die Versorgung mit billigem Strom war.

Ein Zufall hilft

Während bei Hoechst deshalb eine neue elektrochemische Versuchsanlage entstand, arbeitete Ludwigshafen an der Oxydation mit rauchender Schwefelsäure. Wieder enttäuschten die ersten Resultate. Da mischte sich der Zufall – einer der berühmtesten in der Chemiegeschichte – in das nervenzermürbende Spiel. Bei einem der Versuche zerbrach das Thermometer, und Quecksilber floß in das Reaktionsgefäß. Die Chemiker betrachteten mit bekümmertem Gesicht das scheinbar verdorbene Experiment. Doch da zeigte es sich: Quecksilber war der ideale Katalysator. Es beschleunigte die Umsetzung erheblich.

Für die BASF erschloß sich damit schlagartig die wirtschaftlich tragbare Oxidation von Naphthalin zu Phthalsäure. Als nun Rudolf Knietsch, BASF, eine neue Technik zur billigen Gewinnung rauchender Schwefelsäure entwickelte, waren die Ludwigshafener Chemiker am Ziel ihrer Wünsche: zwanzig Jahre Forschung, zwanzig Millionen Mark Investitionen, knapp zwanzig Jahre Hoffnung auf den Erfolg waren nicht vergebens.

Vom Rath weiß Rat

Bei Hoechst bestand allerdings kein Grund zu Jubel: Im Gegenteil, der Weg, der die Firma dorthin führen sollte, wurde immer verschlungener. Da die Chromsäureregenerierung zu teuer war, besann sich Hoechst auf das erste Baeyer-Verfahren aus dem Jahre 1880. Dabei hatte der Nitrobenzaldehyd eine große Rolle gespielt, der den Nachteil hatte, daß er vom Toluol ausging. Toluol aber war rar. Sehr knapp sogar. Es war nur in geringen Mengen im Steinkohlenteer enthalten.

Dieser schmalen Basis ausreichende Mengen abzugewinnen, war kaum möglich. Zumindest wäre ein Preiskampf mit der BASF, die sich auf die breite Naphthalin-Grundlage stützen konnte, völlig aussichtslos gewesen.

Immerhin kam 1896 der Hoechster *Indigo F* auf den Markt. Sein Nachfolger hieß *Indigo M*. Er stellte sich drei Jahre später vor, nachdem Hoechst einige französische Patente erworben hatte. Beide Verfahren waren Notbehelfe, aber offenbar war man bei Hoechst ein wenig nervös geworden. Es galt, unter keinen Umständen hinter den Kollegen in Ludwigshafen zurückzustehen.

So hatte Hoechst noch vor der Jahrhundertwende drei Indigo-Verfahren geschaffen. Jedes bedeutete einen Fortschritt, keines war vollkommen. Da stellte sich nochmals eine unerwartete Wende ein: Sie kam durch Walther vom Rath. Vom Rath war der Schwiegersohn von Wilhelm Meister, nach Adolf Brüning der zweite der Gründer, der bereits gestorben war.

Vom Rath war auch Aufsichtsratsvorsitzender einer Frankfurter Elektrizitäts-Gesellschaft. Diese Gesellschaft gewann billigen Strom aus dem Lech, und billiger Strom bedeutete billige Chromsäure, die für die Phthalsäure gebraucht wurde.

Hoechst griff sofort zu. Es schloß mit dem Elektrizitätswerk einen Liefervertrag für Strom, erwarb Baugelände und errichtete für rund 3,5 Millionen Mark in Gersthofen bei Augsburg ein neues Werk, das Indigo und seine Vorprodukte fabrizieren sollte.

Ganze Stäbe von Chemikern, Technikern und Facharbeitern übersiedelten von Höchst nach Gersthofen. Doch erst ein halbes Jahr später setzten sich dort die Turbinen des neuen Elektrizitätswerkes zum ersten Male in Bewegung. Voller Tatendrang wartete die gesamte Belegschaft in Gersthofen auf das Startsignal aus Höchst.

Doch dieses Signal kam nicht. Die an Pointen reiche Geschichte des synthetischen Indigo hatte noch einige Schluß-Effekte parat:

Während in Gersthofen noch Mörtel für den Bau gerührt wurde, waren in Höchst neue Versuchsansätze in Prüfung gegangen. Im Grunde handelte es sich um das allererste System, das im Züricher Polytechnikum entstanden war. Johannes Pfleger von der Deutschen Gold- und Silber-Scheideanstalt (Degussa) jedoch hatte dieses Verfahren mit Hilfe von Natriumamid entscheidend verbessert.

Zusammen mit der Degussa gründete Hoechst vier Wochen später die »Indigo-GmbH« zur Auswertung dieses Verfahrens.

Jetzt schlug Hermann Reisenegger, der Chef des Gersthofener Werkes, Alarm. Er wollte seinem Fabrikneuling unter allen Umständen die Indigo-Synthese sichern. So wies er in endlosen Tabellen und Berechnungen nach, daß Gersthofen mit dem Phthalsäure-Verfahren ebenso billig Indigo produzieren könne wie nach der Pfleger-Methode. An Reinheit habe dieser Indigo nicht seinesgleichen.

Das Ziel ist erreicht

In das Dickicht widerstreitender Theorien konnte nur die Versuchsproduktion in großem Stil jene Schneisen schlagen, die den Weg zur letzten Klarheit freilegten: Man ließ deshalb in Höchst vier verschiedene Versuchsbetriebe nebeneinander laufen. So kostspielig das auch war, der vermeintliche Luxus lohnte sich: In den Jahren 1902 und 1903 produzierten diese Anlagen 308 bzw. 765 Tonnen Indigo.

Bald gab es keine Zweifel mehr: der *Indigo G* nach dem Verfahren Pflegers bot die besten Produktions-Aussichten. Sobald dies feststand, verlor man in Höchst keine Zeit mehr. Die Produktion in Gersthofen wurde gestoppt, die Indigo-Produktion in Höchst erweitert. Weitere elf Millionen Mark verwandelten sich in Fabrikationshallen und Apparaturen.

Schon bald zeigte sich, daß die jahrzehntelange Anspannung aller Kräfte endlich ihre Früchte trug: Schon im Jahre 1903 gingen von Hoechst aus rund ¾ Millionen Kilogramm Indigo in den Versand. Im nächsten Jahr waren es 1,5 Millionen, und im Jahre 1913 schnellte die Zahl auf 4,5 Millionen Kilogramm. »Der Indigo wurde uns förmlich aus den Händen gerissen«, notierte Gustav von Brüning, Vorstandsmitglied von Hoechst und Sohn des einstigen Mitbegründers der Firma.

Der natürliche Indigo führte zu diesem Zeitpunkt nur noch ein Schattendasein auf dem Weltmarkt: Die Ausfuhr aus Indien hatte sich 1895/96 auf 187000 Tonnen belaufen. Sie war 1913/14 auf 11000 Tonnen zusammengeschmolzen und der Preis für eingeführten Natur-Indigo von elf Mark pro Kilogramm auf etwa 6,50 Mark gesunken.

So triumphal der synthetische Indigo auch vom Markt Besitz ergriff, seine Herrschaft war niemals absolut. Von den rund 15000 patentierten Teerfarbstoffen – auf dieses Massensortiment hatte man es damals bereits gebracht – blieben viele weiterhin hoch in der Gunst des Publikums.

Vor allem bestimmten den Absatz der Farbstoffe nicht nur Farbe, Preis und Beständigkeit, sondern auch ihre Anwendungsmöglichkeiten beim Färben. Die ersten Farbstoffe verhielten sich dabei völlig verschieden: So erwiesen sich Alizarin und Indigo als »wasserscheu«, sie waren wasserunlöslich und konnten nur auf Umwegen oder mit Hilfsmitteln auf die Gewebefaser gebracht werden.

Beim Indigo ging man dabei folgendermaßen vor: Man reduzierte den Farbstoff, wodurch eine beinahe farblose Lösung entstand. Mit dieser Lösung wurde die Faser getränkt und der Luft ausgesetzt. Nun kam das Indigo-Weiß wieder mit Sauerstoff in Berührung. Es oxydierte also, und die Faser wurde blau. Beim Krapp-Rot mußte die Faser vor dem eigentlichen Färbevorgang erst mit einer Beize behandelt werden.

Das Sortiment der Küpenfarbstoffe

Alle Welt verlangte künstlichen Indigo. Wie stets wurde auch hier nach Variationen des Farbstoffs gesucht. Ein naher chemischer Verwandter des Indigo ist der Thioindigo. Bei ihm wird die NH-Gruppe des Indigo durch Schwefel ersetzt. Thioindigo, der in der Hydrosulfitküpe gefärbt wird, wurde im Jahre 1905 von Paul Friedländer gefunden. Bei Hoechst verkannte man indes seine Bedeutung: Man lehnte den Thioindigo ab – eine noch oft bedauerte Fehlentscheidung, an der es natürlich in keinem Unternehmen fehlte, wenngleich sie in den früher üblichen Firmengeschichten meist schamhaft verschwiegen werden, ein Grund, warum manche von ihnen sich so langweilig lesen.

Schließlich erhielt Kalle die Möglichkeit, den Farbstoff herauszubringen. Dies geschah unter dem Namen *Thioindigo-Rot*.

Bald regte der Thioindigo die Wissenschaftler aller großen Farbenfabriken an, dieses interessante Gebiet weiter zu erkunden. Zahlreiche Abkömmlinge des Thioindigos wurden hergestellt. Bei Hoechst entstanden so die *Helindonfarbstoffe*, die in erster Linie den Arbeiten von Albrecht Schmidt und Karl Schirmacher zu verdanken sind.

Aufstieg der Azofarbstoffe

Der größte Anteil der 15000 patentierten Farbstoffe, die um die Jahrhundertwende in den deutschen Farbenfabriken hergestellt wurden, entfiel auf die Azofarbstoffe.

Hoechst wandte sich, wie wir gesehen haben, der Fabrikation von Azofarbstoffen erst im Jahre 1878 zu. Heinrich Baum stellte zwei Disulfosäuren von β-Naphthol her, die er mit diazotierten Aminen kuppelte. Das Ergebnis waren die *Ponceau-Farbstoffe*: scharlachrote Farbtöne von besonderer Intensität, die nicht nur wegen ihrer Schönheit, sondern auch aufgrund ihres niedrigen Preises die Kundschaft entzückten. Mit ihnen wurde der natürliche, aus den Schildläusen gewonnene Cochenille-Farbstoff in der Wollfärberei verdrängt. Diese von Baum gemachte Erfindung brachte Hoechst 1878 sein erstes Deutsches Reichspatent.

Einen großen Fortschritt in der Entwicklung der Azofarbstoffe bedeutete die Entdeckung des Kongorots durch den Chemiker Paul Böttiger im Jahre 1884. Dieser Farbstoff besaß eine bemerkenswerte Eigenschaft: Er färbte »substantiv«, das heißt, die Farbe zog direkt auf die Baumwolle auf.

Hoffnungsfroh fuhr Böttiger nach Leverkusen, nach Ludwigshafen und schließlich nach Höchst. Aber keine der drei großen Firmen zeigte Interesse, denn der Farbstoff schien zu wenig säureecht. Bei Bayer war man überdies von Böttiger enttäuscht.

Er hatte seine Entdeckung im Dienste von Bayer gemacht und hätte sie somit zuerst seiner alten Firma anbieten müssen. Schließlich wurde Böttigers Patent von der Agfa in Berlin erworben. Und siehe: Der Außenseiter-Farbstoff wurde ein großer Erfolg.

Davon angespornt machte sich Carl Duisberg von Bayer-Elberfeld auf die Suche nach einem ähnlichen Farbstoff. Im Gegensatz zur Agfa ging er nicht vom Benzidin, sondern von dessen Homologen, dem Tolidin, aus. Hunderte von Reagenzglasfüllungen erlebten jeden Abend ein ruhmloses Ende im Ausguß. Duisberg erhielt nur dunkle und unansehnliche Niederschläge. Und wieder kam der Zufall zu Hilfe: Aus Versehen blieben ein paar Gläser für mehrere Tage ungereinigt – das Ergebnis war verblüffend. In den Gläsern zeigte sich ein Niederschlag von prachtvollem Rot! Es erwies sich, daß die Reaktion nur wesentlich länger gebraucht hatte, als Duisberg zunächst vermutete. Ein neuer Stern am Farbenhimmel war geboren: das Benzopurpurin.

Hoechst nahm diese für die Baumwollfärberei außerordentlich wichtige Farbstoffgruppe verhältnismäßig spät in Fabrikation, nämlich erst im Jahre 1896. Anlaß dazu gab die im Jahre 1894 gemachte Entdeckung eines schwarzen Trisazo-Farbstoffs, der vom Benzidin ausging. Er kam unter dem Namen *Dianilschwarz R* in den Handel.

Pigmente aus Höchst

Die organischen Farbstoffe wurden zum weitaus größten Teil in der Textilfärberei und -druckerei zum Färben von Wolle, Seide, Baumwolle und Leinen verwendet. Aber auch auf anderen Gebieten konnten sie sich durchsetzen, so in der Leder-, Pelz- und Papierfärberei. Große Bedeutung erlangten sie auch bei der Herstellung von Druckfarben und Lacken.

Bei Hoechst wurde der Grundstein für das Lackfarbensortiment mit dem *Lackrot P* und *Lackrot C* gelegt. Einen besonderen Treffer erzielte die Firma mit den *Hansa-Pigmenten* im Jahre 1909.

Diese Pigmente, die der Azoreihe angehören und von Hermann Wagner und Josef Erber gefunden wurden, sind ungewöhnlich licht- und farbecht. Bei der Herstellung der Pigmente spielten physikalische Formgebung und Ausarbeitung von geeigneten Verlackungsmethoden eine große Rolle. Eine enge Zusammenarbeit mit Chemikern, Physikern und Anwendungstechnikern war deshalb nötig, um Produkte zu erzeugen, die den Ansprüchen in der Praxis genügten.

Bald waren die verschiedenen Pigmente und ihre Bezeichnungen – meist ebenfalls in neuen Wort-Synthesen gewonnen – nur mehr in dickleibigen Katalogen aufzuzählen. Die Farbenindustrie kannte keinen Stillstand. Noch gab es zwar keine »Gesellschaft im Überfluß«, deren Konsumfreudigkeit die Konjunkturwächter in Alarmzustand versetzt hätte, doch der Wohlstand immer breiterer Bevölkerungsschichten war in raschem Anwachsen: Mit ihm wuchsen die Wünsche nach neuen und immer prächtigeren Farben.

Die Chemiker wurden solcherart zu Architekten, die immer kühnere Molekülgebilde errichteten. Blieben ihre komplizierten Struktur- und Konstitutionsformen für den Laien auch abstrakte Kunst, die aus ihnen hervorgegangenen Produkte und die Stätten, an denen sie entstanden, erschienen um so imposanter.

Farbstoffe färben Bakterien

Chemiker hatten die synthetischen Farbstoffe erzeugt, Verfahrenstechniker hatten ihre Herstellung im industriellen Maßstab ermöglicht. Schon bald aber traten auch der Biologe und der Mediziner neben sie, um sich die Farbstoffe ebenfalls zunutze zu machen. Sie färbten Gewebe, Blutzellen und schließlich auch die kleinsten Feinde der Menschheit: die Mikroben. Bessere Mikroskope und Anilin-Farbstoffe wie Fuchsin, Bismarckbraun,

Methylviolett und Methylenblau schufen dafür die Voraussetzungen.

Der erste, der die neuen Anilin-Farben in den Dienst der Medizin stellte, war der jüdische Arzt Karl Weigert aus Schlesien, später Professor am Institut der Senckenbergischen Gesellschaft in Frankfurt.

Weigerts Vetter Paul Ehrlich und der Landarzt Robert Koch folgten ihm nach. Koch wies bei den Bazillen des Milzbrandes nach, daß kleinste Lebewesen die Erreger aller ansteckenden Krankheiten sind. Damit wurde er zu einem der Pioniere der Bakterienforschung, zum Lehrmeister einer ganzen Generation von Forschern.

Von Koch, Ehrlich und Behring, die alle mit Hoechst zusammenarbeiteten, handelt unser nächstes Kapitel. Es berichtet auch über die ersten Heilmittel, die von Hoechst aus in die Welt gingen.

Kapitel 2

Das große Vorbild hieß Chinin

Wie viele Millionen Tabletten, Dragees oder Ampullen von Hoechst täglich hergestellt werden – das herauszufinden, wäre eine Aufgabe für Computer-Enthusiasten. Fest steht aber, daß heute nur jedes zweite oder dritte Arzneimittel in der Bundesrepublik erzeugt wird. Hoechst kann sich internationaler Verbreitung rühmen – und das nicht nur in der Produktion, sondern auch in der Forschung.

Hoechst gehört auf dem Gebiet der Arzneimittel seit langem zu den führenden Firmen. Das zeigt der Pharmaumsatz von 7,4 Milliarden Mark im Jubiläumsjahr 1988, aber auch das breite Sortiment, ob es sich um Antibiotika, Herz- und Kreislaufmittel, um Präparate gegen Zuckerkrankheit, um Impfstoffe oder Sera handelt.

Daß die Pharmaproduktion schon früh zu einem Eckstein des Unternehmens wurde, ist Eugen Lucius zu verdanken. Er holte den »Stammvater« des Pharmabereichs nach Höchst, den jungen Chemiker Dr. Eduard von Gerichten.

Lucius war schon als Junge von Drogen aus fernen Ländern fasziniert, ob es sich um Morphin handelte, das der deutsche Apotheker Sertürner aus Opium isolierte, um Piperin aus dem Pfeffer, Coniin aus Schierling oder um Chinin aus der wertvollen und legendenumwobenen Chinarinde.

Die Rettung der Vizekönigin

Die Chinarinde stammt nicht aus China, wie ihr Name es vermuten lassen könnte, sondern aus Peru. Als die Gräfin Chinchona, die Gattin des spanischen Vizekönigs, in Peru schwer an Wechselfieber erkrankte und eine Rettung unmöglich schien, vertraute eine barmherzige Dienerin dem spanischen Arzt der Gräfin ein streng gehütetes Geheimnis an: Wenn die Inkas das Fieber befiel, brauten sie einen Sud aus der Rinde eines bestimmten Baumes und verscheuchten so die Dämonen der Krankheit. Die Vizekönigin erhielt den Trank und genas wie durch ein Wunder; ihre indianische Dienerin hingegen wurde von ihren Landsleuten grausam bestraft.

Ob sich die Geschichte wirklich so dramatisch abspielte, weiß niemand. Manche behaupten, »China« sei lediglich das Wort der Eingeborenen für den heilkräftigen Baum mit der rötlichen Rinde. Der berühmte Botaniker Karl Linné taufte die Bäume »Chinchona«, zur Erinnerung an die durch den Heiltrank gerettete Gräfin.

Fest steht, daß jesuitische Missionare die ersten Rinden um 1638 nach Europa brachten.

Sie enthielten zahlreiche Wirkstoffe. Daraus das Chinin zu isolieren, gelang erst 1820 dem französischen Apotheker Joseph Caventou und seinem Kollegen Joseph Pelletier.

Pelletier gründete daraufhin in Paris die erste »Extraktfabrik«; die erste deutsche Gründung einer Chinin-Fabrik wagte Friedrich Koch 1823 in Oppenheim. Bald bildeten sich weitere kleine Firmen, von denen einige zu Vorläufern chemischer Großunternehmen wurden, wie J.D. Riedel und Schering, Boehringer und H.E. Merck in Darmstadt. In Basel war es J.R. Geigy, der eine Extrakt-Fabrik ins Leben rief, um später zur Großproduktion von Farbholzextrakten aller Art überzugehen.

Plantagen auf Java

Lucius hatte noch vor der Gründung seines Höchster Unternehmens eine Drogenhandlung am Oederweg in Frankfurt betrieben. Er bezog seine Rinden hauptsächlich aus Java. Der deutsche Botaniker Haßkarl hatte den Samen der Bäume dorthin gebracht – ein lebensgefährliches Unternehmen, denn die

Spanier wollten ihr Monopol auf die Chinin-Rinden unter allen Umständen bewahren. Auf Java gelang es, die Chinchona-Bäume in riesigen Plantagen anzupflanzen. Damit waren die westlichen Länder von den Lieferungen aus dem unruhigen Lateinamerika unabhängig geworden, und der Preis für die Rinde konnte gesenkt werden. Dennoch war reines Chinin immer noch zu teuer. Es entstand der Wunsch, den Stoff synthetisch herzustellen.

Obwohl alle derartigen Versuche fehlgeschlagen waren, behielt Lucius dennoch die Hoffnung, daß die Synthese eines Tages in der Retorte gelingen würde. Auch nach der Gründung von Meister Lucius und Brüning verfolgte er jeden Hinweis in den Fachzeitschriften, der in diese Richtung deutete.

Lucius war von Natur aus ein optimistischer Mensch, mehr noch als sein Freund und Partner Adolf Brüning. Ohne diesen Wesenszug wäre es den beiden wohl auch schwerlich gelungen, ihr Unternehmen zu solch hohem Ansehen zu führen. Ängstliche und Zauderer machen keine Industriegeschichte.

Chinolin weckt viele Hoffnungen

Im Jahre 1880 erhielten Lucius' Hoffnungen auf synthetisches Chinin großen Auftrieb. Zdenko Skraup, ein österreichischer Chemiker, hatte Nitrobenzol, Anilin, Glycerin und Schwefelsäure erhitzt und somit eine Verbindung gewonnen, die man allgemein als Grundgerüst des Chinins betrachtete: Chinolin. In kleinen Mengen hatte schon der Chemiker Friedlieb Ferdinand Runge, der Entdecker des Anilins und des Phenols, dieses Chinolin im Steinkohlenteer aufgespürt.

Die Chemiker in den Firmen machten sich an die Arbeit, vor allem aber in den Labors der Universitäten und Technischen Hochschulen wurden eifrig die Moleküle des Chinolin abgewandelt. Die große Hoffnung aller war es, ein Mittel zu finden, das sich gegen Fieber ebenso wirksam verwenden ließ wie Chinin. Nur sollte es wesentlich billiger sein.

Die ersten Erfolge erzielte in Erlangen der Arbeitskreis um Emil Fischer. Einer der dortigen Chemiker, Otto Fischer (ein Neffe von Emil Fischer), hatte einen Abkömmling des Chinolins hergestellt, von dem man eine fiebersenkende Wirkung erwartete.

Über Eduard von Gerichten, der 1883 in die Firma eingetreten war und ihr den Weg in die pharmazeutische Produktion weisen sollte, ergab sich die Verbindung zu Hoechst. Hier hatte man ohnehin die Chinolin-Produktion aufgenommen, denn es eignete sich nicht nur als Ausgangsstoff für Arzneimittel, sondern auch für Farbstoffe. So übernahm Hoechst die von Otto Fischer hergestellte Verbindung und brachte sie im April 1883 auf den Markt.

Dieses erste Hoechst-Medikament wurde »Kairin« genannt. Es hatte fiebersenkende Wirkung, wenn auch nicht so stark wie Chinin. Doch bald mußte man erkennen, daß die Einnahme von Kairin starke Nebenwirkungen mit sich brachte – es wurde wieder abgesetzt. Ähnlich erging es zwei anderen Mitteln, die ebenfalls ursprünglich aus Universitätslaboratorien stammten, »Kairolin« und »Thallin«.

Erfolge mit Antipyrin

Hatte Hoechst mit »Kairin« einen Fehlschlag erlitten – so erwies sich das nächste Präparat als um so erfolgreicher. Es stammte von einem Schüler Fischers aus Erlangen, dem Chemiker Dr. Ludwig Knorr. Auch Knorr gehörte zu den guten Freunden von Gerichtens, doch schwankte er, der in erster Linie an einer akademischen Laufbahn interessiert war, ob er seine Erfindung der Industrie anvertrauen oder sie sofort veröffentlichen sollte, um wissenschaftliche Lorbeeren zu ernten.

Von Gerichten konnte Knorr überzeugen, daß das eine dem anderen nicht zwangsläufig im Weg stehen müsse und behielt recht. Knorr wurde durch die Erfinderhonorare, die er von Hoechst erhielt, zum reichen Mann und machte zudem als Professor in Jena eine beachtliche akademische Karriere.

Knorrs Präparat wurde aus Phenylhydrazin und Acetessigester hergestellt. Es galt zunächst als Chinolin-Abkömmling, doch bald stellte sich heraus, daß es zum Grundgerüst des Pyrazolons gehörte, einer chemischen Verbindungsklasse, die große Bedeutung für viele weitere Schmerzmittel gewinnen sollte.

Zunächst besaß dieses Pyrazolon-Derivat nur bescheidene fiebersenkende Eigenschaften. Erst als der Erlanger Pharmakologe, Professor Wilhelm Filehne, den Einbau einer zweiten Methylgruppe anregte, wurde das Präparat, das den Namen »Antipyrin« erhielt, zu einem hochwirksamen Schmerzmittel, ja zu einem der Bahnbrecher des pharmakologischen Fortschritts.

Hoechst eroberte sich mit »Antipyrin« auf einen Schlag die Spitzenposition unter den jungen pharmazeutischen Unternehmen. Als 1888 eine große Grippe-Epidemie ausbrach, hatten die Ärzte zum erstenmal eine wirksame Waffe in der Hand.

Eine Arznei von Kalle

Der Erfolg von Antipyrin, das schon unter dem Schutz des 1877 erlassenen Patentgesetzes auf den Markt kam, ließ andere Firmen nicht ruhen. So folgte Wilhelm Kalle in Wiesbaden bald dem Hoechster Beispiel. Nicht ohne Anklang an das so erfolgreiche Produkt des Nachbarn vom Main nannte Kalle seinen Pharma-Erstling »Antifebrin«.

Bei der Geburt dieses Fiebersenkers stand wieder einmal der berühmte Chemiker Zufall Pate. Zwei Ärzte in Straßburg hatten sich aus einer Apotheke Naphthalin besorgt, eine aus zwei Benzolringen bestehende Verbindung, um deren Wirkung auf den Stoffwechsel herauszufinden. Aus Versehen hatte ihnen der Apothekergehilfe jedoch Acetanilid gegeben. Zu ihrem großen Erstaunen erwies sich das vermeintliche Naphthalin als fiebersenkend.

Kaum war der Irrtum aufgeklärt, setzte sich einer der beiden Ärzte, Dr. Hepp, mit seinem Bruder in Verbindung, der bei

Kalle arbeitete – das Happy End bei dieser Verwechslungsgeschichte: Kalle konnte das Acetanilid schon 1886 als »Antifebrin« auf den Markt bringen.

Eine unbrauchbare Substanz?

Das erste pharmazeutische Präparat bei Bayer ergab sich aus einer Notlösung. In Elberfeld arbeitete seit 1882 der junge Chemiker Carl Duisberg, den wir schon im ersten Kapitel kennengelernt haben. Der sehr talentierte Chemiker hatte vor einiger Zeit einen azurblauen Farbstoff synthetisiert, der sich ausgezeichnet verkaufte. Bei seiner Herstellung fiel gleichzeitig ein Produkt an, mit dem niemand etwas anzufangen wußte. Es hieß Para-Nitrophenol, und bald lagerten davon einige Hunderte von Kilogramm auf dem Fabrikhof. Als Vorprodukt für einen Farbstoff war es ungeeignet, was sollte also mit diesem Abfall geschehen?

Der junge Duisberg begann mit seinem Kollegen Oscar Hinsberg zu experimentieren: sie verwandelten das Para-Nitrophenol in Para-Ethoxyacetanilid, eine dem Antifebrin ähnliche Substanz. Der Freiburger Pharmakologe Professor Alfred Kast stellte fest, daß diese Verbindung tatsächlich eine ähnliche Wirkung wie das verwandte Antifebrin besaß, wobei sie sich sogar als weniger toxisch erwies. Die Geburtsstunde des ersten Bayer-Arzneimittels hatte geschlagen. Unter dem Namen »Phenacetin« wanderte es in die Apotheken und Krankenhäuser.

Schon bald, 1888, folgte ein weiteres Bayer-Präparat, das Schlafmittel »Sulfonal«. Es sollte Opium und Morphium ersetzen, die Obstipationen verursachten und süchtig machten, aber auch das Chloralhydrat. »Sulfonal« gehörte zur Gruppe der Disulfone. Noch wußte man freilich wenig über die Beziehungen zwischen chemischer Konstitution und pharmakologischer Wirkung bei Schlafmitteln. Auch das Phänomen des Schlafes, seine physiologischen Abläufe, war weitgehend unbekannt – selbst heute sind viele Erscheinungen des Schlafes noch ungeklärt.

Die Forscher Joseph von Mering und Thierfelder ermittelten,

daß die schlaferzeugende Eigenschaft der Alkohole und Disulfone wesentlich von den in ihnen enthaltenen Ethylgruppen abhängt. Deshalb prüften von Mering und Emil Fischer auch andere Stoffe mit Ethylgruppen; sie kamen dabei zu den Harnstoff-Derivaten. Eine davon, Diäthylmalonylharnstoff, ein Barbitursäure-Derivat, wurde unter der Bezeichnung »Veronal« zu einem weltbekannten Schlafmittel. Dieses Hypnotikum erzeugte schon in verhältnismäßig niedrigen Dosen Schlaf, gleichzeitig reduzierte es psychische und motorische Erregungen.

Der Name Veronal wurde im übrigen gewählt, weil sich einer der beiden Erfinder dieses Schlafmittels gerade in Verona auf Hochzeitsreise befand, als die Suche nach einem einprägsamen Namen begann.

»Pyramidon« – ein großer Treffer

Nach dem Antipyrin präsentierte Hoechst das »Pyramidon«. Professor Filehne, der Erlanger Pharmakologe, hatte den Farbwerken empfohlen, das Antipyrin-Molekül weiter zu verändern. Im Antipyrin-Molekül gibt es eine charakteristische Gruppe, die auch im Morphin und allen stark narkotischen Alkaloiden enthalten ist: die Methylaminogruppe. Filehne schlug vor, diese oder eine chemisch verwandte Gruppe nochmals durch Substitution in das Antipyrin-Molekül einzuführen. Dann müßte man theoretisch ein Präparat erhalten, das in seiner Wirksamkeit dem Antipyrin überlegen war.

Bei Hoechst wurde dieser Gedanke aufgegriffen. Den Auftrag, ein solches Antipyrin-Derivat herzustellen, übernahm der Chemiker Friedrich Stolz. Stolz entstammte einer alten Apotheker-Familie aus Heilbronn. Seine Eltern wollten unbedingt, daß er die Tradition fortsetzte und ebenfalls Apotheker würde. Als nüchterne schwäbische Realisten beurteilten sie einen Apotheker weit höher als einen Chemiker, der in ihren Augen nur eine brotlose Kunst betrieb. Doch alle Versuche des Vaters, den Sohn bei den Pillentöpfen zu halten, scheiterten. Stolz machte zwar sein Pharmazie-Examen mit Auszeichnung, dann aber studierte er Chemie. Anschließend berief ihn Professor Adolf Baeyer, der geniale Farbstoff-Chemiker, zum Assistenten.

Später trat Stolz bei Hoechst ein. Eduard von Gerichten hatte ihn im Auftrag von Lucius mit einem großzügigen Angebot gelockt. Es war eine der glücklichsten Einstellungen, die Hoechst im Laufe seiner Geschichte machte, denn Stolz war nicht nur glänzender Chemiker, sondern auch ein Arbeitsbesessener. Nur seine Passion fürs Radfahren konnte ihn aus dem Labor locken.

Für Stolz war die von Filehne empfohlene Veränderung des Antipyrin-Moleküls ein leichtes – er brauchte sie nur von seinem Experimentiertisch zu nehmen. Durch Einbau einer doppelten Methylamino-Gruppe hatte er das Präparat bereits gewonnen, es jedoch noch nicht zur Prüfung gegeben. Er wollte sich nicht hervordrängen und der Firma keine unnötigen Kosten verursachen.

Das Allgemeinbefinden wird gebessert

Dieses neu gewonnene Pyramidon wirkte etwa dreimal so stark wie Antipyrin. Seine Wirkung setzte langsamer ein, hielt aber auch länger an. Professor Rudolf Kobert in Rostock, einer der Prüfer, äußerte sich begeistert: »Wo Pyramidon nicht wirkte, war überhaupt das Fieber nicht mehr zu beseitigen.«

Kobert empfahl folgende Anwendung: »Man löst 0,2–0,3 Gramm des keineswegs unangenehm schmeckenden Mittels in einem halben Glase Wasser und trinkt diese Lösung im Laufe einer Stunde schluckweise aus, so daß höchstens entigrammatische Dosen auf einmal zugeführt werden. Zusatz von Wein, Zucker oder anderen Geschmackskorrigentien ist erlaubt, aber nicht nötig.«

Schüttelfrost konnten weder Kobert noch die anderen Prüfer bei der Gabe von Pyramidon beobachten. Eines der großen Anwendungsgebiete, wo es sich hervorragend bewährte, war die Behandlung von fieberhaften Zuständen bei Lungentuberkulose. Andere Ärzte hoben hervor, das Arzneimittel senke nicht nur das Fieber, es hebe auch das Allgemeinbefinden und wirke günstig auf Appetit und Schlaf.

Pyramidon blieb über achtzig Jahre, nämlich bis 1978, auf der Bestseller-Liste der Hoechster Arzneimittel. Wie alle Schmerzmittel, ja alle Pharmaka, konnte es aber auch Nebenwirkungen hervorrufen. In sehr seltenen Fällen trat sogar eine Blutschädigung auf, eine Agranulozytose, oder ein Schock.

Daß Hoechst nach 1978 Pyramidon nicht weiter produzierte, hing damit allerdings nicht zusammen. Bei Tierversuchen mit extrem hohen Dosen entstand vielmehr der Verdacht, im sauren Milieu des Magens könnten sich die Pyramidon-Moleküle in Anwesenheit von Nitriten in Dimethylnitrosamin verwandeln. Die Nitrosamine gehören, wie man seit einigen Jahrzehnten weiß, zu den starken Krebserzeugern.

Bei den Versuchen ergab sich bei drei Tabletten eine Menge von 20 Milliardstel (Nanogramm) Dimethylnitrosamin. (Zum Vergleich: der Rauch einer Zigarette enthält 80 Milliardstel, 100 Gramm trockengepökelter Schinken 170 Milliardstel-Gramm Dimethylnitrosamin). Dennoch entschloß sich Hoechst, dieses weltweit geschätzte Präparat zurückzuziehen.

Variationen am Molekül

Wie schon beim Antipyrin versuchten die Chemiker, weitere Variationen des Pyramidon herzustellen, um Licht in die Zusammenhänge zwischen der Konstitution einer Verbindung und ihrer Wirkung zu bringen. Vielleicht gab es eine ähnlich gebaute Verbindung, die in ihren Eigenschaften Pyramidon übertraf?

Hunderte von abgewandelten Substanzen wurden überprüft, aber keine wesentliche Verbesserung erzielt.

Vor allen Dingen versuchten die Synthetiker ein Handikap zu überwinden, das beim Pyramidon gegeben war: Es stand nur in Pulver- und später in Tablettenform zur Verfügung. Wie aber konnte man es löslich und damit injizierbar machen?

Verschiedene löslichmachende Gruppen wurden in das Molekül eingeführt. Nach zahlreichen Fehlschlägen entstand ein sehr interessantes Präparat, das in seiner fieberhemmenden Wirkung zwar nicht so stark wie Pyramidon war, sich daneben aber günstig auf Gelenkrheumatismus auswirkte. Zudem waren die Nebenwirkungen des Mittels gering. Es erhielt den Namen »Melubrin«, was nicht nur melodisch klang, sondern auch die Namen Meister, Lucius und Brüning in sich vereinigte.

Bald nach der Premiere von Pyramidon konnte Bayer ein Präparat präsentieren, das heute als »Jahrhundertverbindung« gilt – die Acetylsalicylsäure, populär: Aspirin.

Dieses Pharmakon, das noch immer zu den meistverwendeten leichteren Schmerzmitteln gehört, hat 1988 wegen seiner Wirkung auf die Blutgerinnung Schlagzeilen gemacht: Amerikanische Zeitungen bezeichneten es als ideales Mittel, um Herzinfarkte zu vermeiden. Eine langjährige amerikanische Studie, an der 20000 Ärzte als Versuchspersonen teilnahmen, hatte nämlich ergeben, daß bei der Gruppe, die jeden zweiten Tag 325 Milligramm Aspirin schluckte, etwa nur halb so viele Herzinfarkte auftraten, als bei einer, die nur ein Plazebo, ein Scheinpräparat, erhielt.

Ärzte diesseits und jenseits des Atlantiks, aber auch Bayer als Hersteller von Aspirin, warnen trotz dieser Berichte vor einer länger dauernden Selbstmedikation. Nur Ärzte könnten entscheiden, ob die Gefahr von Nebenwirkungen, etwa Magenbluten, nicht zu hoch sei. Unumstritten aber gilt nach den neuesten Studien Aspirin als Mittel zur Behandlung nach einem Herzinfarkt, um einem möglichen zweiten Infarkt entgegenzuwirken.

Am Anfang war die Weidenrinde

Der Vorläufer von Aspirin war ehemals die Salicylsäure. Sie wurde aus der schon Hippokrates bekannten Weidenrinde gewonnen.

Doch erst 1838 hatte der Turiner Chemieprofessor Raffaele

Steinkohlenteer: Basis für eine neue Industrie
(dpa Bildarchiv)

Bunte Welt der Kunststoffe

Krater auf Teneriffa, mit Trevira hochfest ausgekleidet

Chemie und Landwirtschaft: Versuchsstätte Hattersheim

Piria Salicylsäure aus der Weidenrinde isoliert. Salicylsäure aus Phenol und Kohlendioxid zu synthetisieren, gelang dem deutschen Chemiker Hermann Kolbe, Professor in Marburg und später in Leipzig. Sein Name ist mit der Geschichte der organischen Chemie eng verknüpft.

Die Herstellung der Salicylsäure übernahm dann die Chemische Fabrik von Heyden in Dresden.

Die Wirksamkeit der Salicylsäure gegen fiebrige Erkrankungen war bald unbestritten, doch rief sie mitunter starke Magenreizungen hervor. Der Durchbruch zum vielverwendeten Arzneimittel schien also unmöglich. Erst als in der organischen Chemie Molekülumwandlungen gewissermaßen tägliche Routine wurden, synthetisierte man auch zahlreiche Abkömmlinge der Salicylsäure in der Hoffnung, die unerfreulichen Begleiterscheinungen – unter Aufrechterhaltung der Wirksamkeit – auszuschalten.

Zu den zahlreichen Derivaten der Salicylsäure gehört ihr Essigester, den schon der französische Chemiker Charles Frederic Gerhardt synthetisiert hatte. Gerhardt aber konnte den Ester nicht rein und haltbar herstellen. Das gelang erst dem 29jährigen Chemiker Felix Hoffmann bei Bayer: Am 10. Oktober 1897 vermerkte er die geglückte Herstellung von Salicylacetat in seinem Laborbuch.

Das Dreigestirn der Medizin

Einen Höhepunkt in der Geschichte von Hoechst bildet die Zusammenarbeit mit drei weltberühmten Ärzten und Nobelpreisträgern: Robert Koch, Emil Behring und Paul Ehrlich. Am Anfang ihres gemeinsamen Weges besaß allerdings noch keiner aus diesem »Dreigestirn der Medizin« diese Auszeichnung, nur Robert Koch umgab schon erster Ruhm.

Das Verdienst, die drei großen Mediziner als Mitarbeiter von Hoechst gewonnen zu haben, gebührt Professor August Laubenheimer, der 1883 im Alter von 35 Jahren seinen Lehrstuhl für organische Chemie in Gießen aufgab, um ihn gegen einen Laborplatz und später einen Direktionssessel bei Hoechst einzutauschen. Auch Laubenheimer war von Lucius nach Hoechst geholt und in seiner weiteren Karriere konsequent gefördert worden. Laubenheimer blickte weit über den Rand seines Faches, die organische Chemie, hinaus. Ihn faszinierte die Mikrobiologie, die durch den französischen Chemiker Louis Pasteur und durch Robert Koch zu diesem Zeitpunkt Furore machte.

Pasteur hatte die Schutzimpfungen, die einst der englische Landarzt Edward Jenner gegen Pocken eingeführt hatte, weiter entwickelt und aufsehenerregende Ergebnisse bei Milzbrand und Tollwut erzielt.

Ein Erreger – eine Krankheit

Koch hatte die Erreger des Milzbrandes entdeckt, winzige, nur unter dem Mikroskop sichtbare Körperchen, die in Form von Sporen monatelang in der Erde überdauern konnten, bis sie in Rindern oder anderen Tieren – ja manchmal sogar Menschen – geeignete Opfer fanden. Ihr Name, Anthrax, rührte daher, daß eine von dieser Infektion befallene Milz schwarz und verfallen wirkte.

Kochs Entdeckung war ein Jahrhundertereignis. Vorbei war es mit der Anschauung, Luftverhältnisse und andere klimatische Erscheinungen verursachten die Infektion. Koch lehrte, daß zu jeder Infektion stets ganz spezifische Erreger gehören, die jeweils eine bestimmte Krankheit hervorrufen. Ein weiteres Koch'sches Gesetz betraf die Konstanz der Arten. Es gab keine Ur-Bakterien, die ständig ihre Form wechselten und mal diese oder mal jene Krankheit hervorriefen, ein vordem weithin verbreiteter Irrtum.

Was der Welt der Wissenschaft besonders imponierte: Koch hatte seine großartigen Entdeckungen in einer kleinen Provinzstadt gemacht, fern von wissenschaftlichen Instituten, in seinem bescheidenen Sprechzimmer, wo er sich hinter einem Vorhang ein »Laboratorium« eingerichtet hatte. Kochs Hilfsmittel bestanden aus einem Mikroskop und aus Anilinfarben zum Färben von Zellen und Geweben; seine Versuchstiere waren Haus- und Feldmäuse, die er nach Bedarf fing.

Glücklicherweise fand die Entdeckung der Milzbranderreger schnelle Anerkennung. Ferdinand Cohn, der bedeutende Botaniker in Breslau, bestätigte die Erkenntnisse Kochs und setzte zusammen mit anderen Wissenschaftlern durch, daß der unbekannte Landarzt in das Kaiserliche Gesundheitsamt nach Berlin berufen wurde.

Dieses Gesundheitsamt war in erster Linie eingerichtet worden, um die Pockenschutzimpfung zu überwachen. Sie war nun in Preußen Pflicht geworden, nachdem sich im Krieg gegen Frankreich gezeigt hatte, daß nur wenige der deutschen Soldaten, die gegen Pocken geimpft waren, erkrankten, ganz im Gegensatz zu den Franzosen, bei denen die Impfungen noch nicht eingeführt waren.

Kampf gegen die Tuberkulose

In Berlin beschäftigte sich der Kaiserliche Gesundheitsrat Koch nun vorwiegend mit der Tuberkulose, der großen Volkskrankheit dieser Zeit. Bedeutende Kliniker führten die oft tödlich verlaufende Schwindsucht auf eine Ernährungsstörung zurück. Man nahm weiter an, daß sie nicht selten von den Eltern auf ihre Kinder übertragen würde.

Koch hingegen sah die Grundursache auch bei dieser Krankheit in Mikroben und machte sich daran, die Erreger aufzuspüren.

Im Februar 1882 war es soweit: In der Bibliothek der physiologischen Gesellschaft in Berlin berichtete Koch über seine Tuberkuloseforschungen. Er hielt seinen Vortrag in der für ihn so charakteristischen Art: ohne jedes schmückende Wort, ohne jeglichen rhetorischen Glanz oder gar Pathos. Nüchtern, aber mit bezwingender Folgerichtigkeit, häufte Koch Beweis auf Beweis.

Die Schlußfolgerung: Tuberkulose entsteht durch mikroskopisch-kleine Lebewesen, durch die Tuberkelbazillen.

Paul Ehrlich, Oberarzt an Berlins berühmtestem Krankenhaus, der Charité, befand sich unter den anwesenden Wissenschaftlern. Er schrieb später darüber: »Jeder, der diesem Vortrag beigewohnt hat, war ergriffen und ich muß sagen, daß mir dieser Abend stets als mein größtes wissenschaftliches Erlebnis in Erinnerung geblieben ist.«

Kochs Entdeckung löste große Begeisterung aus. Niemand – selten genug in der Medizin – erhob Einwände, Kochs geniale Nüchternheit überzeugte alle.

Kaiser Wilhelm I. ernannte Koch zum Geheimen Regierungsrat. Er erhielt den Rang eines Oberstabsarztes.

Nun galt es, den letzten Schritt im Kampf gegen die Krankheit zu tun: Die Erforschung eines Mittels, das die Erreger vernichten und die Tuberkulose besiegen kann.

Der Cholera auf der Spur

Doch zunächst schickte ihn die Regierung nach Ägypten und anschließend nach Indien, um den Erreger der Cholera aufzuspüren, die, aus Asien kommend, wieder einmal in Europa einfiel. Im Spital in Kalkutta fand Koch bei Choleratoten und Erkrankten ein Bakterium, das wie ein Komma aussah. Er meldete nach Berlin: »Aus diesen Resultaten ist der Schluß zu ziehen, daß die kommaähnlichen Bazillen ganz allein der Cholera eigentümlich sind. Ihr erstes Erscheinen fällt mit dem Beginn der Erkrankung zusammen, sie nehmen an Zahl dem Ansteigen des Krankheitsprozesses entsprechend zu und verschwinden wieder mit dem Ablauf der Krankheit. Ihr Sitz ist ebenfalls der Ausbreitung der Krankheit entsprechend, und ihre Menge ist auf der Höhe der Krankheit eine so bedeutende, daß ihre verderbliche Wirkung auf die Darmschleimhaut dadurch erklärt wird.«

Koch hatte das Gebot aufgestellt, wonach der Nachweis der Krankheitserreger nicht nur verlangt, daß sie stets bei den Kranken anzutreffen sind, bei denen sie die für sie spezifische Krankheit erzeugt haben, sondern daß auch bei ihrer Einimpfung auf Versuchstiere wiederum die Krankheit erzeugt wird.

Doch Koch glückte es in Indien nicht, Versuchstiere mit den tödlichen Cholera-Bazillen zu infizieren. Alle von ihm mit dem isolierten Komma-Bazillus infizierten Tiere blieben gesund, ob es sich um die aus Berlin mitgebrachten Mäuse handelte, ob um Hunde oder Affen. Erst in Berlin gelang es, Kaninchen mit Cholera zu infizieren.

Das erste Tuberkulin

Von der Reise zurückgekehrt, ging der Kampf gegen die Tuberkulose weiter. Koch züchtete Tuberkelbazillen in Reinkulturen und ließ sie auf Nährböden wachsen. Später kochte und filtrierte er den Nährboden, bis sich darin keine lebenden Bakterien mehr befanden, sondern nur die von ihnen ausgeschiedenen Gifte.

Koch taufte diesen Stoff »Tuberkulin«. Er konnte damit bei Meerschweinchen, die vorher mit Tuberkulose-Bazillen infiziert worden waren, die Krankheit tatsächlich wieder vertreiben.

Um die Nebenwirkungen des Präparates genau zu kennen, gab sich Koch die erste Tuberkulinspritze selbst. Bald nach der Infektion überkam ihn ein heftiger Schüttelfrost, der fast eine Stunde andauerte, sowie Übelkeit und Erbrechen; die Körpertemperatur stieg auf 39,6 Grad. Die Injektionsstelle blieb für einige Tage schmerzhaft und gerötet.

Der stets so vorsichtig abwägende Koch ließ sich dazu verleiten, auf dem Internationalen Medizinischen Kongreß 1890 in Berlin einige Ausführungen zum »Tuberkulin« zu machen. Nachdem er über die bisherigen Forschungsergebnisse berichtet hatte, wagte er sogar zu sagen: »Nach diesen Erfahrungen möchte ich annehmen, daß beginnende Tuberkulose durch das Mittel mit Sicherheit zu heilen ist.«

Koch empfing enthusiastischen Jubel wie kein Arzt vor ihm. Sein Ansehen war unvergleichlich, jedes Wort aus seinem

Munde galt als unfehlbar. Darin unterschieden sich die Ärzte nicht von dem gewöhnlichen Publikum. Auch die Fachzeitschriften, von der »Deutschen Medizinischen Wochenschrift« bis zur »Münchner Medizinischen Wochenschrift«, kommentierten die Ereignisse mit Enthusiasmus. So schrieben zum Beispiel die »Münchner«: »Wer von allen Lebendigen hätte ein größeres moralisches Anrecht auf diesen unsterblichen Ruhm haben können als gerade derjenige Forscher, der uns zuerst mit dem Erreger dieser furchtbaren Seuche und mit seinen Eigenschaften bekanntgemacht hat?«

Patienten aus aller Welt pilgerten nun nach Berlin. Vor allem Kranke in den Endstadien der Tuberkulose, wo keine Hoffnung mehr bestand, schleppten sich mit Pflegern und Ärzten in die Reichshauptstadt. Arnold Libbertz, ein Schulfreund von Koch, der die Herstellung von Tuberkulin besorgte, kam mit der Produktion nicht mehr nach. Gerissene Geschäftemacher versuchten, Tuberkulin, dessen Zusammensetzung Koch zunächst nicht bekanntgegeben hatte, selbst herzustellen oder glatt zu fälschen.

Dann erfolgte der Sturz in die Tiefe: Tuberkulin erwies sich zwar als ausgezeichnetes Diagnostikum; es zeigte an, ob die Krankheit vorlag oder nicht – denn noch gab es keine Röntgenuntersuchung und die Ärzte waren völlig auf ihre Künste im Beklopfen und Abhören des Patienten angewiesen. Doch in der Therapie stellten sich – mit Ausnahme von sehr frühen Stadien – nur Fehlschläge ein. Noch schlimmer war: oftmals bewirkte die Gabe von Tuberkulin sogar eine Verschlechterung des Zustandes.

Auf das »Hosianna« folgte das »Cruzifige«. Nun hagelte es Vorwürfe gegen Koch. Aufgebrachte Gemüter beschimpften ihn als gewissenlosen Arzt, der leichtsinnig mit der Gesundheit der ihm anvertrauten Patienten umging. Ja, selbst den Vorwurf des Mordes mußte er sich gefallen lassen.

Koch befürchtete, daß man ihm vielleicht die Übernahme des Instituts für Infektionskrankheiten, das im Begriff war, eigens für ihn aufgebaut zu werden, verweigern würde. So zog er sich zurück und verbrachte die spannungsgeladenen Monate auf einer Reise nach Ägypten. Er wollte erst zurückkehren, wenn sich der Sturm über das Tuberkulin gelegt hatte, das nun kaum mehr gefragt war.

Eine Anfrage von Laubenheimer

In dieser Situation kam ein Brief von Laubenheimer bei Hoechst an Libbertz mit der Anfrage, ob Koch einverstanden sei, wenn Hoechst künftig die Tuberkulin-Produktion übernehme – ein mutiges Unterfangen von Laubenheimer, der die turbulente Auseinandersetzung um das Tuberkulin natürlich genau kannte. Daß er sich in dieser Stunde äußerster Bedrängnis meldete, hat Koch ihm später nicht vergessen.

Laubenheimer hegte keinen Zweifel: Tuberkulin mußte verbessert werden, doch im Rahmen der größeren Möglichkeiten von Hoechst würde das am ehesten gelingen. Zudem brachte Laubenheimer dem Genie Kochs größtes Vertrauen entgegen. Koch, so versicherte er im Hoechster Vorstand, wo zunächst kein großer Enthusiasmus für Tuberkulin herrschte, sei zu Großem berufen. Er werde die gegenwärtige Krise überwinden.

Laubenheimer wurde in dieser Haltung von Eugen Lucius unterstützt, dessen Stimme im Aufsichtsrat das größte Gewicht besaß, seit Adolf Brüning 1884 im Alter von nur 47 Jahren gestorben war.

So wurde am 20. Mai 1892 ein Vertrag zwischen Hoechst und Koch abgeschlossen. Koch war jetzt voll rehabilitierter Leiter des Instituts für Infektionskrankheiten. Sanitätsrat Libbertz, bisher für Kochs kleine Tuberkulin-Herstellung in Berlin verantwortlich, siedelte nach Höchst über, um dort die Herstellung in größerem Maße zu leiten.

Obwohl Tuberkulin auch in neuer Form nicht das ersehnte Therapeutikum wurde, so behielt es doch über ein halbes Jahrhundert seinen Platz als Mittel, um Tuberkulose frühzeitig zu erkennen, auch zu einer Zeit, als die Röntgenuntersuchung der Lunge bereits möglich war.

»Ehrlich färbt am längsten«

Laubenheimer lernte auch einige der Schüler und Mitarbeiter Kochs näher kennen. Einer der jüngeren Kollegen, die Koch besonders schätzte und dem er ein Labor in seinem Institut eingeräumt hatte, war Paul Ehrlich.

Ehrlich war seit seinen Jugendtagen von den Anilin-Farbstoffen fasziniert. Sein Vetter, Carl Weigert, der als erster die neuen Anilin-Farben zum Färben von Bakterien und Zellen verwendete, hatte ihn einmal einen Blick in ein Mikroskop tun lassen. Seither war Ehrlich der Welt der Mikroorganismen verfallen. Schon in Straßburger Studientagen hatte er sich als unermüdlicher Färber den Ruf zugezogen: »Ehrlich färbt am längsten«. Doch Ehrlich ging es nicht darum, neue Krankheitserreger mit Hilfe der Farbstoffe zu entdecken; er wollte die Wirkung von Farbstoffen auf die Zellen von Menschen und Tieren ergründen.

Ehrlich hatte herausgefunden, daß einzelne Farbstoffe im Innern der Zellen sehr unterschiedlich aufgenommen werden. Bestimmte Zellbestandteile färben sich stark – andere kaum oder gar nicht. Er schloß daraus, daß die Zellen und ihre einzelnen Teile eine unterschiedliche Affinität zu den Farbstoffen besitzen. Vielleicht könnten diese Farbstoffe sich eines Tages als neue therapeutische Substanzen erweisen?

Ehrlich schrieb seine Doktorarbeit über die Farbstoffe. Vom Fuchsin bis zum Methylenblau kannte er bald jede Verbindung, kaum daß sie den Reaktionskessel in den Anilinfabriken verlassen hatte. Schon als Student entdeckte er mit Hilfe des Dahlia-Farbstoffs von Hoechst eine bisher unbekannte Art von Zellen, die Mastzellen, die bei immunologischen Vorgängen eine wichtige Funktion besitzen. Und an der Charité in Berlin gewann er mit Hilfe der Farbstoffe neue Aufschlüsse über die Art und Funktion von weißen und roten Blutzellen.

Ehrlich legte so die Grundlagen für die moderne Hämatologie. Auch für Kochs Tuberkelbazillus fand er unter Verwendung von Methylviolett eine neue Färbemethode, mit der die Erreger viel besser zu sehen waren.

Dank an Laubenheimer

Die meisten Farbstoffe, die Ehrlich dabei verwendete, stammten von Hoechst oder von Cassella. August Laubenheimer schickte ihm von jedem neuen Farbstoff sofort Proben nach Berlin. Ehrlich bedankte sich später bei Laubenheimer, indem er schrieb: »Sie haben den Kern meiner Untersuchungen viel besser erkannt als die Mehrzahl meiner Fachkollegen.«

Das von Heinrich Caro von der BASF zum erstenmal hergestellte Methylenblau, das später bei Hoechst in besonderer Reinheit als Methylenblau medicinale fabriziert wurde, war lange Zeit Ehrlichs Lieblingsfarbstoff. Methylenblau besaß, wie Ehrlich herausfand, eine besondere Verwandtschaft zu Nervenzellen. So konnte er damit nicht nur totes, sondern auch lebendes Gewebe färben, etwa die Nervenbahnen eines Frosches. Wer die Eigenschaften und Funktionen der Gewebe wirklich erkennen wolle, müsse es »auf der Höhe ihrer Funktion tingieren«, schrieb Ehrlich 1886. Es gelte, den Färbungsakt in den Organismus selbst zu verlegen.

Da das Methylenblau so stark auf Nervenzellen wirkt, dauerte es nicht lange, bis der von Ideen stets überquellende Ehrlich auf den Einfall kam, diesen Farbstoff als Therapeutikum gegen Nervenschmerzen einzusetzen. Bei Insassen der Königlichen Strafanstalt in Berlin-Moabit, die an schweren Neuralgien litten, wurde Methylenblau medicinale zum erstenmal angewandt.

Die therapeutischen Effekte waren bemerkenswert. Ehrlich berichtete darüber: »Bei bestimmten Formen schmerzhafter Lokalaffektionen, d. h., bei allen neurotischen Prozessen und bei rheumatischen Affektionen der Muskeln, Gelenke und Sehnenscheiden wirkt das Mittel schmerzstillend. Die Nebenwirkungen erweisen sich als gering. Ein bläulicher Anflug der Haut und der Schleimhäute konnte nicht beobachtet werden.«

Ein Mittel gegen Malaria

Auch den Parasiten der Malaria sagten Ehrlich und sein Freund, der Kliniker Paul Guttmann, den Kampf an. Es handelt sich dabei um Plasmodien, einzellige Sporentierchen, die der französische Militärarzt Alphonse Laveran in Algerien entdeckte. Sie ließen sich erstaunlich gut mit Methylenblau anfärben; ihre »Gier« nach diesem Farbstoff war so groß, daß sie mit hohen – dem Menschen natürlich unschädlichen – Dosen vielleicht sogar vergiftet werden konnten. »Wir können nachweisen«, so resümierten die beiden Wissenschaftler, »daß das Methylenblau eine ausgesprochene Wirkung gegen Malaria entfaltet. Die Fieberanfälle verschwinden unter Methylenblau-Gebrauch im Laufe der ersten Tage, und nach acht Tagen spätestens sind die Plasmodien aus dem Blut.«

Ehrlich erschien diese Wirkung frappant, denn »alle modernen Antipyretika, zuerst das Chinolin, dann Kairin, Antipyrin, Antifebrin, Thallin, Phenacetin usw. sind an dieser Aufgabe vollkommen gescheitert«.

Allerdings konnten die beiden Berliner Forscher nur über zwei Fälle von erfolgreicher Behandlung berichten. Das Wechselfieber, wie die Malaria damals häufig genannt wurde, trat als Tropenkrankheit in Berlin nur sehr selten auf. Das Wichtigste aber ist: Zum erstenmal erwies sich ein Farbstoff als wirksames Chemotherapeutikum. Ehrlichs Grundvorstellung, wonach »der Weg zu neuen Heilmitteln über die Farbstoffe führt«, hatte sich bestätigt.

In einem Aufsatz in der »Berliner Klinischen Wochenschrift« von 1891 betonten Ehrlich und Guttmann übrigens am Schluß: »Das chemisch reine Methylenblau kann von Meister Lucius & Brüning in Höchst am Main und von Merck in Darmstadt bezogen werden; der Preis pro Kilogramm beträgt etwa 40 Mark.«

Ehrlich stand endlich vor der Pforte zur ersehnten Chemotherapie. Überwältigende Perspektiven zeichneten sich ab: Wenn Methylenblau bei bestimmten Infektionen die Parasiten tötet, müssen dann nicht auch andere Farbstoffe – oder Kombinationen von ihnen – abtötend auf andere Mikroorganismen wirken? Würde es einem gelingen, spezielle Verbindungen zu synthetisieren – hatte man dann nicht maßgeschneiderte Waffen gegen die kleinsten Feinde der Menschheit? Dank immer besserer Mikroskope und der Anilin-Farbstoffe gelang es, diese verderblichen Organismen aus dem jahrtausendealten Dunkel ans Licht zu holen.

So kam man nicht nur dem Tuberkel- und dem Cholera-Erreger auf die Spur; 1883 entdeckte der Koch-Mitarbeiter Friedrich Loeffler den Keim, der die Diphtherie erzeugt, den »Würgeengel der Kinder«.

Hilfe für Behring

Laubenheimer in Höchst unterstützte Ehrlichs chemotherapeutische Pläne nachdrücklich. Dennoch baten er und Robert Koch ihn jetzt, das so aussichtsreiche Feld der Chemotherapie vorübergehend zu verlassen und sich immunologischen Fragen zuzuwenden. Ehrlich besaß auch auf diesem Gebiet eine unvergleichliche Kompetenz.

Der Kollege, dem Ehrlich zur Hand gehen sollte, war der Stabsarzt Emil Behring, nur einen Tag später als Ehrlich, am 15. März 1854, geboren, Sohn eines armen Schullehrers in Hansdorf in Westpreußen. Er wurde auf Staatskosten zum Militärarzt ausgebildet. Danach hatte er in verschiedenen Garnisonen Dienst getan und sich intensiv mit der Frage beschäftigt, ob eine innere Desinfektion bei Menschen möglich sei. Es erging ihm dabei ebenso wie vielen anderen vor ihm. Seit Joseph Lister mit der Carbolsäure die äußere Desinfektion eingeführt hatte, gab es zwar viele Desinfektionsmittel, aber für eine innerliche Anwendung erwiesen sich diese Verbindungen als zu toxisch.

Die Welt der Antitoxine

Behrings Forschungseifer hatte schon früh die Aufmerksamkeit seiner Vorgesetzten erregt. Er wurde an das Institut Kochs in Berlin abkommandiert, was eine hohe Auszeichnung bedeutete. Behring stützte seine Arbeit auf die Erkenntnisse von Friedrich Loeffler und Emile Roux, wonach nicht der Diphtherie-Erreger selbst die eigentliche Bedrohung darstellt, sondern die von ihm überall im Körper verbreiteten Toxine. Es gelang Behring, bei Tieren die Gegenstoffe gegen diese Toxine, sogenannte Antitoxine, zu erzeugen.

Behrings Entdeckung, die er 1890 zusammen mit seinem japanischen Kollegen Shibasaburo Kitasato in der Deutschen Medizinischen Wochenschrift veröffentlichte, erregte großes Aufsehen. Denn nicht nur bei Diphtherie, sondern auch bei Tetanus, dem Wundstarrkrampf, können Antitoxine gegen die von Bazillen ausgeschiedenen Gifte erzeugt werden.

Behring fand heraus, daß die desinfizierende Wirkung bei Tieren, die künstlich oder natürlich immunisiert sind, an die zellfreie Blutflüssigkeit – an das Serum – gebunden ist.

Leider besaß er zu wenige Tiere, um größere Mengen von Serum zu gewinnen; auch der Versuch, das Serum so hoch zu konzentrieren, daß Heilwirkungen zu erwarten waren, gelang ihm nicht. »Wir drehen uns im Kreis«, schrieb Behring an einen Freund. »Wenn nun mit dem Beginn der Inangriffnahme der Versuche im Großen gewartet wird, bis Wernicke [Behrings Mitarbeiter] und ich sagen, jetzt können wir die Diphtherie des Menschen ganz sicher heilen (da wir vorsichtige Leute sind, kann das noch lange dauern) – hundert und mehr hintereinander geheilte Fälle liefern den Beweis dafür – dann stehen wir vor der Situation, daß wir wissen, es gibt ein sicheres Heilmittel gegen die Diphtherie des Menschen. Wir haben es bloß nicht und können es auch im günstigsten Fall erst in einigen Jahren bekommen.«

Ein Angebot aus Höchst

Da schaltete sich im richtigen Augenblick August Laubenheimer von Hoechst ein. Er hatte Behrings Forschungen auf dem Gebiet der Serumtherapie bei Diphtherie und Tetanus eingehend verfolgt. So schrieb er am 6. Mai 1892 einen Brief an Behring mit der Frage, »ob es Ihnen opportun erscheint, daß wir uns mit der Sache befassen«.

Dieses Angebot traf zur rechten Zeit bei Behring ein. Schon am 20. Dezember 1892 schlossen Hoechst und Behring einen Vertrag über die »Gewinnung des Diphtherie-Heilserums nach dem von Herrn Dr. Behring ausgearbeiteten Verfahren«.

Noch Ende 1892 wurde auf dem Hoechster Fabrikgelände ein Stall für Schafe gebaut – recht ungewöhnliche Räumlichkeiten für eine chemische Fabrik, die nur mit »reinlichen« Stoffen zu arbeiten gewohnt war.

Im Laufe der Zusammenarbeit mit Behring fand Ehrlich heraus, welche Bedingungen vonnöten sind, um Tieren möglichst hoch konzentriertes Serum abzugewinnen und wie dieses Serum standardisiert werden kann.

In diesen Fragen war er in seinem Element. Er hatte sich in seinem Privatlaboratorium eingehend mit der Immunisierung beschäftigt und wußte, daß sie klaren, feststellbaren Gesetzen folgt: Die injizierte Menge an Toxin muß den Tieren über mehrere Wochen hinweg regelmäßig und in steigenden Dosen verabreicht werden, damit sie genügend hohe Antitoxin-Einheiten erzeugen. Wenn man diese Tiere dann in bestimmten Zeitintervallen zur Ader läßt, spenden sie ein Serum von maximalem Antitoxin-Gehalt.

Der 24. November 1894 war dann ein großer Tag in Höchst. Die Elite der deutschen Bakteriologen und Immunologen, darunter Robert Koch, Paul Ehrlich und Emil Behring, kam an den Main, um an der Einweihung der Herstellungsstätte für das Diphtherie-Serum teilzunehmen. Noch 1894 wurden von Hoechst 75225 Fläschchen Serum vertrieben.

Bald darauf wurde Ehrlich mit der Leitung eines Staatsinstituts beauftragt, das eigens für die Prüfung des Diphtherie-Serums eingerichtet wurde – eine ehrenvolle Aufgabe. Sie erforderte allerdings, daß Ehrlich seinen Vertrag mit Hoechst lösen mußte, der auf die Dauer durchaus lukrativ geworden wäre. Doch Ehrlich, nun Geheimer Medizinalrat, durfte in keinen Interessenkonflikt geraten. So blieb ihm nur das Staatsgehalt, das für kaum mehr als Bücher und Zigarren reichte, doch Ehrlichs Frau stammte aus reichem, jüdischem Haus.

Behring hingegen machten die Erträge des Diphtherie-Serums zum reichen Mann. Er wurde 1901 geadelt und mit dem ersten Nobelpreis für Medizin ausgezeichnet – sogar noch vor Koch, dem der Nobelpreis erst 1905 zuerkannt wurde.

Das Verhältnis zwischen Koch und Behring verschlechterte sich leider zusehends, seit Behring in das alte, angestammte Gebiet von Koch, die Tuberkulose, eingedrungen war und an einem Serum arbeitete. Koch verzieh Behring dies nie.

Behring war seit 1895 Professor für Hygiene in Marburg. Geheimrat Friedrich Althoff, der allmächtige Hochschulreferent im preußischen Kultusministerium, hatte diese Ernennung durchgesetzt, obwohl die Fakultät zunächst wenig Begeisterung zeigte. Behring galt als Lehrer für nicht sonderlich talentiert.

Noch war das Verhältnis zwischen Behring und Hoechst einigermaßen erträglich. Behring bei Laune zu halten, der stets glaubte, für seine Präparate werde zu wenig getan, war für Professor August Laubenheimer allerdings eine mühsame Aufgabe. Besonders zwischen Gustav von Brüning und Behring herrschten nur kühle Beziehungen. Brüning erkannte zwar durchaus das Genie Behrings, konnte sich aber mit dessen Sprunghaftigkeit nie anfreunden.

Freud empfahl Cocain

In der Medizin jener Jahre galt der Äther als das Anästhetikum schlechthin, auch wenn er mehr und mehr vom Chloroform verdrängt wurde. Daß den Ärzten bald auch ein lokales Betäubungsmittel zur Verfügung stehen wird, daran ist Sigmund Freud nicht ganz unschuldig, der bald weltberühmte Schöpfer der Psychoanalyse.

Freud war 1884 auf eine Pflanze gestoßen, die in Südamerika wuchs und deren Blätter die Indianer gerne kauten, wenn sie besonderen Anstrengungen ausgesetzt waren. Schon die spanischen Eroberer von Peru hatten mit diesen Coca-Blättern Bekanntschaft gemacht. Jahrhunderte später kamen die Coca-Blätter nach Europa durch einen Expeditionsteilnehmer, der sie dem berühmten Chemiker Friedrich Wöhler in Göttingen gegeben hatte, um ihren Wirkstoff herauszufinden. Wöhler übertrug diese Aufgabe seinem Assistenten Albert Niemann, der diese Aufgabe erfolgreich löste. Der Wirkstoff erhielt den Namen Cocain.

Freud erprobte Cocain am eigenen Leibe und empfahl es einem Freund, der nach einer Daumenamputation unerträgliche Schmerzen litt. Dieser Freund hatte vorher Morphium eingenommen und war im Laufe der Zeit süchtig geworden. Freud wollte ihn von dieser Sucht befreien und verabreichte anstelle von Morphium Cocain.

Die Entdeckung der Lokalanästhesie

In einem 1884 publizierten Aufsatz »Über Coca« schrieb Freud: »Die Eigenschaften des Cocains und seiner Salze, Haut und Schleimhaut zu anästhesieren, ladet zu gelegentlicher Verwendung, insbesondere bei Schleimhautaffektionen ein... Anwendungen, die auf den anästhesierenden Eigenschaften des Cocains beruhen, dürften sich wohl noch mehrere ergeben.«

Daß dieses Cocain die ideale Möglichkeit zur örtlichen Betäubung bot, daran hatte Freud erstaunlicherweise nicht gedacht. Erst sein Kollege Karl Koller, mit dem sich Freud über Cocain unterhielt, kam zu dieser Erkenntnis, als er ein eigenartig stumpfes Gefühl auf der Zunge verspürte, nachdem er von dem Cocain gekostet hatte. »Und in diesem Augenblick«, so schrieb Koller später, »fuhr mir der Gedanke blitzartig durch den Kopf, daß ich in meiner Tasche das lokale Anästhetikum trug, nach welchem ich einige Jahre zuvor gesucht hatte. Ich ging unmittelbar danach ins Laboratorium, bat um ein Meerschweinchen für das Experiment, stellte eine Cocainlösung von dem Pulver, das ich in meiner Tasche trug, her und träufelte sie in das Auge des Tieres.«

Nach einer Versuchsreihe konnten Kollegen von Koller auf dem Kongreß der Augenärzte in Heidelberg schließlich über den betäubenden Effekt berichten.

Hier wurde auch unmittelbar die Wirkung demonstriert. Nachdem einem Patienten, der an einem Glaukom litt, dem »Grünen Star«, ein paar Tropfen Cocain ins Auge geträufelt worden waren, führte ein Chirurg eine Sonde in die Hornhaut ein. Der Patient befand sich bei vollem Bewußtsein, doch verspürte er nicht den geringsten Schmerz.

Cocain avancierte zum vielgebrauchten Betäubungsmittel in der Augenheilkunde.

Freud selbst rühmte stets die Leistung seines Kollegen Koller. Er schrieb 1925 in seiner Autobiographie: »Koller gilt... mit Recht als der Entdecker der Lokalanästhesie durch Cocain, die für die kleine Chirurgie so wichtig geworden ist.«

Die breite Anwendung, die Cocain bald erfuhr, brachte allerdings auch schnell die Nachteile des Mittels zutage: Cocain konnte zur Sucht führen, war teuer in der Herstellung, und nicht wenige Menschen reagierten sehr empfindlich darauf, sie zeigten eine ausgesprochene Idiosynkrasie.

So begann schon bald die Suche nach anderen Verbindungen. Der Erlanger Pharmakologe Filehne, der mit Hoechst schon bei dem Antipyrin und Pyramidon zusammengearbeitet hatte, Paul Ehrlich und der Münchener Professor Alfred Einhorn untersuchten die Beziehungen zwischen dem chemischen Aufbau von Cocain und seiner physiologischen Wirkung.

Unter einer großen Zahl von synthetisierten Präparaten erwies sich das von Einhorn hergestellte »Orthoform« (p- Aminobenzoesäureäthylester) am wirkungsvollsten. Hoechst brachte es unter dem Namen »Anaesthesin« auf den Markt. Es fand eine besondere Verwendung bei Erkrankungen des Magens, des Kehlkopfs, tuberkulösen Geschwüren im Mund oder Entzündungen der Speiseröhre.

Weit übertroffen aber wurde das Anästhesin von dessen Derivat Novocain. Es wurde ebenfalls von Professor Einhorn hergestellt und von Hoechst übernommen.

Wieder einmal hatte sich die für Hoechst typische Zusammenarbeit mit den Wissenschaftlern an Universitäten und Hochschulen bewährt und – schlicht ausgedrückt – in hohem Maße bezahlt gemacht.

Das erste Hormon der Welt

Mit dem nächsten Präparat von Hoechst verbindet sich ebenfalls ein Stück Chemie- und Medizingeschichte: In den Hoechster Labors glückte es erstmalig, ein Hormon synthetisch herzustellen – das Adrenalin, heute jedermann als »Streß-Hormon« bekannt.

Adrenalin wird von den Nebennieren gebildet. Sie wiegen kaum mehr als zwölf Gramm und sitzen wie flache Hüte auf den Nieren. Ihr Äußeres ist so unauffällig, daß sie und ihre Funktion lange Zeit unbemerkt blieben, obwohl sie schon der römische Anatom Eustachi im 16. Jahrhundert zum erstenmal beschrieben hat. Doch danach vergingen rund 300 Jahre, in denen sich niemand die Frage nach Sinn und Zweck dieser Drüsen stellte. Sie besaßen offenbar keinen Ausgang, wie etwa die beiden großen chemischen Drüsenlaboratorien des Körpers, die Leber und die Nieren.

Erst gegen Ende des 19. Jahrhunderts erkannten die Wissenschaftler die vielen »Drüsen mit innerer Sekretion«, diese im Körper verstreuten winzigen Hormon-Fabriken, die ihre Wirkstoffe direkt ins Blut absondern. Lebenssäfte, die – wenn sie nicht richtig gemischt sind – gefährliche Krankheiten hervorrufen.

Es war der englische Physiologe Ernest Starling, der diesen Sekreten von höchster physiologischer Wirksamkeit ihren Namen verlieh: Hormone – nach dem Griechischen hormao – ich treibe an.

Seit die Forscher Oliver und Schäfer 1894 die starke blutdrucksteigernde Wirkung eines Extraktes aus den Nebennieren erkannt hatten, hörten die Versuche, das wirksame Prinzip in den Extrakten zu isolieren, nicht mehr auf und wurden mit großer Intensität betrieben. Lange Zeit vergeblich. Die Mengen, die dabei erzeugt wurden, waren für die damalige Zeit unvorstellbar gering. Erst dem japanischen Forscher Jokichi Takamine gelang es, aus rund zehntausend Nebennieren von Ochsen vier Gramm des kostbaren Stoffes zu isolieren. Takamine, der selbst noch nicht wußte, daß es sich um ein Hormon handelt, taufte die von ihm so mühselig isolierte Verbindung Adrenalin.

Hoechst brachte Adrenalin zunächst unter dem Namen Suprarenin als Extrakt heraus, der aus den Nebennieren von Tieren gewonnen wurde. Man verwendete ihn zur Blutstillung, beispielsweise bei Patienten, die an der Bluterkrankheit litten.

Natürlich dachte man bei Hoechst bald an die Synthese des Adrenalin, denn die Herstellung aus den Nebennieren war sehr teuer. Hundert Gramm Roh-Adrenalin kosteten stolze 265 Mark.

Friedrich Stolz, der schon das Pyramidon synthetisiert hatte, wurde mit dieser Aufgabe betraut. Zu diesem Zweck erhielt er ein eigenes Labor und zwei Mitarbeiter, darunter Franz Flaecher, ebenfalls Pharmazeut und Chemiker. Flaecher trug wesentlich zur Synthese von Adrenalin bei. Bis Adrenalin als Handelspräparat herausgebracht werden konnte, war freilich noch viel zu tun.

Das Fläschchen, in dem Stolz das erste synthetisch hergestellte Adrenalin sammelte, steht heute im Deutschen Museum in München.

Tausende von anderen Fläschchen und Ampullen mit Adrenalin wanderten in alle Welt, als die Farbwerke die Großproduktion dieses Mittels aufgenommen hatten. Adrenalin verengt die Kapillaren und die kleinen Arterien. Die Injektion bewirkt deshalb eine Steigerung des Blutdrucks. Damit eroberte es sich schon bald ein breites Anwendungsgebiet.

Mit dem Adrenalin verwandt ist das Noradrenalin. Es stammt ebenfalls aus dem Mark der Nebennierenrinden und hat ähnliche Funktionen wie das Adrenalin. Obwohl Hoechst es schon einmal kurz nach der Jahrhundertwende in den Handel gebracht hatte, wurde es erst fünfzig Jahre danach so recht als Pharmakon entdeckt. Wesentlich dafür waren die Arbeiten der späteren Nobelpreisträger Sir Bernhard Katz, Ulf von Euler und Julius Axelrodt. Seither kennt man die wichtige Rolle, die Noradrenalin bei den Übertragungen von Nervenreizen einnimmt.

Neue Zusammenarbeit mit Ehrlich

Bei dem erfolgreichsten Produkt, das Hoechst je herausbrachte, dem Salvarsan, hätte die Leitung der Farbwerke um ein Haar den richtigen Zug versäumt, trotz der freundschaftlichen Verbindung zwischen Laubenheimer und Paul Ehrlich und dem engen Kontakt zwischen dem staatlichen »Institut für experimentelle Therapie«, das die Hoechster Sera unter seiner Leitung zu prüfen hatte.

Ehrlich lebte seit 1899 in Frankfurt. Er war froh, dem Berliner Klima entronnen zu sein, wo die beiden verfeindeten Schulen, die Kochs und die Behrings, sich in endlosen wissenschaftlichen Fehden verbissen. Offiziell trug Koch, wie stets, eine stoische Miene zur Schau, doch insgeheim ärgerte er sich sehr über den »Abfall« Behrings, der sich in der Tuberkulosefrage so drastisch geoffenbart hatte.

Laubenheimer starb 1904. Danach fehlte Ehrlich allerdings bei Hoechst ein vertrauter Ansprechpartner. Gustav von Brüning, der Sohn des Gründers, gegenwärtiger Generaldirektor des Unternehmens, und Ehrlich kannten sich kaum.

Um so intensiver waren die Beziehungen zu Arthur von Weinberg, dem Mitinhaber von Cassella. Er bewunderte Ehrlich und seine Erfolge, Farbstoffe als Heilmittel in die Medizin einzuführen. Von Weinberg, selbst nicht nur Unternehmer, sondern Farbstoffchemiker hohen Ranges, lieferte Ehrlich jeden gewünschten Farbstoff.

Von Weinberg stammte auch das Benzopurpurin, mit dem sich Ehrlich in den Jahren von 1904 an so intensiv beschäftigte. Arthur von Weinberg war auch sofort bereit, diese Verbindung chemisch nach Ehrlichs Vorstellungen zu variieren.

Farbstoffe gegen Trypanosomen

Ehrlich war zu seiner ersten Liebe, den Farbstoffen, zurückgekehrt. Für ihn stand fest: Die so strahlend hervorgetretene Serumtherapie mit ihren Antikörpern ist im Prinzip zwar ideal und jeder anderen Behandlungsart vorzuziehen. Doch sie hatte ihre Grenzen gezeigt – bei den größeren Parasiten schien sie wirkungslos. Aber gerade diesen Erregern galt es, auf die Spur zu kommen. Vor allem den Trypanosomen, schraubenförmigen, einzelligen Erregern, die in Afrika die Schlafkrankheit und andere Menschen- und Tierseuchen, in Lateinamerika die »Mal de Caderas« genannte Krankheit hervorriefen.

Französische, englische und deutsche Forscher lösten viele Rätsel um die geheimnisvollen Erreger. So hatten sie beispielsweise herausgefunden, daß die Tsetse-Fliege die Überträgerin bestimmter Trypanosomen ist.

Aber an welchen Tier-Modellen sollte Ehrlich seine Farbstoffe erproben? Bis jetzt hatten die Pharmakologen nicht so sehr die Wirksamkeit neuer Substanzen geprüft, sondern vor allem ermittelt, wie giftig sie möglicherweise waren. Das geschah im Reagenzglas und an gesunden Versuchstieren. Ehrlich aber brauchte Tiere, die jeweils an den Infektionen litten, gegen die er die Wirkung seiner Farbstoffe erproben wollte.

Da kam aus Paris die Nachricht, Alphonse Laveran, der Entdecker der Malaria-Parasiten, und sein Kollege F.E.P. Mesnil hätten eine Methode entwickelt, Trypanosomen experimentell auf Mäuse zu übertragen.

Die Infektion verläuft dabei geradezu gesetzmäßig. Am ersten Tag, wenn die Tiere mit den Erregern geimpft werden, ist ihnen noch nichts anzumerken. Am zweiten Tag tummeln sich schon zahlreiche Trypanosomen im Blut der Mäuse, und am vierten, spätestens fünften Tag sterben sie.

Wenn Laveran den Tieren aber menschliches Blutserum und arsenige Säure verabreichte, konnte er den weiteren Verlauf der Krankheit aufhalten; regelrechte Heilungen erzielte er allerdings nicht.

Ehrlich las die Berichte über die arsenige Säure sehr aufmerksam. Vorläufig allerdings testete er weiter seine Farbstoffe und prüfte sie an den infizierten Tieren. Sie zeigten bei Methylenblau eine gewisse Wirkung, sehr stark hingegen reagierten sie auf einen Abkömmling des Benzopurpurins, den Ehrlich Trypanrot taufte. Dieses Trypanrot hebt die Giftwirkung im Organismus der Tiere auf. Später allerdings kam es zu Rezidiven, die Krankheit kehrte wieder. Auch Laveran hatte solche Rückfälle beobachten müssen.

»Atoxyl« wird interessant

Ehrlich beschäftigte sich nun mit einem Präparat namens »Atoxyl«, eine Verbindung, die er schon 1902 einmal überprüft hatte, ohne eine besondere Wirkung festzustellen. Der französische Chemiker Antoine Béauchamp hatte sie bereits 1863 hergestellt, bald nachdem sein Landsmann François Verguin das Fuchsin dargestellt hatte. 1902 hatte eine Berliner Firma, die Vereinigten Chemischen Werke in Charlottenburg, diese Verbindung unter dem Namen »Atoxyl« auf den Markt gebracht.

Atoxyl enthielt Arsen. So lag es nahe, das Präparat gegen Trypanosomen zu erproben. Arsen wirkte ja, wie schon Laveran festgestellt hatte, recht stark auf Trypanosomen. Daß Ehrlich einst nicht zu dem gleichen Ergebnis gekommen war, hing offenbar damit zusammen, daß er einen resistenten Stamm erwischt hatte. So hatte er nur eine »spärliche Wirkung« beobachten können.

1905 aber meldeten Forscher aus dem Liverpooler Tropeninstitut, Atoxyl sei doch gegen Trypanosomen wirksam, was bald durch weitere Berichte bestätigt wurde. Robert Koch rüstete eine große Expedition aus, um das Mittel gegen die Schlafkrankheit zu erproben.

Jetzt untersuchten Ehrlich und sein Chemiker Alfred Bertheim Atoxyl aufs neue und machten dabei eine erstaunliche Entdeckung: Die Formel von Béauchamp ist falsch – Atoxyl ist kein Arsensäureanilid, wie bisher allgemein angenommen, sondern vielmehr ein Aminoderivat der Phenylarsonsäure. Ehrlich nannte es Arsanil.

Das war weit mehr als eine chemische Korrektur. Hätte es sich nämlich wirklich um ein Arsensäureanilid gehandelt, wäre diese Verbindung nicht sehr ergiebig gewesen. Ehrlich hätte das Molekül nicht so vielfältig variieren können, wie er das bei Farbstoffen tat. Durch Alkalien und Säuren hätte sich Atoxyl lediglich wieder in seine ursprünglichen Komponenten auflösen lassen: in Anilin und Arsensäure.

Das Aminoderivat der Phenylarsonsäure hingegen war verwandlungsfähig. Die Reihe neuer Verbindungen, die sich schaffen ließ, je nachdem man Atomgruppen wegnahm oder neu hinzufügte, war beachtlich. Damit war, wie es Ludwig Benda, ein Chemiker von Cassella, formulierte, »der Synthese neuer Arsenverbindungen Tür und Tor geöffnet«.

Für die Forschungsarbeiten, die nun nötig wurden, brauchte Ehrlich eine Forschungsstätte, in der seine Vorstellung von chemotherapeutischen Heilmitteln von ein oder zwei Chemikern erprobt werden sollte, bis die Zauberkugel geschaffen war.

Ein fast unglaublicher Zufall kam Ehrlich hier zur Hilfe. In Berlin machte er die Bekanntschaft von Professor Ludwig Darmstaedter, Aufsichtsratsvorsitzender der Vereinigten Chemischen Werke AG, von denen die bekannte Lanolin-Seife, aber auch Atoxyl hergestellt wurde. Darmstädter hatte in Frankfurt eine Schwägerin, Frau Franziska Speyer, deren Mann, ein sehr vermögender Bankier, vor kurzem an Krebs gestorben war. Frau Speyer trug sich mit dem Gedanken, eine Stiftung ins Leben zu rufen, um das Andenken an ihren Mann Georg wachzuhalten. Darmstädter riet seiner Schwägerin, ein Institut für Paul Ehrlich zu stiften.

Am 6. September 1906 wurde das Georg-Speyer-Haus in Frankfurt eingeweiht. In seinem Vortrag über »Die moderne Chemotherapie« umreißt Ehrlich die Zielsetzung des neuen Instituts: »... Auch hier handelt es sich um das Problem, einen von bestimmten Parasiten infizierten Organismus dadurch zu heilen, daß man die Parasiten innerhalb des lebenden Organismus zur Abtötung bringt, also den Organismus sterilisiert, aber diesmal nicht mit Hilfe der auf dem Wege der Immunität von dem Organismus erzeugten Schutzstoffe, sondern mit Hilfe von Substanzen, die in der Retorte des Chemikers entstanden sind. Aufgabe des neuen Instituts ist also eine spezifische Chemotherapie der Infektionskrankheiten.«

Schon Nr. 306 ist wirksam

Das erste Präparat, das den Vorstellungen Ehrlichs entsprach – so toxisch wie möglich für die Parasiten, so untoxisch wie möglich für den Menschen –, war das Arsacetin, das im Laborbuch die Nummer 306 erhielt. Natürlich war es noch nicht die ersehnte Zauberkugel, aber es hatte eine starke Wirkung auf Trypanosomen, und wie sich herausstellte, auch gegen Spirochäten.

Eine bestimmte Gruppe unter den Spirochäten, Spirochäta pallida genannt, die »bleiche Spirochäte«, ist der Erreger der Syphilis, wie der deutsche Protozoenforscher Friedrich Schaudinn 1905 zusammen mit dem Dermatologen Erich Hoffmann herausgefunden hatte.

Quecksilber und Arsen gegen Syphilis

Ein wirkliches Heilmittel gegen diese von einem gesellschaftlichen Tabu umgebene Krankheit, die nicht nur als Unglück, sondern auch als Schande galt, wäre der Triumph der Chemotherapie. Es gab gegen die Syphilis auch schon in der Vergangenheit wirksame Mittel. Wenige Jahre nachdem die Seuche Europa überzog, zu Beginn der Neuzeit, entwickelten die Ärzte eine »Heilmethode«, indem sie Quecksilber verwendeten, das aus der arabischen Medizin bekannt war. Doch geschah dies in oft so barbarischen Dosierungen und Zubereitungen, daß nicht wenige Infizierte eher an der Behandlung als an der Krankheit selber starben.

Die Syphilis – auch Lues genannt – wütete in den ersten Jahrzehnten nach ihrem Auftreten stärker als in späteren Jahrhunderten. Äußere Zerstörungen an Haut und Knochen wurden damals fast regelmäßig beobachtet. Das ist im übrigen ein gewisses Indiz dafür, daß die Syphilis in der antiken Welt vielleicht wirklich unbekannt war. Nach einer Theorie wurde sie erst von den Matrosen des Kolumbus nach Europa verpflanzt, wo sie auf Menschen traf, die gegen die Erreger noch keine Abwehrkräfte entwickelt hatten.

Im Laufe der Zeit, besonders gegen Ende des 19. Jahrhunderts, wurde die Quecksilber-Behandlung wesentlich verfeinert. Wertvolle Beiträge lieferten hier in erster Linie der französische Venerologe Alfred Fournier und sein deutscher Kollege Albert Neisser.

Ehrlich, ein Schulfreund von Neisser, rechnete das Quecksilber zu den wenigen spezifischen Therapeutika, wie etwa auch Digitalis, die damals der Medizin zur Verfügung standen.

Ehrlichs Freund, August Wassermann, hatte 1905 zusammen mit Neisser und anderen Ärzten eine Methode gefunden, Syphilis im Blutserum festzustellen, die bald überall auf der Welt angewandte Wassermann'sche Reaktion. Doch trotz zahlloser Quecksilber-Kuren wollten nur wenige Ärzte bei Syphilis von Heilung sprechen. Zwar beseitigte das Quecksilber die äußeren

Erscheinungen, aber es war unbekannt, ob nicht doch nach vielen Jahren syphilitische Folgen in Form von schweren Erkrankungen beispielsweise der Aorta, des Gehirns oder des Rükkenmarks auftraten. Für viele Infizierte war diese Unsicherheit eine Quelle lebenslanger Angst, sie vergiftete ihr Leben.

Als Ehrlichs Arbeiten konkrete Formen annahmen, schien es zunächst selbstverständlich, daß die Vereinigten Chemischen Werke in Berlin seine Arsenpräparate herausbringen würden. Ludwig Darmstaedter war mit dem Unternehmen eng verbunden, und zudem produzierte es ja das Atoxyl, die Ausgangssubstanz für Ehrlichs weitere Arsenobenzole.

Da brach Streit zwischen Darmstaedter und der Leitung des Berliner Unternehmens aus. Man warf Darmstaedter vor, er vertrete die Interessen des Speyer-Hauses in stärkerem Maße als die des Unternehmens. Erbost über eine solche Unterstellung trat Darmstaedter aus dem Aufsichtsrat aus, obwohl die Verträge mit dem Speyer-Haus und Ehrlich unterschriftsreif vorlagen.

Ehrlich wandte sich nun zunächst an den Chef von Cassella, Arthur von Weinberg, der den Freund schon die ganze Zeit über nach Kräften unterstützt hatte. Würde sich die Firma einverstanden erklären, einen Vertrag mit dem Georg-Speyer-Haus über seine Arsenverbindungen zu unterzeichnen?

Fehlschläge mit Arsacetin

Doch Cassella hatte im Jahre 1904 ein Abkommen mit Hoechst geschlossen, wonach Arzneimittel künftig nur von Hoechst hergestellt werden sollten. (Wir werden auf dieses Bündnis im folgenden Kapitel noch ausführlich eingehen.) Da Ehrlich seit dem Tode von Laubenheimer keine unmittelbaren Beziehungen mehr zu Hoechst besaß, verfaßte von Weinberg selbst ein vermittelndes Schreiben an Gustav von Brüning.

Schon am 9. März 1907 war ein Vertrag mit Hoechst unter Dach und Fach. Es wurde vereinbart, daß das Speyer-Haus »das

Anrecht auf die von Ehrlich und seinen Mitarbeitern gefundenen Präparate überläßt«.

Noch war in diesem Abkommen nur von den Trypanosomen die Rede. Bald jedoch informierte Ehrlich Hoechst, er habe mittlerweile auch die Spirochäten ins Visier genommen – eine Mitteilung, die in den Farbwerken natürlich sehr positiv aufgenommen wurde, wo gerade über ein neues Quecksilber-Präparat diskutiert wurde.

An dem Reingewinn fiel dem Speyer-Haus eine Beteiligung von dreißig Prozent zu. Ehrlich wiederum besaß seit dem 10. November einen Vertrag mit dem Speyer-Haus, der ihm sechzig Prozent des sogenannten Angestelltenanteils der Summe sicherte, die das Speyer-Haus von Hoechst erhielt.

Die Zusammenarbeit zwischen dem Georg-Speyer-Haus und Hoechst wurde nun sehr eng. Hoechst brachte das »403« unter dem Namen »Arsacetin« heraus. Es wirkte sowohl gegen Trypanosomen wie auch gegen Spirochäten und wies geringere Nebenwirkungen auf als Quecksilber oder Atoxyl.

Aus dem Ausland kamen ebenfalls positive Berichte. Sie betrafen auch das Rückfallfieber. Diese Erkrankung, wissenschaftlich Rekurrens genannt, wird von einem bestimmten Spirochäten-Typ erzeugt, nämlich vom Spirochäte obermeieri, benannt nach seinem Entdecker, dem Bakteriologen Otto Obermeier.

Julius Iversen in St. Petersburg berichtete, Arsacetin sei zwar noch nicht die von Ehrlich im Sinne seiner »Therapia sterilisans« gesuchte Idealverbindung, doch sie bedeute bei der Bekämpfung des Rückfallfiebers einen großen Fortschritt.

Iversen schrieb nach der Behandlung von 104 Patienten: »Arsacetin wirkt auf die Spirochäta obermeieri in mächtiger Weise ein, die schon nach kürzester Zeit aus dem Blute verschwindet. Die subjektiven Symptome Kopfschmerzen, Gliederreißen sistieren, objektiv fehlt während des zweiten Rezidivs die Milzanschwellung und Gelbsucht. Das Allgemeinbefinden der Patienten bessert sich bedeutend.«

Bei Hoechst mußte man allerdings davor warnen, höhere Einzeldosen als 0,45 g Arsacetin zu verabreichen. Patienten, die an einer inneren Augenerkrankung leiden oder litten, durften überhaupt kein Arsacetin erhalten.

Bald aber trat die bittere Erkenntnis ein: Arsacetin schädigt in manchen Fällen die Sehnerven, Patienten können durch das Mittel erblinden. Auch die Behandlung der Schlafkrankheit durch Arsacetin, die Robert Koch auf einer Expedition in Afrika erprobte, brachte zwar Erfolge, aber hin und wieder wurden schwere Nebenwirkungen beobachtet, obwohl bei dieser Krankheit die erforderliche Dosierung niedriger war.

Hoechst und Ehrlich mußten sich eingestehen: Die mit Arsacetin verbundenen Hoffnungen hatten sich nicht erfüllt. Arsacetin war im Kampf gegen Syphilis nicht das ideale Präparat, wenngleich es sich in manchen Fällen dem Quecksilber als weit überlegen erwies.

Auch bei Arsenophenylglycin, Präparat 418, das sich im Tierversuch hervorragend bewährte, gab es Fehlschläge bei der Behandlung von Menschen.

Gute Nachricht aus Stockholm

Ehrlich und Hoechst ließen sich dadurch aber nicht beirren. Der Erfolg mußte sich eines Tages einstellen. »Rom ist auch nicht an einem Tag erbaut worden«, sagte Ehrlich bei einem Vortrag. »Wir müssen eben auf dem Weg fortschreiten, der uns jetzt klar vorgezeichnet ist.«

Das Jahr 1908 bescherte Ehrlich neben vielen Enttäuschungen auch einen großen Erfolg. Er wurde – zusammen mit Ilja Iljitsch Metschnikow vom Pasteur-Institut – für seine Arbeiten bei der Wertbestimmung des Diphtherieserums mit dem Nobelpreis ausgezeichnet. Das war natürlich eine starke Ermutigung und eine ungeheure Stärkung seines wissenschaftlichen Ansehens. Nach Behring (1901) und Koch (1905) war er der dritte deutsche Arzt, dem diese hohe Ehrung widerfuhr.

So langwierig sich die ständig neue Synthese von Arsenobenzolverbindungen auch darstellt, aus jetziger Sicht erscheint die

Zeit kurz, wenn man bedenkt, daß heute für ein Arzneimittel durchschnittlich zehntausend Verbindungen synthetisiert werden müssen und die Entwicklungszeit etwa zehn Jahre beträgt.

Im März 1909 kam ein neuer japanischer Mitarbeiter nach Frankfurt: Dr. Sahahiro Hata. Ehrlich hatte schon vor Monaten an einen alten Freund, Professor Kitasato, geschrieben, er brauche einen Assistenten, der in der Übertragung von Spirochäten-Infektionen auf Versuchstiere erfahren sei. Kitasato, jetzt Chef des Instituts für Infektionskrankheiten in Tokio, einst Mitarbeiter bei Robert Koch und Mitbegründer der Serumtherapie, hatte Hata ausgewählt.

Ehrlich berichtete über den neuen Mitarbeiter am 15. Mai 1909 an Hoechst: »Ich lasse jetzt hier im Institut durch einen ausgezeichneten Fachmann, Dr. Hata, Rekurrens eingehend bearbeiten, und es scheint, als ob die Klasse der halogenierten p-Oxyphenyl-arsinsäuren respektive deren Reaktionsprodukte uns weiterführen werden.«

Im Körper reduziert...

Schon seit einiger Zeit wurden im Speyer-Haus nicht mehr fünfwertige, sondern dreiwertige Arsenobenzole hergestellt. Die fünfwertigen zeigten sich im Reagenzglas unwirksam; sie wirkten erst, wenn sie im lebenden Organismus reduziert wurden. Da tat Ehrlich den entscheidenden Schritt, indem er vorschlug, dem Körper den Reduktionsvorgang abzunehmen und von vornherein Präparate mit einem dreiwertigen Arsenrest zu verwenden.

Später stellte er fest: »Die Hauptursache, die zum Salvarsan geführt hat, bildete die Erkenntnis, daß nur Reduktionsprodukte mit dem dreiwertigen Arsenrest imstande sind, parasitotrope Eigenschaften auszuüben.« Hata prüfte im Speyer-Haus systematisch alle bisher synthetisierten Verbindungen, ob es sich nun um die ersten Farbstoffpräparate oder um die neuesten Arsenobenzole handelte. Er untersuchte ihre Wirkung gegen Trypanosomen-Infektionen bei Mäusen und bei Spirochäten-Infektionen sowie bei dem Rückfall-Fieber und der Hühner-Spirillose.

Auch die Beeinflussung auf Syphilis-Spirochäten konnte Hata nun überprüfen. Italienischen Forschern war es nämlich gelungen, Kaninchen mit Syphilis zu infizieren, eine wesentliche Voraussetzung für die Entwicklung der Arsenverbindungen.

Ende Mai testete Hata das Präparat »592«. Es erschien recht vielversprechend, denn nach den ersten Experimenten meldete Hata, daß diese Diamino-dioxy-arsenobenzol-Verbindung im Tierversuch sehr wirksam sei. Zum erstenmal blieben auch die Vergiftungserscheinungen aus.

Die Chemiker Alfred Bertheim vom Speyer-Haus und Ludwig Benda von Cassella erhielten den Auftrag, die neue Substanz reiner und besser löslich zu machen.

Das Präparat »606«

Ehrlich gab dem Präparat die Labornummer »606«. Er ahnte zunächst natürlich nicht, daß es diese Verbindung ist, die den ganz großen Erfolg bringen würde. Er hatte schon zu viele Enttäuschungen erlebt. Seine Hoffnungen wuchsen jedoch, als sich Anfang Juni herausstellte, daß »606« auch die Spirochäten des Rückfallfiebers abtötet. Diese Spirochäten-Art ließ sich, wie Ehrlich wußte, am schwersten beeinflussen. Gerade hier mußte sich »ein wirklicher Fortschritt in der Heilwirkung besonders eklatant« dokumentieren.

In den Besprechungen mit Hoechst über die Entwicklung neuer Arsenobenzole streifte Ehrlich das »606« zunächst nur ganz kurz. Immerhin ließ Hoechst das Diamino-dioxy-arsenobenzol, so der chemische Name von »606«, am 10. Juni 1909 patentieren. In der Patentschrift ist allerdings nur davon die Rede, wie günstig die neue Verbindung auf Rückfall-Spirochäten wirke.

Am 24. Juni schrieb Ehrlich an Hoechst: »Dann wollte ich noch bemerken, daß auch ferner die Anwendung des Diamino-dioxy-arsenobenzols – das übrigens im Gegensatz zum Tetrachlordioxy-arsenobenzol auch auf Trypanosomen gute Wirkung ausübt – bei Rekurrens sich sehr zu bewähren scheint, so daß ich die Hoffnung hege, daß dieses Mittel bei Spirochätenkrankheiten, insbesondere Rekurrens und vielleicht Syphilis, einen großen Fortschritt bedeuten wird.«

Erste Erprobung am Menschen

Ehrlich forderte die Kollegen bei Hoechst auf, mehrere Kilo Diamino-dioxy-arsenobenzol vorzubereiten, »damit es gleichzeitig an den verschiedenen Stellen bei differenten Krankheiten an Mensch und Tier ausprobiert werden kann«.

Im September bat er seinen Kollegen Konrad Alt, der in Uchtspringe eine Nervenheilanstalt leitete, das Mittel zu erproben. Zu seinen Patienten gehörten viele, die an progressiver Paralyse litten, der furchtbaren Folgeerkrankung der Syphilis.

Diese im Volksmund »Hirnerweichung« genannte Krankheit, bei der die Hirnzellen schwer geschädigt werden, trat allerdings nur bei etwa fünf Prozent der – in diesem Fall meist unbehandelten – Infizierten auf. In der Regel führte die Paralyse nach etwa fünf Jahren zum Tode, vorher oft zu schwerwiegenden geistigen Schäden.

In solch hoffnungslosen Fällen schien der Einsatz von »606« angebracht. Zwei Oberärzte der Klinik testeten zunächst »606« am eigenen Körper. Danach injizierte Alt den ersten Kranken intramuskulär Dosen von 0,3 g alkalisch gelöstes »606«. Die Resultate waren erfreulich, wie Alt in einem Telegramm an Ehrlich berichtete.

Wirkliche Heilungen von progressiver Paralyse – so wie später durch Penicillin – dürfte es allerdings bei »606« nicht gegeben haben. Die Verbindung durchdringt nur sehr schwer die sogenannte Blut-Hirnschranke, kann also gerade in dem Gewebe nicht wirken, wo es in diesem Fall von Notwendigkeit wäre: im Nervengewebe.

Bei den frühen Formen der Syphilis, vor allem im ersten und zweiten Stadium, erwies sich »606« allerdings als sehr wirksam.

Schwierige Großproduktion

Bei Hoechst richtete man sich nun auf die Großproduktion des Präparates ein, das »Salvarsan« getauft wurde, »heilendes Arsen«. Der Chemiker Dr. B. Reuter würde die Herstellung leiten. Im Georg-Speyer-Haus waren von Dr. Bertheim bisher nur kleine Mengen »606« produziert worden. Das geschah, wie der Praktiker Reuter fand, in einer komplizierten Apparatur, die aus vielen Glasglocken und Glasbüretten bestand und somit für die fabrikmäßige Herstellung vollkommen ungeeignet war.

Aber auch die Chemiker bei Hoechst vergossen bei der Herstellung des sehr empfindlichen Präparats noch sehr viel Schweiß. Die erste »Produktionsanlage« war ein 30-Liter-Kessel in einem Wasserbad. 197 g Nitro-oxybenzolarsensäure und 135 Kubikzentimeter Natronlauge wurden in viereinhalb Liter Wasser gelöst. Schon in einem Tag war dieser erste Ansatz fertiggestellt. Reuter konnte am 9. Juli 1910 das erste Produkt in das Speyer-Haus schicken.

Bei der Übertragung in einen größeren Maßstab zeigten sich dann zahlreiche Schwierigkeiten. Da »606« hochempfindlich gegenüber Sauerstoff war, mußte entweder im Vakuum oder unter Kohlendioxyd gearbeitet werden. Aber auch das Abfüllen und Zuschmelzen von Ampullen mußte von den Arbeitern erst gelernt werden.

Reuter hatte im Juli 1910 mit drei Kollegen begonnen, die Produktion von »606« einzurichten. Im November 1910 waren bereits 25 Mitarbeiter mit dem Wiegen und Pulverisieren beschäftigt, während 20 Mann die Ampullen zuschmolzen. Bald waren in dem neuen Salvarsan-Betrieb drei Chemiker, ein Aufseher, acht Arbeiter mit Wochenlohn und 46 mit Tagelohn beschäftigt – insgesamt also eine Belegschaft von 58 Mitarbeitern.

Kranke kommen nach Höchst

Diese Zahlen zeigen, auf welche enorme Nachfrage nach Salvarsan sich Hoechst einrichtete. Obwohl der Kreis der Dermatologen und Venerologen zunächst sehr klein war, die in die klinische Prüfung eingeschaltet wurden, verbreitete sich die Kunde von einem effizienten Heilmittel gegen die Syphilis wie ein Lauffeuer. Patienten, bei denen Quecksilber versagte oder wo dies zumindest zu befürchten war, bestürmten ihre Ärzte, sie mit Salvarsan zu behandeln. Doch den wenigsten stand das Mittel zur Verfügung. So strömten die Kranken nach Höchst. Sie hofften, direkt am Herstellungsort an das rettende Heilmittel heranzukommen.

Der Salvarsan-Betrieb mußte deshalb mit einem Zaun umgeben werden. Jeden Abend brachten die Abschmelzer die Ampullen in das Hauptbüro, wo die Fläschchen gezählt und in einem eisernen Schrank verwahrt wurden. »Schwerreiche Kranke hätten damals einige tausend Mark für ein paar Ampullen gegeben«, berichtete später der Pharma-Angestellte Jakob Wüst.

Nicht nur medizinische Fachzeitschriften, sondern auch Illustrierte veröffentlichten überschwengliche Artikel über das neue Mittel. Paul Ehrlich, dessen Name trotz Nobelpreis nur einer kleinen Fachwelt vertraut war, wurde zum populären Mann. Die Zeitschrift »Jugend« brachte ebenso wie die »Berliner Illustrirte« sein Bild auf der Titelseite.

Die in Berlin erscheinenden »Lustigen Blätter« empfahlen als Toast für ein »Ehrlich-Hata-Bankett«: »Hata – Hoch! Ehrlich – Höher! Farbwerke – Hoechst!« Ein Witzblatt reimte: »Vorüber sind die Tage der Angst, der Pein, des Schrecks. Vorüber alle Plage, Hurra 606!«

So frivol sich das auch anhören mag – vermutlich gehörte dies alles zu dem Gefühl der Befreiung, die eine Welt ohne Syphilis verhieß, vorstellbar nur wieder heute – in einer Zeit, wo Aids die Menschen in Furcht versetzt.

Doch Ehrlich, der sich mit jedem Bericht über sein »606« auseinandersetzte, litt inmitten des Jubels, der ihn nun umgab, an einem Alptraum: Wäre es nicht möglich, daß schwere Nebenwirkungen erst nach einiger Zeit der Anwendung auftauchen würden, so wie dies bei den Salvarsan-Vorläufern Arsacetin und Arsenophenylglycin der Fall gewesen war?

Rund 60000 Ampullen wurden kostenlos an Ärzte zur Prüfung abgegeben, jeder Bericht eingehend geprüft. Es war das bisher größte Arzneimittel-Monitoring. Erst dann wurde Salvarsan unter dem zunehmenden Druck der Ärzteschaft im Dezember 1910 freigegeben. Es war als gelbes Pulver in zugeschmolzenen Röhrchen in Dosierungen von jeweils 0,6 g erhältlich.

Dank an die Mitarbeiter

Es gehörte zu Ehrlichs nobler Art, daß er in seiner ersten großen Veröffentlichung über das Salvarsan die Namen der zahlreichen Mitarbeiter nannte, »die sich mit voller Hingebung und größtem Geschick ihrer Aufgabe widmeten. Ich erwähne hier dankbar als ständige Mitarbeiter: Dr. Shiga, Dr. Franke, Dr. Roehl, Dr. Browning, Fräulein Gulbranson, Fräulein Leupold. Hand in Hand mit den Biologen arbeiteten in vorzüglicher Weise die Chemiker. Dank schulde ich insbesondere den Mitarbeitern der chemischen Abteilung, den Herren Dr. Kahn, Dr. Bertheim und Dr. Schmitz für ihre wertvolle Hilfe. In letzter Zeit haben die Höchster Farbwerke, vorm. Meister Lucius & Brüning, mir wertvolle Unterstützung gewährt, wofür ich ihnen auch an dieser Stelle meinen Dank aussprechen möchte; auch der Firma Leobold Cassella & Co. bin ich den gleichen Dank schuldig.«

Das Salvarsan wirkt

Salvarsan hatte einen großen Nachteil: Es war schwer löslich und konnte deshalb nur in größerem Volumen gespritzt werden. In der ersten Zeit geschah dies intramuskulär.

Im Georg-Speyer-Haus wurden deshalb jetzt neue Versuche angestellt. Durch die Überführung der Salvarsanbase mit Natriumphenolat gelang es schließlich, Salvarsan leichter löslich und so für die intravenöse Injektion geeigneter zu machen. Das neue Präparat besaß die Labornummer 914 und wurde Neosalvarsan getauft. Es besaß nur mehr einen Arsengehalt von etwa 19 Prozent, das ursprüngliche Präparat dagegen 32, was den Vorteil hatte, daß die Dosierungen erhöht werden konnten.

Ehrlich behielt zeit seines Lebens eine Vorliebe für »Alt-Salvarsan«, doch die Mehrzahl der Ärzte verwendete nun das neue Medikament. Ein regelrechter Vernichtungsfeldzug gegen die Syphilis wurde eingeleitet. Schon bald zeigten sich große Erfolge: Binnen fünf Jahren sank die Zahl der Syphiliserkrankungen in Frankreich, England und der Schweiz auf genau 50 Prozent, in Holland auf 25 und in den nordischen Ländern sogar auf 20 Prozent.

Auch eine der größten, mit der Lues verbundenen Tragödien wurde seltener: Da nun auch schwangere Frauen effektiv behandelt werden konnten, starben weit weniger Kinder im Mutterleib oder kamen mit angeborener Syphilis auf die Welt.

Am größten waren die Aussichten auf Erfolg, wenn an Syphilis erkrankte Frauen so früh wie möglich behandelt wurden, also bereits in den ersten Monaten der Schwangerschaft. Bei Auftreten der ersten äußeren Anzeichen der Krankheit, und sowie die Blutuntersuchung eine positive Wassermann-Reaktion ergab, mußte die sofortige Medikation einsetzen.

Schon bei der einmaligen Injektion von nur 0,6 g Salvarsan wurde die Geburt von gesunden Kindern beobachtet. In der Regel entschieden sich die Ärzte für mehrere Gaben von Salvarsan oder Neosalvarsan, von 0,2 g ansteigend bis 0,6 g. Die gesamte Dosis betrug zumeist zwischen 1,5 und 3 g Salvarsan.

Die Aussicht auf ein lebendes, gesundes Kind stieg mit der Zahl der Injektionen. Die meisten Frauen vertrugen Salvarsan gut. In seltenen Fällen allerdings kam es zu Frühgeburten oder zu Nieren- und Leberschädigungen. Ein Teil der Kinder, der bei der Geburt frei von Syphilis schien, wurde später dennoch von der Krankheit befallen, allerdings in viel milderer Form als gewöhnlich und mit Salvarsan wirksam zu behandeln.

Auch syphilitische Kinder, deren Mütter nicht behandelt worden waren, und die vielleicht gar keine Kenntnis von der Infektion hatte, wurden erfolgreich behandelt.

Schon bald nach der Freigabe des Mittels stellte der Kliniker Leonor Michaelis in der Berliner Medizinischen Gesellschaft ein fünf Wochen altes Kind vor, das syphilitische Exantheme am ganzen Körper und Schuppenbildungen an Händen und Füßen aufwies.

Acht Tage später waren alle Erscheinungen restlos zurückgegangen. Das Exanthem war völlig verschwunden, an Händen und Füßen hatte sich neue, normale Haut gebildet. Nur ein Schnupfen, der zu den häufigen Erkrankungen syphilitischer Kinder gehörte, bestand noch weiter. Natürlich war damit nicht jegliche Gefahr beseitigt. Da oft nach Jahren noch die Syphilis zurückkommen konnte, mußten die Kinder ständig unter ärztlicher Kontrolle sein – eine Zeit voll bangen Wartens und bedrückender Ungewißheit.

Kämpfe um das Salvarsan

Trotz dieser Erfolge des Medikaments formierte sich bald eine Schar von lautstarken Gegnern: da waren Ärzte, die nicht vergessen konnten, daß sie nicht zu dem Kreis der Erprober gehört hatten; da gab es Anhänger naturkundlicher Heillehren, die in einer chemisch erzeugten Substanz ein »Gift« sahen, schlimmer als die Syphilis selbst; da gab es religiöse Fanatiker, die klagten, Salvarsan komme gewissermaßen der Rache Gottes zuvor, denn jegliche Fleischessünde müsse bestraft werden. Schließlich gab es auch Salvarsan-Gegner, die es nicht hinnehmen wollten, daß der Schöpfer dieser Verbindung Jude war, ebenso wie ein nicht geringer Teil der Dermatologen. Antisemitismus war im Kaiserreich durchaus verbreitet, wenngleich nicht in dem Maße wie etwa in Rußland oder Frankreich.

Auch der Preis von Salvarsan stieß bald auf scharfe Kritik. Er schien tatsächlich mit zunächst zehn Mark für eine Ampulle als sehr hoch, doch gestaltete sich die Herstellung der so empfindlichen Substanz als außerordentlich schwierig und aufwendig.

Ehrlich bedrückte dieser »Salvarsan-Krieg« tief. Als der Erste Weltkrieg ausbrach und die Kämpfe um das Salvarsan verstummten, sagte er zu einem Bekannten: »So sehr dieser schreckliche Krieg auf uns allen lastet, für mich hat er ein Gutes gebracht: das Ende des Salvarsan-Streits.«

Mit dem Beginn des Krieges verhängte die Reichsregierung ein Ausfuhrverbot für Salvarsan, da es nicht sicher schien, ob Hoechst den steigenden Bedarf decken konnte.

Später wurde dieses Ausfuhrverbot wenigstens für neutrale Länder aufgehoben. Angesichts der Seeblockade, die Großbritannien gegen die Mittelmächte verhängte, war es allerdings schwierig, die so begehrte Arznei zu erhalten.

Als sich das englische Blockade-Netz immer stärker zuzog, setzte Deutschland ein spezielles Handels-Unterseeboot, das »U-Deutschland«, ein. Der Kapitän Paul König brachte mit seinem U-Boot Salvarsan und Farbstoffe in die bis 1917 neutralen Vereinigten Staaten.

Widerrechtliche Salvarsan-Produktion im Ausland

Die meisten Gegner Deutschlands aber blieben von dem Salvarsan-Nachschub völlig abgeschnitten. Und dabei stieg die Zahl der Geschlechtskrankheiten steil an, wie stets in Kriegszeiten. Hatten schon vorher einige Firmen in Frankreich und England Salvarsan-Kopien auf den Markt gebracht, so geschah dies nun mit der offiziellen Unterstützung der Regierungen.

Die Hoechst in England oder Frankreich erteilten Patente wurden dabei zunächst ignoriert, später kurzerhand konfisziert. Schon 1915 wurden Salvarsan und Neosalvarsan in Kanada und England hergestellt, in England in dem früheren Hoechst-Betrieb.

Die Gründer von Hoechst: Karl Friedrich Wilhelm Meister (oben links), Eugen Lucius (oben rechts), Adolf Brüning (unten)

Berlin. 14/4. 80.

Lieber Doctor Greiff.

Mit ziemlicher Sicherheit habe
ich erfahren daß das von
B. hier angemeldete Patent
die künstliche Darstellung
des Indigo zum Gegenstand
hat. Die Ausführung sei
einfach und schön nur
der Preis des Ausgangs
Materials vor der Hand
zu hoch. Unter diesen
Umständen müssen wir
Alles aufbieten mit dabei
zu sein. Zu dem Zweck
werde ich wahrscheinlich
Montag oder Dienstag nach
München kommen auf
die Gefahr hin daß B.

Der Brief Brünings über den Indigo

nicht sehr von meinem
Besuche erbaut sein wird. Theilen
Sie mir Ihre Ansicht da-
rüber mit. Im Übrigen
behandeln Sie die ganze
Sache sehr diskret und
engagiren Sie sich für
uns nicht mehr wie
nöthig. Briefe und Tele-
grammen richten Sie ge-
fälligst nach Frankfurt a/M
wo ich Samstag oder Sonntag
eintreffen werde. Mit
freundschaftlichem Gruss Ihr

L Brüning

Die Gründer der Bayer AG: Friedrich Bayer (oben) und Friedrich Weskott (unten)
(Archiv Bayer AG)

Nachdem sich die USA 1917 an die Seite Englands und Frankreichs in den Krieg gegen Deutschland stellten, wurde auch dort die Salvarsan-Produktion mit allen Mitteln in Gang gebracht, die der hochentwickelten Industrie zur Verfügung standen.

Auch in Japan, ebenfalls inzwischen Kriegsgegner Deutschlands, wurde Salvarsan hergestellt. Ehrlichs ehemaliger Mitarbeiter Hata schrieb am 12. August 1915 an seinen ehemaligen Chef, es widerstrebe ihm im Gedenken an die gemeinsamen Mühen von einst zwar außerordentlich, nun in Japan eine Salvarsan-Herstellung zu beginnen. Unter dem Zwang des Krieges aber sehe er keine andere Möglichkeit.

In den Farbwerken analysierte man all die ausländischen Arsenpräparate genau. Natürlich entsprachen die Verbindungen, die aus den beschlagnahmten Niederlassungen in Creil in Frankreich und Ellesmere Port stammten, in ihrer Qualität weitgehend jenen von Hoechst. Andere Präparate dagegen schnitten bei diesen Prüfungen schlecht ab; manche erwiesen sich als nahezu wirkungslos oder hatten starke Nebenwirkungen.

Bei Hoechst wurde ständig an der Weiterentwicklung des Salvarsans gearbeitet: 1914 kam das Natrium-Salvarsan heraus, danach das Kupfer-Salvarsan.

Duisberg gewinnt Roehl für Bayer

Bei Bayer hatte Carl Duisberg natürlich sehr genau die erfolgreiche Zusammenarbeit zwischen Hoechst und dem Speyer-Haus verfolgt. Nun strebte man eine ähnliche Zusammenarbeit zwischen Medizinern und Chemikern an. Duisberg suchte dafür nur noch eine geeignete Persönlichkeit.

Fast zufällig ergab sich eine Verbindung zwischen Bayer und dem Biologen Dr. Wilhelm Roehl, der einige Zeit die biologische Abteilung des Speyer-Hauses leitete. Im Hygienischen Institut der Universität Gießen sollte Roehl, ähnlich wie Ehrlich für Hoechst, chemotherapeutische Untersuchungen für Bayer vornehmen. Doch dann wurde Roehls Chef, Professor Hermann

Kossel, nach Heidelberg berufen. Jetzt erschien es fraglich, ob Roehl in Gießen so selbständig weiterarbeiten konnte, wie unter Kossel geplant. Während Roehl noch schwankte, ob er in Gießen bleiben oder mit Kossel nach Heidelberg gehen sollte, lernte er bei einem Kongreß Carl Duisberg von Bayer kennen. Duisbergs faszinierende Persönlichkeit verfehlte ihre Wirkung auch auf Roehl nicht. Er verzichtete auf eine weitere akademische Karriere und ging ganz nach Elberfeld.

1911 zog er in ein kleines Wohnhaus am Kiesberg in Elberfeld, das zu einem chemotherapeutischen Institut umgestaltet worden war. Es wurde zur Geburtsstätte von Präparaten, die dem Bayer-Kreuz höchste Achtung in aller Welt einbrachten, ob es sich um »Germanin« (»Bayer 205«) gegen die Schlafkrankheit oder um Plasmochin gegen die Malaria handelte.

Waffen gegen Bakterien

Roehl starb 1929 an einer Infektion, die er sich auf dem Balkan zugezogen hatte. Seine Aufgaben wurden von einem Mediziner übernommen, der als junger Soldat im Ersten Weltkrieg das große Sterben an Wundinfektionen in den Lazaretten erlebt hatte und von dem Gedanken erfüllt war, eine chemische Substanz gegen Bakterien zu finden – ebenso wie ein schottischer Stabsarzt auf der anderen Seite der Front. Der junge deutsche Arzt hieß Gerhard Domagk – der schottische Alexander Fleming. Der eine fand die Sulfonamide – der andere das Penicillin.

Kapitel 3

Der elektrische Strom und die Chemie

Chlorverbindungen haben eine Schlüsselfunktion bei Pflanzen, Tieren und Menschen. Chlor ist ein Bestandteil des lebenswichtigen Salzes, und unsere Magensäure ist nichts anderes als verdünnte Salzsäure, die wiederum vorwiegend aus Chlor besteht.

Seine Bedeutung für die chemische, ja für die gesamte Industrie, verdankt Chlor seiner Reaktionsfreude. Es kommt deshalb in der Natur kaum frei vor. Es ist eingebunden in Mineralien, Steinsalz und Meersalz und damit nahezu überall verbreitet. Als Arbeitsmittel in Laboratorien, sei es als Reagenz oder als Zwischenprodukt, ist es in der Industrie unersätzlich. Viele Farbstoffe, Silikone, Fluorkunststoffe, Polycarbonate und Polyurethane, Titanoxid oder auch hochreines Silicium für die Herstellung von Mikrochips benötigen für die Zwischenstufen ihrer Herstellung Chlor.

Doch gibt es bei so vielen Vorzügen auch Nachteile. Manche Chlorverbindungen und einige chlorierte Kohlenwasserstoffe haben sich unter normalen Bedingungen als schwer abbaubar erwiesen. Sie können sich über die Nahrungskette in Menschen und Tieren akkumulieren. Die chemische Industrie erforscht deshalb das Umweltverhalten chlorenthaltender Stoffe sehr genau, entwickelt geeignete Recyclingsysteme und bemüht sich um eine umweltgerechte Entsorgung der Rückstände. Es wird sorgfältig kontrolliert und die Abfallverbrennung mit Rauchgasreinigung weiter ausgebaut.

Mit einer Jahresproduktion von rund 500000 Tonnen gehört Hoechst zu den größten Chlorherstellern. Fünf Chloralkalielektrolysen sind in diesem Konzern in Betrieb. Zwei Elektrolysen stehen im Stammwerk Hoechst, zwei in Bayern (in den Werken Gendorf und Gersthofen) und eine weitere in Knapsack bei Köln.

Daß ausgerechnet das Werk Griesheim keine dieser Anlagen besitzt, erscheint verwunderlich, denn in Griesheim schlug einst die Geburtsstunde der Elektrochemie. Hier, in der Nachbarschaft vom Stammwerk, lief 1891 die erste Elektrolyse an, rechtzeitig zur Welt-Elektrizitätsausstellung in Frankfurt – eine technische Sensation ersten Ranges. Aus Kochsalz wurde Chlor und Natronlauge gewonnen.

Das Werk Griesheim, in dem heute 3000 Menschen arbeiten, erlaubt sich aber eine besondere Paradoxie: Die Tochter ist sieben Jahre älter als die Mutterfirma.

Die kleine Gemeinde Griesheim war allerdings nicht der Gründungsort, sondern der Frankfurter Vorort Bockenheim. Am 20. Mai 1856 genehmigte der Große Rath der Freien Stadt Frankfurt die Gründung einer »Actiengesellschaft für landwirtschaftlich-chemische Fabrikate«. Ins Leben gerufen wurde sie von den Frankfurter Bürgern Jean Andreae-Winckler, Friedrich Roessler und J. F. Sarg.

Zu den ersten Griesheimer Produkten gehörten Schwefelsäure, Salpetersäure aus Chilesalpeter, Kupfervitriol, Knochenmehl und Kunstdünger. 1859 konnte dann der erste Soda-Handofen nach dem Leblanc-Verfahren in Betrieb genommen werden – ein stolzer Tag für Griesheim.

Leblanc erntet Soda – und Undank

Die schlichte Soda war Ende des 18. Jahrhunderts neben der Schwefelsäure der Universalstoff schlechthin für viele Zweige der emporwachsenden Industrie. Das »weiße Gold« wurde zur Herstellung von Seife für die Reinigung der inzwischen aufgekommenen Baumwolltextilien in großen Mengen benötigt. Auch Glashütten bezogen die Soda zentner- oder gar tonnenweise. Früher war Ägypten dank seiner Natronseen der Hauptlieferant dieses begehrten Produkts. Es hatte sich jedoch herausgestellt, daß auf Dauer der steil anwachsende Bedarf nicht mehr auf die althergebrachte Weise zu decken war. In bemerkenswerter Voraussicht setzte die französische Akademie schon 1775 einen Preis von 12000 Livres für denjenigen aus, der einen Weg zur Sodazubereitung wies.

Von Rechts wegen hätten diese Prämie der französische Arzt Nicolas Leblanc und der Apotheker Dizé verdient. Beide waren nach mehrjährigen schwierigen Versuchen auf den richtigen Weg gestoßen: Natriumsulfat, Kalkstein und Kohle wurden in einem Flammenofen erhitzt. Die »Substanz gelangt in breiförmigen Fluß, schäumt auf und verwandelt sich in Soda, welche sich von der Soda des Handels nur durch einen weit höheren Gehalt unterscheidet«, so hatte Leblanc über diese ersten geglückten Versuche berichtet.

Der Arzt, der zum Chemiker geworden war, ließ eine eigene Fabrik errichten, die 1791 ihren Betrieb aufnahm. Als Leblanc jedoch die ersten paar hundert Pfund Soda angesammelt hatte, wurde das Werk konfisziert. Die Revolution ging über das Land. Sein Gönner und Finanzier, der Herzog von Orléans, wurde von einem Revolutionstribunal zum Tode verurteilt und die Fabrik geschlossen. Das Patent wurde für nichtig erklärt und Leblanc der Akademiepreis verweigert.

Der Erfinder beging im Armenhaus Selbstmord – seine Hinterlassenschaft setzte sich jedoch überall in der Welt durch. Besonders das industriell versierte England baute bald Dutzende von Sodafabriken. Sie sättigten fast den gesamten europäischen Markt und verstärkten die Vorrangstellung, die Technik und Wirtschaft des Landes überall besaß.

Bittere Nachricht für Griesheim

Der Verbrauch an Schwefelsäure war schon damals Maßstab und Gradmesser für die industrielle Entwicklung eines Landes. Die Textilhersteller verwendeten Schwefelsäure zum Veredeln der Gespinstfasern, in der Metallindustrie war sie unentbehrlich als Trennungsmittel für die Erze, in der Zwischenprodukte- und Farbstoff-Chemie war sie eine Grundchemikalie, und die Düngemittelfabrikation brauchte Schwefelsäure für ihren Phosphatdünger.

Dieser Industriezweig hatte sich ebenfalls stürmisch entwikkelt. Den Anstoß dazu hatte der Nestor der deutschen chemischen Wissenschaft, Justus Liebig, gegeben. Bereits 1840 forderte er in seinem Werk »Die Anwendung der Chemie auf Agrikultur und Physiologie«, daß dem Boden an Mineralstoffen wiedergegeben werden müsse, was ihm von den angebauten Früchten entzogen wurde.

Besonders aber die expansionsfreudige Teerfarbenindustrie verlangte nach Schwefelsäure. Jahrhundertelang wurde sie in Bleikammern hergestellt. Als Rohstoff diente Schwefelkies, als Katalysator Salpetersäure.

Griesheim wurde schon allein aufgrund seiner günstigen Lage – nur fünf Kilometer von Höchst entfernt – zum großen Säurelieferanten der Farbwerke. Zunächst handelte es sich nur um bescheidene Mengen. Mit dem schnellen Aufschwung der Farbenproduktion vollzog sich jedoch auch in Griesheim eine rasche Ausweitung der Produktion. Doch dann kam der Tag, an dem in Griesheim ein Schreiben von Hoechst eintraf, mit dem die Verträge über Säurelieferungen gekündigt wurden.

In Höchst hatte man den Entschluß gefaßt – es war im Jahre 1880 –, eine eigene Säurefabrik zu errichten. Dies war der erste und durchaus logische Schritt für die später fast völlig vertikale Gliederung des Unternehmens. Im Gegensatz zu den ersten, reichlich eruptiv entstandenen Anlagen wurde die Säurefabrik nach einem auf lange Frist zugeschnittenen Plan gebaut.

Der Verbrauch war derart hoch, daß die Anlagen ständig erweitert werden mußten, um den Bedarf noch decken zu können. Bereits 1895 hatte Hoechst den Bleikammerbetrieb auf zehn Systeme, fünf Stücköfen, sieben Feinkiesöfen und insgesamt 22 Konzentrationstürme hochgeschraubt.

Sechs Jahre danach wurden bereits 40000 Tonnen Schwefelsäure erzeugt. Dazu kamen noch 9300 Tonnen Oleum, also rauchende Schwefelsäure, die vor allem für die Alizarinherstellung benötigt wurde.

Die Herstellung dieser rauchenden Schwefelsäure geschah in Platin- oder besser Goldkesseln, da andere, empfindlichere Metalle von dieser hochkonzentrierten Flüssigkeit angegriffen und zerstört werden. Trotz der von Hoechst erzeugten enormen Mengen mußte zeitweilig noch zusätzlich Schwefelsäure gekauft werden. Dann aber trat Rudolf Knietsch von der BASF mit seinem neuen Kontaktverfahren auf den Plan, das die »Badische« zum größten Schwefelsäureproduzenten Deutschlands machen sollte. Jetzt waren der Herstellung keine quantitativen Grenzen mehr gesetzt.

Die Tatsache, daß die spätere Firmenmutter ihre künftige Tochter derart lieblos behandelte, war für Griesheim ein schwerer Schock. Doch es war nur im ersten Augenblick ein Unglück. Von ihrem Hauptabnehmer anorganischer Säuren im Stich gelassen, mußten sich die Griesheimer Chemiker auf die Suche nach einer neuen Produktionsbasis machen. Sie steckten sich dabei ein ebenso verlockendes wie schwer zu erreichendes Ziel: die Zersetzung von Kochsalz durch elektrischen Strom in der Elektrolyse-Apparatur. Bei diesem Verfahren wird der Strom über Elektroden durch die Kochsalzlösung geleitet. Die Ionen werden gewissermaßen sortiert. Am negativen Pol, der Kathode, bildet sich Natronlauge und Wasserstoff, am positiven Pol, der Anode, Chlorgas.

Werner von Siemens und sein Dynamo

Die zunächst noch visionären Möglichkeiten der Elektrolyse hatten die Chemiker seit Beginn des 19. Jahrhunderts nicht mehr ruhen lassen. Genauer gesagt, seit dem Jahre 1801. Damals hatte der Professor der Berliner Bauakademie P. L. Simon als erster die Beobachtung gemacht, daß sich in einer Kochsalzlösung am positiven Pol einer Stromquelle Chlor ansammelte.

So interessante Theorien sich daran knüpfen ließen – auch hier war von der Laboratoriums-Observation bis zum technischen Großverfahren noch ein weiter Weg zurückzulegen. Ein Vierteljahrhundert mußte bis zur Entdeckung des Faraday'schen Gesetzes vergehen, das die theoretischen Grundlagen für die Elektrolyse schuf.

Als dann noch Werner von Siemens im Jahre 1866 – drei Jahre nach der Gründung von Hoechst – sein elektrodynamisches Prinzip aufstellte, und vor allem nach dem Bau seiner ersten Dynamomaschine, war das Fundament für die Elektrochemie gelegt. Denn erst der Dynamo machte den Strom so billig, daß er in großen Mengen für die chemische Technik eingesetzt werden konnte.

Elektrolyse nicht der einzige Ausweg

In dem von der Absatz-Stagnation bedrohten Griesheim hatte man sich zunächst nicht nur auf die Alternative der Elektrolyse besonnen. Der erste Gegenzug auf das Hoechster Vorgehen bestand vielmehr in der Errichtung von Produktionsstätten für Nitrobenzol und Anilin in Griesheim. So wurde Griesheim zunächst einmal zum Eigenverbraucher eines Teils seiner Schwerchemikalien und weiter zum Lieferanten von Zwischenprodukten für die Farbenfabriken. Es entstanden zwei neue Fertigungsstätten in Griesheim: eine Anilinfabrik und das Chemikalienwerk Mainthal.

Solvay verdrängt Leblanc

Beiden Werken blieb ein bescheidener Erfolg nicht versagt. Doch war der Ausfall der Lieferungen an Hoechst für Griesheim ein kaum zu verschmerzender Verlust. Aber auch aus einem anderen Winkel zogen dunkle Wolken herauf: Für den Belgier Ernest Solvay war das Leblanc-Verfahren nicht der Weisheit letzter Schluß. Er zog es vor, ein bereits im Jahre 1811 gefundenes Verfahren aufzugreifen, das Kochsalz und Ammoniumbicarbonat (aus Ammoniak und Kohlensäure) in wäßriger Lösung zur Reaktion brachte.

Das Verfahren war jedoch zu unwirtschaftlich, obwohl das Ammoniak (NH_3) zurückgewonnen wurde. Solvay arbeitete, immer hart am Rande des Konkurses balancierend, unter schweren finanziellen Opfern. Schließlich gelang es ihm, seine Methode technisch so zu gestalten, daß sie dem Kriterium der Wirtschaftlichkeit standhalten konnte.

Noch zwei weitere Punkte sprachen für Solvays Verfahren: es arbeitete bei niedrigen Temperaturen – wodurch der Kohleverbrauch erheblich vermindert wurde. Zum anderen war der Salzverbrauch zwar sehr hoch, doch benötigte man nicht festes Steinsalz, sondern lediglich eine billige Kochsalzlösung, die an vielen Orten direkt aus der Erde gepumpt werden konnte.

Schon 1863 hatte Solvay in der Nähe von Brüssel seine erste Fabrik errichtet. Welcher wirtschaftliche Erfolg ihr beschieden war, bewiesen die zahlreichen Tochter- und Schwestergesellschaften, die in den nächsten Jahren in praktisch allen europäischen Staaten und in Nordamerika emporwuchsen. Das Solvay-Verfahren lieferte ein reineres Produkt und arbeitete billiger als das Leblanc-Verfahren. Trotzdem konnte sich das Leblanc-Verfahren noch verhältnismäßig lange behaupten, und zwar deshalb, weil bei der Herstellung des Ausgangsmaterials Natriumsulfat eine bestimmte Menge Salzsäure anfällt, die der Fabrikation von Chlor als Rohstoff dient. Für Chlor hatte sich ein gewisser Bedarf entwickelt, einmal für Bleichzwecke in der Textilindustrie, und zum anderen für die Synthese von organischen Zwischenprodukten für die Farbstoff- und Pharmaherstellung.

Auch Griesheim hielt lange am Rezept Leblancs fest. Die Sodaherstellung war dabei zum Fundament der gesamten Produktion geworden. Ihr Verlust hätte das Unternehmen vermutlich gezwungen, für immer die Fabriktore zu schließen. Um eine gefestigtere Position zu erlangen, blieb Griesheim also keine andere Wahl als die Konzentration aller Kräfte auf die Bewältigung der Elektrolyse. Da die dabei erforderlichen Finanzmittel Griesheims Möglichkeiten bei weitem überstiegen, suchte man Unterstützung durch andere Firmen. Gemeinsam gründeten sie ein Konsortium zum »Studium von Alkali und Chlor« mit Hilfe des elektrischen Stroms.

Jagten sie damit einer »Chimäre« nach, wie Dr. Herter, der Chefchemiker der United Alkali in Manchester, spottete?

Versuche unter strenger Geheimhaltung

Schon wenige Jahre später war dieser englische Konkurrent widerlegt. Das Verdienst hierbei gebührt vor allem Ignaz Stroof, dem chemischen Direktor von Griesheim. Stroof war Rheinländer, unerschütterlicher Optimist und ein glänzender Chemiker. Vor allem aber war Stroof gründlich: Ehe er sich mit der Elektrolyse befaßte, studierte er alle erreichbaren Unterlagen über Elektrotechnik und ging schließlich zu Professor Erasmus Kittler nach Darmstadt, um Vorlesungen über Elektrotechnik zu hören.

Erst dann wagte sich Stroof an den Bau einer Versuchsanlage. Als besonders schwierig erwies sich das Problem, die sehr stürmischen Verbindungen Chlor und Natronlauge auseinander zu halten.

Als es einer der Konsortiumsfirmen gelang, mit Hilfe von Portland-Zement eine stromdurchlässige Trennwand – ein sogenanntes Diaphragma – zu konstruieren, tauchte ein anderes Problem auf: Der für die Elektroden benötigte Retorten-Graphit der Gaswerke stand für Großanlagen nicht in ausreichender Menge zur Verfügung. Erst nach langem Suchen gelang die Konstruktion von künstlichen Elektrodenkohlen – noch heute ein beachtlicher Fabrikationszweig von Griesheim.

Stolz ging die Firma 1891 auf die Frankfurter Elektrizitätsausstellung, um ihre nach dem Elektrolyse-Verfahren gewonnenen Erstlingsprodukte zu präsentieren. Die Überraschung war um so größer, da auf Stroofs Anweisung alle Arbeiten auf diesem Gebiet geheimgehalten worden waren. Obwohl die Firma im Vergleich zu Hoechst, zu Bayer oder zur BASF zu den »Kleinen« im Bereich der chemischen Industrie zählte, war ihr ein technischer Durchbruch von größter Bedeutung gelungen.

Nach dem Ersten Weltkrieg wurden die in Griesheim hergestellten Elektrodenkohlen in Bitterfeld zu Graphit gebrannt. Dies geschah in elektrothermischen Öfen. Graphit verdrängte nicht nur in den Elektrolysen die Kohleelektroden, er fand immer mehr Verwendung im chemischen Apparatebau.

Nach dem durch den Ausgang des Zweiten Weltkrieges verursachten Verlust von Bitterfeld entwickelte sich eine Zusammenarbeit zwischen Griesheim und der Siemens-Planiawerke AG. Diese Firma besaß in Meitingen bei Augsburg ein Graphitierungswerk, ihre Rohelektroden-Werke in Berlin-Lichtenberg und Ratibor hatte sie eingebüßt. Beide Firmen ergänzten sich also in der Fabrikation und gründeten zum Vertrieb der gemeinsam hergestellten Produkte die heutige Sigri GmbH in Meitingen.

Sinkende Preise für Chlor

Die Griesheimer Elektrolyse, die ausreichende Mengen an Chlor lieferte, verdrängte die Leblanc-Soda-Fabriken endgültig. Noch im Jahre 1898 hatten diese Werke in der ganzen Welt die eindrucksvolle Zahl von 600000 Tonnen Soda produziert, wenige Jahre später war sie auf den zwölften Teil zusammengeschmolzen. Deutschland, das bisher vom Ausland große Mengen an Chlorkalk bezogen hatte, wurde nun zum Exporteur. Der Preis für Chlor sank auf die Hälfte. Etwa 250000 Tonnen betrug der Weltverbrauch an Chlor in jenen Jahren – etwa halb soviel wie heute allein von den Hoechst AG jährlich hergestellt wird.

Für ein anderes Produkt, das bei der Kochsalz-Elektrolyse ebenfalls entsteht, nämlich Wasserstoff, sah zunächst niemand eine sinnvolle Verwendung. Erst ein paar Jahre später konnte der in den ersten Jahren frei in die Luft entlassene Wasserstoff jedoch überraschend zu Unternehmungen beitragen, die besonders den patriotischen Gemütern zu jener Zeit stolze Befriedigung gewährten. Das Wasserstoffgas füllte die Ballons kühner Sportsmänner und Forscher. Später bildete der Wasserstoff auch das Füllgas für die Luftschiffe des zuerst verlachten, dann später zum Nationalhelden erhobenen Grafen Zeppelin.

Griesheim hatte eine Pioniertat vollbracht: Es war der Wegbereiter der Elektrolyse geworden. »Und diesem elektrochemischen Prozeß gehört die Zukunft«, wie der bekannte Züricher Technologe Professor Georg Lunge nach der Besichtigung der Griesheimer Anlagen begeistert ausrief.

Auch auf der Weltausstellung von 1893 in Chicago wurde die Priorität ausdrücklich anerkannt, die sich Griesheim bei der Entwicklung der Elektrolyse erworben hatte. Professor Otto N. Witt, der Kommissar für die chemische Industrie des Reiches auf dieser Ausstellung, schrieb in seinem Bericht: »Die chemische Fabrik Griesheim kann sich rühmen, die erste gewesen zu sein, welcher nach fünfjährigen Versuchen die praktische Lösung des Problems der Darstellung von reinem Ätzkali, Chlor und Wasserstoff durch elektrolytische Zersetzung von Chlor-Kalisalzen gelang.«

Der Weg zur Braunkohle

Bereits 1895 übernahm die BASF das Stroofsche Verfahren in Lizenz. In Frankreich, Spanien und Rußland etablierten sich Fabriken nach dem Griesheimer Modell. Griesheim selbst bemühte sich im eigenen Land um den weiteren Ausbau dieser vielversprechenden Technik: Es errichtete eine neue Fabrik in Bitterfeld.

Schon bald zeigte sich, wie unersetzlich das »Know-how« war, das sich die Griesheimer Techniker und Chemiker in anstrengender Pionierarbeit erworben hatten.

Walther Rathenau, späterer Außenminister des Reiches, damals noch Direktor der AEG, hatte in Bitterfeld und in Rheinfelden versucht, Werke für die Chloralkalielektrolyse zu installieren. Denn selbstverständlich wollte sich die AEG, schon damals eine der führenden Elektrizitätsfirmen, das umwälzende Verfahren nicht entgehen lassen.

Die Standorte für beide Firmen waren gut gewählt: Bitterfeld lag inmitten des mitteldeutschen Braunkohlenreviers, Rheinfelden oberhalb von Basel am Rhein – elektrischer Strom war also für beide Projekte billig zu erzeugen. Nach Rheinfelden hatte die AEG zusammen mit einigen Schweizer Industriellen ein Laufkraftwerk gesetzt, das so modern war, daß es später zum Vorbild für ähnliche Anlagen in aller Welt werden sollte.

Trotz dieser günstigen Ausgangsposition hatte Rathenau keine glückliche Hand bei dem Elektrolyseprojekt. Die AEG stieß auf endlose Schwierigkeiten – so versagte die Elektrolyse in Bitterfeld bei dem Versuch, sie in Betrieb zu nehmen. Ein wiederholter Umbau führte nicht zum Ziel. Auch die nach einem verbesserten Verfahren gebaute Anlage in Rheinfelden enttäuschte bei dem ersten Probelauf. Ihre Zellen hielten den Anforderungen nicht stand.

Neue »Brückenköpfe« für Griesheim

Angesichts solcher Widrigkeiten resignierte die AEG: Ihre beiden Betriebe wurden an Griesheim verpachtet und mit den bewährten Stroof-Zellen ausgerüstet. Bald danach funktionierten sie reibungslos. Griesheim hatte neben seinem Stammwerk und seinem eigenen in Bitterfeld somit zwei neue »Brückenköpfe« in Gegenden erhalten, deren Energie-Potenz der sehr stromintensiven Elektrolyse gewachsen war.

Daß die AEG oder vielmehr die von ihr gegründete »Elektrochemische Werke GmbH« bei ihrem ehrgeizigen Elektrolyse-Vorhaben scheiterte, bedeutete für Griesheim noch einen weiteren Vorteil: In der Bitterfelder Hinterlassenschaft der AEG befand sich auch eine Versuchsanlage zur Herstellung von Magnesium. Sofort bemühte sich Griesheim, wenigstens einen Fuß in das Neuland der Leichtmetalle zu setzen. Diese Metalle waren damals gerade aufgekommen und machten Furore, obwohl ihr Anwendungsgebiet noch kaum zu übersehen war.

Gustav Pistor, der spätere Nachfolger von Stroof, fand schon bald einen technisch gangbaren Weg zur Magnesium-Produktion. Die Mengen, die dabei hergestellt werden konnten, waren jedoch noch bescheiden. Zur wirklichen Großproduktion kam es, ebenso wie beim Aluminium, erst während des Krieges.

Zunächst aber richtete sich das Hauptaugenmerk der Griesheimer Firmenleitung auf die Elektrolyse. Denn schließlich handelte es sich dabei um mehr als nur eine neue Produktionsmethode für eine längst bekannte Chemikalie.

Edelsteine für zwei Mark

Die Griesheimer Elektrolyse hatte die unentbehrliche Grundlage für die Anwendung der elektrochemischen Verfahren in der Chemie geschaffen. Eine Reihe wichtiger Nebenerzeugnisse war aus diesem Verfahren hervorgegangen: Chlorate wurden gewonnen; in Gersthofen wurde Chromsäure aus den Abfall-Laugen der Naphthalinoxidation elektrochemisch regeneriert.

Auch für den Wasserstoff ergab sich neben seiner Rolle als Füllgas für Ballone und Luftschiffe eine zusätzliche Verwendung. Er wurde als Hilfsmittel benutzt, um einen alten Menschheitstraum zu verwirklichen: die Gewinnung künstlicher Edelsteine. Griesheim hatte die Fabrikation von der Elektrochemische Werke GmbH unter Verwendung folgenden Verfahrens übernommen: In einem Ofen wurde reinste Tonerde in einer mit Wasserstoff erzeugten Knallgasflamme geschmolzen. Diese Tonerde wurde aus Ammoniumalaun hergestellt. Unter Zusatz von Metalloxiden wurden dann künstliche Steine »gebacken«.

1902 gelang es, den ersten künstlichen Rubin zu erzeugen, 1910 den ersten Saphir. Kurze Zeit danach wurden jährlich etwa sechs Millionen Karat fabriziert. Die Preise für die synthetischen Edelsteine betrugen zwischen zwei und acht Mark. Diese Steine wurden vor allem für technische Zwecke – für Uhren, Waagen und Präzisionsinstrumente – verwendet. Eine Fabrik im Bayerischen Wald verfügte allein über eine jährliche Produktionskapazität von dreißig Millionen Karat.

Wiss entwickelt die Autogen-Technik

Griesheim bemühte sich unentwegt, für Wasserstoff weitere wirtschaftliche Verwertungen zu finden, wodurch schließlich ein bedeutsames neues Arbeitsgebiet erschlossen wurde. 1901 unterzeichneten Griesheim und die Luftschiffahrts-Kommission einen Vertrag auf Lieferung von komprimiertem Wasserstoff. Mit seiner Herstellung wurde Ernst Wiss beauftragt, der als Ingenieur in Griesheim arbeitete. Es gelang ihm, Wasserstoff auf 150 atü in Stahlflaschen zu verdichten.

Welche Verwertungsmöglichkeiten könnten noch zur Anwendung kommen? Eine zufällige Beobachtung brachte Wiss auf eine wichtige Spur, die ihm so bedeutsam erschien, daß er sie konsequent weiterverfolgte. In der Bleilöter-Werkstatt in Griesheim wurden die Bleiapparaturen der Schwefelsäure- und Chlorkalkkammern mit Wasserstoff gelötet. Der Wasserstoff wurde dabei auf komplizierte Weise aus Zink und Schwefelsäure hergestellt.

Wiss wandte komprimierten Wasserstoff an und konstruierte hierfür einen geeigneten Wasserstoff-Brenner. Mit seiner Hilfe konnte man bereits 15 mm dicke Bleiplatten löten. Der Wasserstoff wurde dabei mit Luft verbrannt.

Wiss ging noch einen Schritt weiter: Als er die Luft durch Sauerstoff ersetzte, war er in der Lage, auch Eisen anzuschmelzen. So entstand der Wasser-Sauerstoff-Brenner, das erste Griesheimer Autogen-Gerät.

Nach dem Erfolg mit diesem neuartigen Gerät stellte sich automatisch die Frage, ob nicht eine ähnliche Konstruktion auf das Schneiden von Metallen anwendbar sei. Dafür mußte Griesheim allerdings auf ein Patent von Dr. Ernst Menne vom Cöln-Müsener Bergwerks-Actien-Verein zurückgreifen. Bald aber arbeiteten Schweiß- und Schneidgeräte ohne Wasserstoff – denn der französische Ingenieur Edmond Fouché hatte einen Schweißbrenner konstruiert, der mit Acetylen betrieben wurde. Dieses Gas besitzt einen hohen Heizwert und kann leicht aus Carbid hergestellt werden. So wurden in Griesheim Versuche in dieser

Richtung aufgenommen, aus denen schließlich der Acetylen-Brenner hervorging, der die Grundlage der autogenen Schweiß- und Schneidtechnik darstellt.

Die Wiss-Geräte wurden zunächst beim Drägerwerk in Lübeck, später in Griesheim selbst hergestellt. Auch für Sauerstoff entstanden besondere Produktionsanlagen. Das Fabrikationsgebiet des autogenen Schweißens und Schneidens nahm einen solchen Umfang an, daß im Jahre 1916 ein selbständiges Werk im Verband von Griesheim-Elektron geschaffen wurde: das Werk Griesheim-Autogen. Später bildete dieses Werk zusammen mit Knapsack die Knapsack-Griesheim AG.

Edelgase als Nebenprodukte

Die erste Sauerstoffanlage wurde in Griesheim schon im Jahre 1908 in Betrieb genommen. Als Nebenprodukte bei der Sauerstoff-Herstellung fallen Edelgase an. Unter ihnen spielt Neon eine große Rolle. Ein anderes, Argon, wird als Schutzgas in der Edelstahlschweißung verwendet.

Da bei der Stahlerzeugung riesige Mengen von Sauerstoff benötigt werden, gründete Hoechst gemeinsam mit dem anderen großen Sauerstoff-Erzeuger, der Gesellschaft für Linde's Eismaschinen AG, die Hüttensauerstoff GmbH. Diese Gesellschaft errichtet Großanlagen zur Versorgung der Hüttenwerke.

Eine Grundlage für die Chemieentwicklung

Für die Seifenindustrie wurde durch das Chloralkali-Verfahren die Natronlauge billig, die Teerfarbenproduzenten erhielten weit billigeres Chlor, und die Textilhersteller konnten ihre Ausgaben für Bleichmittel auf ein Drittel reduzieren.

Doch damit nicht genug; die Natronlauge (NaOH) – auch Ätznatron genannt –, neben Chlor und Wasserstoff ein weiteres Produkt aus der Kochsalz-Elektrolyse, wurde zum Hilfsstoff für chemische Fasern, vor allem, nachdem sie in sehr reinem Zustand gewonnen werden konnte. Ohne die Chloralkali-Elektrolyse wäre der Aufstieg der Kunstseide und Zellwolle nicht denkbar gewesen.

In der Folge wurde durch das Chlor auch die Kunststoffentwicklung vorangetrieben. Der Prototyp der thermoplastischen Kunststoffe, Polyvinylchlorid, erforderte damals große Mengen Chlor in Form des Chlorwasserstoffs. Dieser Chlorwasserstoff wurde an Acetylen angelagert und das entstehende Vinylchlorid zu Polyvinylchlorid polymerisiert.

Für die Kunststoffproduktion hat Griesheim also dank der Elektrolyse wichtige Voraussetzungen geschaffen. Sein Verdienst ist jedoch noch größer: Das Mainthaler Werk von Griesheim war die Geburtsstätte des Polyvinylchlorids und des Polyvinylacetats – beides Kunststoffe, die in tausenderlei Formen die Welt eroberten. Ihr Kern – die Vinylverbindungen – wurde zu einem nicht versiegenden Reservoir, aus dem heute ganze Industriezweige ihre Erzeugnisse schöpfen. Der Verbrauch dieser Kunststoffe kann heute nur mehr in Millionen von Tonnen gemessen werden. Allein in der Bundesrepublik betrug ihre Produktion im Jahre 1987 1,65 Millionen Tonnen.

Fritz Klatte macht eine Entdeckung

Am Beginn der Kunststoff-Ära steht der Name Fritz Klatte. Aber Klatte hatte diesen neuen Kontinent, der sich dabei plötzlich für die Chemie auftat, natürlich nicht im Alleingang erobert. Viele andere Chemiker und Wissenschaftler hatten bereits dazu beigetragen, für Klattes Entdeckungsreise Planskizzen und Wegweiser anzufertigen, besonders Adolf von Baeyer, der die unerläßlichen Vorarbeiten für die Indigo-Synthese geliefert hatte.

Baeyer hatte 1872 zusammen mit seinem Assistenten die Beobachtung gemacht, daß sich Formaldehyd und Phenol unter Säure-Zusatz zu einem harzartigen Gebilde vereinten. Auf dieser Erkenntnis bauten Chemiker vornehmlich in Deutschland und den Vereinigten Staaten weiter auf. Im Laufe der Jahre hatten sie ein ganzes Sortiment verschiedener Kunstharze entwikkelt, deren Elternstamm Formaldehyd und Phenol den meisten von ihnen gemeinsam war.

In Griesheim zeigte man zunächst nur mäßiges Interesse. Immerhin erhielten einige Chemiker den Auftrag, Acetylen zu untersuchen, ein, wie man wußte, sehr reaktionsfähiges Gas. Dieses Gas mit seiner Dreifachbindung zwischen den beiden Kohlenstoffatomen hat einen so weitverästelten Stammbaum, daß es einen eigenen chemischen »Gotha« verdiente. Acetylen bildet sich, wenn dem Calzium-Carbid Wasser hinzugefügt wird. Durch Anlagerung von Salzsäuregas wird aus Acetylen Vinylchlorid, bei Anlagerung von Essigsäure an Acetylen kommt es wieder zu einer anderen Verbindung: Vinylacetat.

Molekül-Metamorphosen

Vinylacetat ist flüssig, Vinylchlorid gasförmig. Während der »Polymerisation« verwandeln sie sich in feste Stoffe. Mit Polymerisation bezeichnet man einen in der Kunststoffproduktion unentbehrlichen Grundprozeß. Während seines Ablaufs kommt es zu einer Verknüpfung von zahlreichen Molekülen zu Groß- oder Makromolekülen. Eine Vielzahl kleiner chemischer Baustoffe gebiert also ein Riesenmolekül.

Fritz Klatte machte sich diesen Effekt – freilich mehr unbewußt – zunutze. Nach ersten Beobachtungen im Laboratorium füllte er im Fabrikhof Dutzende von Glasballons mit flüssigem Vinylacetat und setzte sie dem Sonnenlicht aus. Dabei kam es zu einem Polymerisationsprozeß – der Inhalt der Ballons erstarrte zu einer festen Masse. Mit einem Hammer zerschlug Klatte die Glasbehälter: er erhielt auf diese Weise Scherben – und ein Kunstharz. Klatte nannte es Mowilith.

Dieses Polymerisat zeichnete sich durch besondere Wandelbarkeit aus: Je nachdem, ob man es erhitzte, erstarren ließ oder in einem Lösungsmittel löste und das Lösungsmittel wieder verdampfte, konnte man es zu zahlreichen Erzeugnissen verarbeiten: zu Lacken, Filmen, Fäden, klaren, durchsichtigen, harten und weichen Massen. Das Mowilith-Patent, das Fritz Klatte am 2. April 1914 erhielt, trug deshalb den recht allgemeinen Titel: »Verfahren zur Herstellung technisch wertvoller Produkte aus organischen Vinylestern«.

Wenn Klatte allerdings gehofft hatte, der Nachhall seiner Hammerschläge auf dem Mainthaler Fabrikhof würde eine neue Kunststoffepoche einleiten, dann wurde er zunächst gründlich enttäuscht. Seine wissenschaftlich-technische Leistung fand zwar allen Beifall – aber dabei blieb es. An die Großproduktion von Mowilith dachte zunächst niemand. Die Zeit war noch nicht reif für eine solche Erfindung; die Ersatzstoffe der Kriegszeit hatten den Markt für synthetische Erzeugnisse gründlich verdorben. Außerdem war man in Griesheim zu sehr mit dem Ausbau des Bitterfelder Werkes beschäftigt, um neue Projekte ins Leben zu rufen.

Schließlich kam ein besonders bitterer Tag für Klatte: Er lag schwerkrank in Arosa, als ihn die Nachricht erreichte, daß die sparsame Griesheimer Verwaltung seine Patente auf dem Polyvinylacetat-Gebiet aufgeben wollte.

Erst kurz vor seinem Tode erlebte Klattes Erfindung ihre Renaissance. Die Wacker-Werke in Burghausen an der Salzach und die Farbwerke Hoechst griffen sie auf: Unter ihrer Ägide wurde Polyvinylacetat Ende der 20er Jahre unter verschiedenen Handelsnamen zu einem begehrten Massenartikel.

Griesheim erwirbt Offenbach

Jetzt sollten sich auch die Wege von Hoechst und Griesheim wieder kreuzen und schließlich im Verband der I.G. Farben endgültig zusammenführen. Vor dem Ersten Weltkrieg indessen war die Anteilnahme von Hoechst an den Geschicken seines allmählich arrivierten Nachbarn Griesheim durchaus begrenzt.

Aus einem ehemaligen Säurelieferanten war mittlerweile sogar ein Konkurrent geworden, denn im Jahr 1905 hatte Griesheim die Anilinfarben-Fabrik K. Oehler in Offenbach erworben: ein kleines, aber traditionsreiches Werk, das sich recht erfolgreich in die Schar der deutschen Farbstoffproduzenten eingereiht hatte. In seinen Laboratorien hatte einst A. W. Hofmann, der Begründer der deutschen Teerfarbenindustrie, aus dem Steinkohlenteer die ersten Mengen Anilin destilliert, wie wir gesehen haben.

Ein neuer Stern am Farbstoff-Himmel

Die »Ehe« zwischen Griesheim und Offenbach war keine Mesalliance. Beide Partner konnten voneinander profitieren: Griesheim besaß einen wertvollen Erfahrungsschatz bei der Produktion seiner Schwerchemikalien und Zwischenprodukte, Offenbach bei der Herstellung von Anilinfarben. Wenige Jahre nach dem Vollzug dieser Firmenverbindung ging aus ihr die Erfindung der sogenannten Naphtol AS-Farbstoffe hervor, die bald zu einem besonders strahlenden Stern am Himmel der deutschen Farbstoff-Chemie aufstiegen. Dieses Naphtol AS besitzt eine besondere Affinität zur Baumwolle. Wird Baumwolle mit ihm imprägniert, so können ohne das umständliche Trocknen sofort echte Färbungen im Kupplungsbad erzeugt werden.

Im Laufe der Zeit entstand ein wahrer Regenbogen verschiedener Naphtol AS-Töne. Griesheim und Offenbach hatten sich auf diese Weise eine sichere Absatzposition geschaffen, die in der Folgezeit auch von den weit größeren Firmen nicht mehr erschüttert werden konnte. So bunt der Farbstoffreigen auch werden und so schnell das Feld der jeweiligen Favoriten wechseln mochte – die Naphtol AS-Produkte blieben unverändert in der Gunst des Publikums.

Hoechst hatte diesen Erfolg von Offenbach neidlos akzeptiert. Die deutsche Farbstoffindustrie hatte sich in diesen letzten Jahren vor dem Ersten Weltkrieg eine geradezu phantastisch anmutende Stellung auf den Weltmärkten erobert. Noch 1863 – im Gründungsjahr von Hoechst – hatten sich England und Frankreich die Produktion von Anilinfarbstoffen geteilt. 1877 war die Lage bereits anders: auf Deutschland entfiel die Hälfte der Welterzeugung an Farbstoffen.

In den nächsten Jahrzehnten wuchs dieser deutsche Anteil auf über achtzig Prozent. Nicht überall löste dies Freude aus: »Obwohl in England die Wiege der Teerfarbenindustrie gestanden hat, sind wir mittlerweile von der weiteren Aufzucht dieses Chemie-Sprößlings völlig ausgeschlossen worden«, schrieb eine englische Tageszeitung im Jahr 1913. Und weiter: »Die Farbstoffindustrie ist zu einer rein deutschen Angelegenheit geworden. Dies ist die Folge einer einmaligen Zusammenarbeit zwischen fanatischen Wissenschaftlern, Erfindern und unermüdlichen Organisatoren. Sie haben sich stärker erwiesen als jegliche Finanz- und Rohstoffmacht.«

Mochte diese Klage auch von politischen Untertönen nicht frei gewesen sein – die Feststellung der Zeitung war nicht fern von der Wirklichkeit. Die deutschen Farbstoffhersteller hatten es in der Tat nicht nötig, sich einen Wettbewerb auf Leben und Tod zu liefern. Der Kuchen reichte nicht nur für die »großen Drei«, für Hoechst, Elberfeld und Ludwigshafen, sondern auch für die kräftig aufstrebenden Mittelfirmen wie Offenbach, Griesheim, die Agfa und Kalle in Wiesbaden-Biebrich.

Hoechst war ohnehin nicht mehr auf den reinen Farbstoff-Bereich angewiesen. Das Unternehmen hatte eine führende Stellung auf dem pharmazeutischen Sektor errungen und Zug um Zug weiter ausgebaut. Nur einen empfindlichen Hemmschuh gab es noch: eine billige Energie- und Rohstoffbasis fehlte. Wenn also Hoechst mit Expansionsplänen liebäugelte, dann mit solchen, die aus dem Frankfurter Raum hinausführten. Diese Gründe hatten ja bereits zur Geburt des Werkes Gersthofen geführt, das einen wichtigen Produktionsbeitrag für die Indigo-Synthese lieferte.

Elektrolysen in Gersthofen und bei Hoechst

Nach der Premiere der Griesheimer Chloralkali-Elektrolyse hatte Hoechst 1903 auch in Gersthofen eine Kochsalz-Elektrolyse aufgebaut, um Chlor für die Fabrikation von Monochloressigsäure zu gewinnen. Diese Säure war ein Indigo-Vorprodukt. Die Investitionskosten hatten fast zwei Millionen Mark verschlungen. Dafür aber hatte Gersthofen bereits 1905 fast 2000 Tonnen Chlor und eine noch größere Menge Natronlauge produziert.

In einem Punkt unterschied sich das Verfahren in Gersthofen von dem Griesheims. Dort wurde mit Diaphragmen gearbeitet. In Gersthofen aber wählte man ein diaphragmafreies Verfahren, das im Jahre 1892 von dem Amerikaner Hamilton Young Castner und dem Österreicher K. Kellner – unabhängig voneinander – ausgearbeitet worden war. Dabei wird Quecksilber als Kathode benutzt.

Die Castner-Kellner-Zellen bargen jedoch eine Gefahr: Da gelegentlich Wasserstoff in das Chlor geriet, kam es zur Bildung von Chlorknallgas und damit zu Explosionen.

Hoechst wollte solche Risiken nicht auf sich nehmen. Als 1909 im Werk Hoechst eine Kochsalz-Elektrolyse unumgänglich geworden war, wählte man daher Diaphragma-Zellen. Sie waren von dem Wiener Professor Jean Billiter gemeinsam mit der Firma Siemens & Halske entwickelt worden. Die Billiter-Zellen hatten zwei Vorteile: bessere Stromausbeute und längere Lebensdauer.

Eine neue Akquisition

War Hoechst um die Jahrhundertwende nach Süden vorgestoßen, so richtete sich sein Augenmerk zehn Jahre später nach Norden, genauer gesagt, auf das Kölner Braunkohlenrevier. Dort hatte 1906 die Deutsche Carbid-Aktien-Gesellschaft ein Werk errichtet.

Ein vergleichsweise bescheidenes Unternehmen, wenn man bedenkt, daß Hoechst um diese Zeit bereits 5790 Arbeiter beschäftigte. Nur eine halbe Hundertschaft stand hinter den Carbid-Öfen dieser Tochterfirma von Knapsack.

Das Unternehmen war zudem von mehreren chronischen Leiden befallen: Es litt an Kapitalarmut, an Absatzschwierigkeiten, hatte Transportprobleme, und selbst in einer Zeit, da die Vollbeschäftigung noch als ferne Utopie erschien, gab es Schwierigkeiten bei der Beschaffung von Arbeitskräften.

Man warb deshalb auf der an dem Werk vorbeiführenden Straße vorüberziehende Handwerksburschen gegen Prämie an: Holländer und Kroaten, Bayern und Italiener bildeten am Carbid-Ofen ein buntes Völkergemisch. Der Ofen-Abstich mußte mit sechs Meter langen Stangen bewältigt werden, denn das Carbid entfloß den Öfen mit einer Temperatur von nahezu 2000 Grad – eine schweißtreibende Arbeit, bei der es trotz guter Löhne nur wenige aushielten.

Die Entlohnung vollzog sich übrigens in den Knapsacker Pionierjahren, als die Firma mehr einem Camp harter Männer als einer Fabrikanlage ähnelte, in ebenfalls unkonventionellen Formen. Jeweils am Freitag erschienen zwei Angestellte in hohen Gamaschenstiefeln, der eine ausgerüstet mit Liste und Bleistift, während der andere Goldstücke und Kleingeld aus der Hosentasche angelte.

Was hatte Hoechst dazu veranlaßt, diese Fabrik unter seine Fittiche zu nehmen, die zumindest äußerlich keineswegs als besonders stolze Akquisition erscheinen mußte?

Die Antwort darauf gibt eines der dramatischsten Kapitel der deutschen Chemiegeschichte. Es trägt die Überschrift: Kampf um Stickstoff und Salpetersäure. Diese Säure war unerläßlich für die Herstellung von Zwischenprodukten für Farbstoffe und Pharmazeutika sowie als Oxidations- und Nitriermittel für Sprengstoffe.

Salpetersäure wurde bislang aus Chilesalpeter erzeugt. Noch 1859 hatte die gesamte chilenische Ausfuhr dieses Rohstoffs 75000 Tonnen betragen. Mit dem Aufblühen der chemischen Industrie stieg die chilenische Ausfuhr steil an: Bereits 1900 exportierte Chile eine knappe Million Tonnen Salpeter – wovon ein Drittel nach Deutschland ging –, und wiederum einige Jahre später war es die zweieinhalbfache Menge. Es war ein blendendes Geschäft, denn die chilenischen Bergwerksbesitzer konnten die Preise diktieren.

Der Verbrauch solcher Mengen jedoch barg Gefahren. Die chilenischen Vorräte schienen nicht unbegrenzt, und immer eindringlicher wurden die Warnungen der Sachverständigen vor einer baldigen Erschöpfung der chilenischen Salpeter-Lager. Das Dilemma gipfelte schließlich in konkreten Meldungen über Untersuchungen, aus denen hervorging, daß nur noch insgesamt 200 Millionen Tonnen Chilesalpeter abgebaut werden könnten.

Drohende Hungersnöte

Später sollten sich diese Alarmmeldungen als voreilig erweisen. Doch zunächst entfachten sie ungeheure Aufregung, ja Panik. Schließlich ging es nicht nur um die Salpetersäure für die Industrie, sondern auch um ein unentbehrliches Düngemittel für die Landwirtschaft. Sir William Crookes von der British Association for the Advancement of Science hielt eine später berühmt gewordene Rede, die als »Verzweiflungsschrei« eines Wissenschaftlers Schlagzeilen machte. Crookes klagte: »Die Weizenernte der Welt hängt von Chiles Salpeterlagerstätten ab.« Eine Welthungersnot sei unvermeidlich, wenn es nicht gelänge, das Stickstoffproblem auf einem anderen Weg zu bewältigen.

Nun waren die Chemiker schon seit geraumer Zeit dabei, den widerspenstigen Stickstoff zu zwingen, alle möglichen Verbindungen mit anderen Atomen einzugehen. Am leichtesten erschien dies, wenn man Ammoniak (NH_3) zu Salpetersäure (HNO_3) verbrannte. Aber woher nahm man die erforderlichen Mengen von Ammoniak? Eine der wenigen Quellen war auch hier die Steinkohle, und zwar das ammoniakhaltige Wasser der

Kokereien und Gasanstalten. Ehe man seine Aufbereitung in Form des schwefelsauren Ammoniaks beherrschte, war dieses wertvolle Rinnsal ungenutzt abgeleitet worden.

Salpetersäure aus Ammoniak

Bei Hoechst war es Gustav von Brüning, der sich fortwährend mit dem Ammoniakproblem auseinandersetzte. Der Sohn des ehemaligen Firmen-Mitbegründers war seit 1908 Generaldirektor, und zwar ein sehr aktiver. Brüning sicherte seinem Unternehmen frühzeitig einen guten Startplatz in dem bald einsetzenden Wettlauf um Ammoniak. Auf Brünings Initiative hin hatte sich unter der Leitung des Chemikers Martin Rohmer ein kleines Team in Gersthofen gebildet, das beauftragt war, die Gewinnung von Ammoniak und Salpetersäure zu untersuchen und praktisch zu erproben.

Zunächst wurde ein Verfahren zur Verbrennung von Ammoniak zu Salpetersäure ausgearbeitet. Parallel dazu liefen Versuche zur Gewinnung von Ammoniak.

Dabei hatten sich drei Möglichkeiten herauskristallisiert: über Aluminium-Nitrid, über Calciumcyanamid ($CaCN_2$), also Kalkstickstoff, oder nach dem sogenannten Haber-Verfahren. Diese von Professor Fritz Haber entwickelte Methode, die später von Carl Bosch in der BASF zur technischen Reife gebracht wurde, schlug ohne Zweifel den kühnsten Weg ein.

Das Verfahren der BASF beruhte auf der Synthese des Ammoniaks aus seinen Elementen. Der Stickstoff der Luft wurde mit Hilfe der unentbehrlichen Katalysatoren – man hatte Tausende von ihnen erprobt – unter hohem Druck und hohen Temperaturen zu einer Zwangsehe mit Wasserstoff gebracht. In einem von außen geheizten Druck-Reaktor, für den ganz besonders widerstandsfähige Stahllegierungen gefunden werden mußten, wurde dann in der Endphase flüssiges Ammoniak erzeugt.

Zur Gewinnung der Salpetersäure durch Oxydation des Ammoniaks beschritt Hoechst allerdings nicht diesen zunächst sehr kostspieligen Weg. Das erforderliche Ammoniak beschaffte sich die Firma über das Calciumcyanamid, den Kalkstickstoff. Der Kalkstickstoff wurde gewonnen, indem Stickstoff bei einer Temperatur von 700–800 Grad über Carbid geleitet wurde, dem man dann einen gewissen Prozentsatz gekörntes Calciumchlorid zusetzte.

Noch eine andere Gesellschaft in Deutschland hatte sich der Fabrikation von Kalkstickstoff verschrieben: die im Jahre 1908 gegründete »Bayerische Stickstoff-Werke AG« (BStW).

Sie hatte in Oberbayern zwei Werke gebaut: eine Carbid-Fabrik in Hart und eine Kalkstickstoff-Fabrik in Trostberg. Während des Ersten Weltkrieges errichtete sie in Piesteritz an der Elbe eine Kalkstickstoff- und Salpetersäure-Anlage. Das Reich übernahm als Eigentümer die Finanzierung, die Bayerischen Stickstoff-Werke die Betriebsführung.

Im Jahre 1921 übernahmen BASF und Merseburg die Aktien der Bayerische Stickstoff-Werke AG, die später das Werk Piesteritz erwarb. Die oberbayerischen Werke wurden zu einer neuen Gesellschaft zusammengefaßt, zur »Süddeutsche Kalkstickstoff-Werke AG« (SKW).

An der SKW beteiligten sich das Reich zu siebzig und die I.G. zu dreißig Prozent. Im Zuge der Entflechtung wurde diese Beteiligung je zur Hälfte der BASF und Hoechst zugesprochen. Die BASF trennte sich später von ihrer Beteiligung an SKW und Hoechst erhöhte ihre auf fünfzig Prozent. 1981 wurde VIAG alleinige Anteilseignerin von SKW.

Eine neue Werkstochter

Für Hoechst war noch vor Ausbruch des Weltkrieges die Firma Knapsack AG unübersehbar ins Blickfeld getreten. Knapsack mit seiner Carbiderzeugung arbeitete im Gegensatz zu Griesheim nicht mit elektrolytischen, sondern elektrothermischen Prozessen. Bei der Elektrothermie dient der Strom nicht dazu, Verbindungen zu zerlegen. Er wird nur als Wärmequelle benutzt, oder besser: als Hitzequelle, denn hier entstehen zumeist Temperaturen bis 2000 Grad.

Knapsack verbraucht heute ein Viertel so viel Strom wie die Bundesbahn und etwas mehr als die Haushalte von Köln mit 1000000 Einwohnern. 3,5 Prozent des Strombedarfs der gesamten chemischen Industrie der Bundesrepublik wird allein von Knapsack beansprucht. In haushohen Öfen, die mit einem Gemenge von Kalk und Kohle gefüttert werden, erzeugt Knapsack täglich ca. 200 Tonnen Carbid. Lediglich ein paar Tonnen betrug dagegen der tägliche Abstich auf den Knapsacker Carbidöfen, als Hoechst auf leisen Sohlen die Adoptierung der Werkstochter einleitete.

Diese Adoption, für die das Einverständnis der bisherigen »Pflegeeltern« Knapsacks unschwer zu erlangen war, geschah nicht in einem Zug: Im November 1914 übernahm Hoechst für 550000 Mark Aktien von der Berliner Handelsgesellschaft und einen Monat später nochmals für 950000 Mark von der Metallbank und der Metallurgischen Gesellschaft in Frankfurt.

Damit hatte Hoechst seinem Aktienbestand genau die Hälfte des Knapsacker Kapitals einverleibt. Gleichzeitig hatte es sich vertraglich verpflichtet, »die Interessen von Knapsack nach besten Kräften zu fördern«. Im Gegenzug erwarb Hoechst von Knapsack das Recht, »Ammoniak bis zur Höhe der Gesamtproduktion zu beziehen«.

Diese Klausel des Vertrages war das Fundament, auf dem der Aktienkauf ruhte, denn Hoechst hatte sich damit seine Rohstoffbasis für die Salpetersäureherstellung gesichert. Aber was in der Zukunft noch weit mehr ins Gewicht fiel: Es hatte sich mit dem Knapsacker Carbid das Sprungbrett in die Acetylen-Chemie geschaffen. Ohne diesen vielfältigen Rohstoff wäre die weitere Ausdehnung der chemischen Industrie Deutschlands kaum möglich gewesen.

Wenn man bei Hoechst von Acetylen spricht, fällt alsbald der Name Paul Duden. Den Sohn des bekannten Wörterbuch-Schöpfers hatten nicht Grammatik und trockene Orthographie-Probleme fasziniert. Er war Chemiker geworden.

Paul Duden gehörte zu den Menschen, die Wissenschaft und Praxis in ihrer Person vereinigten – jene glückliche Verbindung, der Deutschlands Industrie soviel verdankt.

Duden war Dozent und Extra-Ordinarius in Jena gewesen, ehe er 1905 in die Industrie ging. Herbert Meister, Sohn einer der Firmengründer, hatte bei ihm studiert und Duden für Hoechst gewonnen.

Bei Hoechst entwickelte Duden ein halbes Jahrzehnt später das Modell von der berühmten Stufenleiter, deren Sprossen von Carbid zu Acetylen, zu Acetaldehyd und schließlich – hoch oben – zu Essigsäure und Aceton führen. Aus »Kohle und Kalk« schuf Duden eine Industrie organischer Schlüsselprodukte, die vorher weit umständlicher und wesentlich kostspieliger hergestellt werden mußten.

Dudens Stufenleiter

Die erste Stufe der Chemieleiter Dudens bot keine Schwierigkeit. Man mußte nur das kleine ABC der Chemie beherrschen: Carbid und ein wenig Wasser – schon steigt Acetylen auf. Wird Wasser an dieses Gas angelagert, so kommt es zu einer neuen Verbindung: Acetaldehyd, eine farblose Flüssigkeit von stechendem Geruch. Das Zwischenprodukt Acetaldehyd verwandelt sich bei der Oxidation mit Sauerstoff in Essigsäure.

Der Weg von Carbid zu Acetaldehyd und Essigsäure war zwar schon vor Duden bekannt – an seiner Erschließung hatte sich besonders Griesheim beteiligt –, aber die meisten Firmen scheuten das Risiko. Bei der Arbeit mit so leicht brennbaren Flüssigkeiten wie Acetaldehyd und dazu mit Sauerstoff drohten stets Explosionen, zumal, wenn man mit sehr großen Mengen operieren mußte, die allein für die Industrie interessant waren.

Als Duden ein sicheres betriebstechnisches Produktionsverfahren für Essigsäure aus dem billigen und unerschöpflichen Carbid ausgearbeitet hatte, war man sich bei Hoechst der Bedeutung dieses Vorganges sehr wohl bewußt. Die Firma, die schon frühzeitig Essigsäure benötigte, zum Beispiel für die Indigosynthese und die Pyramidonherstellung, ging sofort daran, eine Versuchsapparatur zu bauen.

Doch dann kam der 1. August 1914. Der verhängnisvolle Ausbruch des Weltkrieges warf bei Hoechst – wie überall – die bisherige Produktion und die meisten Planungen über den Haufen: Die Munitionsfabriken öffneten ihren Schlund; sie brauchten Aceton tonnenweise als Geliermittel für Schieß- und Sprengstoffe.

Schon bald wurde die Arbeit des Hoechster Zentrallabors »kriegswichtig«. »Kriegswichtig« wurde auch die Knapsacker Fabrik als Carbid-Lieferantin. Die Oberste Heeresleitung erkannte plötzlich, daß in neuzeitlichen Kriegen nicht allein die »schimmernde Wehr« in Form von Divisionen und Geschützen den Ausschlag gibt, sondern eine Vielzahl von anderen Faktoren, wie etwa die industrielle Leistungskraft eines Landes; mit ihr steht und fällt die Versorgung der modernen Heere.

Chemie-Lektionen für Militärs

Obwohl Europa schon seit Jahren von Krise zu Krise taumelte, versäumten Regierung und Militär, die Bedeutung der industriellen Leistungskraft anzuerkennen. Selbst als die Umstände eine intensive Auseinandersetzung erfordert hätten, war das Selbstvertrauen der Militärs nicht zu erschüttern. So waren Walther Rathenau und Professor Emil Fischer, der Nobelpreisträger, regelrecht gerügt worden, als sie nach Kriegsausbruch auf den Engpaß in der Salpeterversorgung aufmerksam machten. Unwirsch erklärte das Generalkommando, dies sei eine unzulässige Einmischung in militärische Dinge.

Wie es um die chemischen Elementarkenntnisse der meisten Militärs bestellt war, dafür boten in der Folgezeit die Konferenzen im Kriegsministerium eindrucksvolle Beispiele. Als die Chefs der großen Chemiewerke bei solcher Gelegenheit darauf hinwiesen: »Wenn die Vorräte an Chilesalpeter zu Ende gehen, sind wir fertig«, entgegnete man ihnen arglos: »Wieso, wir haben doch riesige Kalisalzlager.« Der feine Unterschied zwischen Salpeter und Kalisalz war den Herren des Kriegsministeriums offenbar nicht geläufig.

Erst bis zum Herbst 1914 hatten die Generalstäbler in Berlin das fällige Pensum in Chemie und Wirtschaft nachgeholt. Jetzt wurde das Tempo militärisch. Die Rohstoffabteilung des Kriegsministeriums zwang die chemischen Fabriken unter ihr Diktat.

Für Knapsack bedeutete dies eine Kapazitätsausweitung bis an die Grenzen des Möglichen: Die Arbeiterzahl stieg in kürzester Zeit von 60 auf 400; der Wald um das Werksgelände wurde gefällt und Baumaterial rollte in solchen Mengen an, daß die Kölner Vorortbahnhöfe mehrere Tage blockiert waren. In hektischem Tempo wurde an der Installierung neuer und größerer Carbid-Öfen gearbeitet.

Wichtigster Farbstoff: Feldgrau

Auch im Hoechster Firmenbild hinterließ der Krieg seine Spuren. Farbstoffe waren nicht mehr gefragt – mit Ausnahme von Feldgrau natürlich –, statt dessen aber schrie die Front nach Arzneimitteln. Je härter das Ringen wurde, desto größer wurden die Dimensionen der pharmazeutischen Abteilung. Waggonweise wanderten schmerzstillende Mittel wie Novocain, Impfstoffe gegen Typhus und Cholera und besonders die Sera gegen den Starrkrampf und den mörderischen Gasbrand in Krankenhäuser, Feldlazarette und auf Verbandsplätze. Sie retteten Hunderttausenden das Leben.

Neben dem Ausbau der Pharmaherstellung wurde die Ammoniak-Verbrennung mit Vorrang betrieben. Es wurde dünne Salpetersäure und daraus über festen Natronsalpeter hochkonzentrierte Salpetersäure fabriziert.

1916 wurde eine sogenannte Pauling-Anlage installiert, die den Umweg über Natronsalpeter ersparte. Denn jetzt konnte aus der dünnen Salpetersäure mit Hilfe konzentrierter Schwefelsäure direkt hochkonzentrierte Salpetersäure erzeugt werden. Allerdings verbrauchte diese Anlage große Mengen an Schwefelsäure. Hoechst konstruierte daher eine völlig neue Apparatur, die ein großer Erfolg wurde.

Ende 1916 erhielt Hoechst vom Kriegsministerium die Auflage, hochkonzentrierte Salpetersäure in einer Großanlage herzustellen. Im Juli 1918 wurde diese neue Fabrik von einer Kommission des Kriegsministeriums besichtigt.

In ihrem Bericht hierüber hieß es: »Die Juni-Produktion der Hoechster Farbwerke mit 3380 Tonnen dicker Säure hat bereits den Beweis erbracht, daß Hoechst in seinen Bestrebungen zur Herstellung von dicker Säure am erfolgreichsten war von allen Fabriken Deutschlands, welche dicke Säure herstellen. Hoechst hat die Frage der Hochkonzentration der Salpetersäure und Schwefelsäure in einer Weise gelöst, daß die angegebenen Produktionszahlen auch für die Zukunft sicher erreicht werden dürften.«

Kautschuk aus der Retorte

Auch der Ausbau der Essigsäurebetriebe erfolgte seit den ersten Kriegsjahren unter enormem Zeitdruck; denn Aceton war nicht nur für die Herstellung von Granaten unentbehrlich, es bildete auch den Ausgangsstoff für den Methylkautschuk. Dieser synthetische Kautschuk war eine Antwort deutscher Chemiker auf die weit überzogenen Preise für Naturkautschuk und die drohende Gefahr, von den Naturkautschukquellen abgeschnitten zu werden.

Dieser von dem Elberfelder Chemiker Fritz Hofmann erfundene Methylkautschuk war dem natürlichen zwar noch in einigen Punkten unterlegen.

Der Krieg aber und die Rohstoffknappheit setzten den Kautschuk aus der Retorte ganz oben auf die Prioritätsliste der Heeresverwaltung: Lastwagen, Sanitätsautos, Artillerieschlepper, Küchen- und Tankwagen, die bald nur mehr mit Reifen aus Methylkautschuk rollen sollten, waren an der Front in vielfacher Hinsicht von enormer Wichtigkeit. Dazu aber waren bisher unvorstellbare Mengen von Aceton notwendig.

Berlin wird ungemütlich

Essigsäure und Aceton waren dank Paul Duden und seinem Mitarbeiter Otto Ernst die ausschließliche Domäne von Hoechst. Der Betrieb wurde Anfang 1917 in Gang gesetzt. Da Hoechst aber unter Verzicht auf eine halbtechnische Versuchsfabrikation sofort den Sprung zur Großanlage gewagt hatte, stellten sich beträchtliche Schwierigkeiten in der Produktion ein.

Mehrmals kam es zu scharfen Kontroversen zwischen Hoechst und dem Kaiserlichen Kriegsamt in Berlin. Als im Dezember 1917 nur 175 Tonnen Aceton von Hoechst geliefert werden konnten, wurde der Ton aus Berlin ausgesprochen ungemütlich: »Die Erzeugung ist nach wie vor gegenüber dem seinerzeit festgelegten Programm im Rückstand geblieben. Eine Verzögerung, wie sie bisher seit Monaten eingetreten ist, kann mit Rücksicht auf die schwerwiegenden Folgen... nicht mehr länger geduldet werden.«

Inzwischen hatte Hoechst bereits den Entschluß gefaßt, eine zweite Essigsäurefabrik in Knapsack zu installieren. Dazu erschien es jedoch unumgänglich, die bisher schwache Hoechster Aktien-Majorität an dem Knapsacker Unternehmen zu verstärken. Nach harten Verhandlungen und erst nachdem die Hoechster Farbwerke einen Kurs von 160 akzeptiert hatten, gelang es schließlich, von der Metallbank und der Metallurgischen Gesellschaft ein Aktienpaket zu erwerben, das die völlige Eingliederung Knapsacks in den Hoechster Konzernbereich ermöglichte.

Die Schatten der kommenden Niederlage lasteten schon über dem Reich, als die neue Essigsäurefabrik in Knapsack ihre Produktion aufnahm. Das war im September 1918.

Zwei Monate später stellte sich die quälende Frage nicht

Der Chemiker Ludwig Knorr demonstriert die Formel eines Schmerzmittels (oben)
Erste Antipyrin-Packungen (unten)

Paul Ehrlich – Nobelpreisträger und Entdecker des Salvarsan

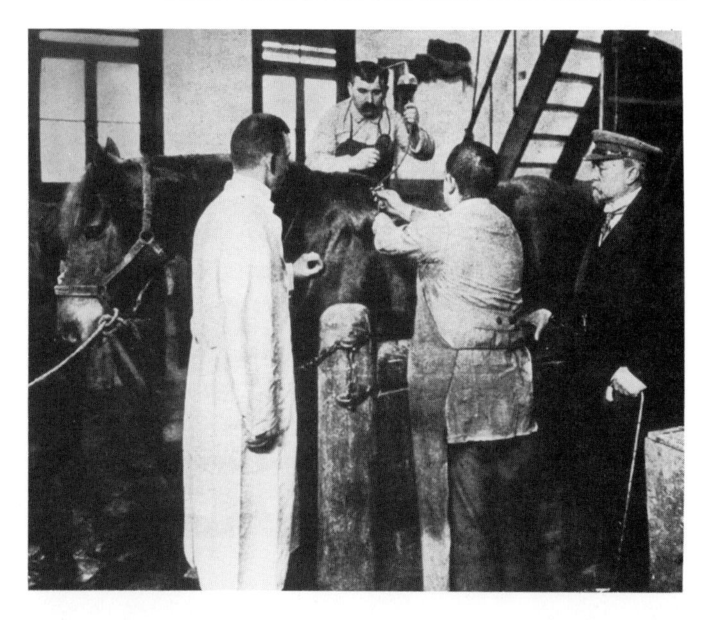

Emil von Behring bei der Blutentnahme für die Serumherstellung

Robert Koch, der die Erreger der Tuberkulose und der Cholera entdeckte

mehr, wie die Lieferungsdekrete des Kriegsamtes zu erfüllen seien. Es gab kein Kriegsamt mehr. Das geschlagene Reich hatte sich in eine Republik verwandelt, die sich unter dem Druck von innen und außen in schmerzvollen Krämpfen wand. Die Extremisten beherrschten das Feld, während sich die Siegerstaaten auf das Friedensdiktat vorbereiteten.

Kapitel 4

Der Weg in die Welt

Im Sommer 1988 untersuchte das »Wallstreet Journal« das Erfolgsgeheimnis der chemischen Industrie Deutschlands. Anlaß dazu gab die »Deutsche Herausforderung«, der spektakuläre Aufstieg der »Großen Drei«, der BASF, Hoechst und Bayer, in die Gipfelhöhen der amerikanischen Chemie. 1977, so vermerkte die angesehene Zeitschrift, habe der Umsatz der deutschen Herausforderer gerade erst 2,7 Milliarden Dollar betragen. Keines der Unternehmen zählte damals zu dem exclusiven Klub der »Top Five«, der größten Firmen des Landes. »Heute stehen sie alle dort oben. Zusammengenommen erreichte der Umsatz des Trios im letzten Jahr die neue Höchstmarke von 13 Milliarden Dollar.«

Ein wichtiger Schritt in diese Richtung war der Erwerb der amerikanischen Firma Celanese durch Hoechst – die bisher kühnste Transaktion eines deutschen Unternehmens. Sie vergrößerte das Amerika-Geschäft von Hoechst auf einen Schlag um drei Milliarden Dollar. Einzigartig war diese Akquisition allerdings nur, was ihr Ausmaß betraf. Sowohl die BASF als auch Bayer hatten in den Jahren zuvor amerikanische Firmen gekauft, wie Bayer das Pharmaunternehmen Miles, mit Umsätzen von vielen hundert Millionen Dollar.

Das »Wallstreet Journal« bezeichnete als einen der Gründe für diesen enormen Aufstieg die »globale Perspektive«, in der die Deutschen zu denken gewohnt seien. Dank dieser »globalen Perspektive« entfielen auf den Gesamtumsatz der deutschen Chemie von 151 Milliarden DM (1988) 80 Milliarden DM auf das Ausland.

Die Firma Hoechst, die 1988 einen Welt-Umsatz von 41 Milliarden DM erzielte, war daran mit Exporten aus Deutschland von 11 Milliarden DM beteiligt.

Das Auslandsgeschäft – eine Überlebensfrage

Wer die Geschichte der großen Chemiefirmen verfolgt, wird von dieser Entwicklung kaum überrascht sein. Über die landeseigenen Grenzpfähle hinaus zu denken, das war eine Lebensnotwendigkeit für die kleinen Firmen an Main und Rhein, die an dem großen Boom – hervorgerufen durch die Entdeckung der Anilin-Farbstoffe – partizipieren wollten. Von vornherein mußten sie einen erheblichen Teil ihres Geschäftes nach Frankreich, England oder Belgien verlagern, denn in dem zersplitterten Deutschland existierte kaum eine nennenswerte Textilindustrie. Zudem war der Lebensstandard der Bevölkerung meist viel zu niedrig, um sich farbenprächtigen Luxus zu leisten. In England, aber auch in Frankreich, wo sich schon frühzeitig eine Industrie etabliert hatte, war das anders.

So richteten die Anilinfarben-Hersteller, kaum daß ihre deutschen Betriebe einigermaßen sicher auf den Beinen standen, Handelsniederlassungen nicht nur in Europa, sondern auch in Übersee ein und assoziierten sich mit bereits bestehenden Handelshäusern. Bayer beispielsweise hatte, nachdem es gerade zwei Jahrzehnte existierte, schon einen Fuß in einer kleinen Firma in den USA.

An den Aufbau der ersten Produktionen im Ausland ging man vorsichtiger heran. Es war weniger überschäumender Expansionsdrang als die restriktive Handelspolitik der europäischen Nachbarländer, die den Anstoß gab. Denn in Frankreich, in Rußland und selbst in England, dem klassischen Land des Freihandels, betrachtete man mit Stirnrunzeln die Summen, die für den Import der deutschen Farbstoffe aufgebracht werden mußten. Die Konsequenz: es wurden immer höhere Patent- und Zollhindernisse gegen die Einfuhr deutscher Waren aufgetürmt.

Erste Gründung in Paris

Diese widrigen Zoll- und Patentverhältnisse veranlaßten Hoechst im Frühjahr 1881 zur Gründung des ersten französischen Tochterunternehmens, der »Compagnie Parisienne de Couleurs d'Aniline«. Die treibende Kraft dafür war der Verkaufschef August de Ridder, der seine Kollegen im neuen Vorstand – Hoechst war 1880 Aktiengesellschaft geworden – davon überzeugte, daß das Farbstoffgeschäft in Frankreich anders nicht aufrechtzuerhalten sei. In Zukunft nämlich mußten die patentierten Endprodukte in Frankreich selbst hergestellt werden. Zudem galt für eine Reihe von Farbstoffen, die auch von französischen Chemiefirmen geliefert werden konnten, ein prohibitiv wirkender Zolltarif. Wollte man nicht von dem französischen Markt verdrängt werden, dann mußten zumindestens die Endprodukte im Land selbst hergestellt werden.

Das Aktienkapital der »Compagnie Parisienne de Couleur d'Aniline« befand sich zu 95 Prozent im Besitz der Farbwerke. Die restlichen Aktien hielten die Brüder A. und E. Max in Paris, die sich auch im Vorsitz des Aufsichtsrates abwechselten. Ihr Gesprächspartner bei Hoechst war August de Ridder, der sich oft in Paris aufhielt – nicht zuletzt wegen seiner Gemäldesammlung, die der Kunstliebhaber ständig erweiterte.

Aber auch Generaldirektor Gustav von Brüning kümmerte sich intensiv um das Auslandsgeschäft, vom Grundstückserwerb bis zur Kapitalausstattung. Ein wenigstens teilweise vorhandener Briefwechsel dokumentiert sein Interesse an jedem Detail.

August de Ridder bat in einem Brief vom 20. Juli 1881 Herrn A. Max in Paris, intensive Recherchen anzustellen, ob sich die Möglichkeit biete, eine Fabrik zu kaufen oder geeignetes Baugelände für eine eigene Fabrik ausfindig zu machen. De Ridder schrieb an Max: »Fragen Sie doch einmal an, wieviel sie fordern. Ist die Schlumberg'sche Fabrik bereits verkauft? Falls Sie in Bälde keine passende Fabrik finden sollten, so sind wir der Ansicht, daß es am besten sein würde, ein passendes Grundstück an der Seine zu kaufen und darauf eine Fabrik selbst zu bauen.«

Im Dezember 1881 erwarben die Farbwerke im Pariser Vorort Boulogne ein Grundstück, wo schon wenige Monate später die provisorische Fabrikation von Anilinfarben aufgenommen wurde. Betriebsleiter war der Schweizer Chemiker Dr. J. J. Koch. Doch Schwierigkeiten mit der Konzessionierung bewirkten, daß Hoechst bald nach einem anderen Standort Ausschau halten mußte.

Die Hoechster Produktionspläne erstreckten sich auf Säure-Fuchsin, auf die Naphtolfarben »Echtrot«, »Cerice« und »Malachitgrün«. Neben der Fabrikation sollte ein Laboratorium, eine Färberei und eine Betriebskantine eingerichtet werden.

Im Frühjahr 1882 bot sich die Gelegenheit, eine Fabrik in Creil, Departement Oise, zu kaufen. Sie gehörte dem Chemiker A. Coupier, von dem mehrere Farbstoff-Novitäten stammten, zum Beispiel das vielgefragte »Coupier-bleu«.

Farbstoffe – produziert in Creil

Um die Jahreswende 1883/84 wurde die Fabrik erworben und der Chemiker Dr. Koch zum Werksleiter ernannt. Bald darauf wurden weitere Produktionen in Creil eingerichtet: Zu den Anilinfarben Coupier-Blau und Säure-Grün kamen 1886 verschiedene Typen der so erfolgreichen Azo-Farbstoffe, 1887 wurden Säure-Fuchsin und Methylenblau, seit 1888 Blue Carmin hergestellt.

Schon 1885, als das Mutterhaus gerade die Herstellung von Arzneimitteln aufgenommen hatte, wurden auch in Creil die ersten Pharmazeutika produziert. Zum »Starprodukt« entwickelte sich dabei das Fieber-Mittel »Antipyrin«. Es war auf dem französischen Markt so erfolgreich, daß es bis zum Ablauf des Patentschutzes im Jahre 1895 den Löwenanteil am Gewinn der französischen Tochtergesellschaft erbrachte.

Insgesamt tat sich das Unternehmen in Creil während der ersten Jahre allerdings schwer. Zu geringe Kapazitäten und mangelnde Anpassung an den Markt waren die Gründe dafür.

Sobald die Indigo-Produktion begann, änderten sich die Verhältnisse jedoch: Nun setzte ein beachtlicher Aufschwung ein, zumal das Farbstoff-Angebot bald durch neue Typen wie Wollschwarz und die Thiogen-Farben ergänzt werden konnte.

Ab 1911 begann in Creil auch die Herstellung von Salvarsan. Da diese Produktion großes Know-how erforderte, schickte das Mutterhaus schon im November 1910 – einen Monat bevor Salvarsan in Deutschland herauskam – den Salvarsan-Spezialisten Dr. Kurt Streitwolf für einige Monate nach Creil.

Streitwolf und Betriebsleiter Johann Wolfgang B. Reuter richteten auch die bald folgende Neosalvarsan-Produktion ein, wobei man sehr auf die Geheimhaltung des Herstellungsprozesses bedacht war. Zwar waren alle Verfahrensschritte patentiert und damit bekannt, aber ein Rest besonderer Betriebserfahrung war doch unerläßlich. So schlug sich Streitwolf Ende 1910 mit salvarsanähnlichen Produkten herum, die einfach nicht in zufriedenstellender Qualität ausfallen wollten. Schließlich entdeckte er die Ursache: Der Äther, der ihm in Creil geliefert wurde, war nicht rein genug; er enthielt große Mengen Aldehyd, Alkohol und andere Bestandteile. Erst nachdem der Äther über Bisulfit und Ätznatron destilliert worden war, konnte das Salvarsan »made in France« dem Qualitätsanspruch genügen.

Da die Syphilis damals in Frankreich noch stärker als in anderen europäischen Ländern grassierte, blühte das Geschäft. Französische Chemiker bemühten sich natürlich dennoch um die baldige Entwicklung eines möglichst gleichwertigen »Anti-Lues-Mittels«.

Eine Fabrik an der Moskwa

In Rußland errichtete Hoechst 1878 eine kleine Abfüllstation für Alizarin. Doch als auch hier die Zölle immer höher geschraubt wurden, bauten die Farbwerke an der Moskwa eine respektable Fabrik. Neben der Produktion wurden auch ein Laboratorium, Werkstätten und eine größere Färberei eingerichtet. Betrieben wurde diese Fabrik von einer »Aktiengesellschaft Moskauer Chemischen Fabrik, Farbwerke vormals Meister Lucius und Brüning«, die aus »politischen und wirtschaftlichen Gründen«, wie es in einer damaligen Veröffentlichung hieß, 1900 gegründet worden war.

Das Terrain umfaßte eine Fläche von 32000 Quadratmetern. Zunächst war nur ein kleiner Trupp am Werk: zwei Meister, die aus Höchst kamen, ein Chemiker, ein kaufmännischer Angestellter und zwölf Arbeiter. 1913 waren es bereits 400 Arbeiter, 20 Aufseher und 90 Beamte.

In England versuchte Hoechst, sich zunächst auf Handelsniederlassungen zu beschränken. Die »Meister Lucius & Brüning Ltd.« hatte ihren Sitz in der englischen Industriemetropole Manchester, wo Wilhelm Meister und Eugen Lucius sich einst kennengelernt und die hochentwickelte Textilherstellung bewundert hatten. Damals erwarb sich die Insel den Ruf als »Mutterland der Industrie«.

Neben Manchester hatten die Farbwerke auch Handelsvertretungen in Bradford und London.

Das erste Kapital der englischen Tochtergesellschaft betrug 15070 Pfund, eine Summe, die damals 300000 DM entsprach. Das Kapital wurde gehalten von den Mitgliedern des Vorstandes und des Aufsichtsrates. Aus diesem Kreis wurde auch das dreiköpfige Direktorium gebildet.

Schon 1902 wurde die erste Kapitalerhöhung notwendig, als man in Glasgow ein weiteres Kontor eröffnen mußte.

Beschäftigt wurden in diesem kleinen Handelsimperium zehn Kaufleute und zwei Chemiker.

Unter dem Zwang des Patentgesetzes

Im Jahr 1907 mußte sich das Mutterhaus Gedanken über die Gründung einer Produktionsgesellschaft machen. Ein neues englisches Patentgesetz vom 28. August 1907 zwang die ausländischen Inhaber englischer Patente, die geschützten Verfahren binnen Jahresfrist im Vereinigten Königreich auszuüben. Andernfalls sollte jedermann das Recht haben, die Aufhebung des Patentes zu beantragen, wenn es »exclusively or mainly outside of the United Kingdom« angewandt wurde.

Hoechst erzielte im Jahr 1907 einen Umsatz von rund 65 Millionen Mark. Etwa sechs Prozent davon, rund vier Millionen Mark, brachte das Englandgeschäft, den stärksten Anteil dabei erzielte der Indigo – es galt also vor allem die Patente auf diesem Gebiet zu sichern.

Order von Hoechst

Wie schon in Frankreich und Rußland gingen die lokalen Hoechst-Manager auf die Suche nach einem geeigneten Fabrikstandort. Dr. Liebert, englischer Staatsbürger und Mitarbeiter der bisherigen Handelsniederlassung, erhielt am 14. Oktober 1907 von Gustav von Brüning folgende Order: »Infolge des neuen englischen Patentgesetzes werden wir wohl nicht daran vorbeikommen, in England eine Fabrik errichten zu müssen, und zwar in erster Linie zur Ausführung unseres Indigo-Patentes. Da die Fabrik nach den gesetzlichen Bestimmungen bis 28. August nächsten Jahres bereits in Betrieb sein muß, ist keine Zeit zu verlieren.

Ich möchte Sie deshalb bitten, unverzüglich und in unauffälliger Weise sich darüber zu orientieren, wo zur Anlage einer solchen Fabrik geeignetes Terrain vorhanden wäre. Unseres Erachtens käme in Betracht die Gegend zwischen Manchester und Liverpool mit Wasserfront, so daß Seeschiffe direkt am Kai anlegen können, damit möglichst billige Frachten für die von hier aus massenhaft dorthin zu sendenden Vorprodukte erhalten werden.

Wir haben in Erwägung gezogen, ob wir eine der wahrscheinlich zahlreich vorhandenen stilliegenden englischen Fabriken, z. B. die der ›United Alcali Co.‹ oder ähnliche erwerben sollten, sind aber davon abgekommen, weil wir durch bestehende Bauten wahrscheinlich in unserer Entwicklung und Einrichtung gehemmt und beeinträchtigt würden und wohl doch mit der Zeit dazu kämen, die ganze Fabrik umzubauen. Bei einer Neuanlage hat man doch etwas Einheitliches und durch Erfahrungen bereits Erprobtes. Wir müssen natürlich sehen, ein hinreichend großes Terrain zu bekommen, da es nicht ausgeschlossen, vielmehr sogar wahrscheinlich ist, daß, wenn man einmal damit begonnen hat, drüben zu fabrizieren, die Anlage im Laufe der Zeit sich noch ziemlich vergrößert. Meines Erachtens käme ein Komplex von wenigstens fünf Hektar in Betracht. Die sonstigen Bedürfnisse einer chemischen Fabrik sind Ihnen ja so ziemlich bekannt, ich will sie hier nur noch kurz erwähnen: Leichtigkeit der Beschäftigung von Arbeitern, ausreichend vorhandenes Wasser, die Möglichkeit, ohne besondere Schwierigkeiten Fabrikabwässer in den Fluß fließen zu lassen, Nähe einer Eisenbahnstation, so daß Gleisanschluß erlangt werden kann und Nähe eines bewohnten Dorfes, aus dem sich Arbeiter rekrutieren lassen, so daß man nicht von vornherein gezwungen ist, Arbeiterwohnungen zu bauen.«

Brüning ließ genaue Erkundigungen über die Konzessionierung von Fabriken in England anstellen – er hatte die Schwierigkeiten, die einst bei der Konzessionserteilung für die Fabrik in Boulogne aufgetreten waren, nicht vergessen.

Doch in diesem Punkt konnte ihn Liebert beruhigen: »Genehmigung von Bauten«, so schrieb er an Brüning, »sowie Fabriklicenzen werden ohne Schwierigkeit von den ›Local Authorities‹ erhalten werden, d. h. von der Stadt oder der Bezirksbehörde, in deren Grenzen die Fabrik errichtet wird.«

Im November inspizierte Gustav von Brüning das Gelände, das Liebert mittlerweile ausgesucht hatte. Es befand sich bei Ellesmere Port, fünf Meilen von Chester und dreißig Meilen von Manchester entfernt. In der Nähe befand sich ein Kanal, der in den Fluß Mersey führte.

Fragenkatalog vor der Entscheidung

Bevor er seine Entscheidung traf, wollte Brüning allerdings weitere Fragen beantwortet wissen:

»1. Ob das Flußwasser, das man zur Fabrikation entnehmen kann, rein und brauchbar ist? Vielleicht könnten Sie dasselbe analysieren lassen.
2. Ob das Wasser so rein ist, daß man ohne Filteranlage auskommt und ob es möglich ist, einen Brunnen hochzubohren, da wir für die Herstellung von Indigo reines Wasser haben müssen.
3. Über die Abwasserfrage haben Sie sich ja schon geäußert, und wir sind der Annahme, daß das Abwasser direkt in den Kanal bzw. in den Mersey geleitet werden kann.
4. Daß die Blocks am Kanal hochwasserfrei sind, nehmen wir ebenfalls an.
5. Wie steht es mit der Beschaffung von Gas, ist eine Gasfabrik in der Nähe und kann das Gas ohne große Kosten nach der Fabrikstelle geleitet werden?
6. Welcher Art sind die Arbeiter, vermutlich sind sie alle Mitglieder der Trade Union? Wollen Sie sich bitte möglichst informieren über die Arbeitszeiten, die Arbeitslöhne, ob Schwierigkeiten wegen Nachtarbeit und Sonntagsarbeit bestehen?
7. Ferner ist es erwünscht zu wissen, ob in der Nähe Wohnungen für Chemiker und Beamte zu finden sind oder ob solche noch gebaut werden müßten.«

Arbeitsbeginn sechs Uhr morgens

Kurz einige der interessantesten Antworten, die Brüning von Liebert erhielt: »Die Arbeiter der chemischen Industrie sind nicht Mitglied einer Trade Union, sondern kommen unter die Klasse der ›ordinary labourers‹. Die Arbeitszeit ist von sechs Uhr morgens bis fünf Uhr dreißig abends mit halbstündiger Unterbrechung für Breakfast und einer Mittagspause von einer

Stunde. Arbeitslohn etwa ein Pfund pro Woche. Nacht- und Sonntagsarbeit werden keine Schwierigkeiten bereiten.«

Diese Auskünfte werden wohl zu Brünings Zufriedenheit ausgefallen sein. Er liebte die Gewerkschaften nicht und vertrat einen allmählich nicht mehr ganz zeitgemäß anmutenden »Herr-im-Haus-Standpunkt«.

Doch hatte Brüning, der 1913 mit noch nicht fünfzig Jahren ebenso jung wie sein Vater starb, durchaus soziales Engagement. Dabei sollten aber die Unterstützungen, die den Arbeitern zuteil wurden und an denen es bei Hoechst nicht mangelte, wie wir noch sehen werden, von seiten der Direktion ausgehen, ihr jedoch nicht im harten Arbeitskampf abgetrotzt werden. So erklärte er einmal: »Wir betonen ausdrücklich, daß bei allen Maßnahmen zur Verbesserung der Lebenshaltung unserer Arbeiter die Forderungen der Organisation [er meinte die gewerkschaftlichen Zusammenschlüsse] nicht den geringsten Einfluß haben und daß wir nach wie vor jede Einmischung von außerhalb Stehenden ablehnen, und wir erinnern, daß wir gerechten Wünschen unserer Arbeiter, wenn diese uns direkt vorgetragen wurden, stets Rechnung getragen haben und Rechnung tragen werden.«

Auch die technischen Voraussetzungen von Ellesmere Port schienen günstig: Es gab einen Gasanschluß, Kohle war leicht lieferbar, und die Beschaffung anorganischer Grundchemikalien, die in der Nähe produziert wurden, war kein Problem. Last not least – sogar die Steuern waren niedrig.

Die Konkurrenz taucht auf

Bei den Verhandlungen um das notwendige Grundstück wurde nach allen Regeln der Kunst gefeilscht. Brüning wollte für die zehn Acre Grund »nur im äußersten Notfalle« 5000 Pfund bezahlen – der Verkäufer aber, die »Manchester Ship Canal Company«, betrachtete 5000 Pfund als Mindestsumme. Um letztlich doch einen niedrigeren Kaufpreis zu erzielen, veranlaßte Brüning den Verhandlungsführer Liebert, die Gespräche »einige Tage ruhen zu lassen. Ich habe die Empfindung, daß die Canal Co. doch nachgeben wird. Sie können ja der Gesellschaft sagen, daß Sie nach London gingen, um sich dort ein anderes Terrain anzusehen.«

Doch war dieser Taktik nur ein geringer Erfolg beschieden. Inzwischen waren nämlich im Midland Hotel in Manchester einige Herren aufgetaucht, deren Äußeres sie unschwer als Deutsche erkennen ließ. An der Spitze der Gruppe stand Geheimrat Dr. Carl Duisberg von Bayer, begleitet von Geheimrat Hüttenmüller von der BASF und Geheimrat Oppenheim von der Agfa.

Die Nachricht, daß andere deutsche Interessenten auf den Plan getreten waren, machte die »Canal Company« nicht eben kompromißbereiter.

Allerdings wollte die Duisberg-Gruppe mindestens 25 Acre kaufen, und so mußte Hoechst zufrieden sein, seine zehn Acre für 4750 Pfund zu erhalten.

Ein Telegramm aus Ellesmere Port

Die Bauarbeiten schritten voran, und am 20. August 1908 empfing Brüning ein Telegramm: »Gestern erste Operation Indigo gut verlaufen.« Der Absender war der Chemiker Dr. Max Dünschmann, seit 1893 Mitarbeiter der Farbwerke und nun Werksleiter in Ellesmere Port.

»Messrs. Meister Lucius and Brüning are«, so meldeten englische Zeitungen, »the first foreign firm to have built and start a special factory in England under the compulsory clauses of the new act.«

Die Kosten für die Fabrik hatten 50000 Pfund betragen, eine beträchtliche Summe, doch unter dem Druck der Gesetzgebung eine unerläßliche Investition.

Auch Bayer wurde durch das Patentgesetz gezwungen, eine Produktionsstätte im United Kingdom einzurichten. Dies geschah in Port Sunlight.

Ein Fäßchen Indigo für Lloyd George

Um die Kunden auf den Hoechster Indigo aufmerksam zu machen, versandte Hoechst Hunderte von kleinen Fäßchen mit der Aufschrift: »Indigo – made in England«. Auf Anregung von Brüning erhielt Lloyd George, der frühere liberale Handelsminister und jetzige Staatssekretär Seiner Majestät, König Edwards VII., ein Fäßchen mit besonderer Ausstattung – es trug die Aufschrift »made in England« in Gold. Lloyd George, später Premierminister, war in Manchester geboren und interessierte sich stets für die dort ansässige Industrie.

Schon damals galt bei Hoechst die Devise, die Positionen in ausländischen Firmen nach Möglichkeit mit Angestellten aus dem jeweiligen Land zu besetzen. Wenn man die Gehaltslisten von MLB Limited durchsieht, dann stößt man in den Büros von Bradford, Glasgow, London und Manchester fast ausschließlich auf englische und schottische Namen.

Produktionsgeheimnisse streng gehütet

Den letzten Einblick in die Produktionsverhältnisse erhielten die ausländischen Mitarbeiter freilich nicht. Selbst bei Liebert wurde hier keine Ausnahme gemacht. Als Dünschmann in einem Brief den Besuch von Liebert in der Fabrik erwähnte, erinnerte ihn Brüning an seine entsprechenden Anweisungen und betonte: »Bei genauerer Überlegung glaube ich, daß, wenn Herr Dr. Liebert die Firma *einmal* zu sehen wünscht, wir gegen diese *einmalige* Besichtigung nichts einwenden sollten. Er wird bei einer kurzen Führung nicht viel sehen und in das Wesen der Sache doch nicht eindringen können. Diese Besichtigung wird sich vermutlich ergeben, wenn Herr Dr. von Meister in den nächsten Tagen hinüberkommt. Dabei würde es dann aber auch sein Bewenden haben.«

Doch nicht nur gegenüber Ausländern war man in der deutschen chemischen Industrie extrem geheimniskrämerisch und mißtrauisch.

Ellesmere Port war in den ersten Jahren die einzige Fabrik, die den begehrten Indigo erzeugte. Sie deckte die Hälfte des britischen Bedarfs, die anderen fünfzig Prozent wurden aus Deutschland importiert, vor allem von der BASF, der neben Hoechst stärksten Indigo-Produzentin. Unter diesen Umständen machte sich die Investition bezahlt, das Geschäft blühte. Im ersten Jahr, 1908, wurden allerdings nur neun Tonnen Indigo produziert, erste Anlaufprobleme hatte es auch hier gegeben. 1913 aber belief sich die Indigo-Produktion in Ellesmere Port bereits auf knapp 300 Tonnen.

Wie in Moskau und im französischen Creil wurde auch in England die Pharmaherstellung schnell angekurbelt. Das Spektrum reichte von Pyramidon und Suprarenin bis zu dem in England besonders begehrten Lokal-Anästhetikum Novocain, wovon jährlich etwa zehn bis zwanzig Kilogramm hergestellt wurden. Ab Juni 1913 wurde in Ellesmere Port Salvarsan produziert. Der deutsche Betriebsleiter Dr. B. Reuter hatte auch hier die Produktion eingerichtet. Anfänglich stieß er dabei allerdings auf Schwierigkeiten, denn die Produktion war sehr kompliziert und die englischen Mitarbeiter verstanden sein Schulenglisch nicht... Salvarsan entwickelte sich hier wie in allen anderen europäischen Ländern zu einem großen Geschäft und trug wesentlich dazu bei, die Syphilis auch in England zurückzudrängen.

»Blicken wir zurück«, so heißt es in der Firmenchronik von 1913 in bezug auf die Hoechster Auslandsaktivitäten, »so muß sich unwillkürlich ein Gefühl der Genugtuung ergeben, daß im Laufe eines halben Jahrhunderts aus kleinsten Anfängen ein Geschäft erwachsen ist, das heute alle Länder des Erdballs umspannt.«

Ein Mann aus der Neuen Welt

Nur in der Neuen Welt, in den USA, besaß »MLB« keine eigene Produktion. Dafür aber gab es ein Handelshaus, dessen tatkräftiger Inhaber diesseits und jenseits des Atlantiks höchstes Ansehen genoß: Hermann A. Metz, in New York geborener Sohn deutscher Einwanderer, hatte die Karriere eines Selfmademannes gemacht, die ihm bei seinen Landsleuten schon immer viel Hochachtung eingebracht hatte.

Metz begann mit 14 Jahren als Laufjunge bei P. Schulze-Berger in New York, später besuchte er die Abendschule in Cooper Union, die er mit dem besten Abschluß verließ. Sein Lieblingsfach war Chemie – er verschlang wissenschaftliche Literatur und beschäftigte sich intensiv mit der praktischen Anwendung im täglichen Leben.

Zunächst arbeitete er als Gehilfe in einem Laboratorium, wurde dann Büroangestellter, Stadtreisender, Reisender und schließlich Direktor der Firma Victor Koechl & Co. für den westlichen Teil der Staaten in Chicago. 1893, im Alter von 27 Jahren, wurde Metz zum Vizepräsidenten und Schatzmeister der Gesellschaft ernannt. Sechs Jahre später war er Präsident und Eigentümer des Unternehmens.

Neben Victor Koechl & Co., die hauptsächlich pharmazeutische Produkte herstellte, gründete Metz die »Consolidates Color and Chemical Company« in Newark, New Jersey. Dazu kam eine Reihe anderer Firmen bis hin zu den Teppichwerken »Ettrick Mills« in Stoneville in Massachusetts.

Mitglied in 35 Klubs

Metz gehörte 35 geschäftlichen und gesellschaftlichen Klubs sowie Sportvereinen an, einem Dutzend Logen und der New Yorker Nationalgarde, bei der er es zum Colonel brachte, der einzige Titel, auf den er Wert legte.

Metz wurde Ratgeber der Regierung bei allen Gesetzesvorlagen, die Tarif-, Zoll- und Patentfragen betrafen, und schließlich übernahm er auch noch das Amt des New Yorker Stadtkämmerers. »Als Kämmerer der Stadt«, so schrieb die deutschsprachige »Rundschau zweier Welten« 1912 über Metz, »führte er Buchhaltungsmethoden ein, die früher unbekannt waren und beseitigte den Schlendrian, der in seinem Departement eingerissen war und die Kreditfähigkeit der Stadt zu ruinieren drohte. Sein Nachfolger im Amt – Metz war Demokrat – obwohl Parteigegner, zollte unlängst in einer Rede Metz's Verdiensten die größte Anerkennung...«

Falls Metz für die Stadt New York in den Kongreß gewählt werde, so die »Rundschau zweier Welten« weiter, dürfte sich New York gratulieren. Im Kongreß herrsche nämlich ein »solcher Mangel an tüchtigen Geschäftsmännern, denen das Wohl und Wehe des Landes wirklich am Herzen liegt, wo ränkevolle Politiker und unehrliche Advokaten unsere Gesetze entwerfen und dabei nur darauf bedacht sind, ihre eigenen Taschen zu füllen«.

Man sieht, Hermann A. Metz verstand auch etwas von Public Relations.

Er gab die höchsten Trinkgelder

Wenn er nach Höchst kam, erwies ihm der Portier am Hauptverwaltungsgebäude besonderen Respekt. Chefportier Johann Dietzler war in Amerika geboren und schwärmte noch Jahrzehnte später in seinen Erinnerungen von dem Colonel, dem er die höchsten Trinkgelder unter den Hoechst-Repräsentanten aus der ganzen Welt verdankte.

Auch Generaldirektor Gustav von Brüning schätzte Metz sehr, besonders seit Brüning in den USA gewesen war und dabei nicht nur in den Genuß der großzügigen Gastfreundschaft von Metz gekommen war, sondern auch staunend den enormen Einfluß zur Kenntnis genommen hatte, den der Colonel dort besaß.

Metz durfte sogar nach Kriegsausbruch jede Einzelheit im Salvarsanbetrieb besichtigen und Betriebsleiter Dr. Reuter Dutzende von Fragen stellen – ein Vorgang, der Reuter so konsternierte, daß er ihn sogar in seinem Jahresbericht festhielt. Der Grund für diese außergewöhnliche Offenheit lag nicht nur in dem persönlichen Ansehen des Colonels. Man erwog in jener Zeit bei Hoechst ebenso intensiv wie vertraulich, zusammen mit

Metz eine Salvarsan-Fabrik in den USA aufzubauen. Noch war keineswegs erkennbar, daß Amerika in den Krieg gegen Deutschland eintreten würde. Die Versicherungen Präsident Woodrow Wilsons schienen eher auf das Gegenteil zu deuten, wenngleich er nicht verbarg, wo seine Sympathien lagen. Der frühere Geschichtsprofessor von Princeton hatte bei seiner Wiederwahl 1916 nur mit knapper Mehrheit gesiegt, nicht zuletzt deshalb, weil er versprochen hatte, Amerika aus dem Krieg herauszuhalten.

So ungern die deutschen Chemiefirmen auch an die Auslandsproduktion herangegangen waren, diese Werke und das weltweite Netz des Vertriebs erlaubten den leitenden Männern von Hoechst oder Bayer einen genauen Einblick in die Wirtschaft der wichtigsten Industriestaaten.

Dies erwies sich als wirksame Prophylaxe – wenigstens bei den meisten – gegen die damals in Deutschland grassierende Selbstüberschätzung, denn so kannten die Chefs der großen Firmen das Industriepotential Amerikas recht genau. Vor allem Chemiker bestaunten die ideale Rohstoffbasis – in den USA gab es einfach alles: Kohle, Steinsalz, Kalisalz, Phosphate, Erze sowie Erdöl und Erdgas, was freilich erst später, als die Geburtsstunde der Petrochemie schlug, eine ausschlaggebende Rolle spielen sollte. Frühzeitig hatte die amerikanische Industrie Trusts und gewaltige Firmenkomplexe hervorgebracht. Mit ihrer Dynamik konnte Deutschland trotz aller wissenschaftlich-technischen Leistungen schwerlich auf Dauer konkurrieren.

So sollte das amerikanische Vorbild die Organisation der deutschen Farbstoffchemie in der Folge entscheidend beeinflussen. Die Behauptung ist mehr als ein wohlklingendes Aperçu, wonach Amerika zweimal in die Geschichte der chemischen Industrie eingegriffen habe: das erste Mal bei der Geburt der I.G. Farben, das andere Mal bei ihrer Zerschlagung.

Folgenschwere USA-Reise Duisbergs

Zunächst spielten die Vereinigten Staaten – vierzig Jahre später würde das anders sein – allerdings nur eine passive Rolle. Die Idee zur Integration der führenden deutschen Chemiefirmen entstand zwar auf amerikanischem Boden, aber nur im Kopf Carl Duisbergs, des »großen Mannes« der Bayerschen Farbenfabriken. Er machte im Jahre 1903 eine Amerikareise, um die Möglichkeiten für ein verstärktes Engagement seiner Firma auf diesem Kontinent zu überprüfen.

Duisberg hatte schon ein paar Jahre früher die Vereinigten Staaten besucht, und damals war er außerordentlich beeindruckt zurückgekehrt.

Diesmal war sein Blick kühler und kritischer, er notierte Schwachstellen und störanfällige Faktoren, die sich nur ein Land leisten konnte, das aus dem vollen schöpfte. Das enge Bündnis zwischen Wissenschaft und Industrie, das sich im rohstoffarmen Deutschland ergeben hatte, schien den Vereinigten Staaten fremd. Deshalb kannte man hier auch kaum eine organische chemische Industrie, die sich um hohe Veredlungsgrade bemühte.

Duisberg sah aber auch die gewaltigen Leistungen, die in Amerika eine gründlich mechanisierte, rationalisierte und eng verflochtene Wirtschaft ermöglicht hatte. In der Petroleumindustrie beginnend, aber auch bei der Stahl- und Eisenherstellung, in der Elektroindustrie und in der Glasherstellung hatten sich hier imponierende Trusts gebildet. Duisberg erkannte, welch enorme industrielle Kraft in den Staaten heranwuchs – und er fragte sich, was Deutschland diesem gewaltigen Potential eines Tages entgegenzusetzen hätte.

Kartelle – Kinder der Not?

So stellte sich Duisberg eine verlockende Vision vor Augen: die Konzentration der wichtigsten deutschen Farbenfabriken. Es war nicht wirtschaftlicher Machthunger oder der Drang nach

Gewinnmaximierung, der diesen Gedanken entstehen ließ. Seine Fusions-Pläne waren auch nicht »ein Kind der Not«, wie ein führender Volkswirtschaftler die damals allerorts rege gebildeten Kartelle genannt hatte.

Die großen deutschen Farbenfabriken litten keine Not. Sie mußten sich allenfalls mit »Wachstumsschwierigkeiten« auseinandersetzen, hervorgerufen durch den Umstand, daß sie sich in atemberaubendem Tempo von Miniatur-Unternehmen zu Weltfirmen entwickelt hatten. Im Fall Hoechst – wie auch bei Bayer und der BASF – vollzog sich dieser einzigartige Prozeß in nur knapp vierzig Jahren. Innerhalb dieses Zeitraums hatte sich die Arbeiterzahl – ausgehend vom Gründungsjahr 1863 – beinahe vertausendfacht, war aus einer kleinen Werkshalle eine Fabrikstadt mit Hunderten von Gebäuden emporgeschossen, durch die sich kilometerlange Straßen und Schienen zogen.

Ein großes Verwaltungsgebäude war nötig geworden, um die vielfältigen Forschungs- und Fabrikationsstätten zentral zu dirigieren, Energieanlagen von Großstadtausmaßen mußten für deren Strom- und Dampfversorgung errichtet werden. Die tägliche Produktion von Anorganika und Farbstoffen war nurmehr in Tonnen und in Güterwagen zu messen.

Glückliche Zeiten für Aktionäre

Natürlich war auch das Firmenkapital in entsprechendem Umfang gewachsen. 1863, im Gründungsjahr, hatten Lucius, Meister und Müller 66450 Gulden der Firmenkasse anvertraut. 1880, bei der Umwandlung in eine Aktiengesellschaft, waren es bereits 8,5 Millionen Mark, und im Jahre 1904 wies die Hoechster Bilanz ein Aktienkapital von 25,5 Millionen Mark aus. Die ordentliche Reserve betrug mehr als 11 Millionen, der Umsatz 40 und der Reingewinn 6,7 Millionen Mark. Das waren stolze Zahlen, die sich in ebenso stolzen Dividenden widerspiegelten. Seit 1896 pendelten die Gewinnausschüttungen zwischen zwanzig und dreißig Prozent.

Glückliche Zeiten für Aktionäre! In wenigen Jahren konnten sie ihr angelegtes Kapital verdoppeln.

Doch darf man nicht vergessen, daß diese Erfolge ungewöhnlich hart erarbeitet worden waren. Gerade die chemische Industrie war mit außergewöhnlichen Risiken behaftet: Kein noch so ausgeklügeltes System vermochte die Zukunftschancen einer chemischen Erfindung oder Entdeckung vorherzuberechnen. Erschienen sie nur halbwegs aussichtsreich, so mußten zunächst einmal Millionen von Mark investiert werden, bevor sich dann erst wesentlich später zeigte, ob man wirklich einen Treffer erzielt hatte. Das galt in besonderem Maße für Arzneimittel. Nur durch jahrelange klinische Erprobungen konnte ermittelt werden, ob sich ein Präparat einen Stammplatz im pharmazeutischen Arsenal der Firma erobern würde. So hatte Hoechst nach Aufnahme der pharmazeutischen Sparte Abertausende von chemischen Verbindungen auf ihre Heilwirkung überprüft. Das Ergebnis: einige hundert Präparate konnten den Anforderungen genügen, doch bis 1909 waren es nur wenige, die finanziell kräftig zu Buche schlugen – etwa Antipyrin, Pyramidon, Diphtherieserum, Suprarenin, Novocain und schließlich ab 1911 das Salvarsan.

Zehntausend verschiedene Farbstoffe

An Farbstoffen wurde um die Jahrhundertwende gegenüber den Arzneimitteln beinahe das Zehnfache umgesetzt. Doch gefährdeten hier die Angebotsfülle und unberechenbare Publikumswünsche die Wirtschaftlichkeit. Noch 1880 hatte Hoechst ein Sortiment von rund 1100 Farbstoffen präsentiert, sieben Jahre später waren es schon 10000. Dies war nicht die Folge einer ungehemmten Experimentierfreude der Chemiker, sondern vielmehr die Konsequenz des scharfen Wettbewerbs unter den führenden deutschen Farbenfabriken.

Dieser Konkurrenzdruck hatte ohne Zweifel seine positiven Seiten: Die Farbstoffe wurden ständig verbessert, man schuf neue Produktionsverfahren und die Herstellungskosten wurden herabgedrückt. Die finanzielle Anspannung der Firmen war indessen außergewöhnlich hoch.

Eine falsch verstandene Zurückhaltung wäre jedoch fehl am Platze gewesen und hätte die Marktstellung der Firma aufs schwerste erschüttert. Wenn Hoechst sich beispielsweise nicht frühzeitig genug oder überhaupt nicht in die Indigo-Produktion eingeschaltet hätte – was wäre geschehen? Mit Sicherheit hätten konkurrierende Unternehmen wie die BASF und später vermutlich auch Bayer den Triumph davongetragen. Und ein Rückgang im Farbstoff-Umsatz hätte sich auch auf die anderen Produktionszweige des Unternehmens ausgewirkt: Herstellung und Rentabilität der anorganischen Rohstoffe und der organischen Zwischenprodukte wären geschmälert worden, die nicht nur für die Farbstoffe, sondern auch für die Pharmazeutika den Unterbau bildeten und entsprechende Beiträge zur Gesamt-Rentabilität des Unternehmens leisteten.

Preiskämpfe und Konventionen

Nun war zu jener Zeit der Wettbewerb nicht mehr vom blanken Free-Enterprise bestimmt. Schon 1881 war es nach heißen Preiskämpfen beim Alizarin zu Konventionen gekommen, denen sieben deutsche Farbenfabriken und ein englisches Unternehmen beigetreten waren. Produktion und Absatz der einzelnen Firmen wurden kontingentiert und Mindestpreise festgesetzt. Bei dieser Gelegenheit traten zum ersten Mal auch in der Öffentlichkeit die »Großen Drei« als die führende Gruppe innerhalb der Farbenindustrie auf: 52 Konventionsanteilscheine waren ausgegeben worden, von denen Hoechst, die BASF und Bayer je zehn Anteile erhielten.

Zwar war diesem Vertrag nur ein kurzes Leben beschert, doch in der Folgezeit kam es zu immer neuen Vereinbarungen zwischen den Farbenfabriken. Nicht nur für Alizarin – für ganze Farbstoff-Reihen wurden Konventionen abgeschlossen. Es gab keine andere Wahl. Der Krisensog, in den die Farbenfabriken zwischen 1885 und 1900 infolge des rapiden Preisverfalls ihrer Produkte geraten waren, machte solche Lösungen unumgänglich. Viele Firmen verschwanden ganz von der Bildfläche, andere gaben zumindest die Alizarinproduktion auf und mußten sich andere Schwerpunkte suchen.

Dividenden-Rückgang bei Hoechst

Trotz führender Position war auch Hoechst in die Schlechtwetterzone geraten. Noch ein Jahr nach der Gründung der Aktiengesellschaft – 1881 – konnte man den frischgebackenen Aktionären einen Reingewinn von 2,3 Millionen Mark zuweisen. Das darauffolgende Jahr übertrumpfte diese Zahl noch einmal mit 2,7 Millionen Mark Reingewinn und einer Dividende von 16 Prozent. Dann aber beeinträchtigten rückläufige Tendenzen das Hoechster Bilanzbild. 1885 war man bei 0,7 Millionen Mark Gewinn und einer Dividende von fünf Prozent angelangt. Tröstlich dabei war vielleicht ein Blick auf die Farbenfabriken Bayer in Elberfeld, die 1885 überhaupt keine Dividende ausschütten konnten. Solche Alarmzeichen erhöhten die Verständigungsbereitschaft zwischen den einzelnen Firmen, wenn man auch den Weg zu einem offiziellen Erfahrungsaustausch noch nicht gefunden hatte. Lediglich zwischen Hoechst und der Schweizer Firma Johann Rudolf Geigy hatten 1882 offene Gespräche stattgefunden, in deren Folge man vereinbart hatte, »sich gegenseitig zu unterstützen durch regelmäßigen Austausch von Nachrichten über den Stand der Geschäfte und über den Stand der Rohmaterialien, um, darauf gestützt, im Einkauf wie im Verkauf entsprechend zu operieren«.

Mochten sich die deutschen Firmen auch nicht zu einem ähnlichen Abkommen entschließen, so stand man doch trotz hartem Wettbewerb in verhältnismäßig gutem Einvernehmen. Durch verschiedene Farbstoff-Konventionen war eine Zusammenarbeit gewährleistet, und zwischen Hoechst und der BASF hatte es weitreichende Vereinbarungen auf dem Indigogebiet gegeben. Auch das Verhältnis zwischen Hoechst und Bayer war gut. Das zeigte sich zum Beispiel 1891, als Bayer den Aufbau einer eigenen Säurefabrik plante, um sich vom rheinisch-westfälischen Schwefelsäure-Syndikat unabhängig zu machen. Hoechst verfügte längst über derartige Anlagen. Duisberg nahm Kontakt mit Philipp Pauli auf, dem Leiter der Hoechster Säurefabrik, und erhielt eine Einladung zur Besichtigung der Hoechster Anlagen. Bayer konnte daraufhin ab 1895 die drei wichtigsten anorganischen Säuren in eigener Regie herstellen.

Das »Podium« der chemischen Industrie

Vor allem aber der 1877 gegründete »Verein zur Wahrung der Interessen der chemischen Industrie Deutschlands« hatte die leitenden Männer der großen Werke in Tuchfühlung miteinander gebracht. Hier beriet und diskutierte man über die gemeinsamen Interessen in der Wirtschafts- und Sozialpolitik sowie in der Patent-, Steuer- und Zollgesetzgebung. Dieser Verein erwies sich als das ideale Podium, von dem aus die chemische Industrie ihre Anliegen in die Öffentlichkeit tragen konnte.

Duisberg trifft Brüning

Auf einer solchen Sitzung geschah es dann auch, daß der Amerika-Rückkehrer Carl Duisberg Stuhl an Stuhl mit dem Hoechst-Generaldirektor Gustav von Brüning zusammensaß. Brüning war ebenfalls erst vor kurzem zur Inspektion der Kontaktanlagen für die Schwefelsäureproduktion und der Verkaufsorganisation seiner Firma in Amerika gewesen und hatte sich intensiv mit den großen amerikanischen Trusts beschäftigt.

Duisberg fand deshalb bei Brüning sofort ein offenes Ohr für sein Vorhaben, eine Denkschrift über die Vereinigung der deutschen Farbenfabriken zu verfassen. Brüning konnte Duisberg sogar mitteilen, daß auch die BASF für solche Überlegungen nicht unempfänglich sei. Ja mehr noch: Auf Initiative der Berliner Agfa war zwischen dieser Firma, den Hoechster Farbwerken und der BASF bereits für den Januar 1904 eine Besprechung im Berliner Kaiserhof verabredet. Brüning bat Duisberg deshalb, seine Denkschrift möglichst bis zu diesem Termin fertigzustellen.

All dies spornte den organisationsfreudigen Duisberg an, und schon Mitte Januar 1904 war die Denkschrift zu Papier gebracht. Voraussetzung war für Duisberg, daß sich ein Farbstoffunternehmen nur dann »im Wettbewerb behaupten könne, wenn es an sich schon eine bestimmte Größe besitzt«. Denn die Ausgaben für wissenschaftliche Laboratorien, für Betriebsversuche, für kostspielige Versuchsfärbereien seien in den letzten Jahren steil in die Höhe geklettert. Vornehmlich die großen Verkaufsorganisationen, die Warenlager in aller Herren Länder und der Vertreterapparat würden zunehmend größere Summen verschlingen. Hinzu käme das von dem Wettbewerb zwischen den einzelnen Firmen hochgetriebene Überangebot an Farbstoffen.

Seite für Seite legte Duisberg die Schwächen der Farbstoffindustrie bloß, wobei er jedoch nicht nur diagnostizierte, sondern konkrete Maßnahmen vorschlug. Sein Heilmittel bestand nicht in winzigen homöopathischen Dosen, sondern zielte auf eine Generalkur ab: Duisberg plädierte für die uneingeschränkte Fusion, die Gründung einer Aktiengesellschaft unter dem Titel: »Vereinigte deutsche Farbenfabriken« mit einem Kapital von etwa 200 bis 300 Millionen Mark.

Trotzdem sollten diese »Vereinigten deutschen Farbenfabriken« kein monolithisches Gebilde werden. Duisberg wollte zwar die Produktion vereinheitlichen und den Einkaufs- sowie den kostspieligen Verkaufsapparat zentralisieren, doch das Konkurrenzprinzip sollte nicht ausgeschaltet werden. Deshalb plante er, in dem neuen Firmenverband jedes wichtige Produkt von jeweils zwei Betrieben herstellen zu lassen, um weiterhin Produktions- und Preisvergleiche durchführen zu können. Als Ansporn für die Arbeiter dachte Duisberg an Betriebstantiemen und Prämien aus dem Reingewinn. Auch die Spitze der neuen Firmenorganisation sollte nach demokratischen Prinzipien gebildet werden.

Die Konferenz im Kaiserhof

Es war ohne Zweifel ein recht bestechendes Bild, das Duisberg im Berliner Kaiserhof vor seinen Direktionskollegen von der Agfa, BASF und den Hoechster Farbwerken entrollte. Die erste Reaktion war Zustimmung, nahezu Enthusiasmus. In den folgenden Wochen aber ebbte der Schwung wieder ab, der die Teilnehmer der Berliner Konferenz zunächst erfaßt hatte. Zurückgekehrt in ihre Werke, beurteilten sie die Lage wesentlich nüchterner.

Das galt besonders für Hoechst, wo man in einer Reihe von Direktionssitzungen die Duisberg-Schrift in allen Details durchleuchtet hatte. Man war sich darüber einig, »daß die allermeisten aufgeführten Mißstände durchaus zutreffend sind und daß es außerordentlich wünschenswert wäre, eine Abhilfe zu schaffen«, wie es in einem Memorandum hieß, das unter der Leitung von Brüning angefertigt wurde. Und weiter: »Die Vorschläge, die gemacht werden zur Verminderung der Produktions- und Verkaufsspesen, zur Verminderung eines ruinösen Konkurrenzkampfes, zur Verminderung der allgemeinen Unkosten und der Unarten im Verkauf, haben sehr viel Bestechendes. Sie scheinen auf den ersten Blick auch sehr wohl ausführbar.« Bei näherer Betrachtung ergaben sich jedoch in einzelnen Punkten »die schwersten Bedenken für die Zukunft«.

Ein Schritt ins Dunkle?

Vor allem die Beispiele bereits vorhandener Trusts überzeugten bei Hoechst nicht. Duisberg hatte auf das Kohlen- und Koks-Syndikat verwiesen. Dazu stellte Hoechst fest: »Bei diesen riesigen Unternehmen liegen die Verhältnisse durchaus verschieden von denen der chemischen Industrie. Erstens sind die Produkte, um die es sich handelt und die in diesen Trusts vereinigt sind, sehr viel einheitlicherer Natur, und zweitens bleiben den einzelnen Individuen, aus denen die Trusts entstanden sind, namentlich bei dem Kohlen- und Koks-Syndikat, solche Existenzbedingungen gewahrt, daß, sollten sich die wirtschaftlichen Vorteile des Trusts nicht einstellen, von heute auf morgen diese großen wirtschaftlichen Vereinigungen aufgelöst werden können, ohne daß die einzelnen Teile weniger existenzfähig wären als zuvor.«

Eine solche Möglichkeit war in dem Duisberg-Plan indessen nicht gegeben, denn: »Bei der Vereinigung der großen chemischen Fabriken ist in erster Linie daran gedacht, Fabrikationen der einzelnen Werke, die von anderen rentabler geführt werden können, einzustellen. Ferner sollen Personalersparnisse vorgenommen und die kaufmännische Leitung zentralisiert werden.«

Was aber würde geschehen, so stellte Hoechst die bange Frage, wenn sich die Erwartungen nicht erfüllten, die an das Zustandekommen des chemischen Trusts geknüpft waren? Die Antwort lautete unmißverständlich: »Es ist dann unmöglich, wieder den einzelnen Werken ihre Selbständigkeit zu geben, da sie sich zwischenzeitlich so verändert haben, daß ihre Wiederherstellung in der früheren Form unmöglich wäre. Man wagt mithin einen Schritt ins Dunkle, den man nie mehr zurücknehmen kann.«

Jedermann wisse, so hieß es in dem Hoechst-Memorandum, daß die gegenwärtigen Umstände innerhalb der Farbenindustrie und der außerordentlich scharfe Konkurrenzkampf einen zunehmenden Druck ausüben. »Aber trotzdem oder vielleicht gerade deshalb haben wir heutzutage eine starke und blühende Farbenindustrie, die mächtig dasteht und die die Konkurrenz im Ausland nicht zu fürchten hat. Es besteht das schwere Bedenken, daß man diese anregenden und fruchtbringenden Faktoren der Konkurrenz bei einem Trust trotz aller Bestrebungen nicht wird aufrechterhalten können. Es ist zu menschlich, daß, wenn man unter einigermaßen beharrlichen Verhältnissen arbeitet, die Spannung erschlafft, daß sich einer auf den anderen verläßt und daß es durch künstliche Mittel nicht möglich sein wird, die Tätigkeit der Angestellten auch nur annähernd so anzuspornen, wie dies heute unter dem Drucke der Konkurrenz der Fall ist.«

Auch die Auswahl der künftigen Führungskräfte schien Hoechst in dem geplanten Trust nicht gesichert zu sein: »Die vorgesehenen Direktoren der einzelnen Departements werden nicht mit dem freien unabhängigen Blick, den heute die Direktoren der einzelnen Aktiengesellschaften haben, gerade hinsichtlich der Personalfrage, urteilen können. Sie werden als verhältnismäßig leicht absetzbare und ersetzbare Persönlichkeiten darauf bedacht sein, ihre Stellung auf nur jede mögliche Weise zu halten.« Darunter müßte vor allem der begabte Nachwuchs leiden. »Während solche tüchtigen Leute es heute in der Hand haben, falls sie nicht die Anerkennung in ihrem Werke finden, zu kündigen und dadurch entweder die ihnen gebührende Besserung ihrer Stellung zu erzwingen oder in einem anderen Werke ihre Tätigkeit unter günstigeren Verhältnissen fortzusetzen, werden sie dieses Mittel zum Vorwärtskommen künftig nicht mehr benutzen können, da außer dem Trust nur noch ein geringes Arbeitsfeld für sie existiert.«

Nach all diesen Überlegungen kam Hoechst »zu dem Schluß, daß die Vereinigung auf der vorgeschlagenen Basis unter den heutigen Verhältnissen nicht durchgeführt werden kann. Es wäre unverantwortlich, durch übereiltes und zu schnelles Vorgehen Organisationen und Unternehmen zu gefährden, zu deren Aufbau viele Jahre, außerordentliche Summen von Arbeit, Intelligenz und Kapital notwendig waren und die bis heute der Stolz unserer vaterländischen Industrie gewesen sind.«

Sonderproblem Indigo

Brüning legte Duisberg dies alles in einem sehr offenen Brief dar und verwies weiterhin auf die »besondere Situation«, in der sich Hoechst gegenwärtig befinde.

Diese »besondere Situation« betraf den Indigo. Gerade 1904 zeichnete sich in den Hoechster Auftragsbüchern eine glänzende Verzinsung der Millionenbeträge ab, die von der Firma in den vergangenen Jahren in die Vorbereitung der Indigo-Herstellung geflossen waren. Jetzt endlich konnte der »König der Farbstoffe« so preiswert produziert werden, daß Hoechst auf einen beträchtlichen Marktzuwachs rechnen durfte. Dies war um so wichtiger, als in den vergangenen Jahren die großen Anstrengungen von Hoechst auf dem pharmazeutischen Gebiet das Ausdehnungstempo der Farbstoffentwicklung etwas gemindert hatten.

Von neuen Erwartungen durchdrungen, wollte man jetzt nichts unternehmen, was eine Störung hätte heraufbeschwören können.

Aus all diesen Überlegungen heraus entschloß sich Hoechst, den Gründungsdrang Duisbergs abzubremsen. Die Firma hielt eine stufenweise und organische Vereinigung für nützlicher als den »Sprung ins kalte Wasser«, den Duisberg kopfüber wagen wollte.

Der Zweibund entsteht

Für eine solch schrittweise Vereinigung schien jetzt der günstigste Zeitpunkt. Im April 1904 hatte sich die Firma Leopold Cassella & Co. in Frankfurt an Hoechst gewandt und ihr Interesse an einem Firmenzusammenschluß kundgetan. Gustav von Brüning hatte sich darüber in seinen privaten Aufzeichnungen notiert: »Im Februar dieses Jahres waren die Duisbergschen Interessenbestrebungen gescheitert, bei denen Cassella nicht hinzugezogen worden war, sondern nur nachträglich das Material erhalten hatte. Diese Beiseitelassung hatte sie offenbar etwas stutzig gemacht und ihnen den Gedanken nahegelegt, sich an eine AG anzuschließen, da ihnen eine solche Gründung vermutlich nicht opportun erschien.«

Es handelte sich bei Cassella um eine der renommiertesten

Farbenfabriken. Sie war schon im Jahre 1798 als Handelsunternehmen gegründet worden, hatte jedoch lange Jahre ausschließlich die Einfuhr und den Verkauf von Farbhölzern und natürlichen Farbstoffen betrieben. Erst 1870 war Cassella unter die Farbstoff-Produzenten gegangen und bezog seither sehr viele Zwischenprodukte von Hoechst, woraus sich ein enges Verhältnis zwischen beiden Firmen ergab.

Der Anschluß von Cassella an Hoechst vollzog sich verhältnismäßig mühelos. Cassella wurde in eine GmbH umgewandelt, und Hoechst übernahm die Hälfte der Geschäftsanteile der neuen Firma.

Schon sehr bald zeigte sich, daß die Gründung des Zweibunds eine glückliche Entscheidung gewesen war. In dem Verwaltungsbericht für das Jahr 1905 betonen die Farbwerke Hoechst: »Die Voraussetzungen, welche uns zum Eingehen dieser Gemeinschaft veranlaßt haben, sind in Erfüllung gegangen.« Und zum 50jährigen Bestehen der Farbwerke Cassella bekannte ihr damaliger Chef, Arthur von Weinberg: »Selten ist wohl das Problem des Zusammenarbeitens zweier Werke, ohne sich gegenseitig zu hemmen, glücklicher gelöst worden.«

Überraschung für Duisberg

Die Zusammenarbeit zwischen Hoechst und Cassella war hinter streng verschlossenen Türen vorbereitet worden. Selbst Carl Duisberg erfuhr von dem Zweibund erst aus der Frankfurter Zeitung, als er gerade auf Urlaub in Italien war. »Da plötzlich, wie ein Blitz aus heiterem Himmel, erreichte uns in Bellagio die Nachricht, ... die Hoechster Farbwerke und die Firma Leopold Cassella & Co. seien zu einer Interessengemeinschaft zusammengetreten«, schreibt er in seinen Lebenserinnerungen.

Duisberg verbrachte nach eigenem Eingeständnis eine schlaflose Nacht. Am nächsten Morgen aber war sein Entschluß gefaßt:

»Ich wollte den Versuch unternehmen, mit Ludwigshafen auf

ähnlicher Basis zu einer Interessengemeinschaft zu gelangen, wenn, wie mir sicher erschien, eine Fusion unserer beiden Firmen zur Zeit undurchführbar war...«

Mit der ihm eigenen Intensität begann Duisberg nun sein »Liebeswerben« um die BASF. Es war von Erfolg gekrönt und führte sehr bald zu einer Interessengemeinschaft mit Bayer. Kurze Zeit später erfolgte dann die Integration der Berliner Agfa.

Zweibund und Dreibund

Als Gegenzug auf den von Hoechst geführten Zweibund hatte sich jetzt also ein Dreibund formiert. In beiden Lagern beäugte man sich mißtrauisch. Würde es schon bald zu Waffengeklirr und zu einem Wettkampf auf Leben und Tod kommen? Würde man – wie Brüning manchmal befürchtete – Hoechst boykottieren?

Doch schon bald zeigte sich, daß es keine der beiden Seiten auf einen Kampf ankommen lassen wollte. Hoechst legte in seinem Verwaltungsbericht von 1904 nochmals seinen Standpunkt dar: »Nach unserer Meinung ist die Gruppenbildung dem sofortigen allgemeinen Trust vorzuziehen, da auf diese Weise die Vorteile eines solchen zwar langsamer, aber wohlüberlegter und nicht so gewaltsam erreicht werden.« Und dann folgte die erleichterte Feststellung: »...natürlich unter der Voraussetzung, daß, wie es auch bei dem Dreibund die Absicht zu sein scheint, nicht nur der Kampf, sondern im Gegenteil eine Verständigung über alle Fragen erzielt werden soll. Das Zusammenschließen in Konventionen, die immer größere Gebiete aus unserem Arbeitsfeld umfassen, wird dieses Hand-in-Hand-Arbeiten erleichtern und einer Vereinigung unserer Industrie in natürlicher Weise die Wege ebnen.«

Damit war Duisbergs Denkschrift zwar nicht offiziell außer Kurs gesetzt, größere Bedeutung erlangte sie in der Praxis der nächsten Jahre jedoch nicht mehr.

Eigeninteressen brechen durch

Den Dreibund-Firmen BASF, Bayer und Agfa fiel eine gegenseitige Anpassung sehr schwer. Alle drei Firmen überschnitten sich in ihrer Produktion und in ihren Arbeitsgebieten, weshalb die natürlichen Eigeninteressen häufig die gemeinsame Planung durchbrachen. Immer wieder traten Gegensätze in dem Dreierausschuß auf, der das gemeinsame Firmenschiff steuern sollte. Gelegentlich wurde sogar die Frage aufgeworfen, ob es nicht ratsam sei, die Interessengemeinschaft wieder aufzulösen. In keinem Fall aber dachte man daran, die Zahl der Mitglieder zu erhöhen.

Bei Hoechst sah die Lage günstiger aus. Der Zweibund war wesentlich lockerer gefügt, und was noch wichtiger war – die beiden Firmen ergänzten sich mehr, als daß sie konkurrierten. »Eine Konkurrenz zwischen unseren beiden Firmen findet nur in beschränktem Maße statt, so daß die Kollision der Interessen nicht so weitgehend wie beim Dreibund ist«, hatte Hoechst schon in seinem Verwaltungsbericht für 1904 feststellen können.

Dennoch konnten »Reibungen« nicht ganz ausbleiben. Der Bericht des nächsten Jahres dokumentierte dies eindeutig. Gleichzeitig aber wurde versichert, daß man sich jeweils sehr schnell zu einigen vermochte, und: »Sehr bewährt hatte sich der gemeinsame Einkauf, infolgedessen viele Artikel zu bedeutend niedrigeren Preisen bezogen werden konnten.« Die Beziehungen zum Dreibund wurden als »zufriedenstellend« bezeichnet: »Die gemeinsame Beteiligung an Konventionen ... schafft eine Anzahl Berührungspunkte, die den gegenseitigen Verkehr zu einem freundschaftlichen gestalten. Erfreulicherweise ist es uns gelungen, in die beiden Schwarz-Konventionen (Dianil- und Schwefelschwarz) aufgenommen zu werden.«

Der Chemiker Friedrich Stolz (mit Fahrrad) im Kreis seiner Kollegen (oben)

Dirigent Wilhelm Kallenbach und sein Werksorchester um 1890 (unten)

Labor um 1900 (oben)
Farbstoffbetrieb in Offenbach (unten)

Steinsalz – ein wichtiger Rohstoff (oben)
PVC-Mischung im Werk Gendorf in den 50er Jahren (unten)

Höchster Idylle um 1910 (oben)
Werkssiedlung Arbeiterheim, im Volksmund das »Heimchen« genannt (unten)

Kalle – der Dritte im Bunde

Der Zweibund hatte sich also positiv entwickelt, und es bestand demnach für Hoechst kein Anlaß, die Tür Beitrittswilligen zu versperren. Dritter im Bunde sollte die Firma Kalle & Co. in Wiesbaden-Biebrich werden, ein Betrieb, der acht Monate nach den Hoechster Farbwerken entstanden war. Gründer war der damals erst 25jährige Chemiker Wilhelm Kalle.

Der Vater von Wilhelm Kalle hatte den geschäftstüchtigen Sohn mit einem Kapital von 100000 Gulden ausgestattet. Kalle junior verstand es, diese Mitgift zu nutzen. Im Jahre 1900 besaß das Unternehmen bereits 98 Patente und 160 Warenzeichen. Sein »Biebricher Scharlach« errang weltweites Ansehen, und auch in der Pharma-Herstellung konnte Kalle erfolgreich Fuß fassen.

So günstig sich aber auch das Unternehmen entwickelte – es gab eine Hürde, die es nicht aus eigener Kraft zu nehmen vermochte. Kalle mußte die anorganischen Chemikalien und Zwischenprodukte für seine Farbstoff- und Pharma-Erzeugung kaufen, denn eine eigene Säurefabrik zu bauen, wäre zu kostspielig gewesen. Überhaupt hatte Kalle die Erfahrung machen müssen, daß die ständig wachsenden und immer vielfältigeren Aufgaben der chemischen Industrie die großen und finanzstarken Unternehmen begünstigten. So hielt man in Wiesbaden-Biebrich Ausschau nach Koalitionsmöglichkeiten. Von Duisberg kam dabei die Anregung, Kalle könnte zusammen mit anderen kleineren Chemiefirmen einen Konzern bilden, der später an den Dreibund angeschlossen werden würde. Entsprechende Verhandlungen hatten schon stattgefunden, als Hoechst dazwischentrat. Bei Hoechst sah man verständlicherweise eine weitere Vergrößerung des Dreibundes nicht gerade mit Begeisterung. Nachdem die Firma Kalle erkennen ließ, daß ihr »sowohl mit Rücksicht auf die örtliche Lage der beiden Fabriken als auch im Hinblick auf das Vertrauen, welches sie den Farbwerken entgegenbrächte, der Zweibund sympathischer sei«, gelang es Hoechst 1907, die Braut heimzuführen.

Fünfzig Jahre Hoechst

1913 – ein halbes Jahrhundert war seit der Gründung der Farbwerke vergangen. Schon lange war keiner der Gründer mehr am Leben. Ihr Werk aber war zu einer Größe herangewachsen, die selbst die kühnsten Erwartungen von einst übertraf. Hunderte von Metern reihte sich den Main entlang Werkhalle an Werkhalle, Schornstein an Schornstein. Über 8000 Männer arbeiteten in diesen Hallen, mehr als 300 Chemiker in den Laboratorien. Die bebaute Werksfläche war in den letzten 25 Jahren von 95 000 auf beinahe 400 000 Quadratmeter angewachsen. Mehr als 50 Kilometer Gleise der Schmalspurbahn zogen sich als Hauptverkehrsader durch die mit neuen Baugerüsten übersäte Fabrikstadt. Eine eigene Gasfabrik erzeugte mehr Gas als die einer mittelgroßen Stadt mit 80 000 Einwohnern. Der Wasserverbrauch wurde nur noch von dem der drei Großstädte Berlin, Hamburg und München übertroffen. An elektrischem Strom verbrauchte Hoechst ebensoviel wie Deutschlands größtes Industriewerk, die Firma Krupp in Essen. Die Bilanz ergab einen Reingewinn von über 16 Millionen Mark.

Auf die Jubiläumsfeier von 1913 fiel nur ein einziger Schatten. Einer der Männer, denen dieser enorme Aufschwung im wesentlichen zu verdanken war, konnte nicht teilnehmen: Generaldirektor Gustav von Brüning war bereits zu krank. Kurze Zeit danach starb er, wie sein Vater noch vor seinem fünfzigsten Geburtstag. Sein Mitregent, Herbert von Meister, der 1898 in die Farbwerke eingetreten war, überlebte ihn nur um sechs Jahre.

Damit war in der Firmen-Führung die Tradition der Gründerfamilien abgebrochen, um deren Weiterführung vor allem der 1903 verstorbene Eugen Lucius als letzter Firmengründer stets bemüht war.

Kapitel 5

Glanz und Elend der I.G. Farben

Im Jahre 1916 wurde der »liebe Gott« Generaldirektor. Es handelte sich um den Chefjuristen Dr. Adolf Haeuser, der in der Firma wegen seines wallenden weißen Bartes allgemein so genannt wurde. Haeuser war schon 1889 als Justitiar in die Firma eingetreten, ein Zeitpunkt, zu dem die Patentfragen immer wichtiger und komplizierter geworden waren. Souveräne Sachkenntnis, ausgeprägtes Selbstwertgefühl – er hatte sich selbst um seine Ernennung in den Vorstand bemüht – und gute Beziehungen zu den Nachkommen der Gründerfamilien, besonders zur Familie Meister, hatten ihn in die entscheidende Position gebracht.

Ausschlaggebend für die Ernennung zum Generaldirektor dürfte das Votum des Aufsichtsratsvorsitzenden Walther vom Rath gewesen sein, der mit der Tochter Meisters verheiratet war. Er arbeitete gut mit Haeuser zusammen. Möglicherweise hatte es auch Überlegungen gegeben, Professor Paul Duden mit diesem Amt zu betrauen, der bei Hoechst die Acetylen-Chemie einführte und zweifellos der bedeutendste Naturwissenschaftler des Unternehmens war. Seine Berufung hätte nahegelegen, wenn man daran denkt, daß an der Spitze von Bayer der Chemiker Carl Duisberg stand und auch die BASF in Carl Bosch einen Chemiker von Weltrang hatte.

Doch wer auch immer die führende Position bei Hoechst innehatte, er konnte eine gebieterische Tatsache nicht ignorieren: Der Krieg hatte die deutschen Farbenfabriken aufs schwerste getroffen und ihr Welthandelsmonopol auf dem Farbstoffgebiet vernichtet. Alle Anzeichen sprachen dafür, daß es nie wieder in der alten Form und im alten Umfang aufgerichtet werden könnte.

Daß die ehemaligen Erzeugungsstätten für Farbstoffe brachlagen oder sich auf Rüstung umstellen mußten, fiel dabei am wenigsten ins Gewicht. Dies ließe sich nach dem Krieg schnell wieder korrigieren. Aber außerhalb der deutschen Grenzen entstanden jetzt überall Farbstoff-Fabriken, nicht nur in den Ländern, die mit Deutschland im Krieg standen, sondern auch im neutralen Ausland. Es lag auf der Hand, daß sie auch in Zukunft alle Anstrengungen unternehmen würden, um ihre Position zu behaupten, um so mehr, als in den meisten Staaten eine gewaltige Propaganda für die Lösung aus der »Abhängigkeit« von der chemischen Industrie Deutschlands entfacht wurde. Von seiten der Regierung mit allen Mitteln unterstützt, bauten sogar industriell damals noch weniger entwickelte Länder wie Italien und Spanien Farbstoff-Betriebe auf.

So viele Nachrichtenverbindungen der Krieg auch durchschnitt – bei Hoechst, in Leverkusen und in Ludwigshafen war man über diese bedrohliche Entwicklung genauestens orientiert. Für eine Industrie, die einst drei Viertel ihrer Produktion ins Ausland abgesetzt hatte, bedeutete dies höchste Alarmstufe. Wieder war es Duisberg, der die Initiative ergriff: Er verfaßte neue Denkschriften, trommelte die leitenden Männer der großen Firmen zusammen und beschwor sie, daß es nur einen Ausweg gebe: den Zusammenschluß.

Die Bedrohung des Auslandsmarktes ließ die Bedenken von einst verstummen, um so mehr, als Duisberg jetzt nicht mehr die totale Fusion propagierte, deren Unwiderruflichkeit Brüning so sehr gefürchtet hatte. So kam es am 18. August 1916 zu einer Union beider Gruppen, die sich schon 1904 formiert hatten. Auch die Chemische Fabrik Griesheim-Elektron und die Chemischen Fabriken Weiler-ter Meer in Uerdingen traten der Interessengemeinschaft bei, die zunächst auf fünfzig Jahre abgeschlossen wurde.

Konzern mit Kündigungsrecht

Diese »kleine I.G.« war kein straff organisierter Konzern, sondern nur eine lose geknüpfte Vereinigung. Die Werke konnten ihre Zugehörigkeit jederzeit wieder kündigen und blieben völlig selbständig. Dritten gegenüber handelten sie unter alleiniger Haftbarkeit. Aber das Wesentliche wurde doch erreicht: Man machte sich nicht mehr heftige Konkurrenz, sondern es konnten Erfahrungen ausgetauscht, es konnte rationalisiert, im großen eingekauft und der Absatz zentral gesteuert werden.

Der Gemeinschaftsgewinn floß in die gemeinsame I.G.-Kasse, nachdem vorher die einzelnen Firmen ihre Bilanzen aufgestellt und den Vorgewinn ermittelt hatten. Aus dem Gemeinschaftsgewinn erhielten dann die Firmen nach dem Beteiligungsschlüssel ihren endgültigen Gewinn. Für Hoechst, das kurz vorher sein Aktienkapital von 50 auf 54 Millionen Mark erhöht hatte, um dadurch mit der BASF und Bayer gleichzuziehen, betrug diese Quote 24,82 Prozent. Spezielle Arbeitsgebiete, die noch keinen wesentlichen Gewinn erzielten und deren Entwicklung nicht zu übersehen war, wurden von diesem Gewinnausgleich ausdrücklich ausgenommen und besonders behandelt. Solche »Sondergebiete« waren bei der BASF Fabrikation und Verkauf von synthetischem Ammoniak sowie von daraus hergestellten Stickstoffprodukten und Mischdüngern; bei Hoechst einschließlich Knapsack fielen unter die Sondergebiete Carbid und die daraus gewonnenen Acetylen-Abkömmlinge sowie Kalkstickstoff.

Höchste Instanz der Interessengemeinschaft – gewissermaßen der Kronrat – war der sogenannte Gemeinschaftsrat. Er entschied über die Genehmigung von Neuanlagen, wenn das Aktienkapital erhöht oder vermindert werden sollte, wenn es um den Erwerb anderer Unternehmen oder um den Abschluß von Kartellen und Konventionen ging. Vor allem aber oblag es dem Gemeinschaftsrat, über die Einstellung oder Einschränkung von Betrieben oder der Verkaufsorganisation einer Mitglieds-Firma zu befinden.

Die Interessengemeinschaft hatte zwar schon den von Duisberg in seiner ersten Denkschrift aufgestellten Grundsatz übernommen, daß jedes wichtige Produkt nach Möglichkeit von zwei Firmen hergestellt werden sollte, doch barg dies die meisten Konfliktstoffe. Denn der Zusammenschluß hatte verständlicherweise die Eigeninteressen der selbständig gewachsenen Firmen nicht schlagartig hinweggefegt. Auch später, bei der großen I.G., schimmerten die alten Farben der einzelnen Firmen immer wieder durch.

Gemeinschaftsrat mit Veto

Aus diesem Grunde hatten die Väter der I.G. »Modell 1916« eine wohlüberlegte Verfügung getroffen: Bei jedem Beschluß, der einen Eingriff in den Firmenorganismus bedeutete, war Einstimmigkeit vonnöten. So konnte jede Firma durch ihr »Veto« derartige Beschlüsse blockieren.

Hoechst wurde in diesem Gemeinschaftsrat durch Geheimrat Adolf Haeuser repräsentiert. In den neun Jahren der Interessengemeinschaft war er bei Hoechst die dominierende Persönlichkeit. Haeuser besaß genügend Autorität – und er wußte sie anzuwenden. Denn in den ersten Nachkriegsjahren war eine klare Führung nötiger denn je.

Die Bilanz des verlorenen Krieges überbot selbst die trübsten Vorahnungen. Die exportgeschwächte chemische Industrie Deutschlands wurde von den Siegerstaaten mit Auflagen bedacht, die sie hart an den völligen Zusammenbruch brachten. Sie gipfelten in der weiter dauernden Beschlagnahme der Auslandswerke, in der Enteignung der Abertausenden von Patenten und in einer Reihe von speziellen Reparationen: So wurde den Firmen die Verpflichtung auferlegt, 50 Prozent ihrer Vorräte und 25 Prozent ihrer Produktion bis zum Jahre 1925 auf Reparationskonten abzuliefern.

»Zur Sicherung produktiver Pfänder« etablierte sich in den Firmen eine interalliierte militärische Kontrollkommission. Am

Rhein wurde eine Zollgrenze gezogen. Schließlich kam es noch zu dem unheilvollen Ruhrkampf und in dessen Gefolge zur Verhängung zahlreicher Sanktionen. Im März 1923 wurde das Hoechster Fabrikgelände von französischen Truppen umstellt, Maschinengewehre wurden installiert. Die Begleitmusik dazu lieferten Streiks, ein katastrophaler Mangel an Kohle und Transportmitteln sowie die schleichende Geldentwertung.

Erst nach der Stabilisierung der Mark begann langsam der Erholungsprozeß. Noch im Mai 1924 konnte es die Hoechster Direktion als bemerkenswerten Erfolg verbuchen, daß zum erstenmal die Ausgaben die Einnahmen nicht wesentlich überschritten hatten. Trotzdem mußten weiterhin Arbeiter entlassen werden. Denn nur wenn die Herstellungskosten radikal reduziert wurden, konnte die Konkurrenzfähigkeit gegenüber dem Ausland wiedererlangt werden.

Verbindung mit Wacker

Vor allem eine Frage bereitete der Firmenleitung Kopfschmerzen: Was sollte mit den während des Krieges aufgeblähten Kapazitäten für Essigsäure geschehen? Denn dem Bedarf an Speise-Essig etwa waren enge Grenzen gesetzt.

Nicht nur Hoechst und Knapsack standen vor diesem Problem: Auch in Burghausen wurden Essigsäure und Aceton produziert, und zwar von der Wacker-Gesellschaft, die zur gleichen Zeit wie Hoechst diesen Fertigungszweig aufgegriffen hatte.

Hoechst war natürlich bemüht, den Markt für Essigsäure auch in Friedenszeiten zu behalten. Konsequenz: ein scharfer Wettbewerb mit den Holzverkohlern und den Herstellern von Gärungsessig. Das erforderte Kräfte genug. Eine zusätzliche Machtprobe mit Wacker konnte dabei nicht im Interesse von Hoechst liegen, um so weniger, als man in Burghausen nach dem gleichen Produktionsverfahren arbeitete.

Und aus einem weiteren Grund erschien eine Verständigung mit Wacker notwendig. Während des Krieges waren die Chlorkapazitäten – besonders in Gersthofen – beträchtlich erweitert worden. Jetzt bestand die Gefahr, daß nach Kriegsende das Gersthofener Chlor nur schwer unterzubringen war, wenn Wakker seine überschüssigen Chlormengen auf den süddeutschen Markt warf.

Bedingt durch diese Situation, fanden zwischen den beiden potentiellen Konkurrenten schon im Jahre 1917 »diplomatische Fühlungnahmen« statt. Sie führten zunächst zu einer engen Zusammenarbeit und schließlich im Jahre 1921 zu einer 50prozentigen Beteiligung der Farbwerke an der Wacker-Gesellschaft. In dem Beteiligungsvertrag wurde auch ein Erfahrungsaustausch für gleiche Erzeugnisse vorgesehen.

Neuer Fabrikationszweig: Lösungsmittel

Allmählich zeichnete sich auch auf dem Essigsäuregebiet eine Lösung ab. Die Amerikaner waren darangegangen, das Automobil von einem Luxus- in einen Gebrauchsgegenstand umzuformen, dessen Erwerb nicht mehr an millionenschwere Bankkonten geknüpft sein sollte. Bereits 1921 war der Umsatz allein bei den Ford-Werken auf über eine Milliarde Dollar gestiegen und der fünfmillionste Fordwagen vom Fließband gerollt. Jeder von ihnen war schwarz lackiert; denn Henry Ford hielt es mit der Devise: »Bei uns kann jeder sein Automobil in jeder gewünschten Farbe bekommen, vorausgesetzt, daß diese Farbe schwarz ist.«

Ob schwarz oder bald auch farbig lackierte Karosserien – für Hoechst ergab sich daraus ein neuer Produktionszweig von beachtlichem Ausmaß. Denn wie brachte man Kunstharz und Farbe auf die Wagenkarosserien, wenn nicht mit Hilfe von Lösungsmitteln? In den USA benutzte man damals Amylacetat; es wird aus Amylalkohol gewonnen, den die amerikanische Gärungsindustrie in großen Mengen liefert. Die Hoechster Chemiker verwendeten ein Gemisch von Butylacetat und Butanol, das dem Amylacetat ebenbürtig ist. Die beiden Bestandteile werden auf der Grundlage von Acetaldehyd produziert.

Solcherart »löste« sich mit den zunehmenden Automobil-Produktionszahlen wenigstens ein Teil der Absatzschwierigkeiten. Die bei Hoechst nur wenig beschäftigten Apparaturen der Essigsäure-Abteilung kamen wieder zu hohen Ehren.

Im Laufe der Jahre wurden viele neuartige Lösungsmittel für alle möglichen Anwendungsgebiete entwickelt; es entstand ein reichhaltiges Lösungsmittel-Sortiment, das von den »Niedrigsiedern« bis zu den »Hochsiedern« reichte.

Bei den Farbstoffen vollzog sich die Entwicklung allerdings weniger positiv. 1924 bestand kein Zweifel mehr: Etwa vierzig bis fünfzig Prozent des Friedensgeschäftes waren unwiderruflich an die ausländische Konkurrenz gefallen. Der Gemeinschaftsrat der I.G. mußte daraus die notwendigen Konsequenzen ziehen. Bereits 1920 war von der I.G. eine sogenannte Fabrikations-Kommission gebildet worden, die Vorläuferin einer langen Reihe verschiedener Kommissionen, mit deren Hilfe später die Interessengemeinschaft kontrolliert werden sollte.

Diese »FaKo« prüfte nun, welche Betriebe verkleinert, zusammengelegt oder überhaupt stillgelegt werden sollten. Aufgrund ihrer Empfehlungen, gestützt auf die durch Kalkulationsaustausch gewonnenen Unterlagen der einzelnen Werke, traf dann der Gemeinschaftsrat seine Entscheidungen.

Kalle wird Folien-Produzent

Einige dieser Entscheidungen hatten für Hoechst weitreichende Konsequenzen:

Schon 1921 war die Hoechster Alizarin-Produktion liquidiert worden. Das Werk erhielt dafür zum Ausgleich die Azo-Farben-Produktion von Kalle in Wiesbaden-Biebrich, die aufgrund zu geringer Produktion unwirtschaftlich geworden war. Als gute Firmenmutter besorgte Hoechst für Kalle, durch den Verzicht auf die eigene Auswertung einer vielversprechenden Auslandslizenz zur Herstellung von Cellophan, einen neuen Produktionszweig.

Dieses Cellophan war vor dem Weltkrieg von dem Schweizer Chemiker Jacques Edwin Brandenberger erfunden worden. Brandenberger hatte versucht, Baumwollgeweben eine schmutzabweisende Appretur zu verleihen. Er benutzte dazu eine Viscose-Lösung, wie sie zur Herstellung von Kunstseide verwandt wurde.

Der Versuch erwies sich – vordergründig gesehen – als Fehlschlag. Brandenberger hatte keine mit der Faser festverbundene Appretur erhalten, sondern eine durchsichtige Haut, die sich von dem Stoff mühelos abziehen ließ. Nach zahlreichen weiteren Experimenten gelang jedoch dem Schweizer Chemiker ein großer Wurf. Er stellte eine hauchdünne, genauer gesagt, eine nur zwei Hundertstel Millimeter starke Folie her. Ein ideales, vollkommen durchsichtiges Verpackungsmaterial war gefunden.

Obwohl Kalle auf diesem Herstellungsgebiet nicht die geringsten Erfahrungen besaß, konnte bereits 1925 die Folienproduktion ohne Schwierigkeiten aufgenommen werden. Viel mühevoller war es, für Cellophan einen Markt zu schaffen. Erst nach geraumer Zeit erkannte die Verpackungsmittel-Industrie den Wert dieser Novität. In Cellophan gehüllte Produkte erwiesen sich für die Käufer nicht nur rein äußerlich weit attraktiver. Sie trotzten auch Nässe und Wärme. Vor allem als 1930 »Cellophan-Wetterfest« auf dem Markt erschien, konnten trockene Güter (wie etwa Kekse) trocken und feuchte (wie etwa Tabak) feucht gehalten werden.

Bei Kalle war eine völlige Produktionsumwandlung verhältnismäßig schmerzlos erreicht worden. Gewöhnlich aber verteidigten die einzelnen Werke jeden Fußbreit ihres Besitzstandes, selbst wenn ihre Produktion nur reduziert werden sollte. Es wurde immer klarer: Der Rahmen einer relativ lockeren Interessengemeinschaft verwehrte die notwendigen Reformen in den einzelnen Betriebsstätten. Auf der anderen Seite eroberte die ausländische Konkurrenz jeden Tag größeres Terrain auf dem angestammten Markt der deutschen Farbstoffabriken.

Zwar hatte die Rationalisierung der I.G.-Firmen bereits erste Früchte getragen und es hätte aller Anlaß zur Zufriedenheit bestanden, wäre der Absatz gleichermaßen gewachsen. Da er aber beträchtlich geschrumpft war, stauten sich in den Firmenlagern große Warenmengen. Allein die Farbstoffvorräte betrugen 1923 87000 Tonnen. Das war der Bedarf für eineinhalb Jahre.

Neue Fusionsverhandlungen

Unter diesem Zwang begannen um die Jahreswende 1923/24 neue Fusionsverhandlungen. Nicht nur Duisberg von Bayer drängte jetzt auf die volle Fusion, sondern auch Bosch von der BASF, der erst wenige Monate zuvor in Amerika gewesen war.

Duisberg hätte sich jetzt mit der Bildung einer Gesellschaft selbständiger Firmen zufriedengegeben. Die Mehrzahl der Firmen neigte jedoch nicht mehr zu »halben Lösungen«. Wenn schon schwere Opfer gebracht werden mußten, dann wollte man vorher die Interessengemeinschaft so fest zusammenfügen, daß niemand mehr ohne weiteres ausscheren konnte. Denn: »Kein Vorstand einer der Gemeinschaftsfirmen«, so schreibt Fritz ter Meer in seiner Schrift über die I.G. Farbenindustrie, »konnte es... seinen Aktionären gegenüber verantworten, seine Fabrikation und seine Verkaufsorganisation beschneiden zu lassen, auf die Gefahr hin, bei einer möglichen Kündigung aus wichtigem Grund die Schlagkraft seines Unternehmens teilweise eingebüßt zu haben.«

Auch Hoechst war jetzt – anders als im Jahre 1904 – zu einer vorbehaltlosen Firmen-Fusion bereit. Haeuser und der Hoechster Aufsichtsratsvorsitzende Walther vom Rath betätigten sich als eifrige diplomatische Emissäre, wenn Meinungsverschiedenheiten zwischen Duisberg und Bosch den Weiterbau des noch auf Kiel liegenden I.G.-Schiffes zu gefährden drohten. Am 13. und 14. November 1924 gelang endlich das große Einigungswerk. Aus den Konferenzräumen von Bayer-Leverkusen, in denen das I.G.-Konzil getagt hatte, stieg weißer Rauch auf: Die Fusion ist beschlossene Sache. Die »kleine I.G.« ist tot – es lebe die »große I.G.«!

War die grundsätzliche Einigung schwierig genug gewesen, so warfen die Formalitäten des Zusammenschlusses noch zahlreiche Probleme auf. Bei einer »Zusammenschluß-Transaktion von so gewaltigem Umfang, wie sie bisher die Finanzgeschichte noch nicht gekannt hat« (Frankfurter Zeitung) war ein Dickicht von juristischen, aktienrechtlichen und steuerlichen Fragen zu durchdringen.

Am 21. November 1925 war es endlich soweit, der Fusion erster Teil konnte beginnen: Die Farbwerke vorm. Meister Lucius & Brüning übertrugen ihr »Vermögen« als Ganzes ohne Liquidation gegen Gewährung von Aktien der BASF, Nennwert gegen Nennwert, an die Badische Anilin- & Soda-Fabrik, Ludwigshafen. Am 9. Dezember 1925 wurde der Fusionsvertrag protokolliert.

Die übrigen Firmen der Interessengemeinschaft, Bayer in Leverkusen, die Agfa in Berlin, die Chemische Fabrik Griesheim-Elektron und die Chemischen Fabriken Weiler-ter Meer, Uerdingen, schlüpften ebenfalls in den Firmenmantel der BASF. Nun folgte der nächste Schritt: Die BASF änderte ihren Namen in I.G. Farbenindustrie Aktiengesellschaft, verlegte ihren Sitz nach Frankfurt und erhöhte ihr Kapital um jenes der neu aufgenommenen Gesellschaften. Der Stapellauf des I.G.-Ozeanriesen begann.

Der Führungsapparat der »großen I.G.« hatte mit 83 Personen beinahe Landtagsgröße. Sämtliche Vorstandsmitglieder der früheren Einzelfirmen gehörten ihm an – ein kluger Schritt, der die Einigung wohl um manches erleichtert hat. Seinen Vorsitz übernahm Carl Bosch. An die Spitze des kaum weniger umfänglichen Aufsichtsrats wurde Carl Duisberg gestellt. Da beide Gremien ganz offensichtlich überdimensioniert waren, konstituierten sich zwei Exekutiv-Ausschüsse: im Vorstand der sogenannte Arbeitsausschuß, im Aufsichtsrat der Verwaltungsrat.

Daß es möglich war, mit dieser einmaligen Konzentration an wissenschaftlicher, technischer, finanzieller und wirtschaftlicher Kraft höchste Wettbewerbsfähigkeit zu erzielen, wurde weithin anerkannt.

So berichtete damals die Frankfurter Zeitung: »Der erste wirkliche Industrie-Trust in Deutschland wird jetzt durch den Zusammenschluß der chemischen Großfabriken zur Tatsache. Ein einziges Riesenunternehmen entsteht, dessen Kapital mit 641,6 Millionen Stammaktien und 4,4 Millionen Vorzugsaktien heute einen Kurswert von rund dreiviertel Milliarden repräsentiert: ein einziges Riesenunternehmen, das faktisch die gesamte deutsche Farbenindustrie mit ihren Nebenzweigen mit der Absolutheit des schon durch seine Kapitalmacht unangreifbaren Privatmonopols beherrscht, zusammenfaßt und darstellt. Das klingt wie ein großes historisches Ereignis in der Geschichte des deutschen Industriekapitalismus, und ist in Wirklichkeit doch nur die letzte Vollziehung des tatsächlich schon lange bestehenden Zustandes... Rationalisierung der Produktion und des Vertriebs, einheitlich konzentrierte Massenfabrikation – das ist das Ziel.«

Die »Vossische Zeitung« schrieb: »Wenn es jetzt zum Zusammenschluß dieser vielseitigen industriellen Gebilde unter einer Flagge kommt, so sind es auch in diesem Fall die schwierigen Zeitverhältnisse, die zu einer möglichsten Verbilligung der Produktionen und zu einer Vereinfachung bzw. Verbesserung der Organisationen drängen, die treibende Kraft... Daß die neue Organisation sich bewähren wird, ist bei der genialen Leitung des Trusts wohl mit Sicherheit zu erwarten.«

Linksorientierte Blätter äußerten freilich ihr Unbehagen über diese »neue wirtschaftliche Großmacht, die leicht zu einem Staat im Staate heranwachsen könnte«. Besonders wenig Gefallen an der großen I.G. fand der sozialdemokratische »Vorwärts«: »Den Marxismus totzusagen, ist das vergebliche Bemühen der privatkapitalistischen Unternehmer. Wie lebendig er ist, beweist die chemische Großindustrie Deutschlands. Für seine Kerntheorie, die Konzentrationstendenz des Kapitals, bedeutet die jetzt eingetretene Umwandlung der Interessengemeinschaft des Anilinkonzerns in eine Vollfusion... ein Beweisdokument von epochaler Bedeutung... Nicht innere Krankheit der Glieder wie bei der Rheinisch-Westfälischen Montantrust-Bildung, sondern die von der technischen Entwicklung begünstigte innere Gesundheit, die durch Jahrzehnte von der I.G. bei den Gliedern gepflegt wurde, ist die Ursache des Zusammenschlusses.«

Englands Antwort auf die I.G.-Bildung

Auch im Ausland verfolgte man den I.G.-Zusammenschluß mit Aufmerksamkeit: Nachdem sich in Amerika der Du Pont-Konzern schon längst eine überragende Marktstellung gesichert hatte, wurde nun auch in England mit der »Imperial Chemical Industries« (ICI) ein gewaltiges chemisches Gebilde aufgetürmt. Wie einer der Gründer der ICI erklärte, sollte dieses britische Chemie-Dominium die »chemische Unabhängigkeit des Empire« sichern.

I.G. Farbenindustrie Aktiengesellschaft, Werk Hoechst, hieß jetzt das neue Hoechster Firmenschild. Neben dem alten Stammwerk leitete nun das Werk die I.G.-Betriebsgemeinschaft Mittelrhein, zu deren Rayon Gersthofen, Knapsack und Kalle in Biebrich gehörten. Daneben waren noch die Betriebsgemeinschaften Oberrhein, Niederrhein, Mitteldeutschland und Berlin gegründet worden. Später erhielt die Betriebsgemeinschaft Mittelrhein den Namen Maingau; die Werke Mainkur, Griesheim und Offenbach kamen hinzu, während Kalle-Biebrich ausschied. Neben dieser Regionalgliederung wurde das gesamte Produktionsgebiet der I.G. in drei Sparten aufgeteilt. Besonders wichtig für Hoechst war dabei die Sparte II. Sie umfaßte anorganische und organische Chemikalien sowie Metalle, Farbstoffe, Färberei-Hilfsmittel, Pharmazeutika und Schädlingsbekämpfungsmittel.

Erster Chef dieser Betriebsgemeinschaft war Paul Duden. Sein Nachfolger wurde 1933 Ludwig Hermann, der sich vorher in Gersthofen besonders bewährt hatte. Die Gersthofener Campher- und Wachsproduktion ist im wesentlichen von ihm aufgebaut worden.

Die ersten Jahre der I.G. waren untrennbar mit Carl Bosch verbunden. Bosch leitete den ganzen gewaltigen Energiestrom der I.G. auf die chemischen Großsynthesen, die speziell von der BASF bereits auf dem Ammoniak-Gebiet so erfolgreich in Angriff genommen worden waren. Zuerst in Oppau und später – schon unter den vereinten Kraftanstrengungen der 1916er Interessengemeinschaft – war bei Merseburg Boschs »Hochburg der Technik« entstanden: das riesige Leunawerk. Oppau und Leuna lieferten jetzt jährlich 1,5 Millionen Tonnen Dünge-Salpeter.

Aber Bosch wollte viel weiter: »Es hat nie ein Stehenbleiben auf einmal erreichten Zielen und gewonnenen Erkenntnissen gegeben«, versicherte er in der Frankfurter Zeitung. Die neuen Ziele waren weit gesteckt: Es ging um die Kautschuk-Synthese, die Kohlehydrierung, die Gewinnung von Kunstfasern. Der Weg der I.G. führte dabei immer weiter nach Mitteldeutschland. Denn nur dort waren noch in der Braunkohle die billigen Energiereserven verfügbar, die solche Unternehmen allein speisen konnten.

Das Farbstoff-Sortiment wird durchforstet

Um alle Kräfte darauf zu konzentrieren, mußte »Ballast« abgeworfen, mußte an anderen Stellen kürzer getreten werden. Als erstes bot sich natürlich das aufgeblähte Sortiment der Farbstoffe an.

Noch 1926 produzierten die I.G.-Werke rund 32000 Farbstoff-Handelstypen, obwohl die Coloristische Kommission bereits vorher sechzig Prozent aller Typen gestrichen hatte. Farbstoffe wie Patentblau wurden von acht fusionierten Firmen hergestellt. Nicht weniger als elf Farbstoff-Unterkommissionen rodeten in mühseliger Arbeit dieses überwucherte Terrain. Tausende von Vergleichszahlen mußten beschafft werden, um zu erkunden, wo am rentabelsten gearbeitet wurde. Lagen diese Berichte dann vor – der von Duisberg so gern zitierte »I.G.-Geist« schien damals erst über eine Minderheit gekommen zu sein –, dann hob ein wahrhaft gigantisches Ringen an:

»Da jedes Werk bestrebt war, möglichst viel bei der Zusammenlegung von Farbstoff-Produktionen zu gewinnen und eine Schwächung zu vermeiden, verliefen die Sitzungen zum Teil in sehr heftigen Auseinandersetzungen; um jede Fabrikation wurde zäh gekämpft«, heißt es in einer Studie »Das Werk Hoechst im Verband der I.G.«.

In den Kommissionssitzungen wurden die von den Werken zusammengetragenen Zahlen, beispielsweise über Kalkulationen und Kapazitäten, kritisch unter die Lupe genommen. Von dieser Zahlenmunition hing alles ab, denn gerade für Hoechst waren auf dem Farbstoffgebiet erhebliche Reduzierungen vorgesehen. Das hatte zweierlei Ursachen: Unbestreitbar waren die Hoechster Farbstoffbetriebe deren der beiden anderen großen Fusionsfirmen technisch nicht völlig ebenbürtig.

Hinzu kam erschwerend der Umstand, daß die Hoechster Werke in den Zeiten der Selbständigkeit außerordentlich dezentral gegliedert waren. So wurden Farbstoffe in völlig verschiedenen Abteilungen fabriziert. Das galt sogar für Farbstoffe der gleichen Klasse, wie etwa für die Küpenfarbstoffe. Jede dieser Abteilungen fiel in die Kompetenz eines anderen Vorstandsmitglieds.

Erst 1934 wurden die vier Farbstoff-Abteilungen zu einer Farbenfabrik vereinigt. Dies geschah im Rahmen einer Reorganisation des Werkes Hoechst, die Ludwig Hermann mit Übernahme der Werksleitung im Jahre 1933 eingeleitet hatte.

Aderlaß für Hoechst

Bei dem ersten großen Revirement innerhalb der I.G. verlor Hoechst insgesamt 2,5 Prozent seiner Farbstoffproduktion. Leverkusen konnte dagegen einen Zuwachs von 27,4 und Ludwigshafen von 6,2 Prozent registrieren. Am schwersten wurde die Hoechster Azo-Abteilung zur Ader gelassen: Ihre Produktion wurde um zwanzig Prozent vermindert. Auch große Teile der Zwischenprodukte-Erzeugung mußten amputiert werden.

Zum erstenmal verschob sich damit das Kräfte-Parallelogramm der ehemaligen Großfirmen. Bisher waren alle drei Unternehmen auf dem Farbstoffgebiet etwa gleich stark gewesen. Jetzt, nach den großen Opfern auf dem I.G.-Altar, rückte Hoechst eindeutig auf den dritten Platz zurück.

Das Ende der Doppelfabrikation

Im Jahre 1930 wurde erneut eine Umgruppierung der Fabrikation vorgenommen. Die Grundlage bildete ein Beschluß des Technischen Ausschusses: »Nachdem vor drei Jahren eine erste Zusammenlegung erfolgt ist, ist es nunmehr an der Zeit, eine weitere Rationalisierung eintreten zu lassen. Als erreichbares Ziel wird zunächst eine Beseitigung zahlreicher noch vorhandener Doppelfabrikationen angesehen. Weiter wird für bestimmte Fabrikationsgruppen eine Verminderung der Erzeugungsstellen in Frage kommen...«

Damit wurde die frühere Duisberg-Maxime aufgegeben, jeweils jedes wichtige Produkt an zwei verschiedenen Produktionsstätten zu fabrizieren, um dadurch die interne Konkurrenz nicht völlig zu beseitigen.

Wieder setzte ein heftiges Tauziehen zwischen den einzelnen Werken ein. Die beginnende Weltwirtschaftskrise verstärkte den Druck zur Rationalisierung. Hinzu kamen massive Einbruchsversuche amerikanischer Chemieunternehmen auf dem europäischen Farbstoffmarkt. Lediglich die Chemikalien und Pharmazeutika konnten sich gut behaupten.

Hoechst mußte jetzt auf große Teile seiner Farbstoff-Fabrikation und Zwischenprodukte verzichten. Auch die Restproduktion von Azo-Farbstoffen wurde zum Teil an andere Werke abgegeben. Andererseits wurde Hoechst zum Alleinfabrikanten von Patentblau, Methylenblau, Safranin und Rosanilinblau.

Als Folge der Produktionsschrumpfung verminderte sich die Belegschaft im Werk Hoechst auf weniger als 8000 Arbeiter; kurzzeitig war die Lösungsmittel-Abteilung sogar von Stillegungsplänen bedroht. In diesem Fall aber leistete Hoechst erfolgreich Widerstand und gründete schließlich zusammen mit seiner Beteiligungsfirma Wacker die technische Acetylenchemie.

Zeitweilig sollten auch Griesheim und Offenbach auf den innerbetrieblichen Aussterbe-Etat gesetzt werden.

Die Renaissance der Alizarin-Abteilung

Am meisten wurde die Alizarin-Abteilung durch die Rationalisierungsmaßnahmen geschwächt. Sie hatte weite Teile ihrer Produktion an andere Werke abgeben müssen. Bei Hoechst war man indessen nicht bereit, diesen Umstand tatenlos hinzunehmen. Die Parole hieß: Intensivierung der Forschung!

Die wissenschaftlichen Arbeiten wurden unter Führung von Georg Kränzlein, der Ende 1922 die Leitung der Alizarin-Abteilung übernahm, mit aller Energie aufgenommen. Das Ergebnis waren sehr wertvolle Farbstoffe, die zum Teil auf neuartigen Grundlagen aufgebaut werden konnten. Der größte Teil wurde mit dem von der Interessengemeinschaft geschaffenen Indanthren-Zeichen versehen, das auf hervorragende Licht- und Waschechtheit hinweist.

Außerdem wurde mit den Indigosolen – heute heißen sie Anthrasole – eine neue Farbstoffklasse in das Produktionsprogramm eingeführt.

Das Verdienst daran hatten zwei elsässische Chemiker: Marcel Bader und Charles Sunder. Sie wollten den Textilfärbereien die Anwendung der Küpenfarbstoffe erleichtern, die sich im Wasser bekanntlich nicht lösen. Dabei entdeckten sie, daß Schwefelsäureester von Leuko-Küpenfarbstoffen wasserlösliche Verbindungen ergeben. Diese Verbindungen ziehen auf die Faser auf, wobei sie dann durch Säurebehandlung und Oxidation wieder in den ursprünglichen Küpenfarbstoff umgewandelt werden.

Die Schweizer Firma Durand & Huguenin in Basel erwarb dieses Verfahren und schloß mit Leverkusen, Ludwigshafen und

Hoechst einen Vertrag zu seiner technischen Verwertung. Die Hoechster Alizarin-Abteilung übernahm es, dieses neue Gebiet zu bearbeiten. Gemeinsam mit der Coloristischen Abteilung wurde das Verfahren fabrikations- und anwendungstechnisch weiterentwickelt. Bis zum Jahre 1929 entstand auf diese Weise ein Farbstoff-Sortiment, das 29 Typen umfaßte.

Sparsame Dividendenpolitik

So einschneidend manche der Rationalisierungsmaßnahmen für die einzelnen Werke auch waren – den Verlusten standen im ganzen gesehen doch stetig wachsende Aktiva gegenüber. Zwar waren die Zeiten endgültig vorbei, in denen die Aktionäre von Hoechst, Ludwigshafen oder Leverkusen Dividenden von über 20 und 25 Prozent vereinnahmen konnten. Die große I.G. war ein sparsamer Dividendenzahler, weil die veränderte Weltsituation und später der kriegswirtschaftlich bedingte Dividendenstop ihr Einschränkungen auferlegten. Dafür floß jede andere Mark in Neuinvestitionen, Beteiligungsgesellschaften und in die Forschungs- und Versuchsanlagen.

Aus der Vielzahl der »indirekt dazugehörenden Firmen«, wie Bosch es ausdrückte, traten die Riebeck'schen Montanwerke bei Halle hervor. Zusammen mit einigen anderen Bergwerken bildeten sie das Kohle-Fundament für Leuna. Die Steinkohlenbasis der im Westen gelegenen Werke stellten die Gewerkschaft Auguste Victoria, die der I.G. zu 100 Prozent gehörte, und die Rheinischen Stahlwerke, an denen die I.G. mit rund 47,5 Prozent beteiligt war.

Internationale Verflechtungen

Obwohl die nationalen Töne in Deutschland immer durchdringender wurden, steckte man auf den Weltkarten im Frankfurter I.G.-Hochhaus ungerührt immer neue Fähnchen. Gerade jetzt fand eine immer intensivere Interessenabstimmung zwischen der I.G. und zahlreichen ausländischen Gesellschaften statt. So bestand besonders zwischen der I.G. und der amerikanischen Standard Oil eine enge Verbindung. Gemeinsam gründeten die beiden Firmen die »Standard-I.G. Company«, um die Patente für die Benzinverflüssigung auszuwerten. Die Standard errang unter der Leitung ihres Präsidenten, Walter C. Teagle, in den 30er Jahren den Spitzenplatz unter den amerikanischen Erdölfirmen. Sie besaß Erdölfelder nicht nur in den USA, sondern überall auf dem amerikanischen Kontinent, von Kanada bis Argentinien, aber auch in Niederländisch-Indien und in Afrika.

Da nach verschiedenen Prognosen eine baldige Erschöpfung der Erdölvorräte befürchtet werden mußte – von einem so kurzen Zeitraum wie sieben Jahren war sogar die Rede –, betrachtete man in New Jersey die Angebote der I.G. sehr interessiert.

Schon im Jahre 1926 weilte Frank A. Howard, Chef der Entwicklungsabteilung der Standard, in Ludwigshafen. Er war von den Versuchsanlagen, die man ihm dort zeigte, so beeindruckt, daß er seinen Präsidenten, Walter C. Teagle, der sich gerade in Paris befand, drängte, doch unbedingt nach Heidelberg zu kommen. Dort nahm sich Bosch selbst des Standard-Besuches an. Howard berichtet über diesen Besuch in seinem Buch »Buna rubber«, das ein Kapitel »Oil from Coal« enthält: »Zwei Dinge schienen klar. Das erste war, daß – wenn die schlechtesten Sorten Rohöl und Teer ganz in Benzin umgewandelt werden könnten – die Ölindustrie sich nicht länger Sorgen darum zu machen habe, ob ihre Produktion mit der Nachfrage Schritt halten würden... Aber grundsätzlich wichtiger war vielleicht eine zweite Erwägung – die Umwandlung von Kohle in Öl. Solange es eine Geschichte der Ölindustrie gegeben hat, waren wiederholt Krisen entstanden, sobald es schien, daß die Rohölreserven gefahrdrohend schwanden. Die Nation machte zu dieser Zeit eine solche Krise durch. Neu erschlossene Felder enttäuschten in ihrer Ergiebigkeit, und in den Vereinigten Staaten herrschte ein weitverbreiteter Pessimismus bezüglich der Ölaussichten... Die am wenigsten hoffnungsfreudigen amerikanischen Behörden schätzten die gesamten bekannten Ölreserven in den Vereinigten Staaten auf eine nicht mehr als siebenjährige Versorgung.«

Das waren die Gründe dafür, daß sich Standard Oil schon 1927 zu einem Vertrag mit der I.G. bereitfand, in dem sie sich verpflichtete, an der Entwicklung der Ölhydrierung in den USA intensiv mitzuarbeiten und eine Anlage mit einer Leistung von jährlich 40000 Tonnen hydrierter Ölprodukte zu errichten. Die Standard Oil erhielt dafür von der I.G. das Recht, gegen eine Lizenzgebühr weitere Anlagen nach dem I.G.-Verfahren zu errichten. Eigentümer dieser Patente blieb die I.G.

Fritz ter Meer, einer der deutschen Verhandlungspartner der Standard, betonte später allerdings, das Abkommen habe beide Partner nicht befriedigt: »Die Hydrierung von Kohle und Teer war... nicht erfaßt; gleichwohl wurden mit den Erfahrungen über die Hydrierung von Öl auch wichtige Erfahrungen über die Kohle- und Teer-Hydrierung aus der Hand gegeben. Öl ist ein Weltgeschäft. Eine Beschränkung auf die USA war auf die Dauer nicht möglich. So kam man 1929 zu neuen breiten Vereinbarungen.

Die Patente betreffend die Hydrierung von Kohle und Öl für die ganze Welt, mit Ausnahme von Deutschland, wurden von der I.G. und Standard in die zu diesem Zweck gegründete Standard-I.G. Company eingebracht, deren Geschäftsführung bei der Standard Oil lag und an der die I.G. mit 20 Prozent beteiligt war. Aufgabe dieser Gesellschaft war die Lizensierung des Hydrierungsverfahrens von Öl, Kohle und Teer an die Ölindustrie der Welt. Auch die I.G. Chemie Basel, die die ausländischen Bergius-Grundpatente kontrollierte, trat diese Rechte ab.«

Als Gegenleistung erhielten I.G. und I.G. Chemie Basel, neben der 20prozentigen Beteiligung der I.G. an den Gewinnen der Standard I.G.-Company, 456011 Aktien der Standard Oil. Frank A. Howard bezifferte den Wert dieser Transaktion auf 35 Millionen Dollar. Die Verwertung der Verfahren in Deutschland blieb der I.G. Mit keinem ausländischen Unternehmen schloß die I.G. so intensive und weitreichende Verträge wie mit der Standard Oil.

Auch mit der Norsk Hydro in Oslo war die I.G. verschwägert. Dazu kamen das Stickstoff-Syndikat und eine lange Reihe von Kartellen, darunter das sogenannte europäische Farbstoff-Kartell, an dessen Zustandekommen der Leiter des I.G.-Farbenverkaufs, Georg von Schnitzler, maßgeblich Anteil hatte. Das Kartell wurde zunächst aus der französischen Gruppe, der Schweizer Gruppe und der I.G. gebildet, später schloß sich ihm auch die englische ICI an.

Aus dieser Sicht kann man die I.G. Farben mit einigem Recht als einen international orientierten Trust bezeichnen – ein vielfach verschlungener und sehr selbständig operierender Trust, der somit den neuen Machthabern in Deutschland immer ein wenig suspekt geblieben ist.

Das Ausland aber räumte der Firma einen schier grenzenlosen Kredit ein. Neben den großen Synthesen waren es wohl die Heilmittel aus den pharmazeutischen Labors und Betrieben der I.G., die ihr die größte Bewunderung einbrachten.

Das Heraufkommen der Nazis beobachtete man in der I.G. mit Sorge. Sowohl Carl Bosch wie Carl Duisberg waren Anhänger der Regierung Brüning, die sich seit 1930 allerdings nicht mehr auf eine parlamentarische Mehrheit stützen konnte, sondern auf Gedeih und Verderb von dem greisen Reichspräsidenten Paul von Hindenburg abhängig war. So konnte sich die Regierung nur mit Notverordnungen am Leben erhalten, die nach dem Artikel 48 der Weimarer Verfassung möglich waren. Heinrich Brüning hätte sogar gerne einen Mann wie Geheimrat Hermann Schmitz in seinem Kabinett gehabt, doch der »Finanzzauberer« Schmitz war für Bosch unentbehrlich.

Bosch stimmte allerdings zu, daß Professor Hermann Warmbold in das Kabinett Brüning eintrat.

In der Öffentlichkeit war das Bild der I.G. merkwürdig gespalten. Viele waren stolz auf ein Unternehmen, das so große wissenschaftlich-technische Leistungen hervorgebracht hatte. Die Arzneimittel und die Ammoniak-Synthese beispielsweise vermerkte das öffentliche Bewußtsein mit hoher Anerkennung. Auf der anderen Seite erregte die I.G. seit ihrer Gründung die heftige Abneigung der Linken. Sie hatte den »Kampf um Leuna«, die großen Streiks Anfang der 20er Jahre, nicht vergessen. Für sie war der Konzern ein typisches Produkt des Hochkapitalismus, ein internationaler imperialistischer Trust mit undurchschaubaren internationalen Verknüpfungen, der ausschließlich profitorientiert arbeitete.

Bezeichnenderweise waren diese Vorwürfe manchen von denen, die von der äußersten Rechten kamen, nicht so unähnlich. Auch bei der NSDAP betrachtete man Kartelle, Monopole und vor allem die Tatsache mit Abneigung, daß sich in der I.G. viele jüdische Wissenschaftler befanden und dem Aufsichtsrat Männer wie Franz Oppenheim (Agfa), Arthur und Carl von Weinberg (Cassella) und Otto von Mendelssohn-Bartholdy angehörten.

Leider betrieb die I.G. nur eine sehr zurückhaltende Informationspolitik. Man geizte mit Zahlen und Stellungnahmen, die den Konzern für die Öffentlichkeit durchsichtiger gemacht hätten. Hier zeigt sich, daß die I.G. zwar über hervorragende Naturwissenschaftler und Finanzgenies vom Schlage eines Hermann Schmitz verfügte, nicht aber über eigentlich politische Köpfe. Zwar bestanden in den Berliner Verbindungsstäben ausgezeichnete Beziehungen zu einzelnen Ministerien, auch zu einigen Wirtschaftspublizisten, doch darüber hinaus fand kein Austausch statt. Heinrich Gattineau, ein junger Mitarbeiter zuerst von Duisberg im »Reichsbund der Deutschen Industrie« und dann von Bosch, wurde von dem Geheimrat Anfang 1932 folgendermaßen instruiert: »Diese Pressearbeit füllt Sie nicht aus. Dafür sind Sie mir auch zu schade. Wir werden die Pressestelle durch ein handelspolitisches Referat erweitern.«

Gattineau schrieb nach dem Krieg: »Eine Öffentlichkeitsarbeit im modernen Sinn gab es bei der I.G. damals nicht.« Schon im Reichsbund der deutschen Industrie hatte Gattineau »die Erfahrung gemacht, wie schwer sich die Wirtschaft im Umgang mit der Presse tat«.

Starkes Geschäft im Export

Die I.G. erzielte 1928 einen Umsatz von 1420 Millionen Reichsmark; 1929 waren es 1423 Millionen. Fast sechzig Prozent davon stammten aus dem Export – die Firma rückte an die großen Erfolge von einst auf dem Gebiet der Farbstoffe und Pharmazeutika heran. Aber auch Düngemittel spielten jetzt im Export eine große Rolle.

Schon 1926 überschritten die Investitionen in Neuanlagen die Hundert-Millionen-Grenze. Besonders viel Geld floß in die Forschung, in der rund eintausend Chemiker arbeiteten. Es herrschte ein Optimismus, wie man ihn seit dem Ausgang des Ersten Weltkrieges nicht mehr gekannt hatte.

Die Dividende betrug 1927 und im Folgejahr 12 Prozent. 1929 konnte sie sogar auf 14 Prozent erhöht werden, da die I.G. eine Sondereinnahme aufgrund des Gesetzes über die Freigabe des deutschen Eigentums in den USA erhielt. Doch dann brach diese Erfolgskurve plötzlich ab. Tiefe Konjunktur-Einbrüche signalisierten das Ende der Prosperität, der keine Grenzen gesetzt schienen. Am »Schwarzen Freitag«, am 25.10.1929, kam es zum Zusammenbruch an der New Yorker Börse.

Bei der I.G. spürte man das Umschlagen des Windes zuerst bei den landwirtschaftlichen Produkten. In der zweiten Hälfte des Jahres 1929 mußte zum erstenmal die Düngemittel-Erzeugung eingeschränkt werden, da die Vorräte die Lager verstopften. Auch die Kunstseide-Fabrikation wurde zurückgenommen. Die Notierungen für Baumwolle, Wolle, Kupfer, Kautschuk und Mineralölprodukte sanken.

Als ein stark vom Auslandsgeschäft abhängiges Unternehmen wurde die I.G. von der Weltwirtschaftskrise besonders gebeutelt. Ihr Umsatz sank 1930 auf 1156 Millionen Reichsmark, 1932 waren es nur noch 876 Millionen. Da sich die Erträge verschlechterten, mußte 1931 die Dividende auf sieben Prozent gesenkt werden. Sparen an allen Ecken und Enden wurde die Devise der I.G. »Die Ausgaben für Neuanlagen wurden stark eingeschränkt«, berichtete ter Meer, »sie sanken 1932 auf ganze zehn

Prozent der Beträge in den Jahren 1927 und 1928. Bei Fortführung der wissenschaftlichen Arbeiten in den Laboratorien wurden die Ausgaben in den kostspieligen Versuchsbetrieben rücksichtslos beschnitten. Die Lagerhaltung wurde dem gesunkenen Absatz angepaßt, die Propagandaausgaben gesenkt. Die bitterste Folge all dieser Maßnahmen war die unvermeidlich gewordene Verminderung der Belegschaft!« Noch 1929 hatten Entlassungen vermieden werden können. Man nützte die Fluktuation aus, ausscheidende Mitarbeiter wurden nicht mehr ersetzt. Doch schon 1930 mußte Kurzarbeit eingeführt werden. Ältere Arbeiter und Angestellte wurden vorzeitig in den Ruhestand versetzt.

Ende 1932 arbeiteten fast 95 Prozent der Belegschaft in verkürzter Arbeitszeit von 40 bis 42 Stunden in der Woche. Meist geschah das in Form der in den Betrieben eingeführten Fünf-Tage-Woche.

Die Belegschaft erreichte am 1. Oktober 1932 mit 66508 Beschäftigten ihren Tiefstand. In ganz Deutschland waren zu diesem Zeitpunkt rund sechs Millionen Menschen ohne Arbeit. Hoffnungslosigkeit breitete sich aus. Der Zulauf zu den radikalen Parteien wurde größer und größer.

Im Vorstand der I.G. mehrten sich die Stimmen, die Arbeit an der Kohlehydrierung einzustellen. Doch das Herz von Bosch hing gerade an dieser Entwicklung, die Deutschland loslösen sollte von den ausländischen Öleinfuhren. Bosch dachte dabei vermutlich an die Ammoniak-Synthese, die Deutschland während des Krieges unabhängig von den Salpeter-Einfuhren aus Chile gemacht hatte. (Bosch hatte für diese Entwicklung 1931 den Nobelpreis erhalten – zusammen mit dem Heidelberger Chemiker Professor Friedrich Bergius).

Im Vorstand der I.G. waren Ansehen und Einfluß von Bosch mittlerweile nahezu unbegrenzt. Dennoch wurde die Einsetzung zweier Ausschüsse beschlossen, um das Pro und Contra der Kohlehydrierung ein letztes Mal zu prüfen. Der eine Ausschuß stand unter dem Vorsitz von Friedrich Jähne, der das Ingenieurwesen im Vorstand vertrat und zur Werksleitung von Hoechst gehörte. Fritz ter Meer, der als Leiter der Sparte II (Organische Chemikalien, Farbstoffe, Arzneimittel usw.) zu den einflußreichsten Männern im Vorstand zählte, war mit der Leitung des anderen Gremiums betraut. Der Ausschuß unter Jähnes Leitung kam nach langen Überlegungen zu der Empfehlung, die Arbeiten an der Kohlehydrierung aus wirtschaftlichen Gründen einzustellen. Der von ter Meer geführte Ausschuß empfahl: Weitermachen! Duisberg, der Aufsichtsratsvorsitzende, plädierte für eine Pause, doch Bosch, der Vorstandsvorsitzende, setzte sich durch.

Am 10. Januar 1932 fand die Einweihung des Verwaltungsgebäudes an der Grüneburg in Frankfurt statt. Der Bau, den der Architekt Hans Poelzig entworfen hatte, war schon 1929 beschlossen worden. Duisberg hatte zwar Bedenken geäußert, »ob im Hinblick auf die weltwirtschaftliche Lage der Zeitpunkt richtig gewählt war«, freute sich jedoch, daß nun endlich der Verkauf zentralisiert werden konnte – eines seiner alten Ziele.

Nach dem Grundsatz der »dezentralisierten Organisation« blieben die Vorstandsmitglieder, die zu der Leitung der einzelnen Betriebsgemeinschaften gehörten, weiterhin in den Werken. So hatte bei Hoechst Carl Ludwig Lautenschläger ebenso sein Büro wie Chefingenieur Friedrich Jähne. Wichtigstes Organ des Unternehmens war der Arbeitsausschuß des Vorstandes, dem in der Zeit von Bosch die Vorstandsmitglieder Hermann Schmitz, der Finanzchef, Heinrich Hörlein, Chef der Forschung, und Georg von Schnitzler, Chef des Farbenverkaufs, angehörten.

»Bei dem großen Geschäftsumfang der I.G.«, so ter Meer, »war natürlich nicht daran gedacht, die als genehmigungsbedürftig bezeichneten Angelegenheiten in der Vorstandssitzung im einzelnen zu besprechen. Das war auch nicht nötig, da praktisch jede Angelegenheit auf einer tieferen Ebene eingehend vorbearbeitet war und bereits den mit Vorstandsmitgliedern besetzten zentralen Ausschüssen und Kommissionen vorgelegen hatte. In den meisten Fällen nahm daher der Vorstand von den Entschlüssen und Empfehlungen dieser Ausschüsse und Kommissionen aufgrund kurzer Referate zustimmend Kenntnis.« Ein Verfahren, das sich auch heute noch bei Bayer, BASF und Hoechst im wesentlichen erhalten hat, auch wenn der jetzige Umfang dieser Unternehmen weit über die I.G. von einst hinausreicht.

Die straffe Führung im Arbeitsausschuß der I.G. entsprach dem Wunsch von Bosch. Große Sitzungen und »Palaver waren ihm ein Greuel«, schreibt ter Meer. Sein Grundsatz hieß: »Wir wollen in unserem Arbeitsausschuß nur fertig präparierte Angelegenheiten behandeln, über die sich die Fachkollegen selbst nicht einig sind.«

Das Verhältnis zwischen dem Vorstandsvorsitzenden Bosch und dem Aufsichtsratsvorsitzenden Duisberg war zum Kummer Duisbergs kein enges oder gar freundschaftliches. Sie waren dafür einfach zu unterschiedliche Naturen: Duisberg sagte von sich selbst, er sei eigentlich eine Mischung aus einem Westfalen und einem Rheinländer, Rheinländer beim Feiern, Westfale in der Arbeit. Duisberg war extrovertiert, quirlig und stets redefreudig, Bosch hingegen schwerblütig, wortkarg und manchmal fast etwas menschenfeindlich. Frühzeitig litt er an depressiven Stimmungen, die später durch die politische Entwicklung noch gefördert wurden.

Hindenburg und Papen

Die innenpolitische Situation im Reich schien geradezu unaufhaltsam auf Hitler zuzutreiben. Nachdem die Regierung Brüning gescheitert war, versuchte der Reichspräsident, den von ihm hochgeschätzten Franz von Papen als Reichskanzler einzusetzen. Papen gehörte dem katholischen Zentrum an, verfügte über eine Zeitung, die »Germania«, und galt in der Politik als Außenseiter.

Nicht das Parlament war seine Hauptwirkungsstätte, sondern der exklusive, konservative Herrenklub und der Reitplatz. In den politischen Lagern galt er als Leichtgewicht, mochte er auch noch so forsch auftreten und schwadronieren. Daß er sich, vom ersten Tag im Reichstag ohne Mehrheit, lange halten könne, glaubte niemand.

In der I.G., deren leitende Männer viel unpolitischer waren, als ihre Gegner glaubten, bestanden Verbindungen zu den bürgerlichen Parteien, hauptsächlich zur Deutschen Volkspartei. Im übrigen wurden von der I.G. alle Parteien unterstützt, mit Ausnahme der Nationalsozialisten und der Kommunisten, die sich zwar jeden Tag blutige Straßenschlachten lieferten, aber in ihrer Abneigung gegen den Reichstag einig waren.

Attacken gegen die I.G.

Bei den Angriffen, die 1932 ein Teil der Presse gegen die synthetische Benzinerzeugung unternahm, tat sich die NS-Presse besonders hervor. Im Hintergrund stand dabei der »Erdöl-Reichsverband«, eine Vereinigung der Erdöl-Importeure. Die I.G. startete daraufhin eine größere Aufklärungsaktion und lud Fachredakteure ein, die Kohlehydrierung im Leuna-Werk zu besichtigen.

Diese Aktion hatte auch tatsächlich Erfolg: Es erschien eine Reihe von Artikeln, in denen das Für und Wider der Erdölimporte und der Kohlehydrierung zur Diskussion gestellt wurde. »Nur die nationalsozialistische Presse«, so berichtet Heinrich Gattineau, »setzte ihre Presseattacken gegen die I.G. fort. Im ›Völkischen Beobachter‹ erschienen unter anderem die Artikel ›Fragwürdiger Wirtschaftsantrieb. Profitinteresse am Einheitstreibstoff‹ und ›Moloch I.G.‹, die sich schärfstens gegen die ›Ausbeutungspolitik‹ des Konzerns wandten und die damalige konzernfeindliche Haltung in den Kreisen der NSDAP dokumentieren. In ›Die Fremdherrschaft über der deutschen Wirtschaft und ihre Gefahren‹ wurde der beherrschende Einfluß ausländischer Kapitalinteressen in der I.G. unterstellt.

Konkreter wurde der Beitrag unter dem Titel ›I.G. Farben und Oppau‹, in dem es unter dem Stichwort Kohlehydrierung heißt: ›Und wie war es mit der unter ungeheuren Opfern an Gut und Leben in Deutschland entwickelten Kohlehydrierung. Kaum war das Verfahren durchgearbeitet, als die Patente an die Standard Oil verkauft werden konnten. Für den Kurs der I.G.-Leitung sind die Leiter der einzelnen I.G.-Werke nicht ohne weiteres verantwortlich zu machen, da sie gegen den Einfluß internationaler Finanzherren wohl kaum etwas ausrichten können. Aber auch sie fassen ihre Aufgabe manchmal etwas merkwürdig auf... Die Gesamtleitung der I.G. sieht dieser Auseinandersetzung örtlicher Direktionen mit Interesse und scheinbar innerem Behagen zu. Man nimmt allem Anschein nach eine Gelegenheit wahr, deutsche Werke stillzulegen, um das Geld in anderen, augenblicklich weniger unruhigen Ländern ›arbeiten‹ zu lassen. So würden dann also die einzelnen Werksleitungen, ob bewußt oder unbewußt, spielt keine Rolle, geradezu das Werk internationaler Auftraggeber besorgen...«

In diesem oder ähnlichem Tenor erschienen Artikel in den zahlreichen NS-Zeitungen, so in »Der Führer«, »Rote Erde«, »Preussische Zeitung«, »Hakenkreuzbanner« und anderen.

»Wir bemühten uns nach Kräften«, schreibt Gattineau. »Doch alle sachliche Aufklärungsarbeit scheiterte bereits daran, daß die I.G. wegen ihres Konzerncharakters und ihrer internationalen Zusammenarbeit als keine im Sinne der nationalsozialistischen Ordnung arbeitende Einrichtung angesehen wurde. Erschwerend kam hinzu, daß der Verwaltungsrat der I.G. 40 Prozent und der Aufsichtsrat bis 1939 25 Prozent jüdische Mitglieder aufwies. Es nimmt deshalb nicht Wunder, daß Erwägungen bestanden, ob es nicht an der Zeit sei, diesen ›jüdischen Konzern‹ zu sozialisieren.«

Abgesandte der I.G. bei Hitler

Bosch ärgerte sich über diese Angriffe offensichtlich sehr, da die Benzinhydrierung sein Lieblingsprojekt war. Nach dem Bericht Gattineaus schimpfte er: »Das wird ja immer verrückter! Haben die gar kein Hirn mehr?« Bosch setzte Gattineau, der über seinen früheren Lehrer, Professor Haushofer, eine Verbindung zu Rudolf Heß besaß, nach München in Bewegung. Er sollte herausfinden, ob auch Adolf Hitler die in diesen Artikeln geäußerten Ansichten teilte. Als Sachverständiger wurde ihm der Chemiker Heinrich Bütefisch mitgegeben, der Spezialist für Kohlehydrierung war.

Auf der Bahnfahrt nach München bereiteten sich die beiden auf das Gespräch mit Hitler vor. Bütefisch war skeptisch: »Was soll ich denn da schon ausrichten«, meinte er zu Gattineau. »Ein Prokurist und ein Abteilungsleiter!« In der Münchner Privatwohnung von Hitler, in der Prinzregentenstraße, warteten dann Gattineau, Bütefisch und Heß auf Hitler, der sich bei einer Versammlung verspätet hatte. Als er endlich erschien, wirkte er müde. Doch als dann Bütefisch einige Sätze über den Grund des Besuches sagte und die Kohlehydrierung erwähnte, unterbrach ihn Hitler »und erging sich in längeren Ausführungen über seine Auffassungen zum Autostraßenprojekt und zur Frage der Motorisierung. Seiner Auffassung nach hing dies eng mit der synthetischen Benzinerzeugung zusammen, und beides sei seiner Auffassung nach unbedingt notwendig. Aus diesem Grund interessierten ihn auch die Fragen, die mit der Kohlehydrierung zusammenhingen.

Als Hitler eine Pause machte, kam Bütefisch endlich dazu, einiges über den Stand der Bezinerzeugung zu sagen und darauf aufmerksam zu machen, daß Carl Bosch nicht verstehen könne, daß in der Presse, auch in der nationalsozialistischen Presse, diese Produktion immer wieder angegriffen würde. Hitler äußerte sich in dem Sinn, daß er die deutsche Benzinproduktion für notwendig halte, und stellte in Aussicht, die Presseangriffe zu stoppen, soweit es sich um die nationalsozialistische Presse handelte. Damit war der Besuch beendet.

Wir waren zwar etwas verwundert«, so schließt Gattineau seinen Bericht, »über den Verlauf des Gesprächs, aber darüber waren Bütefisch und ich uns einig: Unserer Mission war Erfolg beschieden gewesen. Auf der Rückfahrt trennten wir uns; Bütefisch reiste über Mannheim, um Geheimrat Bosch Bericht zu erstatten. Da in der Folge auch die nationalsozialistischen Blätter ihre Angriffe, zumindest was die synthetische Benzinerzeugung betraf, einstellten, war für mich die Sache erledigt.«

Hitler ante portas?

Teile der deutschen Industrie glaubten nun offensichtlich, daß die Machtübernahme der Nazis nicht mehr zu verhindern sei. Besonders der Industrielle Fritz Thyssen bekannte sich offen zu Hitler und unterstützte ihn finanziell. Es kam zu einer Begegnung zwischen von Papen und Hitler im Hause des Kölner Bankiers Kurt von Schröder, die durch eine – möglicherweise gezielte – Indiskretion bekannt und von vielen als der Auftakt zu einem Bündnis Hitlers und dem Finanzkapital gedeutet wurde.

Nicht minder Aufsehen erregte, daß der renommierte Düsseldorfer Industrieklub Hitler zu einem Vortrag einlud. Keineswegs alle, die dort erschienen, waren Anhänger Hitlers oder geneigt, es demnächst zu werden. Viele wollten einfach den Mann aus nächster Nähe kennenlernen, der sich als Retter Deutschlands so geschickt in Szene zu setzen verstand und in den Millionen ihre letzte Hoffnung setzten. Die I.G. Farben waren weder im Industrieklub vertreten, noch haben sie Hitler durch Spenden unterstützt. Louis P. Lochner, der amerikanische Vertreter der Associated Press in Deutschland, hat in seinem Buch »Die Mächtigen und der Tyrann« das Verhalten der Industrie gegenüber Hitler schon bald nach dem Krieg eingehend untersucht. Er betont darin ausdrücklich die Gegnerschaft von Duisberg und Bosch gegenüber den Nazis und schreibt: »Ein interessantes Bild liefert die chemische Industrie. Von der Opposition, die Carl Duisberg und Carl Bosch gegenüber dem Nazismus an den Tag legten, hörten wir schon an anderer Stelle. Aber selbst im Schatten dieser beiden Chefpersönlichkeiten gab es im Aufsichtsrat der I.G. Farben Männer, die der Sache Hitlers zugetan waren. Es ist jedoch nicht nachweisbar, daß sie ihre Kollegen zu finanzieller Hilfsaktion vor 1933 zu bewegen vermochten.

Welche Rolle I.G. Farben auch nach 1933 gespielt haben mag – jedenfalls folgert aus den Akten, die ich geprüft habe, mit ziemlicher Gewißheit, daß der Konzern vor der Machtergreifung keine Subventionen an Hitler zahlte. Der Vertrauensmann der I.G.-Gruppe, über den ihre politischen Beitragsüberweisungen Ende der zwanziger Jahre erfolgten, war W.F. Kalle, der Chef von Kalle & Co. in Wiesbaden, einer Konzernfirma von I.G. Farben. Kalle saß als Abgeordneter sowohl im Reichstag wie im Preußischen Landtag und gehörte dem Vorstand der Deutschen Volkspartei als führendes Mitglied an.«

Aus den von Lochner zitierten Zahlen ergibt sich, daß aus den Spenden des »Kalle-Kreises« vorwiegend die »Deutsche Volkspartei«, die »Deutsch-Demokratische Partei« und das katholische Zentrum unterstützt wurden.

Ohne Zweifel zeigte sich ein Teil des I.G.-Vorstandes von dem beeindruckt, was die Hitler-Regierung schon bald nach ihrem Machtantritt in die Tat umsetzte: drastische Maßnahmen gegen die Arbeitslosigkeit, Einführung der Kurzarbeit, Verbot des Doppelverdienertums, Arbeitsdienst für Jugendliche, Steuervergünstigung für die Haltung von Dienstpersonal sowie der Beginn gewaltiger Bauvorhaben wie der Bau der Autobahnen.

Viele waren allerdings auch bestürzt über die Brutalität, mit der das Regime mit seinen Gegnern von einst abrechnete.

Schon am 28. Februar 1933 erwirkte Hitler, gedrängt von Göring und Goebbels, eine Ausnahmeverordnung. Danach wurde die KPD verboten, Tausende ihrer Funktionäre wurden verhaftet, in Gefängnisse und Konzentrationslager geworfen. Was sich dort abspielte, wagten selbst Beherzte nur hinter vorgehaltener Hand ihren Freunden zuzuflüstern.

Carl Bosch war nach dem Zeugnis seines Biographen Karl Holdermann an »Tagespolitik nicht interessiert«. Er hatte, so meinte er, Wichtigeres zu tun. Diesen Standpunkt vertraten wohl viele in der I.G., wobei manchmal dabei vielleicht auch ein gewisser Hochmut mitsprach. »Politisch Lied, ein garstig Lied«, solche Meinungen waren besonders unter Naturwissenschaftlern verbreitet.

Lacke – ein wichtiger Bereich nicht nur bei Hoechst

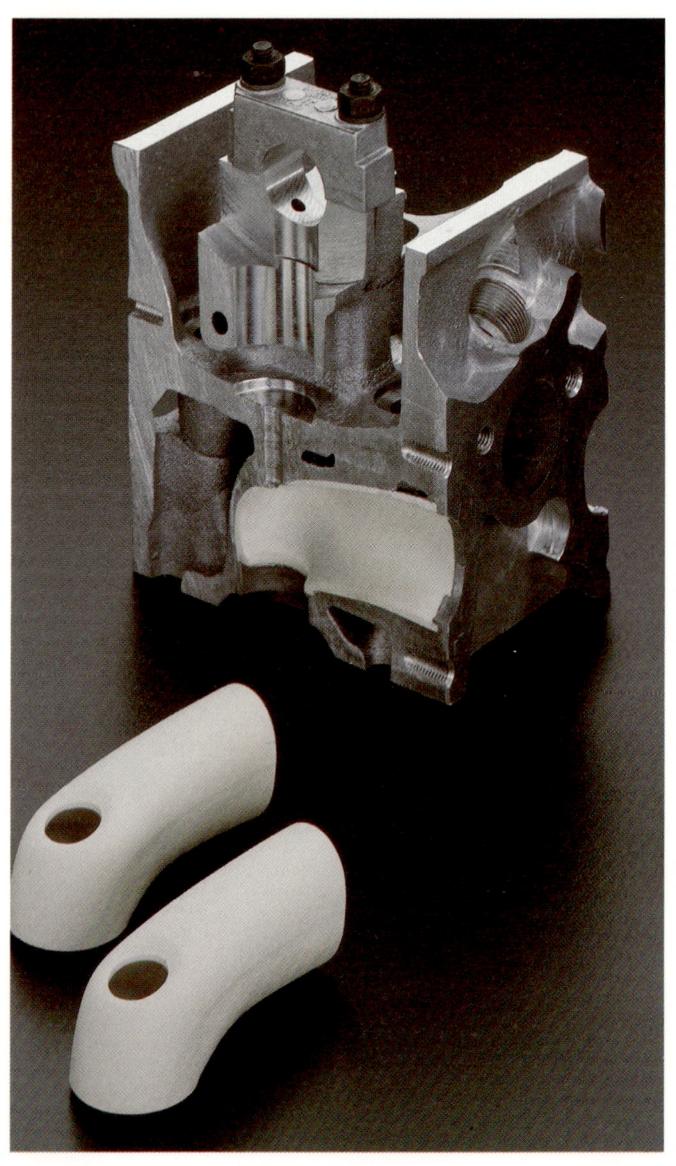

Hochleistungskeramik der Hoechst CeramTec

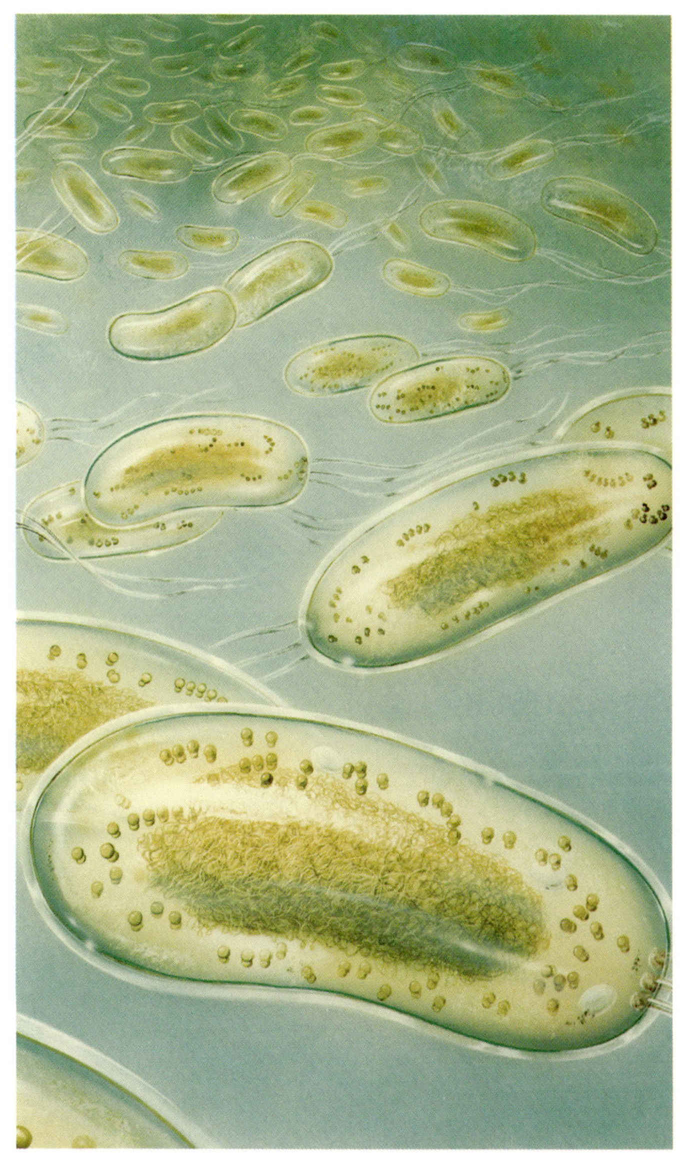

Bakterien – nicht nur Feinde, sondern auch Helfer

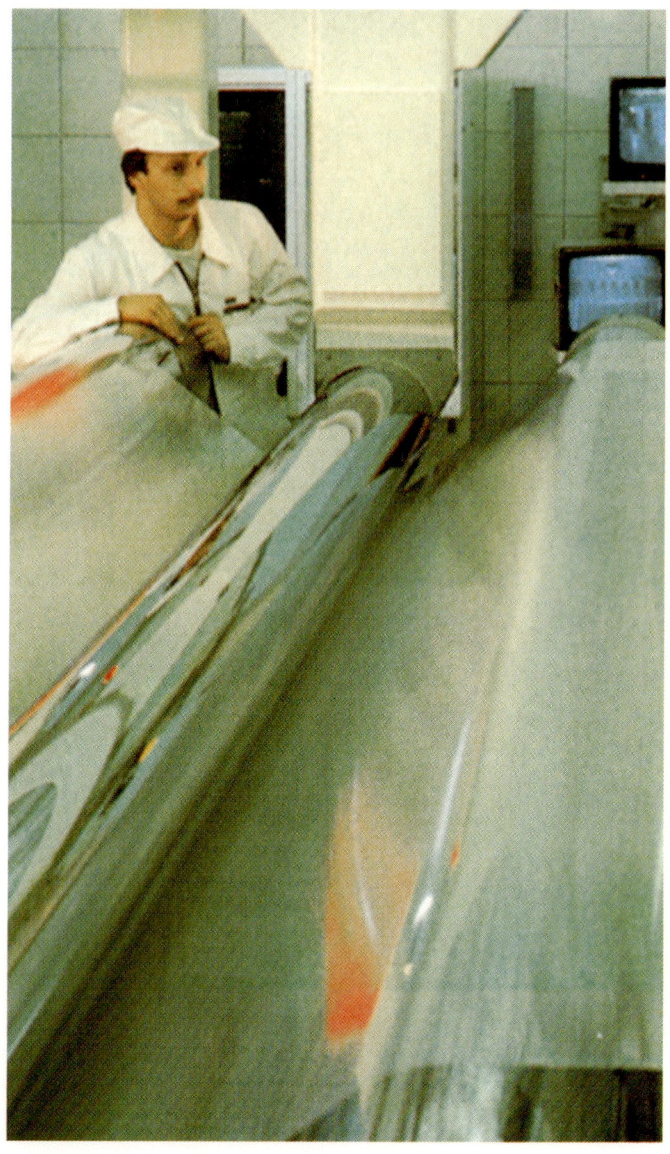

Folienherstellung bei Kalle in Wiesbaden

Allerdings lobte Bosch in einem Aufsatz »Wo ein Wille ist, ist auch ein Weg« in der Frankfurter Zeitung die Energie, mit der die neue Regierung an den wirtschaftlichen Aufbau heranginge. Zum erstenmal seit dem Krieg mache eine deutsche Regierung nicht nur Versprechen, sondern handle auch. Die Maßnahmen zur Arbeitsbeschaffung, die Entlastung von investitionshemmenden Steuern sei positiv zu bewerten und bildeten mächtige Faktoren zur Belebung des Unternehmergeistes. Bosch begrüßte auch »das Ethos der deutschen Arbeit« und den freiwilligen Arbeitsdienst, der die erzieherische Bedeutung der Handarbeit für alle Bevölkerungsschichten hervorhebe.

Am 20. Februar 1933, als Hitler zweieinhalb Wochen Reichskanzler und Hermann Göring preußischer Ministerpräsident war, beteiligte sich die I.G. an einer Veranstaltung, zu der Hjalmar Schacht im Namen Görings die Vertreter der Großindustrie eingeladen hatte. Hitler wollte seine Politik erläutern – Göring und Schacht wollten Spenden kassieren. Der Vorstand der I.G. wurde hier repräsentiert durch Georg von Schnitzler, einer der prominentesten Männer des Konzerns, Mitglied des Arbeitsausschusses. Er spendete im Namen seines Hauses den höchsten Betrag: 400000 Reichsmark. Es war eine Geste des Goodwill gegenüber dem neuen Regime, die sicherlich im engsten Vorstandskreis sorgfältig beraten und entschieden worden war, denn die Wirkung auf andere Bereiche der Industrie war natürlich nicht zu gering zu veranschlagen. Ein Schritt der Realpolitik, das Ende der betonten Distanz des Unternehmens gegenüber den Herrschern des Dritten Reiches? Ein Akt der Opportunität, so wie er in jenen Tagen von Verbänden, den Kirchen und vielen anderen Organisationen tausendfach vollzogen wurde? Von all denen, die sich durch die ersten Leistungen des Regimes blenden ließen und hundert Erklärungen parat hatten, daß die Suppe schon nicht so heiß gegessen werde, wie sie die NS-Köche anrichteten?

Da entsprechende Aufzeichnungen fehlen, ist eine letzte Klarstellung nicht möglich. Wahrscheinlich war man im Vorstand durchaus nicht einer Meinung, was nun von Hitler und den

Seinen zu halten sei. Wenn Bosch sich für einige Wochen Illusionen hingegeben haben sollte, so dürften sie sich schnell verflüchtigt haben. Prüfstein für Bosch war die Behandlung der Juden. Er war mit vielen befreundet; Fritz Haber beispielsweise war lange Zeit sein wichtigster Weggefährte beim Ausbau der ersten Hochdruck-Synthesen, ein Mann, national bis in die Knochen, der während des Krieges für die deutschen Armeen die so umstrittenen, ja geächteten Gaskampfstoffe entwickelte. Da war Richard Willstätter, eine der Koryphäen der organischen Chemie, Nobelpreisträger des Jahres 1915, Mitglied in Rathenaus Kriegsstab und Erfinder des Gasmaskenfilters für die deutsche Armee, da war Arthur von Weinberg, Chemiker und Freund Ehrlichs, Träger hoher Kriegsauszeichnungen, Präsident der Senckenbergischen Naturforschenden Gesellschaft, Ehrenbürger von Frankfurt und Mitglied im Aufsichtsrat der I.G., ebenso wie viele andere jüdische Industrielle, Wissenschaftler oder Bankiers.

Bosch ging es nicht nur um das Unrecht, das geschehen würde, wenn diese Männer aus Deutschland vertrieben würden. Er fürchtete auch den »Blutverlust«, der dadurch der deutschen Wissenschaft entstehen würde. Bei einer Begegnung mit Hitler brachte Bosch dieses Thema zur Sprache. Dabei erfuhr er eine brüske, ja schockierende Zurückweisung: »Dann werden wir in Deutschland eben einmal hundert Jahre ohne Chemie und Physik auskommen müssen«, erklärte Hitler herrisch. Bei einer anderen Gelegenheit, als Bosch einen erneuten Vorstoß wagte, klingelte Hitler nach einer Ordonanz: »Der Herr Geheimrat wünscht zu gehen.«

Von nun an ging Hitler Bosch demonstrativ aus dem Weg. Bosch befand sich in tiefer Ungnade. Die I.G. freilich wurde gebraucht.

Buna war zu teuer

Hitlers Pläne der Wiederaufrüstung konnten ohne Kautschuk und synthetisches Benzin nicht verwirklicht werden.

Wie war zu diesem Zeitpunkt der Stand der Dinge auf diesen beiden Gebieten?

Die I.G. hatte sich schon 1926 wieder mit der Kautschuk-Synthese im größeren Stil beschäftigt. Die während des Krieges vor allem bei Hoechst weiter entwickelte Acetylen-Chemie hatte es möglich gemacht, die Synthese des Vorproduktes Butadien durchzuführen, das mit dem schwer zugänglichen Isopren, dem Baustein des natürlichen Kautschuks, eng verwandt ist. Da die Preise für Naturkautschuk in jenen Jahren verhältnismäßig hoch waren – sie betrugen etwa sechs Mark für das Kilo –, erschien diese Synthese durchaus sinnvoll.

Buna war dem natürlichen Gummi in mancher Beziehung sogar überlegen. Er zeigte höhere Alterungs- und Hitzebeständigkeit, war allerdings weniger elastisch als natürlicher Kautschuk.

Wie ter Meer berichtete, war man im Stadium der halbtechnischen Versuchsarbeiten, als die Weltwirtschaftskrise heraufzog. Der Preis für Naturkautschuk sank und sank. Schließlich lag er bei weit unter einer Mark pro Kilo. Ter Meer: »Der Traum des synthetischen Kautschuks schien ausgeträumt.« Lediglich in einigen Laboratorien wurden die Arbeiten fortgesetzt. Man hoffte, Kautschukarten zu synthetisieren, die dem Naturkautschuk in wichtigen Eigenschaften überlegen waren.

Tatsächlich erwiesen sich in Emulsion erzeugte Mischpolymerisate aus Butadien, Styrol oder Acrylnitril, die später Buna S oder Perbunan genannt wurden, besser als Naturkautschuk. Ihre hohe Abriebfestigkeit qualifizierte sie für Autoreifen – wie ausgedehnte Fahrversuche bewiesen. Ter Meer: »Im Perbunan wurde ein neuartiger hochelastischer Werkstoff entdeckt, aus dem sich, im Gegensatz zum Naturkautschuk, gegen Benzin und Öle quellfeste Gummiarten herstellen ließen.«

Als die Krise endlich überwunden war, investierte die I.G. große Summen in die weitere Entwicklung. Im Herbst 1935 waren die Pläne für eine Versuchsanlage fertig. Sie sollte in Schkopau in der Nähe von Halle entstehen und zunächst eine Kapazität von 2400 Tonnen im Jahr haben. Wenn keine unvorhergesehenen technischen Schwierigkeiten auftraten und genügend Bedarf vorhanden war, dann sollte die Anlage um das Zehnfache vergrößert werden.

Natürlich war die Wehrmacht an der Buna-Fabrikation interessiert. Schon im Sommer 1933 hatte die Wirtschaftsabteilung beim Heereswaffenamt eine Konferenz mit der I.G. angeregt. Die I.G. bestand dabei auf einer Abnahmegarantie durch das Reich.

Im Jahre 1935 wurden in Schkopau 500 Tonnen Buna fabriziert. Obwohl das ein bescheidener Anfang war und keineswegs alle Fertigungsprobleme überwunden waren, erklärte Hitler, bezeichnenderweise mit Blick auf die Aufrüstung, am 15. Februar 1936 bei der Eröffnung der Internationalen Automobil- und Motorradausstellung: »Sie finden in dieser Ausstellung zum erstenmal Reifen aus deutschem synthetischem Gummi. Und ich bin glücklich, Ihnen und dem deutschen Volk sagen zu können, daß die Erprobung, die von der Wehrmacht seit ungefähr einem Jahr vorgenommen wird, zu dem Resultat führte, daß dieser synthetische Gummi den natürlichen Rohgummi an Dauer und Haltbarkeit um zehn bis dreißig Prozent übertrifft.«

1938 plazierte die I.G. in Hüls bei Recklinghausen ihren zweiten Buna-Betrieb. Schkopau, Hüls und ein kleineres Werk in Ludwigshafen lieferten 1943 nicht weniger als 120000 Tonnen Buna. »Diese Buna-Synthese war eine ausgesprochene Gemeinschaftsarbeit der I.G.-Werke Leverkusen, Ludwigshafen, Oppau und Hoechst«, schreibt Fritz ter Meer. Außerdem war in Oppau mit Hilfe der Methanolhochdruck-Synthese auch eine wichtige Ausgangsposition für die auf Formaldehyd-Basis gewonnenen Kunststoffe geschaffen worden.

Schon 1933 hatten die Arbeiten an der Hochdruck-Hydrierung von Braunkohle und Braunkohlenteer einen ersten Erfolg gehabt. Nun ging es um die größeren Verfahren. Die Kohlehydrierung auszubauen, entsprach den Wünschen Boschs, aber auch der neuen Regierung, die nach Autarkie strebte und ihre Devisenbilanz verbessern wollte.

So kam es zu einem Vertrag zwischen I.G. und Regierung: Die I.G. verpflichtete sich, die Benzinerzeugung aus Braunkohle auf 350000 Jahrestonnen auszubauen. Das Reich garantierte dafür dem Unternehmen die volle Abnahme der Kapazität, und zwar zu Preisen, die Gestehungskosten abdeckten und die Möglichkeit zu vernünftigen Abschreibungen boten. Darüber hinaus anfallende Erlöse hatte die I.G. an das Reich abzuführen.

Mit dem Bau der Anlage in Leuna wurde sofort nach der Vertragsunterzeichnung begonnen. Ende 1935 war sie fertiggestellt.

Weitere Hydrier-Anlagen wurden von der I.G. nicht gebaut. Sie vergab statt dessen Lizenzen an andere Unternehmen. In Ludwigshafen wurden neben der Veredelung von Schmierölen Verfahren zur Hydrierung von Steinkohle entwickelt, zur Verbesserung der Hydrier-Benzine und zur Gewinnung der Flüssiggase Propan und Butan.

Firmenkäufe im Inland

Im Inland dehnte sich die I.G. immer weiter aus, beginnend mit der Übernahme der deutschen Nobel-Gesellschaften, die im Krieg Sprengstoffe herstellten. Aufgrund des Versailler Vertrages mußten sie andere Arbeitsgebiete aufnehmen. Sie beschäftigten sich jetzt mit der Erzeugung von Kunstseide, Zelluloid und ähnlichen Materialien. Dazu brauchten sie große Mengen von Salpetersäure und Lösungsmitteln. Das führte dazu, daß die I.G. schon 1926 die Köln-Rottweil AG übernahm. Dazu gehörten drei Viskose-Seidefabriken in Premnitz, in Rottweil und in Bobingen. Die Weltproduktion belief sich damals (1926) auf rund 100000 Tonnen.

Die großen Produzenten hießen USA, Italien, England und Deutschland. Die I.G. wollte an dieser aussichtsreichen Entwicklung kräftig teilhaben und errichtete in Wolfen eine große Viskose-Seidenfabrik. In Berlin-Lichterfelde beteiligte sich die I.G. an einem Werk für Acetatseide zusammen mit den Vereinigten Glanzstoff-Fabriken, die aber bald wieder ausschieden. In Dormagen wurde die Herstellung von Kupferseide aufgenommen.

Natürlich war das Reich auch am Aufbau der Zellwolle interessiert, denn das versprach größere Unabhängigkeit gegenüber ausländischer Wolle und zudem Devisen-Ersparnis. Das Spitzenprodukt der I.G. hieß »Vistra«.

Der Weg zum Insulin

Aber auch auf pharmazeutischem Gebiet blieb die I.G. Weltspitze. Beispiele dafür sind Insulin und die Sulfonamide. Insulin kam noch vor der Gründung der I.G. aus den Laboratorien von Hoechst, die Sulfonamide von Bayer aus Elberfeld.

Seit der Synthese des Adrenalin (Markenname Suprarenin) hatte man bei Hoechst das Labyrinth der hormonalen Wirkstoffe nicht mehr aus den Augen gelassen. Schon vor dem Ersten Weltkrieg waren die Forscher dem Hormon der Bauchspeicheldrüse auf der Spur. Dieses Hormon senkt den Blutzuckerspiegel – die Grundvoraussetzung für eine wirksame Behandlung des Diabetes, der durch zu hohe Werte an Blutzucker im Organismus charakterisiert ist. Millionen von Menschen litten an der Zuckerkrankheit, gegen die es kein anderes Mittel gab als Diät. Sie reichte allerdings nur bei wenigen Kranken aus, um ihr trauriges Schicksal zu mildern.

Als bei Hoechst das Hormon aus der Bauchspeicheldrüse untersucht wurde, fehlten zunächst genaue analytische Methoden. Jahrelang tastete man sich in den Hoechster Laboratorien voran, ohne mehr als minimale Fortschritte zu erzielen. Erst nach 1918 war der richtige Weg gefunden. Er führte zwar noch nicht zur Synthese des Hormons, aber es gelang, tierische Drüsen so zu verarbeiten, daß ein brauchbares Anti-Diabetikum hergestellt werden konnte. Hoechst traf mit den Schlachthäusern von Frankfurt Abmachungen über die Lieferung von Bauchspeicheldrüsen von Kälbern und Rindern.

Während die Hormon-Forscher bei Hoechst noch auf die Prüfungsergebnisse warteten, durchlief die Welt eine Nachricht von größter medizinischer Bedeutung: Im physiologischen Universitätslabor von Toronto war den Wissenschaftlern Charles Herbert Best und Frederic Grant Banting die Reindarstellung des Wirkstoffes aus der Pankreasdrüse geglückt.

Charles Best, 21 Jahre alt und noch Student für Physiologie, und Frederick Banting, zehn Jahre älter, Orthopäde und Assistent für Physiologie der Universität in Toronto, hatten ihre Entdeckung in einem bescheidenen Labor gemacht. Ihre Versuchstiere waren Hunde, denen die Ausführungsgänge der Bauchspeicheldrüse unterbunden wurden, über die normalerweise Verdauungsfermente in den Dünndarm gelangen. Das führte dazu, daß die Drüse auf Dauer verkümmerte. Erst als dieser Zustand erreicht war, versuchten Banting und Best, das Sekret bestimmter Zellen der Bauchspeicheldrüse gesunder Tiere, das normalerweise ins Blut abgegeben wird, zu gewinnen.

Mit Hilfe dieses Sekrets konnten sie Tiere am Leben erhalten, denen vorher die Bauchspeicheldrüse entfernt worden war. Das Befinden der Tiere besserte sich schnell. Sie erwachten aus ihrer schweren Apathie, waren wieder fähig, sich zu erheben und herumzulaufen.

Bald danach erlebten Banting und Best ein Schauspiel, das sie kaum für möglich gehalten hatten. Sie injizierten einem Hund, dem die Bauchspeicheldrüse herausgenommen worden war, dreißig ccm ihres mühsam gewonnenen Extraktes. Schon nach wenigen Stunden sank bei diesem Tier der Blutzuckerwert nicht nur auf das normale Maß – er ging vielmehr so weit herunter, daß schon wieder die Gefahr einer Hypoglykämie, einer Unterzukkerung, drohte.

Der erste Patient hieß Lenny

Das Isletin – erst später übernahmen Banting und Best den Namen Insulin – hatte in so hoher Dosierung einen zu starken Effekt erzielt. Schließlich gelang es, eine Hündin, der die Bauchspeicheldrüse entfernt worden war, mit Hilfe von Insulin siebzig Tage am Leben zu erhalten. Ein dreizehnjähriger Junge, Leonard Thomson, genannt Lenny, war der erste Mensch, der mit Insulin behandelt wurde. Seit etwa eineinhalb Jahren litt er an Diabetes, er lag im Krankenhaus von Toronto. Sein Zustand verschlechterte sich von Tag zu Tag, ohne daß ihm die Ärzte helfen konnten. Doch schon nach der ersten Insulin-Injektion besserte sich Lennys Zustand. Er nahm wieder Anteil am Leben, der kleine abgezehrte Körper begann sich zu erholen, das Gesicht bekam wieder Farbe. Als es Banting und Best glückte, genügend Insulin für weitere Injektionen herbeizuschaffen, schritt die Genesung weiter voran. In wenigen Monaten wurde aus dem schon aufgegebenen Jungen ein lebensfroher und kräftiger Bursche.

Noch im Jahre 1923 stellten die Farbwerke Hoechst zwei neue Pankreas-Extrakte her. Sie wurden von dem Stoffwechsel-Spezialisten Professor Carl von Noorden in Frankfurt geprüft. Sein Urteil lautete: prinzipiell ebenso wirksam wie Insulin.

Auch in Toronto wurde die Hoechster Arbeit vorbehaltlos anerkannt. Die Farbwerke erhielten deshalb die erste Lizenz für die Insulin-Herstellung nach dem Toronto-Verfahren.

Durch Insulin war wiederum eines der am weitesten verbreiteten Leiden unter Kontrolle gebracht worden. Insulin erhöhte die Lebenserwartung eines zehnjährigen Diabetikers um mehr als das Zwanzigfache, die eines Dreißigjährigen um das Sechsfache und die eines Fünfzigjährigen um mehr als beinahe das Doppelte. Wobei natürlich nicht übersehen werden darf, daß ein wesentlicher Unterschied zwischen dem schon meist in der Jugend auftretenden »juvenilen« Diabetes besteht und dem sogenannten Altersdiabetes, für den in den 60er Jahren Tabletten entwikkelt wurden.

Domagk wollte helfen

Sulfonamide werden für immer mit dem Namen Gerhard Domagk verbunden bleiben. Domagk hatte in Kiel Medizin studiert, war 1924 Dozent in Greifswald und vier Jahre später Professor der allgemeinen Pathologie und pathologischen Anatomie. 1929 trat er in das Werk Elberfeld der I.G. ein und wurde dort Leiter der Abteilung für experimentelle Pathologie und Bakteriologie. Als ihn viele Jahrzehnte später der Vorstandsvorsitzende von Bayer, Professor Kurt Hansen, fragte, warum er eigentlich seine aussichtsreiche Universitätslaufbahn aufgegeben und sich der industriellen verschrieben habe, antwortete ihm Domagk: »Ich glaubte, daß ich in dieser Stellung vielleicht noch mehr Menschen helfen könnte.«

Domagk war sicher sehr viel nüchterner als Paul Ehrlich. Aber auch er träumte von einer Zauberkugel gegen bakterielle Erreger, gegen die es kein Mittel gab. Dabei handelte es sich vorwiegend um Streptokokken und Staphylokokken; sie riefen die meist tödliche Sepsis und viele andere gefährliche Infektionen hervor. Ausgerechnet Wilhelm Roehl, der einst bei Ehrlich gearbeitet und dann den Aufstieg der Tropenmedizin bei Bayer geleitet hatte, war an einer Blutvergiftung gestorben.

So viele Fortschritte immunbiologische Maßnahmen zur Vorbeugung gemacht hatten, um die direkte Vernichtung der Bakterien im Körper war es Ende der 20er Jahre schlecht bestellt. In einem der damaligen Lehrbücher über Infektionskrankheiten finden sich die nicht gerade ermutigenden Sätze: »Übersieht man das Gesamtgebiet der Streptokokken-Infektionen des Menschen, dann gelangt man in jeder Hinsicht zu einer immer noch resignierten Einstellung. Weder die Biologie der Streptokokken noch die Bekämpfung oder die spezifische Therapie der Streptokokken-Erkrankung haben in den letzten Jahrzehnten eine wesentliche Förderung erfahren.«

Nach dem Vorbild Ehrlichs

Doch in den Forschungslabors in Elberfeld wollte man sich damit nicht abfinden. Die Chemiker Fritz Mietzsch und Joseph Klarer machten dort weiter, wo Ehrlich aufgehört hatte, bei den Farbstoffen. Sie wählten dabei eine Farbstoffklasse, die sich besonders leicht in den Reaktionskesseln zusammenkuppeln läßt: die Azo-Farbstoffe, deren Charakteristikum zwei doppelt miteinander gebundene Stickstoff-Atome sind. Daß diese Farbstoffe eine besondere Affinität zu pflanzlichen und tierischen Zellen besaßen, war bekannt.

Unter diesen Farbstoffen war einer, mit dem sich Wolle besonders gut einfärben ließ. Er war schon 1908 von P. Gelmo in Wien zum erstenmal hergestellt worden und besaß die Struktur des Para-amino-benzolsulfonamids.

Gerhard Domagks Laboratorium hatte die Aufgabe, zu prüfen, welche von diesen Farbstoffen antibakterielle Eigenschaften besaßen. Doch das Verhalten der ersten Azo-Farbstoffe im Reagenzglas löste bei Domagk keine Begeisterung aus. Selbst wenn er die Farbstoffe stundenlang und hochkonzentriert auf Bakterien einwirken ließ, beobachtete er keine wesentliche Wirkung. Die Mikroben wuchsen unbekümmert weiter.

Längere Zeit wurden diese Versuche ohne jedes Ergebnis fortgesetzt. Dann änderte Domagk die Versuchsmethode. Er befreite das Blut verschiedener Tiere von den Gerinnungsfermenten und setzte ihm Farbstoffe zu. Dann gab er dieses Gemisch auf Platten mit einer Agarflüssigkeit. Die Platten enthielten die Farbstoff-Substanzen in Verdünnungen von 1:20000.

Die Geschichte des Prontosils

Im Herbst 1932 bekam Domagk einen besonders leuchtenden ziegelroten Farbstoff von Mietzsch und Klarer zur Prüfung. Groß angelegte Tierversuche endeten in einem unerwartet günstigen Resultat: Hunderte von Mäusen wurden mit Streptokokken infiziert. Nach wenigen Tagen gingen jene, die nicht behandelt worden waren, zugrunde. Die anderen indessen, die den roten Farbstoff erhalten hatten, blieben am Leben. Damit war die antibakterielle Wirksamkeit des Farbstoffs bewiesen. »Was aber kann schon ein chemotherapeutischer Behandlungserfolg an Streptokokken-infizierten Mäusen bedeuten?« Diese Frage stellte sich nicht nur Domagk selbst, der mit seinen Versuchsergebnissen auf Skepsis stieß.

Aus diesem Grund hütete man sich in Elberfeld vor lautem Jubel und frühzeitiger Publikation. Erst 1935, nach einer drei Jahre dauernden klinischen Prüfung, wagten Forscher und Kliniker die ersten Veröffentlichungen in der Deutschen Medizinischen Wochenschrift. »Über das Verhalten von Prontosil gegenüber Mäusen«, lautete Domagks Beitrag. Hinter solch einem schlichten Titel verbarg sich die sensationelle Metamorphose vom Farbstoff zum Heilmittel par excellence. Hunderttausende sollten in Zukunft von »Prontosil« gerettet werden. Unter den ersten war Domagks eigene Tochter. Sie hatte sich mit einer Stricknadel gestochen, und aus der harmlos erscheinenden Verletzung entstand eine heftige Streptokokken-Infektion mit septischem Verlauf. Erst eine große Dosis Prontosil besiegte die Erreger.

Schon bald nachdem Prontosil den Ärzten zur Verfügung gestellt worden war und sich das früher so trostlose Bild der Infektionen aufs erfreulichste gewandelt hatte, entdeckten die Forscher J. Trefouël, F. Nitti und F.D. Bovet vom Pariser Pasteur Institut, daß auch das farblose Sulfanilamid (Prontalbin) chemotherapeutisch wirksam ist.

Die Sulfonamide – es bleibt bei diesem Namen – wirken gegen zahlreiche grampositive und einige gramnegative Erreger. Zum Beispiel gegen Streptokokken, Staphylokokken, Meningokokken, Shigellen, Salmonellen, Colibakterien und andere. Nur Mykobakterien, Pilze und Spirochäten sind gegen Sulfonamide widerständsfähig.

Mit den Tropenpräparaten, wie Bayer 205 gegen die Schlafkrankheit, Atebrin und Plasmochin gegen die Malaria und schließlich den Sulfonamiden gewann das Bayer-Kreuz in der Pharma der I.G. die dominierende Position. Auch die Pharma-Verkaufsgemeinschaft war in Leverkusen angesiedelt. Zuerst erschienen auf den Arzneimitteln der I.G. noch die Markenzeichen aller Werke, doch dann wurden sie weggelassen, und schließlich prangte auf den Packungen nur mehr das Bayer-Kreuz. Wilhelm Mann, Vorstandsmitglied und Chef des Pharmaverkaufs, hatte sich mit dieser Politik durchgesetzt. Die Führung von Hoechst war offensichtlich zu schwach, um das zu verhindern. Zuerst blieb der Hoechster Pharma noch der Abkunftsvermerk: »Hergestellt im Werk Hoechst der I.G. Farbenindustrie«. Später mußte auch auf dieses Signum verzichtet werden.

Die gesamte Pharma-Werbung wurde nun auf das Bayer-Kreuz konzentriert. Man mochte sich bei Hoechst damit trösten, daß die Firma nun einmal im großen Verband der I.G. aufgegangen war und die eigene Geschichte, so ruhmvoll sie auch war, unwiderruflich ihr Ende gefunden hatte. Unwiderruflich?

Es gab wie überall in Deutschland, so sicher auch in der I.G., genügend Menschen, die daran glaubten, daß die Herrschaft Hitlers dauerhaft sein würde. Die Erfolge, die der »Führer« zuerst im Innern erzielt hatte, dann in der Außenpolitik, die Bewunderung, die selbst viele im Ausland zollten, hätte früher niemand für möglich gehalten.

Im Jahre 1938 traten auch die meisten Mitglieder des I.G.-Vorstandes in die Partei ein. Wie weit entsprang das der Begeisterung für die nationalsozialistische Sache? Wie stark wurde von der Partei dabei Druck ausgeübt? Geschah es bei manchen, um »Schlimmeres zu verhüten«, wie später eine beliebte Formel hieß? Wer könnte das heute noch im Einzelfall sagen? Sicher scheint, daß es unter den Nationalsozialisten immer noch ein Ressentiment gegen den international operierenden Konzern gab, mochte er auf der anderen Seite auch ein unverzichtbares Instrument bei der Verwirklichung des Vierjahresplans sein, dessen Leitung in den Händen Hermann Görings lag.

Schon 1937 war den Nazis wenigstens eine gewisse Gleichschaltung gelungen, um einen Lieblingsausdruck des Systems zu verwenden. Die jüdischen Mitglieder, die bisher noch dem Aufsichtsrat angehörten, mußten dieses Gremium verlassen. Dazu gehörten auch Arthur und Carl von Weinberg.

Im Geschäftsbericht des Jahres 1938 sind ihre Namen nicht mehr zu finden.

Carl Duisberg war 1935 gestorben. An seiner Stelle übernahm Bosch den Vorsitz im Aufsichtsrat. Seit er 1935 eine Gedächtnisfeier für den verstorbenen jüdischen Wissenschaftler Fritz Haber veranstaltet und sich damit ausdrücklich über ein Verbot nationalsozialistischer Dienststellen hinweggesetzt hatte, war er bei den NS-Herren nicht beliebter geworden. Es dürfte ihm nicht viel ausgemacht haben. Klarer als viele seiner Kollegen erkannte Bosch, daß im Zeichen von Görings »Kanonen statt Butter« die gesamte deutsche Wirtschaft in den Dienst der Wiederaufrüstung gestellt wurde. »Carl Bosch verfiel in tiefsten Pessimismus«, berichtet sein Biograph Karl Holdermann, und Curt Duisberg, einer der Söhne Carl Duisbergs, schreibt in seinen Erinnerungen: »Bosch erkannte visionär, daß die Politik Hitlers zum Kriege und zum Untergang Deutschlands führen müsse.«

Im Jahre 1937 oder 1938 machte Bosch noch einmal den Versuch, so nach einer Mitteilung von Dr. Gattineau, mit Hitler ins Gespräch zu kommen. Hitler empfing ihn, und Bosch warnte dringend vor einer Unterschätzung der Rüstungskapazitäten der USA. Er selbst kenne das gewaltige Potential. Bosch war gerade wieder einmal in den USA gewesen, eine Unterschätzung dieses gewaltigen Landes könne verhängnisvoll sein.

Doch Hitler hielt das alles nur für Propagandagewäsch. Auch diese Unterredung verlief negativ und war nicht geeignet, die pessimistischen Zukunftsperspektiven von Bosch zu zerstreuen.

Im internationalen Geschäft…

Wie der Bosch-Biograph Holdermann betont, kümmerte sich Bosch nicht mehr um den Aufbau der neuen deutschen Werke im Rahmen des Vierjahresplans. Er nahm jedoch an allen entscheidenden Sitzungen teil, in denen Beschlüsse über Verträge mit ausländischen Firmen gefaßt wurden. An seiner Politik der internationalen Industrieverständigung hielt er bis zuletzt fest. Im Jahre 1935 wurde unter seinem Vorsitz ein Vertrag mit dem britisch-holländischen Konzern Unilever abgeschlossen, der eine Zusammenarbeit auf dem Gebiet der synthetischen Waschmittel vorsah. Im Jahre 1938 folgte ein Vertrag, der Reifenversuche mit künstlichem Kautschuk bei den fünf wichtigsten amerikanischen Reifenfabriken zum Gegenstand hatte und zu diesem Zweck die amerikanische Gummi-Industrie mit dem Buna S vertraut machte, das aus Butadien in Amerika zu Naturkautschukpreisen hergestellt werden sollte.

Auch einen Vertrag mit dem amerikanischen Chemiekonzern Du Pont hielt Bosch für sehr wichtig. Bei Du Pont hatte ein junger Chemiker, Wallace Hume Carothers, mit einer synthetischen Faser Furore gemacht, deren Name bald in der ganzen Welt geläufig wurde: Nylon. Bald darauf gelang dem deutschen Chemiker Paul Schlack, der im Werk Lichterfelde arbeitete, ein ähnlicher Wurf. Die I.G. und Du Pont beschlossen 1939, zur Zufriedenheit von Bosch, gegenseitig Lizenzen auszutauschen.

Als am 1. September 1939 der Krieg ausbrach, bedeutete dies – nach den Worten von ter Meer – für ein Unternehmen, das weltweit gesponnene Beziehungen unterhielt, »den härtesten Schlag, der es treffen konnte«.

Fast alles, was die I.G. produzierte, war nun »kriegswichtig«: Hydrierbenzin und Schmieröle, Kautschuk, Magnesium, Kunststoffe, Fasern und schließlich auch Arzneimittel, je blutiger das Ringen wurde.

Wie es ausgehen würde, hatte Carl Bosch auf dem Totenbett im April 1940 seinem Sohn prophezeit: »Es wird zunächst noch gutgehen. Frankreich und vielleicht auch England werden besetzt werden. Dann aber wird er das größte Verhängnis begehen und Rußland angreifen. Auch das wird noch eine Weile gutgehen. Dann aber sehe ich Entsetzliches. Es wird alles ganz schwarz. Der Himmel ist voll von Flugzeugen. Sie werden ganz Deutschland zerstören, die Städte, die Fabriken und auch die I.G.«

Noch war es nicht soweit. Zunächst siegte Hitler an allen Fronten. Polen wurde in einem Feldzug von drei Wochen niedergekämpft, Frankreich in einem »Blitzkrieg« von vier Wochen überrollt, Norwegen fiel in deutsche Hand, Rumänien und Griechenland folgten.

Obwohl der Wehrmacht nun die Rohstoffquellen zahlreicher anderer Länder zur Verfügung standen, wurden die Produktionsstätten der I.G. weiter ausgebaut, allen voran die Erzeugung von Buna und Treibstoff. Bei einer Konferenz im Reichswirtschaftsministerium wurde über den Bau eines neuen, des vierten Buna-Werkes der I.G. gesprochen. Teilnehmer der I.G. waren ter Meer und Otto Ambros, Vorstandsmitglied und oberster Sachverständiger des Unternehmens für alle Buna-Probleme. Es war eine Kapazität von 30000 Jahrestonnen vorgesehen sowie die Herstellung von synthetischem Treibstoff.

Der Bau von Auschwitz

Als Standorte der vom Reich dringend erwünschten Fabrik standen Norwegen und Schlesien zur Diskussion. Schließlich wurde beschlossen, die riesigen Anlagen in Auschwitz zu errichten. Nach späteren Untersuchungen (Nürnberger Prozeß gegen Mitglieder der I.G.) sollen folgende Standortbedingungen den Ausschlag für Auschwitz gegeben haben: Auschwitz' geographische Lage schien Schutz vor Luftangriffen zu bieten, Kohlen und Wasser standen zur Verfügung, und dank der dichten Besiedelung des Gebietes konnte man mit genügend Arbeitskräften rechnen. Ob in dieser Hinsicht die Nähe des Konzentrationslagers, von dem »Arbeitskräfte« in fast unbegrenztem Ausmaß zu bekommen waren, zugunsten der Entscheidung für Auschwitz eine ausschlaggebende Rolle spielte, blieb selbst im Nürnberger Prozeß 1947/48 ungeklärt. In dem Urteil – im nächsten Kapitel wird darüber ausführlich berichtet – heißt es: »Die Beweisaufnahme hat unvereinbare Widersprüche in bezug auf die Frage ergeben, inwieweit das Bestehen des Konzentrationslagers bei der Entscheidung über die Baustelle von Bedeutung gewesen ist.«

Der Einsatz von Fremdarbeitern, anders als der von Konzentrationslager-Häftlingen, geschah in den meisten Werken der I.G., als wegen der vielen Einberufungen zum Wehrdienst nicht mehr genügend deutsche Arbeitskräfte zur Verfügung standen. Die Arbeitskräfte wurden den Werken von den Arbeitsämtern zugewiesen. Bei Hoechst handelte es sich um insgesamt 5077 Menschen, ein Viertel davon waren Frauen. Die ersten, sie kamen schon 1940, waren polnische Gefangene, gefolgt von Franzosen, Belgiern, Dänen, Holländern, Italienern, Kroaten und Russen. Sie lebten in Barackenlagern in der Nähe des Werkes. Ihre Behandlung war sehr unterschiedlich. Fast alles hing davon ab, ob sie zu den mit Deutschland verbündeten Staaten gehörten oder zu den »Feindstaaten«. Am schwersten war das Los der Angehörigen der »Ostvölker«, vor allem der Russen, denn strenge Verbote der Behörden untersagten jeden Kontakt mit ihnen. Sie lebten mehr oder minder wie Gefangene. Obwohl sie den gleichen Lohn und die gleichen Zulagen wie ihre Kameraden aus anderen Ländern erhielten, konnten sie sich kaum etwas dafür kaufen.

Die Werksleitung bemühte sich, auch den russischen und polnischen Arbeitern ausreichend Verpflegung und Kleidung zur Verfügung zu stellen. Auch nicht wenige der deutschen Arbeiter begegneten diesen armen Kollegen mit Sympathie und halfen ihnen, wo sie konnten. Das durfte freilich nur verstohlen geschehen.

In den Augen des Regimes handelte es sich bei den Ostarbeitern um »Untermenschen«, die nur dazu bestimmt waren, dem deutschen »Herrenvolk« ihre Arbeitskraft zur Verfügung zu stellen. Diese Haltung bleibt ein Schandfleck in der deutschen Geschichte.

Gipfel und Abstieg

Formal gesehen, befand sich die I.G. in den Jahren 1942/43 auf dem Gipfelpunkt ihrer Größe. Der Umsatz überschritt 1943 drei Milliarden Mark. Das war eine Steigerung gegenüber 1939 um rund 55 Prozent. Den Hauptanteil an dieser Umsatzzunahme stellten: Benzine und Öle mit 352 Millionen Mark, Buna und Kunststoffe mit 406 Millionen, Zellwolle und Kunstseiden mit 219 Millionen, Leichtmetalle mit 190 Millionen, Pharmazeutika und Schädlingsbekämpfungsmittel mit 294, Waschrohstoffe mit 42, synthetisch-organische Gerbstoffe mit 25 und Photoartikel mit 200 Millionen Mark.

Nicht nur Leuna, sondern zahlreiche andere Hydrier-Anlagen arbeiteten auf Hochtouren, um genügend Flugbenzin herzustellen. Das war vor allem nach dem Verlust der rumänischen Erdölquellen wichtiger denn je, denn die Luftherrschaft der Alliierten wurde von Tag zu Tag größer. Auch die Buna-Werke, Schkopau und Hüls, wurden in fieberhaftem Tempo vergrößert. Schkopau erweiterte seine Kapazität auf 40000 Jahrestonnen synthetischen Kautschuks, Hüls, das erst 1940 mit der Herstellung von Buna begonnen hatte, war 1943/44 bei 40000 Tonnen angelangt.

Der Stolz, den solch technische Glanzleistung auslöste, wich bald dem Gefühl von Wehmut und Trauer. Am 22. Juni 1943 öffneten 190 »Fliegende Festungen« zum erstenmal ihre Bombenschächte über Hüls. Zwar gelang es, die Schäden bald wieder zu beseitigen und die Produktion sogar noch zu steigern, doch weitere Angriffe zeigten, daß der Wettlauf zwischen Zerstörung und Wiederaufbau nicht zu gewinnen war.

Luftoffensive gegen Leuna

Das gleiche galt für die Hydrierwerke. Ein Angriff am 22. Mai 1944 auf Leuna leitete die amerikanische Luftoffensive ein. Auch hier wurden die Schäden zunächst in Windeseile beseitigt – doch beim nächsten Angriff sank alles erneut in Trümmer. Auch die anderen Hydrierwerke wurden nun unablässig bombardiert, wie etwa Plösti oder das erst im Bau befindliche Auschwitz. Da die Alliierten nun über genügend Luftstützpunkte in Italien verfügten, konnten sie ihre Operationen über Jugoslawien durchführen.

Die deutsche Abwehr führte einen verzweifelten Kampf gegen diese feindliche Luftarmada. Zwar hatte Rüstungsminister Albert Speer die Produktion von Jägern im Jahre 1944 noch zu einer Rekordhöhe treiben können, doch es fehlte an erfahrenen Piloten und bald auch an Flugbenzin. Viele der deutschen »Messerschmitts« und »Focke-Wulfs« wurden schon am Boden zerstört.

Am 26. Oktober 1944 hagelten so viele Bomben auf Leverkusen, daß das Werk fast völlig stillag. Werksleiter Ulrich Haberland, der gerade erst die Leitung der I.G.-Gruppe Niederrhein übernommen hatte, berichtete vor dem Technischen Ausschuß des Unternehmens, daß an einen Wiederaufbau nicht mehr zu denken sei. Das Bayer-Kreuz, das einst über Leverkusen geleuchtet hatte und am 30. August 1939 aus Verdunklungsgründen abgeschaltet werden mußte, würde – so schien es damals – nie mehr strahlen.

Kapitel 6

Die Erben der I.G.

Die Stunde Null schlug für Hoechst am 24. März 1945. In der Nacht vom 23. auf den 24. März war es soweit. Karl Winnacker befand sich turnusmäßig als Chef in der Befehlszentrale. Von Frankfurt kam die Order, die Betriebe des Werkes abzustellen. Schweren Herzens gab Winnacker die für diesen Fall vorgesehenen Anweisungen.

Es dauerte einige Stunden, bis das Herz der Fabrik zum Stillstand kam. Nur ein einziger Dampfkessel blieb in Betrieb. Er diente für die notwendige Versorgung mit Strom und Dampf. Am nächsten Morgen wurde bekannt, daß die ersten amerikanischen Panzertruppen von Süden und Norden durchgebrochen waren und sich schnell dem Frankfurter Gebiet näherten. Ein paar Tage später begann der Einmarsch der Sieger in Höchst. Die Geschichte der I.G. war zu Ende.

Die meisten Rotfabriker, soweit sie nicht Soldaten waren oder im letzten Augenblick noch zum Volkssturm einberufen worden waren, hatten sich die letzten Tage in die Keller ihrer Häuschen in den Siedlungen um das Werk zurückgezogen. Auch Haustiere, Lebensmittelvorräte und die Wertsachen waren dort deponiert oder versteckt worden. Man konnte ja nicht wissen, wie sich die Besatzungstruppen verhalten würden – wollte man der Goebbels-Propaganda Glauben schenken, würden sie hart mit den Deutschen umspringen.

Je nach der politischen Einstellung sah man dem Sieger mit Freude oder mit Furcht entgegen, manche wohl mit einer Mischung von beidem. Sie trennten sich noch schnell von ihren Parteiabzeichen, vernichteten die Hitlerbilder und verfeuerten den meist ohnehin nicht gelesenen »Mein Kampf«.

Ein heiles Werk

Im Gegensatz zu den Schwesterwerken waren die Firmengebäude von Hoechst vor den amerikanischen Bombern verschont geblieben, eine erstaunliche Tatsache, die sich niemand so recht erklären konnte. Möglicherweise wollten die Amerikaner das Werk bis zum Ende der letzten Kämpfe als Etappenzentrum benutzen. Noch geisterte ja nicht nur bei der deutschen Zivilbevölkerung, sondern auch bei den alliierten Nachrichtendiensten die Vorstellung durch die Köpfe, Hitler und die Seinen würden sich in eine unbezwingbare »Alpenfestung« zurückziehen.

Als das dumpfe Rollen der Panzer durch Höchst, Zeilsheim und Sossenheim verklungen war, wagten sich die mutigsten Bewohner wieder nach oben und schließlich sogar auf die Straßen. Außer ein paar amerikanischen Posten war jedoch nicht viel zu sehen. Die amerikanischen Truppen waren weiter nach Frankfurt gezogen, wo noch kleinere Scharmützel stattfanden.

Benommen von den Geschehnissen der letzten Wochen und voller Sorge, was das untergehende Reich noch alles mit ins Verderben reißen würde, galt der einzige Gedanke dem Kampf ums nackte Überleben. Daneben hieß die brennendste Frage: Was mochte aus den Angehörigen geworden sein? Waren sie im Osten oder Westen noch gefallen, in Gefangenschaft geraten oder vielleicht schon irgendwo auf dem Rückweg in die Heimat?

Was soll mit Deutschland geschehen?

Überraschenderweise hatten die Amerikaner zunächst nur einige Teile des Werkes beschlagnahmt: das Verwaltungsgebäude, das Casino und die Werksärztliche Abteilung. Ein großer Teil der Wohnungen in den umliegenden Orten mußte allerdings sofort geräumt werden. Für wie lange, wußte niemand. Überhaupt war unbekannt, was die Sieger mit den Deutschen vorhatten. Man hatte zwar von den alliierten Konferenzen in Teheran und in Jalta gehört, auch von dem Morgenthau-Plan, aus

Deutschland einen Agrar-Staat zu machen und die Nazis hart zu bestrafen. Doch wer wußte schon, was an der Goebbels-Propaganda Wahrheit und Fälschung war?

Bald verbreiteten sich in Höchst Gerüchte, das Werk werde demontiert werden, die Amerikaner hätten die Betriebe den Russen versprochen.

Stimmen einer einflußreichen Gruppierung wurden laut, die von einer kollektiven Schuld aller Deutschen, oder zumindest doch von deren Mehrheit, ausging. Ohne sie, so argumentierten sie, hätte Hitler niemals die Macht ergreifen können, vor allem nicht ohne die finanzielle Hilfe der Großindustrie – eine Ansicht, die damals unter der amerikanischen Besatzungsmacht viele Anhänger fand.

Im Sinne Morgenthaus

Für die sogenannten »Linkskeynesianer« in der US-Armee bestand eine enge Verbindung zwischen Hitler und der I. G., dem »Staat im Staate«, wie es oft hieß. Sie sahen im Monopolkapitalismus die Schuld an den Übeln dieser Welt. In ihren Augen gab es für Deutschland nur eine Therapie: die Zerschlagung, die Dekartellisierung der Großindustrie, ganz besonders der chemischen.

Der amerikanische Finanzminister Henry Morgenthau war der einflußreichste Vertreter dieser Richtung. 1944, bei einer Konferenz in Quebec, hatte er – wie es schien – Präsident Franklin D. Roosevelt für eine harte Politik gegenüber Deutschland gewonnen. Winston Churchill, der wußte, daß man Deutschland nicht für ewige Zeiten aus der Völkergemeinschaft ausschließen und niederhalten konnte, war bei dieser Gelegenheit dennoch stumm geblieben: Großbritannien benötigte dringend amerikanische Finanzhilfen, es galt, jeglichen Konflikt mit dem US-Finanzminister zu vermeiden.

Ein Schützling Morgenthaus innerhalb der Besatzungsarmee war Oberst Bernard Bernstein, Chef der US-Finanzabteilung.

Viele der Mitarbeiter Bernsteins stammten aus der Anti-Kartell-Abteilung des amerikanischen Justizministeriums. Sie stürzten sich geradezu auf die Akten im I.G.-Hochhaus in Frankfurt, um Belastungsmaterial für einen Prozeß gegen die früheren Chefs der I.G. zu sammeln und um Beweise für ein umfassendes Netz von Kartellen, mit dem die I.G. die ganze Welt umzogen hatte, zu erhalten.

Das Grundsatzdokument zur amerikanischen Besatzungspolitik (JCS 1067) trug im wesentlichen die Handschrift Morgenthaus und seines Adlatus Bernstein.

Gegen Bernstein und seine Helfer formierte sich allerdings schon im Frühsommer 1945 zunehmender Widerstand. Präsident Franklin D. Roosevelt war am 12. April gestorben. Sein Nachfolger Harry S. Truman, bisher Vizepräsident, war außenpolitisch bisher noch nicht hervorgetreten. Bei der Konferenz von Potsdam, wo es um das Nachkriegsschicksal Deutschlands ging, bewegte er sich zunächst weitgehend auf der Linie Roosevelts.

Doch bald kamen Truman, wie einem großen Teil seiner Landsleute, ernsthafte Zweifel: War Jossif Stalin, der gerade im Begriff war, Polen, Ungarn, Rumänien und einen erheblichen Teil Deutschlands einzukassieren, wirklich der gute alte »Onkel Joe«, wie ihn Roosevelt so gerne darstellte? War das sowjetische System wirklich nur eine besondere, vielleicht primitivere Spielart der Demokratie?

Der intellektuelle Roosevelt und vor allem sein Berater Henry Hopkins waren zu einer solchen Einschätzung geneigt. Hinzu kam, daß sie glaubten, die Sowjetunion im Krieg gegen Japan zu benötigen. Vor allem aber hatte Roosevelt Stalin für seinen Lieblingsplan gewinnen wollen: die Gründung der Vereinten Nationen. Ohne aktive Beteiligung der Sowjets wäre diese neue Weltorganisation ohne Zukunft gewesen, so wie einst der Völkerbund in Genf.

Churchill hatte andere Pläne

Churchill hatte in der Zeit der ärgsten Bedrängnis seines Landes durch die Deutschen natürlich versucht, mit Stalin einen Konsens zu finden, er hatte ihm sogar Avancen gemacht. Schließlich ging es damals um das Schicksal Großbritanniens. Doch insgesamt hatte er sich gegenüber Stalin sehr nüchtern verhalten. Hätte er allein zu entscheiden gehabt, dann wäre die Konferenz von Teheran und vor allem die von Jalta anders verlaufen. Churchill plädierte für einen Feldzug der Alliierten durch den Balkan gegen das NS-Reich. Dadurch wollte er verhindern, daß Südosteuropa in russische Hände fiel. Wenn es nach Churchill gegangen wäre, dann wären die Truppen der Westmächte vor Berlin und Prag nicht stehengeblieben. So konnte die Rote Armee diese beiden Städte erobern und als Sieger vor der Bevölkerung auftreten.

Aber auch die Wahlgewinner in Großbritannien, der neue Labour-Premier Clement R. Attlee und vor allem sein Außenminister Ernest Bevin, sahen Stalin nicht mit den Augen Roosevelts. Noch während der Potsdamer Konferenz, die Churchill als abgewählter Premier verlassen mußte, staunten Amerikaner wie Russen, wie wenig sich der massige und selbstbewußte Bevin scheute, Stalin unbequeme Fragen über die sowjetischen Pläne im Nachkriegseuropa zu stellen.

Auch die Haltung Trumans gegenüber den Sowjets wurde allmählich kritischer. Schon bei einer Konferenz am 22. April 1945 hatte Sonderbotschafter Averell Harriman berichtet, Europa drohe durch das brutale russische Vorgehen in eine neue Barbarei zu versinken – eine Haltung, die von vielen als Schwarzmalerei abgetan wurde. Jetzt, im Sommer 1945, schienen die Besorgnisse Harrimans begründeter denn je.

Im geteilten Deutschland gab es noch keine freie Presse. Der Nachrichtenhunger der Deutschen – soweit vorhanden – wurde notdürftig gestillt von Mitteilungsblättern, die von der amerikanischen Armee herausgegeben wurden. Von der Kluft, die sich zwischen den Kriegsalliierten aufgetan hatte, stand darin kein

Sterbenswörtchen. Noch wahrte man das Gesicht. Dafür wurden Bilder aus dem I.G.-Hochhaus gezeigt, dem neuen Hauptquartier Dwight D. Eisenhowers, die dokumentierten, daß sich amerikanische und russische Offiziere gegenseitig Orden verliehen.

Besatzungsalltag in Höchst

In der Stadt Höchst hatte sich noch vor dem Einmarsch der Amerikaner ein Bürgerausschuß aus Vertretern der Parteien vor 1933 gebildet: Mitglieder christlicher Parteien, der Sozialdemokraten und der Kommunisten gehörten ihm an. Sie versuchten sich als Mittler zwischen Besatzungsmacht und deutscher Bevölkerung und konnten tatsächlich manch unnötige Härte mildern. Von ihnen erhielten die Besatzungsoffiziere auch einen ersten »Aufklärungsunterricht« über die wirklichen Verhältnisse, so daß sie ein etwas differenzierteres Bild über die Deutschen gewannen.

In der Firma blieb die bisherige Werksleitung unter Professor Carl Ludwig Lautenschläger zunächst im Amt. Erst im Juli änderte sich aufgrund neuer Direktiven des amerikanischen Hauptquartiers der Kurs. Das Oberste Hauptquartier (SHAEF) ordnete an: am 5. Juli um 18 Uhr seien alle 55 im Bereich der dritten und siebten US-Armee gelegenen Fabriken der I. G. zu besetzen. Gleichzeitig wurde eine Allgemeine Anweisung zum Gesetz 52 erlassen, das die Stillegung und Kontrolle von Eigentum verfügte. Darin hieß es, im Interesse des Weltfriedens sei das Kriegspotential der I.G. Farben zu demontieren und für Reparationszwecke bereitzustellen.

Der Rest der zivilen Produktion solle in kleine Einheiten aufgeteilt werden. In einer zusätzlichen Anweisung, die ebenfalls am 5. Juli 1945 herausgegeben wurde, teilte der stellvertretende Militärgouverneur, General Lucius D. Clay, mit, er habe Oberst Edwin S. Pillsbury als amerikanischen Kontrolloffizier für die I.G.-Werke in der amerikanischen Zone eingesetzt. Pillsbury habe dafür zu sorgen, daß die Wiederherstellung des Rüstungspotentials der I.G. unterbleibe. Er habe Anlagen für die bevorstehenden Reparationen zur Verfügung zu stellen und alle Beteiligungen der I.G. an anderen Unternehmen zu liquidieren.

Bei Hoechst wurde die Werksleitung am 5. Juli 1945 in einen Sitzungssaal beordert. Vor dem Eingang standen Wachposten, den Saal schmückte das Sternenbanner. In der Mitte saß ein amerikanischer Oberst. Als sich die Mitglieder der Werksleitung versammelt hatten, erhob er sich und verlas ein Schriftstück: das Gesetz zur Sperre und Beaufsichtigung von Vermögen. In der Allgemeinen Vorschrift Nr. 2 zu diesem Gesetz Nr. 52 der Militärregierung hieß es: »Die gesamte Leitung der I.G. Farbenindustrie, auch einschließlich des Aufsichtsrates, Vorstandes, des Direktoriums und sonstiger beamteter oder nicht beamteter Personen, die allein oder in Gemeinschaft mit anderen ermächtigt sind, für die I.G. Farbenindustrie Verbindlichkeiten einzugehen oder für sie in deren Namen zu zeichnen, wird hiermit abgesetzt, aus ihren Stellungen entlassen und ihrer gesamten Befugnisse hinsichtlich der Gesellschaft oder deren Vermögen enthoben.«

Die Anordnungen traten sofort in Kraft. Die Militärregierung übernahm Leitung und Kontrolle der I.G. Farbenindustrie. Die bisherige Werksleitung wurde beauftragt, vorerst noch im Amt zu bleiben. »Wir wußten, daß es sich dabei lediglich um eine Gnadenfrist handeln würde«, sagte Karl Winnacker, damals Direktor der I.G.

Anschließend wurde die Übergabe des Werkes Hoechst noch einmal für die amerikanische Wochenschau in Szene gesetzt. Als das Direktorium den Saal verließ, marschierten abermals amerikanische Truppen ein und hißten ihre Flagge. Die filmische Reproduktion der Besetzung lief nach wohlvorbereiteter Regie ab.

Obwohl die Werksleitung für abgesetzt und entlassen erklärt worden war, schien sich zunächst wiederum nichts zu ändern. Am 15. Juli 1945 wurde Winnacker sogar mit einem amerikanischen Militärauto nach Ludwigshafen gebracht, um mit Carl

Wurster, dem Leiter der Betriebsgemeinschaft Oberrhein, über mögliche Ammoniaklieferungen von der BASF nach Höchst zu sprechen. Es war für ihn die erste hochwillkommene Gelegenheit, nach dem Zusammenbruch einen guten Bekannten der I.G.-Zeit wiederzusehen.

Offensichtlich hatten die Amerikaner von der genauen Zoneneinteilung nur eine sehr unklare Vorstellung. Beispielsweise war die Anweisung, die Winnacker mitführte, an eine amerikanische Behörde in Ludwigshafen gerichtet. Inzwischen aber war die BASF von einer französischen Einheit besetzt, da die Stadt zur französischen Besatzungszone gehörte.

Während Winnacker sich in Ludwigshafen aufhielt, entließen die Amerikaner in Höchst endgültig die gesamte Werksleitung. Winnacker erfuhr davon erst, als er am anderen Morgen mit dem Fahrrad in die Firma kam. Das war am 16. Juli 1945.

Am Werkseingang drängten sich die Menschen vor der Tafel, an der das Rundschreiben hing. Unter den mit sofortiger Wirkung Entlassenen standen auch die Namen von Carl Ludwig Lautenschläger und Friedrich Jähne.

Vernehmungen durch Spezialisten

Vorher war die Werksleitung noch zahlreichen »Interrogations« von verschiedener Seite her unterzogen worden. Den größten technischen Sachverstand bewies dabei das C.I.O.S. (Combined Intelligence Objectives Subcommittee). Dieses Komitee kam bereits Ende April 1945 nach Deutschland und besaß genaue Listen, welche technischen Verfahren der einzelnen I.G.-Werke eruiert werden sollten. So gründlich Deutschland zerschlagen war, die Alliierten besaßen noch immer einen gewaltigen Respekt vor dem Potential der I.G. Mit akribischer Genauigkeit wurden interessante technische Prozesse, etwa auf dem Gebiet der Buna-Erzeugung, von diesen Naturwissenschaftlern in Uniform festgehalten.

Später wurden die Erkenntnisse aus diesen Untersuchungen

in den sogenannten »B.I.O.S.« oder »F.i.a.t.s.«-Reports veröffentlicht, so daß sich jeder anhand dieses detaillierten Materials über die neuesten Verfahren der I.G. unterrichten konnte.

Die meisten Mitglieder des »C.I.O.S.« waren hervorragende Fachleute, und einige von ihnen sollten später in der chemischen Industrie der USA eine bedeutende Rolle spielen.

Nicht ganz so umgänglich und freundlich war ein Untersuchungsstab, der beauftragt war, Recherchen über den gegenwärtigen Stand der Giftgas-Herstellung in Deutschland anzustellen. Dabei konzentrierte sich das Interesse der amerikanischen Offiziere vor allem auf die Nervengase »Tabun« und »Sarin«. Diese Verbindungen waren einst zufällig bei der Entwicklung von Pflanzenschutzmitteln entdeckt worden. Sie wirkten in kleinster Menge tödlich. Die Vernehmungsbeamten wollten nicht glauben, daß sogar die Werksleitung von Hoechst darüber nichts Genaues wußte. Sie hatten keine Kenntnis von den rigorosen Geheimhaltungsmaßnahmen, die im Dritten Reich eingeführt worden waren, und sie wußten scheinbar nicht, wie schnell jemand im Räderwerk der Gestapo landen konnte, der sich als zu gesprächig erwies.

Durch die Aussagen von Otto Ambros im Nürnberger Prozeß erfuhr die deutsche Öffentlichkeit, warum Hitler auf diese grausamen Waffen verzichtet hatte, nachdem ihm ja jegliche andere barbarische Unmenschlichkeit nicht fremd war.

Ambros war Vorstandsmitglied der I.G., der größte Fachmann des Unternehmens auf dem Buna-Gebiet, aber auch der versierteste Giftgas-Experte. 1944 war er zu einer Besprechung bei Hitler hinzugezogen worden, als sich die Niederlage schon unerbittlich abzeichnete. Goebbels, Bormann und Ley bedrängten Hitler, doch endlich Giftgas einzusetzen, um die Front zu entlasten. Doch als Hitler durch die Ausführungen Ambros' erfuhr, daß die Amerikaner über ein größeres Potential an chemischen Vernichtungswaffen verfügten (was sich übrigens als falsch erwies), ließ er das Thema schnell wieder fallen.

Nach einem Bericht von Reichsminister Speer kam er später allerdings noch mehrmals darauf zurück. Es war sogar die Rede davon, die weitere Entwicklung von Sarin und Tabun in die Hände der SS zu legen, da die I.G. Farben offenbar in dieser Frage zu wenig effektiv war.

Speer räumte ein, es sei wohl ein Fehler gewesen, sich bei allen chemischen Fragen nur auf einen Konzern wie die I.G. Farben zu verlassen. Doch nun sei es für andere Lösungen zu spät. Speer behauptete nach dem Krieg, er habe erwogen, das Nervengas über den Lüftungsschacht in den »Führerbunker« einströmen zu lassen, um Hitler zu töten und den sinnlosen Krieg zu beenden. Technische Schwierigkeiten hätten dies verhindert.

Auch russische Offiziere erschienen bei Hoechst. Wofür sie sich im einzelnen interessierten, konnten ihre deutschen Gesprächspartner nicht herausfinden, doch vermutlich betraf es Details von Verfahren, die in Leuna und Bitterfeld angewandt wurden. Diese beiden Werke waren zuerst von den Amerikanern, später von den Russen besetzt worden.

Am 30. November 1945 wurde das Gesetz Nr. 9 des Viermächte-Kontrollrats erlassen.

Schon seine Präambel verriet, worauf es den Siegermächten ankam. »Um jede künftige Bedrohung seiner Nachbarn oder des Weltfriedens durch Deutschland unmöglich zu machen«, verordneten die Alliierten die Aufspaltung der I.G. Farbenindustrie, dieses in zwanzig Jahren gewachsenen Komplexes, in Dutzende von Miniatureinheiten sowie die entschädigungslose Enteignung der I.G.-Aktionäre. Gleichzeitig bildete dieses Gesetz die Grundlage für die Zusammenfassung aller Maßnahmen gegen die I.G. Farben in den vier Zonen:

1. Bereitstellen von industriellen Anlagen und Vermögensbestandteilen für Reparationen
2. Zerstörung derjenigen industriellen Anlagen, die ausschließlich für Zwecke der Kriegsführung benutzt worden waren
3. Aufspaltung der Eigentumsrechte an den verbleibenden industriellen Anlagen und Vermögensbestandteilen
4. Liquidierung aller Kartellbeziehungen
5. Kontrolle aller Forschungsarbeiten
6. Kontrolle der Produktionstätigkeit

In der Praxis verfolgte jedoch jede Besatzungsmacht in den von ihr beschlagnahmten Werken eine andere Politik: So kümmerten sich die Sowjets nur wenig um die von ihnen mitunterzeichneten Vereinbarungen. Sie betrieben die großen I.G.-Werke wie Leuna, Schkopau, Bitterfeld und Wolfen zunächst als russische Aktiengesellschaften. Später übergaben sie diese zum Teil gründlich demontierten Werke der DDR.

Die französische Besatzung unterstellte das Werk Ludwigshafen französischer Leitung. Zwei andere Werke, Rheinfelden und Rottweil, wurden an Gesellschaften verpachtet, die von französischen Aktienmehrheiten kontrolliert wurden.

In der britischen Zone ernannte der zuständige Kontrolloffizier für die Werke der I.G. und der Tochterunternehmen Treuhänder. Er gestattete jedoch, daß Leverkusen mit seinen benachbarten Werken Dormagen, Uerdingen und Elberfeld aufgrund ihrer gegenseitigen wirtschaftlichen Abhängigkeit unter einheitlicher Leitung blieben. Der Verbund der Werke wurde also nicht angetastet.

Und was vielleicht noch wichtiger war: Ulrich Haberland, der noch von dem alten I.G.-Vorstand für die Leitung der Werksgruppe Mittelrhein vorgesehen worden war, blieb in dieser Funktion von den Engländern unbehelligt. Allmählich entstand zwischen dem thüringischen Pfarrerssohn, der in Halle Chemie studiert und später das Werk Uerdingen geleitet hatte, und dem britischen Kontroll-Offizier E. L. Douglas Fowles sogar ein enges Vertrauensverhältnis.

Bei einem abendlichen Whisky konnte Haberland manches Zugeständnis erreichen. Sein Hauptziel in all den Gesprächen hieß: Aus den niederrheinischen Werken und der Agfa mußte eine Unternehmensgruppe hervorgehen, die nach der Entlassung aus der alliierten Kontrolle den Wettbewerb auf den internationalen Märkten nicht zu scheuen brauchte. Daß Haberland nach der Neubildung der Leverkusener Gruppe auch formell den Vorstandsvorsitz übernehmen würde, darüber gab es für niemand bei Bayer einen Zweifel.

Auch der mit 38 Jahren in den I.G.-Vorstand berufene Chef

der BASF, Carl Wurster, blieb zunächst unter französischer Besatzung in seinem Amt. Erst als die Amerikaner den Prozeß gegen die I.G. vorbereiteten und alle ehemaligen Vorstandsmitglieder unter Anklage stellten, wurde Wurster nach Nürnberg gebracht und im April 1947 in Haft genommen. Er wurde jedoch von allen fünf Anklagepunkten freigesprochen und übernahm danach erneut die Leitung der BASF.

Haberland, Wurster und der um drei Jahre jüngere Karl Winnacker von Hoechst kannten sich natürlich gut aus gemeinsamer I.G.-Zeit. Haberland war für die anorganische Produktion zuständig, die bei Hoechst in den Händen von Winnacker gelegen hatte. So ergaben sich viele Berührungspunkte, vor allem in den technischen Kommissionen der I.G. Zwischen Haberland und Winnacker herrschte ein sogar freundschaftliches Verhältnis, nachdem Winnacker 1943 Haberlands Nachfolger in der Leitung von Uerdingen geworden war.

Im Gegensatz zu Haberland und Wurster gab es zwischen Winnacker und der amerikanischen I.G.-Kontrolle keine Beziehungen. Winnacker, Jahrgang 1903 und damit der jüngste unter den drei I.G.-Chefs, war erst 1943 Direktor der I.G. geworden, aber nicht mehr Vorstandsmitglied, so daß ihm eine Anklage in Nürnberg erspart blieb. Aber die Amerikaner ließen keinen Zweifel daran, daß Winnacker nie mehr in eine führende Position bei einer Neuformation von Hoechst einrücken würde. Winnacker siedelte deshalb 1947 in die britische Zone um.

Schon 1946/47 begann die amerikanische Besatzungsbehörde in ihrem Bereich mit der Entflechtung.

Bei der I.G. Farbenindustrie ging sie dabei folgendermaßen vor: Die Amerikaner richteten in Frankfurt am Main eine Behörde ein unter dem Namen »I.G. Farben Control Office«, die sofort alle der I.G. angehörenden Werke in der US-Zone als selbständige Unternehmen proklamierte.

An der Spitze dieser sogenannten »Independent Units« stand zunächst jeweils ein von der Militärregierung eingesetzter Treuhänder. Erst später wurden bei der Berufung dieser Männer die deutschen Landesregierungen eingeschaltet.

Das Werk Hoechst, das offenbar übergroß erschien, planten die Amerikaner, in vier oder fünf unabhängig voneinander existierende Gesellschaften aufzuteilen; jeder sollte volle wirtschaftliche Selbständigkeit zuteil werden. Doch waren solche Pläne zu einem kurzfristigeren Dasein verurteilt, als es sich ihre Initiatoren vorstellten.

Die amerikanischen Chirurgen im Control Office verfuhren bei der Auftrennung des I.G.-Körpers überaus gründlich. Jedes in der US-Zone liegende Werk wurde nicht nur von seinen traditionellen Verbindungen mit den Nachbarwerken in den anderen Zonen abgeschnitten, vielmehr mußte jede der neuen »Wirtschaftseinheiten« seine eigene Verwaltungsorganisation in kurzer Zeit neu schaffen. So hatte nun jedes Werk eine selbständige Finanz-, Ein- und Verkaufsabteilung aufzubauen.

Selbstverständlich existierte auch keine gemeinsame Auslandsabteilung mehr. Der Verzicht darauf war zunächst nicht allzu schmerzlich, da die alliierten Bestimmungen für die deutsche Industrie vorerst ohnehin sämtliche Geschäftskorrespondenz mit dem Ausland verboten. Jeglicher Import und Export wurde über die Besatzungsdienststellen abgewickelt. Nur wenige glaubten damals, daß diese in einem künstlichen Spaltungsprozeß geschaffenen I.G.-Abkömmlinge lebensfähig bleiben würden. Die Hoffnung, vernünftige Lösungen zu finden, war zunächst gering. Nach einem solchen Krieg war es dafür noch zu früh.

Immerhin ließ sich bereits zu diesem Zeitpunkt eine bescheidene deutsch-amerikanische Kooperation nicht ganz vermeiden. Der ausgehungerten und nur notdürftig mit hygienischen Mitteln versorgten Bevölkerung des besiegten Landes drohten Epidemien, die auch die Besatzungssoldaten gefährdeten. Da man dringend Chlor zur Desinfektion benötigte, mußte in Höchst die Elektrolyse wieder in Gang gebracht werden. Für die Versorgung der süddeutschen Wasserwerke wurde eine bescheidene Chlorproduktion in Gersthofen gestattet.

In Griesheim, das ursprünglich vollständig demontiert werden sollte, konnte auf Anweisung der Alliierten die Benzidin-Fabrikation aufgenommen werden. Dieses Produkt, das man zur Herstellung von Farbstoffen benötigte, wurde dringend gebraucht zum Umfärben der ehemaligen deutschen Uniformen – feldgrau war nicht mehr gefragt.

Doch selbst diesen kümmerlichen Fabrikationen stellten sich große Hindernisse in den Weg – es fehlte an allem. Immerhin, in den um das Werk gelegenen Siedlungen fanden sich Menschen, die bereit waren, auch für die wertlose Reichsmark zu arbeiten, so daß wenigstens an Arbeitskräften kein Mangel herrschte.

Der Betriebsrat, der sich schon im Sommer 1945 gebildet hatte, bemühte sich unter seinem Vorsitzenden Hans Bassing, zusätzliche Lebensmittel zu beschaffen. Mit Süßstoff und anderen Produkten ausgerüstet, fuhr Bassing mit einem alten Holzkohlenvergaser aufs Land zu den Bauern, um sie für Tauschgeschäfte zu gewinnen. Hin und wieder fungierte der Betriebsrat auch als Gesprächspartner für alliierte Kontrolloffiziere. Da mehrere Mitglieder bekannte Gegner des Nationalsozialismus waren, hatte ihr Wort Gewicht.

Der Prozeß in Nürnberg

Im Sommer 1947 stellten die Amerikaner den gesamten I.G.-Vorstand unter Anklage. In weiteren Prozessen wurde gegen Alfried Krupp und Friedrich Flick verhandelt. Die Generalabrechnung mit den deutschen Wirtschaftsführern hatte begonnen.

Einige der I.G.-Vorstandsmitglieder befanden sich bereits seit dem Frühjahr 1945 in Haft. So Hermann Schmitz, Vorstandsvorsitzender seit 1938 und Finanzchef des Unternehmens, Georg von Schnitzler, Vorstandsmitglied und Leiter der Verkaufsgemeinschaft Farbstoffe, sowie Fritz ter Meer, Chef der Sparte II. In erster Linie betrafen diese frühen Verhaftungen die Mitglieder des Zentralausschusses, also die Führungsgruppe innerhalb des Vorstandes.

Drei bedeutende Chemiker: Paul Duden (oben links), Ernst Wiss (oben rechts) und Fritz Klatte (unten)

Deutsche

1902	Actien-Kapital M.	Obligationen M.	Reserve-Fonds M.	Hypotheken M.	Gesamt-betriebs-Kapital M.	Grundstücke
I. Theerfarbstoffe.						
a) Actiengesellschaften.						
(Geordnet nach der Grösse des Betriebskapitals.)						
Badische Anilin- u. Sodafabrik, Ludwigshafen a/Rh.	21,000,000	10,000,000	20,811,687	—	51,811,687	Geht aus
Farbwerke vorm. Meister Lucius und Brüning, Höchst a/M.	17,000,000	10,000,000	8,752,875	—	35,752,875	1,502,398
Farbenfabriken vorm. Friedr. Bayer & Co, Elberfeld	14,000,000	7,644,000	6,415,884	—	28,059,884	2,585,010
Actiengesellschaft für Anilinfabrikation, Berlin	9,000,000	4,721,600	3,711,905	500,000	17,933,505	2,507,140
Chemische Fabriken vorm. Weiler ter Meer, Uerdingen a/Rh.	4,000,000	2,981,000	500,000	—	7,481,000	2,002,555
Farbwerk Mühlheim vorm. A. Leonhardt & Co. Mühlheim a/M.	1,700,000	1,500,000 (Darlehen)	19,202	300,000	3,519,202	103,217
Total	66,700,000	36,846,600	40,211,353	800,000	144,558,153	
b) Privat-Firmen						
Leopold Cassella & Co. Frankfurt a/M						
K. Oehler, Offenbach a/M						
Kalle & Co. Biebrich a/Rh						
Dahl & Co. Barmen						
Beyer & Kegel, Fürstenberg						
Lembach & Schleicher, Biebrich a/Rh						
Chemikalienwerk G. m. b. H., Griesheim						
Dr. Remy & Co. Weissenthurm						

Aus Duisbergs Denkschrift

Fabriken.

Tabelle I.

Gebäude	Maschinen und Geräthe	Total Grundstücke Gebäude Maschinen u. Geräthe	Bestände an Waren und Materialien M.	Dividende					Durchschnitt der letzten	
				1898 %	1899 %	1900 %	1901 %	1902 %	3 Jahre %	5 Jahre %
der Bilanz nicht hervor		*) 25,485,191	23,030,000	24	24	24	24	26	24^{67}	24^{4}
5,349,262	8,809,291	15,660,951	15,360,000	26	26	20	20	20	20^{0}	22^{4}
3,389,811	2,752,305	8,727,126	12,419,070	18	18	18	20	22	20^{0}	19^{2}
1,500,180	2,058,921	6,066,241	6,740,543	15	15	15	15	16	15^{34}	15^{2}
955,337	1,365,619	4,323,511	2,060,155	14	14	9	9	10	9^{34}	11^{2}
767,673	588,511	1,759,401	1,746,576	3	5	0	0	4	1^{34}	2^{4}
		62,022,421	61,906,304	16^{67}	17	14^{33}	14^{67}	16^{33}	15^{11}	15^{7}

Das alte Pharmaforschungslabor, die »Löwenapotheke« (oben)
Tablettenabfüllung in den 30er Jahren (unten)

Andere waren zunächst verhaftet, dann wieder entlassen und schließlich erneut in Haft genommen worden, wie Otto Ambros, Vorstandsmitglied und Chefexperte für Buna.

Im Gerichtshof saßen im Gegensatz zum sogenannten Hauptkriegsverbrecher-Prozeß keine englischen, französischen und russischen Richter mehr. Der Vorsitzende des Gerichts war Curtis G. Shake, ein Anwalt aus Vincennes, Indiana. Zu den weiteren Richtern gehörten James Morris, Präsident des Obersten Gerichtes des Staates North Dakota, und Paul MacArius Hebert, Dekan der Rechtsfakultät der Staatlichen Universität von Louisiana.

Als oberster Ankläger fungierte Brigadegeneral Maxwell D. Taylor, vierzig Jahre alt und früherer Justitiar der Bundesverkehrskommission, der Federal Communications Commission. Taylor vertrat auch die Anklage im Krupp-Prozeß, der im November 1947 eröffnet wurde. Weiterer Chefankläger war Josiah DuBois, unterstützt von Morris Amchan, Jan Charmatz, Mary Kaufmann, Emanuel Minskoff, Randolph Newman, Virgil von Street und einigen Assistenten.

Die Anklage umfaßte fünf Punkte:

Punkt 1 beschuldigte die Angeklagten, durch »Planung, Vorbereitung, Einleitung und Durchführung von Angriffskriegen und Invasionen anderer Länder Verbrechen gegen den Frieden begangen zu haben«.

Im Anklagepunkt 2 wurde ihnen zur Last gelegt, »Kriegsverbrechen und Verbrechen gegen die Menschlichkeit dadurch begangen zu haben, daß sie an der Ausraubung von öffentlichem und privatem Eigentum in Ländern teilgenommen haben, die unter die kriegerische Besatzung Deutschlands gekommen waren«.

Anklagepunkt 3 warf ihnen vor, »Kriegsverbrechen und Verbrechen gegen die Menschlichkeit dadurch begangen zu haben, daß sie an der Versklavung der Zivilbevölkerung in Ländern und Gebieten teilgenommen haben, die von Deutschland entweder besetzt oder kontrolliert waren, und ebenso an der Einziehung dieser Zivilisten zur Zwangsarbeit, ferner dadurch, daß sie an der Versklavung von Konzentrationslagerinsassen innerhalb Deutschlands und an der Verwendung von Kriegsgefangenen bei Kriegshandlungen und zu rechtlich unzulässigen Arbeiten teilgenommen haben. Die Angeklagten werden auch der Mißhandlung, Einschüchterung, Folterung und Ermordung der versklavten Menschen beschuldigt.«

Punkt 4 richtete sich nicht gegen den gesamten Vorstand: Nur Christian Schneider, Heinrich Bütefisch und Erich von der Heyde wurden der Mitgliedschaft in der SS angeklagt, einer Organisation, die vom Internationalen Militärtribunal als verbrecherisch eingestuft wurde. Alle drei wurden hier jedoch freigesprochen, da sie nur »Ehrenchargen« innegehabt hatten.

Schließlich wurden alle Angeklagten in Punkt 5 beschuldigt, »sich an einer Verschwörung zur Begehung von Verbrechen gegen den Frieden beteiligt zu haben«.

Jeder der Angeklagten wurde durch einen Hauptverteidiger und einen Verteidigungsassistenten seiner Wahl vertreten. Alle von ihnen plädierten auf »nicht schuldig«. Die Hauptverhandlung begann am 27. August 1947, das Interesse der deutschen, aber auch der internationalen Öffentlichkeit an dem Prozeß blieb begrenzt.

»Ein Gericht der Sieger«?

In Deutschland sahen viele in diesem Verfahren ein Gericht der Sieger über die Besiegten. Anders als im ersten Nürnberger Tribunal, wo die Verbrechen des Regimes und seiner maßgebenden Männer offen zu Tage traten, fühlten sich hier viele Menschen angesichts des undurchdringlichen Dickichts naturwissenschaftlicher und wirtschaftlicher Problematik in ihrer Sachkenntnis einfach überfordert.

Für die Bevölkerung existierte angesichts des akuten Mangels an Lebensmitteln, Kleidung und Heizung ohnehin nur die brennende Frage: Was bringt der nächste Tag, wie kann man sein Leben weiterhin fristen? Noch schien die Währungsreform in weiter Ferne, noch herrschte der Schwarze Markt und die Zigarettenwährung.

Selbst in Amerika wurden die Prozesse gegen die I.G., gegen Krupp und Flick von manchem mit großen Vorbehalten betrachtet.

Der Prozeß dauerte 152 Tage. Nach amerikanischem Prozeßrecht wurde das Verfahren zu einem harten Ringen zwischen Verteidigung und Anklage. Von »Waffengleichheit« konnte dabei allerdings kaum die Rede sein. Die Ankläger hatten sich seit Jahren auf diesen Prozeß vorbereitet und in der ganzen Welt nach belastenden Dokumenten suchen können. In vielen »Interrogationen« standen ihnen die Inhaftierten zur Verfügung, wobei keiner damals wußte, daß jede Aussage gegen ihn verwendet werden konnte.

Hinzu kam der Zermürbungsprozeß, der an kaum einem der Angeklagten im Laufe der Zeit völlig vorüberging. Umgekehrt machte sich aber auch zumindest bei einem Teil der Anklagevertreter eine gewisse Demoralisierung bemerkbar. Sie fühlten, wie wenig populär dieser Prozeß in ihrer Heimat war, und mancherlei Anzeichen deuteten darauf hin, daß das Gericht keineswegs geneigt war, sich die Anklagepunkte zu eigen zu machen.

Freispruch in den meisten Punkten

Tatsächlich erlitt die Anklage, als Ende Juli 1948 der Spruch des Gerichts verkündet wurde, eine schwere Niederlage – in den Punkten 1, 4 und 5 wurden alle Beschuldigten freigesprochen.

Bei dem Freispruch in Anklagepunkt 1 – Mithilfe zur Aufrüstung und Unterstützung von Hitlers Angriffskriegen – berief sich das Gericht auf das Ergebnis, »daß keiner der Angeklagten sich an der Planung eines Angriffskrieges beteiligt oder wissentlich bei der Vorbereitung und Entfesselung oder Führung eines Angriffskrieges oder bei der Invasion in andere Länder mitgewirkt hat«.

Dabei hatte sich die Anklage gerade auf diesen Vorwurf besonders konzentriert. Vor allem Carl Krauch, Vorstandsmitglied der I.G. und in vielen wirtschaftlichen Ämtern des Reiches tätig, war hier schwer belastet worden.

Das Gericht befand, daß allein der Beitrag zur Wiederaufrüstung nicht strafbar sei. Ein Verbrechen hätte die Teilnahme an der Wiederaufrüstung nur dargestellt, »wenn sie diese Wiederaufrüstung durchgeführt oder an ihr mitgewirkt haben mit der Kenntnis, daß die Wiederaufrüstung ein Bestandteil eines Angriffsplanes oder die Führung von Angriffskriegen zum Ziele hatte«.

Die Angeklagten – so das Gericht – seien sämtlich keine militärischen Sachverständigen. Ihr Lebenswerk hätte sich ausschließlich auf industriellem Bereich abgespielt, in den meisten Fällen auf dem engeren Gebiet der chemischen Industrie mit den dazu gehörigen Verkaufszweigen. Die Beweisaufnahme hat nicht ergeben, daß die Angeklagten das Ausmaß der geplanten Wiederaufrüstung kannten oder wußten, wie weit sie zu einem bestimmten Zeitpunkt fortgeschritten war.

Auch der Vorwurf der Anklage, die I.G. habe Hitlers Machtergreifung durch eine Spende gefördert, wurde von dem Gericht nicht akzeptiert. Die I.G. hatte sich erst zu dem Zeitpunkt an einer Spendensammlung für die NSDAP beteiligt, als Hitler bereits Reichskanzler war. Auch an jenem berühmt-berüchtigten Vortrag Hitlers vor dem Industrieklub in Düsseldorf war keiner der führenden Männer der I.G. beteiligt.

Zum Anklagepunkt 5 erklärte das Gericht: »Da wir bereits zu dem Ergebnis gekommen sind, daß keiner der Angeklagten sich an der Planung eines Angriffskrieges oder mehrerer Angriffskriege beteiligt oder wissentlich bei der Vorbereitung und Entfesselung oder Führung eines Angriffskrieges oder bei der Invasion in andere Länder mitgewirkt hat, so ergibt sich, daß sie sich des ihnen zur Last gelegten Verbrechens der Teilnahme an einem gemeinsamen Plan oder einer Verschwörung, die dieselben Dinge zum Ziele hatten, nicht schuldig gemacht haben.«

Das Gericht entschied, daß keiner der Angeklagten der unter Anklagepunkt 1, 4 und 5 aufgeführten Verbrechen schuldig sei.

Von Angriffsplänen keine Kenntnis

Daß die I.G. tatsächlich von den Angriffsplänen Hitlers keine Kenntnis hatte, schien dem Gericht besonders aus dem Verhalten von Fritz ter Meer hervorzugehen. Ter Meer war Chef der Sparte II und der wohl einflußreichste »Techniker« des Unternehmens. »Er hatte«, so betonte das Gericht, »von allen Vorstandsmitgliedern wahrscheinlich den größten Einfluß auf die Entwicklung und Steigerung der Fertigung der I.G. während der 15 Jahre vor dem Zusammenbruch Deutschlands im Jahre 1945. Die Mitwirkung der I.G. am Vierjahresplan lag größtenteils auf technischem Gebiet und fiel daher in den Arbeitsbereich und die Einflußsphäre von ter Meer.«

»Im Hinblick auf die Betonung, die auf die Behauptung gelegt worden ist, daß die Mitarbeit am Wiederaufrüstungsprogramm ein Indiz für die Kenntnis von Hitlers Angriffsabsicht darstelle, erscheint es bemerkenswert, wie wenig Berührung ter Meer mit den nationalsozialistischen Führern gehabt hatte. Man sollte annehmen, daß ter Meer Zutritt zu dem Kreise der Machthaber hätte haben müssen, wenn es überhaupt einem Mitglied des Vorstandes der I.G. gestattet war, Hitlers Absichten kennenzulernen. Es ist nicht nur nicht bewiesen, daß ter Meer die Möglichkeit hatte, von Hitlers Angriffsabsichten Kenntnis zu erlangen; darüber hinaus ist das Verhalten der I.G. auf gewissen Gebieten, die zur Zuständigkeit von ter Meer gehörten, unvereinbar mit einer solchen Kenntnis.

Am 1. April 1938 hatten die I.G. und die Imperial Chemical Industries, das bedeutendste chemische Unternehmen in Großbritannien, eine Farbstoffabrik in Trafford Park in England gegründet. Die beiden Firmen hatten bis in die letzten Tage des August 1939 gemeinsam an der Errichtung dieser Fabrik gearbeitet. Vor Kriegsausbruch hatte die I.G. begonnen, in Frankreich eine eigene Fabrik in der Nähe von Rouen für die Herstellung von Textil-Hilfserzeugnissen zu errichten.

Im Juli 1939 beschloß die I.G., die Erzeugung von pharmazeutischen Präparaten in Frankreich zu beginnen, doch brach der

Krieg aus, bevor Schritte zur Ausführung dieser Entscheidung unternommen werden konnten. Weiterhin wurden in den Jahren 1938 und 1939 erhebliche Mengen Stickstoff an eine britische Firma in England geliefert.«

Keine Geheimnisse um Buna

Die Anklage sah auch in der Entwicklung von Buna für die Reifenhersteller einen Beitrag zur Wiederaufrüstung und ein Indiz dafür, daß die Angeklagten Hitlers Angriffsabsichten kannten. Dazu das Gericht: »Der Wert des Kunstgummis als potentielles Kriegsmaterial sollte nicht zu gering eingeschätzt werden. Sein Wert als Beweismittel für das Vorliegen einer strafrechtlich erheblichen Kenntnis aber wird ernsthaft in Frage gestellt, wenn man berücksichtigt, daß die I.G. es unterlassen hatte, ängstlich über die Geheimhaltung des Herstellungsverfahrens zu wachen.«

So waren Buna-Erzeugnisse auf der Pariser Weltausstellung im Jahre 1937 zu sehen gewesen und viele wissenschaftliche Vorträge auf internationalen Kongressen über die Buna-Herstellung gehalten worden.

Die I.G. hatte mit der Standard Oil Company of New Jersey vereinbart, Fahrzeugreifen aus Buna zu erproben. Die Versuche wurden bis zum Kriegsausbruch fortgesetzt. Ter Meer hatte im Zusammenhang mit dieser Testreihe eine Reise nach Amerika für den Herbst 1939 geplant, Chefjurist August von Knieriem und der Buna-Experte Otto Ambros sollten ihn begleiten. Der Kriegsausbruch hatte diese Reise dann verhindert.

»Seit dem Jahre 1938 hatte die I.G. 16 Lizenzverträge mit amerikanischen Firmen abgeschlossen. Einer dieser Verträge bezog sich auf ein kriegswichtiges Erzeugnis, den Phosphor. Am 1. August 1939 gewährte man Vertretern einer kanadischen chemischen Firma im Zusammenhang mit Verhandlungen über Lizenzen und Informationen über die Herstellung von Ethylen aus Acetylen Einsicht in das Werk Ludwigshafen der I.G. Im August

1939 erhielten zwei Chemiker der amerikanischen Firma Carbide and Carbon Chemical Company die Erlaubnis, das Werk Hoechst der I.G., die Metallgesellschaft und das Degussa Werk in Frankfurt am Main zu besuchen.« Dieses Verhalten ter Meers und seiner Mitarbeiter, so befand das Gericht, läßt sich nicht mit der Auffassung vereinbaren, daß ter Meer Kenntnis von einem bevorstehenden Angriffskrieg gehabt hätte.

In der Anklageschrift wurde die I.G. beschuldigt, an der Schwächung von Deutschlands möglichen Gegnern durch ihre Auslands-Wirtschaftspolitik mitgewirkt und Propaganda, Nachrichtendienst und Spionage zugunsten des Reiches betrieben zu haben. Besonderes Gewicht wurde auf die Tatsache gelegt, daß die I.G. weltweit viele Verträge mit größeren Industrie-Konzernen abgeschlossen hatte, welche die verschiedenen Abschnitte des Versuchsstadiums, die Herstellung und den Absatz auf Gebieten betrafen, auf denen die Auslandsfirmen als Konkurrenten der I.G. auftraten. Alle diese Verträge wurden unter der häufig mißbrauchten Sammelbezeichnung »Kartelle« zusammengeworfen. Viele dieser Verträge enthielten im wesentlichen Lizenzerteilungen, in denen die I.G. ausländischen Firmen gestattete, Waren zu erzeugen, die durch I.G.-Patente geschützt waren.

Dies sei – so das Gericht – offenbar unter großen kaufmännischen Konzernen auf der ganzen Welt üblich. Die Schuld, wenn man überhaupt von einer solchen sprechen könne, scheine mehr bei dem nationalen und internationalen Patentrecht zu liegen, als bei den Unternehmen, die sich den vom Gesetz gewährten Schutz zunutze machten.

Besonders wichtig war die Feststellung des Gerichts, daß sich weder im Völkerrecht noch in den innerstaatlichen Gesetzen der europäischen Großmächte ein Gegenstück zu dem Sherman Anti-Trust Act finde.

»Es ist nicht geltend gemacht worden, daß einer der von der I.G. abgeschlossenen Verträge an und für sich eine strafbare Handlung darstelle; trotzdem wurde die Auffassung vertreten, daß die I.G. mittels dieser Verträge die industrielle Entwicklung im Ausland erdrosselt habe. Auf Verträge zwischen der Standard Oil Company of New Jersey und der I.G. über die Vervollkommnung und Fertigung von Buna-Gummi in den Vereinigten Staaten wurde dabei als besonders bezeichnende Beispiele hingewiesen. Die beiden Gesellschaften waren übereingekommen, ihre Erfahrungen über die Versuchsergebnisse auf diesem Gebiet auszutauschen.«

Hielt die I. G. Informationen zurück?

Die I.G. sei ihren Konkurrenten im Versuchsstadium und auf dem Gebiet des Herstellungsverfahrens weit überlegen gewesen. Das Reich habe die I.G. bei der Entwicklung von Buna mit erheblichen Summen finanziert und beanstandete nun die von der I.G. abgeschlossenen Verträge. Daraufhin habe die I.G. durch ter Meer geantwortet, sie habe den Vertrag insoweit nicht erfüllt, als sie den amerikanischen Konzernen die Ergebnisse ihrer letzten und neuesten Versuche nicht zugänglich gemacht habe.

Ter Meer sagte in Nürnberg aus, daß diese Mitteilung an das Reich falsch gewesen sei. Sie hatte nur den Zweck, Einmischungen durch Regierungsbeamte zu vermeiden. In Wirklichkeit hätte die I.G. den Vertrag nach Treu und Glauben erfüllt.

Durch die eidesstattlichen Versicherungen von zwei Angestellten der Standard Oil wurde diese Aussage von ter Meer bestätigt. Sie betonten, daß die von der I.G. erteilte Information sehr wertvoll gewesen sei. »Die Akten enthielten nach den Nachforschungen des Gerichts keine Anhaltspunkte dafür, daß dem amerikanischen Partner Informationen vorenthalten wurden. Allerdings habe die Vervollkommnung der Herstellungsverfahren für synthetischen Kautschuk in den USA nicht mit der Entwicklung in Deutschland Schritt gehalten. Damals sei aber Naturgummi zu einem Preis erhältlich gewesen, der unter den Herstellungskosten für künstlichen Kautschuk gelegen habe.«

»Das Gericht konnte mangels weiteren, substantiierten Beweises nicht zu der Überzeugung gelangen, daß die Vorenthaltung von Informationen durch die I.G. die Ursache dafür war, daß die Vervollkommnung der Herstellungsverfahren für künstlichen Gummi in den Vereinigten Staaten keine Fortschritte machte.«

Anklagepunkt 2 betraf die »Plünderung« (»Spoliation«) in den ehemaligen Feindländern, in Polen, Norwegen, Frankreich und Rußland. In diesem Punkt wurden zehn Angeklagte freigesprochen.

Andere dagegen, darunter Fritz ter Meer, Friedrich Jähne und Heinrich Oster, wurden einzelner Delikte in verschiedenen Ländern für schuldig befunden. Ter Meer habe, so das Gericht, eine maßgebliche Rolle bei der Entfernung einer Anthrachinon-Anlage aus Polen gespielt. Nebem dem Angeklagten von Schnitzler, der ebenfalls in diesem Anklagepunkt verurteilt wurde, habe ter Meer auch unzulässigen Druck bei den Verhandlungen mit französischen Farbstoffherstellern ausgeübt, die sich mit der I.G. zur »Francolor« zusammenschließen mußten, wobei die I.G. eine 51prozentige Beteiligung und damit die führende Rolle übernahm.

Unter Anklagepunkt 3 hieß es in der Anklageschrift in Ziffer 131: »Giftgase..., die die I.G. herstellte und an Dienststellen der SS lieferte, wurden... zur Ausrottung von versklavten Personen in Konzentrationslagern in ganz Europa verwendet.«

Wie entstand Cyclon B?

Die Richter des Nürnberger Militärtribunals IV stellten dazu fest: Die Anklage habe bewiesen, daß Cyclon B-Gas in sehr erheblichen Mengen von der Deutschen Gesellschaft für Schädlingsbekämpfung (DEGESCH), an der die I.G. mit 42,5 Prozent beteiligt war, an Konzentrationslager für Ausrottungszwecke geliefert worden sei. Im Aufsichtsrat der DEGESCH, der elf Mitglieder hatte, seien auch die Vorstandsmitglieder Wilhelm Mann, Heinrich Hörlein und Carl Wurster vertreten gewesen.

Die Frage, so meinte das Gericht, ob ein Zusammenhang dieser Angeklagten mit den Lieferungen bestehe, bedürfe deshalb genauerer Untersuchung.

»Cyclon B war schon lange vor dem Krieg als Mittel zur Schädlingsbekämpfung verwendet worden. Es war von Dr. Walter Heerdt erfunden worden, der in Nürnberg als Zeuge vernommen wurde. Die Herstellungsrechte an Cyclon B gehörten der Deutschen Gold- und Silberscheideanstalt (DEGUSSA), aber die Herstellung selbst erfolgte für diese Firma durch zwei unabhängige Firmen. Die DEGUSSA war ein Konkurrent der I.G. und der Th. Goldschmidt AG auf dem Gebiete der Herstellung und des Vertriebs von Mitteln zur Schädlingsbekämpfung. Die DEGUSSA hatte lange Zeit hindurch Cyclon B durch die DEGESCH vertrieben, die vollständig von ihr kontrolliert wurde. Die DEGUSSA, Goldschmidt und die I.G. schlossen daher einen Vertrag mit der DEGESCH ab, in dem die DEGESCH zum Vertriebsorgan aller drei Gesellschaften für die Mittel zur Schädlingsbekämpfung und verwandter Erzeugnisse bestimmt wurde.«

Wer war über die Verwendung des Gases informiert?

Das Gericht befand, das Beweisergebnis rechtfertige nicht den Schluß, »daß der Aufsichtsrat oder die Angeklagten Mann, Hörlein oder Wurster als dessen Mitglieder bestimmenden Einfluß auf die Geschäftspolitik der DEGESCH oder strafrechtlich erhebliche Kenntnis von dem Verwendungszweck ihrer Erzeugnisse hatten. Aufsichtsratssitzungen fanden selten statt und die Berichte, die den Aufsichtsratsmitgliedern zugingen, enthielten nicht viel sachliche Information. Daher erscheint die Annahme gerechtfertigt, daß die Hauptaufgabe des Aufsichtsrats darin bestand, sich um die Kapitaleinlagen der Aktionäre zu kümmern, und daß die Festlegung von Richtlinien für die Geschäftsführung im wesentlichen Dr. Gerhard Peters überlassen blieb und nur der allgemeinen Überwachung der mit ihm in ständiger Verbindung stehenden Vorstandsmitglieder der DEGUSSA unterlag.«

Der Beweis dafür, daß große Mengen Cyclon B von der DEGESCH an die SS geliefert worden sind, und daß das Gas bei der Massenausrottung der Insassen von Konzentrationslagern, unter anderem in Auschwitz, Verwendung gefunden hat, war für das Gericht »durchaus überzeugend«. Doch – so hieß es im Urteil – »weder das Ausmaß der Erzeugung noch die Tatsache, daß große Mengen an Konzentrationslager versandt wurden, sind, für sich allein betrachtet, ausreichend für die Schlußfolgerung, daß die Personen, die von diesen Tatsachen Kenntnis hatten, auch um den verbrecherischen Zweck gewußt haben müssen, dem das Gas zugeführt wurde. Eine derartige Schlußfolgerung wird ausgeschlossen durch die allgemein bekannte Tatsache, daß überall da ein großer Bedarf für Schädlingsbekämpfungsmittel besteht, wo zahlreiche verschleppte und vertriebene Personen aus den verschiedensten Ländern und Gebieten auf engem Raum ohne ausreichende sanitäre Einrichtungen zusammengepfercht sind.«

Dieser Satz des Gerichts klingt fast zynisch angesichts des Schicksals, das Hunderttausenden von Menschen mit diesem »Schädlingsbekämpfungsmittel« bereitet wurde. Aber daß die tatsächliche Verwendung von Cyclon B der äußersten Geheimhaltung unterlag, hat Dr. Peters, Geschäftsführer der DEGESCH, vor dem Gericht bezeugt.

»Dadurch wird die Annahme ausgeschlossen«, so formulierte es das Gericht in der Urteilsbegründung, »daß einer der Angeklagten Kenntnis von der bestimmungswidrigen Verwendung des Cyclon B hatte.« Mann, Hörlein und Wurster wurden freigesprochen.

Arbeitseinsatz im NS-Reich

Bei der Beschäftigung von Fremdarbeitern beriefen sich die Angeklagten auf einen Notstand, in dem sie sich unter dem Regime und dessen totalitären Methoden befunden hätten. Das Gericht erkannte an: »Zahlreiche Verordnungen, Erlasse und Anweisungen der Arbeitsämter sind dem Militärgericht vorgelegt worden, aus denen sich ergibt, daß diese Dienststellen die diktatorische Kontrolle über den Einsatz, die Zuteilung und die Überwachung aller verfügbaren Arbeitskräfte im Reich übernommen hatten; strenge Vorschriften regelten fast jede Einzelheit der Beziehungen zwischen Arbeitgebern und Arbeitnehmern. Der Industrie war verboten, ohne Genehmigung des Arbeitsamtes Arbeitskräfte einzustellen oder zu entlassen. Schwere Strafen, darunter Überstellung in ein Konzentrationslager, waren für die Verletzung dieser Bestimmungen angedroht.«

Das Werk Auschwitz der I.G.

Genauerer Untersuchung bedurfte der Komplex Auschwitz. Das Gericht beschäftigte sich zunächst mit der Entstehungsgeschichte des dort errichteten Werkes. Danach hatte es schon 1938 erste Gespräche zwischen dem I.G.-Vorstandsmitglied Fritz ter Meer und dem Reichswirtschaftsministerium über die Errichtung eines Buna-Werkes gegeben.

Im Februar 1941 waren diese Pläne dann plötzlich aktuell geworden. Diese vierte Buna-Fabrik sollte entweder in Schlesien, im nördlichen Teil des Sudetenlandes oder in Norwegen gebaut werden und eine Kapazität von 30000 Tonnen besitzen.

Daß die endgültige Entscheidung schließlich auf ein Gelände in Schlesien fiel, hatte mehrere Ursachen: Dieses Gebiet erschien für feindliche Flugzeuge nur schwer erreichbar, Rohstoffe, Kohle und Wasser waren reichlich vorhanden.

Doch erhob sich die Frage: woher würden die Arbeitskräfte kommen, sowohl für den Aufbau des Werkes als auch später für den laufenden Betrieb? Die Anklage vertrat die Auffassung, die I.G. habe diesen Standort deshalb gewählt, weil durch das nahegelegene Konzentrationslager Auschwitz mit Hilfe der SS nahezu unbegrenzt Arbeiter zur Verfügung gestellt werden konnten.

Die Verteidiger widersprachen dem entschieden und verwiesen darauf, daß das Konzentrationslager zu einem Zeitpunkt entstanden sei, als die Entscheidung für die Errichtung der Anlage in diesem Gebiet bereits gefallen war.

Das Gericht stellte dazu fest: »Die Beweisaufnahme hat unvereinbare Widersprüche in bezug auf die Frage gegeben, inwieweit das Bestehen des Konzentrationslagers bei der Entscheidung über die Baustelle von Bedeutung gewesen ist. Wir sind nach einer gründlichen Würdigung des Beweismaterials zu der Überzeugung gekommen, daß das Bestehen des Lagers ein wichtiger, wenn auch vielleicht nicht entscheidender Faktor bei der Auswahl der Baustelle gewesen ist, und daß von Anfang an der Plan bestanden hat, die Deckung des Arbeiterbedarfs mit Konzentrationslagerhäftlingen zu ergänzen.«

Demgegenüber vertritt Wolfgang Heinzeler, einst Verteidiger in Nürnberg, noch heute die Meinung: Bei der Wahl des Standortes Auschwitz konnte keiner der beteiligten Akteure nur im entferntesten ahnen, welch entsetzliche Bedeutung der Name Auschwitz im Zusammenhang mit einem der größten Verbrechen der Menschheitsgeschichte einmal erlangen würde.

Eine Tatsache ist, daß etwa 1300 der Bauarbeiter aus dem sieben Kilometer entfernten Konzentrationslager kamen. Diese Häftlinge standen völlig unter dem Kommando der SS. Sie trafen unter SS-Bewachung täglich auf der Baustelle ein und wurden abends wieder dorthin zurückgebracht. »Fälle von menschenunwürdiger Behandlung kamen auch auf der Baustelle vor«, stellte das Nürnberger Gericht fest. »Hin und wieder wurden die Arbeiter vom Werkschutz und den Vorarbeitern geschlagen, die die Gefangenen während der Arbeitszeit zu beaufsichtigen hatten. Manchmal kam es vor, daß Arbeiter zusammenbrachen. Zweifellos war ihre Unterernährung und die durch lange und schwere Arbeitsstunden hervorgerufene Erschöpfung der Hauptgrund für diese Vorfälle. Gerüchte über die ›Aussonderung‹ aus der Zahl der Arbeitsunfähigen für den Gastod liefen um. Es steht außer Zweifel, daß die Furcht vor diesem Schicksal viele Arbeiter und insbesondere Juden dazu gebracht hat, die Arbeit bis zur völligen Erschöpfung fortzusetzen.«

Danach traf das Gericht eine für die I.G. Farben ganz entscheidende Feststellung: »Es ist klar erwiesen, daß die I.G. eine menschen*un*würdige Behandlung der Arbeiter nicht beabsichtigt oder vorsätzlich gefördert hat.« Tatsächlich, so weiter das Gericht, habe die I.G. sogar Schritte unternommen, um die Lage der Arbeiter zu erleichtern. Freiwillig hat die I.G. sogar den Arbeitern auf der Baustelle eine heiße Mittagssuppe verabreicht. Diese war ein Zusatz zu den üblichen Rationen. Auch die Bekleidung ist durch Sonderlieferungen der I.G. ergänzt worden.«

Auch wenn es im Zusammenhang mit »Auschwitz« fast makaber anmutet, von solchen Kleinigkeiten wie einer warmen Suppe zu sprechen, so sollte man diese entlastenden Einzelheiten nicht übersehen. Leider wird diese Passage in dem vielgelesenen Buch von Joseph Borkin »Die unheilige Allianz der I.G. Farben« völlig falsch wiedergegeben. Es heißt hier auf Seite 138: »Obwohl das Gericht sehr deutlich darauf bestand, daß die I.G. eine *menschenwürdige Behandlung* (Unterstreichung vom Verf.) nicht beabsichtigt oder vorsätzlich gefördert hat...«

Auch in nachfolgenden Auflagen wurde dieser entscheidende Fehler nicht korrigiert.

Im Gegensatz dazu wird in der amerikanischen Erstveröffentlichung von Borkin »The Crime and Punishment of I.G. Farben« (1978) die Feststellung des Gerichts richtig zitiert: »...that Farben did not deliberately pursue or encourage an *in*human policy with respect to the workers...«

Es ist hier nicht der Platz, die unheilvolle Geschichte von Auschwitz und der I.G. im einzelnen darzustellen. Sie muß, wie der Autor schon in dem Buch »Die Rotfabriker« betont hat, umfassend und mit unbestechlicher Sachlichkeit aufgearbeitet werden.

Freispruch oder Gefängnis

Während Carl Wurster und andere der freigesprochenen Angeklagten von ihren Frauen und Angehörigen am Ausgang des Gerichtsgebäudes in Empfang genommen wurden, wurden die Verurteilten – soweit ihre Strafzeit nicht bereits durch die Untersuchungshaft abgebüßt war – in das Landsberger Gefängnis gebracht.

Weder die Anklage noch die Verteidigung waren mit dem Urteil zufrieden. Für die Anklage bedeutete der Spruch des Gerichts ein Fiasko. In allen entscheidenden Anklagepunkten, wie Massenmord und Verschwörung gegen den Frieden, war das Gericht zu einer gegenteiligen Auffassung gelangt. Dies wird freilich in dem Borkin-Buch weitgehend ignoriert. Dort heißt es noch in der jüngsten Ausgabe in einer Bildlegende von den beiden früheren Vorstandsmitgliedern: verurteilt »wegen Versklavung und Massenmord«.

Daß das Gericht der Anklage im wesentlichen nicht folgen würde, war schon im Verlauf des Prozesses gelegentlich deutlich geworden. So hatten die Richter eine Reihe von eidesstattlichen Erklärungen als Beweismittel abgelehnt, weil Aussagen, wie sie zum Beispiel Herr von Schnitzler in reicher Zahl gemacht hatte, offensichtlich unter psychischem und physischem Druck zustande gekommen waren.

Chefankläger Joshia DuBois betrieb die heftigste Urteilsschelte. Die richterliche Entscheidung, so erklärte er, sei so milde, daß es einen Hühnerdieb hätte erfreuen können. DuBois verließ den Gerichtssaal mit den Worten: »Ich werde ein Buch darüber schreiben, und wenn es das letzte ist, was ich jemals mache.«

Das Buch erschien tatsächlich vier Jahre später. Es trug den Titel: »The Devil's Chemists«. Selbst Borkin nennt das Werk einen »emotionsgeladenen Bericht«. Neben unsachlichen Darstellungen enthält es aber auch zahlreiche, kaum verständliche Fehler.

Die Stimmung im Lager der Angeklagten und Verteidiger beschreibt Rechtsanwalt Wolfgang Heinzeler: »Die Spannung in den letzten Wochen vor der Urteilsverkündung war kaum erträglich. Erst am Vorabend der Urteilsverkündung sickerte einiges durch, wie das Urteil lautete, und in die unbeschreibliche Freude über den Freispruch von Dr. Wurster und neun weiteren Herren mischte sich die Enttäuschung über das Schicksal derjenigen, die nur zu neunzig Prozent freigesprochen wurden.«

Ein Gericht der Sieger über Besiegte werde immer einen Rest von Peinlichkeiten behalten, meinte Heinzeler. »Trotz all dieser Einwände möchte ich – auf die Gefahr hin, meinen Ruf als Jurist aufs Spiel zu setzen – mich zu der Ansicht bekennen, daß die Nürnberger Prozesse politisch auch im deutschen Interesse notwendig waren... Das Geschehen im Dritten Reich war in seiner Ungeheuerlichkeit einmalig in der Geschichte der Menschheit. Ohne einen Prozeß der Klärung und Reinigung gab es für die Deutschen keine Rückkehr in die Gemeinschaft der zivilisierten Völker. Unter den Verhältnissen der ersten Nachkriegsjahre wäre es auf lange Zeit ausgeschlossen gewesen, daß qualifizierte deutsche Gerichte den Reinigungsprozeß durchgeführt hätten. So war die für die zwölf Nachfolgeprozesse gefundene Lösung wahrscheinlich die einzig mögliche. In den Jahren bis 1949, da es keinen politischen Sprecher des deutschen Volkes gab, war Nürnberg das einzige, von der übrigen Welt registrierte Forum, von dem aus der weltweit verbreiteten Überzeugung von der Kollektivschuld des deutschen Volkes entgegengetreten werden konnte.«

Ein deutscher Ausschuß wird berufen

Allmählich änderte sich die Politik der westlichen Alliierten gegenüber dem besetzten Land. Um wenigstens eine gewisse Verbesserung der wirtschaftlichen Situation zu erreichen, wurden die amerikanische und britische Besatzungszone zur »Bizone« zusammengeschlossen. Danach ordneten Briten und Amerikaner gemeinsam die endgültige Entflechtung der I.G. an.

Zum erstenmal wollte man im Control Office auch die Meinung der Deutschen zu den Entflechtungsfragen hören und gegebenenfalls berücksichtigen. Im November 1948 wurde deshalb ein deutscher Ausschuß berufen.

Noch in den letzten Wochen des Jahres 1948 begann diese Gruppe, die aus fünf Personen bestand, mit ihrer Arbeit. Sie nannte sich FARDIP, abgeleitet von »I.G. Farben Dispersal Panel«, Vorsitzender war Geheimrat Hermann Bücher.

Das Wirken von FARDIP

FARDIP ließ durch Chemiker und Ingenieure technisch-wirtschaftliche Gutachten über die in der britischen und amerikanischen Zone gelegenen I.G.-Werke erstellen. Überdies wurden Treuhand- und Revisionsgesellschaften mit der Ausarbeitung detaillierter Prüfungsberichte beauftragt.

Solch aufwendige Recherchen nahmen viel Zeit in Anspruch, doch das war der FARDIP nicht ungelegen. Denn jeder Zeitgewinn mußte sich positiv auf die deutschen Interessen auswirken, zumal sich immer klarer erwies, daß die Alliierten lange Jahre keine genaue Vorstellung von dem Weg hatten, der bei der Entflechtung einzuschlagen war.

Dies war FARDIP's Chance: In der Folgezeit brachte sie den Amerikanern zahlreiche Anregungen und wertvolle Ideen, denen sich selbst die fanatischsten Anhänger der Dekartellisierung auf Dauer nicht ganz entziehen konnten.

Hoechst und die Maingruppe

FARDIP mußte seine Vorschläge bei der zuständigen alliierten Kontrollbehörde BIFCO (Bipartite I.G. Farben Control Office) einreichen, die später durch Hinzuziehung eines französischen Vertreters zur TRIFCO (Tripartite I.G. Farben Control Office) erweitert wurde. Diese alliierte Kontrollbehörde stützte sich zur

Überprüfung der Empfehlungen von FARDIP auf einen amerikanisch-britisch-französischen Experten-Ausschuß (Tripartite Investigation Team).

Im wesentlichen aufgrund einer Empfehlung von FARDIP im Juni 1950 kam dieser Experten-Ausschuß zu dem Ergebnis, daß drei große Firmeneinheiten gebildet werden sollten: die sogenannte Maingruppe mit dem Mittelpunkt Hoechst, Bayer und BASF. Am gemeinsamen Konferenztisch saßen die Alliierten, die Mitglieder des inzwischen gewählten I.G.-Liquidationsausschusses, Vertreter des Bundeswirtschaftsministeriums und deutsche Sachverständige.

Am schwierigsten gestaltete sich die Regelung in der amerikanischen Besatzungszone. Nach langwierigen Verhandlungen einigte man sich schließlich auf den Vorschlag des Experten-Ausschusses. Von den drei recht starken Großunternehmen Leverkusen, Ludwigshafen und Hoechst erwartete man, daß sie in Forschung, Produktion und Verkauf den Anschluß an den internationalen Standard wiedergewinnen würden.

Für Hoechst, das dank der großzügigen Finanzhilfe aus dem Marshall-Plan und aufgrund eines Vertrages mit der amerikanischen Firma Merck inzwischen die Penicillin-Herstellung aufgenommen hatte, war eine Art von Werksföderation vorgesehen. Sie umschloß – nach langen Kämpfen – im wesentlichen den angestammten Hoechster Firmenbereich einschließlich des in der britischen Zone gelegenen Knapsack.

Die einzige bedeutende Ausnahme bildete Cassella, das ehemalige Werk Mainkur der I.G. Trotz der Intervention von Land und Bund bei den Besatzungsmächten wurde Cassella eine selbständige Aktiengesellschaft, bis schließlich später ein Großteil der Cassella-Aktionäre seinen Besitz doch an jeweils eine der drei großen I.G.-Nachfolgegesellschaften abgab. Nach der sogenannten Flurbereinigung, von der noch berichtet werden wird, hält Hoechst über 75 Prozent des Grundkapitals der Cassella Farbwerke Mainkur AG.

Eine kalte Dusche

Der Beschluß, drei große, wirtschaftlich gesunde Nachfolgegesellschaften zu schaffen, war ein wesentlicher Fortschritt in dem so mühsamen deutsch-amerikanischen Tauziehen um das Schicksal des I.G.-Erbes. Doch war in einem wesentlichen Bereich noch keine Loslösung von der übergeordneten Kontrollinstanz in Sicht: Fünf Jahre nach Kriegsende und der Beschlagnahmung befanden sich noch immer sämtliche aktienrechtlichen Befugnisse der neuen I.G.-Einheiten in den Händen alliierter Offiziere.

Im August 1950 trat sogar das Gesetz Nr. 35 der Alliierten Hohen Kommission in Kraft, das diesen Zustand noch zu untermauern schien. Artikel 2 dieses Gesetzes stellte ausdrücklich fest: »Solange der Rat der Alliierten Hohen Kommission keine anderweitige Regelung getroffen hat, üben die für die I.G. Farbenindustrie AG bestellten britischen, französischen und amerikanischen Kontrollbeamten alle ihnen durch Besatzungsrecht verliehenen Beschlagnahme- und Kontroll-Rechte und -Befugnisse über die diesem Gesetz unterliegenden Vermögensgegenstände weiter aus. Die Rechte und Befugnisse des Vorstandes, der Geschäftsführer, des Aufsichtsrats und der Hauptversammlung und Gesellschafterversammlung der I.G. Farbenindustrie AG und der Tochtergesellschaften sowie alle von diesen erteilten Vollmachten werden hiermit aufgehoben.«

Zur gleichen Zeit, als dieses in der Bundesrepublik als »kalte Dusche« empfundene Gesetz veröffentlicht wurde, begannen die Alliierten damit, die Besetzungslisten für die Vorstände der neuen Unternehmen zusammenzustellen. Was sich dabei alles hinter den Kulissen abspielte, davon erfuhr die Welt außerhalb des I.G.-Hochhauses nicht viel. Sicher fehlte es auch bei dieser Gelegenheit nicht an Postenjägern, die sich bei Randolph Newman, dem Chef des I.G. Farben Control Office, als Kandidaten unverblümt anbiederten.

Bei Bayer und der BASF gestaltete sich die Besetzung des Vorstandes sehr einfach. Es war klar, daß Ulrich Haberland in

Leverkusen und Carl Wurster in Ludwigshafen den Vorstandsvorsitz übernehmen würden. Die Auswahl der übrigen Vorstandsmitglieder war ebenfalls kein Problem.

Winnacker ante portas

Bei Hoechst war die Lage komplizierter. Karl Winnacker, der als Vorstandsvorsitzender in Frage kam, hatte die vergangenen Jahre nicht bei Hoechst verbracht. Nach seiner Entlassung durch die Amerikaner hatte er zunächst als Gärtner in Hofheim gearbeitet. Nebenher war eine mehrbändige Chemische Technologie entstanden, die Winnacker später weiterführte und auf die er sehr stolz war.

Als der Nürnberger Prozeß stattfand, war Winnacker in die britische Zone übergesiedelt. Dort trat er als einfacher Abteilungsleiter in die Duisburger Kupferhütte ein – ein sehr bescheidener Wirkungskreis. Später holte ihn die Leitung von Knapsack als Direktor in dieses Unternehmen, ein Akt der Solidarität, den Winnacker niemals vergaß. Nicht zu Unrecht behaupten seine früheren Mitarbeiter von ihm, er habe das »Gedächtnis eines Elefanten«, im guten wie im schlechten.

Als Knapsack nun auch einen Vorstand erhalten sollte, war Winnacker für einen der Vorstandssessel vorgesehen. Er hatte sich in Knapsack gut eingelebt und für sich und seine Familie gerade ein Haus gebaut. Eine Berufung nach Hoechst, und dazu gar als Vorstandsvorsitzender, schien nicht aktuell, was Winnakker auf der einen Seite bedauern mochte, denn dort würden sich ihm früher oder später weit größere Aufgaben stellen als in Knapsack. Und Winnacker betrachtete sich mit Recht als einen der wenigen, vielleicht sogar als den einzigen, der dieser Position gewachsen war. Auf der anderen Seite hatte er die Erlebnisse nach seiner Entlassung von 1945 nicht vergessen. Viele Kollegen, die sich ganz auf die neuen Herren in Uniform im I.G.-Hochhaus eingestellt hatten, hatten ihm von einem Tag zum anderen die kalte Schulter gezeigt. Winnacker, noch eben als Kronprinz, als der neue Chef von morgen umschmeichelt, war plötzlich ein einsamer Mann geworden. Nur wenige besuchten ihn – den die Amerikaner aus seiner Werkswohnung verjagt hatten – in Hofheim, wo er bei seinem Schwiegervater mit seiner Familie Unterschlupf gefunden hatte. Von den Ereignissen in der Firma hörte er so wenig, als habe sie sich plötzlich jenseits des Atlantiks befunden.

Auch den Amerikanern dürfte Winnacker in jener Zeit etwas gegrollt haben.

Tatsächlich schien Randolph Newman, der Chef des I.G. Control Office in Frankfurt, Winnacker zunächst nicht für eine führende Position vorgesehen zu haben. Doch in Bonn wurde Winnackers Name immer häufiger in die Debatte geworfen. Auch die Chefs von Bayer und BASF sahen in ihm den Mann, der Hoechst in eine neue Zukunft führen würde. Besonders Ulrich Haberland, der Winnacker gut von Uerdingen her kannte, vertrat diese Ansicht sehr überzeugend.

Randolph Newman verhielt sich zunächst dennoch widerstrebend. Er wollte in erster Linie die Treuhänder der einzelnen Werke und deutsche Mitglieder des Control Office im neuen Hoechst-Vorstand sehen.

Schließlich aber konnte er die Meinung von Winnackers Befürwortern nicht völlig unberücksichtigt lassen, und so kam es im September 1951 zu einem Gespräch zwischen Newman und Winnacker. Winnacker erklärte Newman dabei, er werde in den Vorstand von Hoechst nur als Vorstandsvorsitzender eintreten. Die Atmosphäre war – nach den Worten Winnackers – kühl, beinahe eisig.

Newman reagierte auf Winnackers Forderung erstaunt und ablehnend. Winnacker wiederum betonte, aufgrund seiner Vorbildung und seiner Karriere in der I.G. ein Anrecht auf diese Position zu haben.

Rat bei ter Meer

Da jedenfalls bei diesem Gespräch keine Einigung zu erzielen war, bat Winnacker um eine Unterbrechung von einigen Stunden. Er fuhr sofort zu ter Meer, der in der Zwischenzeit aus der Haft in Landsberg entlassen worden war. Ter Meer riet ihm, seine Forderungen nicht zu hoch zu schrauben und unter allen Umständen in den Vorstand von Hoechst einzutreten. Wenn er erreiche, daß ihm die technische Leitung übertragen werde, dann führe dies ohnehin dazu, daß ihm bald die gesamte Leitung des Unternehmens zufalle.

Ter Meer dachte offensichtlich an seine eigenen Erfahrungen in der I.G. Zwar war er dort nicht Vorstandsvorsitzender, aber als Vorsitzender des Technischen Ausschusses traf er doch weitgehend die Entscheidungen, mochte Schmitz, den er als Finanzmann hoch schätzte, auch offiziell den Vorstandsvorsitz führen.

Zusammen mit den Kollegen von Knapsack skizzierte Winnacker dann auf einer Speisekarte die zukünftige Organisation und Geschäftsordnung des Vorstandes. Sie war noch stark vom Modell der I.G. bestimmt und beinhaltete eine Einteilung in fünf Sparten. Dieses Konzept sah für Winnacker die Position des Technischen Leiters der neuen Hoechst-Gruppe oder Maingau-Gruppe vor, wie sie damals meist genannt wurde. In seiner Funktion sollten Winnacker alle technischen Entscheidungen einschließlich Forschung und Produktion sowie die Beschlüsse über die Investitionen zustehen. Das bedeutete die Schlüsselfunktion im Unternehmen.

Treuhänder stimmen zu

Nach längerer Diskussion akzeptierte Newman den Winnacker-Plan. Es ist anzunehmen, daß er das nicht sehr gerne tat, denn er ahnte wohl, daß diese Fülle von Entscheidungsbefugnissen früher oder später Winnacker auch formell in die erste Position bringen würde. Vermutlich kämpfte er lediglich noch ein kleines Rückzugsgefecht, das etwas Zeitgewinn bringen sollte.

Auch die Treuhänder, Michael Erlenbach für Hoechst, Konrad Weil für Griesheim und Paul Heisel für Gersthofen, erklärten sich mit der Vorstandsregelung einverstanden. Jeder sollte ja Vorstandsmitglied werden – ein Plan, der jenen die Neuregelung schmackhafter machte, die trotz der amerikanischen Kontrolle in ihren Werken als »Fürsten« fungierten und nur ungern von ihren Thronsesseln schieden.

Dazu kamen zwei Männer, die bisher im amerikanischen Control Office gearbeitet hatten, also auf der »anderen Frontseite«: Oscar Gierke und Heinz Kaufmann.

Insgesamt sollte der neue Vorstand zwölf Mitglieder haben: Otto Fritz Schulz als Spartenleiter für Farbstoffe, Michael Erlenbach als Spartenleiter für Pharma und Anorganika, Kurt Möller, Spartenleiter Lösungsmittel und Kunststoffe, Konrad Weil, Spartenleiter Zwischenprodukte, und Walther Ludwigs für den Verkauf.

Oscar Gierke wurde mit dem Rechnungswesen, Heinz Kaufmann mit der Rechts- und Patentabteilung betraut.

Als Stellvertretende Vorstandsmitglieder wurden Adolf Sieglitz für die Forschung, Ernst Engelbertz für die Werksleitung bei Hoechst und Johannes Moser als Koreferent für das Rechnungswesen vorgesehen. Josef Wengler, Studienkollege Winnackers und einst Angehöriger der I.G., war die Leitung der Ingenieurtechnik in Aussicht gestellt worden. Technische Werksleitung: Karl Winnacker.

Zwang zur Sachlichkeit

Die meisten der künftigen Vorstandsmitglieder waren sich untereinander fremd, keiner kannte die Fähigkeiten und Grenzen des anderen. Vor allem Winnacker und die früheren Mitglieder des Control Office, Gierke und Kaufmann, waren sich gegenseitig wohl etwas unheimlich. Das sollte auch für einige Zeit so bleiben. Doch sahen beide Parteien im Vorstand ein, daß sie sich zu äußerster Sachlichkeit zwingen mußten. Andernfalls würde man in einer Flut von Mißverständnissen und Unverträglichkeiten ersticken.

Eine gegenseitige Annäherung wurde dadurch gefördert, daß die künftigen Vorstandsmitglieder öfters in der Wohnung von Michael Erlenbach in der Frankfurter Georg-Voigt-Straße 12 zusammenkamen. Diese Treffen hatten beinahe einen Hauch von Konspiration, denn die Alliierten wurden darüber nicht informiert. Die Themen dieser Gespräche: Die Aufteilung der bevorstehenden Arbeit, die Beratung über die künftige Geschäftsordnung, die Vorstellungen über die Firmenpolitik.

Die »Einhunderttausend-Mark-AG«

Ende 1951 war es dann soweit: Am 7. Dezember 1951 erschienen vor einem Frankfurter Notar fünf Herren, um die Gründung der Farbwerke Hoechst Aktiengesellschaft, vormals Meister Lucius & Brüning, Sitz Frankfurt am Main, kundzutun. Es handelte sich um Dr. Ernst Boesebeck, Dr. Werner Koettgen, Dr. Albert Meier, Dr. Hugo Zinßer und Heinrich V. Prinz Reuss.

Anschließend bestellten die Gründer den Aufsichtsrat. Zwei davon, Hugo Zinßer und Carl Müller, wechselten dabei einfach aus dem Kreis der Gründer in den Aufsichtsrat über, der insgesamt aus zehn Personen bestand: Hugo Zinßer, Vorsitzender, Leisler Kiep, stellvertretender Vorsitzender. Die anderen Mitglieder: Max H. Schmid, Hans Sachs, Carl Friedrich Müller, Wilhelm A. Menne, Boris Rajewski, Karl Schirner, Clemens Schöpf, Pierre Vieli. Diese Zusammensetzung des Aufsichtsrats fand die Zustimmung der Alliierten, ebenso natürlich die des Vorstands, der anschließend vom neuen Aufsichtsrat gewählt wurde.

»Dinner beim Konzernknacker«

Um diesem ereignisreichen Tag einen angemessenen Ausklang zu geben, lud am Abend Randolph Newman in seine Frankfurter Wohnung ein. »Ein gutes Essen und vorzüglicher Whisky lösten die Zungen und trugen dazu bei, daß der Abend friedlich verlief, obwohl unter den Teilnehmern aus der Vergangenheit noch viele Spannungen bestanden«, erinnert sich Winnacker. »Schließlich wurde die Atmosphäre immer aufgelockerter, was der zukünftigen Zusammenarbeit sicherlich guttat. Der englische Kontrolloffizier E. L. Douglas Fowles erheiterte die Runde durch Zitate von Wilhelm Busch. Die Presse, die über all die Vorgänge wohlinformiert war, nannte diesen abendlichen Empfang später ›Dinner beim Konzernknacker‹.«

In den ersten Januartagen 1952 erschienen die neuen Vorstandsmitglieder zur Arbeit. Jeder von ihnen hatte ein gleich eingerichtetes Büro: den gleichen Schreibtisch, die gleichen Aktenschränke, den gleichen Teppich, die gleichen Vorhänge. Auch bei den Gehältern wurden keine Unterschiede gemacht: Jedes ordentliche Vorstandsmitglied bezog 6000 Mark im Monat.

»Entscheidung im Morgengrauen«

Da der Vorstand keinen Vorstandsvorsitzenden besaß, leitete – streng nach dem Alphabet – jeweils abwechselnd ein Vorstandsmitglied die Sitzungen. Sie begannen pünktlich um acht Uhr morgens, was kein Problem für die alten I.G.ler war. In ihrer Zeit als junge Betriebsführer waren sie zwangsläufig zu Frühaufstehern geworden. Für andere, wie etwa den Juristen Heinz Kaufmann, der gerne nachts arbeitete, war dieser Termin jedesmal eine »Entscheidung im Morgengrauen«, wie er es nannte.

Wie der Vorstand in der ersten Zeit arbeitete, hat Karl Winnacker in seinen Lebenserinnerungen ausführlich berichtet. Was er nicht schrieb, war, daß er in diesem Gremium von Anfang an die dominierende Figur war und vor allem über die Entscheidungskraft verfügte, die auch in Vorständen nicht jedem gleichermaßen gegeben ist. So kam es dann, daß Winnacker, wie es ter Meer dank gründlicher Kenntnis sowohl Winnackers als auch der Mechanismen in Führungszentralen vorhergesehen hatte, längst vor der von den Amerikanern festgesetzten Frist von neun Monaten die Führung von Hoechst übernahm. Das geschah folgendermaßen: Zwei Vorstandsmitglieder wandten sich an den Aufsichtsratsvorsitzenden Hugo Zinßer mit dem Vorschlag, Winnacker zum Vorstandsvorsitzenden zu ernennen. Da dies gemäß den amerikanischen Auflagen nicht möglich war, griff der erfahrene Bankier zu einem Kunstgriff. Er erwirkte im Aufsichtsrat den Beschluß, Winnacker sei für dieses Amt »in Aussicht genommen«. Das hatte zwar keine juristische Verbindlichkeit, stellte jedoch die Verhältnisse für die Zukunft klar.

Noch sprachen bei allen Entscheidungen der neuen Männer in Höchst die Alliierten jedoch ein gewichtiges Wort mit, was besonders deutlich wird an der Tatsache, daß Ausgaben über 5000 Mark von ihnen genehmigt werden mußten. Die wichtigste Aufgabe des Jahres 1952 bestand für den neuen Vorstand darin, nun bei der endgültigen Aufteilung des I.G.-Vermögens all das für Hoechst herauszuholen, was für die Zukunftssicherung unverzichtbar erschien. Bis jetzt bestanden die Farbwerke Hoechst, vormals Meister Lucius & Brüning, aus dem Hauptwerk und den Werken Griesheim und Offenbach. Fest stand auch, daß dazu noch Knapsack kommen würde, und zwar mit seinen wichtigen Beteiligungen Griesheim-Autogen und der Ingenieurfirma Uhde.

Blick auf weitere Firmen

»Dieses Hoechst zugedachte Sachvermögen war jedoch entschieden zu klein und konnte niemals ausreichen, um sich gegen die viel größeren Wettbewerber zu behaupten«, schreibt Karl Winnacker in »Nie den Mut verlieren«. Und weiter: »Für mich stand damals fest: Es mußten unter allen Umständen noch weitere Unternehmen aus dem früheren Besitz der Farbwerke hinzukommen.«

Darüber mußte mit der amerikanischen Kontrollbehörde, mit den Treuhändern und mit den Chefs von Leverkusen und Ludwigshafen verhandelt werden.

Am schnellsten konnte die Rückkehr des früheren Werkes Gersthofen durchgesetzt werden. Gersthofen war von Hoechst um die Jahrhundertwende errichtet worden, weil damals die Wasserkraft des Lechs preiswerte Voraussetzungen für die Erzeugung von synthetischem Indigo bot.

Nach 1945 war aus dem Werk Gersthofen die selbständige Lechchemie geworden, die deren Treuhänder, Paul Heisel, durchaus selbstbewußt und streitbar vertrat. Sogar ein eigenes Auslandsgeschäft hatte man etabliert, bei dessen Aufbau sich ein junger Angestellter namens Willi Hoerkens die ersten Sporen verdiente.

Ob Heisel die Herren Winnacker und Michael Erlenbach ganz aus frohem Herzen begrüßte, als diese Anfang 1952 in Gersthofen aufkreuzten, darf zumindest als fraglich bezeichnet werden. Doch Heisel konnte sich der Einsicht nicht verschließen, daß sein Werk, in dem chemische Zwischenprodukte und Wachse hergestellt wurden, künftigen Wettbewerbsstürmen wohl kaum standhalten würde. Die Tatsache, daß Heisel künftig als Werksleiter von Gersthofen dem Hoechster Vorstand angehören würde, hat ihm sicher die Entscheidung leichter gemacht. Auch die amerikanische Kontrollbehörde sträubte sich nicht gegen die Aufnahme Gersthofens.

Behringwerke als Staatsinstitut

Als schwieriger erwies es sich, die Behringwerke in Marburg wieder mit Hoechst zusammenzubringen. Zwar hatte Emil von Behring einst sein Diphtherie-Serum mit Hilfe von Hoechst herausgebracht, 1904 hatte er sich jedoch selbständig gemacht und in Marburg, wo er sein Institut hatte und Professor an der Universität war, sein eigenes Unternehmen aufgebaut. Es gelang Behring, neben dem Serum einen Impfstoff gegen Diphtherie zu entwickeln. Andere Impfstoffe und Sera, die das Unternehmen weltberühmt machten, folgten.

Einige Jahre nach dem Tode Behrings – er starb 1917 – ging das Unternehmen in den Besitz der I.G. Farben über. Da der Verkauf Pharma in Leverkusen saß, entstanden im Laufe der Zeit zu Bayer intensivere Kontakte als zu Hoechst.

Jetzt, im Jahre 1952, hatten die Behringwerke nicht nur auf dem Human-Gebiet, sondern auch mit Seren und Impfstoffen für die Veterinärmedizin große Erfolge. Auch das Programm der Diagnostika und Reagenzien entwickelte sich erfolgreich.

Ob die Behringwerke auf Dauer für sich allein hätten bestehen können, wird heute selbst von manchen bezweifelt, die sich damals eine Eigenständigkeit recht gut vorstellen konnten. Aber auch eine Umwandlung des Unternehmens in ein Staatsinstitut, etwa nach dem Vorbild des französischen Pasteur-Instituts, erschien damals vielen Marburgern als reizvolle Perspektive.

So hatte es Winnacker, der sich die Behringwerke zur Bereicherung der Pharmasparte wünschte, nicht leicht, Professor Albert Demnitz, den damaligen Leiter der Behringwerke, für den Anschluß an Hoechst zu gewinnen.

Demnitz war Tierarzt und hatte ein erfolgreiches Serum gegen die Maul- und Klauenseuche entwickelt, die damals immer wieder in den Ställen grassierte. Demnitz ließ Winnacker ganz ungeniert erkennen, daß ihn die Strahlkraft des Bayer-Kreuzes wesentlich mehr faszinierte als die Pharmaabteilung bei Hoechst, die in der I.G. eine nicht allzu glänzende Rolle gespielt hatte und die jetzt erst zu einem neuen Aufstieg ansetzte.

Die Sonne von Leverkusen

Demnitz traf dabei, sicher völlig unbeabsichtigt, bei Winnacker eine wunde Stelle. Schon in der I.G.-Zeit hatte Winnacker immer wieder erfahren müssen, »daß die Sonne über Leverkusen schöner scheine als über Hoechst«, wie er sich gerne ausdrückte. Auch jetzt, nach der Neubildung, gab es viele Stimmen, die Bayer eine bessere Entwicklungsprognose gaben. Bayer hatte sich in der I.G.-Zeit einfach ein besseres Profil als Hoechst bewahren können.

Wie weit diese Tatsache bei Hoechst, vor allem im Pharmabereich, als besonderer Ansporn, als zwingende Herausforderung gewirkt hat, läßt sich natürlich im einzelnen nicht nachweisen. Unterschwellig mag dies jedoch eine große Antriebskraft gewesen sein.

Schließlich gelang es Winnacker, Demnitz für das Ja-Wort zu gewinnen. Auch Ulrich Haberland von Bayer, der die Behringwerke gerne in seinem neuen Reich gesehen hätte, akzeptierte diese Entscheidung, denn Bayer und Hoechst gründeten nun eine gemeinsame Gesellschaft für den Vertrieb der Behring-Produkte – eine Lösung, die sich freilich auf Dauer nicht bewährte.

Am 14. August 1952 wurden die Behringwerke schließlich aus der alliierten Kontrolle entlassen. Eine außerordentliche Hauptversammlung beschloß am 3. September, das Grundkapital des Unternehmens von 4,8 auf 5 Millionen Mark zu erhöhen. Die Behringwerke wurden eine 100prozentige Tochtergesellschaft der Farbwerke Hoechst AG. Den Vorsitz im Aufsichtsrat von Behring übernahm Michael Erlenbach.

Der Standort für Fasern

Die nächste Tochter wurde die »Bobingen AG für Textilfaser«. Auch sie fiel Hoechst nicht einfach in den Schoß. Winnacker hatte um Bobingen kämpfen müssen, wenn auch nicht so hart wie im Falle Behring. Schließlich hatte das Faserunternehmen nie zu Hoechst gehört, und zudem gab es Pläne, alle ehemaligen Faserbetriebe der I.G. zu einer gemeinsamen Gesellschaft zusammenzuschließen, Bestrebungen, die so unvernünftig nicht schienen. Dazu hätten allerdings auch Dormagen, die angestammte Bayer-Firma, die Faserfirma Rottweil und der Faserbereich von Cassella zusammengeführt werden müssen.

Im Bonner Wirtschaftsministerium wurde über diese Pläne heftig diskutiert. Der Ministerialbeamte, der diese Sitzung zu einem guten Ende brachte, hieß Felix Prentzel und bewies ein ungewöhnlich großes Verhandlungstalent. Prentzel wurde später übrigens Chef der Degussa und Aufsichtsratsmitglied bei Hoechst.

Winnacker meinte später, die Verwirklichung der Pläne, aus den ehemaligen I.G.-Faserwerken ein eigenes Unternehmen zu schaffen, hätte das »Todesurteil« für eine deutsche Faserindustrie bedeutet. Ohne sich auch auf andere Produktionszweige zu stützen, hätte ein so einseitig ausgerichtetes Unternehmen nicht den Unbilden heftig wechselnder Konjunkturverhältnisse standhalten können. Er hat damit ohne Zweifel recht behalten, wie die Situation in den 70er Jahren zeigte, damals, als selbst für Hoechst die Faserverluste nicht mehr tragbar schienen.

Schon das erste Geschäftsjahr der nun zu Hoechst gehörenden Gesellschaft zeigte im übrigen, wie stark die Faserhersteller von dem internationalen Textilmarkt abhängig sind. Für einen Teil der knapp 1900 Belegschaftsmitglieder mußte Kurzarbeit eingeführt werden, da die Produktion von Kunstseide (Viskose-Reyon) und von Perlonerzeugnissen gedrosselt werden mußte.

Hoechst ließ sich dadurch allerdings nicht von seinen Plänen abschrecken. Die Perlon-Produktion wurde erweitert und Bobingen als strategische Basis für den Aufbau einer neuen großen Faserproduktion ausgebaut. Die beiden ersten Vorstandsmitglieder waren Dieter Frowein und Paul Schlack, der Erfinder des Perlons.

Eine bittere Enttäuschung erlebte Hoechst im Falle von Cassella. Diese Frankfurter Firma war unter der Leitung von Arthur und Carl von Weinberg schon seit 1904 mit Hoechst liiert. Zusammen hatte man damals den »Zweibund« geformt, das erste große Kräftebündnis in der Chemie, das 1906 durch Kalle in Wiesbaden zum sogenannten »Dreibund« erweitert worden war.

Jeder glaubte, die Rückkehr von Cassella in den Hoechster

Verband würde eine Selbstverständlichkeit sein. Doch in diesem Punkt blieb die amerikanische I.G.-Kontrolle unerbittlich. Cassella wurde als selbständiges Unternehmen aus der Hinterlassenschaft der I.G. ausgegründet.

Geheimnisvolle Aktienkäufe

Hoechst, aber auch Bayer und BASF wollten diesen Tatbestand nicht als endgültig hinnehmen. So kam es an der Börse bald zu geheimnisvollen und zunächst unbemerkten Aufkäufen. Nach einigen Jahren wurde offenbar, daß es sich bei diesen stürmischen Liebhabern von Cassella-Aktien um Hoechst, Bayer und BASF handelte. Wer damit begonnen hatte, ist bis heute nicht völlig geklärt. Doch keiner der drei großen I.G.-Nachfolger wollte, bei aller gemeinsamen Vergangenheit, diese so ansehnliche Braut den anderen heimführen lassen.

Schließlich einigten sich die drei Firmen darauf, daß jede von ihnen 25 Prozent der Aktien von Cassella besitzen sollte, wobei Bayer ein Vorzug eingeräumt wurde: Die Polyacrylnitril-Faser, erfunden von Herbert Rein, der seit Kriegsende bei Cassella arbeitete, wurde an Bayer verkauft. Zusammen mit dem bereits bei Bayer entwickelten Verfahren entstand dann das weltbekannte »Dralon«. Den finanziellen Aufwand, die Polyacrylnitril-Faser weiterzuentwickeln und weltweit durchzusetzen, hätte Cassella nicht erbringen können.

Dramatisch bis zum Schluß

Die Schlußphase der I.G.-Entflechtung verlief nach den Worten Winnackers mit einiger Dramatik. Für Hoechst waren noch zwei große Fragen unbeantwortet. Was würde mit Kalle in Wiesbaden und mit der Beteiligung an Wacker in München geschehen?

Kalle hatte nach Kriegsende viele Brücken zu Hoechst abgebrochen. Der erste Betriebsrat hatte 1945 sogar die Resolution erlassen, das Unternehmen dürfe nie mehr zu Hoechst zurückkehren. Wo diese intensive Abneigung ihre Wurzeln hatte, ist heute nicht mehr ganz zu rekonstruieren. Kalle war zwar ursprünglich in der I.G. kein gutes Schicksal zugedacht: Die Konzernschmiede hatte dem Betrieb fast alle Farbstoff-Produktionen genommen, sogar das »Biebricher Scharlach«, auf das man in Wiesbaden einst so stolz sein durfte.

Immerhin aber hatte Hoechst einen Lizenzvertrag über die französische Erfindung des Cellophan nicht selbst genutzt, sondern als gute Konzernmutter an Kalle übertragen. In Wiesbaden entstand so ein bedeutender Geschäftszweig, der später noch durch Cellulose-Derivate (wie der Nalo-Darm für Wursthüllen) gestärkt wurde. Zum anderen starken Bein von Kalle hatten sich die Lichtpauseverfahren entwickelt, die von dem Mönch Gustav Kögel erfunden worden waren. Bald kannte jeder die Ozalid-Papiere aus Wiesbaden.

Die Bemühungen der amerikanischen Kontrollbehörde, Kalle als selbständiges Unternehmen zu verkaufen, schlugen fehl, obwohl Kalle mit seinen Produkten schon bald nach Kriegsende durchaus Erfolge erzielte. Ob das allerdings ausgereicht hätte, um auf Dauer bestehen zu können, bleibt schwer zu beantworten.

Im Sommer 1952 fand sich die bisher widerstrebende Geschäftsleitung von Kalle immerhin zu Gesprächen mit Hoechst bereit. Dabei konnte Hoechst eine verlockende Perspektive aufzeigen. Das Zeitalter der Kunststoffe stand, wie man in den USA sehen konnte, nun endlich vor der Tür. Hoechst hatte große Pläne auf diesem neuen Gebiet und sah Kalle im Falle einer Vereinigung dabei als Folienproduzenten vor.

Diese Argumente wirkten offensichtlich stärker als der Hinweis auf die alte Verbundenheit, doch trotz allem gab es in Wiesbaden Widerstände gegen die Reunion.

Winnacker versuchte, das Wirtschaftsministerium in Bonn einzuschalten, um die sich so lange hinziehenden Verhandlungen, die seinem Temperament durchaus nicht entsprachen, zu beschleunigen.

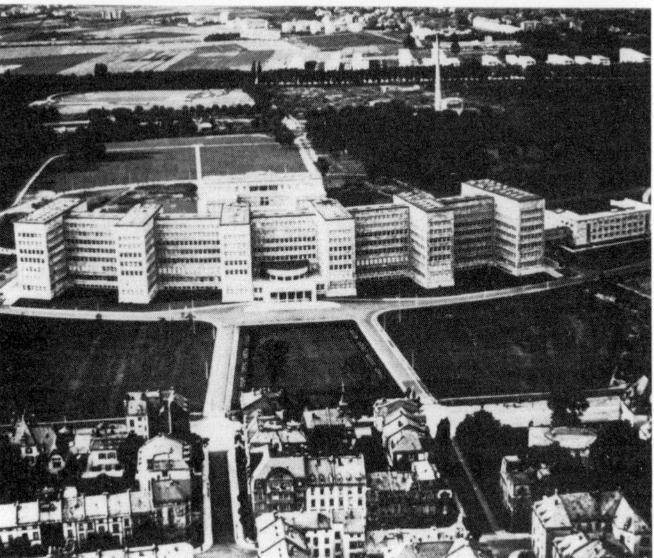

Der Gemeinschaftsrat der kleinen I. G. tagt (oben)
Die ›Grüneburg‹ in Frankfurt, der Verwaltungssitz der I. G. (unten)

Links: Walther vom Rath; rechts: Carl Duisberg (oben)
Carl Bosch (unten)

oben und unten: 75jähriges Jubiläum in der Nazizeit, 1938

Dienstverpflichtete Frauen im Zweiten Weltkrieg (oben)
Fremdarbeiterinnen vor ihren Unterkünften (unten)

Allmählich herrschte ein gewisser Zeitdruck, denn in Leverkusen und Ludwigshafen war man schneller vorangekommen. Die Phase der Konsolidierung hatte begonnen. Alles wartete auf Hoechst, um endlich den Abschluß der Entflechtung und die Entlassung aus alliierter Kontrolle verkünden zu können. Winnacker mußte seine Kollegen, Ulrich Haberland und Carl Wurster, mit denen er sich regelmäßig zum Meinungsaustausch in der »Post« in Limburg traf, immer wieder vertrösten. Sie wären durchaus einverstanden gewesen, wenn Hoechst noch Kalle und einen 50prozentigen Anteil an Wacker erhalten hätte. Das entsprach schließlich den historischen Gegebenheiten. Doch Randolph Newman weigerte sich, dabei mitzuspielen. Offensichtlich hegte er die Befürchtung, Hoechst könnte durch derlei Zugewinne zu groß werden. Ganz war bei Newman der alte Dekartellisierungseifer eben noch nicht erloschen.

Auch Wacker verhielt sich nicht wie die Braut, die es gar nicht erwarten kann, ins eheliche Heim geführt zu werden. Die einstige Verbindung mit Hoechst war ohnehin von kühler Vernunft diktiert worden, da beide Firmen die Acetylenchemie pflegten und eine starke Stellung auf dem Vinylacetat- und Vinylchlorid-Gebiet errungen hatten. In vergangenen Tagen, als man glaubte, in Kartellen und Marktvereinbarungen ein Allheilmittel vor ruinöser Konkurrenz gefunden zu haben, erwarb Hoechst eine 50prozentige Beteiligung. In der I.G. dann hatte man sich auseinandergelebt. Nach dem Eindruck der Erben des 1922 verstorbenen Gründers, Alexander Wacker, gestattete die I.G. der Familie nur wenig Einfluß auf die Führung der Geschäfte. Je stärker Winnacker mit diesen Hintergründen vertraut wurde, desto besser konnte er die Haltung der Familie Wacker verstehen. Erst Ludwig Erhard, damals Wirtschaftsminister, gelang es, das Eis zwischen Hoechst und Wacker zu brechen und eine Einigung zu erzielen. Hoechst beschied sich mit dem Erwerb von zunächst 49 Prozent an dem Münchner Unternehmen.

Doch die amerikanischen Kontroll-Offiziere waren nicht bereit, die mit Kalle und Wacker endlich gefundenen Lösungen abzusegnen.

Bundeskanzler Konrad Adenauer griff ein. In der Wohnung seines Freundes und Wirtschaftsberaters Robert Pferdmenges sollte bei einem Gespräch zwischen Ulrich Haberland, Carl Wurster und Karl Winnacker ein Kompromiß gefunden werden. Haberland hatte nur eine Forderung: Die Agfa sollte zurück zu Leverkusen. Wurster wollte die Zeche Auguste-Viktoria wieder bei der BASF eingliedern – Wünsche, die jeder berechtigt fand. Auf Widerstand stieß dagegen Winnacker, mit seiner doppelten Forderung nach Kalle und Wacker.

Die Runde ging, da Winnacker nicht nachgab, etwas verärgert auseinander.

Unmittelbar vor Weihnachten versuchte Ludwig Erhard eine Einigung zu erreichen. Er schlug vor, Hoechst solle zunächst auf Kalle verzichten, um es dann später auf der Börse aufzukaufen. Schon jetzt aber solle Hoechst die Beteiligung an Wacker erhalten, wenn Bayer, Agfa und BASF die Auguste-Viktoria-Hütte endgültig zugesprochen bekämen. Sollte jetzt darüber eine Einigung zustande kommen, dann werde er sofort nach diesem Gespräch zu den Alliierten fahren – deren Hochkommissare residierten damals auf dem Petersberg bei Bonn –, damit der Schlußpunkt unter dieses leidige Kapitel gesetzt werde. Siegessicher blickte Erhard in die Runde, von der auch tatsächlich sofort Zustimmung kam – mit Ausnahme Winnackers.

Winnackers Unnachgiebigkeit löste, wie er selbst später notierte, bei seinen Gesprächspartnern »Enttäuschung und sichtbaren Ärger aus«. Er fuhr am späten Abend allein nach Hause und quälte sich mit der Frage, ob er richtig gehandelt hatte.

»Es mag heute kaum mehr verständlich sein«, so schreibt er in seinen Erinnerungen, »daß das Schicksal von so großen Unternehmen – Kalle hatte damals 3000 Mitarbeiter – so leichthin entschieden werden sollte. Das ist nur zu begreifen, wenn man sich die Situation vergegenwärtigt, in der sich die Bundesrepublik damals befand. Ihre Handlungsfreiheit war noch recht begrenzt, und ihr mußte sehr viel an einem guten Einvernehmen mit den Besatzungsmächten gelegen sein.

Anschließend verbrachte ich in Königstein mit meiner Familie das erste Weihnachten im neuen Haus. Es war ein Fest, wie es schöner nicht hätte sein können. Freilich schweiften die Gedanken unentwegt zu den ungelösten Problemen ab, die nach den Feiertagen sofort und mit unverminderter Härte auf mich zukommen würden. Es war einer jener Augenblicke, in denen man sich angesichts einer ausweglosen Situation recht einsam fühlt. Mit großer Genugtuung erlebte ich dann am 6. Januar in der ersten Vorstandssitzung des neuen Jahres, daß meine Kollegen meine Haltung einmütig billigten.«

Winnackers Standhaftigkeit lohnte sich dann schließlich doch: Kalle kam wieder zu Hoechst. Allerdings wurde den Farbwerken auferlegt, 18 Prozent des Aktienkapitals an eine französische Industriegruppe abzutreten. Man wollte damit alte Vertragspflichten, über die man sich nicht geeinigt hatte, abgelten. Später wurde in fairer Weise und im vollkommenen Einvernehmen dieser Besitzanteil der französischen Gruppe abgelöst, so daß Hoechst seinen ursprünglichen Anteil von 100 Prozent besaß.

Ein hartes Ringen

Nicht ganz ohne Probleme vollzog sich auch die Neuordnung des Vermögens der I.G.-Nachfolger. Im Dezember 1952 trafen sich die drei Liquidatoren, der Aufsichtsrat der I.G. Farbenindustrie in Liquidation und die drei Vorsitzenden der Vorstände von Leverkusen, Ludwigshafen und Hoechst. Thema: das Aktienkapital der neuen Gesellschaften. Schließlich kam eine Einigung zustande, wonach die drei Nachfolgegesellschaften ein Nominalkapital von etwas über einer Milliarde DM übernahmen. Das entsprach etwa 75 Prozent. Wieder wurde zwischen Wurster, Haberland und Winnacker hart gerungen. Jeder wußte, daß die Höhe des Aktienkapitals ganz wesentlich die Chancen für den neuen Start beeinflußte.

Die Einigung sah so aus: Für Hoechst wurde das Kapital mit 285,7, für Ludwigshafen mit 340 und für Leverkusen mit 387,7 Millionen DM festgesetzt. Winnacker, kaufmännisch noch wenig versiert, war anfangs nicht glücklich darüber, daß das Kapital von Hoechst um rund hundert Millionen unter dem Leverkusens lag. Seine Berater, Konrad Weil aus dem Vorstand, und Hermann Richter, damals Mitglied des Aufsichtsrats der I.G. Farben in Liquidation, machten ihn jedoch sogleich auf den Vorteil aufmerksam, der im geringeren Aktienkapital lag. Hoechst brauchte weniger Kapital zu bedienen.

Dieser Vorteil war um so wichtiger, als die Vernachlässigung des Werkes in der I.G.-Zeit dazu geführt hatte, daß Hoechst geringere Anlagewerte besaß als Bayer oder die BASF. Die abschließenden Verhandlungen waren also nahezu zur vollkommenen Zufriedenheit verlaufen.

Am 27. März 1953 konnte bei Hoechst die erste Hauptversammlung über die Bühne gehen. Dabei wurde das offiziell noch immer 100000 Mark betragende Kapital auf die vereinbarten 285,7 Millionen Mark aufgestockt.

Anschließend versammelten sich Gäste – unter ihnen der aus der Nürnberger Haft entlassene Jähne – im Hörsaal des Unternehmens. Winnacker hielt bei dieser Gelegenheit seine erste offizielle Rede als Vorstandsvorsitzender, an der er lange gearbeitet hatte und die ihm stets als die wichtigste in seiner ganzen Laufbahn erschien. Sie war aus mehreren Gründen bedeutsam: Zum einen stellte sie eine ebenso mutige wie uneingeschränkte Ehrenerklärung für Vorstand und Aufsichtsrat der alten I.G. dar. Zum anderen wurde dabei der Rahmen abgesteckt, in dem sich die neue Firma bewegen sollte. Sie ist im vollen Wortlaut in »Ein Jahrhundert Chemie« und im Anhang von »Nie den Mut verlieren« abgedruckt, deswegen hier nur einige Ausschnitte. Nachdem Winnacker der Bundesregierung, der hessischen Landesregierung, der Belegschaft und vieler anderer gedacht hatte, wandte er sich an die Aktionäre und an die Pensionäre:

»Im Augenblick der Genugtuung über die Freiheit und die Möglichkeiten des neuen Startes wollen wir uns der Verantwortung bewußt sein, die wir übernehmen. Unseren Aktionären sind durch die Maßnahmen der I.G.-Kontrolle schwere Opfer auferlegt worden. Nicht nur Besitzer großer Vermögenswerte, sondern Zehntausende, wenn nicht sogar Hunderttausende kleine Sparer, die unserer I.G. Farbenindustrie jahrzehntelang Vertrauen und Treue entgegengebracht haben, sind in dieser Zeit in schwere wirtschaftliche Bedrängnis gekommen. Die Sorgen um die Zukunft des mühsam erarbeiteten Besitzes wurden erneut wach bei den Auseinandersetzungen um die Festsetzung der Nennkapitalien bei den neuen Gesellschaften. Die im Frühjahr 1952 veröffentlichte DM-Eröffnungsbilanz der I.G. ließ bei allen nicht bis ins letzte mit solchen schwierigen Bilanzfragen vertrauten Sparern Mißverständnisse aufkommen über die tatsächlichen Vermögensverhältnisse.

Wenn das jetzige Umtauschverhältnis 10:9 in einzelnen Kreisen Unbefriedigung zurücklassen sollte, so bitten wir daran zu denken, wie die tatsächlichen Verhältnisse liegen. Die Nachfolge-Gesellschaften und Produktionsstätten, die jetzt die Bedienung des früheren I.G.-Kapitals übernehmen, besitzen zusammen nur noch 36 Prozent des Vermögens der ehemaligen I.G. Farbenindustrie. 14 Prozent sind im Ausland verlorengegangen, 50 Prozent in der Ostzone und jenseits davon unserem Verfügungsrecht entzogen.

Der Verlust des gesamten Besitzes an Patenten und Warenzeichen im Ausland, die Freilegung unserer sämtlichen Betriebsgeheimnisse in der Nachkriegszeit, gewaltige Demontageschäden, Unterbindung großer rationeller Industriezweige durch allgemeine Verbote haben uns schweren Schaden gebracht, währenddessen die Wirtschaft der übrigen Welt die Jahre der Nachkriegszeit zu einem blühenden Aufbau benutzen konnte.

Wir müssen deshalb um Verständnis dafür bitten, wenn wir das uns übertragene Vermögen nüchtern analysiert haben. Dabei hat nicht der Wunsch geherrscht, uns das Leben leichtzumachen. Bei der Festsetzung des Nennkapitals haben wir uns leiten lassen von der hohen Verantwortung, die wir unseren alten I.G.-Aktionären gegenüber haben. Wenn erst die Übergangszeiten des Aktienumtausches vorübergegangen sind, sollen unsere Aktien wieder das klassisch sichere Anlagepapier des deutschen

Aktienmarktes werden, das, gestützt auf eine langfristig geplante, ausgewogene und nachhaltige Dividendenpolitik, seine Aktionäre auch in Krisenzeiten nicht enttäuscht.

Nachdem nunmehr durch den Aktionärsbeirat unseren Entscheidungen Verständnis entgegengebracht worden ist, wollen wir den Aktionären die Treue halten, wenn sie dies auch weiterhin uns gegenüber tun. Wir haben nach vielen sorgfältigen Prüfungen der Geschäftsaussichten die sichere Hoffnung, daß wir die Verantwortung unter den jetzigen Bedingungen voll übernehmen können. Wir hoffen dabei allerdings, daß der Staat uns durch seine Finanz- und Steuerpolitik die Erfüllung dieser Verpflichtung erleichtert, damit uns neben den Ansprüchen einer Dividende auch ein wirtschaftlicher Ausbau unserer Unternehmungen gewährleistet bleibt.

Wir wollen diese Versicherung der Treue auch unseren Pensionären gebenüber abgeben. Auch sie sind durch die Ereignisse der Nachkriegszeit in schwere Not geraten. Erst mehrere Jahre nach Kriegsende wurde uns wieder gestattet, die Pensionszahlungen wieder aufzunehmen, und noch viel später die Möglichkeit gegeben, die ausgefallenen Pensionszahlungen nachzuleisten. Die jetzt durch die Alliierten erlassene Pensions-Durchführungsverordnung ist zwar hauptsächlich zu dem Zweck erlassen, die Pensionslasten der I.G. Farbenindustrie AG auf die Nachfolgegesellschaften aufzuteilen, darüber hinaus sichern ihre Bestimmungen aber allen I.G.-Pensionären, auch denjenigen, die nicht aus den eigentlichen Arbeitsstätten der Nachfolgegesellschaften hervorgegangen sind, die Pension, die sie jetzt beziehen. Wichtiger als diese Verordnung ist aber für unsere Pensionäre der feste Wille der Vorstände und Belegschaften, die Sozialpolitik, die wir alle von unserer alten I.G. Farbenindustrie kennen, fortzusetzen.

Wir wollen das Schicksal unserer Pensionäre in die Hände nehmen wie unser eigenes. Es ist auch unser eigenes, denn die erste Grundlage aller Sozialpolitik ist auch vom Standpunkt der aktiven Belegschaft aus die Fürsorge für das Alter und für den Fall der Invalidität. Wir müssen allerdings auch Verständnis dafür erwarten, daß diese Pflicht den Werken eine sorgenvolle Verantwortung auferlegt.

Wie groß diese Belastung ist, mögen Sie daraus ableiten, daß auf je zwei in unseren Werken aktiv tätige Belegschaftsmitglieder ein versorgungsberechtigter Pensionär oder Rentenberechtigter kommt.

In der Stunde der Wiedergeburt der Hoechster Farbwerke zu neuer erweiterter Form richte ich namens des Vorstandes an die gesamte Belegschaft die herzliche Bitte um vertrauensvolle Mitarbeit. Zwischen Belegschaft und Leitung besteht eine in Jahrzehnten erprobte verständnisvolle Freundschaft, die in schwersten Katastrophenzeiten ihre Feuerprobe bestanden hat, für die wir Ihnen dankbar sind. Wir sind es gewöhnt, mit den Betriebsvertretungen in engstem Gedankenaustausch zusammenzuarbeiten. Diese Zusammenarbeit wird sich auch weiter bewähren müssen, wenn wir die großen Aufgaben des vor uns liegenden Sozialprogrammes erfüllen wollen.«

Das Fundament des Wiederaufbaus

Es war ein unpathetischer und nüchterner Lagebericht, den Winnacker seinem buntgemischten Auditorium präsentierte. Jedermann im Hörsaal war sich der Schwere der Aufgaben, die in Zukunft gemeinsam gemeistert werden mußten, bewußt. Doch war die allgemeine Stimmung geprägt von dem Willen, der Probleme Herr zu werden.

Neues Zusammenleben

Mit ernsten Gesichtern folgten die Zuhörer den Schlußworten des Vorstandsvorsitzenden: »Wir wollen uns in diesem Augenblick des neuen Startes darüber klarwerden, daß die Zusammenarbeit in unserem großen Unternehmen uns schwere, große Pflichten auferlegt. Voller persönlicher Einsatz und Verantwortungsfreude auf allen Ebenen, in den Betrieben, den Werkstätten, in den Büros und in der Leitung, menschlich-soziales Verständnis in der gesamten Belegschaft, ob oben oder unten, sind das Fundament unseres neuen und doch so alten Unternehmens. Wenn wir alle diese Verpflichtungen mit tiefem Ernst auf uns nehmen, dann werden wir auch für die Zukunft die Form des Zusammenlebens finden, um die unser aus seiner Katastrophe wiedergeborenes Volk in allen seinen Schichten ringt. Dann wird uns dieses Unternehmen auch unseren gerechten Lohn erstatten. Dann werden wir bei ihm Sicherung finden für die wirtschaftliche Existenz unserer Familie, solange wir schaffen können, und in unserem Alter. Dann wird uns auch die innere Befriedigung und Freude an der Arbeit geschenkt, mit der das Leben erst lebenswert wird.«

Hoechst plant für die Zukunft

Für Hoechst war jetzt der Zeitpunkt gekommen, den Blick auf die Zukunft zu richten. Das Tempo, in dem sich die Firma mit ihren Produkten auf den Weltmarkt zu drängen hatte, ließ auch keine Zeit mehr für rückschauende Betrachtungen. Wichtigster Orientierungspunkt für die Zukunft war die chemische Industrie Amerikas, die sich in den letzten 25 Jahren an die Weltspitze gesetzt hatte. Zur Illustration: Der Umsatz der chemischen Industrie Deutschlands war von 1938 bis 1953 von 6,6 Milliarden auf 12 Milliarden Mark gestiegen, in den USA war diese Zahl von 9 Milliarden auf 80 Milliarden Mark emporgeschnellt. Während in Deutschland also eine knappe Umsatzverdoppelung zu verzeichnen war, konnte man in den Vereinigten Staaten einen beinahe verzehnfachten Zuwachs registrieren.

Solche unwiderlegbaren Zahlen bewahrten Werke wie Hoechst vor einer Fehleinschätzung der eigenen Möglichkeiten.

Obwohl sich bald zeigte, daß das Ansehen des alten Firmennamens im Ausland keineswegs verblaßt war, mußten ungeheure Anstrengungen unternommen werden, um dem überraschenden Ausmaß an Goodwill gerecht zu werden, das dem neuen Firmenzeichen mit Turm und Brücke überall entgegengebracht wurde. In jede Aufsichtsratssitzung brachte der Vorstand Pakete von Schaubildern und Berechnungen, um die Investitionsprogramme zu rechtfertigen, die oft aus eigenen Mitteln der Firma nicht finanziert werden konnten. Häufig mußte der Kapitalmarkt in Anspruch genommen werden.

Millionen-Investitionen werden notwendig

Obwohl die Investitions-Beträge jedes Jahr um viele Millionen Mark aufgestockt wurden, konnte die Verwaltung keine Reduzierung in Aussicht stellen. Als Karl Winnacker Ende 1954 dem Aufsichtsrat einen neuen Investitionsplan vorlegte, sagte er zu diesem Thema: »Ein Investitionsplan von 417 Millionen Mark ist keine Kleinigkeit. Hinzu kommt die Erwartung, daß unser Werk auch nach Investierung dieser Summe nicht zum Stillstand kommen kann. In den Entwicklungen der Chemie gibt es keine Pause. Wir werden deshalb zu immer weiteren Aufwendungen gezwungen. Wir glauben aber, daß unsere jetzigen Maßnahmen keine sinnlose Expansion im Auge haben, sondern einfach die Konsequenz eines Zeitalters sind, in dem die Chemie mit ihren Produkten in alle Zweige des täglichen Lebens eindringt und damit einen immer größeren Anteil an der industriellen Produktion erobert.«

Der Strom der Investitionen floß dabei nur zum kleineren Teil in die Produktionsanlagen der klassischen Hoechst-Erzeugnisse wie Farben, Pharma oder Düngemittel.

Schwerpunkte wurden – neben den Lösungsmitteln – vielmehr auf die neuen Sparten der Kunststoffe und Kunstfasern gesetzt, für die in den Stabsabteilungen der Marktforschung und der Verkaufsleitung ein immer größerer Bedarf ermittelt wurde.

Hoechst konnte sich von diesen neuen Fabrikationszweigen nicht fernhalten. Ein dauerhafter Verzicht darauf hätte die Firma auf den Status eines mittleren Unternehmens herabgedrückt, ohne daß sich bei den traditionellen Produktions-Reservaten der Konkurrenzdruck vermindert hätte. Überdies bot ein weitgespanntes Fertigungsprogramm – wie es zur Hoechster Konzeption gehörte – den wirksamsten Schutz vor Konjunkturschwankungen und Absatzkrisen.

Damit ließ sich das bei Hoechst seit langem prekäre Problem der Rohstoffversorgung nicht mehr von der Tagesordnung verbannen, denn die neuen Herstellungsgebiete mußten auf ein breites Rohstoff-Fundament gestellt werden. Selbst endlos lange Schleppzüge auf dem Main mit Kohle aus dem Ruhrgebiet und Carbid aus Knapsack – das trotz neuer Öfen in immer größeren Mengen und zu immer höheren Preisen hinzugekauft werden mußte – reichten nicht mehr aus, um den gigantisch wachsenden Bedarf zu befriedigen.

Es gab nur einen Weg: Die Amerikaner hatten ihn längst beschritten. Bei Hoechst holte man tief Atem, dann war man bereit, ihn ebenfalls einzuschlagen. Er führte das Werk an eine neue, schier unerschöpflich scheinende Rohstoff-Quelle: das Erdöl. Die Stunde der Petrochemie brach an.

Kapitel 7

Abschied von der Kohle

Auf den Werksfotos aus den 60er Jahren ist er noch zu sehen: ein hoch in den Himmel ragender stählerner Turm, damals Symbol für eine neue Phase Hoechster Aktivität, die zur modernen Petrochemie führte – inzwischen längst demontiert und nur mehr ein Relikt der jüngeren Firmengeschichte.

Der Turm, den alle Rotfabriker den »Koker« nannten, war eine Spaltanlage für Rohöl. Wer weiß, daß das Unternehmen heute nicht weniger als eine Million Tonnen Ethylen im Jahr verarbeitet, mag ein wenig lächeln über die 10000, später 20000 Tonnen dieses Gases, das der Koker im Jahre 1956 erzeugte. Doch in den 50er und 60er Jahren bestand unter den Ingenieuren und Chemikern großer Stolz auf diese technologische Errungenschaft.

Im Inneren des Turms, der im Januar 1956 vollendet wurde, konnte Rohöl in Olefine gespalten werden. Diese sehr reaktionsfähigen Gase zählen zu den Ausgangspunkten der aliphatischen Zwischen-Produkte-Chemie.

Wichtigster Vertreter ist das Ethylen, nach der Genfer Nomenklatur Ethen genannt. Es besitzt als Grundprodukt längst die gleiche Bedeutung wie früher das aus Calciumcarbid, also aus Kalk und Kohle gewonnene Acetylen. Ethylen wurde anstelle von Acetylen in der Zeit nach 1960 nicht nur zum Stammvater der aliphatischen Zwischenprodukte, zum Beispiel für Ethylenglykol, Ethylenoxid, Acetaldehyd, Essigsäure und deren Ester, für Ethanol, Vinylchlorid, etc. Es ist auch der monomere Baustein für einen der wichtigsten Kunststoffe, das Polyethylen.

Ethylen war den Chemikern schon lange bekannt. Doch es spielte in der chemischen Industrie in der Kriegs- und Vorkriegszeit im Vergleich zum Acetylen nur eine geringe Rolle. In der Zeit der Acetylen-Chemie, etwa vor 1960, konnte es nur auf zweifache Weise hergestellt werden: durch die sehr unrentable Hydrierung von Acetylen oder durch Cracken von Ethan, falls dieses preiswert verfügbar war. Dadurch konnte die Herstellung von Kunststoffen im großen Maßstab nicht betrieben werden.

Noch etwas anderes kam hinzu: Die von der chemischen Industrie benötigten »Aromaten« wie Benzol, Toluol, Xylol, Naphthalin und Anthracen waren nur Nebenprodukte der Kokserzeugung. In welcher Quantität sie anfielen, wurde primär nicht von der chemischen, sondern von der Stahlindustrie bestimmt.

Die Chemie war deshalb von jeher in einem gewissen Maß von den Produktionsplanungen der Stahlwerke abhängig. Diese Abhängigkeit wurde um so intensiver spürbar, je mehr Kunststoffe und Chemiefasern zu Gütern des modernen Massenverbrauchs heranwuchsen. Es war der Zeitpunkt abzusehen, zu dem die Mengen nicht mehr ausreichten, die aus dem Steinkohlenteer für die Chemie zur Verfügung standen.

Petrochemie in Amerika

Im rohstoffreichen Amerika waren schon Anfang der 20er Jahre andere Wege eingeschlagen worden. Dort, wo allenthalben Bohrtürme aus dem Boden schossen, konnten die Raffinerien jede gewünschte Menge Rohstoff an die chemischen Fabriken liefern. Die Raffinerien ihrerseits begnügten sich jedoch nicht mit dem Geschäft der bloßen Zulieferung von Grundchemikalien an die Chemie. Da sie ihre technischen Anlagen und Kenntnisse auch für die Erzeugung chemischer Ausgangsprodukte, wie zum Beispiel Ethylen, verwenden konnten, stiegen sie unmittelbar ins Chemiegeschäft ein.

So bestand z. B. der Umsatz der Shell schon in den 60er Jahren zu rund zehn Prozent aus chemischen Produkten. 1988 betrug der Umsatz der Shell allein auf dem Chemiesektor 21,95 Milliarden Mark. Shell steht damit unter den Chemieunternehmen weltweit auf dem zehnten Platz.

Um von der Expansivkraft der Raffinerien nicht überrollt zu werden, gingen viele chemische Großfirmen gleich an die Küste des mexikanischen Golfes der Vereinigten Staaten, denn dort sprudelten die meisten Quellen. Viele Raffinerien errichteten Rohrleitungen, die in mehr als einem halben Dutzend Seitenlinien die 400 und 500 Kilometer entfernten chemischen Fabriken mit Ausgangsprodukten versorgen.

Suche nach anderen Wegen

Die deutschen Chemiefirmen waren bis Kriegsende von dieser Entwicklung ausgeschlossen. Gleichwohl wußten sie natürlich, was in den USA auf dem Erdölgebiet vor sich ging. Da es in Deutschland fast kein Erdöl gab, wurden bis zum Zweiten Weltkrieg andere Wege zu den Kohlenwasserstoffen gesucht. Der Wunsch, Motorbrennstoffe aus einheimischer Kohle herzustellen, gab den Antrieb für alle Arbeiten.

Treibstoffe aus Kohle

Das Deutschland der NS-Zeit wollte wirtschaftlich autark sein, sich mit allen wichtigen Rohstoffen selbst versorgen. Die deutsche Chemie hatte die Aufgabe, aus dem unerschöpflichen Rohstoffreservoir der Kohle die erforderlichen flüssigen Treibstoffe für Automobile, Flugzeuge und andere Verkehrsmittel zu erzeugen. Damals entstanden in Deutschland zahlreiche Hydrierwerke, die nach dem von der I.G. entwickelten »Kohleverflüssigungsverfahren« arbeiteten; als Rohstoff diente Braunkohle, später auch Steinkohle. Daneben wurden auch Anlagen nach dem Fischer-Tropsch-Syntheseverfahren in Betrieb genommen. So entwickelte sich eine starke nationale Treibstoffindustrie mit hohem technischem Niveau, deren Erfahrungen wertvolles Kapital darstellten und deren Erfolge den ausländischen Erdölgesellschaften nicht verborgen blieben.

Die synthetische Treibstoffherstellung mußte allerdings im internationalen Wettbewerb immer unwirtschaftlich sein. Gleichwohl war sie ausschlaggebend für manche neue, in die Zukunft weisende Technologie.

Kohle und Carbid reichen nicht aus

Nach Kriegsende sah das alles jedoch anders aus; die Fesseln einer staatlichen Planwirtschaft fielen zugunsten einer liberalen Marktwirtschaft. Vor allem die großen Chemiefirmen standen vor einer neuen Situation. Hoechst war in der Vergangenheit mit Rohstoffen nie üppig gesegnet gewesen; jetzt verschärfte sich dieser Zustand noch. Die Preiskurve der Rohstoffe stieg höher und höher, die Kosten für elektrischen Strom gefährdeten die Rentabilität.

Nun zeigten alle Berechnungen bei Hoechst mit unerbittlicher Klarheit: Acetylen aus Carbid reichte künftig nicht mehr aus, um den Rohstoffbedarf zu decken. Ein auf die Dauer erfolgreicher Wettbewerb verlangte eine breitere und billigere Rohstoffbasis, nämlich Olefine als Ausgangssubstanzen für chemische Großsynthesen. Spätestens in einigen Jahren würde man andernfalls unweigerlich aus dem Markt gedrängt werden. Schon waren die Amerikaner im Begriff, das europäische Absatzgebiet mit billigen Chemikalien anzuvisieren.

Welche Abwehrdämme konnte man dem entgegensetzen? Die Kohlehydrieranlagen, beispielsweise Leuna bei Merseburg, lagen nun jenseits der Zonengrenze. Synthetisches Benzin zu erzeugen, hatten die Alliierten verboten. Die großen Erdölraffinerien aber hatten sich zunächst ausschließlich im norddeutschen Küstengebiet angesiedelt und waren zu jener Zeit noch nicht darauf vorbereitet, mit Pipeline und Raffinerien tiefer ins Binnenland vorzustoßen.

Hoechst sah keinen anderen Weg: So ungewöhnlich es auch

sein mochte, daß eine Chemiefirma den Rohstoff, nämlich Kohlenwasserstoffe, nicht einkaufte, sondern selbst herstellte – man mußte diesen Alleingang wagen.

Es begann mit Rohöl

Ob man dabei die unerläßlichen Kohlenwasserstoffe, vor allem Olefine, aus Rohöl oder Leichtbenzin gewinnen sollte, ließ sich schnell entscheiden: Das wasserstoffreichere Leichtbenzin wäre zwar der idealere Ausgangsstoff gewesen; es war jedoch zu rar und zu teuer. Die Tonne Leichtbenzin kostete damals 250,– Mark, das Rohöl dagegen per Tonne nur 70,– bis 80,– Mark. Außerdem hatte dieser Preis noch die Tendenz zu fallen, und Mangel an Rohöl bestand um diese Zeit auch nicht.

Die Erdölgesellschaften benutzten zunächst vor allem Rohöl, das zur Erzeugung von Benzin und Dieseltreibstoff geeignet war. Daß auch der Restbestandteil für Schmier- und besonders Heizöle einmal sehr gefragt sein würde, das war in jenen Tagen noch nicht abzusehen.

Diesen bislang weniger begehrten schweren Anteil hatten nämlich die Chemiker inzwischen Hunderten von Analysen unterzogen. Man wußte, daß er – im Gegensatz zu dem niedrigmolekularen Motorenbenzin – aus Molekülen besteht, die lange Ketten bilden und dem Produkt einen hochsiedenden, zähflüssigen Charakter geben. Diese Ketten galt es zu sprengen, zu zertrümmern, zu spalten.

Dieses Verfahren ist möglich durch Zuführung extrem hoher Temperaturen. Das sogenannte thermische Cracken von schweren Ölen ermöglicht die Spaltung größerer Moleküle in kleinere Bruchstücke, die leicht siedende Flüssigkeiten oder Gase darstellen.

Mit einer Metallröhre fing es an

Bis zum Jahre 1953 gab es darüber bei Hoechst nur theoretische Erkenntnisse, dann aber lag auf den Schreibtischen der Chemiker und Ingenieure ein präziser Auftrag. Er hieß: Bau einer Rohöl-Spaltanlage.

Die Voraussetzungen für diesen »Cracker« mußten zunächst mit Hilfe von kleinen Apparaturen im Labor geschaffen werden. Ausgangspunkt dafür bildete eine von außen beheizte Metallröhre. Von vornherein war klar, daß dabei Temperaturen von mindestens 700 Grad erforderlich sein würden. Dafür benötigte man besondere Metall-Legierungen, deren eigener Schmelzpunkt so hoch lag, daß Temperaturen von rund 800 Grad ihnen nichts anhaben konnten.

Symbiose zwischen Chemikern und Ingenieuren

Zwanzig Chemiker und ebenso viele Ingenieure waren zu diesem Zeitpunkt an der Arbeit. Nur wenige von ihnen zählten zu den früheren I.G.-Experten, die in der Mineralölchemie tätig gewesen waren. Chemiker und Ingenieure bildeten in dieser Phase eine Symbiose. Denn wenn es darum geht, für ein neues chemisches Großverfahren die entsprechende Technologie zu entwickeln, kann die Tischrunde gar nicht »gemischt« genug sein. Ohne einen guten Ingenieur bleibt die beste Idee eines Chemikers kaum mehr als eine abstrakte Formel auf dem Papier. Zu ihrer Verwirklichung – vor allem in derlei Großprozessen – bedarf es der Apparatur und, um sie zu schaffen, der fruchtbaren Zusammenarbeit zwischen Chemiker und Ingenieur.

Viertausend Meßgeräte

Zuständig für die Entwicklung chemischer Apparaturen war damals bei Hoechst die Sparte VII, die Ingenieurabteilung. Ihr Aufgabengebiet hieß »Errichtung, Instandhaltung und Versorgung der Betriebe«. So wenig Personen es heute in modernen Produktionsbetrieben bedarf, so hoch lag in den 60er Jahren die Beschäftigtenzahl dieses Aufgabenbereichs. Allein die Hoechster Werkstätten beschäftigten damals 5000 Menschen. Diese Zahl wird verständlich, wenn man nicht nur an die Hunderte von Fabrikhallen, sondern etwa auch an die viele Kilometer langen Rohrleitungen denkt, durch die das Werk im »inneren Verbund« mit Energie, nämlich Strom, Gas, Dampf und Druckluft, sowie mit zahlreichen Grundchemikalien wie Stickstoff, Methan, Chlor oder Schwefelsäure versorgt wird.

Versuchsanlagen – dreißig Meter hoch

Nach den ersten Laboratoriumsversuchen wurde mit dem Bau einer Versuchsanlage für die Rohölspaltung begonnen. Es ist verständlich, daß es sich bei einer solchen Anlage, die der Entwicklung eines chemischen Großprozesses dient, um gewaltige Ausmaße handeln muß. Wenn man mannigfache Erscheinungen mechanischer Art studieren will, Erkenntnisse sucht über das Verhalten von Material oder Apparaturen, wenn die Funktion von Pumpen, Kompressoren, Ventilen und Regelsystemen, die Steuerung, der Materialfluß und nicht zuletzt das Produktverhalten kontrolliert werden müssen, dann bedarf es dazu mitunter schon einer Versuchsanlage von der Höhe eines zehnstöckigen Hauses.

Dreißig Meter hoch war mithin auch der erste Bau – es ist nicht verwunderlich, wenn das spätere Ergebnis aus diesen Versuchen, der Koker, dann auf 100 Meter anwuchs.

Ende 1953 lief die Hoechster Versuchsanlage an. Über ein Jahr lang war sie darauf abgestellt, alle möglichen Rohöle und ihre Reaktionsbedingungen zu testen. Verbunden damit waren langwierige Materialprüfungen: Vor allem mußte ermittelt werden, welche Temperaturen die Metall-Legierungen vertrugen. Ob die Legierung bestimmten Höchsttemperaturen einige Stunden lang standhielt, war dabei nicht entscheidend. Ausschlaggebend war vielmehr die »Dauerbeanspruchung« einer Apparatur, die Monat für Monat und Jahr für Jahr äußerster Belastung gewachsen sein mußte. Immer wieder brauchte man deshalb die Hoechster Materialprüfungsstellen, bedurfte es moderner Untersuchungsverfahren mit Hilfe von Mikroskopen und Röntgenapparaturen.

Erfahrungen aus der Hochdrucktechnik der I.G.-Zeit kamen den Hoechster Chemikern und Ingenieuren hier zugute. Eine andere Aufgabe fiel den Analytikern zu. Neue gasanalytische Methoden, zum Beispiel mit Hilfe der Gas-Chromatographie, mußten erarbeitet werden, um die neuartigen Reaktionen beobachten zu können.

Im Jahre 1954 hatten alle Hoechster Instanzen »grünes Licht« für den Bau des »großen« Kokers als Produktionsanlage gegeben. Schon Ende 1955 erlebte der Rohölspalter die ersten »kalten« und »heißen« Proben. Obschon die Versuchsanlage eine beachtliche Größe aufwies, erhob sich eine Reihe von Fragen: Werden wir die gleiche Ausbeute wie bei den Versuchsanlagen erreichen, stimmen die errechneten Energiebilanzen?

Erst als der Chef der Hoechster Petrochemie, Dr. Herbert Kamptner, am 1. Februar 1956 auf den Startknopf drückte, zeigte sich, daß alle Rechnungen aufgingen: Die erste Rohölspaltanlage zur Herstellung olefinhaltiger Gase war in Betrieb gesetzt.

Den Hoechster Chemikern blieb freilich nur wenig Zeit, ihren Erfolg zu feiern. Denn in der Entwicklung der Chemie rückt der Uhrzeiger oft noch rascher vor als in anderen Bereichen. Noch ehe in den Koker die erste Tonne Rohöl geflossen war, hatten sich neue Aufgaben gestellt.

Spaltöfen für Ethan und Propan

Der Koker war ursprünglich auf die Produktion von etwa 10000 Tonnen Ethylen pro Jahr zugeschnitten. Obwohl er bei einem größeren Rohöldurchsatz später fast die doppelte Quantität lieferte, zeigte sich schon nach einiger Zeit, daß auch diese Menge in Zukunft nicht ausreichen würde. Die Chemiker wandten sich deshalb zwei wertvollen Kohlenwasserstoffen zu, die ebenfalls bei der Rohölspaltung anfallen: Ethan und Propan.

Der Weg, diese Spaltgase in Ethylen und Propylen zu verwandeln, war schon früher beschritten worden. Ein anderer Reaktortyp mußte errichtet werden: im Prinzip stellte er eine Riesenschlange von Rohren dar. Ihr Durchmesser betrug zehn Zentimeter, sie wurden von außen beheizt.

Bei einer Temperatur von 820 Grad verwandelten sich Ethan und Propan in Ethylen und Propylen. Gase, die sich dieser Spaltung beim erstenmal widersetzten, wurden so oft dem Kreislauf unterworfen, bis die Gesamtausbeute an Ethylen und Propylen sich erhöhte. Während das Ethylen in die Hoechster Kunststoff-Betriebe ging, wurde das Propylen zu Isopropylalkohol und weiterhin in Knapsack zu Aceton verarbeitet.

Methan – ein Gas mit »zwei Gesichtern«

Ein drittes Produkt aus dem Hoechster Koker bildete Methan, ein Kohlenwasserstoffgas mit »zwei Gesichtern«. Methan war seit langem bekannt und im Gemenge mit Luft-Sauerstoff als überaus explosives Gas gefürchtet, das in Bergwerken die »schlagenden Wetter« hervorruft. Andererseits war es als »Erdgas« ein geschätzter Energiespender.

Noch ehe der Koker seinen Dienst angetreten hatte, war Hoechst aus dem Ruhrgebiet mit Methan versorgt worden. Dieses Methan freilich mußte aus Gas erst in einer eigenen Anlage zu jener hohen Reinheit verarbeitet werden, wie sie die Chemie verlangt.

Von 1954 an – zwei Jahre vor der »Indienststellung« des Kokers – wurde das Methan von der Ruhr durch reines Erdgas aus den Bohrungen der DEA bei Pfungstadt ergänzt und später ganz ersetzt. Das Gas wurde durch eine rund vierzig Kilometer lange Rohrleitung von Pfungstadt nach Höchst transportiert.

Die Methanchlorierung gehörte zu den angestammten Hoechster Produktionszweigen. Paul Duden hatte dafür schon Ende des Ersten Weltkrieges die Grundlagen gelegt. Damals wollte man den raren Methylalkohol, der in der Holzverkohlungsindustrie in nur geringen Mengen anfiel, synthetisch herstellen. Man wählte folgenden Weg: Methan wurde chloriert. Dabei entstand Methylchlorid, das dann zu Methylalkohol hydrolisiert wurde.

Die Versuche hierfür waren 1922 erfolgreich abgeschlossen worden. Kurz bevor der neue Großbetrieb anlaufen sollte, kam jedoch die Nachricht, daß im Werk Oppau der BASF die Hochdrucksynthese des Methylalkohols aus Kohlenoxyd und Wasserstoff geglückt war. Mit diesem Verfahren konnte Hoechst nicht konkurrieren. Duden ließ den Methylalkohol-Betrieb wieder abbauen, setzte aber die Arbeiten auf dem Gebiet der Methanchlorierung fort.

Ein Mittel für die Kältetechnik

Bei der Chlorierung entstehen in der Hauptsache Methylchlorid und Methylenchlorid, neben Chloroform und Tetrachlorkohlenstoff. Um die Produktion aufnehmen zu können, mußten genügend große Absatzgebiete für die einzelnen Produkte gefunden werden. Wie immer in solchen Fällen wurde dazu die Abteilung Anwendungstechnik eingeschaltet.

Chemikern und Anwendungstechnikern gelang es gemeinsam, im Laufe der Jahre dieses Ziel zu erreichen. Methylchlorid erwies sich als brauchbares Methylierungsmittel, für das vor allem dann ein erheblicher Bedarf entstand, als Kalle die in Hoechst gefundene Methylcellulose zu fabrizieren begann. Dieses Produkt kam unter der Bezeichnung »Tylose« als Schmutz-Dispergiermittel für Waschmittel in den Handel.

Methylenchlorid eroberte sich als Extraktions- und Lösungsmittel einen großen Anwendungsbereich. Besonders für die Herstellung der Acetatseide und des Sicherheitsfilms wurden große Mengen Methylenchlorid verbraucht.

Nicht nur im Familienhaushalt, auch in der Chemie wird »Resteverwertung« groß geschrieben. Beispiel dafür ist ein Gas, das bei der Aufarbeitung des Restgases aus dem Koker übrigbleibt. Es besteht vorwiegend aus Wasserstoff und einem geringen Anteil Methan. Dieses Gas wurde von der Ammoniakfabrik abgenommen, die daraus reinen Wasserstoff herstellte. Im Gemisch mit Stickstoff entstand Synthesegas, das Ausgangsprodukt für die Ammoniakerzeugung. Die Ammoniakanlage kam allerdings mit dem Restgas aus den petrochemischen Anlagen allein nicht aus. Hoechst bezog deshalb auch noch von anderer Seite Rohgase zur Herstellung von Synthesegas.

Schon die ersten petrochemischen Anlagen hatten ein breites Rohstoff-Fundament geschaffen. Besonders die Herstellung von Kunststoffen profitierte von den neuen Anlagen.

Das Heizöl verändert den Markt

Mochten die Hoechster Chemiker und Ingenieure unterdessen noch so zufrieden den Koker und die Spaltöfen mustern, so kam – und diesmal aus einer Änderung der Marktsituation heraus – bereits der Anstoß zu neuen Überlegungen. Auf dem Petrochemie-Markt zeichneten sich neue Bewegungen ab. Es gab kaum mehr einen Zweifel, die Preisschere zwischen Rohöl und Leichtbenzin werde sich bald mehr und mehr schließen. Diese Tendenz ließ aufhorchen. Mehrere Ursachen lagen auf der Hand: sprunghaft gestiegene Rohölförderung, neue Erdölfelder im Mittleren Osten, höhere Ausbeuten in Amerika, allen voran eine gewaltige Absatzsteigerung bei den bisher weniger geschätzten leichten Heizölen.

Das Heizöl begann seinen Triumphzug bei der Industrie, dem Gewerbe und Handwerk und bald auch bei den Bürgern, die ihre Wohnung nicht mehr mit Kohle, sondern mit Öl beheizten. Es war billiger, leichter zu transportieren und hinterließ zudem weniger Schmutz.

Mit jeder zusätzlichen Tonne Heizöl fiel bei den großen Erdölgesellschaften auch mehr Benzin an. Für Hoechst war somit mühelos der Tag zu errechnen, an dem Leichtbenzin nicht viel mehr als die gleiche Menge Rohöl kosten würde.

Eine Anlage für Leichtbenzin

Obschon mittlerweile jeder vierzehnte Bundesbürger hinter dem Steuer eines eigenen Wagens saß, wuchs der Verbrauch an Benzin nicht so stark wie der für Heizöl. An Leichtbenzin würde also bald kein Mangel mehr sein.

Solche Überlegungen mündeten in die Konsequenz: Hoechst mußte sich mit einer Leichtbenzin »crackenden« Anlage ausstatten, der Mitteltemperatur-Pyrolyse. Hinter dieser Bezeichnung verstecken sich Spaltöfen für Leichtbenzin, die mit einem ganz ähnlichen Röhrensystem ausgestattet waren und bei ähnlich hohen Temperaturen arbeiteten wie die Reaktoren, in denen Ethan und Propan dehydriert wurden. 1957 bereits konnte bei Hoechst der erste Leichtbenzin-Spaltofen »angeheizt« werden; ein Jahr darauf ging der zweite in Betrieb.

Der Koker, die Ethan-Propan-Spaltung und die Leichtbenzinöfen zusammen lieferten über 20000 Tonnen Ethylen. Die Aufarbeitung der Gase in reine Produkte war für alle Spaltanlagen die gleiche.

Auch Acetylen aus Erdöl

Der steigende Bedarf an Ethylen und Acetylen zwang Hoechst, ein neues Großprojekt in Angriff zu nehmen. Ethylen war zu dem wichtigsten Grundstoff-Pfeiler der modernen Chemie geworden. Trotzdem konnte es zunächst das Acetylen noch nicht ganz verdrängen, denn es gab noch nicht für alle Folge-Produkte Herstellungsverfahren auf Ethylen-Basis.

Acetylen aus der Carbid-Vergasung war bisher die Muttersubstanz für die Produkte der organisch-chemischen Großindustrie gewesen. Die ersten Lösungsmittel und Kunststoffe wie das Polyvinylacetat wurden auf Acetylen-Basis hergestellt. Aus diesem Grund war für Hoechst das Werk Knapsack mit seinen Carbidöfen so wichtig geworden. Man hatte für den Aufbau einer Kapazität von 400000 Tonnen Carbid im Jahr in modernsten Großanlagen viele Millionen ausgegeben.

Die Herstellung von Carbid verbraucht so viel Strom, daß die »Stromrechnung« auch für einen Großbetrieb den Etat weit überlastete. Hoechst war deshalb bestrebt, Knapsack wenigstens zum Teil von der Carbid-Produktion zu entbinden und neue Produktionsgebiete zu erschließen.

Knapsack produzierte Acetylen aus Carbid. Hoechst wollte versuchen, Acetylen aus Leichtbenzin zu gewinnen. Spaltversuche dieser Art waren erstmals 1954 unternommen worden. Da Leichtbenzin – anders als Rohöl – weniger Rückstände erzeugt, genügten für die ersten Experimente zunächst kleine Quarzröhren. Daraus wurden die späteren Reaktoren entwickelt.

Über eines herrschte dabei unter den Chemikern und Technikern von vornherein Einigkeit: Nur sehr hohe Temperaturen würden die Großproduktion von Acetylen ermöglichen. Rund 1600 Grad waren hierfür nötig. Nur mit Knallgas, einem Wasserstoff-Sauerstoff-Gemisch, konnten solche Temperaturen in keramischen Brennern erreicht werden.

Das Problem der Brenner-Kühlung

Drei Jahre dauerte es, bis eine geeignete Brenner-Kühlung geschaffen war. Eine doppelwandige Brennerkammer, bei der die ganze Fläche des Metalls gleichmäßig von Wasser umspült wird, bot schließlich die Lösung. Die Wasserkühlung hatte eines zu garantieren: jeder Quadratmillimeter der Brennerwand mußte gleichmäßig gekühlt werden. Geringste Schwankungen im Wasserdruck, eine Änderung der Strömung, ein kleines Gasbläschen – all dies konnte den Brenner sofort zerstören. Denn die Metallwand nimmt augenblicklich Temperaturen von über 2000 Grad an und schmilzt. Viel Grundlagenforschung war nötig, um den Brenner vor dem »Durchbrennen« zu sichern.

1957 wurde für diese Hochtemperatur-Pyrolyse (HTP) die erste Versuchsanlage errichtet. Ihre Kapazität war etwa die gleiche wie bei dem Vorläufer des Kokers: Sie war auf einen Durchsatz von 200 Kilo Leichtbenzin pro Stunde berechnet. Auch hier ging man wieder von der Erfahrung aus, daß es auch schon bei einer Versuchsanlage einer gewissen Größe bedarf, um spätere Pannen in der Großanlage möglichst zu eliminieren.

Die HTP-Spezialisten konzentrierten sich dabei besonders auf jene Teile der Anlage, bei denen es gelungen war, in Neuland vorzudringen: Das waren der Brenner mit seinem Reaktor und das »Quench-System«, in dem die Abschreckung des Reaktionsgemisches erfolgte. Natürlich konnten dabei Erkenntnisse verwertet werden, die beim Koker mit seinen allerdings weit niedrigeren Temperaturen gesammelt worden waren.

Die im Brenner erzeugten Gase und Dämpfe auf wirtschaftlichste Weise zu trennen, war dann nur noch Stand der Technik; allerdings mußten noch spezielle Kenntnisse über das Trennen von Ethylen und Acetylen gewonnen werden. Je nach Höhe der Crack-Temperatur erhielt man Acetylen und Ethylen im Verhältnis 30:70 bis zu 40:60.

Gase in der Tiefkühl-Anlage

Die Trennung der Reaktionsgase geschah zunächst mit einer Vielzahl von Absorptionskolonnen, in denen die unerwünschten Nebenprodukte herausgewaschen wurden. Dann erst trat das saubere Gasgemisch in den letzten Teil der Anlage, die Tieftemperatur-Destillation, ein, wo es in seine einzelnen Komponenten zerlegt wurde. Die Verfahrensschritte umspannten damit einen Temperaturbereich von über 2000° Grad bis −200° Grad.

Die werkseigenen Verfahrenstechnischen Abteilungen erarbeiteten aufgrund der Versuchsdaten die für die Konstruktion notwendigen Parameter. Die Tieftemperatur-Trennung entstand in Zusammenarbeit mit der Linde AG.

Die Planungen für die großtechnische Anlage datierten von 1958. Genau zwölf Monate später folgten die obligaten Versuche mit dem Brenner, und im Frühjahr 1960 wurden die ersten Tonnen Ethylen und Acetylen erzeugt.

In Bruchteilen von Sekunden

Schon äußerlich unterschied sich die »HTP« von dem Koker, der klobig in den Himmel ragte. Die Hochtemperatur-Pyrolyse hingegen bildete ein Apparategerüst aus schlanken Absorptionskolonnen und Trennsäulen. Der eigentliche Reaktionsteil machte dabei nur einen kleinen Teil der gesamten Anlage aus.

In einem offenen Bau von etwa zwanzig Meter Höhe waren die Brenner, das Reaktionsrohr und Quenchsysteme sowie ihre Zuleitungen untergebracht. Der Durchmesser des Brenners betrug nicht einmal zwei Meter. Der eigentliche Spaltvorgang spielte sich dabei in Bruchteilen von Sekunden ab, denn die Verweilzeit, die Zeit also, in der das Benzingemisch den hohen Temperaturen ausgesetzt ist, betrug nur das Tausendstel einer Sekunde.

Produktion vom Kommandostand

Ein weiteres Charakteristikum der Hochtemperatur-Spaltanlage: Man brauchte im Gegensatz zu den herkömmlichen Chemie-Anlagen kaum Bedienungspersonal. 16 Arbeiter bildeten hier die Schicht. Um so größer und weitläufiger war hingegen das Meßhaus. Es wirkte wie ein riesiger Kommandostand, in dem unablässig Kontroll-Lampen aufleuchteten, automatische Schreiber geheimnisvolle Kurven aufzeichneten und jede Minute Hunderte von Daten ermittelt wurden, die eine minutiöse Überwachung der Anlage und jedes ihrer Details gestatteten.

In dem mit gedämpftem Licht erfüllten Saal standen ebenfalls nur einige Chemiker, Ingenieure und Spezialisten. Sie verschwendeten keinen Blick auf die gegenüberliegenden Apparaturen, in denen alle paar Minuten weißer Dampf in die Höhe zischte: Ihr Auge hing an den Skalen der Meßinstrumente.

Die Schöpfungen der Chemiker und Ingenieure mögen noch so bestechend und vollkommen sein – letzten Endes ist der Rechenstift des Betriebswirts ausschlaggebend; er allein befindet darüber, ob ein Projekt überhaupt in die Wirklichkeit umgesetzt wird und ob eine bereits bestehende Anlage noch rentabel ist. Mitunter stießen dabei die Meinungen zwischen Kaufleuten und Naturwissenschaftlern hart aufeinander, bis schließlich im Vorstand der Firma die letzte Entscheidung fiel, die nicht nur vor dem Aufsichtsrat, sondern vor allem gegenüber den Aktionären vertreten werden mußte.

Neue Tendenzen in der Petrochemie

Die 60er Jahre brachten auf dem Mineralölmarkt eine überraschende Entwicklung. Das Heizölgeschäft stieg in einem nicht erwarteten Ausmaß. Die Raffinerien mußten daher ihre Kapazitäten umstellen, um dieser Situation gerecht zu werden. Die Folge war, daß Leichtbenzin in immer größeren Mengen anfiel und billiger wurde, was wiederum für die Hoechster Petrochemie entsprechende Auswirkungen hatte.

Das Aneinanderrücken der Preise von Leichtbenzin und Rohöl und die Vorteile des Leichtbenzins als Basis für die Olefinerzeugung legten es nahe, ganz auf Leichtbenzin als Rohstoff überzugehen.

So entschloß sich Hoechst Ende 1960, die Erzeugung von Kohlenwasserstoffen aus Rohöl einzustellen. Zu dieser Zeit waren die Hochtemperatur-Pyrolyse (HTP) und die vier Spaltöfen für Benzin und Ethan/Propan bereits in Betrieb genommen und bildeten ein breites Fundament für die Hoechster Petrochemie.

Die Stillegung des Rohölspalters ging ohne Zäsur für die Produktion vor sich; der Strom von Ethylen, Propylen, Methan und Restgas floß weiterhin zu den verarbeitenden Betrieben. Der Koker diente später noch für einige Zeit als Art strategische Reserve, denn das Erdölgeschäft war auch damals schon reich an Überraschungen und jähem Wechsel. Doch ab 9. März 1970 wurde der Koker endgültig demontiert.

Die Rohöl- und Leichtbenzinverarbeitung in eigener Regie hatte für das Unternehmen entscheidenden Wert gehabt: Als die Zeit es verlangte und die neuen Olefinkunststoffe produktionsreif waren, verfügte das Unternehmen über die Rohprodukte, die nicht am Markt zu kaufen waren.

Der Hoechster »Nonkonformismus« in der Petrochemie hatte dem Werk die Handlungsfreiheit bewahrt und die Atempause verschafft, die vergehen mochte, bis sich doch einige Erdölgesellschaften entschließen würden, in den industriell immer bedeutenderen Frankfurter Raum vorzustoßen. Daß es bald soweit sein würde, lag auf der Hand.

Im Jahre 1961 begann dann die amerikanische Erdölgesellschaft Caltex, schon bisher Hauslieferant für Rohöl, in Raunheim eine Raffinerie zu bauen. Im Rahmen eines auf 15 Jahre festgesetzten Vertrages – ohne gesellschaftsrechtliche Bindungen – sollte die Caltex nun Hoechst mit Kohlenwasserstoffen und Olefinen versorgen.

Ende 1963 verkündeten einige langgezogene Sirenentöne, daß Hessens Ministerpräsident Georg August Zinn soeben das Startzeichen für das Anfahren der ersten hessischen Raffinerie gegeben hatte, der Caltex. In dieser Anlage wurden zunächst täglich über 6000 Tonnen arabisches und libysches Erdöl verarbeitet. Neben den üblichen Raffinerieprodukten wie schwerem und leichtem Heizöl sowie Motortreibstoffen erzeugte die Caltex für Hoechst Ethylen, Propylen, Methan und Wasserstoff. Bereits ein Jahr später wurden diese Lieferungen wesentlich gesteigert.

Eine ähnliche Entwicklung bahnte sich im Kölner Raum an. Das Werk Knapsack mußte sich gleichfalls auf die petrochemisch erzeugten Produkte umstellen und seine Stromverträge für spezielle elektrochemische und elektrothermische Prozesse reservieren. So entstand – begründet und wohl gepflegt in den Jahren der Nachkriegszeit – eine enge Zusammenarbeit von Knapsack und der benachbarten »Union Rheinische Braunkohlen Kraftstoff AG Wesseling«. U.K. Wesseling errichtete eine spezielle Crackanlage für die Erzeugung von Kohlenwasserstoffen und Olefinen und wurde zum wichtigsten Rohstofflieferanten für Knapsack (und viel später auch für Hoechst).

So hatte sich das Unternehmen in den 60er Jahren für zwei seiner wichtigsten Produktionsplätze, in Frankfurt und Knapsack, seine petrochemische Versorgung gesichert. Daneben erfüllten die Hoch- und Mitteltemperatur-Pyrolysen weiterhin ihre Aufgabe mit der Erzeugung von Ethylen und Acetylen.

Die Mischung von Eigenproduktion und Zulieferung von Olefinen erschien damals Hoechst als vernünftiges Rezept – erst wesentlich später überließ man die Zulieferung von petrochemischen Rohstoffen völlig den Raffinerien. Im Jahre 1975 wurde die seit 1960 laufende Hochtemperatur-Pyrolyse abgeschaltet.

Rohstoff aus Gendorf

Für die Produktion des wichtigsten Kunststoffes – darüber wird noch ausführlich berichtet – lieferten in der ersten Zeit weder die petrochemischen Anlagen von Hoechst noch eine der Raffinerien den Rohstoff, sondern ein Werk, das Hoechst in Bayern erworben und ausgebaut hatte: Gendorf an der Alz, in der Nähe von Burghausen.

Dieses Werk war einst aus staatlichen Mitteln erbaut worden. Seine Produktion wanderte während des Zweiten Weltkriegs in die Rüstung. Trotz der immer schlechter werdenden Kriegslage baute man in Gendorf auch einige chemische Versuchsanlagen, wie zum Beispiel eine Apparatur zur Herstellung von Polyethylen nach dem Hochdruckverfahren. Viele führende Techniker der I.G., besonders von Ludwigshafen, fanden in den letzten Kriegsmonaten eine ungestörte Arbeitsmöglichkeit in dem kleinen Werk, in dem man technisches Neuland – wenn auch nur im kleinen Maßstab – erproben konnte, ohne daß jeden Augenblick Luftschutzsirenen heulten und Bomben fielen, so wie in Leuna, Bitterfeld oder Ludwigshafen.

Ethylen in Gendorf

Nach dem Kriegsende wurden viele Anlagen Gendorfs demontiert. Übrig blieb nur ein Torso: ein kleiner Teil des Kraftwerks, ein Teil der Chloralkali-Elektrolyse. Am wichtigsten war eine Apparatur, um aus Carbid, das von den benachbarten Süddeutschen Kalkstickstoff-Werken gekauft wurde, über Acetylen das Ethylen und daraus Ethylenoxid und Glykol zu produzieren.

Das Werk war mit diesem kümmerlichen Produkt-Sortiment nicht lebensfähig. Um den dort tätigen Menschen – darunter ehemalige Angehörige der I.G. und viele Vertriebene aus dem Osten – eine Arbeitsmöglichkeit zu erhalten, übernahm zunächst der bayerische Staat die Anlage. Doch das konnte keine Dauerlösung sein, zumal Gendorf auch verkehrsmäßig im »toten Winkel« lag und von den Transport- und Energiekosten her schwere Nachteile in Kauf nehmen mußte.

Doch noch war Gendorf nicht verloren. Winnackers früherer Chef, Friedrich Jähne, seit einiger Zeit aus dem Gefängnis in Landsberg entlassen und nun in Bayern ansässig, machte den neuen Chef von Hoechst auf Gendorf aufmerksam. Auch der ebenfalls aus Landsberg zurückgekehrte frühere I.G.-Spartenchef Carl Krauch setzte sich bei Winnacker für Gendorf ein.

Erste Gespräche mit dem bayerischen Wirtschaftsminister Dr. Hanns Seidel verliefen positiv. Winnacker berichtet darüber in seinen Lebenserinnerungen: »An einem Sonnabend hatte ich mir dann ganz inoffiziell den überall in Ostbayern als ›Anorgana‹ bekannten Komplex angesehen und war von der Aktivität der Gendorfer sehr beeindruckt. Das Kernstück war ein während des ›Dritten Reiches‹ entstandener Kriegsbetrieb. Er hatte dem Staat gehört und war von der I.G. Farbenindustrie verwaltet worden. Die I.G. hatte dann dorthin auch noch eigene Betriebe verlagert, um sie vor Luftangriffen zu schützen.«

Ein Scheck über elf Millionen

»Eine dauerhafte Lösung wurde nur möglich«, so Karl Winnacker, »wenn der bayerische Staat, zunächst aus Bundesbesitz, die Reste des Werkes erwarb, um sie später an Hoechst zu übertragen. Zusätzlich mußte dann noch der im I.G.-Besitz befindliche Anteil wieder eingefügt werden. Diese komplizierte Transaktion entsprach ganz den damals etwas verworrenen Besitzverhältnissen und unserer politisch noch von den Alliierten abhängigen Lage. Sie erforderte eine gute Portion Verschwiegenheit und gegenseitiges Vertrauen.

Geldmittel aus dem bayerischen Staatshaushalt standen nicht zur Verfügung. Auch durfte die ganze Angelegenheit zunächst weder im Parlament behandelt noch in der Öffentlichkeit bekannt werden, da keine alliierte Genehmigung zu erhalten war. So unterschrieb ich eines Tages den erwähnten Scheck über elf Millionen DM und überreichte ihn einem bayerischen Staatsbeamten, der mir dafür weder eine reguläre Quittung noch eine schriftliche Zusage der künftigen Übereignung geben konnte. Mit diesem Geld kaufte dann der Freistaat Bayern in aller Stille die Werksanlagen, um sie schließlich 1955 an Hoechst zu übertragen.

Aber vorher hatte es in Bayern noch einen Regierungswechsel gegeben. Die Regierung unter Hans Ehard (CSU) wurde durch eine ›Viererkoalition‹ aus SPD, Bayernpartei, BHE (Bund der Heimatvertriebenen und Entrechteten) und FDP abgelöst. Nun drohte die Situation erst recht schwierig zu werden. Der neue SPD-Ministerpräsident Wilhelm Hoegner, den ich wegen meiner Sorgen um Gendorf besuchte, gab mir die beruhigende Versicherung, seine Regierung würde frühere Vereinbarungen – von denen er zunächst gar nichts wissen konnte – selbstverständlich einhalten.

So geschah es dann auch, und der Erwerb von Gendorf konnte der Öffentlichkeit mitgeteilt werden. Im Sommer 1955 erteilte der Aufsichtsrat von Hoechst seine endgültige Genehmigung. Zunächst aber bereitete uns die Situation des Werkes erhebliches Kopfzerbrechen, trotz der wertvollen Arbeitsgebiete, die neu hinzukamen.«

Wahrscheinlich war es diese ungewöhnliche Vorgeschichte, die bewirkte, daß Winnacker auch weiterhin an der Entwicklung Gendorfs besonderen Anteil nahm. Später wurde dann vor allem das in Gendorf erzeugte Ethylen interessant. Noch ehe der Koker seinen Dienst aufgenommen hatte, wurde Ethylen zunächst in Flaschen, später sogar in Kesselwagen der Bundesbahn, von Gendorf nach Höchst transportiert.

Den Chemikern ging zwar die an der Alz praktizierte Methode, aus Acetylen Ethylen herzustellen, stets gegen den Strich, denn Acetylen ist energiereicher als Ethylen. Man brauchte bei Hoechst jedoch dieses Ethylen, um die ersten tausend Tonnen Polyethylen zu gewinnen.

Ende der 50er Jahre besaß Gendorf dann sogar eine eigene Crackanlage. Das Gendorfer Verfahren ähnelte der Hochtemperaturpyrolyse von Hoechst.

Ein erfolgreiches Produkt: Genantin

Durch Verbesserungen im Laufe der Jahre konnten die Gendorfer Petrochemiker die Leistung der Anlage um rund fünfzig Prozent steigern. Da die Spaltanlage in Gendorf fast ausschließlich Ethylen erzeugte, konnte die Gastrennanlage einfacher als die Hoechster Hochtemperaturpyrolyse gehalten werden, in der Acetylen als Hauptprodukt eine große Rolle spielte. Das in Gendorf produzierte Glykol wurde als »Genantin« ein sehr erfolgreiches Frostschutzmittel für Kraftfahrzeuge. Glykol war dann später, als sich Hoechst der Faserproduktion zuwandte, einer der beiden Rohstoffe für die Herstellung von Trevira.

Das Ausgangsprodukt des Glykols, das Ethylenoxid, wird in Gendorf und Hoechst für die Herstellung verschiedener Textil- oder Erdölhilfsmittel benötigt.

Auch die Chloralkali-Elektrolyse wurde bald wieder in Gang gebracht und weiter ausgebaut. Heute besitzt Gendorf eine moderne Chloralkali-Elektrolyse mit einer Kapazität von 72000 Tonnen im Jahr. Das erzeugte Chlor wandert in Gendorf in die Produktion von PVC-Folien. Auf diesem Gebiet hat es Gendorf zum größten Hersteller in Europa gebracht. Auch einer der hochwertigsten Kunststoffe, Hostaflon, kommt seit langem aus Gendorf. Doch darüber wird im Kunststoffkapitel berichtet.

Die petrochemische Versorgung von Gendorf geschieht heute durch den Petrochemiestandort Münchsmünster. Rund 220000 Tonnen Ethylen benötigt das Werk, das 1988 Produkte im Wert von 1,5 Milliarden Mark erzeugte.

So hat das einstige Werk im Wald, das keiner haben wollte, eine überraschend positive Entwicklung erfahren.

Das Zeitalter der Kunststoffe

Die Position der Farbwerke hatte sich, was die Petrochemie anging, gefestigt.

Zu den Lieferungen der Caltex-Raffinerie kamen in den 70er

Einmarsch der Amerikaner in Höchst 1945 (oben)
Frühere Vorstandsmitglieder der I. G. als Angeklagte in Nürnberg (unten)

Ansprache des ersten Aufsichtsratsvorsitzenden Hugo Zinßer nach der Hauptversammlung im März 1953 (oben)

Der Aufsichtsratsvorsitzende Friedrich Jähne im Gespräch mit dem Vorstandsvorsitzenden Professor Karl Winnacker (rechte Seite, oben)

Von links: Carl Wurster, Ulrich Haberland, Karl Winnacker, Oberbürgermeister Werner Bockelmann, Frau Else Bosch, Burckhardt Helferich, Theo Goldschmidt (rechte Seite, unten)

Hochkommissar John McCloy bei der Einweihung des Penicillin-Betriebes 1951

Jahren jene von U.K. Wesseling im Kölner Raum. Schließlich baute Hoechst sogar eine Leitung, mit deren Hilfe Knapsack und das Stammwerk versorgt werden. Hunderttausende von Tonnen Ethylen gehen über diese Leitung heute an Hoechst.

Was aber wäre geschehen, wenn das Unternehmen Ende der 50er Jahre geduldig abgewartet und sich nicht der Devise »Do it yourself« verschrieben hätte? Die Gefahr auf einem Zukunftsgebiet, wie es die Kunststoffe darstellten, zu spät zu kommen, war groß. Schon 1963 wurden weltweit rund fünf Millionen Tonnen Kunststoffe produziert. Jeder der großen Chemiekonzerne, ob ICI, Du Pont oder BASF und Bayer, die Tochtergesellschaften mit Erdölraffinerien gegründet hatten, besaß seinen Platz in der Kunststoff-Erzeugung, die sich Jahr für Jahr um zweistellige Zuwachsraten steigerte.

Daß Hoechst dabei nicht zu den »Zuspätgekommenen« zählte, daß es sich mit Hostalen bald einen beachtlichen Marktanteil sichern konnte, verdankt es nicht zuletzt seiner frühzeitigen Initiative, die zum Aufbau des Kokers, der Mittel- und der Hochtemperatur-Pyrolyse geführt hatte.

Kapitel 8

Jahre der Entscheidung

Der 3. Juni 1969 war für Hoechst ein historischer Tag. Karl Winnacker, Jahrgang 1903 und mithin 66 Jahre alt, fast 18 Jahre Vorstandsvorsitzender, legte bei der Hauptversammlung sein Amt nieder. Winnacker und der übrige Vorstand hatten sich schon vor Jahren ein »Gesetz« gegeben: Jeder werde nach dem Erreichen des 65. Lebensjahres in Pension gehen. Bei mehreren Gelegenheiten hatte Winnacker deutlich gemacht, daß er in diesem Fall auch bei seiner eigenen Person keine Ausnahme zu machen gedenke.

Schon geraume Zeit vorher zerbrachen sich Berufene und Unberufene den Kopf darüber, wen Winnacker als seinen Nachfolger ausersehen hatte. Genüßlich sondierten einige Journalisten die Chancen möglicher Nachfolger, eifrig unterstützt von dem einen oder anderen Hoechster, dem die Frage nicht gleichgültig war, wer in Zukunft auf dem Chefsessel sitzen würde.

Winnacker, der Journalisten gut zu nehmen wußte und bei ihnen hochangesehen war, ließ sich kein Wort entlocken, so oft man ihn auch zu später Stunde »anzuzapfen« versuchte. Er wollte seinen Nachfolger nicht zu früh der Diskussion und Spekulation aussetzen, ein verständlicher Wunsch, der freilich nicht ganz in Erfüllung gehen konnte. Immer wieder wurden die Namen Rolf Sammet und jener von Verkaufschef Kurt Lanz, aber auch die von einigen anderen Vorstandsmitgliedern genannt.

Eineinhalb Jahre vor der endgültigen Wachablösung bat Winnacker Rolf Sammet in sein Büro. Er informierte Sammet in einem kurzen Gespräch, das sich keineswegs durch sonderliche Feierlichkeit auszeichnete, daß er als sein Nachfolger vorgesehen sei. Beide kannten sich viel zu lange und viel zu gut, als daß es großer Worte bedurft hätte.

Sammets Weg bei Hoechst

Sammet wäre eigentlich beinahe bei Bayer gelandet und nicht bei Hoechst. Als Assistent im Organischen Institut der Technischen Hochschule Stuttgart – Sammets Heimatstadt – hatte er einst den Leiter des Hauptlabors von Bayer kennengelernt. Er hatte daraufhin eine Einladung nach Leverkusen erhalten und war beeindruckt von dem, was er dort sah. Obwohl es noch die Zeit vor der Währungsreform war und Bayer unter englischer Kontrolle stand, sah man dort schon wieder erstaunlich optimistisch in die Zukunft. Die Engländer verfuhren offensichtlich bei der Neuorganisation des Unternehmens großzügiger als die Amerikaner.

In Leverkusen war nicht die gesamte Führungsschicht von den Besatzern nach Hause geschickt worden. Die personelle Struktur war weitgehend intakt geblieben, viele Produktionen liefen schon wieder auf beachtlichen Touren. Das galt nicht nur für die Arzneimittel, die in der I.G.-Zeit alle unter dem Bayer-Kreuz verkauft worden waren. Das Bayer-Kreuz besaß auch jetzt noch eine große Strahlkraft, und zwar besonders in Übersee.

Sammet fuhr beeindruckt nach Hause. Daß er dann doch eine Absage nach Leverkusen schrieb, hing vorwiegend damit zusammen, daß er sich nicht mit dem Gedanken vertraut machen konnte, seine Heimatstadt zu verlassen. Er war gerade jung verheiratet, hatte sich mit seinem kleinen Hausstand bei seiner verwitweten Mutter einrichten können, und auch die Ernährung war einigermaßen gesichert.

Zunächst erwies sich diese Entscheidung als richtig. Sammet fand in Stuttgart im Max-Planck-Institut eine Anstellung, die allerdings von einem Tag auf den anderen zu Ende war, als im Juni 1948 die Währungsreform verkündet wurde. Sammet befand sich auf keiner regulären Planstelle und konnte nicht weiter besoldet werden.

Sammet erinnerte sich nun an seinen Besuch in Leverkusen. Obwohl er ursprünglich eine Hochschullaufbahn plante, erschien ihm seither die Arbeit eines Industriechemikers durchaus reizvoll. Der Weg zu Bayer war jetzt allerdings, wie es ihm schien, versperrt. Eine Bewerbung bei der BASF in Ludwigshafen erschien ihm nicht verlockend, weil dort noch immer die Franzosen das Sagen hatten. So ging Sammet im Oktober 1948 zunächst einmal in das Städtchen Heidenheim und trat dort in eine kleine Chemiefabrik ein.

Vorstellungsgespräch bei Hoechst

Drei Monate später bewarb er sich bei Hoechst, genauer: bei den Farbwerken U.S. Administration. Er absolvierte das Vorstellungsgespräch und wurde von einem der Hoechst-Direktoren, Dr. Kurt Möller, in den »Russischen Hof« zum Mittagessen eingeladen. Das war das Kasino, das sich in einer ehemaligen Baracke befand – während des Krieges eine Herberge für russische Gefangene und Zivilarbeiter.

Am 15. März 1949 um sieben Uhr dreißig trat dann der neue Hoechst-Chemiker Dr. Rolf Sammet, Personalnummer 1756, seinen Dienst an. Kurz bevor er eingetreten war, begannen übrigens drei seiner späteren Vorstandskollegen ebenfalls ihre Tätigkeit in dem Unternehmen: am 1. Oktober 1948 Dr. Rudolf Frank, der später für die Farbstoffe zuständig wurde, am 15. Oktober 1948 Dr. Wolfgang von Pölnitz, später Chef der Pharma und der Landwirtschaft im Vorstand, und am 1. Januar 1949 Dr. Jürgen Schaafhausen, später im Vorstand für Chemikalien, Kunststoffe und Wachse zuständig.

Als Sammet zu Hoechst kam, unterstand das Werk noch ganz der Kontrolle durch die Amerikaner. Als Chef des I.G. Farben Control Office fungierte Randolph Newman, Mitglied der amerikanischen Anklagebehörde im I.G. Farben-Prozeß, ein ehemaliger Deutscher, der in die USA emigriert war. Gesprächspartner der Amerikaner war Dr. Michael Erlenbach, von den Amerikanern eingesetzter Treuhänder des Werkes. Erlenbach galt in der nationalsozialistischen Zeit als »rassisch nicht einwandfrei«, hatte jedoch als Pflanzenschutzchemiker bei Hoechst unangefochten arbeiten können. Er mußte fast täglich zum Control Office in das frühere I.G.-Haus in Frankfurt, um alle Maßnahmen mit Newman abzustimmen und von ihm genehmigen zu lassen.

Auch die anderen ehemaligen Hoechst-Werke wie Griesheim, Offenbach, Kalle und Gersthofen in Bayern standen unter Kontrolle der Amerikaner. Jedes besaß einen Treuhänder, von denen durchaus nicht jeder die Rückkehr der Werke zu Hoechst anstrebte. Wie es schien, lag eine Zusammenführung der Hoechst-Werke auch keineswegs in den amerikanischen Plänen.

Sammets erste Erfahrungen bei Hoechst waren nicht dergestalt, daß er sofort das Gefühl gewann, mit dem Eintritt die richtige Entscheidung getroffen zu haben. Es herrschte damals bei Hoechst, anders als bei Bayer, viel Unentschlossenheit und Halbherzigkeit. Manche Arbeiten, die hoffnungsvoll begonnen und ausgeführt wurden, mußten plötzlich wieder eingestellt werden, weil sich der Vorstand – oder die Amerikaner – anders besonnen hatten.

Warum – und das empfand Sammet als besonders demotivierend – wurde nur selten mitgeteilt.

Die Winnacker-Ära beginnt

Mit der Rückkehr Winnackers zu Hoechst im Jahre 1952 begann sich die Situation im Werk gründlich zu ändern. Sammet lernte Winnacker kennen, als er nach seinen ersten Stationen im Lösungsmittel- und im Hauptlabor Spartenreferent in der Technischen Direktionsabteilung (TDA) wurde. Diese Abteilung unter Leitung von Wolfgang Thies fungierte als eine Art »Technischer Generalstab« für den Vorstand. Jede der sieben Sparten war in diesem Gremium mit einem fähigen jungen Chemiker vertreten, von denen viele später in den Vorstand berufen wurden.

Hauptaufgabe der TDA waren Planung im technischen Bereich und Abstimmung mit allen Instanzen des Hauses. Winnacker war so nicht gezwungen, bei kleinen Entscheidungen sofort seine persönliche Autorität einzusetzen. »Ich habe ja ohnehin als Vorstandsvorsitzender nichts zu sagen«, pflegte er gerne zu bemerken. Tatsächlich hatte Winnacker kein Vorstandsressort übernommen. Er konzentrierte sich vielmehr auf die Gesamtleitung des Hauses, die ihm freilich niemand streitig machte.

Sammet wurde in der TDA zuständig für die Fasern, war beteiligt an den Lizensierungsverhandlungen mit der ICI und wurde schließlich Produktionsleiter für Trevira in Bobingen. Er liebäugelte dort – schließlich war er Schwabe – schon bald mit Plänen für einen Hausbau.

Doch Winnacker holte Sammet nach Höchst zurück. Sammet wurde Chef der TDA, stellvertretender Werksleiter und 1962 stellvertretendes Vorstandsmitglied. Auch Jürgen Schaafhausen wurde von Winnacker zum gleichen Zeitpunkt in den Vorstand geholt.

Winnacker hatte erkannt, daß der Vorstand dringend erneuert und verjüngt werden mußte. Michael Erlenbach, Treuhänder, dann Pharmachef, war am 8. Januar 1962 gestorben, ein anderes Vorstandsmitglied wegen Krankheit für längere Zeit ausgefallen. »Aufsichtsrat und Vorstand sind sich einig«, sagte Winnacker zu Sammet. »Wir werden Sie zum stellvertretenden Vorstandsmitglied ernennen.«

Sammet übersiedelte 1962 vom TDA-Büro in das Zimmer unmittelbar neben Winnacker, wo er später als Vorstandsvorsitzender und mittlerweile als Aufsichtsratsvorsitzender arbeitete.

Als Dr. Robert Zoller – für die drei Geschäftsbereiche Fasern, Folien und Reproduktionstechnik verantwortlich – fast ein Jahr wegen schwerer Erkrankung ausfiel, vertrat Sammet ihn im Vorstand. Nach Zollers Rückkehr und dem Ausscheiden Dr. Erich Bauers als Werksleiter zeichnete Sammet für die Werksleitung, aber auch für die Sparten Folien und Reproduktionstechnik verantwortlich.

Der Weg des Kurt Lanz

Der stellvertretende Vorstandsvorsitzende Kurt Lanz, Jahrgang 1919 und somit nur ein Jahr älter als Sammet, hatte im Gegensatz zu ihm sogar noch die alte I.G. kennengelernt sowie die ersten Nachkriegsjahre bei Hoechst. Lanz, aus Kehl stammend, war schon 1937, unmittelbar nach dem Abitur, in die I.G. als Lehrling eingetreten.

Farbstoffe und Chemikalien waren die ersten Produkte, mit denen Lanz im Werk Hoechst nähere Bekanntschaft machte.

Während des Krieges gelang es ihm, in eine Dolmetscherkompanie zu kommen. Als er endlich die von ihm wenig geliebte Uniform ausziehen konnte, hatte der Obergefreite a.D. zwei Dolmetscher-Diplome in der Tasche: eines für Englisch und eines für Französisch. Frankreich hatte Lanz schon als Schüler fasziniert. Es wurde auch das Land, das während seiner Hoechster Tätigkeit für ihn die größte Bedeutung gewinnen sollte.

Im Werk Griesheim, in dem die Amerikaner eine große Dokumentationszentrale eingerichtet hatten, begann für den einfachen Angestellten Lanz der Nachkriegsstart.

Später baute Lanz bei Hoechst die Kaufmännische Direktionsabteilung und schließlich die Verkaufsleitung auf. Sein erster Chef war nicht Karl Winnacker, sondern Konrad Weil, einst Treuhänder von Griesheim, später kaufmännischer Chef von Hoechst, ein Kollege, den Winnacker, Lanz und viele andere hoch respektierten. Winnacker schreibt in seinen Erinnerungen über ihn: »Weil war von Hause aus Chemiker, Schüler des Nobelpreisträgers Adolf Windaus in Göttingen und ein ausgezeichneter Naturwissenschaftler. Gleichzeitig aber hatte er auf dem Gebiet des Finanz- und Rechnungswesens sowie im allgemeinen kaufmännischen Bereich großes Talent und guten Instinkt bewiesen. Er beriet mich in diesen Fragen von Anfang an in ebenso unaufdringlicher wie selbstloser Weise. Da ich in kaufmännischen Dingen ein ausgesprochener Neuling war, empfand ich seine Unterstützung als äußerst wertvoll. Ich konnte ihm bedingungslos vertrauen. In kurzer Zeit verband uns eine persönliche Freundschaft, wie sie sich bei älteren Menschen nicht mehr so leicht entwickelt wie bei jungen.«

Unmittelbarer Chef von Lanz war der Leiter des Verkaufs Walther Ludwigs.

Bald wurde auch Winnacker auf Kurt Lanz aufmerksam. Schon mit 38 Jahren, nach dem Ausscheiden von Ludwigs, holte er ihn in den Vorstand. Dort begann Kurt Lanz Zug um Zug mit dem Aufbau einer Auslandsorganisation, zunächst in Europa, dann in Übersee. Er wurde dabei zum erfolgreichen Weltreisenden in Chemie, wie er sich selbst in seinen Lebenserinnerungen nennt, die jene Jahre plastisch schildern. Lanz' große Stunde bei Hoechst kam, als er im Namen des Vorstandes 1968 nach Cannes flog, wo im Hotel Carlton der französische Industrielle Jean-Claude Roussel, Inhaber und Chef der Chemie- und Pharma-Firma Roussel Uclaf, seine jährliche Kur unternahm.

Jean-Claude Roussels Vater, der Apotheker Dr. Gaston Roussel, hatte dieses Unternehmen 1920 als Familienbetrieb gegründet. Eines der ersten Produkte, die das »L'Institute de Sérothérapie Hémopoétique« herstellte, war »Hemostyl«, ein Mittel gegen Anämie, das gleichzeitig eine blutstillende Wirkung besaß. Bereits 1922 waren weitere Laboratorien und Filialen im europäischen Ausland entstanden. Aber auch in Frankreich selbst war es mit Roussel weiter aufwärts gegangen: die Firma rief die »Usines Chimiques des Laboratoires Français« (Uclaf) ins Leben. Die erste Produktionsstätte für Pharmazeutika aus chemischen Grundstoffen wurde in Romainville bei Paris gebaut.

Nachdem Alexander Flemings Penicillin seinen Siegeszug angetreten hatte, begann Roussel 1946 ebenfalls, Antibiotika herzustellen. Nach dem Tode von Gaston Roussel konstituierte sich die Firmengruppe unter dem Namen Roussel Uclaf, erfolgreich weiterausgebaut von Jean-Claude Roussel.

Nach den Studentenunruhen in Paris von 1968 waren Jean-Claude Roussel Bedenken gekommen, ob sich die politische und wirtschaftliche Situation in seinem Lande nicht auf die Dauer ungünstig für freie Unternehmer gestalten würde. Eine Allianz mit einem deutschen Unternehmen erschien ihm erwägenswert.

Er dachte zunächst allerdings nicht an Hoechst, sondern an Bayer.

In den Gesprächen mit Kurt Lanz, der perfekt französisch sprach und seit seinen Jugendjahren eine besondere Affinität für französische Kultur und Lebensart entwickelt hatte, begann sich die Waage überraschend zugunsten von Hoechst zu neigen.

An den letzten juristischen Verhandlungen im Pariser Hauptquartier von Roussel konnte der Chefjurist von Hoechst, Dr. Karl August Voltz, wegen Erkrankung nicht teilnehmen. Er wurde vertreten von einem seiner Mitarbeiter, Dr. Martin Frühauf, der in der Folgezeit zu einem der wichtigsten Architekten der deutsch-französischen Zusammenarbeit wurde. Er gehört seit 1978 dem Vorstand an und ist nicht nur Chefjurist, sondern auch für Frankreich verantwortlich.

Hoechst verließ sich nicht allein auf das gute Einvernehmen zwischen Roussel und Lanz. Auch Männer wie Hansgeorg Gareis, damals Pharmaforschungschef, wurden zu Intensivkursen für vier Wochen nach Paris geschickt. Eine Investition, die sicherlich auch psychologisch von erheblichem Wert war, denn die Roussel-Truppe sollte nicht das Gefühl haben, ein »germanisches Beutestück« geworden zu sein. Umgekehrt lernten viele der Franzosen schnell und gut Deutsch, so etwa Henri Monod, damals Assistent von Jean-Claude Roussel. Wenn es um wissenschaftliche Fragen ging, dann bevorzugten beide Seiten mittlerweile Englisch, die »Lingua franca« der Mediziner und Naturwissenschaftler.

Daß aus der Verbindung zwischen Roussel und Hoechst eine »belle alliance« wurde, lag auch an der glücklichen Ergänzung beider Unternehmen. Während die besondere Stärke des Hoechster Pharmabereiches in jenen Jahren bei Präparaten gegen die Zuckerkrankheit, bei Herz- und Kreislaufmitteln und bei Antibiotika lag, hatte sich Roussel erfolgreich auf Hormone, besonders Steroide, aber auch auf Psychopharmaka und die Gewinnung von Naturstoffen konzentriert. Auch im Pflanzenschutz, damals bei Hoechst noch ein recht bescheidenes Gebiet, besaß die Pariser Firma verheißungsvolle Präparate.

Als sich Hoechst und Roussel einig waren, bestand Jean-Claude Roussel darauf, selbst nach Leverkusen zu Bayerchef Professor Kurt Hansen zu fahren, um ihm diese Entscheidung mitzuteilen.

Es war ein schwerer Verlust für beide Firmen, als Jean-Claude Roussel am 9. April 1972 bei einem Flugzeugabsturz getötet wurde. Den verwaisten Präsidentensessel übernahm Jacques Brunet, ehemals Gouverneur der Bank von Frankreich.

Eine große Bewährungsprobe für Hoechst und Roussel kam mit dem Sieg der französischen Sozialisten bei den Wahlen von 1981. Die Sozialisten Mitterands hatten eine Liste von französischen Unternehmen vorgelegt, die nach einem Wahlsieg verstaatlicht werden sollten. Darunter befand sich auch Roussel.

Bei Hoechst verfolgte man mit größter Spannung diese Entwicklung. Würde man die Beteiligung an Roussel wirklich aufgeben müssen? Würden sich die französischen Kollegen, mit denen man bisher so hervorragend zusammengearbeitet hatte, dem staatlichen Druck beugen müssen, sogar froh sein, wieder von Hoechst loszukommen?

Die behutsame und freundschaftliche Zusammenarbeit der vergangenen Jahre zahlte sich nun aus. Die Leitung von Roussel stand zu Hoechst, und auch der französische Staat bemühte sich um eine Lösung, mit der alle Seiten leben konnten. Heute hält die Hoechst AG 54,5 Prozent des Aktienkapitals von Roussel.

Roussel Uclaf gehört ebenso wie Hoechst zu den besonders forschungsintensiven Unternehmen. Roussel gibt 12,6 Prozent (1200 Mio. FF) von seinem Umsatz dafür aus. Zwischen den Forschern in Paris und jenen von Hoechst wurde eine »Recherche commune« gegründet, deren erfolgreichstes Ergebnis Antibiotika der Cephalosporin-Gruppe sind. Claforan, das Spitzenpräparat, zählte lange Zeit weltweit zu den zehn umsatzstärksten Arzneimitteln.

In Deutschland werden die Roussel-Präparate, zusammen mit dem weiter ausgebauten Sortiment von Albert, von der Albert-Roussel Pharma GmbH in Wiesbaden verkauft. Die Vertriebsfirma wurde von beiden Gesellschaften 1969 gegründet.

Zu den meistgefragten ARP-Präparaten gehört Trental, mit dem die peripheren Blutgefäße erweitert werden.

Im Hoechster Jubiläumsjahr 1988 konnte auch die 20jährige Zusammenarbeit mit Roussel-Uclaf gefeiert werden. Dr. Edouard Sakiz, der Vorstandsvorsitzende von Roussel, sprach bei einem großen Jubiläumsempfang in Paris von einem bedeutenden Erfolg, den die beiden Gesellschaften erzielt hätten. Innovativ und dynamisch präsentiert sich das französische Unternehmen. Das drückt sich auch in dem Unternehmenswert von Roussel an der französischen Börse aus. Er ist von 630 Millionen Francs auf 6740 Millionen Francs gestiegen. Das ist das zehnfache des Ausgangswerts vor zwanzig Jahren, der Börsenwert der Hoechst AG hat sich in diesem Zeitraum nur verdoppelt.

Roussel ist in jener Zeit vor allem mit Pharmazeutika und Pflanzenschutzmitteln zu einem internationalen Unternehmen geworden. Vom Gesamtumsatz von 10590 Millionen Francs werden zwei Drittel im Ausland erzielt. Die Zahl der ausländischen Niederlassungen erhöhte sich von 40 auf 63.

Messer kommt zu Hoechst

Im Jahre 1964 konnte Winnacker die Journalisten auf einer Pressekonferenz damit überraschen, daß er und der 39jährige Dr. Hans Messer beschlossen hatten, eine neue Gesellschaft zu gründen, an der Hoechst zu zwei Drittel und das Frankfurter Familienunternehmen Messer zu einem Drittel beteiligt sind. Auch die passionierten Nachrichtenjäger der Frankfurter Presse hatten von den Verhandlungen keine Kenntnis.

Hans Messer – er studierte nach dem Krieg Chemie und Betriebswirtschaft und leitete zugleich das elterliche Unternehmen – hatte erkannt, daß die weitere Expansion einen finanzstarken Partner brauchte. Winnacker gab ihm zudem das Gefühl, in der Partnerschaft fair behandelt zu werden. Er ist in dieser Erwartung nicht enttäuscht worden.

Die neue Gesellschaft umfaßte neben der bisherigen Adolf Messer GmbH das Frankfurter Werk Griesheim-Autogen und die Düsseldorfer Werksgruppe Sauerstoff des Hoechst-Werkes Knapsack (damals noch Knapsack-Griesheim AG).

Die Messer Griesheim GmbH bietet einen reizvollen Verbund. Sie produziert und vertreibt Industriegase, darunter Sauerstoff, Stickstoff, Argon und weitere Edelgase wie Helium, Neon, Krypton, Xenon sowie Wasserstoff und Reinstgase. Und sie stellt Maschinen, Geräte und Werkstoffe für Schweiß- und Schneidtechnik her.

Das Frankfurter Familienunternehmen war 1898 von Adolf Messer gegründet worden. Anfangs galt die ganze Aufmerksamkeit dem Acetylen. Dieses Gas verbrennt – wie wir es von der Karbidlampe her kennen – an der Luft mit stark leuchtender Flamme. Acetylen wurde deshalb im vergangenen Jahrhundert für viele Formen der Beleuchtung verwendet. Adolf Messer entwickelte und baute in seiner Firma die entsprechenden Brenner sowie Erzeugungsanlagen (Acetylenentwickler) für das begehrte Gas.

Nach der Jahrhundertwende hatte das Acetylen seine Rolle als Lichtquelle ausgespielt. Leuchtgas und schließlich die Elektrizität übernahmen diese Aufgabe. Adolf Messer mußte sich nach neuen Arbeitsbereichen umsehen. Die Schweiß- und Schneidtechnik boten sich als ideales Betätigungsfeld an.

In der Schweißtechnik war zuvor schon eine wichtige Entwicklung von dem Griesheimer Werk ausgegangen, das dann gut ein halbes Jahrhundert später mit dem Unternehmen Adolf Messer vereinigt werden sollte. Dort hatten Techniker ein Elektrolyseverfahren entwickelt, bei dem elektrischer Strom durch eine Kochsalzlösung geleitet wird.

Dabei ergeben sich Natronlauge, Chlor und Wasserstoff. Während die beiden ersten gefragte Rohstoffe waren, wußte man mit dem anfallenden Wasserstoff zunächst wenig anzufangen.

Darum suchten die Griesheimer Techniker nach neuen Anwendungsmöglichkeiten für dieses Gas. Schließlich hatte der Ingenieur Ernst Wiss die Idee, komprimierten Wasserstoff zum Schweißen zu benutzen. Beim sogenannten »autogenen Schweißen« wird ein brennbares Gas, in diesem Falle Wasserstoff, in einem Brenner mit Sauerstoff gemischt und an der Austrittsdüse entzündet. Die sehr konzentrierte Flamme richtet man dann auf die Fuge der Metalle, die verschweißt werden sollen. Bei der hohen Temperatur verschmelzen diese Metalle und fließen ineinander. Sobald sie abgekühlt sind, ist eine feste Verbindung entstanden.

Auch beim entgegengesetzten Vorgang, dem »autogenen Schneiden« von Metallen, wird ein Gasgemisch verwandt. Es erhitzt und schmilzt zunächst das Metall. Aus einer benachbarten Brenneröffnung wird dann reines Sauerstoffgas auf die Schneidstelle geblasen, das die Metallteilchen zu Oxid verbrennt und fortbläst. Mit dieser Methode können sogar meterdicke Eisen- oder Stahlstücke geschnitten werden.

Solche Verfahren boten aussichtsreiche Chancen in einer Welt, die sich anschickte, die Technik in immer größerem und vollkommenerem Ausmaß in ihren Dienst zu stellen. Adolf Messer erschloß sich Zug um Zug dieses neue Arbeitsgebiet, nachdem der französische Ingenieur Edmond Fouché Schweißbrenner entwickelt hatte, bei denen Wasserstoff durch Acetylen, ein Gas mit höherer Energiedichte, ersetzt wurde.

Luft wird verflüssigt und zerlegt

Ob Schiffsteile zusammengeschweißt oder Stahlplatten zugeschnitten werden mußten, autogenes Schweißen und Schneiden erforderte viel Sauerstoff. Es war deshalb ein logischer Schritt, als Adolf Messer 1909 mit der Konstruktion und dem Bau von Anlagen begann, in denen Luft verflüssigt und zerlegt wurde. Bald baute das Familienunternehmen auch Apparaturen, mit denen sich andere Gasgemische zerlegen ließen.

Die Schweiß- und Schneidtechnik führte Adolf Messer in die erste Reihe dieses Industriezweiges. Das galt nicht nur für Deutschland. Tochtergesellschaften in vielen Ländern, darunter in den Vereinigten Staaten, England, Frankreich und Dänemark, in Österreich, der Schweiz, Belgien und Mexiko, begründeten das Renommee des Namens Adolf Messer in aller Welt.

Seit Beginn der Partnerschaft mit Hoechst erzielte die Messer Griesheim GmbH auf ihren Arbeitsgebieten weitere Fortschritte, besonders im Industriegasgeschäft, das von Hoechst (Knapsack-Griesheim) und Messer in die Messer Griesheim GmbH eingebracht wurde.

Bei den Industriegasen wurde das Unternehmen zum Großlieferanten der Stahlindustrie an Ruhr und Saar. Über Rohrleitungssysteme, die heute insgesamt mehr als 400 Kilometer lang sind und noch verlängert werden, beliefert Messer Griesheim Hütten- und Chemiewerke mit gasförmigem Sauerstoff und Stickstoff. Flüssiger Stickstoff erschloß sich nahezu alle industriellen Anwendungsbereiche; beispielsweise spielt er auch für die Lebensmittel-Technologie eine große Rolle. Leicht verderbliche Nahrungsmittel lassen sich damit sehr schnell tiefgefrieren und in lückenloser Tiefkühl-Transportkette verteilen.

Das Lieferprogramm an Industriegasen ist ständig erweitert worden: z. B. um Reinstgase unter anderem für den Einsatz bei der Herstellung von Halbleiterbauelementen (Elektronik-Chips), um flüssigen Wasserstoff und flüssiges Helium sowie um Gasgemische.

Der zunehmenden Bedeutung des Umweltschutzes entsprechend, steigt bei Messer Griesheim seit einigen Jahren die Nachfrage nach Sauerstoff für die Abwasserreinigung und die Altlastsanierung. Sauerstoff, Ozon und Wasserstoff werden für die Trinkwasseraufbereitung geliefert sowie flüssiger Stickstoff für die Abgasreinigung. Sauerstoff und Stickstoff werden für Recycling-Verfahren benötigt, und Prüf- und Meßgase werden bei Schadstoff-Immissionsmessungen und Abgastests eingesetzt.

Von Messer Griesheim stammt nicht nur die größte Schweißmaschine der Welt. Das Unternehmen widmet sich auch kleinsten Dimensionen. Dabei handelt es sich um Anlagen für das Mikroschweißen. Längst ist das Verfahren aus der elektrischen, feinmechanischen und optischen Industrie nicht mehr wegzudenken. Mit den Geräten von Messer Griesheim können unter dem Mikroskop Drähte miteinander verschweißt werden, die dünner als ein Frauenhaar sind.

Die Schweißtechnik von Messer Griesheim setzte neue Maßstäbe – in der metallverarbeitenden Industrie wie im Schiff- und Automobilbau. So ist zum Beispiel das Schneiden von Blechteilen für Auto-Prototypen mit einem Laser-Schneidgerät nicht nur präziser als die manuelle Fertigung, sondern auch zeit- und kostensparender.

Hoechst und Messer ergaben in der Tat ein gutes Gespann. »In all den Jahren seit 1964 hat sich die Zusammenarbeit mit Hoechst als Mutter bewährt«, resümierte Hans Messer, der Vorsitzende der Geschäftsleitung, die im Jahr 1988 das beste Ergebnis ihrer Geschichte erzielen konnte. Der Umsatz näherte sich der Zwei-Milliarden-Marke. Am wichtigsten dabei sind die Industriegase, die heute rund siebzig Prozent des gesamten Geschäfts ausmachen. Im Auslandsgeschäft hat Messer Griesheim vor allem auf die USA gesetzt, wo sie an vierzehn Standorten vertreten ist, sowie auf Westeuropa.

Doch nicht nur im Ausland errichtet Messer Griesheim seine Gastrenn- und Luftzerlegungsanlagen, sondern auch im Stammwerk in Höchst. Für 50 Millionen DM baute Messer Griesheim dort eine Luftzerlegungsanlage. In der Anlage wird Luft in die Bestandteile zerlegt: 78 Prozent Stickstoff, 21 Prozent Sauerstoff und 1 Prozent Argon.

Andere Produktionsgebiete bei Messer Griesheim sind medizinische Geräte und Gase für die Medizin. Besonders das vollständige Gasprogramm hat sich interessante Anwendungen in nahezu allen industriellen und wissenschaftlichen Bereichen erschlossen.

1988 erreichte Messer Griesheim mit 7432 Mitarbeitern einen Umsatz von 1899 Millionen Mark. 34,7 Prozent davon wurden im Ausland erzielt.

Albert – eine neue Hoechst-Tochter

Im Jahr 1964 kam nicht nur die Adolf Messer GmbH zu Hoechst, sondern auch die Chemischen Werke Albert AG in Wiesbaden, heute Teil des Werkes Kalle-Albert der Hoechst AG.

Das Produktionsprogramm von Albert enthält ein breites Sortiment von Kunstharzen. Seine Domäne liegt in der Lack- und Druckfarbenindustrie, der Herstellung von Schleifmitteln und Klebstoffen und der Verarbeitung von Kautschuk. Kunstharze bestimmen heute in etwa zur Hälfte die Aktivitäten bei Albert.

Da das Unternehmen Phenolharze produziert, lag es nahe, damit auch selbst Preßmassen zu erzeugen. Seit 1979 dagegen beliefert Albert Preßmassenhersteller mit Phenol-, Melamin- und ungesättigten Polyesterharzen.

Einer der Schwerpunkte auf dem Pharmagebiet bei Albert waren die Herz-Kreislauf-Präparate, darunter Cosaldon. Es zeigte eine gewisse Wirkung bei Durchblutungs- und Stoffwechselstörungen im Gehirn. Es ermöglichte auch eine bessere Versorgung des Gehirns mit Glukose, dem Hauptnährstoff für das Hirngewebe. Danach entwickelte Albert »Trental«, das zu einem der größten Präparate von Hoechst werden sollte.

Nachdem die Düngemittel- und Phospat-Produktion eingestellt worden war, kamen neue Aktivitäten des Werkes auf dem Gebiet der Tenside und Hilfsmittel hinzu: Alkansulfonat, eine waschaktive Substanz, die biologisch voll abbaubar ist und in Spül- und Waschmitteln verwendet wird, sowie optische Aufheller für die Textil- und Kunststoffindustrie und Celluloseäther für Klebstoffe und Bauhilfsmittel.

Auf Albert folgt Reichhold

Mit Albert eröffneten sich für Hoechst verlockende Perspektiven auf dem Gebiet der Kunstharze. Dabei rückte auch die Reichhold Chemie AG in Hamburg ins Blickfeld. Diese Firma besaß eine enge historische Verbindung zu Albert.

Die Brüder Otto und Henry Reichhold, die nach dem Ersten Weltkrieg eine Lackharzfabrik in Wien gegründet hatten, engagierten dort den österreichischen Chemiker Herbert Hönel. Er war einmal in Wiesbaden bei Albert tätig gewesen, dann aber in seine Heimat zurückgekehrt. Bei Reichhold in Wien rief Hönel nun einen weiteren Produktionsbereich ins Leben, als er begann, Lackkunstharze zu entwickeln.

Henry Reichhold wanderte bald darauf nach Amerika aus. Dort importierte er Lackkunstharze, zunächst von Albert, dann aus seiner eigenen Produktion in Wien. 1927 gründete er selber eine Firma in den USA, um diese Harze direkt in den Staaten herstellen zu können. Als sich das Geschäft in Wien und USA gut entwickelte, bauten die Brüder Reichhold Kunstharzfabriken in England, Frankreich und Deutschland. Der deutsche Betrieb wurde 1967 von Hoechst übernommen, nachdem sich Henry Reichhold aus dem Unternehmen zurückgezogen hatte.

Aus der Zusammenarbeit mit Albert und Reichhold ergaben sich sehr schnell zusätzliche internationale Kontakte. Sie führten zum Erwerb der Vianova Kunstharz AG bei Graz in Österreich.

Auch diese Firma verdankt Existenz und Erfolg jenem Reichhold-Chemiker Herbert Hönel, der das Ende des Zweiten Weltkrieges in Hamburg erlebte. Angesichts der wirtschaftlichen Zustände nach 1945 sah er dort zunächst keine Arbeitsmöglichkeit mehr. Deshalb ging er nach Graz, wo er mit anderen Partnern die Vianova gründete. Von dort ging die Erfindung der wasserlöslichen Kunstharze aus.

Die wachsende Lackrohstoffkapazität von Hoechst hatte schließlich die Frage aufgeworfen, ob sich Hoechst nicht auch in der weiterverarbeitenden Lackindustrie engagieren sollte. Bisher war eine solche Politik der »Vorwärtsintegration« von der Unternehmensleitung abgelehnt worden. Man wollte nicht in die Bereiche der eigentlichen Konsumgüterindustrie eindringen. Den Kunden, die Rohstoffe von Hoechst bezogen, sollte nicht mit Fertigprodukten Konkurrenz gemacht werden.

Diese Zurückhaltung ließ sich aber nicht mehr aufrechterhalten, als sich andere große europäische Chemiefirmen Anteile an bedeutenden Lack- und Farbenunternehmen sicherten, zum Beispiel die BASF.

Auf Pressekonferenzen wurde bereits gefragt, ob Hoechst weiterhin abstinent bleiben und sich die besten Gelegenheiten entgehen lassen wolle, vor allem nachdem die BASF im Oktober 1965 den Familienbetrieb Glasurit-Werke AG in Hamburg gekauft hatte. Glasurit war mit einem Jahresumsatz von 180 Millionen Mark und 2000 Beschäftigten die größte Lackfabrik des europäischen Kontinents. Als BASF-Chef Timm darauf angesprochen wurde, daß ein ungeschriebenes Gesetz es verbiete, Abnehmer zu kaufen, erwiderte er mit norddeutscher Kühle: »Ich glaube nicht, daß man so furchtbar viele Prinzipien haben sollte.«

Ein solcher Satz hätte auch von Karl Winnacker stammen können. Winnacker war jetzt für schnelles Handeln. Zunächst begann er über die Vianova Kunstharze AG eine Zusammenarbeit mit der Stolllack AG in Wien, die wasserlösliche Lacke und wichtige Lackierverfahren entwickelt hatte. Dann wurde die Lackfabrik Flamuco GmbH, München, erworben.

Am tiefsten mußte Hoechst in die Tasche greifen, als es Anfang 1970 um die Übernahme des britischen Farben- und Lackherstellers Berger, Jenson & Nicholson ging. Nachdem es schon beim Erwerb von Reichhold zu einem öffentlichen Gegenangebot eines amerikanischen Konsortiums gekommen war, mußte Hoechst nun auch an den englischen Börsen gegen eine amerikanische Firma antreten. Erst als Hoechst sein Angebot beträchtlich erhöhte, zog sich dieser Wettbewerber zurück. Hoechst erwarb die Berger, Jenson & Nicholson Ltd. (BJN), London.

Berger, Jenson & Nicholson war zu diesem Zeitpunkt neben Englands bedeutendstem Chemiekonzern ICI der zweitgrößte Farben- und Lackhersteller des Landes mit zahlreichen Produktionsstätten, vornehmlich in Ländern des Commonwealth. Es war vorgesehen, die Industrie- und Lackaktivitäten der Berger- und der Herberts-Gruppe stärker aneinander zu koppeln, um neben der weltweiten Baufarbenvermarktung die über den

Globus verteilten Berger-Standorte auch für den Vertrieb von Industrie- und Autolack-Know-how stärker zu nutzen. In der Zwischenzeit hatte sich die Ausrichtung der Lackinteressen von Hoechst von Baufarben zu technologisch hochwertigen Beschichtungssystemen wie Autoserien- und Autoreparaturlacken sowie allgemeinen Industrielacken verlagert.

Es zeigte sich jedoch, daß Berger zu stark auf Baufarben ausgerichtet und damit für die Realisierung eines solchen Plans weniger geeignet war als angenommen. Hoechst trennte sich dann 1988 wieder von BJN.

Albert, Reichhold, Vianova – das Fundament für ein neues Arbeitsgebiet im internationalen Maßstab war gelegt. Es umfaßte alle Bereiche der Lackrohstoffe und der fertigen Lacke. So zufällig sich diese Entwicklung angebahnt hatte, so logisch folgte danach Schritt um Schritt.

Autolack in jeder Farbe

Dicse Sparte vergrößerte sich seitdem weiter. 1972 beteiligte sich Hoechst mit 51 Prozent an der Dr. Kurt Herberts & Co. GmbH in Wuppertal, die Lacke produziert. Keimzelle dieses Unternehmens war eine Firnis- und Lacksiederei, die Otto Louis Herberts 1866 gegründet hatte. Daraus entwickelte sein Enkel Kurt Herberts vor dem Zweiten Weltkrieg eine der bedeutendsten Speziallackfabriken Deutschlands.

Als wenige Jahre nach der Währungsreform für immer mehr Deutsche der Kauf eines Autos in greifbare Nähe rückte, wurde die Produktion von Automobil-Lacken zu einem der Schwerpunkte von Herberts. Das Angebot von Herberts Autolacken umfaßt mittlerweile mehr als 1800 international verwendete Farbtöne.

Außerdem liefert das Unternehmen Lacke für zahlreiche Anwendungsbereiche, etwa für Dosen und Tuben, Maschinen und Haushaltsgeräte, Transformatoren und Kessel, Rost- und Brandschutz.

Die Herberts-Gruppe erzielte 1988 mit ihren Tochtergesellschaften einen Umsatz von 1565 Millionen Mark. Das Unternehmen beschäftigt 6411 Mitarbeiter.

Der Bereich Lacke und Kunstharze gehört heute bei Hoechst zu den umsatzstärksten Sparten. Er konnte 1988 weltweit 3,2 Milliarden Mark umsetzen.

Der Markt der Schönheit

Mit Lacken hat unter anderem auch eine Firma zu tun, die Hoechst Mitte 1968 erwarb. Es handelt sich dabei freilich nicht um »Tonnagen« von Lacken, wie sie die großen Lackhersteller produzieren, sondern um Nagellacke. Sie gehören wie z. B. Lippenstifte und Augen Make-up zu den dekorativen Produkten der Kosmetikfirma Marbert in Düsseldorf.

Für Hoechst schien es verlockend, sich am Kosmetikgeschäft zu beteiligen. Aus der Forschung von Hoechst stammten viele Produkte und Rohstoffe, die seit langem in der kosmetischen Industrie verwendet wurden. Im Zusammenhang mit solchen Substanzen hatten die Anwendungstechnischen Abteilungen von Hoechst ebenfalls seit Jahren bereits Rahmen-Rezepturen für Kosmetika entwickelt und den Kunden zur Verfügung gestellt. Somit war die Verbindung zu den Kosmetika schon vor 1968 recht eng.

Über die zahlreichen Hoechst-Töchter in allen Kontinenten bot sich auch die Basis für den weltweiten Vertrieb von Kosmetika-Marken.

Als Hoechst beschloß, sich der Kosmetik zuzuwenden, stand man vor der Frage, ob eine völlig neue Produktion aufgebaut oder Beteiligungen an Firmen erworben werden sollten, die in der Branche bereits einen Namen hatten. Ein Alleingang hätte vorausgesetzt, zunächst neue Produkte zu entwickeln, um diese erst in der Bundesrepublik und dann nach und nach auf anderen Märkten durchzusetzen.

Inlandsbeteiligungen haben diesen Weg beträchtlich abgekürzt. Dabei war es dann natürlich nötig, die bestehenden Sortimente auszubauen und zu internationalisieren.

Marbert-Kosmetika hatten schon 1968 – besonders in der Hautpflege – einen guten Namen, waren damals jedoch nur in deutschen Fachgeschäften erhältlich. Die Firma setzte im Inland etwa 13 Millionen Mark um. Mit der Übernahme durch Hoechst im Jahr 1968 begann für das Unternehmen eine eindrucksvolle Umsatzentwicklung. Bis 1974 stieg das Geschäft auf 35 Millionen Mark, womit es sich mehr als verdoppelt hatte.

Heute setzt Marbert im Jahr weit über 100 Millionen DM um und bildet eine Säule der Kosmetikaktivitäten von Hoechst.

Als Marbert zu Hoechst kam, begann auch die Zusammenarbeit mit der Hans Schwarzkopf GmbH in Hamburg, die schon seit Großelternzeiten konsequent ihr Firmenzeichen, den schwarzen Frauenkopf, propagiert.

Das Schwarzkopf-Sortiment wurde zunächst von Tochtergesellschaften von Hoechst in 15 Ländern, vorwiegend in Lateinamerika und Ostasien, aber auch in europäischen Staaten wie Portugal und Norwegen auf Lizenz-Basis hergestellt und vertrieben.

1969 wurde die Bindung an Schwarzkopf verstärkt. Hoechst erwarb eine Beteiligung von 25 Prozent, die bald darauf auf knapp 49 Prozent erhöht wurde. Die Firma Schwarzkopf beteiligte sich ihrerseits 1970 zu je 50 Prozent an der Pino AG und an Wolff & Sohn, zu deren Produktpalette unter anderem Kaloderma gehört, eine der bekanntesten Kosmetik-Marken in der Bundesrepublik.

Hoechst rundete in den nächsten Jahren seinen Kosmetikbereich weiter ab. Mit Cassella kam 1970 die damalige Curta & Co. GmbH zu Hoechst. Die heutige Jade Cosmetic GmbH bietet unter den Markennamen Jade und Mouson ein umfangreiches Sortiment vor allem pflegender und dekorativer Produkte.

Endlich kommt die Flurbereinigung

Die Cassella Farbwerke Mainkur AG in Frankfurt-Fechenheim ist im Grunde ein »Spätheimkehrer« in den alten Firmenbund. Die engen Beziehungen zwischen den beiden Unternehmen gehen auf das Jahr 1904 zurück, als Hoechst sich zu 27,5 Prozent an der Cassella beteiligt und damit den »Zweibund« begründet hatte, der bald darauf durch Kalle erweitert wurde.

Bei der zwangsweisen Entflechtung der I.G. durch die Alliierten versuchte Hoechst nach dem Zweiten Weltkrieg, mit Unterstützung von Bund und Land auch Cassella zu erhalten. Cassella wurde jedoch als selbständige Firma etabliert.

Die Unabhängigkeit Cassellas konnte allerdings von Anfang an nur durch einen schwierigen Balanceakt erhalten werden. Die drei »großen« I.G.-Nachfolgegesellschaften, BASF, Bayer und Hoechst, waren nämlich gleichermaßen an der »verlorenen Tochter« interessiert. In aller Stille bemühte sich jede von ihnen, Cassella-Aktien an der Börse aufzukaufen.

Dieser Börsenpoker nahm dann nach etwa drei Jahren ein Ende, als Hoechst, Bayer und die BASF übereinkamen, daß jeder sich mit einem Anteil von je 25,1 Prozent an dem so heiß umworbenen Unternehmen begnügen sollte.

Die »großen Drei« verhandeln

Das konnte natürlich nur eine vorübergehende Lösung sein, denn die Übereinkunft führte nur zu einem praktikablen Provisorium. Doch hieß es abwarten, bis die Zeit für eine abschließende Regelung reif war. 1969 schlug diese Stunde. Die Chefs der »großen Drei« setzten sich an den Verhandlungstisch. Das waren neben Winnacker und Sammet Kurt Hansen von Bayer und Bernhard Timm von der BASF.

Hansen war nach dem frühen Tod von Ulrich Haberland am 10. September 1961 mit 51 Jahren zum Vorsitzenden des Vorstandes der Farbenfabriken Bayer AG berufen worden. Er war

Chemiker und Diplomkaufmann. Haberland hatte ihn systematisch zu seinem Nachfolger »erzogen«, ein Wort, gegen das Hansen heute noch eine gewisse Abneigung hegt.

Hansen ist sich auch nicht ganz sicher, warum Haberlands Wahl ausgerechnet auf ihn fiel. Vielleicht, weil der gutaussehende Hansen neben seinen chemischen und kaufmännischen Fähigkeiten einen weltläufigen Typ verkörperte, der in der alten I.G. eigentlich rar war. Winnacker wie auch Haberland waren kaum in die Welt hinausgekommen, ehe sie Vorstandsvorsitzende wurden. Nicht wesentlich anders war dies bei ihrem Kollegen und Freund Carl Wurster von der BASF.

Bei Hansen sollte das anders sein. Haberland schickte ihn frühzeitig für ein Jahr nach Amerika und später nach Indien. Später absolvierte er im Werk Uerdingen und danach in Elberfeld als Werksleiter seine Bewährungsprobe.

Bernhard Timm, Jahrgang 1909, nicht Chemiker, sondern Physiker, war seit dem 12. Mai 1965 Vorstandsvorsitzender der BASF. Schon 1952 hatte ihn Carl Wurster zum stellvertretenden Vorstandsvorsitzenden gemacht. Früher hatte Timm mit Carl Bosch in dessen Privatsternwarte gearbeitet.

Als Chef der BASF schaute Timm nicht mehr in den Himmel nach den Sternen, sondern brachte den Konzern auf hohe Touren. Das Wort von dem »müden Rohstoff-Laden«, das einst der BASF angehängt worden war, geriet sehr schnell in Vergessenheit angesichts des Tempos, das Timm in der Erschließung neuer Arbeitsgebiete vorlegte.

Das Interesse der BASF an Cassella hatte sich inzwischen beträchtlich vermindert. Ludwigshafen ließ die Bereitschaft erkennen, seinen Cassella-Anteil an Hoechst zu veräußern.

Den Leverkusenern wiederum konnte Hoechst eine Verlokkung vor Augen halten, die Bayer den Verzicht auf seine Cassella-Anteile leichter machte: die Majorität bei der Chemische Werke Hüls AG, der viertgrößten Chemiegesellschaft der Bundesrepublik.

Hoechst war es nämlich im Laufe der Zeit gelungen, eine knappe Mehrheit bei der Chemie-Verwaltungs-AG zu erringen, die ihrerseits wiederum die Hälfte des Grundkapitals von Hüls besaß. Damit kontrollierte Hoechst praktisch jene Kapitalhälfte von Hüls.

Aber auch Bayer war nicht untätig geblieben. Es hatte 25 Prozent der Hüls-Aktien von der Gelsenkirchener Bergwerksgesellschaft AG erworben. Bei einer Vereinigung dieser beiden Pakete mußte der neue Besitzer demnach »Herr im Haus« bei Hüls werden. Für Bayer stellte dies ein um so erstrebenswerteres Projekt dar, als Hüls zur Hälfte an der Bunawerke Hüls GmbH beteiligt war. Die übrigen fünfzig Prozent lagen damals bei der Synthesekautschuk-Beteiligungs-GmbH, von der nun wieder – so kompliziert war die Situation – Hoechst fünfzig Prozent hielt. Da die Kautschukproduktion zu den traditionellen Interessen von Bayer zählte, mußte die Firma für Leverkusen besonders reizvoll erscheinen.

Am 1. Januar 1970 kam die lang erwartete »Flurbereinigung« in der deutschen Chemie zustande. Für Hoechst bedeutete das: die Anteile an der Chemie-Verwaltung und der Synthesekautschuk-Beteiligungs-GmbH gingen auf Bayer über. Dafür übernahm Hoechst von Bayer und BASF deren Anteile von je 25,1 Prozent an Cassella. Zudem erhielt Hoechst von Bayer eine beträchtliche Ausgleichszahlung.

Die letzten Probleme aus der I.G.-Erbschaft waren damit gelöst. Durch die Rückkehr von Cassella verstärkte Hoechst seine Position bei den Farbstoffen, denn dies war die besondere Domäne von Cassella gewesen.

Aber auch bei den Arzneimitteln (unter anderem durch die Mehrheitsbeteiligung von Cassella an der Riedel-de-Haen AG, Seelze) hatte sich Cassella eine gute Position errungen.

Geschäftsbereiche werden gebildet

Am 1. Januar 1970 war eine notwendige Neuorganisation bei Hoechst verwirklicht worden. Bis dahin war das Unternehmen organisatorisch in sieben Sparten aufgeteilt, die insgesamt die Struktur der Produktion widerspiegelten.

Dieses Organisationsschema hatte sich in der Phase des Wiederaufbaus durchaus bewährt. Nun aber wurde es einem Unternehmen nicht mehr voll gerecht, das sich immer stärker ausdehnte und sich ständig neue Arbeitsgebiete erschloß.

Im Jahre 1952 hatte man einen Umsatz von 763 Millionen Mark erzielt. 1969 dagegen betrug er 9,3 Milliarden Mark. Die Hälfte davon wurde im Auslandsgeschäft erzielt, das nach dem Krieg völlig neu aufgebaut worden war. Hoechst war nun in 120 Ländern der Erde vertreten. Die Zahl der Produktionsstätten hatte sich beträchtlich erhöht.

Nun wurde das Unternehmen in 14 Geschäftsbereiche gegliedert: In die Geschäftsbereiche Anorganische Chemikalien (A), Organische Chemikalien (B), Landwirtschaft (C), Farbstoffe, Farbstoffvorprodukte und Feinchemikalien (D), Tenside und Hilfsmittel (E), Fasern und Faservorprodukte (F), Kunstharze und Lacke (G), Kunststoffe und Wachse (H), Folien (J), Reproduktionstechnik (K), Pharma (L), Kosmetik (M), Anlagenbau (N), Industriegase und Schweißtechnik (P).

Von allen Bereichsleitern (am Anfang hießen sie »Sprecher«) hat der erste Leiter des anorganischen Bereichs die größte Karriere gemacht. Sein Name: Wolfgang Hilger.

Ein Neuer im Vorstand

Für Hilger, 1929 in Leverkusen geboren, wäre der Weg zu Bayer eigentlich näher gewesen als zu Hoechst. Aber bei Bayer war sein aus Bayern stammender Vater als Chemiker beschäftigt, und Hilger wollte in Leverkusen nicht der »junge Hilger« sein. So war er nach dem Studium in Bonn, Promotion und Assistenzeit zu Hoechst gegangen. Nach erster Tätigkeit im anorganischen Labor, wurde er Leiter des Kalkammonsalpeterbetriebes und schließlich Spartenreferent in der Technischen Direktionsabteilung. Dabei fungierte er auch als Assistent für die Vorbereitungen der Vorlesungen Winnackers, der 1953 Honorarprofessor an der Frankfurter Universität geworden war. Winnacker war von dem sehr ernsthaften und sehr selbstsicheren jungen Mitarbeiter nicht auf Anhieb begeistert: »Der widerspricht mir ja dauernd und weiß fast alles besser«, beklagte sich Winnacker bei dem damaligen Chef der Technischen Direktionsabteilung, Dr. Hubertus Müller von Blumencron. Das war allerdings wie so oft bei Winnacker nicht so ernst gemeint. Er besaß ja eine ausgesprochene Vorliebe für junge Kollegen, die ihre Meinung engagiert vertraten. Auch Sammet war Winnacker aufgefallen, als er die Interessen des Verbandes der Angestellten Chemiker hartnäckig und mit Entschiedenheit verfocht.

Die Mitgliedschaft in diesem »Generalstab« des Unternehmens brachte Hilger automatisch in Tuchfühlung mit Winnacker, Sammet, Schaafhausen und den anderen Führungspersönlichkeiten des Hauses. Als Leiter des anorganischen Geschäftsbereiches gehörte er zu jenen jüngeren Männern, die sich für den Vorstand empfahlen.

Zusammen mit Winnacker vollzog sich im Vorstand ein Wachwechsel: Professor Werner Schultheis (Forschung), Hans W. Ohliger (Verkauf) und Dr. Robert Zoller (Fasern, Folien) gingen in Pension. Neu in der Vorstandsrunde waren Klaus Weissermel, der neue Forschungschef, und Erhard Bouillon, Leiter des Ressorts Personal- und Sozialwesen, später Arbeitsdirektor.

Nach dem Ausscheiden von Rechtsanwalt Heinz Kaufmann wurde das Ressort Recht, Patente, Steuer, Versicherung in die Hände von Dr. Otto Ranft gelegt.

Ranft war vorher Finanzchef von Cassella gewesen, der Firma, in der seine Laufbahn begonnen hatte. Er galt als ein hervorragender Jurist und bestach durch Pragmatismus und ein beachtliches Maß an »Common sense«.

Dogmatismus und starres Festhalten an juristischen Positionen werden in den Vorständen gewöhnlich nicht so sehr geschätzt. Die Fähigkeit zum Konsens gehört zu den wichtigsten Eigenschaften. Bei allem notwendigen Standvermögen, so formulierte es einmal Sammet, sei eine starre und unflexible Haltung ein entscheidendes Hindernis bei der Lösung unternehmerischer Aufgaben. Sammet: »Wer nicht erkennen will, daß bestimmte Entscheidungen längst gefallen sind und gewissermaßen im Untergehen die Flagge aus dem Wasser herausstreckt, ist sicher wenig geeignet.«

Auch Genies mögen in Vorständen ihre Probleme haben. »Wenn Sie die Wahl haben zwischen einem Charakter und einem Genie, vergessen Sie das Genie«, hat einmal Carl Bosch bemerkt.

Ranft hat nach dem Ausscheiden Winnackers als Aufsichtsratsvorsitzender 1980 diese Position übernommen und sich in schwierigen Zeiten Anerkennung als eloquenter Versammlungsleiter erworben.

Noch ein bemerkenswertes Ereignis fand 1975 im Rahmen einer teilweisen Neuorganisation statt: die Technische und die Kaufmännische Direktionsabteilung wurden zur Zentralen Direktionsabteilung zusammengelegt. So unwichtig ein solcher Schritt Außenstehenden erscheinen mag – es war damit eine Stabsabteilung von großer Durchschlagskraft entstanden. Ihr erster Leiter war Hans Georg Janson, seit 1980 im Vorstand. Jansons Stellvertreter und späterer Nachfolger war ein junger Kaufmann: Jürgen Dormann, der seine Karriere im Faserverkauf begonnen hatte. Dormann ist seit 1987 Finanzchef des Unternehmens und einer der Architekten des Celanese-Erwerbs, worüber noch zu berichten ist.

Auch als Aufsichtsratsvorsitzender blieb Winnacker sehr engagiert. Er kam jeden Morgen in sein Büro, allerdings nicht mehr um sieben Uhr dreißig, wie viele Jahrzehnte lang, sondern um neun Uhr. Besuche waren ihm nicht lästig, sondern erwünscht. Wer sich länger als vierzehn Tage nicht bei ihm sehen lassen hatte, wurde unweigerlich mit den Worten begrüßt: »Ich dachte schon, Sie hätten mich vergessen.«

Winnacker unterhielt sich nicht nur gerne mit den Chemikern, sondern auch mit den Kaufleuten, deren Bedeutung im Unternehmen längst niemand mehr unterschätzte.

»Nie den Mut verlieren«

Vor allem auch jüngere Kollegen waren für Winnacker besonders willkommene Gesprächspartner. Sie durften sich allerdings nicht als Zauderer erweisen. Begeisterungsfähigkeit konnte Winnacker nicht nur erwecken, er schätzte sie auch besonders. Auch Reisen unternahm Winnacker mehr denn je. Sein Begleiter war zumeist Kurt Lanz.

An den Nachmittagen schrieb Winnacker an seinen Erinnerungen, zu deren Aufzeichnung ihn der Verleger Erwin Barth von Wehrenalp hatte überreden können. Sogar den etwas emphatischen Titel »Nie den Mut verlieren« hatte Winnacker akzeptiert. Er schien ihm nicht nur zu dem eigenen Leben gut zu passen, sondern als Devise für andere geeignet.

Daß »Nie den Mut verlieren« auch in einer breiteren Öffentlichkeit eine sehr gute Aufnahme fand, hat Winnacker mehr gefreut, als manch geglückter Unternehmens-Coup. Bald schon machte er sich an die Arbeit für weitere Bücher, die sich mit der Rolle der Kernenergie beschäftigten. Später fügte er seinen Erinnerungen noch einen schmalen Band hinzu, der freilich nur mehr für einen kleinen Freundeskreis gedacht war.

Auch die Frage, ob er ein Buch über die I.G. Farbenindustrie schreiben sollte, beschäftigte ihn. Hätte er es getan, wäre sicher kein verherrlichendes Werk entstanden, sondern eine Darstellung, die auch die dunklen Seiten der I.G. nicht ausgespart hätte.

Winnackers Losung »Nie den Mut verlieren« wurde für Rolf Sammet, kaum daß er den Vorstandsvorsitz übernommen hatte, unerwartet aktuell. Das Jahr 1969 hatte sich noch ganz gut angelassen. Doch dann kamen schwere Stürme auf, die dem neuen Steuermann viel Standvermögen und bald auch einige unpopuläre Maßnahmen abverlangten.

Im Jahre 1975 mußte sogar zum erstenmal im Konzern ein Umsatzrückgang hingenommen werden. Hoechst erlebte das schwierigste Jahr in der Nachkriegsgeschichte. Der Weltgewinn fiel auf 291 Millionen DM, die Dividende mußte auf sieben Mark je Aktie zurückgenommen werden.

Vor allem die großen Arbeitsgebiete, Kunststoffe und Fasern, waren in schwere Sturmtiefs geraten und produzierten Verluste. Viele Betriebe mußten kurzarbeiten, um Entlassungen zu vermeiden.

Aber auch der politische und gesellschaftliche Untergrund wandelt sich in der Bundesrepublik. Der Fortschrittsglaube, der in den 50er und 60er Jahren sowohl die junge wie auch die ältere Generation erfüllt und zu großen Aufbauleistungen befähigt hatte, trägt nun nicht mehr, wird zunehmend in Frage gestellt. Gerade die chemische Industrie sieht sich bohrenden Fragen zur Rolle der Technik bei der fortschreitenden Umweltzerstörung ausgesetzt.

Kapitel 9

Kunststoffe sind überall

Das Auto ist des Deutschen liebstes Kind. Von dieser Erkenntnis profitieren nicht nur die Automobil-Hersteller, sondern auch die Kunststoff-Produzenten. Obwohl viele Industriezweige Kunststoffe verarbeiten, präsentieren die Kunststoff-Erzeuger bei Messen am liebsten Kunststoff-Autoteile oder gleich ganz aus Kunststoff bestehende Wagen. Eine deutsche Zeitung bemerkte deshalb bei der »K 86«, der internationalen Kunststoff-Messe in Düsseldorf, etwas verwundert, die Messe habe fast wie eine Auto- bzw. Automobilzuliefer-Ausstellung gewirkt.

Noch sind es erst acht bis zehn Prozent der rund neun Millionen Tonnen der jährlichen Kunststoff-Produktion, die in die Fertigung von Autos gehen. Ohne Zweifel sind die etwa 90 bis 100 Kilogramm, die heute an Kunststoffen pro Wagen verbraucht werden, erst die Avantgarde. Zu den Stoßstangen, Radkappen, Instrumentenbrettern und Spoilern werden eines Tages auch Motoren aus Kunst- oder Werkstoff kommen. Schon längst sind Turboladegehäuse und kunststoffummantelte Kabel erfolgreich erprobt. Auch Federn und Kardanwellen werden entwickelt. Insgesamt soll der Kunststoff-Anteil im Auto auf 15 Prozent bis 1990 und auf mehr als 30 Prozent im Jahr 2000 steigen.

Einen kräftigen Auftrieb erhoffen sich die Chemiefirmen von der Forschungsinitiative der Europäischen Gemeinschaft »Eureka«. Bayer, BASF, DSM in den Niederlanden und die britische ICI entwickeln derzeit im Rahmen des Projekts das erste Großserien-Kunststoffauto. Als Modell dazu dient der Peugeot 205. Ab etwa 1992 soll der Kunststoff-Wagen als Prototyp auf den Straßen zu sehen sein.

Aber nicht nur auf den Straßen, auch in der Luft sehen die Kunststoff-Hersteller ihre Zukunft. So wird im »Airbus« das

Seitenleitwerk ganz aus carbonfaserverstärkten Kunststoffen hergestellt. Während das zuvor aus Aluminium gefertigte Leitwerk aus über 2000 Einzelteilen besteht, sind es beim Kunststoff-Leitwerk nur noch 96 Teile.

Wie Treibstoff gespart wird

Das geringere Gewicht des neuen Werkstoffes empfiehlt ihn speziell für die Flugzeugbauer. Neben der rationelleren Produktion können die Treibstoffkosten gesenkt werden. Rund 375 000 Liter Kerosin würden jährlich pro Flugzeug eingespart, falls das Leergewicht der Maschinen nur um zwei Prozent gesenkt wird. Weitere Einsparungen werden möglich, wenn in Zukunft Flugzeuge mit Kunststoff-Flügeln und Rumpfteilen aus Verbundwerkstoffen produziert werden.

Daß die Kunststoff-Hersteller bei derlei verlockenden Aussichten in einen »Höhenrausch« zu verfallen drohen, ist dennoch wenig wahrscheinlich. Zu oft in ihrer Geschichte sind sie jähen Wechselbädern, stürmischen Auf- oder Abwinden der Konjunktur ausgesetzt gewesen.

»Wir sind abgehärtet, so leicht lassen wir uns weder von den Wogen des Optimismus noch von jenen des Pessimismus forttragen«, sagt Günter Metz, stellvertretender Vorstandsvorsitzender von Hoechst und im Vorstand für Kunststoffe und Fasern zuständig.

Metz, ein gelassener Badener, der ursprünglich über eine Unternehmensberatung in das Organisationsbüro und in die Verkaufsleitung von Hoechst kam, leitete von 1973 bis 1978 den Verkauf Kunststoffe. Damals, 1973, hatte der Kunststoffverkauf im Konzern gerade eine Milliarde Mark überschritten und war die zweimillionste Tonne Hostalen aus inländischer Produktion hergestellt worden. Dann aber erlebte Metz eine Zeit, in der bei den vorher so wachstumsfreudigen Bereichen rückläufige Tendenzen verzeichnet werden mußten. Über 200 Millionen Mark Verluste erlitt Hoechst allein 1982 auf dem Kunststoffgebiet.

Flaggenschmuck zur 100 Jahr-Feier von Hoechst 1963 (oben)
100 Jahre Bayer, 1963 (unten)
(Archiv Bayer AG)

Beim 100jährigen Jubiläum des Hoechster Pharmabereiches 1984
von links: Pharmachef Dr. Wolfgang von Pölnitz und
Vorstandsvorsitzender Professor Rolf Sammet

Vier Jahre später: 125 Jahre Hoechst AG – Feierstunde in der Jahrhunderthalle

Prominenz bei der 125 Jahr-Feier
von links: Franz Kamphausen, Bischof von Limburg; Erhard Bouillon, Arbeitsdirektor und Vorstandsmitglied; Hermann-Josef Strenger, Vorsitzender des Vorstands der Bayer AG, Wolfgang Röller, Vorstandsvorsitzender der Dresdner Bank AG; Hermann J. Abs, Ehrenvorsitzender der Deutschen Bank; Helmut Sihler, Präsident des VCI

Metz saß zu jenem Zeitpunkt bereits im Vorstand und erlebte in dieser Runde sorgenvolle Gesichter. Rolf Sammet, damals Vorstandsvorsitzender, erinnert sich noch genau: So mancher stellte sorgenvoll die Frage, wie lange eine solche Situation noch hingenommen werden könnte und ob Investitionen in dieses Gebiet noch zu verantworten waren, zumal die Fasern kurz vorher ebenfalls einen dramatischen Rückgang erlitten hatten.

Es fehlte nicht an düsteren Prognosen. Daß Kunststoffe noch einmal eine neue, glanzvolle Karriere machen würden, daß sie 1987 die umsatzstärkste Sparte der deutschen Chemie bilden würden, konnte sich damals kaum jemand vorstellen.

Ein langer und mühsamer Weg

In der Geschichte der Kunststoffe gab es von Anfang an viele Hochs und Tiefs. Zwar hatten schon Kekulé und Bayer einige theoretische Grundlagen für die Herstellung von Kunststoffen gelegt, doch erst der Amerikaner John Wesley Hyatt, beileibe kein Chemiker, sondern ein einfacher Drucker, erfand mit dem Zelluloid den ersten Kunststoff.

Hyatt dachte nicht daran, ein neues Zeitalter einzuläuten. Ihn interessierte das Billardspiel, und er ärgerte sich über die hohen Preise der aus Elfenbein bestehenden Kugeln. Er suchte nach einem ähnlichen Material und erfand dabei das Zelluloid.

Gemeinsam mit seinem Bruder gründete Hyatt in Newark, New Jersey, die erste Zelluloidfabrik. Das Unternehmen produzierte Kämme, Bürstenstiele, Tischtennisbälle und schließlich sogar abnehmbare Hemdenkragen.

Bakelit aus Berlin

Dann schlug die Stunde des Belgiers Leo Hendrik Baekeland. Er wollte künstlichen Schellack herstellen und stieß dabei 1907 auf die Phenolharze. Zusammen mit den Rütgerswerken gründete er 1910 die erste Kunstharzfabrik der Welt, die »Bakelit GmbH«, in Erkner bei Berlin. Das Warenzeichen dieser Firma, »Bakelit«, wurde bald zu einem Begriff.

All diese Unternehmungen verdrängten keineswegs die Naturstoffe. Die »Welt von gestern« war reich an natürlichen Schätzen. Nirgendwo drohte Mangel. Im Gegenteil, überall prosperierten Handel und Industrie.

Die Situation änderte sich erst, als der Erste Weltkrieg ausbrach. Durch die britische Flotte von den überseeischen Waren abgeschnitten, ging man im rohstoffarmen Deutschland daran, nach Ersatzstoffen zu suchen. Allerdings standen schon bald nach Kriegsende Naturstoffe wieder in Hülle und Fülle zur Verfügung, und zwar zu unglaublich niedrigen Preisen.

So wurde der Methylkautschuk, den der Chemiker Fritz Hofmann bei Bayer erfunden hatte und der noch an einigen Mängeln litt, die man in der Kriegszeit ignorieren mußte, schnell wieder uninteressant, da Naturkautschuk nun wieder zu Preisen zu haben war, mit denen die Chemiefirmen nicht konkurrieren konnten.

Auch die Polymerisation der Vinylverbindungen – der Ausdruck »Vinyl« stammt von dem lateinischen Wort »vinum« für Wein –, die dem Chemiker Fritz Klatte in Griesheim 1913 gelungen war, wurde zunächst nicht ausgebaut. Vielleicht waren es die Alltagssorgen, der Verlust der Farbstoffmärkte in aller Welt, die Geldentwertung, die Besetzung durch die Franzosen, die Unruhe in der Arbeiterschaft, daß Hoechst den Blick nicht weiter nach vorne richtete. Zum Kummer des schwerkranken Klatte wurde sogar erwogen, die Polyvinyl-Patente aufzugeben. Eine Sternstunde verrann ungenutzt.

Bei Hoechst fabrizierte man statt dessen Kunstharze, die für Asplit-Kitte verwendet wurden.

Polystyrol in kleiner Menge

In Ludwigshafen war man unternehmungsfreudiger. Hier wurde 1928/30 die erste Anlage für Polystyrol gebaut. Als monomerer Grundbaustein diente Styrol. Die erste Anlage war für sieben Monatstonnen gedacht. Doch selbst diese bescheidene Menge ließ sich nicht absetzen. Die ersten zwei Jahre konnte deshalb die Anlage nur jeden dritten Monat betrieben werden. Erst 1930 wurde Polystyrol in größerem Maßstab produziert.

Mit dem Polyvinylchlorid, das von der BASF 1933 ebenfalls im industriellen Maßstab hergestellt wurde, ging es schneller voran. Die erste Anlage lieferte 360 Tonnen PVC-Mischpolymerisat im Jahr. Ein Jahrzehnt später, 1943, wurden von den I.G.-Werken Ludwigshafen, Bitterfeld und von Wacker 8000 Tonnen PVC erzeugt.

Innerhalb der I.G. war die Kunststoffherstellung die Domäne von Ludwigshafen. Dennoch beschäftigte sich Hoechst ebenfalls mit der Polymerisation von Vinylverbindungen, und zwar dem Vinylacetat. Es entsteht, wenn an Acetylen mit Hilfe von Katalysatoren Essigsäure angelagert wird. Da Paul Duden bei den Farbwerken die Acetylenchemie aufgebaut hatte, konnten die Hoechster Chemiker auf diesem Gebiet durchaus mitreden. Ab 1928 wurde bei Hoechst Polyvinylacetat hergestellt.

Staudinger – Vater der Makromoleküle

Der Mann, dem Hoechst den Aufbau seines ersten Kunststoff-Betriebes verdankt, hieß Dr. Georg Kränzlein. Er war Chef des Alizarinlabors. Kränzlein sorgte dafür, daß die Firma schon früh mit dem Mann zusammenarbeitete, der die Chemie der Makromoleküle auf ein klares wissenschaftliches Fundament stellte: Professor Hermann Staudinger von der Universität Freiburg.

So selbstverständlich heute die gesamte Chemie mit diesem Ausdruck operiert, so schwer war es für Staudinger zunächst, seine Vorstellungen über »Makromoleküle« in der Fachwelt durchzusetzen.

Staudinger hatte erkannt: Festigkeit, Elastizität, Film-und Fadenbildung vieler Naturstoffe, zum Beispiel Kautschuk, Stärke, Seide und Cellulose, entstehen aus der Zusammenlagerung von einfachen ungesättigten Verbindungen zu Riesenmolekülen. Das klang neu, geradezu revolutionär. Als Staudinger in einem Vortrag über die hochmolekulare Beschaffenheit des Kautschuk sprach, erhob sich der bekannte Mineraloge Paul Niggli und erklärte lapidar: »So etwas gibt es nicht!«

Staudinger erzählt darüber in seinen Lebenserinnerungen: »Dabei ging er [Niggli] von der damals üblichen Vorstellung aus, daß ein Molekül nicht größer als die röntgenographisch bestimmte Elementarzelle des Produkts sein könne. Die röntgenographischen Untersuchungen über die kristallisierten Polyoxymethylene, die diese Ansicht widerlegten, wurden erst 1927 veröffentlicht. Dann änderte Kollege Niggli seine Ansicht bald, und bei späteren Gesprächen haben wir uns mit Vergnügen an diese erste Ablehnung der Makromoleküle erinnert.«

Noch 1957 wurde Hermann Staudinger von dem naturwissenschaftlich interessierten japanischen Kaiser gefragt: »Herr Professor, sind die Makromoleküle lediglich Vorstellungen, mit denen Sie viele Erscheinungen erklären können, oder ist ihre Existenz auch streng wissenschaftlich bewiesen, und wenn ja, nach welchen Methoden?«

Kunststoffe bei Hoechst

Kränzlein, der die Zusammenarbeit mit Staudinger eingeleitet hatte, war Vorsitzender der Kunststoff-Kommission der I.G. Farbenindustrie, von der alle Arbeiten auf diesem Gebiet gesteuert wurden. Seinem Einfluß war es zuzuschreiben, daß die I.G. selbst unter dem ärgsten Druck der Weltwirtschaftskrise die Entwicklungsarbeiten auf diesem Gebiet nicht stoppte. Ebenfalls war es sein Verdienst, daß Hoechst mit dem Polyvinylacetat einen – wenn auch bescheidenen – Anteil an der Kunststoff-Produktion der I.G. behielt.

Polyvinylacetat, mit dem bei Hoechst die Kunststoff-Ära eigentlich begann, nimmt auch heute noch im Fabrikationsprogramm einen wichtigen Platz ein. Das Ausgangsprodukt Vinylacetat wurde durch katalytische Anlagerung von Essigsäure an Acetylen im Werk Hoechst hergestellt. Dieser Vinylacetat-Betrieb war lange Zeit einer der größten, wenn nicht der größte der Welt.

Außer Hoechst stellt auch die Wacker-Chemie GmbH, an deren Stammkapital Hoechst mit fünfzig Prozent beteiligt ist, in ihrem Werk Burghausen Polyvinylacetat im großen her. Sie hat an der Entwicklung dieses Kunststoff-Sektors wesentlichen Anteil.

Kautschuk aus Mischpolymerisation

Wird nicht immer die gleiche Art Molekül polymerisiert, sondern reagieren zwei oder drei verschiedenartige miteinander, so spricht man von Mischpolymerisation. So wie der Maler eine neue Farbe erhält, wenn er zwei verschiedene mischt, so wird durch Mischpolymerisation verschiedener Ausgangsstoffe ein neuer Kunststoff mit anderen Eigenschaften gebildet.

Bekanntestes Beispiel der Mischpolymerisation von großer wirtschaftlicher Bedeutung ist der Synthesekautschuk. Dabei wird das spröde Polystyrol durch Einpolymerisieren von Butadien elastisch.

In den Hoechster Laboratorien wurden schon sehr früh – seit den 20er Jahren – die Probleme der Mischpolymerisation von Vinylverbindungen studiert. Von den mischpolymerisierten Kunststoffen bei Hoechst nehmen heute die Mischpolymerisate des Vinylacetats den größten Raum ein. Andere Mischpolymerisate der Hoechst-Kunststoff-Palette sind die des Vinylchlorids.

Katalysatoren helfen überall

Vinylacetatmoleküle besitzen eine Doppelbindung – Chemiker sprechen von der charakteristischen Vinylgruppe. Sie kann auf verschiedene Weise polymerisiert werden. Eine der einfachsten ist die sogenannte Masse-Polymerisation, oft auch Block-Polymerisation genannt. Dabei wird Vinylacetat mit Hilfe von Initiatoren – aber ohne Lösungs- oder Verdünnungsmittel zu verwenden – in Polyvinylacetat verwandelt. Nach einer bestimmten Zeit fließt das polymere Vinylacetat als zähe, farblose Masse aus dem großen Polymerisationskessel. Es kommt auf ein Band, wo es abkühlt und erstarrt. Anschließend wird es in kleine Stücke aufgeteilt. Eine weitere Aufarbeitung ist nicht mehr nötig.

Wie die Tröpfchen polymerisieren

Größere Bedeutung für die Hoechster Kunststoff-Erzeugung haben allerdings andere Polymerisationsarbeiten gewonnen: die Lösungs-, Emulsions- und die Suspensionspolymerisation. Unter Emulsion versteht man die feine Verteilung einer Flüssigkeit in einer anderen Flüssigkeit, also zum Beispiel von Öl in Wasser. Eine Suspension ist die Verteilung einer festen Substanz in einer Flüssigkeit.

Polymerisiert man das monomere Vinylacetat nach dem Emulsions- oder Suspensionsverfahren, so wird zunächst im Polymerisationskessel Wasser vorgelegt. Es folgen die Emulgatoren bzw. Schutz-Kolloide und schließlich das Vinylacetat. Auf die Emulgatoren bzw. Schutz-Kolloide kann nicht verzichtet werden, weil sich sonst Vinylacetat, das in Wasser praktisch unlöslich ist, nicht in Wasser verteilen läßt. Das Wasser bliebe auf dem Boden des Kessels und darauf läge das leichtere Vinylacetat. Auch bei sehr raschem Rühren könnte keine Mischung oder gar Emulsion herbeigeführt werden. Durch die Emulgatoren indessen wird Vinylacetat sehr fein verteilt. Es bilden sich kleine Vinylacetat-Tröpfchen der Verbindung im Wasser.

Könnte man in den verschlossenen Kessel sehen, dann hätte man den Eindruck, als handelte es sich um Milch. Mit Hilfe von Initiatoren und erhöhten Temperaturen wird nun die Polymerisation gestartet. Jedes Tröpfchen beginnt für sich zu polymerisieren.

Die unendlich vielen Vinylacetatmoleküle in den Tröpfchen tun genau das, was von ihnen erwartet wird: Sie hängen sich aneinander, sie bilden Makromoleküle. Waren zu Beginn der Polymerisation noch Flüssigkeitströpfchen im Wasser fein verteilt, so werden aus ihnen schließlich feste Teilchen.

Die Polymerisationstechnik für Vinylacetat kennt neben der Masse-Polymerisation drei Verfahren.

In der Suspensions- oder Perl-Polymerisation sind die anfänglichen Vinylacetattröpfchen verhältnismäßig groß, sie sind nicht allzu intensiv emulgiert unter Verwendung von Schutz-Kolloiden. Der Polymerisations-Initiator hat sich jedoch in diesen Tröpfchen gelöst, und auch das entstehende hochmolekulare Produkt behält die ungefähre Größe der ursprünglichen Tropfen. Ist die Polymerisation beendet, so sind die Perlen von mattem Weiß entstanden: Polyvinylacetat in Perlenform. Diese Perlen werden aus dem Wasser abgefiltert.

Bei der Emulsionspolymerisation sind wesentlich feinere Vinylacetattröpfchen im Wasser verteilt. Um dies zu erreichen, werden dem Wasser Schutzkolloide und Emulgatoren zugesetzt. Diese bewirken, daß sich auch nach Beendigung der Polymerisation, wenn die Vinylacetat-Flüssigkeitströpfchen Festpartikel von Polyvinylacetat geworden sind, die festen Teilchen nicht absetzen.

Die Emulsion, im physikalischen Sinn jetzt eine Dispersion, ist relativ beständig. Polyvinylacetat-Dispersionen können um die ganze Erde geschickt und verhältnismäßig lange gelagert werden.

Je sorgfältiger emulgiert wird, desto gleichmäßiger ist das Polymerisat, also die Kunststoff-Dispersion. Als Emulgiermittel kann Polyvinylalkohol dienen. Dieser Polyvinylalkohol wird aus Polyvinylacetat hergestellt, dem Ester der Essigsäure und des

Polyvinylalkohols. Das geschieht durch sogenanntes Umestern: Vinylacetat wird in Methylalkohol zu Polyvinylacetat – ähnlich der Masse-Polymerisation – polymerisiert. Die Techniker sprechen hier von einer Lösungspolymerisation: Die hierbei erhaltene Polymerlösung wird unmittelbar zur Herstellung von Polyvinylalkohol verwendet, wobei in Gegenwart von Alkali oder Säure der Essigsäurerest des Polyvinylacetats sich mit Methylalkohol zu Methylacetat verbindet und den Polyvinylalkohol in Freiheit setzt.

Polyvinylalkohol vereinigt zwei wichtige Eigenschaften: er emulgiert vorzüglich Vinylacetat in Wasser, und er wirkt als gutes Schutzkolloid für die entstandenen Polyvinylacetat-Teilchen. Ein kleiner Teil des Polyvinylacetats wird mithin ständig in Form von Polyvinylalkohol als Emulgiermittel verbraucht, um die Polyvinylacetat-Dispersion herzustellen.

Mowilith – Rohstoff der tausend Möglichkeiten

Mit den Dispersionsmarken erhielt das Polyvinylacetatgeschäft in den 50er Jahren gewaltigen Auftrieb. In grünen Fässern wanderte die weiße milchige Dispersion an die Kunden. Schon in den 60er Jahren verließen fast 400000 solcher Fässer das Werk Hoechst.

Darüber hinaus werden die Dispersionen auch in Straßentankfahrzeugen und Eisenbahnkesselwagen versandt. Hoechst und seine speziell für diese Produktion arbeitenden ausländischen Betriebe lieferten im Jahr 1987 mehr als 450000 Tonnen Dispersionen unter dem Markennamen Mowilith.

Um alle Verwendungsmöglichkeiten von Polyvinylacetat aufzuzeigen, bedürfte es eines eigenen Lexikons. Seine wichtigsten Anwendungen liegen im Anstrich von Gebäuden und bei der Herstellung von Leimen und Klebstoffen. Der Anwendungsbereich gerade von Mowilith ist so groß, daß es die Hoechster Werbeleute mit Recht als »Rohstoff der tausend Möglichkeiten« bezeichnen. Allein um den Wünschen der Bauwirtschaft nachzukommen, mußten die Produktionskapazitäten ständig weiter ausgebaut werden, wurden auch immer mehr Anwendungsmöglichkeiten durch neue Entwicklungen erschlossen.

Hoechst wollte die Eigenversorgung mit Vinylacetat auf lange Zeit sichern. Jahrzehntelang bildete Acetylen das Ausgangsprodukt für Vinylacetat. Acetylen stand, wie erinnerlich, am Anfang der Dudenschen Stufenleiter. Zwar brauchte man für Vinylacetat auch Essigsäure, aber auch sie basierte – über Acetaldehyd als Zwischenprodukt – auf Acetylen, der Muttersubstanz für so viele chemische Erzeugnisse.

Acetaldehyd aus Ethylen

Ein Verfahren, das bei Wacker und Hoechst fast gleichzeitig entwickelt wurde, bestach auf Anhieb sehr viel mehr. Nach diesem Verfahren wurde Acetaldehyd durch direkte Oxidation von Ethylen mit Luft oder Sauerstoff gewonnen. Schon 1958 konnten so mehr als 100 Tonnen Aldehyd hergestellt werden. Seitdem die Hoechster Petrochemie genügend Ethylen lieferte, wurde die Aldehydkapazität auf mehrere tausend Monatstonnen gesteigert. Bald versorgte die neue Aldehydanlage einen großen Teil des Hoechster Bedarfs.

Einige Jahre später dann wurde Aldehyd bei Hoechst nur mehr auf der Basis von Ethylen produziert. Durch die rasche Entwicklung der Erdölchemie gewann das neue Verfahren in aller Welt große Bedeutung. Viele Firmen gingen dazu über. Hoechst gründete mit Wacker eine Gesellschaft, die Aldehyd GmbH, um den gemeinsamen Patentbesitz zu verwerten.

Hoechster Spezialtypen beim PVC

Trotz Klattes Pionierarbeiten war die Polymerisation von Vinylchlorid zum Kummer von Hoechst während der I.G.-Zeit den Werken Ludwigshafen und Bitterfeld, außerdem der

Wacker-Chemie, vorbehalten. Hoechst konnte die Produktion von Polyvinylchlorid (PVC) erst nach Auflösung der I.G. Farbenindustrie aufnehmen.

Dies geschah in einer Zeit, in der das PVC bereits einen bedeutenden Markt erobert hatte. 1955 wurden allein im Bundesgebiet 64000 Tonnen PVC hergestellt. Große Unternehmen im In- und Ausland hatten sich ansehnliche Marktstellungen geschaffen.

Deshalb wandte sich der Spätkömmling Hoechst nur mehr Spezialtypen des PVC zu. Unter dem Handelsnamen Hostalit wurden sie ab 1954 an die kunststoffverarbeitende Industrie geliefert. Es handelt sich dabei in erster Linie um Polymerisate, die entweder nach dem Suspensions- oder nach dem Emulsions-Polymerisationsverfahren hergestellt werden.

Als besonders interessant erwies sich auch eine neuartige Polymer-Mischung, bei der ein Chlorierungsprodukt des Hoechst-Niederdruck-Polyethylens dem PVC beigegeben wurde. Diese Spezialmarken, die Ende der 50er Jahre unter dem Namen Hostalit Z herausgebracht wurden, werden vor allem in der Bauindustrie als idealer Werkstoff für wetterfeste Fassaden, Fensterrahmen und Dachrinnen verwendet.

Obwohl PVC der Senior unter den Standardkunststoffen ist, bewies es gerade in den letzten Jahren seine fast universellen Eigenschaften. Ob hart oder weich: Es hat sich in der Kunststoffpalette einen Anteil von rund 20 Prozent gesichert. 15 Kilogramm von den heute insgesamt 75 Kilogramm Kunststoffen im Auto bestehen aus PVC, übertroffen nur von Polyurethan und Polypropylen. Im Baugeschäft besitzen geschäumte und kompakte Fußbodenbeläge mit einem Jahresbedarf von über 200000 Tonnen eine gute Position.

Besonders »standhafte« Kunststoffe

Hostaflon ist der Hoechster Markenname für fluorhaltige Kunststoffe. Der größte Gewichts-Teil dieser exklusiven Verbindungen ist also Fluor. Das ist ein dem Chlor nahe verwandtes Element. Es gehört zur Gruppe der Halogene wie Chlor, Brom und Jod. In der Natur findet es sich als Calciumverbindung im Flußspat.

Schon in den 30er Jahren interessierten sich Chemiker von Hoechst für fluorhaltige organische Verbindungen. 1934 hatte Hoechst seine Pionierstellung durch ein aufsehenerregendes Patent des damaligen Forschungsleiters Scherer untermauern können. Es bezog sich auf das erste Verfahren zur Herstellung von polymerem Trifluorchlorethylen. Die damaligen Erfahrungen reichten jedoch noch nicht aus, um aus den schwer verformbaren fluororganischen Polymeren für die Verarbeitung brauchbare Produkte herzustellen.

Bei Du Pont in den USA hatte Ende der 30er Jahre ein junger Chemiker ein ähnliches fluorhaltiges Produkt hergestellt: Tetrafluorethylen. Er tat damit etwa das gleiche wie Fritz Klatte einige Jahrzehnte zuvor in Griesheim mit dem Vinylacetat: Er füllte das Tetrafluorethylen in eine Flasche. Dann wandte er sich, wie es ihm schien, interessanteren Arbeiten zu.

Erst einige Wochen später erinnerte er sich dieser Flasche. Er öffnete sie, aber das Gas war verschwunden. Statt dessen hatte sich auf dem Boden der Flasche eine wachsartige weiche Masse gebildet. Schon die ersten Untersuchungen dieses Zufall-Polymerisats lösten in den Laboratorien von Du Pont Aufsehen aus.

Säuren bleiben wirkungslos

Polytetrafluorethylen widerstand Kältegraden bis in die Nähe von $-200\,°C$, hielt aber auch Hitzegrade aus, die für gewöhnliche Kunststoffe undenkbar waren. Auch die ätzendsten Säuren vermochten diesen Superkunststoff nicht anzugreifen. Vor ihm versagte sogar das berühmte Königswasser, ein aggressives Gemisch aus Salz- und Salpetersäure.

Noch eindrucksvoller war folgende Tatsache: Verschiedene Membranen von nur 0,5 Millimeter Stärke hielten über sieben Jahre dem Angriff wasserdampfgesättigten Chlorgases bei Temperaturen von rund 70°C stand, ohne auch nur an der Oberfläche verletzt zu sein.

Bei Hoechst wurde die Polymerisation mit fluorhaltigen organischen Substanzen in und nach dem Krieg wieder aufgenommen. Sie führte zu Produkten, die 1952 unter dem Namen Hostaflon auf den Markt kamen.

Der Kunststoff Hostaflon bleibt weitgehend in der Familie: Die chemische Industrie benötigt ihn selbst, um ihre Apparaturen vor aggressiven Chemikalien zu schützen. Im Maschinen- und Automobilbau, der Luft- und Raumfahrt, der Elektronik, der Bau- und Energietechnik, überall dort, wo es auf höchste Beanspruchung ankommt, erwies sich dieser Kunststoff als sehr erfolgreich. Eine der neuesten Entwicklungen sind Schlauchsysteme, die mikroskopisch feine Poren enthalten. Sie können als künstliche Adern in der Medizin Bedeutung gewinnen, da sie keine immunologischen Abwehrreaktionen hervorrufen und vom körpereigenen Gewebe gut durchwachsen werden. Für die Herstellung von künstlichen Herzklappen wird Hostaflon schon seit langem geschätzt.

Über die Rolle von Hostaflon bei der Produktion von Folien wird noch berichtet.

Die Geschichte des Polyethylens

Die Wiege des größten Standard-Kunststoffes unserer Zeit, des Hochdruck-Polyethylens, stand in Großbritannien, genauer in der Alkali-Abteilung des englischen Chemiekonzerns Imperial Chemical Industries (ICI) in Winnington. 1928 hatten ICI-Forscher begonnen, sich mit Hochdruck-Arbeiten zu beschäftigen. Auch die Farbstoff-Forscher interessierte die Frage, ob sich mit

Hilfe von hohem Druck verschiedene Reaktionen ohne Katalysatoren zustande bringen ließen.

Auch Gase wurden in diese Reaktionen mit einbezogen: Kohlensäure, Kohlenoxyd und schließlich das Gas Ethylen, eine einfache ungesättigte aliphatische Verbindung. Während der Versuch, Kohlensäuregas bei 2000 Atmosphären Druck mit Phenol umzusetzen, ergebnislos verlief, ergab die Umsetzung von Ethylen mit Kohlenoxyd bei 1400 Atmosphären ein festes Produkt.

Im März 1933 wurde Benzaldehyd in ein Hochdruckgefäß gegeben und Ethylen bei 170° C und einem Druck von 1400 Atmosphären eingeleitet. Als das Reaktionsgefäß geöffnet wurde, zeigte sich der Benzaldehyd unverändert. Aber die Wand des Gefäßes war mit einer dünnen, wachsartigen Schicht überzogen. Untersuchungen ergaben: Es handelte sich um Polyethylen.

Noch aber war es ein weiter Weg von den ersten Spuren dieser Verbindung bis zur Entwicklung des Kunststoffs im Tonnen-Maßstab. Es gab kleinere Explosionen, das Gas strömte ins Freie. Zwar kam niemand zu Schaden, doch vorübergehend wurden die Versuche aufgegeben. Manche fürchteten sogar, für immer.

Neue Erkenntnisse in der Hochdruck-Technik erlaubten dann doch weitere Polymerisationsversuche. Sie sollten klären: Wie verhielt sich zum Beispiel reines Ethylen-Gas bei einem Druck von 2000 Atmosphären?

Auch Sauerstoff war nötig

Im Februar 1936 wurde das erste Patent angemeldet. Langwierige Versuche im Labormaßstab folgten. Dabei kam man zu der Erkenntnis, daß neben dem hohen Druck für die Herstellung von Polyethylen aus Ethylen auch Sauerstoff notwendig war. Sauerstoff wirkte als Katalysator, der die Kettenreaktion in Gang brachte und weiter aufrechterhielt. Wieso waren dann aber die früheren Polymerisationen gelungen?

Es stellte sich heraus: das bei früheren Versuchen verwendete

Ethylen war nicht rein gewesen, es enthielt vielmehr Spuren von Sauerstoff – einer der historischen Zufälle in der Geschichte der Chemie, mit jenem berühmten bei der Indigo-Entwicklung zu vergleichen, als ein Thermometer brach und sich das auslaufende Quecksilber als der lange gesuchte Katalysator entpuppte.

Erste Anlage für 100 Tonnen

Da der Alkali-Division der ICI die Ethylen-Polymerisation gelungen war, nannte man das neue Produkt »Alkathene«. 1938 wurden die ersten Polyethylen-Proben auf ihre Eignung für die Kabeltechnik untersucht, und am 1. September konnte eine Anlage angefahren werden, die rund 100 Tonnen im Jahr herstellen konnte.

Der Ausbruch des Krieges trieb den Bedarf an Polyethylen in ungeahnte Höhen. Es bewährte sich besonders bei der Radar-Ausstattung der Flugzeuge – ein Gebiet, in dem sich die Engländer weit überlegen zeigten. Vor dem Krieg gehörte ein Informationsaustausch zwischen den großen Chemieunternehmen zur normalen Gepflogenheit. Jetzt war man bei der ICI froh, daß man entsprechende Wünsche der I.G. nicht erfüllt und kein Know-How preisgegeben hatte.

Aber auch deutsche Chemiker arbeiteten daran, Ethylen zu polymerisieren. Das geschah allerdings nicht so intensiv und so erfolgreich wie bei der ICI. Es kam bis 1945 lediglich zu einer von Ludwigshafener Ingenieuren gebauten Klein-Anlage, die gegen Ende des Krieges nach Gendorf verlagert wurde. Die ICI dagegen produzierte 1945 rund 1500 Tonnen Polyethylen.

Auch in den USA wurde in wachsenden Mengen Polyethylen nach dem Hochdruckverfahren der ICI hergestellt, und zwar von Du Pont und Union Carbide. Bald wurde auch die BASF auf diesem Gebiet wieder tätig.

Karl Ziegler tritt auf den Plan

Daß Polyethylen nur durch hohen Druck zu polymerisieren war – das galt lange Zeit fast als chemisches Postulat. Ziegler, einst Professor für organische Chemie in Heidelberg, später Leiter des Max-Planck-Institutes für Kohleforschung in Mühlheim an der Ruhr, war seit langem mit metallorganischen Katalysatoren vertraut. Schon Ende der 40er Jahre hatte er in Mühlheim ein Aluminium-Katalysatorsystem entdeckt, an das sich Ethylen anlagerte. Doch die wachsenden Molekül-Ketten, die sich dabei bildeten, »starben« indessen vorzeitig – im Durchschnitt nach je etwa 100 Wachstumsschritten –, wie Ziegler bei Gelegenheit verriet. Was man auch versuchte, die Anlagerung von Ethylen blieb jeweils im Anlauf stecken. Ziegler erhielt nur niedrigmolekulare Verbindungen, aber kein hochmolekulares Polyethylen.

Zufällig entdeckte man dann in Mühlheim, daß diese Reaktion plötzlich unprogrammäßig verlief. Warum? In der Apparatur fanden sich Spuren eines Stoffes, der als sogenannter »Co-Katalysator« wirkte. Erst seit man sich dieses Co-Katalysators bewußt ist, läuft die Polymerisation ungehindert ab.

Erfolg für das Ziegler-Verfahren

Als Ziegler nun auch noch ein geeignetes Lösungsmittel fand, nämlich Schwerbenzin, war ein neuer Weg zur Polymerisation von Ethylen erschlossen, und zwar ohne den hohen Druck, der bei dem ICI-Verfahren benötigt wurde. Zieglers »Niederdruck-Polymerisation« war im Grundprinzip so einfach, daß sie praktisch in Einweckgläsern ausgeführt werden konnte.

Ziegler besaß einen Beratungsvertrag mit Hoechst. Dort hatte eine Gruppe von Chemikern ebenfalls mit metallorganischen Katalysatoren gearbeitet. Leider hatte sich die Zusammenarbeit zunächst nicht als sonderlich fruchtbar erwiesen. Sollte man den Vertrag deshalb nicht beenden?

Das Geheimnis der Einmachgläser

Bei Hoechst hält sich hartnäckig eine Version,wonach ein Beauftragter der Forschungsleitung Ziegler in Mühlheim einen Besuch abstatten sollte, um eine solche Eventualität zu besprechen – nichts Ungewöhnliches in den Beziehungen zwischen Wissenschaft und Industrie. Doch dann führte Professor Ziegler seinem Besucher von Hoechst die Geheimnisse seiner Weckgläser vor...

Hoechst sah endlich die Chance, im großen Stil in das Kunststoffgebiet einzusteigen, wo die Züge fast schon abgefahren schienen. Im August 1954 wurde von Ziegler eine Lizenz auf das Niederdruck-Verfahren erworben. Kurze, aber intensive Erprobungen in den Hoechst-Laboratorien hatten bestätigt, daß Zieglers Verfahren auch im größeren technischen Maßstab ebenso funktionierte wie im kleineren in Mühlheim. Dann wurde die erste technische Anlage errichtet, die zehn Tonnen im Monat herstellte.

Da die Hoechster Petrochemie noch kein Ethylen lieferte, wurde dieses Ausgangsprodukt aus Gendorf bezogen. Dort wurde es aus dem an sich energiereicheren Acetylen gewonnen, ein Verfahren, das den Chemikern eigentlich gegen den Strich ging. Doch es kam jetzt nicht so sehr auf die Kosten an, sondern auf die Zeit. Hoechst hatte keine mehr zu verlieren, wenn man den Vorsprung der Konkurrenz auf diesem Gebiet einholen, wenn man seinen Platz im Reich der Kunststoffe finden wollte.

Vorbild USA

Karl Winnacker und andere Chemiker von Hoechst hatten gerade eine Amerika-Reise hinter sich. Sie waren ungeheuer beeindruckt von der Bedeutung, die sich dort die Kunststoffe erobert hatten. Die riesigen Kapazitäten, einst für den technischen Kriegsbedarf geschaffen, waren längst auf zivile Produktion umgestellt worden. Gleichwohl bauten die Amerikaner neue Kapazitäten für die »Plastics« auf. Die USA besaßen gegenüber den Europäern, besonders den Deutschen, gleich zwei entscheidende Vorteile: Auf ihre Produkte wartete ein riesiger Inlandsmarkt, und sie verfügten über billiges und leicht zugängliches Erdgas und Öl. Das wirkte sich vorteilhaft auf die Herstellungskosten aus.

Das Tempo, das man bei Hoechst unter diesen Umständen vorlegen mußte, war beachtlich. Ende 1955 konnte die erste größere Anlage zur Herstellung von Niederdruck-Polyethylen in Betrieb gehen. Sie lieferte die für die damalige Zeit beachtliche Menge von 250 Monatstonnen. Schon bald entstanden freilich Fabriken, die 1000 Tonnen erzeugten.

Die Rolle der Anwendungstechniker

Nicht nur die Produktion, auch die Anwendungstechnik machte Überstunden um Überstunden. Für die Anwendungstechniker galt es, das »Persönlichkeitsbild« des neuen Kunststoffs fachgerecht zu analysieren. Worin unterschied er sich von den vorhandenen? Von PVC, Polystyrol oder dem Hochdruck-Polyethylen? Wie konnte er am zweckmäßigsten verarbeitet werden? All das waren für die Anwendungstechniker fesselnde Fragen. Von der Antwort darauf hing ja weitgehend ab, ob ein neues Produkt und seine Verarbeiter auf die Dauer wirklich zueinander finden.

Auf der Brüsseler Weltausstellung 1958 war Hoechst mit einer Polyethylen-Anlage nach dem Niederdruck-Verfahren »en miniature« vertreten. Dort war der ganze Arbeitsgang anschaulich gemacht: Die Besucher erlebten, wie sich Ethylen zum Polyethylen verwandelte, zu einem Kunststoff, aus dem sogleich für jedermann eine Erinnerungsplakette geprägt wurde. Hoechst hatte damit als erste unter den chemischen Großfirmen auf dem europäischen Kontinent das Niederdruck-Polyethylen präsentieren können – es ist die große Domäne des Unternehmens geblieben.

Rohre aus Polyethylen

Wie sich bald herausstellte, ergänzte das Niederdruck-Polyethylen seine in England geborene ältere Schwester, das Hochdruck-Polyethylen. Das bei Hoechst erzeugte Polyethylen – das Hostalen G – besteht aus geradlinigen Molekülketten. Das Hochdruck-Polyethylen dagegen zeigt in seinen Ketten weit mehr Verzweigungen. Neben einer, im Gegensatz zu Hochdruck-Polyethylen, höheren Dichte und damit Festigkeit hat dieses Niederdruck-Polyethylen aufgrund seines Molekühlaufbaus einen beachtlich hohen Schmelzpunkt; er liegt bei ca. 130°C.

Hostalen ist sehr resistent gegen Chemikalien und Wärme. An einem solchen Kunststoff konnten vor allem die Rohrhersteller nicht vorübergehen. Bis heute wurden mehr als eine Million Tonnen Hostalen zu Rohren verarbeitet.

Auch der Polymerisationsgrad des Polyethylens ließ sich sehr genau regulieren. Die Chemiker hatten es weitgehend in der Hand, wie groß sie die Moleküle werden lassen wollten. Damit war es möglich geworden, sozusagen »nach Maß« zu arbeiten und eine Reihe verschiedenster Hostalen-Typen für beinahe jeden Anwendungsbereich und für die vielfältigsten Verarbeitungsmethoden zu entwickeln.

Etwa zur gleichen Zeit wie Ziegler entwickelten die Phillips Petrol Co. und die Standard Oil of Indiana ein Gasphasen-Polymerisationsverfahren für Ethylen. Es arbeitet bei einem Druck von 50–200 Atmosphären und ist an feste Katalysatoren gebunden.

Polypropylen–Hostalen PP

Unter der Hoechster Hostalen-Flagge, mit dem Zusatz PP versehen, macht seit 1958 auch ein anderer thermoplastischer Kunststoff erfolgreiche Karriere. Sein Ausgangspunkt ist Propylen, ebenso ein Olefin wie Ethylen und ebenso aus Erdöl gewonnen. Lieferant für Propylen war anfangs die Caltex Raffinerie in

Raunheim, seit langem aber kommt es über die Rohrleitungen von Wesseling nach Knapsack und Kelsterbach, wo Polypropylen hergestellt wird. Das geschieht unter recht ähnlichen Bedingungen und mit Hilfe ähnlicher Katalysatorsysteme wie Ethylen. Dabei haben sich die benötigte Katalysatormenge und die »Form« des anfallenden Polypropylens oft geändert. Das neueste ist das sogenannte Spheripolverfahren.

Professor G. Natta hatte die Erkenntnisse von Ziegler auch auf Propylen übertragen, nachdem das von Ziegler entdeckte Katalysatorensystem das große Gesprächsthema unter den Chemikern in aller Welt geworden war.

Natta konnte zunächst zeigen, daß sich dieselben metallorganischen Katalysatoren auch bei Propylen als tauglich erwiesen. Allerdings machte er die zusätzliche Beobachtung, daß gleiche Katalysatoren zu verschiedenen polymeren Produkten führen können: Einmal kann die Propylenpolymerisation eine weiche amorphe Masse ergeben, im anderen Fall entsteht ein kristalliner Kunststoff. Er übertrifft an Härte und Festigkeit sogar Polyethylen.

Die Gründe dafür entdeckte Natta in einer verschiedenen Anordnung der Moleküle in der Kette. Von den drei Strukturvarianten, die dabei in Erscheinung treten, wird die sogenannte isotaktische Struktur von der industriellen Chemie bevorzugt. Nur sie verleiht den Produkten die hohe Festigkeit.

Für schwerste Belastungen geeignet

Bei der isotaktischen Struktur zeigen die in der Polymerenkette aufeinanderfolgenden Einzelmoleküle das höchste Maß an Symmetrie. Sie stehen sozusagen wohlgeordnet in Reih und Glied. Erst eine so gleichmäßig formierte Kette liefert das vollendete Polypropylen, den leichten Kunststoff, der zugleich schwerste Belastungen verträgt.

Auf Zieglers und Nattas Forschungen gestützt und ausgestattet mit den bei Niederdruck-Polyethylen gewonnenen wissenschaftlichen und technischen Erfahrungen, begann bei Hoechst Ende 1958 die Großherstellung von Polypropylen, das unter dem Markennamen Hostalen PP verkauft wird.

Hostalen PP ist gegenüber Polyethylen – Markenname Hostalen G – unter anderem durch höheren Schmelzpunkt (160°C), höhere Steifigkeit und Härte gekennzeichnet. Von Staubsaugergehäusen und Damenschuh-Absätzen bis hin zu höchst beanspruchten Formkörpern für die elektrische und feinmechanische Industrie sowie den Fahrzeug- und Apparatebau reicht das längst nicht voll erschlossene Anwendungsgebiet von Hostalen PP.

Besonders im Hausartikelbereich und im Automobilbau wird sich die Zahl der aus Polypropylen hergestellten Funktionsteile noch weiter erhöhen.

Die Kunststoff-Tochter von Hoechst und Celanese

Eine sehr vielversprechende Entwicklung auf dem Gebiet der makromolekularen Chemie begann mit der Polymerisation von Formaldehyden. Dieses Forschungsgebiet wurde unabhängig voneinander in den Hoechster Laboratorien und in denen der Celanese Corporation of America, New York, bearbeitet. Beide waren von der Polymerisation des Trioxans ausgegangen und beiden war es gelungen, die Eigenschaften dieses Kunststoffes günstig zu beeinflussen, indem man die Copolymerisation mit etwas Ethylenoxid vornimmt.

Ein Erfahrungsaustausch und die von beiden Seiten positive Beurteilung der erhaltenen Produkte führten zur Gründung einer gemeinsamen Gesellschaft – Ticona Polymerwerke GmbH – Hoechst beteiligte sich mit 59 Prozent und Celanese mit 41 Prozent.

Ticona begann 1964, Polyformaldehyd in Kelsterbach – zwölf Kilometer vom Werk Hoechst entfernt – zu produzieren. Die erzeugten Produkte wurden vor allem im technischen Sektor abgesetzt, zum Beispiel im Automobilbau, wo sie vielfach Leichtmetall ersetzen. Schon seit 1964 wurden glasfaserverstärkte Typen ins Programm aufgenommen, die sich für besonders beanspruchte Formteile verwenden lassen.

Die Partnerschaft von Hoechst und Celanese hat sich seit 25 Jahren gut bewährt. 1986 konnte das 25jährige Jubiläum der Ticona gefeiert werden. Besaß die Ticona bei ihrem Start nur zwei Grundtypen ihres Acetats – Markenname Hostaform – so umfaßt das Hostaform-Sortiment heute 26 Typen, um viele anwendungsspezifische Anforderungen zu erfüllen. Das neue Hostaform S besitzt eine abgestufte Zähigkeits-/Steifigkeitsrelation und unterschiedliche Fließeigenschaften. Über leichtfließende Hostaform-Typen, die eine besonders leichte Verarbeitung zulassen, verfügt die Ticona seit Anfang der 80er Jahre.

Polystyrol aus Breda

Hoechst fehlte bis 1966 ein Kunststoff in den Polymerisationskesseln: Polystyrol. Diese Lücke wurde geschlossen, als sich Hoechst zu fünfzig Prozent an einer Polystyrolfabrik der amerikanischen Firma Foster Grant in der holländischen Stadt Breda beteiligte. Als sich 1968 der amerikanische Partner aus diesem Unternehmen zurückzog, ging die Anlage ganz in den Besitz von Hoechst über. Auch in den USA nahm Hoechst die Produktion dieses Standard-Kunststoffes auf.

Weitere Wachstumsfavoriten

Kunststoffe hatten sich in der Weltproduktion seit 1930 mengenmäßig viel stärker entwickelt als die Metalle einschließlich Aluminium. Bei diesem Vergleich waren in der Kunststoff-Produktion synthetischer Kautschuk sowie halbsynthetische Fasern nicht einmal enthalten. Es gab sicher keinen Grund zur Annahme, daß diese Entwicklung bald auslaufen könnte, werden doch ständig neue Produkte entwickelt.

Bis Mitte der 70er Jahre wurden Kunststoffe als Wachstumsfavoriten bewundert. Man rechnete damals in Westeuropa damit, daß sich ihr Verbrauch etwa alle fünf bis sieben Jahre verdoppele. Denn sie eroberten sich immer mehr Anwendungsgebiete.

Vorbei mit dem Zuwachs?

Dann kamen die ersten Warnsignale: Die Zeit der zweistelligen Zuwachsraten werde möglicherweise bald vorbei sein. Hoechst registrierte dies früh: »Wachstum und Kunststoffe sind zwei Begriffe, die jahrzehntelang in einem Atemzug genannt wurden«, schrieb 1974 Dr. Günter Metz in einer Fachzeitschrift. Er stellte in diesem Artikel die Frage: »Werden diese Zuwachsraten auch noch in Zukunft der Fall sein? Oder ist der Kunststoff-Boom zu Ende?«

Im Jahre 1974 schnitt die Kunststoff-Produktion in der Bundesrepublik zum erstenmal tatsächlich mit einem Minus ab. Fast alle großen Hersteller waren davon betroffen. Bei Hoechst waren 1974 die Kunststoff-Kapazitäten – aber auch die der Fasern – nur noch zu vierzig oder fünfzig Prozent ausgelastet.

Die Ursachen für diesen Rückschlag waren offenkundig. Die erste Ölkrise hatte die Rohstoffe extrem verteuert. Das Kosten- und Preisgefüge geriet völlig durcheinander. Die Preise für Rohstoffe stiegen im Durchschnitt um 50 Prozent. Die Verkaufspreise dagegen wurden mühsam um etwa 25 Prozent angehoben.

Wie würde es mit den Kunststoffen weitergehen? Würden aus den Wunderkindern der 50er und 60er Jahre Stiefkinder werden? Auch in den Folgejahren verbesserten sich die Zahlen nicht, eher mußte man eine weitere Verschlechterung hinnehmen. Dennoch blieben die großen Hersteller noch einigermaßen optimistisch.

Doch eines schien sicher: So wie jetzt die jährlichen Zuwachsraten aussahen, würde man jeweils mit zehn oder zwölf Jahren rechnen müssen, bis sich der Verbrauch verdoppelte. Entscheidend war, daß möglichst bald neue Anwendungsgebiete gefunden wurden.

Würden die Kunststoffe auf eine ähnliche Talfahrt gehen wie die Fasern, wo in den 70er Jahren Millionenverluste fast an der Tagesordnung waren? Als Vorteil gegenüber den Fasern empfanden die Kunststoff-Hersteller, daß ihre Produkte in viele Industriezweige gingen. Im Gegensatz zu den Fasern, die damals fast ausschließlich ihre Abnehmer in der Textilindustrie hatten, konnten sich die Kunststoffe auf mehrere Industrien als Abnehmer stützen; dazu gehörten die Bau-, die Elektro- und die Automobilindustrie.

Nicht nur in den Entwicklungsländern, auch in den hochindustrialisierten USA und in Westeuropa würde – so lauteten klare Vorhersagen – der Pro-Kopf-Verbrauch weiter ansteigen. In den frühen 60er Jahren lag der Verbrauch bei etwa fünf Kilogramm pro Bundesbürger. Mitte 1970 war diese Zahl bei rund 25 Kilogramm angelangt. Für 1980 verhießen die Schätzungen immerhin eine Zahl von 36 Kilogramm pro Kopf.

Auch zeigte sich immer deutlicher: Zu einer Rückkehr zu den früheren Werkstoffen, zur Resubstitution, die viele angesichts der hohen Rohstoffpreise befürchteten, war es nicht gekommen. Die Preise für Glas, Papier und Feinblech entwickelten sich zudem ganz ähnlich wie jene bei den Kunststoffen. Auch diese herkömmlichen Werkstoffe waren schließlich abhängig von den Kosten ihrer Herstellung, von den Preisen für Energie und Erdöl. Auch der Maschinenpark der Verarbeiter ließ sich nicht von heute auf morgen umstellen.

Ölfirmen gehen »down stream«

Eine Gefahr jedoch drohte den Chemieunternehmen. Die großen Ölfirmen, die das Ethylen lieferten, nutzten die Gelegenheit – auf die manche schon lange gewartet hatten –, in das Gebiet der Standard-Kunststoffe einzudringen, also »down stream« zu gehen. Da sie über Ethylen und andere Olefine natürlich am preiswertesten geboten, konnten sie daraus erzeugte Polymere, wie etwa Polyethylen, billiger anbieten als die chemischen Unternehmen.

Immer mehr Öl-Gesellschaften gingen tatsächlich »down stream«. Am intensivsten die ohnehin sehr aktive Shell, aber auch kleinere Firmen wie die Fina in Belgien, die Saga – später Statoil in Norwegen oder Neste in Finnland.

All diese Gesellschaften hatten in den Zeiten des Kunststoff-Booms große Ethylen- und Propylen-Anlagen aufgebaut. Diese wollten sie unter allen Umständen auslasten, selbst bei kleinsten Gewinn-Margen.

Dazu kamen noch einige Staatshandelsländer, die neue Kunststoffbetriebe aufgebaut hatten. Deren Produktion wollten sie absetzen, auch wenn die Preise kaum die Kosten deckten.

Man stand vor erheblichen Überkapazitäten – kein Zweifel. Daß sie abgebaut werden müßten, war ebenso klar. Wer aber sollte dabei vorangehen? Über solche Fragen ließ sich nicht ohne Einverständnis der Brüsseler Kartellbehörden diskutieren. Doch vorläufig hoffte man noch auf die »Selbstreinigungstendenzen« des Marktes.

Kurzarbeit unvermeidlich

Das Jahr 1975 beutelte nicht allein die Kunststoff-Hersteller. Eine weltweite Rezession brach über viele Märkte der Chemie herein. Bei Hoechst mußte zum erstenmal ein Umsatzrückgang hingenommen werden. Weder bei den Kunststoffen noch bei den Fasern konnten die Kapazitäten auch nur annähernd ausgelastet werden. Um Entlassungen zu vermeiden, mußten die Betriebe kurzarbeiten. Das betraf im übrigen nicht nur die Produktion, sondern auch Verwaltung, Forschung, Entwicklung, Verkauf und Ingenieurabteilungen.

Hätten nicht andere Bereiche des Hauses kräftig expandiert, dann wäre nicht einmal der bescheidene Gewinn von 291 Millionen Mark im Weltgeschäft erzielt worden. Die Dividende mußte auf sieben Mark pro Aktie zurückgenommen werden.

Doch schon im nächsten Jahr hatten sich viele Wolken verzogen. Die Sonne schien wieder. Doch wie lange? »Ein eher enttäuschendes Jahr«, mußte schließlich Rolf Sammet Ende 1977 einräumen. Vor allem im Bereich Fasern hatte es Verluste gehagelt. Sie betrugen, wie Sammet vor der Presse darlegte, über 200 Millionen Mark.

Im Vorstand gab es bekümmerte Gesichter. Einige warfen die Frage auf, wie lange solche Verluste hingenommen werden könnten. Aber auch bei den Kunststoffen schrieb das Unternehmen rote Zahlen.

Es gehörte viel Mut dazu und ein Blick weit über den europäischen Tellerrand hinaus, um in dieser Phase an den Aufbau von Kunststoff-Fabriken in den USA heranzugehen. Hoechst wollte seit langer Zeit auch mit Kunststoffen am größten Chemiemarkt der Welt partizipieren. Man unterschätzte dabei nicht die einheimischen Wettbewerber. Dazu kannte man einander viel zu gut. Aber die Hoechster Kunststoff-Verkäufer hatten einige Marktnischen ausfindig gemacht, die von anderen nicht besetzt waren und ein durchaus respektables Geschäft versprachen.

So baute Hoechst in Bayport, Texas, eine Anlage mit einem Investitionsvolumen von 380 Millionen Mark. Es handelte sich um Betriebe für die Herstellung von Niederdruck-Polyethylen (high density polyethylene, PE-HD) und für Monostyrol.

Auf der Internationalen Kunststoff-Messe in Düsseldorf, der K 79, lag damals Spannung wie noch nie. Hier mußte es Antworten auf die Frage geben, wie es mit den Kunststoffen weitergehen würde. Schließlich waren alle großen internationalen Hersteller vertreten.

Weniger Gewicht, geringerer Verbrauch

Hoechst präsentierte bei dieser Gelegenheit zum erstenmal sein Modell eines Kunststoff-Autos, das zeigte, wie viele Kunststoffe schon im Automobilbau verwendet wurden. Das Gewicht des Autos konnte so bis zu 300 Kilogramm verringert werden. Weniger Gewicht bedeutet weniger Kraftstoffverbrauch, und zwar etwa drei Liter auf hundert Kilometer. Die Palette der in dem Wagen verwendeten Kunststoffe reichte von der Armaturentafel bis zu den Zierleisten.

Neue Rückschläge

Noch aber warteten auf die Kunststoff-Hersteller in Westeuropa neue Wechselbäder. Das große Tief kam erst noch. Denn es existierten zu viele Kapazitäten für Standard-Kunststoffe, und die Nachfrage wollte sich einfach nicht beleben. Die Kapazitäten wurden teilweise nur unter fünfzig Prozent ausgelastet.

Besonders schmerzhaft war die Situation bei Polyvinylchlorid (PVC) und bei Polyethylen niederer Dichte. Hier sanken die Marktpreise teilweise unter die variablen Kosten. Konnte man nicht in einer Radikalkur PVC-Kapazitäten abbauen?

Hier verhinderte der in der Chemie übliche Verbund zweier Produkte zu tiefe Rationalisierungsschritte. Bei PVC ist Chlor ein wesentlicher Bestandteil. Dieses Chlor wird bei Hoechst wie in der BASF von den Chloralkali-Elektrolysen erzeugt, und zwar zusammen mit dem Kopplungsprodukt Natronlauge. Diese Natronlauge war erwünscht – Chlor aber nicht. Doch es fiel in der Herstellung an, ob man wollte oder nicht. Chlor auf umweltfreundliche Art zu beseitigen war teuer – deshalb behalfen sich manche Hersteller, indem sie PVC um zehn Prozent unter ihren eigenen Gestehkosten anboten. So weit hatte sie die allgemeine Misere auf dem PVC-Gebiet gebracht.

Insgesamt – so die Schätzungen – mußten die Hersteller von Standard-Kunststoffen in den Jahren 1981/82 in Westeuropa

Verluste von rund 2,4 Milliarden Mark hinnehmen. Hoechst allein erlitt im Kunststoff-Bereich 1982 einen Verlust von über 200 Millionen Mark.

Sorgen in den USA

Zu einem der großen Sorgenkinder entwickelte sich die mit großen Hoffnungen begonnene Hostalen-Produktion in den USA. Die Produktion in Bayport litt an unerwartet vielen Kinderkrankheiten auf technischem Gebiet. Es gelang einige Zeit einfach nicht, diese Schwierigkeiten zu überwinden.

Dadurch verstrich wertvolle Zeit. Sie wurde von der Konkurrenz nach Kräften genutzt. Als die Polyethylen-Anlage endlich einwandfrei lief, hatte sich die amerikanische Konkurrenz, wie etwa Du Pont, längst jener Marktlücken bemächtigt, die einst die Kunststoff-Verkäufer von Hoechst im Auge hatten.

Im Laufe des Jahres 1983 begannen die therapeutischen Maßnahmen, die sich der Bereich Kunststoffe verordnet hatte. Seit 1981 hatte das Unternehmen in der Bundesrepublik seine Produktion für Niederdruck-Polyethylen hoher Dichte um rund vierzig Prozent auf 400000 Tonnen gesenkt. Das betraf natürlich hauptsächlich ältere Anlagen im Stammwerk.

In Holland wurden Polystyrol-Kapazitäten um 25 Prozent auf 110000 Tonnen zurückgeschraubt. Auch beim Polypropylen, das sich von den Standard-Kunststoffen noch am besten gehalten hatte, wurden ältere Anlagen stillgelegt. Natürlich hatte dieser drastische Abbau von Kapazitäten auch Konsequenzen im Hinblick auf die Zahl der Mitarbeiter. Etwa zehn Prozent wurden in anderen Bereichen untergebracht.

Im Bereich Kunststoffe, aber auch im Vorstand, analysierte man die Situation mit aller gebotenen Nüchternheit. Ergebnis: Hoechst hatte sich zu lange auf PE-HD, auf das Niederdruck-Polyethylen, konzentriert. Zwar war man dabei äußerst erfolgreich gewesen und zum größten Hersteller in Europa avanciert. PE-HD-Anlagen standen auf allen Kontinenten der Erde, in

Brasilien, Indien, Südafrika und Australien. Die Weltkapazität von Hoechst bei PE-HD beträgt rund eine Million Tonnen.

Die technischen Werkstoffe waren aber im Laufe der Zeit nahezu stiefmütterlich behandelt worden. Dabei hatten sich gerade die technischen Werkstoffe in den Krisenjahren Ende 1970/ Anfang 1980 am widerstandsfähigsten erwiesen. Ihr Markt war stabil geblieben, ebenso die Preise. Auch die Zukunft gehörte – daran war kein Zweifel – den technischen Werkstoffen.

Die therapeutische Konsequenz: Die Kunststoffe mußten umstrukturiert und ein neuer Schwerpunkt technischer Werkstoffe gebildet werden. »Es galt, so schnell wie möglich Terrain aufzuholen. Dies geschah dann auch mit allem Nachdruck«, erinnert sich Uwe Jens Thomsen, der 1978 seinen Freund Günter Metz als Verkaufschef Kunststoffe ablöste. Metz, schon mit einem Fuß im Vorstand, übernahm in diesem Jahr den Verkauf Fasern.

Thomsen, Sohn eines Chemikers und im Wöchnerinnenheim, dem »Storchennest«, geboren, gehört zu den jungen Männern von Hoechst, die einen erheblichen Teil ihrer Karriere im Ausland verbrachten. Er begann 1956 als kaufmännischer Lehrling. Danach war er lange Zeit in verschiedenen Ländern Lateinamerikas. Später war er in der Verkaufsleitung tätig – damals ein Sprungbrett für junge Talente im Verkauf. Seit 1981 ist er Vorstandsmitglied und zuständig für das Ostgeschäft, Tenside und Hilfsmittel und Verbraucherprodukte.

Neue Kapazitäten für Gendorf

Eine der ersten Maßnahmen zur Stärkung der Spezialkunststoffe betraf das Polytetrafluorethylen in Gendorf, das Hostaflon. Die außergewöhnliche Resistenz gegenüber Chemikalien und die Möglichkeit, Hostaflon bei einem Dauer-Einsatzbereich von Temperaturen zwischen minus 200 und plus 260 Grad zu verwenden, hatte »PTFE« zu einem Edel-Werkstoff gemacht.

Durch eine Reihe von Copolymerisaten wurde das Eigenschaftsprofil von Hostaflon bereichert. Besonders die Copolymerisation von Tetrafluorethylen mit Ethylen (Hostaflon ET) versprach weitere Möglichkeiten der Anwendung. Doch die Kapazität in Gendorf war viel zu klein. Sie betrug rund 3000 Tonnen Hostaflon aller Typen zusammen. Sie wird gegenwärtig auf 6500 Tonnen erweitert. Überdies hat Gendorf ein neues Forschungs- und Anwendungszentrum für Fluorkunststoffe erhalten.

Neben dem Ausbau des Sortiments der Fluorpolymere und Fluorthermoplaste wurden die beiden thermoplastischen Polyester-Kunststoffe »Hostadur B« und »Hostadur E« wieder in das Programm aufgenommen.

Eine neue Karriere für PP

Polypropylen, der Schwesterkunststoff von Polyethylen, hatte in den schwierigen Jahren um 1980 die Kunststoff-Verkäufer nicht ganz so sorgenvoll gestimmt wie die anderen Polyolefine. Bald ergaben die Marktprognosen hier auch wieder einen wachsenden Bedarf. Hoechst stand hier in der Weltrangliste, die von Himont und der Shell-Gruppe mit etwa 1,2 Millionen Tonnen angeführt wurde, mit 440000 Tonnen nicht am Spitzenplatz.

Nun entwickelte sich Polypropylen sogar zum Wachstumsprodukt Nummer eins unter den Standard-Kunststoffen. So soll allein der europäische Polypropylen-Markt bis 1995 um jährlich sechs bis sieben Prozent wachsen.

Hoechst plant deshalb gerade den Bau eines neuen Polypropylen-Werkes in Knapsack. Die Investitionskosten betragen voraussichtlich etwa 140 Millionen Mark.

Auch in Frankreich und in Spanien werden die Polypropylen-Kapazitäten ausgebaut, so daß Hoechst eine Jahreskapazität von rund 600000 Tonnen besitzen wird.

Bei den Anwendungen nimmt das Hostalen PP besonders bei den hochmolekularen Typen eine starke Stellung ein. Seit einigen Jahren können dabei im Blasverfahren auch große und komplizierte Teile hergestellt werden, zum Beispiel Surfbretter und Stoßfänger-Spoiler-Kombinationen, wie sie etwa als Zusatzausrüstung bei Wagen von Daimler Benz und Opel zu sehen sind. Neben den sehr leichtfließenden talkumverstärkten Hostalen-Typen ist Hoechst auch mit glasfaserverstärkten Varianten auf dem Markt.

Alle neuen Polypropylen-Anlagen werden nach dem Masse/ Gasphasen-Verfahren produzieren.

Bei dem Masse/Gasphasen-Verfahren handelt es sich um ein von der Firma Himont für die Polymerisation von Propylen entwickeltes Verfahren, das an Hoechst lizensiert wurde. Es ist ein neues, umweltfreundliches und energiesparendes Verfahren, das aufgrund seiner Flexibilität die ganze Breite und Vielfalt des Polypropylensortiments herzustellen gestattet. Bis 1995 wird Hoechst in Westeuropa über einen entscheidenden Anteil moderner Polypropylen-Technologie verfügen.

Himont ist mit fast 700000 Tonnen der größte Hersteller von Polypropylen in der Welt, gefolgt von Amoco Chemicals Co. (ca. 450000 Tonnen), Shell Chemical Co. (ca. 360000 Tonnen) und Exxon (ca. 300000 Tonnen).

Der Celanese-Deal

Der kühnste Schritt in der Neustrukturierung der Kunststoffe war Teil einer Akquisition, der größten seit Bestehen von Hoechst. Hier die Geschichte, allerdings nur, soweit sie die Kunststoffe betrifft: Celanese of America, 1918 gegründet, gehört zu den bedeutenden Chemieunternehmen der USA. Nicht nur auf dem Gebiet der Fasern und der Chemikalien, auch bei den Kunststoffen zählte Celanese zu der Spitzengruppe.

Durch die Zusammenarbeit in der Ticona kannte Hoechst vor allem die Stärke der Celanese bei den technischen Kunststoffen. Dabei spielten Polyacetat, Polybutylentherephthalat und Polyamid eine herausragende Rolle. Es handelte sich um Werkstoffe, die in der Automobilindustrie, in der Elektrotechnik und Elektronik, im Maschinenbau und in der Luftfahrt begehrt waren.

Neuere Entwicklungen von Celanese, deren Kunststoff-Geschäft etwa 600 Millionen Dollar ausmachte, ist das Polyarylat »Durel«, dem die Verarbeiter in den USA hervorragende Eigenschaften und Beständigkeit nachsagten. Auch das flüssig-kristalline Polymer »Vectra« hat für Polymere bisher ungeahnte Eigenschaften.

Die gemeinsame Tochter Ticona hatte es mit sich gebracht, daß die Kunststoff-Manager des amerikanischen Unternehmens und ihre Kollegen von Hoechst mindestens einmal im Jahr zu Boardsitzungen zusammenkamen. Am Abend traf man sich zum Essen im Sonnenhof in Königstein. Bei dieser Gelegenheit wurde – zunächst nur halb ernsthaft – die Frage aufgeworfen: War die Celanese geneigt, über einen Verkauf ihres Kunststoff-Sortiments zu reden?

Was halb scherzhaft begann, endete ernsthaft: Hoechst erwarb 1987 die gesamte Celanese zu einem Betrag von 5,36 Milliarden Mark. Jürgen Dormann, Vorstandsmitglied und für das Amerika-Geschäft zuständig, liebt eher kühle Formulierungen. In diesem Fall jedoch konnte er von einer »neuen Dimension« im Hoechster USA-Geschäft sprechen.

Professor Wolfgang Hilger, der seine Ära mit der Losung »High Chem« angetreten hatte, begründete den Gesamt-Deal vor den Journalisten: »Mit der Celanese gewinnen wir Wissen und Erfahrung auf einigen Arbeitsgebieten der Hochtechnologie. Wir sehen die Chance, in der Zusammenarbeit unsere Kenntnisse wesentlich ausbauen zu können.«

Nicht nur Akquisitionen erfordern Können, Mut und Fortune. Das gleiche gilt auch für strategische Rückzüge. Um einen solchen handelte es sich beim Polystyrol. Hoechst besaß bei diesem Standard-Kunststoff beachtliche Kapazitäten, nämlich 440 000 Tonnen.

Dennoch stimmten die langfristigen Rendite-Berechnungen den Hoechster Vorstand nicht froh. »Wir waren auf diesem Gebiet nicht schlecht, aber leider auch nicht so überragend, daß wir mehr als die Konkurrenz bieten konnten«, formulierte es Professor Rolf Sammet, unter dessen Ägide der Verkauf der Anlagen in den USA und Holland fiel.

Die Zukunft der Kunststoffe

Die Anforderungen, die an die nächste Generation der Kunststoffe gestellt werden, sind hoch. Sie sollen hervorragende mechanische Eigenschaften und möglichst geringes Gewicht besitzen. Vor allem aber sollen sie selbst höchsten Temperaturen gewachsen sein. Auch bei einer Dauergebrauchstemperatur von über 200 °C sollen sie – selbst nach Tausenden von Stunden – keine ihrer Eigenschaften einbüßen.

Standard-Kunststoffe wie beispielsweise Polypropylen PP sind nur bis knapp 100 °C einsetzbar.

In der Polymer-Forschung hat man herausgefunden, daß Hochleistungs-Polymere mit solch thermischer Stabilität andere Strukturen erfordern. Anstelle aliphatischer Gruppen müssen aromatische Bausteine verknüpft werden.

»Hostatec – Vectra«

Dieses Konzept führte zur Entwicklung eines »Kunststoffes von morgen«: Hostatec, bei dem aromatische Bausteine über Ether- und Ketongruppen miteinander verknüpft sind. Dieses Polyetherketon kann thermoplastisch, also aus der Schmelze, verarbeitet werden. Es erträgt Dauergebrauchstemperaturen von 260 °C sowie eine Kurzzeitbeanspruchung bis über 300 °C und ist ausgezeichnet chemikalienbeständig.

Erste Anwendungen empfahlen Hostatec als Ventilfederteile bei Kraftfahrzeugmotoren sowie bei hochbeanspruchten Drähten.

Aromatische Bauteile über Ester-Gruppen miteinander zu verbinden, ist der American Celanese bei der Entwicklung eines Copolyesters gelungen, der Vectra getauft wurde. Für diesen Hochleistungskunststoff wird gegenwärtig eine größere Produktionsanlage gebaut.

Anlage zur gentechnischen Herstellung von Insulin

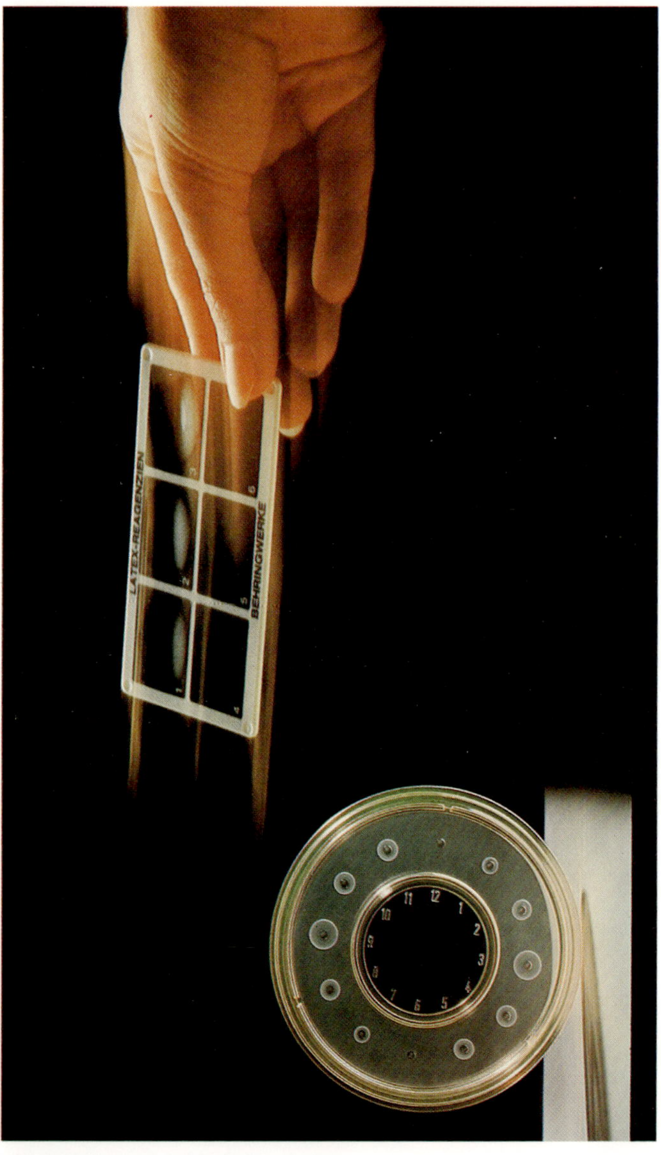

Diagnostika von den Behringwerken
(Behringwerke AG)

Pharmaqualitätskontrolle

Anorganische Forschung

Elektrisch leitfähige Kunststoffe

Weitere Ziele der Forschung sind elektrisch leitfähige Kunststoffe, die sogar Kupfer Konkurrenz machen sollen, sowie Lichtwellenleiter, Materialien für elektrische und optische Speicher, Membranen und Verbundmaterialien.

Aber auch mit anderen Unternehmen soll bei der Entwicklung weiterer Hochleistungsverbundwerkstoffe zusammengearbeitet werden. So natürlich mit der Sigri GmbH in Meitingen, die seit 1989 im alleinigen Besitz von Hoechst ist. Die Palette der Sigri umfaßt Carbonfasern auf Basis von Polyacrylnitril, aber auch fertige Bauteile aus carbonfaser-verstärkten Kohlenstoffen. Für Hostatec wird mit der Sigri an der Kohlenfaserverstärkung bei diesem Kunststoff gearbeitet.

»Wir stehen erst am Beginn«

Die neue Faszination der Kunststoff-Technologie war auch bei dem Wissenschaftssymposium zu spüren, das Hoechst im Mai 1988 zu seinem 125jährigen Jubiläum veranstaltete. »Das Zeitalter der Kunststoffe ist nicht vorüber«, erklärte begeistert ein junger Chemiker. »Ich glaube, es hat überhaupt erst begonnen.«

Kapitel 10

Neue Welt der Fasern

Im Jahre 1987 konnte man sich bei Hoechst mit einem neuen Superlativ schmücken: Das Unternehmen war zum größten Hersteller von Polyester-Fasern in der Welt aufgerückt. Und intern hatte der Faserbereich im Jahr 1988 mit 6,3 Milliarden DM Umsatz einen Anteil von 15 Prozent des Gesamtgeschäfts erreicht. Und was noch wichtiger war: Auch die Gewinnzahlen lasen sich wieder sehr erfreulich.

Wenn Hoechst diese Zahlen dennoch ohne triumphale Untertöne der Öffentlichkeit präsentierte, dann aus zwei Gründen: Insgesamt hatte das letzte Jahrzehnt die einst so frohgemuten Faserhersteller zu einer etwas abgeklärteren Betrachtung der Marktchancen geführt, zum anderen entstammten über zwei Milliarden DM dem Umsatz der ehemaligen Celanese, dem von Hoechst in einem beachtlichen Kraftakt erworbenen US-Konzern.

Dennoch: Die kaum mehr als 35jährige Geschichte des Hoechster Faserbereichs bietet zu einigem Stolz durchaus Anlaß. Schon die Geburt der Faserproduktion war nicht einfach gewesen und nicht von allen leitenden Herren des Unternehmens mit großer Begeisterung begrüßt worden. Vor allem Chemiker der alten Schule der klassischen Chemie betrachteten die Herstellung von Fasern und deren laute Propagierung mit einiger Skepsis. Jürgen Jeske von der FAZ, der 1982 zum 25jährigen Trevira-Jubiläum in Bobingen einen Vortrag hielt, erzählte bei dieser Gelegenheit, wie ihm ein Hoechster Direktor einmal bekümmert gestanden habe, die neue bunte Welt der Hoechster Fasern sei doch nicht seine vertraute Welt der klassischen Chemie.

Jeske nannte natürlich auch zu später Feierstunde nicht den

Namen des Hoechster Herrn, doch Insider konnten sich unschwer ein halbes Dutzend hochgestellter Kollegen vorstellen, zu denen dieses Geständnis gepaßt hätte.

Große Diskussion im Vorstand

Karl Winnacker, Vorstandsvorsitzender des Unternehmens seit 1952, und Rolf Sammet, Winnackers Nachfolger im Jahre 1969, haben nie geleugnet, daß den notwendigen Vorstandsbeschlüssen zum Entstehen der Fasersparte ausgiebige Diskussionen vorausgegangen waren. Detailliert rechneten einige Herren im Vorstand aus, wie man die Investitions-Millionen besser einsetzen könnte.

Winnackers Autorität brachte schließlich die Widerstände vom Tisch. Aber auch er wußte, daß der Schritt in das völlig neue Arbeitsgebiet zwar verlockende Chancen, aber auch erhebliche Risiken eröffnete. Schließlich waren Du Pont in den USA und ICI in Großbritannien schon längst dabei, ihre Chemiefaser-Produktion kräftig auszubauen.

Bobingen als Ausgangsbasis

Um als Newcomer keine weitere Zeit mehr zu verlieren, hatte Winnacker wie ein Löwe darum gekämpft, daß die »Kunstseide-Fabrik Bobingen« bei Augsburg aus der Liquidationsmasse der I.G. seinem Haus zugeschlagen wurde. Dieser Betrieb feierte im selben Jahr 1952 gerade sein 50jähriges Jubiläum als Kunstseideproduzent. In diesen fünf Dezenien hatte Bobingen viele Hochs und Tiefs erlebt, wie sie allen Betrieben widerfuhren, die sich den schnell wechselnden Herstellungsverfahren der »Seide aus Fichten« verschrieben hatten. Neben dem Grafen Chardonnet in Besançon war Dr. Friedrich Lehner, der Gründer von Bobingen, der bedeutendste Pionier der Kunstseide aus Nitrocellulose, der ersten kommerziellen Chemiefaser.

Immerhin konnten kurz nach der Jahrhundertwende in Bobingen schon täglich 400 Kilogramm Nitrocellulose-Kunstseide, damals noch aus Baumwollabfällen, gesponnen werden. Die Kunstseide war zu jener Zeit allerdings noch keineswegs der natürlichen ebenbürtig. Trotzdem fand sie ein großes Absatzfeld: Mit ihr ließ sich eine Fülle modischer Effekte erzielen.

Bereits im ersten Jahrzehnt des neuen Jahrhunderts hatten sich in Deutschland in dichter Folge sieben Kunstseidefabriken niedergelassen. 1913 waren es schon 22 Fabriken, die, mit einem Kapital von insgesamt 27 Millionen Mark ausgestattet, 1200 Tonnen Kunstseide erzeugten.

Vor allem die größeren dieser Unternehmen nahmen bald einen beachtlichen Aufschwung, besonders nachdem sie die Kunstseide auch bei Unterwäsche, Kleidersatins und schließlich sogar bei Damenstrümpfen einzuführen begannen. In den ersten Jahren war sie nur für modisches Zubehör wie Litzen, Kordeln oder Schnüre verwendet worden, das sich durch einen besonders hohen Glanz auszeichnete.

Kaum waren die letzten Maschinen für das »Nitrocelluloseverfahren« installiert, mußte man schon wieder ein neues Herstellungsverfahren vorbereiten. Seine geistigen Väter waren drei Engländer, die Cellulose mit Natronlauge – wie sie bei der Elektrolyse anfiel – und mit Schwefelkohlenstoff behandelten. Auf solche Weise entstand eine Cellulose-Lösung, die ihrer Zähflüssigkeit wegen »Viscose« genannt wurde.

Dieses Viscose-Verfahren besaß zwei Vorzüge. Das bei ihm verwendete Lösungsmittel und der Zellstoff aus Fichten waren weit billiger als Baumwoll-Linters und die Hilfsmittel Ether und Alkohol, von denen große Mengen benötigt wurden. Allein für ein Kilogramm Nitratseide brauchte man rund 13 Liter von diesen Flüssigkeiten. So stellte Bobingen im Jahre 1911 den Nitrocellulose-Kunstseide-Betrieb wieder ein und begann nach dem Viscose-Verfahren zu arbeiten. Die Viscose wurde dabei im Säurebad zu feinen Fäden ausgesponnen, die dort erstarrten und fest wurden.

Die kriegerische Schießbaumwolle

Zu Beginn des Ersten Weltkrieges standen die Bobinger Viscose-Apparaturen still. Alsbald erinnerten sich freilich die Militärs daran, daß sich durch die Nitrierung von Baumwolle, das heißt durch ihre Behandlung mit einem Gemisch von konzentrierter Salpeter- und Schwefelsäure, Schießbaumwolle herstellen läßt. Bobingen wurde im Verlaufe dieser Entwicklung zur »Schießwollfabrik« der »Vereinigten Köln-Rottweiler Pulverfabriken AG« in Berlin, und als Glied dieser Firma teilte es auch deren unvermeidliches Nachkriegsschicksal: Die für Kriegszwecke verwendbaren Anlagen wurden demontiert oder zerstört.

Schon zwei Jahre später aber konnte Bobingen wieder die Kunstseideproduktion aufnehmen, nachdem die Köln-Rottweil AG – wie sie nach Kriegsende firmierte – sich von den Explosivstoffen friedlicheren Aufgaben zugewandt hatte.

Im Hauptwerk Premnitz an der Havel, das während des Krieges als Pulverfabrik ausgebaut worden ist, geschehen in diesen Jahren große Dinge: Zwar kreist die gesamte Arbeit der Chemiker dort zunächst um die Viscoseseide, aber es geht nicht mehr allein um die endlosen Fäden der Kunstseide. Vielmehr versucht man in Premnitz, aus der Cellulose die erste künstliche Stapelfaser der Welt zu entwickeln, die in Wettbewerb zur Schafwolle treten soll. Es handelt sich hierbei nicht um einen »endlosen Faden«, wie er bei der Seide oder Kunstseide vorliegt, sondern um eine »kurzstapelige« Faser, die für sich allein oder im Gemisch mit Naturfasern wie Baumwolle oder Wolle erst zum gebrauchsfähigen Garn versponnen wird.

Vistra, die neue Zellwolle

Die Köln-Rottweil AG nannte diese Zellwolle »Vistra«. Sie präsentierte sie 1922 auf der Münchner Gewerbeschau der Öffentlichkeit. Obwohl sich die Vistra-Erzeugung 1925 bereits auf mehr als eine halbe Million Kilogramm belief, blieb der Zellwolle zunächst der geschäftliche Erfolg versagt. Die Ersatzstoffe der Kriegszeit waren beim deutschen Konsumenten in schlechter Erinnerung. Keine noch so offensichtlichen Qualitätsbeweise konnten jetzt Spinnereien und Publikum mit der Zellwolle befreunden. Die Lagerhallen der Köln-Rottweil AG wurden bald zu klein. Immer höher häuften sich Ballen um Ballen unverkäuflicher Ware.

Als schließlich auch das zunächst recht aussichtsreiche Auslandsgeschäft angesichts der hohen Zollmauern, mit denen sich die meisten Staaten umgaben, mehr und mehr zurückging, zog man in der Köln-Rottweil AG die Notbremse. Mit seinen Werken Premnitz, Rottweil und Bobingen, das 1926 wegen Auftragsschwierigkeiten für mehrere Monate geschlossen werden mußte, suchte das Unternehmen Anschluß an die I.G. Farbenindustrie AG, die sich gerade in diesem Jahr aus den chemischen Großbetrieben Deutschlands formiert hatte. Im Verbund mit diesem Unternehmen fühlten sich die Kunstseidewerke vor den herannahenden Stürmen der Weltwirtschaftskrise geborgen.

Die I.G. hatte bereits 1921 im Anschluß an die Film-Fabrik Wolfen der Agfa eine Kunstseidefabrik nach dem Viscose-Verfahren errichtet und 1926 eine weitere Fabrik nach dem Kupferoxidammoniak-Verfahren in Dormagen in Betrieb genommen. Nun erweiterte sie durch die Übernahme der Köln-Rottweil AG dieses Produktionsgebiet, dem die großen chemischen Werke in der Vergangenheit nicht die gebührende Aufmerksamkeit geschenkt hatten.

Erstes Ziel beim Ausbau dieses industriellen Bereiches war, die Vistra-Produktion in Premnitz auf täglich 100 Tonnen Zellwolle zu erhöhen. Überdies sollte die Bobinger Kunstseide-Produktion gründlich ausgeweitet und modernisiert werden. Bobingen erhielt 36 neue Spinnmaschinen, moderne Anlagen zur Filtrierung der Spinnsäure und neue Waschmaschinen.

Bereits 1928 konnte Bobingen eine Jahresproduktion von 700000 Kilogramm Viscose-Seide melden. In den nächsten Jahren sollte diese Zahl auf das Dreifache gesteigert werden.

Außerdem errichtete die I.G. 1926 gemeinsam mit der Vereinigte Glanzstoff-Fabriken AG, die wenige Jahre später wieder ausschied, in Berlin-Lichtenberg eine Acetatseide-Fabrik, die »Aceta GmbH«. Mit den Vorbereitungen zu dieser Produktion war seit 1923 bei der Agfa Paul Schlack, der spätere Erfinder des Perlons, betraut.

Im Hagelschlag der Weltwirtschaftskrise

Zunächst allerdings kam alles ganz anders: Der Hagelschlag der 1929 einsetzenden Weltwirtschaftskrise drückte die Preise auf dem Textilrohstoff-Markt zu Boden: Wolle wurde zeitweilig billiger als Zellwolle. Der Baumwollpreis auf dem Weltmarkt sank von knapp 22 Cents/lb. in der Saison von 1928/29 auf rund 4 Cents/lb. Jetzt blieb auch der I.G. kein anderer Ausweg: Mit einer Reihe von Spinnereien bildete sie die sogenannte Vistra-Vereinigung. Sie sollte nicht die Preise ungebührlich hochtreiben, sondern sie in einer vernünftigen Höhe stabilisieren. Noch bevor der Autarkie-Ehrgeiz des Dritten Reiches den Mechanismus der normalen Marktwirtschaft außer Kraft setzte, gelang dieses Sanierungswerk.

In den nächsten Jahrzehnten vollzog sich der Aufstieg der Zellwolle unaufhaltsam. Zunächst überflügelte Vistra ihre ältere Schwester, die Kunstseide, und schließlich kam der Tag, an dem in der Welt mehr Zellwolle als natürliche Wolle erzeugt wurde.

Es kam freilich auch der Tag, an dem aus den Reaktionskesseln der chemischen Betriebe ein neuer Konkurrent der Zellwolle und Kunstseide erwuchs. Kunstseide und Zellwolle sind »Mischlinge«. Man nennt sie halbsynthetische Produkte, weil das »Elternpaar« höchst verschieden ist. Der eine Partner ist der pflanzliche Rohstoff Cellulose, der andere ist die Chemie. Die neuen Fasern aber sind zu 100 Prozent synthetische Erzeugnisse.

Die Geburt der synthetischen Fasern

Ahnherr der synthetischen Fasern ist der schon erwähnte Chemiker Dr. Fritz Klatte, der im heutigen Werk Griesheim der Hoechst AG die erste Bekanntschaft mit Polyvinylchlorid und Polyvinylacetat machte.

Schon 1913 war es Klatte gelungen, das als Laboratoriumspräparat bekannte Vinylchlorid auf industrieller Grundlage herzustellen. Klatte, mit seinem Gespür für das Zukunftsträchtige, sah in diesem Produkt einen Rohstoff für chemische Fasern. Aber noch verstand man es nicht so recht, das gasförmige Vinylchlorid auf rationelle Weise zu polymerisieren und es so in einen festen Zustand zu bringen.

Man wußte damals noch wenig von den hochpolymeren Stoffen. Die Technik, schlichte Moleküle zu Makromolekülen zu verbinden, befand sich erst in ihren Anfängen. Noch fehlten vor allem die 1925 veröffentlichten, fundamentalen Erkenntnisse des späteren Nobelpreisträgers Hermann Staudinger. Ihm verdankt die Chemie die ersten »Generalstabskarten« im Wunderland der Makromoleküle, von denen ein einziges oft Millionen von Atomen beherbergt. Staudinger war auch der erste, der eine Methode entwickelte, um den Polymerisationsgrad von chemischen Stoffen zu messen.

Erst Anfang der 30er Jahre bekamen die Chemiker die industrielle Polymerisation in den Griff. Nun versäumte man im Werk Wolfen der I.G. keine Zeit mehr, sich dem Vinylchlorid zuzuwenden. Aus dieser Substanz, die sich verhältnismäßig billig aus Acetylen und Chlorwasserstoff gewinnen ließ, sollten die ersten vollsynthetischen Textilfasern der Welt entstehen.

Am schwierigsten dabei war, das Polyvinylchlorid in einem billigen Solvens löslich zu machen. Dies gelang, indem man das Polyvinylchlorid mit Chlor nachbehandelte. Nun konnte Aceton als preiswertes Lösungsmittel verwendet werden. Wird dieses dann dem »PVC« wieder entzogen, so erstarrt die Spinnmasse, nachdem sie eine Düse passiert hat. Später werden daraus Fäden und Fasern.

Diese sogenannte Pe-Ce-Faser besaß viele Vorzüge. Sie war unempfindlich gegen Säuren, gegen Wasser unter 70°C Temperatur, gegen Fäulnis. Sie zeichnete sich durch ihre gute Reißfestigkeit aus und war nur schwer brennbar: Eigenschaften, die für den Textilhersteller von großer Bedeutung sind. Nur heißes Waschen und Bügeln war für die Pe-Ce-Faser »lebensgefährlich«, denn bereits bei 70° C näherte sie sich dem Erweichungspunkt. Für gewöhnliche Kleider und Anzüge kam die Pe-Ce-Faser nicht in Frage. Auf technischem Gebiet aber errang sie wegen ihrer chemischen Widerstandsfähigkeit Bedeutung.

Während sich die deutschen Chemiker einer neuen Faser aus Polyacrylnitril zuwandten, wurde die Führung bei den synthetischen Fasern von ihren amerikanischen Kollegen übernommen. In den Versuchsstätten des Du Pont-Konzerns laborierte man ebenfalls schon lange an solchen Fasern. Ebenso wie in Deutschland wußte man in den Vereinigten Staaten, daß der Weg dabei über geeignete Polymerisationsverfahren führen mußte.

Beauftragt mit diesen Arbeiten war der junge Chemiker Wallace Hume Carothers, der zunächst durch eine Vielzahl von Experimenten versuchte, dieses Gebiet abzutasten. In einer Folge gezielter Versuche kamen Carothers und seine Mitarbeiter zu Substanzen, die sich in geschmolzenem Zustand zu Fäden formen ließen und das bisher an Chemiefasern unbekannte Phänomen der kalten »Verstreckbarkeit« aufwiesen. Diese Fäden ließen sich mühelos auf das Drei- oder Vierfache ihrer ursprünglichen Länge auseinanderziehen.

Du Pont bringt Nylon heraus

Immerhin dauerte es von dieser Entdeckung an noch fünf Jahre – von 1934 bis 1939 – bis Du Pont seine Nylonfaser, genauer gesagt Nylon 66, auf den Markt bringen konnte. Ihr großer Vorzug: Sie bestand nicht aus ununterbrochenen Kohlenstoffketten wie die Pe-Ce-Faser. Neben den regulären Kohlenstoff-Formationen enthielt Nylon – ähnlich wie Wolle und Naturseide

– auch Carbonamid-Gruppen, die es durch ihre starke Wechselwirkung selbst gegen Hitze unempfindlich machten. Auch die übrigen Eigenschaften qualifizierten Nylon zur vorläufigen Königin im Reiche der synthetischen Chemiefasern.

Die I. G. folgt mit Perlon

Den nächsten Zug machte allerdings die I.G. Noch ehe Du Pont mit dem Nylon herausgekommen war, hatte Paul Schlack eine kurze Zusammenfassung in der Fachliteratur über Carothers' Arbeiten gelesen. Schlack war wissenschaftlicher Leiter des I.G.-Werkes Berlin-Lichtenberg (»Aceta«) und hatte sich schon viele Jahre lang nebenbei mit den Polyamiden beschäftigt, zu denen auch das Nylon gehört.

Bei einem Badeausflug an den Tegeler See im Sommer 1937 studierte Schlack die ersten Patentveröffentlichungen Carothers' und entschloß sich, seine eigenen Arbeiten voranzutreiben. Schlack, später Vorstand der Bobingen AG für Textilfaser, war damals so viel mit anderen Dingen beschäftigt, daß er nur einen Bruchteil seiner Zeit für die Polyamid-Forschung aufwenden konnte.

Fast alle Versuche Schlacks wurden nach seinen Anweisungen von seinem Laboranten Ahrends ausgeführt. Schlack und Ahrends konzentrierten sich dabei erst auf ε-Aminocapronsäure, dann auf das Caprolactam, dessen Moleküle ringförmig gebaut sind. Carothers hatte mit diesem Caprolactam auch schon gearbeitet. Er bezeichnete es jedoch ausdrücklich als unbrauchbar für die Polyamid-Synthese.

Schon ein Vierteljahr nachdem Schlack die Versuche wieder aufgenommen hatte, hielt er ein Polymerisat aus Caprolactam in der Hand, eine zähe, hornartige Masse, aus deren Schmelze mit dem Glasstab endlose Fäden gezogen werden konnten. In kaltem Zustand konnten diese Fäden mühelos gestreckt werden. Danach erwiesen sie sich als außerordentlich reißfest.

Die Polymerisation dieses Stoffes, die Geburt von Nylon 6,

das später unter dem Markennamen Perlon die Welt eroberte, hatte sich in der Nacht vom 28. auf den 29. Januar 1938 vollzogen. Das Caprolactam war dabei mit einem Katalysator in einem dickwandigen Glasrohr und in einem Ofen eine Nacht lang auf rund 240 °C erhitzt worden.

Das nächste Ziel ergab sich von selbst. Es mußten technisch geeignete Herstellungsverfahren für Caprolactam sowie dessen Polymerisation und Verspinnung entwickelt werden. Da damals Spezialapparaturen aus hochwertigen, legierten Stählen in Deutschland nur noch mit besonderen Genehmigungen erworben werden konnten, besorgte sich Schlack auf Umwegen einen Kessel aus Edelstahl, wie er in Großküchen verwendet wird. In diesem »zweckentfremdeten« Kessel wurden kleine Mengen von Cyclohexanonoxim hergestellt. In einem zweiten Raum wurde die Lösung des Oxims in 90prozentiger Schwefelsäure durch einen Röhrenofen geschickt. Unter heftigem Zischen lagerte sich das Oxim zu Caprolactam um. Daran schloß sich die Aufarbeitung und die Vakuum-Destillation an.

Auf solche Weise konnten damals täglich ein bis zwei Kilogramm Caprolactam hergestellt werden. In einem Nebenraum stand ein inzwischen konstruierter Spinnapparat. Caprolactam wurde mit einem Katalysator in der Hitze polymerisiert und die Schmelze mit Hilfe von Stickstoffdruck durch eine Düse gepreßt. Aus ihren feinen Öffnungen, den Kapillaren, bildeten sich die ersten Perlonfäden.

Die »Chemie-Spinne«

Kurze Zeit darauf standen einige leitende Männer des Unternehmens vor dieser primitiven »Chemie-Spinne« und dem endlosen Faden, der aus ihr herausquoll.

»Die Maschine läuft bereits seit fünf Stunden. Erst wenn unser Vorrat an Spinnmasse erschöpft ist, wird der Faden abbrechen«, verkündeten die Betreiber stolz. Daß der Perlonfaden so »bruchfest« war, zählte zu den wichtigsten Voraussetzungen, um ihn im großmaschinellen Maßstab zu erzeugen.

Decknamen für Rohstoffe

In der ersten Zeit trug die Perlon-Erfindung das Siegel »Streng geheim«. Alle Rohstoffe erhielten Decknamen – die Bezeichnung Perlon entstand im übrigen aus einigen dieser Chiffren –, und selbst die Anmeldung des Patents geschah erst vier Monate nach der Erfindung von Polycaprolactam.

Das war ziemlich riskant. Da die Forscher in vielen Industrieländern mit Polyamiden experimentierten, bestand durchaus die Gefahr, daß andere Firmen mit Patentanmeldungen der I.G. zuvorkamen. Andererseits konnte die I.G. dann mit einem Schlag eine verhältnismäßig umfassende Patentsicherung erreichen.

Die Geheimhaltung gelang: Als im Sommer 1938 eine Gruppe von Du Pont-Direktoren nach Berlin kam, um im Gefühl ihres Nylon-Erfolges Lizensierungsgespräche zu führen, staunten die Amerikaner nicht wenig, als man ihnen bereits hochwertige Perlon-Fäden und Perlon-Gewirke mitsamt den Farbmusterkarten und Echtheitsbewertungen vorzeigen konnte.

Für die erste unparteiische Überprüfung von Perlon zeichnete dabei die Coloristische Abteilung von Hoechst verantwortlich, die nicht der I.G.-Sparte »Foto und Kunstseide« unterstand.

Die I.G. Farbenindustrie hätte nach ihren Vereinbarungen und aufgrund des intensiven Erfahrungsaustausches mit Du Pont die Möglichkeit gehabt, Nylon statt Perlon zu fabrizieren. Doch man blieb in Deutschland dem Perlon treu. Der Hauptgrund: Das Ausgangsmaterial, das Polycaprolactam, ließ sich einfacher und schon damals im kontinuierlichen Verfahren herstellen.

Die ersten Damenstrümpfe

Schon ein halbes Jahr nach Schlacks Erfindung wurden zur ersten Prüfung einige Paar Damenstrümpfe aus Perlon hergestellt. 1939 gab es in Berlin-Lichtenberg auch schon eine Perlon-Versuchsfabrik, in der Perlon-Borsten für den Verkauf hergestellt wurden. Zur selben Zeit errichtete Du Pont in Seaford das erste Nylon-Werk.

In den Kriegsjahren entstanden in Berlin, Premnitz und vor allem in Landsberg an der Warthe neue Perlon-Betriebe. Jede Tonne Perlon, die dort produziert wurde, wanderte allerdings in die Rüstungsindustrie. Besonders die Luftwaffe hatte einen großen Bedarf an Perlon: Es diente vorwiegend zur Herstellung von Fallschirmseide oder zur Verstärkung von Flugzeugreifen.

Ein Minimum an Aufwand

Perlon zählt zu jenen seltenen Erfindungen, bei denen ein Minimum von finanziellem Aufwand ein Maximum von wirtschaftlichem Erfolg bescherte. Selbst eine sehr großzügige Rechnung ergibt, daß in die gesamten Perlon-Entwicklungsarbeiten nicht mehr als fünf Millionen Mark investiert werden mußten.

Diese Summe mutet sehr bescheiden an im Vergleich zu den etwa 40 Millionen Mark, die einige Jahrzehnte zuvor die Indigo-Synthese Hoechst und der BASF abverlangt hatte. Ein recht bescheidener Betrag auch, hält man sich vor Augen, daß die I.G. immerhin viele Jahre lang nicht weniger als fünf Prozent ihres Milliardenumsatzes in die Forschung investierte.

Bobingen: Sammelpunkt für I.G.-Faserexperten

Kurz bevor die Sowjets 1945 auf den I.G.-Werken Landsberg an der Warthe und Premnitz in der Mark Brandenburg die rote Fahne hißten, wurde eine Versuchspolymerisationsanlage und eine Spinnapparatur nach Bobingen verladen. Als Paul Schlack und eine Reihe anderer Faser-Experten der I.G. sich nach Kriegsende im Werk Bobingen wiedertrafen, waren sie glücklich, diese Apparaturen dort vorzufinden.

Bobingen hatte bis dahin Kunstseide und von 1944 an sogenannte Festkunstseide für Reifencord produziert. Noch knapp vor Kriegsausbruch waren dafür neue Zentrifugenanlagen installiert worden.

Weitergehende Pläne hatte die I.G. mit dem Werk Bobingen indessen nicht. Für die Großproduktion der vollsynthetischen Fasern waren Mitteldeutschland und Rottweil ausersehen.

Mit dem Perlon-Erfinder im eigenen Betrieb und einer bescheidenen Apparatur versehen, wuchsen indessen die Bobinger Ambitionen. Bereits 1946 entschloß sich Bobingen zur Fabrikation von Perlon-Borsten und 1950 zur Herstellung von Perlon-Fasern. Dazu gehörte nicht nur wegen der unzulänglichen technischen Ausstattung Bobingens Mut. Zunächst ließ sich die amerikanische Besatzungsmacht nur schwer eine Produktionserlaubnis abringen. Danach machten die Franzosen Schwierigkeiten: Nur in kleinen Mengen gestatteten sie die Ausfuhr des in Ludwigshafen fabrizierten Caprolactams aus ihrem Besatzungsbereich.

Die Perlon-Erzeugung war im Vergleich zu heutigen Maßstäben nicht sehr bedeutend, als Bobingen 1952 zu Hoechst kam. Bobingen hatte es zwar verstanden, sich frühzeitig einen Anteil am Perlon-Markt zu sichern und hatte 1951 mit seinen Perlon-Spinnfasern in Deutschland einen Marktanteil von mehr als fünfzig Prozent. Dazu bedurfte es jedoch eines Systems ständiger Improvisation und Aushilfen. Für moderne und großzügige Anlagen und den Aufbau einer umfassenden Verkaufsorganisation fehlten die Mittel. Vor allem die Fabrikation von Perlon-Seide hätte die Kapitalkräfte Bobingens weit überstiegen. Auch für ein eigenes Forschungs- und Entwicklungsprogramm standen den Bobinger Chemikern und Ingenieuren weder Geld noch Arbeitsmittel zur Verfügung.

Hoechst und Perlon

Von 1953 an begann Hoechst mit der gründlichen Modernisierung des Werkes. Als erstes wurden mit Hilfe eines Millionen-Investitionsprogramms Fabrikationsstätten für Perlon-Fäden geschaffen.

Hoechst verfuhr bei den Investitionen in Bobingen durchaus

großzügig. Doch der Vorstand wußte natürlich eines genau: Die Zeit war längst vorbei, in der das Hoechster Perlon eine dominierende Marktstellung hätte erringen können. Auch besaß Hoechst keine eigene Rohstoffversorgung. Als in Deutschland und in Europa noch niemand den Namen Perlon kannte, hatte der Du Pont-Konzern bereits Material für viele Millionen Nylon-Strümpfe abgesetzt.

Aber auch im eigenen Land waren bereits starke Konkurrenten aktiv geworden, als die früheren I.G.-Firmen noch von den Entflechtungswehen geschüttelt wurden.

Neue synthetische Fasern

Hoechst machte sich über diese Situation keine Illusionen. Aber gerade deswegen sollte die Zukunft der synthetischen Fasern nicht am Perlon-Faden aufgehängt werden. Man hielt deshalb nach einer anderen Faser Umschau, die möglichst von der Rohstoffherstellung bis zum Enderzeugnis in Faserform ein hundertprozentiges Hoechst-Fabrikat sein sollte. »Wir wollten eine Faser, die eine möglichst hohe Veredelungsstufe zuließ«, sagte Rolf Sammet. »Natürlich konnte das wiederum nur ein synthetisches Produkt sein.«

Es gab bei Hoechst auch Überlegungen, selbst eine völlig neue Faser zu entwickeln. Dagegen erhoben sich vor allem wirtschaftliche Bedenken. Alle Berechnungen zeigten, daß die Entwicklung einer neuen Faser von den ersten Versuchen im Labor bis zur Verkaufsreife mindestens acht bis zehn Jahre Zeit erfordern würde. Selbst ein noch so vollendetes Produkt wäre bis dahin auf einen Markt gestoßen, der für neue synthetische Fasern kaum mehr aufnahmefähig gewesen wäre.

Hoechst mußte also eine bereits von einem anderen Unternehmen entwickelte Faser übernehmen. Zur Auswahl standen dabei praktisch nur die Polyacrylnitril- und die Polyesterfasern. Beide Fasern waren Anfang der 50er Jahre chemisch bereits ausgereift. Welche von ihnen allerdings über die besseren anwendungstechnischen und textilen Eigenschaften gebot, war noch nicht klar abzusehen.

Auch die Frage, welche sich auf die Dauer als Publikumsfavorit erweisen würde, ließ sich deshalb durch noch so gründliche Marktstudien in den Vereinigten Staaten, dem Land des Massenkonsums, nicht beantworten. Es deutete sich jedoch bereits damals an, daß Polyesterfasern sowohl im Bekleidungs- als auch im technischen Sektor breiter einsetzbar sein würden.

Zwei große Marken: Orlon und Dralon

An der Polyacrylnitrilfaser war ursprünglich etwa zur gleichen Zeit in Deutschland und Amerika gearbeitet worden. Rein zeitlich gesehen, besaß dabei die I.G. sogar eine gewisse Priorität. Geburtsstätte dieser vollsynthetischen Faser war das I.G.-Werk Wolfen und ihr Geburtshelfer der dort beschäftigte Chemiker Dr. Herbert Rein.

Nach dem Krieg entwickelte der amerikanische Du Pont-Konzern die Herstellung von Polyacrylnitrilfasern mit aller Kraft. »Orlon«, wie es in Amerika getauft wurde, sollte als ein Produkt, »das der Wolle am nächsten kommt«, die Welt erobern. Bereits 1946 lief bei Du Pont die erste Versuchsanlage. Drei Jahre später dann waren die ersten Textilien aus Orlon-Fasern in den Schaufenstern der amerikanischen Textilgeschäfte zu sehen.

Aber auch in Deutschland waren nach dem Krieg in den Farbenfabriken Bayer und bei den Cassella Farbwerken Mainkur, wo Herbert Rein jetzt arbeitete, die Arbeiten zur Herstellung von Polyacrylnitrilfasern wieder aufgenommen worden. Bayer, in dessen Werk Dormagen bereits Chemiefasern fabriziert wurden, brachte Anfang der 50er Jahre die »Dralon«-Faser auf den Markt. Und Cassella begann die Entwicklung eines endlosen Fadens, der unter dem Namen »PAN« – abgeleitet von Polyacrylnitril – hergestellt werden sollte. 1954 aber trat Cassella die großtechnische Entwicklung an die Farbenfabriken Bayer ab. Dort werden nunmehr Dralon-Fasern und technische Fäden produziert. Auch hatte die Süddeutsche Chemiefaser AG Kelheim inzwischen Acryl-Fasern in ihr Programm aufgenommen.

Die Geschichte der Polyesterfaser

Die Polyacrylnitrilfasern waren eine Hinterlassenschaft der I.G. Deshalb hätte Hoechst die Erzeugung dieser Faser ebenfalls aufnehmen können, zumal in Knapsack Möglichkeiten für die Rohstoffherstellung bestanden. Daß man sich trotzdem für die Polyesterfaser entschied, bei der es einer Lizenz des britischen Chemie-Konzerns ICI bedurfte, hing mit der schon erwähnten großen Anwendungsbreite zusammen. Auch Rohstoffüberlegungen spielten dabei eine große Rolle. In seinem Werk Gendorf verfügte Hoechst über Glykol, einen der Ausgangsstoffe für die Polyesterfaser.

Völlig neu waren die Polyesterverbindungen für die Chemiefirmen außerhalb der britischen Inseln nicht. Schon der Nylon-Erfinder Carothers hatte mit Polyestersubstanzen experimentiert, ehe er sich dem Polyamid zuwandte. Und in den I.G.-Werken arbeitete Paul Schlack bereits in den 30er Jahren mit Polyester. Was man dabei aber in Deutschland nicht ahnte: Fast zur gleichen Zeit wurde auch in England die Entwicklung von Polyesterfasern betrieben.

Es handelt sich dabei um linear gebaute, langgestreckte Fadenmoleküle, die in chemischer Reaktion aus dem Ester einer Dicarbon-Säure gewonnen werden. Als Ester gelten die in der Chemie sehr häufigen Reaktionsprodukte aus Alkoholen und Säuren. So zählen die vom menschlichen Körper aufgenommenen Fette zu den Estern, und zwar zu jenen des Glycerins.

Kurze Ketten und Benzolringe

Während nun Carothers seine Polyesterverbindungen aus linearen Kohlenstoffketten, sogenannten Aliphaten, geformt hatte, arbeiteten in England zwei Chemiker mit Ketten, die Benzolringe enthielten: Ihre Überlegung war dabei die gleiche wie die ihrer Kollegen von der I.G.: Auf solche Weise mußte es möglich sein, die Widerstandsfähigkeit der Fäden zu erhöhen, sie gegen Temperaturen unempfindlicher zu machen.

Als aromatische Säure diente dabei die Terephthalsäure, als Alkohol das glycerinähnliche Ethylenglykol. Die Terephthalsäure trägt an ihrem Benzolring zwei Säuregruppen, plastisch ausgedrückt, zwei Haken, die sich bei der Esterbildung mit den beiderseitigen Ösen des Glykols außerordentlich fest verbinden. Die Aneinanderlagerung dieser Estermoleküle zu Makromolekülen geschieht etwas abweichend von den häufigeren Polymerisationsmechanismen. Es vollzieht sich eine sogenannte Polykondensation.

Die beiden englischen Chemiker, die diesen »aromatischen Faden« spannen, hießen John R. Whinfield und James T. Dickson. Beide waren bei der Calico Printers Association tätig. Ihre Erfindung wurde von der ICI übernommen, und schon bald nach Kriegsende präsentierte diese Firma ihre »Terylene-Faser«. Sie wurde Englands Favorit im internationalen Faser-Derby.

Bereits im Jahre 1953 verhandelte Hoechst mit der ICI über eine Polyester-Lizenz. Das geschah freilich erst nach intensiven Untersuchungen, ob überhaupt die Voraussetzungen für eine ausreichende und ungestörte Rohstoffversorgung gegeben waren. Denn davon hing ab, ob die Faser rentabel genug hergestellt und zu einem Preis zu verkaufen sein würde, der eine Massenfabrikation erlaubte. Das notwendige Glykol zu beschaffen, stellte dabei keine besonderen Probleme: Die Versorgung konnte von Gendorf übernommen werden. Dort wurde seit langem Glykol hergestellt, zunächst auf der Grundlage von Acetylen und später von Ethylen aus eigenen petrochemischen Anlagen.

Schwieriger erschien die Versorgung mit Paraxylol, dem Vorprodukt für die Terephthalsäure. Paraxylol kann zwar aus dem Steinkohlenteer destilliert werden, in dem es stets im Verein mit Ortho- und Metaxylol auftritt. Auf solche Weise ließen sich indessen nicht die großen Mengen gewinnen, die für eine ausgedehnte Faserproduktion vonnöten waren.

An den Verhandlungen mit der ICI nahm auch ein junger Chemiker teil, der 1949 bei Hoechst eingetreten war. Sein Name war Rolf Sammet. Als Spartenreferent für Fasern hatte er Ausarbeitungen über die Rohstoffversorgung der künftigen Faserproduktion zu machen. Sammets erste Auslandsreise führte deshalb auch zur ICI nach England.

Paraxylol aus Erdölraffinerien

Die zügige Entwicklung der Erdölraffinerien erschloß beim Paraxylol eine Quelle, die kaum zu versiegen drohte. Es zeigte sich, daß die großen amerikanischen Raffinerien in der Lage waren, Paraxylol in großem Umfang und zu immer niedrigeren Preisen zu liefern.

Die Umwandlung von Paraxylol zur Terephthalsäure oder, genauer gesagt, vom Polyestervorprodukt Dimethylterephthalat (DMT), geschah zunächst im Werk Hoechst, später auch in den Werken Offenbach, Gersthofen und Vlissingen. Während bei Hoechst mit dem ICI-Verfahren begonnen wurde, bei dem die Oxidation in einer riskanten Reaktion durch Salpetersäure geschieht, wurde in Offenbach, Gersthofen und in Vlissingen das Luftoxidations-Verfahren angewendet.

Grundsätzlich hätte man direkt von der Terephthalsäure ausgehen können. Diese ist jedoch einigermaßen widerspenstig. Sie löst sich nicht in den bekannten Lösungsmitteln und läßt sich auch nicht schmelzen. Deshalb wird zunächst ein besser zu reinigendes Zwischenprodukt, nämlich DMT, hergestellt. Dieser Dimethylester liefert bei der Umesterung mit Glykol den Terephthalsäure-bis-Glykolester. Der nächste Schritt besteht in der Polykondensation dieses Glykolesters.

Schauplatz all dieser Vorgänge sind mehrere Meter hohe Kessel: die Umesterungs- und Polykondensations-Apparaturen. Aus den Schmelzkesseln wird das Polykondensat als breites Band oder heute in Form von Strängen, Nudeln genannt, ausgetragen. Nach kurzem Aufenthalt in einem Wasserbad beginnen riesige »Fleischwölfe« ihr Zerkleinerungswerk. In jeder Minute verlassen aus ihrem Schlund Zehntausende von Polyester-Schnitzeln die Apparatur.

Polyester wird zu Trevira

Diese »Schnitzel« werden in Spezial-Eisenbahnwaggons oder LKWs verstaut und reisen so an die weiterverarbeitenden Standorte Bobingen, Hersfeld, Berlin, Lenzing und Limavady. Dort warten zunächst riesige Trockner und dann Spinnmaschinen auf die »Schnitzel«.

Da sie bereits polykondensiert sind, ist jetzt der wichtigste Produktionsakt das Verspinnen. Bei dem Polyester geschieht dies im Schmelz-Spinnverfahren. Aus Düsen, die bis zu tausend und mehr Öffnungen haben, die überdimensionierten Wasserbrausen ähneln, treten die geschmolzenen Polyesterfäden flüssig heraus.

Die Polyesterfäden sehen im Spinnschacht auf den ersten Blick überhaupt nicht wie Fäden aus, sondern wie sehr dünne Strahlen, die beim Abkühlen erstarren. Erst wenn mehrere von ihnen zusammengefaßt sind, bilden sie das vertraute Bild der Fäden, die nach weiteren Verarbeitungsschritten unter dem Markennamen Trevira von Hoechst an die Textilindustrie verkauft werden.

Im Innern dieser beim Abkühlen erstarrten Fäden liegen die Moleküle noch weitgehend unorientiert und ungeordnet vor. Die Spinnfäden werden dann auf einem Streckwerk auf etwa das Vierfache ihrer Länge verstreckt. Dabei werden die Fasermoleküle orientiert und geordnet.

Obwohl in dieser geheizten »Folter-Apparatur« die Fäden

dünner werden, sind sie von nun an äußerst widerstandsfähig. Nur mit großer Kraftanstrengung kann man sie auseinanderreißen. Diese »Reißfestigkeit« kommt dadurch zustande, daß sich beim Verstrecken der Fäden die bisher noch ungeordneten Molekülketten zu dem von ihren Schöpfern gewünschten »Ordnungsbild« zusammenfügen und dabei mit ihren Nachbarn feste Bindungen eingehen.

Nun wartet auf die Fäden noch eine mannigfache Spezialbehandlung. Die sonst so auskunftsfreudigen Faser-Chemiker waren in der Frühzeit der Fasern bei Werksbesichtigungen allerdings recht sparsam mit Detailerklärungen und präzisen Zahlenangaben. Ob es sich um den Faden- oder den Faser-Betrieb handelt, die Herstellung der Chemiefaser verlangt ein besonderes Know-how, das von jeder Firma erst mühsam erarbeitet werden mußte.

Deshalb ließ man ungern Außenstehende »in die Karten schauen«. Wie die Kenner selbst bei gleichen Weinsorten die Lage des Weingutes bestimmen können, so gibt es Faser-Experten, die bei Dutzenden von Polyesterproben die jeweilige Herstellungsfirma ermitteln können. So variantenreich sind die verschiedenen Produktionsmethoden.

Gemeinsames »Stammesmerkmal« aller Polyesterfasern ist jedoch ihre Formbeständigkeit auch bei Berührung mit Wasser. Geradezu Berühmtheit erlangte einst ein Anzug, der von der ICI monatelang in Wasser gehalten worden war, ohne daß er seine Bügelfalten eingebüßt hätte.

Im breiten Bereich der technischen Anwendungsmöglichkeiten der Polyester und speziell der Hoechster Trevira-Marken demonstrierten bald vor allem die Auto-Sicherheitsgurte und Keilriemen aus Trevira hochfest ihre hervorragende Reißfestigkeit.

Qualität wird streng überwacht

Ständige Qualitätskontrollen markieren jeden Abschnitt in der Polyesterfabrikation. Das ist in den Rohstoffbetrieben nicht anders als in der Weiterverarbeitung. Ähnlich wie bei den Heilmitteln werden bei der Faserproduktion besonders hohe Reinheitsgrade vorgeschrieben. Schon an die Gleichmäßigkeit des Rohstoffes müssen dabei enorme Anforderungen gestellt werden. So trägt die Rohstoffqualität wesentlich dazu bei, daß ein Trevira-Filamentgarn, das z. B. fünfzig durchgehende Einzelkapillaren enthält – bildlich gesprochen –, auf einer Länge von Hamburg bis Casablanca höchstens eine gebrochene Einzelkapillare aufweist.

Die Anwendungstechnik sorgt für neue Impulse

Die frühere »Anwendungstechnische Abteilung Textil« bei Hoechst und in Bobingen besaß in den ersten Jahren der Faserherstellung eigene mechanische Spinnereien, Strickereien, Wirkereien, Webereien, Tuftereien und Ausrüstungsanlagen.

Sehr häufig ließ erst die Verarbeitung des Materials die letzte Beurteilung seiner Eigenschaft und Qualität erkennen. Aufgrund der hier gesammelten Erfahrungen machten dann die Anwendungstechniker die Textilhersteller mit den zweckmäßigsten Verarbeitungsmethoden und erfolgversprechendsten Anwendungen bekannt.

Qualität und guter Ruf der Hoechster Chemiefasern bildeten die Basis für die Kapazitätsausweitungen, zu denen sich das Unternehmen entschloß, seit im Jahre 1955 die erste Trevira-Versuchsanlage mit einer Produktion von fünfzig Jahrestonnen angelaufen war.

Als 1957 Trevira offiziell auf dem Markt erschien, betrug die Produktionskapazität zunächst knapp 5000 Jahrestonnen. Bereits 1960 wurde diese Zahl auf das Dreifache gesteigert. 1963 erzeugte Bobingen in einem Monat 2000 Tonnen Trevira. Heute stellen alle Hoechster Faserbetriebe in Europa fast 250000 Jahrestonnen Trevira-Produkte her, davon etwa zwei Drittel für textile Einsatzgebiete. Allein die Länge der täglich in westeuropäischen Trevira-Anlagen von Hoechst gesponnenen Trevira-Filamente entspricht der 20fachen Entfernung von der Erde zum Mond und zurück.

Bündnis mit den Modeschöpfern

Da Hoechst in den frühen Trevira-Jahren seine Erfolge besonders in der Bekleidungsindustrie erzielte, entstand schon bald die Idee, eine Trevira-Modenschau für Damenoberbekleidung zu veranstalten, von der aus einmal im Jahr Impulse für die Verarbeitung von Stoffen gegeben werden sollten. Faserverkaufschef Hans W. Ohliger eröffnete am 1. November 1960 die Trevira-Schau in Berlin. Im Mittelpunkt standen vor allem Kreationen aus feinen Trevira-Mischgeweben.

Ohliger betonte bei dieser Gelegenheit: »Wir sind erst am Anfang dieser Entwicklung, die vor allem der Gestaltung unserer Bekleidungstextilien zukünftig stärkste Impulse geben wird. Da mit jeder Neuschöpfung, wie jetzt mit Trevira-Batist, der permanent plissiert werden kann, neue Probleme entstehen, kann die Textilindustrie allein die Entwicklung modischer Stoffe nicht in die Hand nehmen. Sie muß mit der fasererzeugenden Industrie eng zusammenarbeiten.«

Fortschrittliche Mode erfordert fortschrittliche Stoffe, hieß es in Berlin. Sechzig Modelle wurden in der Akademie der Künste präsentiert. Einen besonderen Clou bildete ein »365-Tage-Kostüm« aus einem Mischgewebe mit Wolle.

Etwa zwei Jahre später, 1964, folgte dem Damen- ein Trevira-Herren-Studio. »Formstabil, pflegeleicht und waschmaschinengeeignet«, hießen die Etikettierungen für die neuen Herren-Anzüge. Sie waren vor allem in einer Hinsicht revolutionär: Vorbei sollte die Zeit der schweren Herrenstoffe sein. Wog früher ein Anzugstoff rund 560 Gramm pro laufenden Meter, so war bei der Verwendung von Trevira-Fasern eine Reduzierung bis unter 200 Gramm möglich. Die neuen Stoffmischungen wurden geschmeidiger und bequemer als die herkömmlichen Materialien.

International gefeierte Modeschöpfer wie Nino Cerutti, Angelo Litrico, Karl Lagerfeld oder Pierre Cardin entwarfen Kollektionen für das Trevira-Studio und schufen Trends für die Herrenmode.

Bevorzugt: Der »kleine Winnacker«

Bei Hoechst selbst wurde die so propagierte neue, farbige Welt des Trevira-Herrenstudios allerdings nicht Realität. Im hohen und mittleren Management dominierte weiterhin der »kleine Winnacker«, ein unverwechselbarer grauer Einreiher, den der Vorstandsvorsitzende bevorzugte und der, angelehnt an den »kleinen Stresemann«, seinen internen Namen erhalten hatte.

Etwas modische Unruhe brachte lediglich der Amerikaner Henry Dekker bei gelegentlichen Besuchen bei Hoechst. Dekker war der erste Verkaufschef für Trevira in den USA. Er trug auch in den Sitzungen der kaufmännischen Direktionsabteilung oder des Verkaufs rosé- oder tiefblaufarbene Hemden. Da Dekker einen Gaststatus besaß und man den Amerikanern eine gewisse Andersartigkeit zubilligte, tolerierte man seinen Avantgardismus.

Selbst Verkaufschef Lanz, später als stellvertretender Vorstandsvorsitzender phantasievoller Herrenmode und Kosmetik in Maßen zugeneigt, tadelte einmal den damaligen Chef von Hoechst do Brazil, weil er in einem ungewöhnlich kräftig gemusterten Trevira-Sakko erschienen war. Bald trug Kurt Lanz freilich einige Sakkos aus dem gleichen Stoff wie Burchard – allerdings nur bei Besuchen in Lateinamerika.

Auch Willi Hoerkens, seit 1963 Faser-Verkaufschef, pflegte in jener Zeit keine modische Extravaganz. Vielleicht deshalb nicht, weil er auf anderen Gebieten bei Hoechst für genügend Diskussionspunkte sorgte. Hoerkens – gebürtiger Kölner – hatte seine kaufmännische Laufbahn nach dem Krieg in Gersthofen begonnen. Damals, in der Zeit der amerikanischen Entflechtungspolitik, hieß das Werk Lech-Chemie und wurde von dem Treuhänder Paul Heisel absolut und unabhängig von den alten I.G.-Bindungen geleitet. Hauptprodukte in Gersthofen waren Chemikalien und Wachse. Später hatte Hoerkens bei Hoechst die Verkaufsleitung aufgebaut und wurde zum engsten Mitarbeiter von Verkaufschef Lanz.

Ebensowenig wie damals Rolf Sammet als Chef der Direktionsabteilung T konnte Hoerkens in jener Zeit die Position des Prokuristen überspringen. Winnacker, mancher Erfahrungen in der I.G.-Zeit eingedenk, wo er in der Frankfurter Grüneburg, dem I.G.-Haus, gelegentlich Sträuße mit omnipotenten Stabsabteilungen ausfechten mußte, fand, die Chefs der großen Stabsabteilungen besäßen schon genügend Macht, da brauchten sie nicht auch noch Direktoren-Titel.

Die Sparte sah rot

Als neuer Faser-Verkaufschef machte sich Hoerkens alsbald bei seiner eigenen Sparte unbeliebt, als er langfristige Umsatz-Zahlen für Trevira errechnete, die weit über jenen offiziellen der Sparte lagen. Spartenchef Robert Zoller, ein gewöhnlich durchaus ruhiger Stuttgarter, sah rot, als Hoerkens seine Zahlen zum erstenmal präsentierte.

Auch Hans W. Ohliger, gerade als zweites Mitglied des Verkaufs in den Vorstand berufen, hielt die Vorgaben von Hoerkens für nicht realistisch.

Überdies hatte Hoerkens gegen den Korpsgeist verstoßen, den natürlich jede Sparte innerhalb des Gesamtunternehmens besaß.

Winnacker, der stets die Ziele höher steckte als manche Kollegen im Vorstand und als seine Mitarbeiter für erreichbar hielten, unterstützte Hoerkens, obwohl ihn sonst dessen direkte Art manchmal ärgerte. So hatte sich Hoerkens gerade erst vor kurzem unbeliebt gemacht, als er für Pläne eintrat, die Anwendungstechnischen Abteilungen (ATA) dem Verkauf zu unterstellen, obwohl Forschungschef Professor Werner Schultheis und sein späterer Nachfolger, Professor Klaus Weissermel, für die völlige Unabhängigkeit der ATA eintraten.

Der wirtschaftliche Erfolg von Trevira verlieh der Sparte und dem Verkauf bald einigen Glanz. »Es waren die goldenen Tage für Trevira«, erinnert sich Hoerkens, der seinen ganzen Ehrgeiz dareinsetzte, die von ihm prognostizierten Zahlen auch tatsächlich zu erreichen. Daß ihm das wirklich gelang, wurde später auch von Zoller und Ohliger uneingeschränkt anerkannt.

Der junge Physiker übrigens, der als angehender Spartenreferent zum erstenmal bei der geschilderten Besprechung am Protokoll mitarbeitete, hieß Dr. Heinz Lüdemann. Er wurde 1969 Chef des Faserbereichs.

Der Aufbau von Hersfeld

In diesen Jahren der ersten Trevira-Erfolge war es nicht schwierig, im Hoechster Vorstand Geld für stetige Neuinvestitionen zu bewilligen. Größte Inlandsinvestition war 1965 das Trevira-Fäden-Werk Hersfeld, das im Dezember 1965 mit der Produktion von textilen Trevira-Fäden begann. Es wurde im März 1966 von dem hessischen Ministerpräsidenten Georg August Zinn, der großen Anteil an der Nachkriegsentwicklung von Hoechst nahm, eingeweiht.

Zinn intervenierte sogar einmal kräftig, als er erfuhr, daß Hoechst-Abgesandte auch in Bayern nach weiteren Niederlassungen ausspähten. Da Winnacker nichts davon wußte, ging über den zuständigen Spartenreferenten Dr. Günther Peters ein gewaltiges Donnerwetter nieder. Winnacker, der sich sehr gut mit Zinn verstand, drohte Peters sogar halb ernst, halb scherzhaft an, es werde ihm das Telefon entzogen. Wie meist hatten solch gelegentliche Ausbrüche Winnackers keine weiteren Folgen. Peters wurde später Chef des Trevira-Werkes in Kapstadt und anschließend Leiter der Austria-Faserwerke in Lenzing in Oberösterreich, an denen Hoechst zu 51 Prozent beteiligt ist.

Noch im gleichen Jahr, im November 1966, wurde in Hersfeld auch die Produktion von hochfesten Trevira-Fäden für technische Anwendungen aufgenommen. Im Werk Bobingen wurde die Kapazität für Trevira-Fasern erweitert und bei der Spinnstoffabrik Zehlendorf, von der Hoechst 1960 die Mehrheit erworben hatte, ebenfalls eine Produktionsanlage für Trevira-Fasern gebaut.

Im Werk Gersthofen entstanden Großanlagen zur Erzeugung des Rohstoffs DMT und für die anschließende Polykondensation. Zusammen mit den Anlagen im Werk Offenbach bildeten sie die Basis für die weitere Trevira-Expansion.

Die Hoechster Marktforschung rechnete im Chemiefaser-Geschäft für 1970 mit einer Weltkapazität von rund acht Millionen Tonnen. 1955, als Hoechst mit der Trevira-Produktion begann, hatte sie rund 2,8 Millionen Tonnen betragen. Etwa neunzig Prozent kamen dabei auf Fasern auf Cellulose-Basis und nur rund elf Prozent auf synthetische Erzeugnisse.

Zehn Jahre später, im Jahre 1965, hatten sich die synthetischen Produkte bereits einen Anteil von rund 38 Prozent gesichert. Das geschah auf Kosten des weiteren Wachstums der Natur-Fasern. Die Zeit schien absehbar, zu der die Synthetics mit der Baumwolle gleichzogen oder sie überrundet haben würden.

Nach dem Aufbau besaß Hoechst Anfang der 70er Jahre eine Kapazität von über 200000 Jahrestonnen Treviraprodukten.

Erfolge mit Fäden und Fasern

Die in Hersfeld produzierten Fäden gingen in die Wirkereien, in die Webereien oder zu den Texturierfabriken, in denen die Endlosfäden gekräuselt wurden. Aus diesen Polyester-Filamenten wurden Gardinen, Tülle, Kleider, Blusen, Wäschestoffe, Morgenröcke, Schals und auch Krawatten hergestellt.

Trevira-Krawatten wurden zu einer Spezialität aus den Hoechster Fäden.

Im Gegensatz zu Hoechst hatte sich Glanzstoff, der große Wettbewerber, in erster Linie auf Fasertypen für die Mischung mit Baumwolle spezialisiert. Die Domäne von Hoechst wurden die wollartigen Typen. Der Bedarf an baumwollartigen Fasern war zwar weit größer als der an wollartigen, doch die Preise für die wollartigen Spezialtypen waren interessanter.

Neben den Fasern und Fäden für die Bekleidungsindustrie eroberte sich Trevira schon bald eine Position in technischen Anwendungsgebieten. Zu den mittlerweile längst klassischen Anwendungen von »Trevira hochfest« gehören Sicherheitsgurte, Keilriemen, Förderbänder und beschichtete Gewebe, die als Planen für Lastwagen, Eisenbahnwaggons und Container, Abdeckungen für Hubschrauber, für Boote, Segelflugzeuge, Frachtkähne sowie Traglufthallen verwendet werden.

Hercules als Partner

Die Trevira-Herstellung in den USA sollte mit einem einheimischen Bundesgenossen gestartet werden. Die Wahl fiel auf die Firma Hercules Powder. Dieses Unternehmen war dort der größte Hersteller von Dimethylterephthalat, dem Ausgangsstoff für die Polyesterfasern.

Die neue Gesellschaft, an der Hoechst und Hercules zu je fünfzig Prozent beteiligt waren, begann mit der Produktion Ende 1967 unter dem Namen Hystron Fibers Inc. Er entstand aus einer bei den Amerikanern so beliebten Zusammensetzung »High« für Hoechst, »strong« für Hercules.

Standort für die Fabrik war Spartanburg in South Carolina, mitten im Herzen der amerikanischen Textilindustrie. Den Rohstoff DMT erhielt die neue Firma von einer benachbarten Anlage der Hercules.

Einige Jahre später übernahm Hoechst von Hercules diese DMT-Anlage sowie den Hercules-Anteil von fünfzig Prozent an Hystron. Hercules wollte sich aus dem Polyestergeschäft zurückziehen und auf sein DMT-Geschäft konzentrieren. Möglicherweise erschien dem Management von Hercules die Zeit, bis sich die »Trevira Era« als gewinnbringend erweisen würde, etwas zu lang.

Aus Hystron wurde die Hoechst Fibers Industries, die wiederum 1972 von der American Hoechst Corp. (AHC) in Somerville, New Jersey, übernommen und mit ihr fusioniert wurde. In Bridgewater, Somerville, ist seit 1968 das Hauptquartier der gesamten US-Gesellschaften von Hoechst, nachdem sich der Nachkriegsstart zunächst in einigen gemieteten Räumen im Empire State Building in New York abgespielt hatte.

Die erste Verwaltungszentrale der Hoechst Fibers Industries Division residierte zunächst in der Lexington Avenue, später direkt am Times Square in New York. Dort wurde – im Zusammenspiel mit der Zentrale daheim – die Verkaufsstrategie für Trevira in den USA entworfen. Trevira wurde dabei als Faser mit europäischem Flair präsentiert. Sie fand Eingang in den exklusiven Modegeschäften der Fifth Avenue von New York, ebenso wie in die Läden des Blue-Jeans-Königs Levi Strauss.

Bis in die 70er Jahre hinein wuchs die Kapazität der HFI in den USA kontinuierlich. Sie kletterte bei den Stapelfasern auf 185000 Jahrestonnen. Bei Filamenten betrug sie rund 55000 Tonnen.

Selbst gemessen an den großen Faser-Herstellern in den USA waren diese Zahlen durchaus ansehnlich. Die bedeutendsten Hersteller in den USA waren damals Du Pont und Celanese.

Nicht nur in den USA etablierte sich Trevira. Die Sparte begann fast gleichzeitig in beinahe allen Teilen der Welt Produktionsstätten aufzubauen: in Österreich, Südafrika, Chile, Nordirland, Vlissingen/Holland und in Brasilien. Alle diese Auslandsniederlassungen haben sich auf die Dauer gut entwickelt – mit Ausnahme von Chile. Hoechst hatte dort eine Rechnung ohne den späteren Wirt gemacht. Die Anlage war mit 1800 Tonnen Stapelfasern pro Jahr sehr klein und bedurfte des Zollschutzes. Der war Hoechst auch zugesagt, bis in Santiago dann die Regierung wechselte.

Die Neuorganisation bei Hoechst im Jahre 1969 bedeutete das

Ende der Sparte V, und die Aktivitäten auf dem Fasergebiet wurden in dem neuen Bereich F, Fasern und Faservorprodukte, zusammengefaßt. Ab Januar 1970 lag im Vorstand die Zuständigkeit für diesen Bereich in den Händen von Willi Hoerkens für den kaufmännischen Teil und von Dr. Josef Nowotny für den technischen Teil. Fünf Jahre später wurden die Zuständigkeiten gestrafft, und Willi Hoerkens übernahm im Vorstand die Betreuung des Bereichs F alleine.

Eine neue Faser für Hoechst

So steil sich der Aufstieg von Trevira vollzog, ganz ohne Wehmut beobachtete man bei Hoechst nicht, wie sich auch die Polyacrylnitril-Fasern der anderen Unternehmen hohe Marktanteile eroberten.

Als sich 1968 die Gelegenheit bot, eine Firma zu erwerben, die Polyacrylnitril-Fasern herstellte, griff Hoechst schnell zu. Es handelte sich um die Süddeutsche Chemiefaser AG in Kelheim.

Die Kelheimer gehörten zu den bekanntesten Herstellern von Zellwolle. Sie hatten aber auch eine eigene Acrylfaser entwickelt, Dolan genannt. Dolan blühte keineswegs im verborgenen. Sie hatte längst ihr erfolgreiches Debüt auf dem deutschen Markt gehabt.

Dennoch sahen Vorstand und Eigentümer des Kelheimer Unternehmens nicht ohne Sorge in die Zukunft. Auf dem Fasermarkt herrschte ein harter Konkurrenzkampf – eine Situation, die sich bis heute nicht geändert hat, aber von großen Unternehmen mit breiter Produktpalette besser gemeistert werden konnte. Ob Kelheim, auf sich allein gestellt, auf die Dauer bestehen konnte, erschien ungewiß.

Als sich amerikanische Interessenten meldeten – es handelte sich übrigens um Celanese –, reagierten die beiden Vorstandsmitglieder Dr. Karl Philipp Jung und Dr. Hermann Zwick von Kelheim mit Aufmerksamkeit auf diese Angebote. Doch nun schaltete sich auch Hoechst mit einer Offerte ein. Hoechst genoß dabei die Unterstützung der Bayerischen Staatsregierung. Der Freistaat wollte das Kelheimer Unternehmen lieber weiter in deutscher Hand sehen – und Hoechst hatte sich bereits durch seine Werke in Gendorf, Gersthofen und Bobingen bajuwarische Wertschätzung erworben. So kam es zu einer Einigung: Dolan wurde die Schwesterfaser von Trevira. Zwick übersiedelte von Kelheim nach Höchst und leitete als Nachfolger von Hoerkens von 1969 bis 1979 den Faserverkauf.

Mit dem Kauf der Süddeutschen Chemiefaser AG im Jahre 1968 ergaben sich neue Möglichkeiten, die Produktpalette zu erweitern. Die Herstellung von Zellwolle wurde Zug um Zug auf Kelheim konzentriert. Die Spinnstoffabrik Zehlendorf in Berlin erweiterte dafür die Produktion von Trevira-Spinnfasern und nahm später die Herstellung von Trevira-Filamenten auf.

Texturierung wird unerläßlich

Der Anwendungsbereich der glatten Trevira-Filamente wird durch die Texturierung wesentlich ausgeweitet. Texturierung, das ist eine Art der Verarbeitung, die ihr Dasein erst der Ära der Chemiefasern verdankt. Dabei werden die Fäden gekräuselt und voluminöser gemacht. Die aus ihnen hergestellten Textilien haben einen besseren Tragekomfort, sind elastisch und können die Wärme besser halten.

In der Texturierbranche, die der Filamentherstellung eng verbunden ist, etablierte sich Hoechst 1972 mit dem Erwerb der Firma Ernst Michalke KG in Langweid bei Augsburg und 1974 mit dem Kauf von Kaj Neckelmann in Silkeborg. Verantwortlich für den Verkauf der gesamten textilen Filamente von Hoechst wurde ein enger Mitarbeiter von Hoerkens, Justus Mische, der später die Gesamtleitung des Faserverkaufs übernahm.

ZDF-Intendant Dieter Stolte (links) zu Gast bei Hoechst (oben).
Von links: Dr. Ernst Schadow im Gespräch mit Dr. Karl-Gerhard Seifert (unten)

Einweihung des Computer-Lernzentrums bei Hoechst 1986
von links: Forschungsminister Dr. Heinz Riesenhuber;
Vorstandsvorsitzender Professor Wolfgang Hilger;
Aufsichtsratsvorsitzender Professor Rolf Sammet;
Betriebsratsvorsitzender Rolf Brand; Finanzchef und
Vorstandsmitglied Hans Reintges

Rechte Seite:
Herbstpressekonferenz 1988
von links: Die Vorstandsmitglieder Justus Mische, Uwe J. Thomsen,
Dr. Martin Frühauf, Dr. Günter Metz, der Chef der Öffentlichkeitsarbeit
Dominik von Winterfeldt, Professor Wolfgang Hilger und seine
Vorstandskollegen Jürgen Dormann und Professor Hansgeorg Gareis
sowie der Leiter der ZDA Dr. Klaus Warning

Die »Kalle-Familie« Seipel

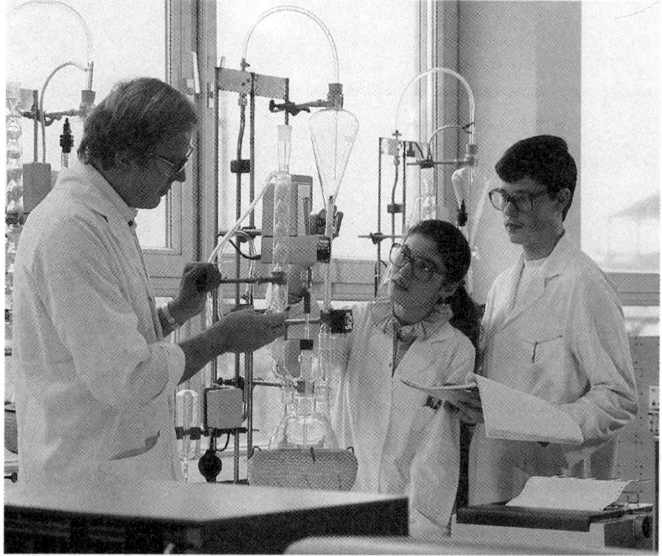

Auszubildende bei Hoechst

Trevira wird international

Die internationale Karriere von Trevira begann, als die Grundpatente der britischen ICI für diese Polyesterfaser Mitte der 60er Jahre ausliefen.

Im Jahre 1966 standen für Trevira-Produkte alle Kontinente offen. »Ein Tag, auf den wir natürlich lange gewartet hatten«, berichtet Willi Hoerkens. »Wir hatten uns auf diesen Tag gründlich vorbereitet und waren bereit, unsere Chancen zu nutzen.«

Natürlich galt das nicht nur für Hoechst, sondern ebenso für alle großen Hersteller von Polyester-Fasern, vor allem auch für die ICI selbst. Sie konnte nun endlich auch mit ihrer Faser in Kontinentaleuropa Fuß fassen.

Das ehrgeizigste Projekt für Hoechst war der »Sprung in die Höhle des Löwen«, wie es eine Frankfurter Zeitung ausdrückte: die Produktion von Trevira in den Vereinigten Staaten. Bei der großen Finanzkraft der amerikanischen »Herausforderer«, die nun auf den europäischen Markt drängten, hätte sich nur allzu leicht, wie es Winnacker einmal formuliert hat, die Gefahr ergeben können, daß »wir letzten Endes in Indien verkaufen, während die Amerikaner den europäischen Markt versorgen«.

Also hieß es, mit den amerikanischen Unternehmen sozusagen »auf eigenem Platz« in Wettbewerb zu treten.

Die USA waren für Hoechst damals eine längst vertraute Umgebung. Seit Winnacker 1955 zum erstenmal in den USA weilte, stand jedes Jahr im Herbst ein weiterer Besuch auf seinem Programm. Winnackers Reisegruppe umfaßte zumeist Kurt Lanz und viele andere. »Oktoberfest« wurde diese Reise im internen Sprachgebrauch genannt.

Nur Rolf Sammet, zuerst stellvertretender, ab 1966 Werksleiter von Hoechst, blieb aus der Führungsriege des Konzerns meist als Hüter des Hauses daheim. Winnacker beruhigte sein Gewissen in dieser Hinsicht, indem er gerne behauptete, Sammet reise ohnehin nicht gerne, was – wie Sammet später bewies – keineswegs stimmte.

Winnacker war zuerst gegenüber den Amerikanern etwas zurückhaltend; er war ja von ihnen 1945 wegen seiner Zugehörigkeit zur NSDAP entlassen worden. Nun aber entwickelte er auf diesen Reisen eine ausgesprochene Vorliebe für dieses Land und seine Menschen.

Da Winnacker in den großen Metropolen stets das gleiche Hotel bevorzugte, wenn es ging, sogar das gleiche Appartement, wurde das »Plaza« im Herzen von New York in jener Zeit ein wichtiger Kommunikationsplatz der Hoechster Aktivitäten. Die Nächte, die ihren Ausklang meist in der »Oak Bar« des Hotels fanden, waren kurz während des »Oktoberfestes«.

Winnackers Begleiter mußten mit wenig Schlaf auskommen, denn der Chef pflegte jeden Morgen pünktlich am Frühstückstisch zu sitzen. Dabei nicht zu erscheinen, wäre einem schweren Verstoß gegen die Etikette gleichgekommen. Man erwarb sich durch Abwesenheit überdies leicht den Ruf, von zu zarter physischer Konstitution zu sein. Das war nicht unbedingt karrierefördernd.

Die Faserkrise setzt ein

In Deutschland baute Hoechst die Produktion in Bobingen, Gersthofen, Offenbach, Hersfeld, Kelheim und Berlin ständig weiter aus. Aber auch die Wettbewerber in den anderen europäischen Ländern, in Frankreich und besonders in Italien, expandierten kräftig.

Das war verständlich, denn die Prognosen für die weitere Entwicklung lauteten günstig. Bei dem steigenden Bedarf befürchteten viele sogar in der Faserindustrie, einmal nicht mehr über genügend Kapazität zu verfügen, um den Markt zu bedienen. So wurden die Ausbauten allgemein stark forciert. Auch wollte sich jeder gegenüber der Konkurrenz die Vorteile der »Economy of Scale« sichern.

Diese Situation änderte sich schlagartig, als Ende 1973 das OPEC-Kartell innerhalb weniger Monate die Ölpreise enorm in die Höhe trieb. Plötzlich verdoppelten und verdreifachten sich die Kosten für Rohmaterialien und Energien und warfen alle Kalkulationen über den Haufen. Gleichzeitig führte der Ölschock auch zu einer einschneidenden Änderung des Verbraucherverhaltens, die von der Textilindustrie nicht vorausgesehen werden konnte.

Verlust: eine Viertelmilliarde

1974 sank in Westeuropa die Produktion synthetischer Fasern gegenüber dem Vorjahr um acht Prozent. Im darauffolgenden Jahr waren es sogar weitere 13 Prozent. Die Kostensteigerungen konnten nicht durch Preiserhöhungen aufgefangen werden. So wurde 1975 für die westdeutsche Faserindustrie zum Katastrophenjahr. Sie verlor insgesamt mehr als 2,5 Milliarden DM. Hoechst verzeichnete einen Verlust von rund einer Viertelmilliarde.

Aber nicht nur der allgemeine Rückgang des Verbrauchs und die nun vorhandenen Überkapazitäten führten in Westeuropa zu der Chemiefaserkrise. Verstärkt wurden sie durch zunehmende Importe von Textilien und Halbfabrikaten, z. B. aus Fernost. Gleichwertige große Faserkapazitäten entstanden im pazifischen Raum, so in Japan, Südkorea, aber besonders in Taiwan, von deren Produktion 95 Prozent entweder als Fasern oder als Textilien in den Export gingen.

Schließlich wurde innerhalb Europas der freie Wettbewerb zusätzlich belastet durch Subventionen einiger Regierungen, so wie sie beispielsweise in Italien zur Arbeitsbeschaffung üblich wurden. Wettbewerbsverzerrungen gab es auch durch Waren aus Staatshandelsländern. Noch erschwerender wirkten sich Währungsprobleme aus.

»Unsere auf Wachstum trainierte Mannschaft mußte nun auf Krisenbewältigung umschalten«, sagt Heinz Lüdemann. Auch die Bereichsleitung mußte ihre entsprechende Lektion erst lernen. Auf alle wartete ein hartes Stück Arbeit. Der Faserbereich erarbeitete so schnell wie möglich ein Aktionsprogramm für mehrere Jahre, denn genau so, wie bei der Krise eine Reihe von Ursachen zusammenwirkten, war sie nicht durch eine einzige geniale Idee zu bewältigen, sondern nur durch eine Vielzahl einzelner Aktionen in mühsamer Kleinarbeit.

Die Schwerpunkte des Aktionsprogramms waren:

- Die Kapazitäten wurden an den verringerten mittelfristigen Bedarf angepaßt, indem sich der Bereich auf die leistungsfähigsten Einheiten konzentrierte. Im Lauf der Jahre wurden in Westeuropa 4 von 16 Hoechster Faserstandorten ganz geschlossen und an 6 weiteren ganze Produktlinien herausgenommen.
- Die Technologie mußte noch effizienter werden. Dies geschah durch Ausnutzung aller möglich erscheinenden, zum Teil noch in der Entwicklung befindlichen Vereinfachungen und Verbesserungen. So wurde – um ein Beispiel herauszugreifen – in der Filament-Technologie der Übergang geschaffen vom Dreistufen-Verfahren, Spinnen-Strecken-Texturieren, auf das Zweistufen-Verfahren, Schnellspinnen-Strecktexturieren.

  Bei diesen technischen Umstellungsprozessen, die nicht ohne Risiko waren, hat Vorstandschef Sammet den Bereich bei den notwendigen Investitionen sehr unterstützt. Er tat dies, obwohl einige Vorstandsmitglieder die nicht unverständliche Frage stellten, ob es überhaupt gelingen werde, den Faserbereich wieder zu konsolidieren.

  Nicht nur die Verfahren wurden optimiert, sondern auch die Verkaufs- und Produktionsprogramme gestrafft. Es gelang, den Materialverbrauch zu senken und die Ausbeuten zu erhöhen. Schließlich konnten erhebliche Energieeinsparungen erreicht werden, da früher unrentable Energiesparprojekte sich bei den stark gestiegenen Energiekosten nun plötzlich rechneten.
- Die Kosten für Ingenieurtechnik, Anwendungstechnik und Forschung, Verwaltung, Verkauf und Werbung wurden gesenkt durch gezielte Sparmaßnahmen, z. B. in der Forschung durch vorübergehende Konzentration auf betriebsnahe Pro-

bleme und Forcierung fast fertiger Neuentwicklungen. Später wurden dann Forschung und Anwendungstechnik zu einer neuen Abteilung »Forschung und Entwicklung« zusammengefaßt.

Erhebliche Einsparungen wurden auch dadurch erzielt, daß die Lagerbestände reduziert und besser sortiert wurden. Im übrigen wurden in allen Abteilungen die Arbeitsabläufe überprüft und soweit wie nur möglich rationalisiert.

- Der Anteil der von den Schwankungen der Bekleidungs- und Heimtextilien-Industrie abhängigen Produkte wurde reduziert und der Ausbau der Produkte für technische Einsatzgebiete, also für hochfeste Garne, Monofil, Spunbond, Filamente für Autobezugsstoffe u. a. forciert. Die Rohstoffverkäufe wurden verstärkt.

Während Anfang der 70er Jahre Rohstoffverkäufe und Produkte für technische Einsatzgebiete nur 15 Prozent des Faserumsatzes ausmachten, waren es Mitte der 80er Jahre schon rund die Hälfte.

- Alle Neuentwicklungen mußten so schnell wie möglich in den Markt eingeführt werden.

Um dieses Arbeitspensum bewältigen zu können, bildete die Bereichsleitung für die Hauptprodukte sogenannte »Produktgruppen«, in denen unabhängig von den jeweiligen Standorten Vertreter von Produktion, Verkauf, Anwendungstechnik und Forschung sowie Planung und Ergebnisrechnung zusammenwirkten und der Bereichsleitung zuarbeiteten.

Alle Maßnahmen gingen nicht ab ohne zwangsläufig schmerzhafte Personalreduzierungen. So wurde der Personalbestand des Faserbereichs in Westeuropa innerhalb von sieben Jahren von knapp 16000 auf unter 9000 Mitarbeiter vermindert. Das war eine Reduzierung von 43 Prozent. Dies war nur möglich in ständiger vertrauensvoller und konstruktiver Zusammenarbeit zwischen Bereichsleitung, Werksleitungen, Personal- und Sozialwesen, den leitenden Angestellten und den Belegschaftsvertretungen.

Bereichsleiter Lüdemann zog als Wanderprediger, wie er in den Faserwerken genannt wurde, durch die europäischen Faserstandorte. Soweit es möglich war, wurden den von den Personalreduzierungen Betroffenen, die auf allen Ebenen etwa den gleichen Prozentsatz betrugen, Arbeitsplätze innerhalb des Konzerns angeboten. Glücklicherweise herrschte in jener Zeit nur eine geringe Arbeitslosigkeit, und der Arbeitsmarkt war aufnahmefähig.

Die Brüsseler Verträge

Maßnahmen wie Kapazitätsreduzierungen konnten aber zur Konsolidierung des westeuropäischen Fasergeschäftes nur beitragen, wenn sie konsequent von allen Konkurrenten vorgenommen wurden, entsprechend der Größe ihrer Produktionen. Das erkannten schließlich, nachdem Hoechst schon die ersten Reduzierungen vorgenommen hatte, alle europäischen Faserproduzenten. Dazu gehörten alle Großen des Fasergeschäfts: ICI, Enka, Rhône-Poulenc, Courtaulds und Montefibre, Bayer u. a.

Nach langwierigen Verhandlungen unterzeichneten die Faserproduzenten 1978 aus eigenem Antrieb und ohne staatlichen Druck ein Kapazitätsreduzierungsabkommen. Einer der Unterzeichner charakterisierte dieses »Brüsseler Abkommen« als einen »Schnitt ins rohe Fleisch«.

Zunächst wurden für die Vertragsprodukte (nur die Produkte für »textile« Verwendung) alle Kapazitätsausbauten gestoppt, Hoechst hatte dies schon 1974 getan. Weiter wurden in Westeuropa insgesamt Kapazitäten von über 400000 Jahrestonnen erfaßt, die entweder verschrottet oder dauernd stillgelegt wurden. Dies waren etwa 15 Prozent der Gesamtkapazität der betroffenen Produkte.

Schon bald nach der Unterzeichnung des Abkommens zeigte sich, daß diese Reduzierungen nicht ausreichten. So wurde 1982 ein weiteres Abkommen abgeschlossen, das nochmals etwa 500000 Jahrestonnen-Kapazität erfaßte. Auch hier hatte Hoechst seinen Anteil an Reduzierung praktisch schon vollzogen, als das Abkommen in Kraft trat.

Der neue Aufstieg

»Nun begann ein Erholungsprozeß, den viele kaum für möglich gehalten hätten«, sagt Dr. Günter Metz, der 1979 die Leitung des Faserverkaufs übernahm.

»Alle Rationalisierungsmaßnahmen wären vergeblich geblieben, wäre es uns nicht gleichzeitig gelungen, neue Erzeugnisse mit noch besseren Eigenschaften auf den Markt zu bringen.«

So wurden die flammhemmenden Fasern zu einem wichtigen Produkt, wenn es auch aus Kostengründen eine geraume Zeit dauerte, bis sich diese Fasern, bei denen Hoechst wirklich eine Pionierrolle spielte, durchgesetzt hatten.

Bei Trevira CS-Rohstoff werden bei der Polykondensation noch einige Prozent einer Phosphorverbindung zugesetzt, die das Material schwer entflammbar macht. Das Produkt ist also nicht nachträglich flammhemmend ausgerüstet, sondern von Beginn an. Diese Eigenschaft wird weder durch häufiges Waschen noch durch chemische Reinigung beeinträchtigt.

Die geeignete Phosphorverbindung wurde in enger Zusammenarbeit mit dem Hauptlabor und dem Werk Knapsack entwickelt, das im Hoechst-Konzern neben Vlissingen größter Phosphorproduzent ist.

Früh machte Trevira CS eine Karriere beim Bezug von Polstern im Flugzeug, aber auch bei der Bundesbahn, in Krankenhäusern, Schulen und Kinderzimmern hielt Trevira CS Einzug.

Auch der Ersatz von Asbest durch die Dolanit-Faser auf der Basis von modifiziertem Polyacrylnitril wurde erfolgreich begonnen.

Im technischen Bereich wurden Trevira Spunbond und Monofil weiter vervollkommnet. Trevira Spunbond ist ein Spinnvlies – also ein Flächengebilde aus der Düse. Seine wichtigste Anwendung findet es als Trägermaterial für hochwertige Dachbahnen und als Unterlage im Straßen- und Tiefbau.

Monofil – auch als Trevira-Draht bekannt – eroberte sich weitere Anwendungsgebiete zum Beispiel als Material für Siebe, wie sie bei der Papierherstellung verwendet werden. Diese Siebe besitzen eine beachtliche Dimension und kosten pro Stück bis zu mehreren hunderttausend Mark. Aber auch in kleineren Dimensionen ist Trevira-Monofil vertreten, zum Beispiel bei der Herstellung von Reißverschlüssen.

Freunden modischer und sportlicher Kleidung bot Trevira 1987 ein textiles Schmankerl: Trevira Finesse. Dabei handelt es sich um Filamente mit sehr feinen Kapillaren. Gewebe aus solchem Material wirkt wie ein sehr enges Sieb. Es läßt den feinen Wasserdampf vom Körper nach außen, ist aber zu fein, um die dickeren Regen- oder auch Nebeltropfen hineinzulassen. Gewebe werden so ideal für sportliche, wetterfeste Kleidung. Die neuen Stoffe schützen vor Nässe, sind aber schweißdurchlässig.

In der Werbung wurde besonders der sportliche Akzent von Trevira herausgestellt, um so ein neues jugendliches Image zu schaffen.

Rückwärtsintegration in USA

Mit dem Wachsen der Polyesteraktivitäten in den USA (in Spartanburg bei Fasern und in Greer bei Folien) ergab sich ein ständig steigender Bedarf von Faservorprodukten, speziell an Dimethylterephthalat (DMT) und reiner Terephthalsäure (PTA). Während wesentliche Wettbewerber wie Du Pont und Eastman bei DMT mit großen eigenen Produktionsanlagen rückwärtsintegriert waren und daraus deutliche Vorteile zogen, war Hoechst von zwei fast monopolistischen Anbietern abhängig, der Hercofina bei DMT und der Amoco bei PTA. Die Hercofina war ein Joint Venture der American Petrofina und Hercules, dem früheren Partner von Hoechst in der Hystron. Hercules war mit dem DMT-Geschäft keineswegs zufrieden, und der Präsident

Giacco hatte 1983 mehrfach öffentlich verkündet, daß Hercules sich von dieser Aktivität trennen wollte. Bei Hoechst wurde sogar eine Stillegung der DMT-Anlagen für denkbar gehalten, was für Spartanburg schwerwiegende Konsequenzen gehabt hätte.

Vor diesem Hintergrund begann die American Hoechst Corporation 1983 Sondierungsgespräche mit Hercules zu einer Übernahme der Anteile. Die Verhandlungen wurden von Bill Grabowski geführt, unterstützt von Dieter zur Loye, Gerald Elden und Paul Foerster auf der technischen Seite. Nachdem man in den USA ein Konzept für die Übernahme der 74,15 Prozent der Anteile von Hercules an der Hercofina gefunden hatte, begann eine teilweise recht kontrovers geführte Diskussion bei Hoechst über das Für und Wider eines solchen Schrittes. Schließlich steckte allen Beteiligten die Erfahrung der Faserkrise noch in den Knochen, und an die Anfang der 80er Jahre beginnende deutliche positive Entwicklung wollte noch niemand so recht glauben.

Letztlich gaben der im Verhältnis zum Anlagenwert relativ günstige Kaufpreis und die positiven Aspekte im Polyestergeschäft den Ausschlag für eine positive Entscheidung, die Anfang 1985 zur Übernahme der Hercules-Anteile an der Petrofina führte. Bill Grabowski, der erfolgreiche Verhandlungsführer, wurde Präsident der neuen Gesellschaft, die den Namen Cape Industries erhielt, mit dem Standort Wilmington in North Carolina.

Rückblickend war dies eine sehr glückliche Entscheidung, bei der die bei Übernahmeüberlegungen so oft bemühten Synergien voll zum Tragen kamen. Hoechst avancierte mit dieser Akquisition zum größten DMT-Hersteller mit einem Anteil von ca. 19 Prozent der Weltkapazität. Zusätzlich konnte über Cape auch ein Teil des PTA-Bedarfs der AHC abgedeckt werden, und schließlich konnte Hoechst auch auf der technischen Seite von den Erfahrungen bei Cape Industries und der amerikanischen Philosophie im Anlagenbau deutlich profitieren.

Der Deckname war »Delta«

Unter strenger Geheimhaltung begann 1985/86 bei der Celanese in den USA und bei Hoechst ein Nachdenken über gegenseitige Firmenakquisitionen, wie sie der Kauf eines Folienwerkes in Greer durch Hoechst eingeleitet hatte. In die neuen transatlantischen Kontakte, in denen bis zum kompletten Firmenkauf nachgedacht wurde, waren nur jeweils die unmittelbar Betroffenen eingeweiht.

Im Vorstand lag die Vorbereitung der Akquisition in der Hand von Günter Metz und Jürgen Dormann, seit 1987 Finanzchef des Konzerns und verantwortliches Vorstandsmitglied für die Region USA.

Vor Ort in den USA agierte Dieter zur Loye, Chef der American Hoechst Corporation. Die AHC hatte 1986 einen Umsatz von 1,71 Milliarden Dollar erzielt. Die Celanese war fast doppelt so groß. Mit einer Kapazität von knapp 200000 Tonnen Spinnfasern hatte die American Hoechst Corp. eine beachtliche Stellung errungen, ungefähr 15 Prozent des Marktes. Bei den Filamenten war Hoechst nicht ganz so stark vorangekommen. Hier besaß die US-Tochter von Hoechst nur eine Kapazität von etwa 55000 Tonnen. Das entsprach einem Marktanteil bei Filamenten von etwa zwölf Prozent. Insgesamt stand Hoechst bei den Polyesterfasern in den USA an dritter Stelle, nach Du Pont und Celanese.

Hoechst hatte 1986 gerade seine Polystyrol-Produktion in USA und den Niederlanden verkauft. Man sah größere Zukunftschancen bei den höher qualifizierten technischen Kunststoffen. So war Geld in der Hoechster Unternehmenskasse. Hoechst war kauffreudig, aber welche amerikanische Gesellschaft war für ein »take over« am geeignetsten? Hoechst wollte unter keinen Umständen ein »unfriendly take over«. Das Management des betreffenden Unternehmens mußte ein freundliches Ja-Wort geben. Professor Wolfgang Hilger, bei dem alle Fäden für dieses Geschäft zusammenliefen, legte darauf besonderen Wert.

Folgende Fragen mußten generell geklärt werden:

- Welche Firma paßt vom Produktionssortiment her in das Hoechster Konzept?
- Würde das Management einer Übernahme zustimmen?
- Wie läßt sich der Kaufpreis finanzieren?
- Können die Zinsen auf den Kaufpreis verdient werden?
- Welche Synergiemöglichkeiten ergeben sich?

Aus allen Untersuchungen schälte sich – wie erwartet – Celanese als interessantestes Projekt heraus. Im April 1986 wurde deshalb das Projekt »Charlie« entwickelt.

Die »Mitbringsel« der Celanese

Wesentliche Voraussetzung bildete natürlich das Interesse der Bereiche Kunststoffe und Fasern an den entsprechenden Divisionen von Celanese. Was den Bereich Kunststoffe angeht, so wurden dessen Ziele schon im vorigen Kapitel beschrieben. Der Bereich Fasern bekundete ebenfalls sein Interesse. Es ging dabei dem Bereich weniger um die Polyesterstapel-Fasern und die textilen Filamente, bei denen Celanese nach Du Pont der zweitgrößte Hersteller in den USA war, sondern um die »Mitbringsel« der Celanese im nichttextilen Bereich. Auf diesem Gebiet hatte Celanese Beachtliches zu bieten.

Das galt vor allem für Reifencord, hochfeste Fäden, zum Beispiel für die Gummiindustrie und Acetat für Zigaretten-Filter.

Die verstärkenden Fäden im Fahrzeugreifen (Reifencord) bestanden früher aus hochfesten Viscosefilamenten und wurden später nach und nach vor allem durch Nylon ersetzt. Um dieses Material durch Polyester zu substituieren, bemühten sich viele Firmen, darunter auch Hoechst. Doch, wie man zugeben mußte, war hauptsächlich der Celanese in USA der große Erfolg auf diesem Gebiet gelungen. Celanese besaß einen Marktanteil von über fünfzig Prozent in den USA. Heute besitzen Hoechst und Hoechst Celanese (HCC) Produktionsbetriebe für Reifencord an fünf Standorten auf drei Kontinenten.

Bei den Acetat-Zigarettenfiltern erzielte die HCC im Jahre 1988 weltweit einen Umsatz von rund 440 Millionen Dollar. Zwar geht der Absatz in den USA und in Westeuropa angesichts der Kampagne gegen das Rauchen zurück. In anderen Ländern, besonders in China, ist der Bedarf indes weiter steigend. Ein Betrieb in China ist derzeit im Aufbau.

Um einen intimeren Einblick in ihr Forschungspotential zu geben, veranstaltete die Celanese eine Forschungspräsentation, bei der Jürgen Dormann und Forschungschef Professor Heinz Harnisch höchst interessierte Teilnehmer waren.

All dies mußte geschehen, ohne daß die amerikanische oder die deutsche Öffentlichkeit von den Verhandlungen Wind bekam. Gerüchte über den Firmen-Deal hätten sofort die Spekulanten auf den Plan gerufen und den Börsenkurs von Celanese in ungeahnte Höhen getrieben. Da der Deckname für die Operation »Charlie« noch zu leicht auf Celanese hätte deuten können, wurde er in »Delta« umgeändert.

Nicht nur bei Hoechst gab es solche Decknamen. Wie jetzt die Hoechster erfuhren, hatte man auch bei Celanese einst mit dem Gedanken gespielt, die technischen Kunststoffe oder die hochfesten Fäden von Hoechst zu übernehmen. Bei Celanese gab es dafür den Decknamen »Pegasus«. Wie ernst solche Pläne bei Celanese freilich wirklich waren, ist heute nur mehr eine theoretische Frage. Manche Indizien sprechen dafür, daß das Management von Celanese doch seit Beginn an einem »buy out« interessiert war.

Ehe die Übernahme perfekt war, mußte die neugebildete Hoechst Celanese Corporation (HCC) allerdings zwei moderne Polyesterwerke, nämlich ein Stapelfaser- und ein Filamentwerk, verkaufen, da die amerikanische Kartellbehörde dies verlangte.

Hoechst ist durch die Verbindung mit der Celanese an die Spitze der Polyesterproduzenten in der Welt geklettert. Die Kapazität für diese Faser beträgt gegenwärtig rund 900 000 Tonnen. Gefolgt wird Hoechst dabei von Du Pont mit 750 000, der japanischen Toray mit 460 000 und der niederländischen AKZO mit 380 000 Tonnen.

Weitere gewichtige Mitglieder in diesem Polyester-Club der größten zehn sind Formosa Plastics in Taiwan, die japanische Teijin, Far Eastern, Wellman, Rhône-Poulenc und Sam Yang. Die englische ICI, an deren Produktionsstätten die Faser ihre »Kinderjahre« verleben durfte, steht gegenwärtig erst an zwölfter Stelle, gefolgt von Eastman Kodak.

Mit Ausnahme von Fernost ist Hoechst nun in allen Teilen der Welt mit eigenen Faserproduktionen präsent: in den USA, in Europa, Brasilien und Südafrika sowie über die HCC auch in Mexiko und Kanada. Die Lücke in Fernost zu schließen, gehört zu den Aufgaben des Bereichs in den kommenden Jahren.

»IFC« legt die Strategie fest

Um die weltweite Politik auf dem Faser-Gebiet zu koordinieren, wurde ein »international fiber committee« (IFC) gebildet, dem der Bereichsleiter und der Verkaufsleiter des Geschäftsbereiches Fasern des Stammhauses angehören. Bereichsleiter ist, seit 1987 Heinz Lüdemann in Pension ging, Dr. Alexander Dahmen, früher Chef der Produktion des Bereichs. Als Stellvertreter und Verkaufschef fungiert Karl G. Engels, seit Justus Mische im Sommer 1988 den Posten des Arbeitsdirektors übernahm und als Chef des Sozial- und Personalwesens in den Vorstand überwechselte.

Von der Hoechst Celanese Corporation gehören diesem Ausschuß die »Group Presidents« der Fasergruppen in den USA an, der die Produkt-, die Export- und die Investitionspolitik wie auch die jeweiligen Forschungsschwerpunkte gemeinsam festlegt.

In der Entwicklung befinden sich bei den Hochleistungsfasern zwei Trümpfe, die Hoechst bald auszuspielen hofft. Sie heißen Polyaramide und Polymere Lichtwellenleiter.

Bei den Polyaramiden hat Hoechst seit 1984 intensive Entwicklungsarbeiten unternommen. Innerhalb dieser kurzen Zeit gelang es, ein patentunabhängiges Herstellungsverfahren zu finden, das ein breites Eigenschafts- und Anwendungsprofil verspricht.

Der Verbrauch an dieser Hochleistungsfaser beträgt gegenwärtig etwa 15000 Tonnen. Zuwachsraten in der Höhe von 15–20 Prozent scheinen in den nächsten zehn Jahren realistisch. Die Polyaramide werden damit als Hochleistungsfasern einen erheblichen Anteil in der Gruppe der technischen Fasern erreichen.

Polyaramidfasern besitzen Eigenschaften, die sie für technische Bedürfnisse begehrt machen: ungewöhnliche Festigkeit, Beständigkeit bei höheren Temperaturen und Resistenz gegen Chemikalien. Die Festigkeit der Fäden aus Polyaramid liegt etwa um den Faktor zwei bis sechs über den herkömmlichen technischen Fasern aus Glas, Polyamid, Polyester oder auch Stahl. Beim Elastizitätsmodul bieten die Polyaramidfasern zum Teil noch größere Vorteile.

Wofür werden sich die Polyaramidfasern besonders eignen? Hoechst sieht große Chancen bei Belägen, die hoher Reibung ausgesetzt sind, bei Dichtungen, Fahrzeugreifen, technischen Geweben und in der Gummiindustrie. Aber auch bei Faserverbundstoffen, die für Siebe, Kabel, Netze und Schutzbekleidung dienen, werden Polyaramide eine Rolle spielen.

Auf dem Markt für Polyaramide haben sich freilich schon starke Wettbewerber plaziert. Dabei ist an erster Stelle Du Pont mit seinem erfolgreichen »Kevlar« zu nennen. Aber auch die japanische Firma Teijin und Akzo in Europa sind bei den Polyaramiden sehr aktiv.

Gute Rohstoffsituation

Wenn Hoechst sich dennoch mit seinen Polyaramiden eine gute Position ausrechnet, dann vor allem aus zwei Gründen: Durch eine Modifizierung im chemischen Aufbau der Polymere wird ein verlockendes Preis-Leistungs-Verhältnis bei den verschiedenen Anwendungsgebieten erreicht werden. Überdies besitzt das

Hoechst-Produkt eine von der Konkurrenz bis jetzt nicht erreichte Beständigkeit gegen Chemikalien, gegen Säuren und Laugen.

Da bei der Herstellung der Polyaramidfäden nach dem Hoechst-Verfahren nur ein einziges Lösungsmittel bei der Polykondensation und für die Spinnlösung eingesetzt wird, ohne daß zwischendurch das Polyaramid isoliert werden müßte, ergeben sich erhebliche Vorteile. Schließlich besitzt Hoechst eine günstige Versorgung mit den notwendigen Zwischenprodukten aus eigenem Haus. Die große Erfahrung bei der Herstellung aromatischer Amine für die Farbstoff-Synthesen zahlt sich hier aus.

Bei einer internationalen Faser-Pressekonferenz im April 1989 gab der Bereich den Abschluß der ersten Phase der Entwicklungsarbeiten bekannt. Die Produktion im kleinen Maßstab wird im Werk Kelheim beginnen. Hoechst wird dafür 50 Millionen Mark investieren.

Die Polymeren Lichtwellenleiter sollen in Bobingen produziert werden und, wie Hoechst hofft, in eine große Zukunft hineinwachsen. Es handelt sich dabei um die Entwicklung eines Projektteams unter Leitung der Zentralforschung II. Polymethylmethacrylat dient dabei als Kernmaterial des Monofils, das von Fluorpolymeren ummantelt ist, um eine totale Reflexion zu erzielen. Im Vergleich zu Kupfer besitzen die Polymeren Lichtwellenleiter eine höhere Übertragungskapazität. Gegenüber Glasfasern zeichnen sich die Lichtwellenleiter durch eine höhere mechanische Belastbarkeit, höhere Vibrationsstabilität aus. Überdies sind sie bei der Verkabelung besser zu handhaben.

In Automobilen oder in der Bürokommunikation werden Lichtwellenleiter eine besondere Domäne finden. Schon 1987 wurden 400000 Kilometer dieser Leiter verbraucht. Bis zum Jahr 2000 wird mit einem Anstieg des Bedarfs von jährlich rund 25 Prozent gerechnet, das entspricht sieben Millionen Kilometern.

Die Forschung von Hoechst unter Professor Heinz Harnisch

arbeitet heute an neuartigen Materialien für die Lichtwellenleiter, die eine noch niedrigere Dämpfung besitzen sollen und mit noch höheren Temperaturen belastet werden können.

»Unser Rückgrat bleibt Trevira«

Bei all den Zukunftshoffnungen auf dem Gebiet der neuen Hochleistungsfasern von Hoechst ist man davon überzeugt, daß Polyester, wie Günter Metz sagt, das »Rückgrat unseres Geschäfts« bleiben wird. Ein erheblicher Teil des Aufwands für Forschung und Entwicklung – er macht ungefähr 2,5 Prozent vom Umsatz aus – wird deshalb für weitere Modifikationen und Verbesserungen von Trevira ausgegeben. »Vom Preis und der Fülle seiner Eigenschaften ist es so leicht nicht zu übertreffen. Wir sind stolz, um eine Formulierung der Amerikaner zu übernehmen, hier der ›global player‹ zu sein.«

Kapitel 11

Moleküle des Lebens

Trotz Krebs und einer hohen Unfallquote – an der Spitze der Todesursachen in der westlichen Welt stehen die Erkrankungen des Herzens und seiner Gefäße: Bluthochdruck, Angina pectoris, Infarkt oder Arteriosklerose.

So machte Hoechst 1988 Herz-Kreislauf-Präparate zu einem Schwerpunkt seiner neuen Produktgruppenstruktur; die Firma investiert im Jahr rund 15 Prozent von fast einer Milliarde Mark in Forschung und Entwicklung neuer Medikamente gegen Herz- und Kreislauferkrankungen.

Andere Produktgruppen bearbeiten Präparate gegen Infektionen, zur Bekämpfung von Stoffwechselkrankheiten, gegen Gefäßerkrankungen und schließlich gegen Erkrankungen des Zentralen Nervensystems, wie etwa die Alzheimer Krankheit, der die Medizin vorerst noch ohnmächtig gegenübersteht.

Gegen diese häufigste Form der Demenz, des geistigen Verfalls, werden bei Hoechst in Deutschland und den USA einige Substanzen erprobt. Niemand kann freilich derzeit sagen, ob eine davon einst das schreckliche Los der Betroffenen aufhalten oder wenigstens erleichtern kann.

Wenn das Herz zu schwach ist...

Das medikamentöse Arsenal zur Bekämpfung von Herz- und Kreislaufkrankheiten ist groß, fast schon unübersehbar, und trotzdem noch lange nicht vollständig. Es umfaßt:

Digitalis-Präparate, die »Oldtimer« unter den Herzmitteln, die schon im vergangenen Jahrhundert von dem schottischen Arzt William Withering in die Herztherapie eingeführt wurden.

Nitro-Präparate, noch immer unentbehrlich für die Behandlung von Angina pectoris, aber auch bei anderen Herzkrankheiten wirksam. Für Nitro-Präparate bietet sich heute als bessere Alternative Molsidomin an, das zusätzlich eine Hemmung der Blutplättchen-Aggregation aufweist.

Diuretika, die zusammen mit Digitalis als Standard-Therapie bei Herzinsuffizienz verwendet werden.

Kalzium-Antagonisten

Beta-Blocker

ACE-Hemmer

Von all diesen Präparaten wird in diesem Kapitel noch ausführlich die Rede sein.

Bei den Kalzium-Antagonisten war Hoechst als erstes der pharmazeutischen Unternehmen am Start. Das 1960 synthetisierte Prenylamin galt ursprünglich nur als Mittel, das die Herzkranzgefäße erweiterte, als ein Koronar-Dilatator. Es wurde zu einem therapeutisch wesentlich breiteren Präparat, als Professor Albrecht Fleckenstein von der Universität Freiburg sich mit Prenylamin und dem von der Firma Knoll in Ludwigshafen hergestellten Verapamil beschäftigte.

Fleckenstein klärte in zahlreichen Versuchen den physiologischen Wirkungsmechanismus dieser Substanzen. Er fand heraus, daß sie den kleinen Kanal blockieren, auf dem Kalzium in die Herzmuskelzellen transportiert wird und dort die Erregung der Zellen auslöst. Wenn man diesen Vorgang verhinderte und die Rezeptoren für das Kalzium blockierte – durch antagonistische Stoffe –, dann blieb die Erregung der Zellen aus, das Herz wurde in einen »Schongang« versetzt, die Herzfrequenz vermindert.

Segontin, so nannte Hoechst seinen Kalzium-Antagonisten, wurde in 69 Ländern erfolgreich vertrieben. Wenn es nie an die absolute Spitze der Kalzium-Antagonisten rückte, so nicht zuletzt deshalb, weil sich die amerikanische Food and Drug Administration (FDA) nicht entschließen konnte, Segontin zuzulassen. Der Wirkungsnachweis schien der FDA nicht hinreichend belegt.

Mehr Erfolg hatte Knoll mit dem Verapamil (Isoptin), aber auch Bayer mit Nifedipin (Adalat). Beide Präparate führen seit Jahren die Spitzengruppe der Kalzium-Antagonisten an.

Die Lasix-Story

Bei den Diuretika aber entwickelten die Hoechster Chemiker und Pharmakologen ein Weltpräparat: Furosemid, Markenname Lasix, ist den Ärzten in allen Erdteilen längst vertraut und unentbehrlich, selbst wenn es mittlerweile viele Nachahmer gefunden hat.

Diuretika sind harntreibende Substanzen. Sie können bei gefährlichen Wasseransammlungen (Ödemen) im Herz- und Lungenbereich lebensrettend sein, indem sie dafür sorgen, daß Ödeme ausgeschwemmt werden und der Blutdruck sinkt. Das so entlastete Herz benötigt weniger Sauerstoff.

Nach dem Ersten Weltkrieg lagen in der Ersten Medizinischen Klinik in Wien Syphilitiker, die auch an Herzschwäche litten. Diese hatte durch venösen Rückstau des Blutes zu Flüssigkeitsansammlungen geführt. Diese Patienten wurden mit einem Quecksilber-Präparat behandelt, das gegen die Spätformen der Lues, vor allem der Neuro-Lues, wirksam sein sollten, wo Salvarsan ausnahmsweise nicht angewandt werden konnte.

Quecksilber war in der Vor-Salvarsan-Ära ein nicht wirkungsloses, aber unsicheres Mittel gegen die frühen Stadien der Krankheit. Es blieb auch jetzt dem Salvarsan weit unterlegen. Aber etwas Interessantes konnten die Ärzte in Wien dennoch konstatieren: Die neue Quecksilber-Verbindung reizte die Nierenzellen, vermehrt Harn abzugeben.

Gegen Ödeme standen bis dahin nur wenige Mittel zur Verfügung. Deshalb griffen die Forscher bei Hoechst die zufällige Beobachtung in der Wiener Klinik auf. 1923 konnte mit dem Quecksilber-Präparat Salyrgan ein wirksames Diuretikum hergestellt werden. Seine genaue Wirkungsweise konnte mit den damaligen Methoden allerdings nicht völlig aufgeklärt werden.

Das galt auch für die vielen anderen Quecksilber-Verbindungen, die dem Salyrgan bald folgten. Zudem waren sie natürlich nicht frei von Nebenwirkungen. Doch das war bei einem Medikament nicht anders zu erwarten, das auf Quecksilber-Basis beruhte.

Nach der 300. Verbindung

Hoechst richtete sein Augenmerk verstärkt auf das Diuretika-Gebiet. 1959 wurde die 300ste Verbindung synthetisiert und im pharmakologischen Labor von Dr. Muschawek untersucht. Es handelte sich um ein weißes, geruchloses, kristallines Pulver mit einem Molekulargewicht von 330,8. Die Substanz war in Wasser nicht löslich, leicht dagegen in verdünnter Alkalilauge, in Aceton oder Dimethylformamid. Chemisch gesehen handelte es sich um einen Abkömmling der Anthranilsäure, genau um: 4-Chlor-N-furfuryl-5-Sulfamoyl-Anthranilsäure. Die internationale Kurzbezeichnung ist Furosemid.

Furosemid oder Lasix besaß gegenüber den bisherigen Diuretika neben der drei- bis vierfachen Entwässerung einen weiteren Vorzug. Die früheren Mittel förderten nicht allein die gewünschte Ausscheidung von Wasser und Natrium, sondern waren von einem unerwünschten Nebeneffekt begleitet: Sie raubten den Zellen auch Kalium, das sie dringend benötigten. Lasix hingegen schonte die Kaliumreserven.

Der starke Effekt von Lasix zeigte sich deutlich bei Versuchen mit Känguruhratten aus amerikanischen Wüstengebieten. Besaßen diese Tiere einen genügenden Vorrat an Flüssigkeit, dann ließ sich mit den traditionellen Präparaten durchaus eine Diurese erzielen. Litten die Ratten jedoch Durst, so erzielten diese Mittel keinen Effekt. Verwandte man hingegen Lasix, verloren die Tiere selbst dann noch Flüssigkeit.

Im Jahre 1962 wurde Lasix klinisch geprüft. Nicht nur, wie bis dahin meist üblich, in Deutschland und Europa, sondern weltweit. Ein Jahr später stand es im Mittelpunkt eines internationalen Symposiums. Ärzte aus zwölf Staaten berichteten über ihre Erfahrungen. Die Anerkennung war allgemein. Zwei Vertreter der englischen Medizin, die für ihre vorsichtige Haltung bekannt ist, faßten ihr Urteil zusammen: Lasix bedeute den »größten Fortschritt in der diuretischen Therapie seit der Einführung der Thiazide«.

Die amerikanische »Food and Drug Administration« ließ Furosemid im Juli 1966 zu. Es wurde von der amerikanischen Ärzteschaft begeistert aufgenommen. Lange Zeit stand Lasix weltweit an der Spitze der Hoechster Arzneimittel.

Für viele Indikationen werden auch Diuretika vom sanfter wirkenden Typ bevorzugt. Deshalb entwickelten die Hoechster Pharmazeuten galenische Zubereitungen, um das so schnell wirkende Lasix in Lasix long zu verwandeln.

Die erste Milliarde

Der Lasix-Erfolg gab der Hoechster Pharma gewaltigen Auftrieb. Zunächst, beim Neubeginn nach Kriegsende, waren die Medikamente vom Main noch stark im Schatten des Bayer-Kreuzes gestanden, denn in Leverkusen war während der I.G.-Zeit der gesamte Pharmaverkauf konzentriert. Auch alle Hoechst-Produkte trugen das Bayer-Kreuz.

In den ersten Nachkriegsjahren unter der Leitung von Michael Erlenbach war das Hoechster Markenzeichen »Turm und Brücke« nahezu unbekannt. Bei wichtigen Präparaten, zum Beispiel bei den Mitteln gegen Tuberkulose wie den halbsynthetischen Penicillinen, waren die alten I.G.-Kollegen und nunmehrigen Konkurrenten in Elberfeld früher am Start, von der Bayer-Domäne in der Tropenmedizin gar nicht zu reden.

Erst in den späten 50er Jahren holte Hoechst auf. Mit Lasix und der Entwicklung von Tabletten gegen Diabetes begann sich das Bild zu ändern, begann auch das Markenzeichen »Turm und Brücke« zu strahlen. Für die Pharma war von 1963 bis 1966 Professor Fritz Lindner im Vorstand verantwortlich.

Bei Lindners Ausscheiden hatte der Umsatz gerade eine Milliarde erreicht.

Lindners Nachfolger wurde 1967 Wolfgang von Pölnitz, den sich Erlenbach systematisch zum Nachfolger herangebildet hatte. Beide Männer verkörperten erhebliche Gegensätze, wenn man von der rein fachlichen Qualifikation absah: Erlenbach gab sich gerne als cholerisches Rauhbein, barsch und wenig zugänglich. Sogar Winnacker hatte mit dem störrischen Franken manchmal seine Mühe. Wolfgang von Pölnitz bestach durch münchnerischen Charme, Liebenswürdigkeit und die Fähigkeit, sich in Minutenschnelle für viele Probleme zu begeistern. Sein Schwung wirkte auf seine Umgebung durchaus ansteckend.

Pölnitz vertrat nach einer Auslandstätigkeit im Kongo und nach der großen Bewährungsprobe als Vorstandsmitglied der Behringwerke in Marburg die Hoechster Pharma bis 1986 im Vorstand. Pölnitz' Nachfolger wurde Professor Hansgeorg Gareis. Er gehörte seit 1984 dem Vorstand an, wo er zunächst die Landwirtschaft und Folien übernahm.

Im Jahre 1973 überschritt der Weltumsatz der Pharma die Zwei-Milliarden-Grenze. Als 1974 noch der Umsatz von Roussel-Uclaf hinzukam, rückte die Pharma von Hoechst weltweit ganz nach vorne. Zu den Spitzenreitern der pharmazeutischen Industrie zählen Merck & Co (USA), Glaxo (Großbritannien), Ciba-Geigy, Bayer, Takeda (Japan), American Home Products (USA), Beecham, Wellcome und ICI (alle GB).

Zu den zehn erfolgreichsten Präparaten weltweit gehören Lasix, Claforan und vor allem Mittel gegen Magenerkrankungen und Bluthochdruck.

Trental – eine Weltkarriere

Ein Medikament, das heute auf dem zweiten Platz der »Bestseller-Liste« der Hoechster Pharma steht, wurde nicht in einem Hoechster, sondern in einem Wiesbadener Labor entwickelt.

Das Labor gehörte zum Forschungskomplex der Chemischen Werke Albert in Wiesbaden, die 1964 im Hoechster Firmenverbund aufgingen.

Albert hatte in den 50er Jahren ein Präparat mit dem Namen Cosaldon herausgebracht. Es erwies sich sehr erfolgreich bei Durchblutungsstörungen im Gehirn.

Die Chemiker beschäftigten sich weiter mit Abkömmlingen dieser Verbindung, einschließlich ihrer Metaboliten.

Im Juli 1963 stießen die Chemiker Dr. Mohler und Bletz bei der Suche nach wasserlöslichen Xanthin-Derivaten auf eine neue Verbindung: Dimethyl-oxohexyl-Xanthin.

Die neue Substanz erhielt die Laborbezeichnung BL 191. Das pharmakologische Screening ergab einen durchblutungsfördernden Effekt.

Die Toxikologen sahen nach ausgedehnten Überprüfungen keinen Grund für ein Veto. So wagte man die ersten Erprobungen an Menschen. Der Leiter der klinischen Forschung und einige Mitarbeiter stellten sich dafür zur Verfügung, ein in der pharmazeutischen Industrie üblicher Brauch.

Aus den ersten Versuchen war noch nicht abzulesen, welche große Zukunft dem pharmazeutischen Neuling eines Tages beschieden sein sollte. Nur eines stellte sich bald heraus: Trental, so wurde das Präparat genannt (chemische Kurzbezeichnung Pentoxifyllin) wies teilweise in höheren Dosen eine zu geringe Magenverträglichkeit auf. Doch gelang es, eine Retard-Form zu entwickeln, wodurch diese Begleiterscheinungen beseitigt wurden.

Das therapeutische Profil

Parallel zu der galenischen Verbesserung wurden Untersuchungen angestellt, wie Trental wirkte, wenn man es injizierte, um den Magen-Darm-Kanal zu umgehen.

Auf einem großen Symposium im Mai 1971 in Gravenbruch bei Frankfurt wurde das therapeutische Profil des Präparates klinisch ausgeleuchtet. Ein Jahr später wurde es von der Hoechster Tochtergesellschaft Albert-Roussel-Pharma den Ärzten angeboten. Das vom Bundesgesundheitsamt genehmigte Anwendungsgebiet hieß: arterielle und arteriovenöse Durchblutungsstörungen.

Im Ausland erregte Trental großes Interesse und konnte bald in einer Reihe von europäischen und außereuropäischen Ländern auf den Markt gebracht werden: in Großbritannien, Frankreich, Italien, Österreich, Argentinien, Brasilien und in Uruguay.

Versuche in den 70er Jahren, das Präparat auch in Japan – nach den USA der zweitgrößte Pharma-Markt der Welt – anzubieten, wurden zunächst erschwert. Die japanischen Zulassungsbehörden waren mittlerweile kaum weniger rigide als die amerikanische FDA. Alle in der Zwischenzeit in der Bundesrepublik und in anderen Ländern gesammelten Erkenntnisse über Trental, ob sie die Pharmakologie betrafen, die Toxikologie, die Humankinetik oder die klinische Entwicklung, mußten in Japan nachgearbeitet werden.

Im Verlaufe der aufwendigen klinischen Prüfungen ergaben sich gleichzeitig neue Erkenntnisse über die hämorheologischen Eigenschaften, also die Fließ-Eigenschaften des Blutes durch Trental.

In einer Studie an mehreren Kliniken, die von den japanischen Gesundheitsbehörden überwacht wurden, ergaben sich positive Resultate bei Patienten, die an cerebrovaskulären Erkrankungen litten.

Unter diesen Umständen avancierte Trental bald zum Spitzenpräparat der Hoechster Pharma in Japan. Sehr bald aber kamen behende Nachahmer auf den Markt. Seit 1980 gibt es mehr als dreißig Nachahmer-Präparate – auf Pentoxifyllin basierend –, ein Erfolg von Trental, wenn man so will.

Im April 1975 wurde Trental und sein Wirkkonzept zum erstenmal den sowjetischen Gesundheitsbehörden in Moskau präsentiert und die klinische Prüfung beantragt. Dabei werden nach den sowjetischen Vorschriften die Prüfer geheim von den Behörden ausgewählt und die Ergebnisse in einem öffentlichen Symposium diskutiert.

Dieses Symposium fand im März 1977 unter dem Titel »Pentoxifyllin und Mikrozirkulation« in Anwesenheit namhafter sowjetischer Ärzte statt. Die Auswertung der Studien bestätigte die hämorheologischen Eigenschaften einschließlich des thrombolytischen Potentials von Pentoxifyllin.

Am 30. Januar 1975 war für Trental Premiere in den USA. Es galt, die Zulassung durch die Food and Drug Administration vorzubereiten, und zwar für die Behandlung der »Claudicatio intermittens«, der sogenannten »Schaufenster-Krankheit«.

Claudicatio intermittens, oder intermittierendes Hinken genannt, beruht auf Durchblutungsstörungen in den Beinen. Von der Krankheit Betroffene müssen beim Gehen in bestimmten Abständen immer wieder stehenbleiben. Manche verbinden dies – um nicht aufzufallen – mit dem Blick in ein Schaufenster. Beim Stehen vergehen die Schmerzen, da sich dabei die Sauerstoffversorgung des Muskels wieder normalisiert.

Blutkörperchen werden elastisch

Der therapeutische Weg mit Hilfe von Pentoxifyllin ist sicherlich der am wenigsten komplizierte. Im Gegensatz zu manchen Medikamenten, die die Blutgerinnung hemmen oder vermindern, verbessert Pentoxifyllin über andere Mechanismen die Durchblutung in den peripheren Arterien. Es verringert die Viskosität des Blutes und macht die roten Blutkörperchen elastischer, so daß sie sogar noch durch verengte Blutgefäße schlüpfen können.

Nach genauer Prüfung umfangreicher Daten erhielt die Hoechst-Roussel-Pharmaceutical Inc. am 30. August 1984 die Zulassung.

Trental wurde als 400-Slow-Release-Zubereitung, die dem deutschen Trental 400 entspricht, im Oktober 1984 auf dem US-Markt plaziert.

Es geht um Minuten

Bei über neunzig Prozent aller arteriellen Gefäßerkrankungen verursacht die Arteriosklerose das so gefährliche Strömungshindernis, ob es sich um die Gefäße der Beine, des Herzens oder des Gehirns handelt.

Beim Herzinfarkt muß die Durchblutung so schnell wie möglich wieder in Gang gebracht werden. In diesem Fall zählt jede Minute. Nur wenn sofort eingegriffen werden kann, läßt sich die Zahl von rund 70000 Infarkt-Toten im Jahr vermindern, wenn man von einer Intensivierung der Prävention einmal absieht. Sie hängt wesentlich von der Aufklärung über die Risikofaktoren ab.

Streptokokken helfen dem Arzt

Früher mußten Infarktpatienten sechs Wochen völlig ruhig liegen, bevor Reaktivierung und Rehabilitierung beginnen konnten. Inzwischen wird seit vielen Jahren, wenn irgend möglich, das Behring-Präparat Streptase angewendet, das Blutgerinnsel innerhalb der Herzkranzgefäße auflöst.

Zwei aufmerksame Ärzte, W. S. Tillet und R. L. Garner am New Yorker Bellevue-Hospital, legten in den 30er Jahren mit ihren Beobachtungen den Grundstein für die Entwicklung des Präparates. In diesem Krankenhaus lag eine Frau mit schwerer Lungenentzündung. Im Labortest fanden sich Streptokokken als Erreger. Das war nichts so Ungewöhnliches, doch machten die Ärzte eine andere, vollkommen neue Entdeckung: Das Blut der Patientin gerann nicht mehr.

Tillet und Garner vermuteten, daß diese Störung auf die Streptokokken zurückzuführen sein könnte. War es nicht denkbar, daß diese äußerst aggressiven Keime den hauptsächlich aus Fibrin bestehenden Schutzwall durchbrochen hatten, den der Körper normalerweise um eingedrungene Bakterien aufbaut? Streptokokken mußten dann nicht nur das Fibrin aus einem solchen Schutzwall entfernen können, sondern auch aus dem Blut. Tatsächlich bestätigte es sich, daß dieser Streptokokkenstamm eine Substanz herstellte, die wiederum Fibrin inhibierte.

Acht Jahre später konnte dann der dänische Blutgerinnungsspezialist Tage Astrup durch einen wichtigen Nachweis das Streptokokken-Produkt, das die Auflösung von Fibrin in Gang setzt, genauer identifizieren. Von Astrup stammt auch der Name der Verbindung: Streptokinase.

Allerdings entzog sich die Streptokinase lange dem Zugriff der Chemiker und Biologen, denn sie verbarg sich in einem Gemisch von anderen Stoffwechselprodukten des Streptokokkus. Nachdem man in USA bereits früher vergeblich versucht hatte, die Streptase therapeutisch zu nutzen, gelang es den Behringwerken nach sechs Jahre dauernden Anstrengungen, die Streptase zu isolieren und rein darzustellen.

Weitere Jahre vergingen in der klinischen Prüfung, im Frühjahr 1962 schließlich konnte die Streptokinase unter dem Handelsnamen Streptase für die breite Anwendung freigegeben werden.

Streptase wird von Bakterien gewonnen. Daher ist sie leicht immunogen. Für Patienten mit Antikörpern gegen Streptokokken oder deren Stoffwechselprodukte steht die Urokinase als Alternative zur Verfügung, die 1947 von MacFarlane und Pilling entdeckt wurde.

Urokinase wird im Nierengewebe gebildet und aus menschlichem Urin gewonnen, hochgereinigt und durch Gefriertrocknung konzentriert.

Da Urokinase – Actosolv ist der Markenname von Behring – vom Menschen stammt, bilden sich auch bei mehrfacher Behandlung nur selten Antikörper. Sie kann über lange Zeit hinweg gegeben werden.

Wenn dennoch in der Regel zuerst Streptase angewendet wird, dann einfach deshalb, weil sie schneller wirksam und Urokinase relativ teuer ist.

Neben Streptase und Urokinase hat ein neues Präparat Aufsehen erregt, der »Gewebe-Plasminogen-Aktivator«, abgekürzt t–PA (tissue-Plasminogen-Activator). Es ist der wichtigste körpereigene Plasminogen Aktivator und eines der ersten Produkte, das gentechnisch hergestellt wird. Umfangreiche Vergleichsstudien mit Streptase und Urokinase sind in vielen Kliniken angelaufen.

Die Behringwerke in Marburg, die seit den Tagen ihres Gründers vorrangig um die Erforschung des Blutes und der daraus zu gewinnenden Abwehrstoffe bemüht waren, bieten ideale Voraussetzungen für die weitere Fibrinolyse-Forschung.

Hier wurden auch die verschiedenen Seren zur Bekämpfung und Vorbeugung gegen Infektionskrankheiten hergestellt, wie beispielsweise das Diphtherie- und das Tetanus-Serum.

Auch aktive Impfstoffe, bei denen der Mensch selbst seine immunologische Abwehr aufbaut, wurden in Marburg entwikkelt. Beispiele dafür sind die Drei- und Vierfach-Impfstoffe nach dem Zweiten Weltkrieg.

Die Marburger Eiweißchemiker haben aber auch einen guten Namen als Forscher auf dem Gebiet der Blutgerinnung. Sie lieferten Substanzen zur Diagnostik und Therapie der Blutgerinnung. So kommt zum Beispiel aus Marburg seit den 60er Jahren der Faktor VIII. Fehlt dieser Faktor im Blut, dann kommt es zur sogenannten Bluterkrankheit, zur Hämophilie.

Abheilung ist möglich

Noch kennt niemand die Ursachen-Kette genau, die zur Arteriosklerose führt. Sicher gibt es mehrere Ursachen und müssen verschiedene Phasen der Entstehung unterschieden werden.

Unbestritten gehört hoher Blutdruck zu den auslösenden Faktoren der Arteriosklerose. In der Bundesrepublik leiden mehr als sechs Millionen Menschen an Bluthochdruck (Hypertonie). In den USA mit ihren über 200 Millionen Einwohnern sind es über 15 Prozent der erwachsenen Bevölkerung, etwa 35 Millionen Menschen.

Leider verursacht ein leichter Hochdruck kaum Beschwerden. Viele Menschen, die an Bluthochdruck leiden, wissen nichts von ihrer gefährlichen Krankheit, der man mit Diät, Senkung des Gewichts, sparsamem Umgang mit Kochsalz und Verzicht auf Rauchen entgegenwirken kann.

Das Arsenal der Medikamente gegen Bluthochdruck (Antihypertonika) hat sich in den letzten Jahren stark vergrößert. Einige Präparate wurden schon erwähnt. Bei mildem Hochdruck, das heißt, wenn der diastolische Blutdruck bei wiederholten Messungen in Ruhe auf 90 bis 104 mmHg erhöht ist, empfiehlt die Hochdruck-Liga Saluretika und Beta-Blocker allein oder in Kombination.

Bei allen Stadien des zu hohen Blutdrucks werden heute entweder Beta-Blocker, Kalzium-Antagonisten oder ACE-Hemmer verwendet. Die blutdrucksenkende Wirkung kann noch durch ein Diuretikum gesteigert werden.

Blockade am Herzen

Den ersten Anstoß zur Entwicklung der Beta-Rezeptorenblokker gab 1948 der amerikanische Forscher Raymond Ahlquist. Ahlquist entwickelte die Vorstellung von Paul Ehrlich weiter, wonach an den Membranen der Zellen bestimmte Rezeptoren, »Empfangsstationen«, vorhanden seien, von denen bestimmte Stoffe aufgenommen werden müßten, wenn sie an der Zelle eine Wirkung entfalten sollten.

Ahlquist vermutete nun, daß es an der Oberfläche von Herzmuskelzellen mindestens zwei Arten von Bindungsstellen (Rezeptoren) gebe, Alpha- und Beta-Rezeptoren. Im Zusammenspiel mit den entsprechenden Wirkstoffen steuerten diese Rezeptoren, bei denen durch einen entsprechenden Reiz ein Ruhepotential in ein Aktionspotential umgewandelt wird und umgekehrt, das Herz: Alpha-Rezeptoren bremsen, Beta-Rezeptoren beschleunigen.

Wenn zu viele Botenstoffe an den Beta-Rezeptoren, den »Ankerplätzen« der Herzzellen »andocken«, dann gerät der Herzmuskel in zu starke Aktivität und verbraucht dadurch auch wesentlich mehr Sauerstoff als unter normalen Umständen.

Der britische Pharmakologe James W. Black suchte in den 50er Jahren beim Chemiekonzern ICI nach einem Medikament zur Abschirmung des Herzens. Es sollte die Erregbarkeit dämpfen und den Sauerstoffverbrauch reduzieren. Dabei beschäftigte er sich auch mit den Beta-Rezeptoren des Herzmuskels und kam zu dem Schluß: Wenn man diese Rezeptoren blockierte, konnten die Botenstoffe die Rezeptoren nicht besetzen. Die Konsequenz: Es konnte nicht zur Erregung der Herzmuskelzellen kommen.

Der Gegenspieler dieses Botenstoffes mußte natürlich »maßgeschneidert« sein, er mußte zu dem Rezeptor, dem Schloß, passen wie ein Schlüssel.

Die Suche nach einem chemischen Schlüssel, einem unwirksamen »Doppelgänger« des eigentlichen Botenstoffes, dauerte länger als erwartet. Immer wieder mußten zunächst vielversprechend erscheinende Substanzen verworfen werden: Entweder waren sie nicht spezifisch genug oder sie verursachten zu viele Nebenwirkungen.

1964 aber fanden Black und seine Mitarbeiter eine Substanz, die ihren Erwartungen entsprach – die Verbindung Propranolol.

Die erfolgreiche Premiere des ersten Beta-Blockers regte zahlreiche andere Firmen an, eigene Beta-Blocker zu entwickeln, zumal sich ein wesentlich breiteres Wirkungsspektrum dieser Substanzen ergab, als anfangs angenommen: Beta-Blocker wurden eine bevorzugte Substanz bei der Behandlung von Angina pectoris und später des Bluthochdrucks, aber auch gegen Migräne oder Angstzustände.

Erfolg bei Magengeschwüren

James W. Black, der später von ICI zu der amerikanischen Pharmafirma SmithKline and French überwechselte und heute in London eine Professur besitzt, übertrug seine Erkenntnisse über die Beta-Rezeptoren auch auf andere Rezeptoren und Organe. Er erarbeitete nach den gleichen Erkenntnissen ein Medikament, das die Ausschüttung von Histamin, einem Gewebehormon, im Organismus hemmt. Histamin stimuliert die Ausschüttung von Magensäure, die in zu großer Menge zu Schäden der Magenschleimhaut und zum Entstehen von Magengeschwüren führen kann.

Mit wiederum einem Antagonisten, der die sogenannten H 2-Rezeptoren für Histamin blockierte, konnte Black 1972 sein neues Behandlungsprinzip gegen Magengeschwüre entwickeln. Das erste Präparat wurde von SmithKline and French unter dem Namen Cimetidin herausgebracht.

Cimetidin verzeichnete einen ungewöhnlichen Erfolg und wurde zum »Klassiker«, dem bald schon zahlreiche Präparate folgten, so beispielsweise »Zantac« von der britischen Firma Glaxo, die im letzten Jahrzehnt einen geradezu meteorenhaften Aufstieg verzeichnete. Zantac übertraf in den letzten Jahren sogar Cimetidin und steht mittlerweile auf Platz eins der zehn weltweit meistverkauften Präparate.

Zurück zu den Beta-Blockern. Sie bedeuten einwandfrei einen Therapiefortschritt. Dennoch wurde zunächst von der amerikanischen Zulassungsbehörde nur Propranolol zugelassen, dem die ICI den Markennamen »Dociton« gegeben hatte.

Erst Ende 1978 folgte Metoprolol (Lopresor) als Hochdruck-Medikament. Metoprolol ist ein »kardioselektiver« Beta-Blokker, der in erster Linie das Herz und weniger die Bronchien angreift. Deshalb wird Metoprolol dem Propranolol vorgezogen, wenn neben der Hypertonie noch Asthmabeschwerden bestehen.

Doch auch Metoprolol wirkt nicht völlig selektiv – vor allem bei höheren Dosierungen kann es auch noch zu einer Verengung der Bronchien kommen.

Ein Enzym wird gehemmt

Gemessen an den Kalzium-Antagonisten und den Beta-Blokkern, bei denen die FDA zunächst mit der Zulassung zögerte, verlief der Aufstieg der Angiotensin-Konversions-Hemmer (ACE-Hemmer) viel steiler. Auch sie beruhen auf einem klaren physiologischen Konzept, auf der Hemmung eines entscheidenden Enzyms.

Es beginnt mit dem Enzym Renin, das in der Niere gebildet wird. Renin wird ins Blut abgegeben. Dort spaltet es das in der Leber gebildete Angiotensinogen, ein kleines Eiweißmolekül aus 14 Aminosäuren, zum Angiotensin I, das nun aus zehn Aminosäuren besteht.

Anschließend tritt das ACE auf den Plan, das Angiotensin Converting Enzyme. Wie schon der Name sagt, handelt es sich bei diesem Umwandler um ein Enyzm. Dieses Enzym macht aus dem unwirksamen Angiotensin I das hochaktive Angiotensin II, ein Peptid aus acht Aminosäuren. Den ganzen Prozeß bezeichnet man als Renin-Angiotensin-System.

Angiotensin II übt einen starken Reiz auf die glatte Muskulatur der Gefäße aus. Sie ziehen sich unter seinem Einfluß zusammen, der Blutdruck steigt.

Wie läßt sich aber die Bildung des blutdrucksteigernden Angiotensins II verhindern? Es galt, eine Substanz zu finden, die das Converting Enzyme, das ACE, hemmte. Denn ohne dieses Enzym wird Angiotensin I nicht in Angiotensin II umgewandelt. Damit bleibt der blutdrucksteigernde Effekt, die Kontraktion der Gefäße, aus.

Der Erstling unter den ACE-Hemmern war Captopril. Es wurde von der amerikanischen Pharmafirma Squibb entwickelt. Die Pharmakologen hatten dabei insofern Glück, als es einen Rattenstamm gibt, dessen Bluthochdruck von den Eltern auf die Nachkommen vererbt wird – eine genetisch bedingte Hypertonie. Sie hat große Ähnlichkeit mit dem Bluthochdruck des Menschen.

Damit stand ein Modell zur Verfügung, an dem nicht nur Cap-

Die ersten Büros von Hoechst in den USA waren im Empire State Building
(dpa Bildarchiv)

Firmenhauptquartiere in USA (oben) und Frankreich (unten)

Fertigung in Indien

Vorstandsmitglied Willi Hoerkens und Uhde-Chef Professor Lothar Jaeschke mit dem DDR-Staatsratsvorsitzenden Erich Honecker bei der Einweihung des Werkes Schkopau in der DDR

topril, sondern auch andere Substanzen geprüft werden konnten. Die Blutdrucksenkung war eindeutig und regelmäßig zu erzeugen.

Captopril folgen weitere ACE-Hemmer. Es zeigte sich eine vielseitige Wirkung von Captopril und anderen ACE-Inhibitoren. Sie greifen nicht nur an einer Stelle in das Krankheitsbild des Bluthochdrucks ein, sondern beeinflussen ihn vielfältig.

Damit aber noch nicht genug: Neben ihrer Wirkung auf das ACE im Blut wirken sie noch lokal in der Niere, am Herzen, am Gehirn und an den Gefäßwänden.

Pionierarbeit von Merck, Sharpe + Dohm (MSD)

Auch länger wirkende ACE-Hemmer wurden nun entwickelt. Enalapril von MSD, das unter dem Handelsnamen Xanef herausgekommen ist, wirkt über 24 Stunden, während bei Captopril die Wirkung bereits nach vier bis fünf Stunden nachläßt, der Blutdruck auf das Ausgangsniveau ansteigt. Außerdem besitzt Enalapril keine Sulfhydryl-Gruppe, die bei früheren ACE-Hemmern bei hohen Dosierungen Nebenwirkungen ausgelöst hatte.

Zu den neuesten ACE-Hemmern zählt Lisinopril, das gemeinsam von MSD und dem britischen Chemie- und Pharmakonzern ICI 1988 herausgebracht wurde. Es handelt sich um kein »Pro-Drug«, also um keine Substanz, die von der Leber erst in eine wirksame Form gebracht werden muß.

Auch Hoechst hat einen ACE-Hemmer entwickelt: Ramipril.

Ramipril besitzt durch seine lange Wirkdauer in der Einmalgabe Vorteile gegenüber den bisher verfügbaren ACE-Inhibitoren.

Neben der Indikation Hypertonie wird Ramipril zur Zeit in einem aufwendigen Programm auf seine Wirksamkeit bei der Behandlung von Herzinsuffizienz geprüft.

Zu den Risikofaktoren, die Herzinfarkte begünstigen, gehören Störungen des Fettstoffwechsels, Zigarettenkonsum, Bluthochdruck und Zuckerkrankheit.

Zweierlei Arten von Zuckerkrankheit

Die Diagnose Diabetes mellitus hat für den Patienten schwerwiegende Konsequenzen. Da Diabetes auch in unserer Zeit noch nicht geheilt werden kann, ist es das oberste Ziel, den Stoffwechsel optimal einzustellen: Beim Diabetes vom Typ I, der vor allem Jugendliche betrifft und durch einen absoluten Insulin-Mangel gekennzeichnet ist, geschieht dies mit Hilfe von Diät und Insulingaben.

Um Insulin-Injektionen zu vermeiden, wurde schon in den 20er Jahren nach Verbindungen gesucht, die den Blutzucker senkten, aber nicht wie der Eiweißstoff Insulin im Magen abgebaut wurden, ehe sie ihre Wirkung entfalten konnten. Doch nirgendwo wurde eine Zusammensetzung gefunden, die alle Anforderungen erfüllte.

Das galt auch für die Präparate, die in jener Zeit bei Hoechst synthetisiert wurden. Die Toxikologen schüttelten immer wieder bedauernd die Köpfe, wenn ihnen die Kollegen von der Synthese-Abteilung eine neue Substanz vorgelegt hatten: die Verbindungen senkten zwar den Blutzucker von Versuchstieren, doch sie besaßen zu starke, nicht tolerable Nebenwirkungen.

Erst nachdem die Sulfonamide Mitte der 30er Jahre aufgekommen waren, änderte sich die Situation. Sulfonamide erwiesen sich in jener Zeit – noch ehe die Antibiotika-Ära begann – als wahre Wunderwaffen gegen Bakterien, vor allem gegen Streptokokken. Doch sie besaßen noch eine unvermutete, erstaunliche und keineswegs erwünschte Nebenwirkung, wie der französische Kliniker M. Janbon in Montpellier 1942 herausfand: Sie senkten den Blutzucker.

Ein anderer französischer Wissenschaftler, August Loubatières in Paris, fand in Tierversuchen heraus, daß die Sulfonamide die Insel-Zellen der Bauchspeicheldrüse veranlassen, Insulin auszuschütten. Er stellte fest, daß Sulfonamide bei Hunden, denen die Bauchspeicheldrüse entfernt worden war, völlig wirkungslos blieben. Die Tiere produzierten kein eigenes Insulin, das freigesetzt werden konnte.

Infolge des Krieges blieben diese Arbeiten völlig unbeachtet. Sie galten als am Rande liegende Spezialuntersuchungen. Wer wußte, ob sie je praktische Bedeutung gewinnen würden? In Deutschland gab es Anfang der 40er Jahre 164000 Diabetiker, man war froh, die notwendigen tierischen Bauchspeicheldrüsen aus den Schlachthöfen für die traditionelle Behandlung der Zuckerkranken zu haben, um daraus das streng kontingentierte Insulin zu gewinnen.

Loubatières in Paris gab sein Ziel nicht auf, nach Medikamenten gegen die Zuckerkrankheit zu suchen. Er vermutete immer stärker, daß es neben dem Diabetes, der auf einer Schädigung der Inselzellen der Bauchspeicheldrüse beruht, noch eine andere Form gebe. Dabei erschienen die Inselzellen äußerlich normal, ohne jedoch funktionsfähig zu sein. Sie setzten nicht so viel Insulin frei, wie für die Erhaltung des Insulinspiegels im Blut notwendig ist. Bei dieser Art von Diabetes wäre die Gabe solcher oder ähnlicher Sulfonamide durchaus angezeigt.

Im Jahre 1954 begann die Ära der oralen Antidiabetika. Zwar hatte inzwischen das Penicillin die Sulfonamide von ihrem Spitzenplatz in der Bakterienbekämpfung verdrängt, doch in den Labors der pharmazeutischen Industrie wurden weiterhin Sulfonamide geprüft. Interesse fanden vor allem sogenannte Depot-Sulfonamide, die eine länger anhaltende Wirkung versprachen.

Bei der Arzneimittelfirma Boehringer in Mannheim hatte man ein solches Depot-Sulfonamid hergestellt. Es wurde im Auguste-Viktoria-Krankenhaus in Berlin zur klinischen Prüfung gegeben. Da zwölf Jahre seit der Entdeckung Janbons in Montpellier vergangen waren, kannte man in dem Berliner Krankenhaus die Arbeiten Janbons und Loubatières nicht mehr.

Die ersten im Februar 1954 angestellten Versuche mit dem Depot-Sulfonamid aus Mannheim führten zu alarmierenden Nebenerscheinungen. Sie zeigten sich vorwiegend bei Patienten mit völlig normalem Stoffwechsel, die allerdings an besonders hartnäckigen Infektionen litten. Deshalb wurden ihnen ungewöhnlich hohe Dosen dieses Sulfonamids verabreicht. Es kam dabei zu Störungen des zentralen Nervensystems und zu Konzentrations- und Gedächtnisschwäche.

Selbstversuch eines Arztes

Als sich solche Vorfälle häuften, entschloß sich Dr. K. J. Fuchs, ein junger Arzt an der Berliner Klinik, dieses Präparat mit den seltsamen Nebenwirkungen an sich selbst zu erproben. Nach der Einnahme begann Fuchs zu zittern, eine unbekannte Nervosität überfiel ihn, seine Schrift wurde fahrig. Im Labor fiel ihm ein Reagenzglas aus der Hand.

Bald kam Fuchs auf die Idee, jene Symptome könnten auf eine Unterzuckerung seines Blutes hinweisen, auf eine Hypoglykämie. Der Verdacht bestätigte sich, als diese Erscheinungen unmittelbar nach dem Mittagessen verschwanden – durch die Nahrungsaufnahme war der verminderte Blutzuckerspiegel wieder zur Norm zurückgekehrt.

Fuchs berichtete dem Chef der Klinik, Professor Hans Franke, von diesem Erlebnis. Daraufhin faßten beide den Entschluß, die Wirkung dieses Präparats an gesunden Menschen zu prüfen. Selbstverständlich konnte das nur in vorsichtigster Form und in sehr niedriger Dosierung geschehen.

Doch auch in diesen Fällen kam es zu einer Senkung des Blutzuckers – freilich ohne Schocksymptome oder toxische Reaktionen. Vorsichtig wurde die Verbindung zunächst an einigen Zuckerkranken erprobt, die lediglich auf eine Diät eingestellt waren, später an älteren Patienten, deren Stoffwechsel bisher mit niedrigen Insulindosen kompensiert wurde.

Die ersten Tabletten gegen Diabetes

Bald war es offensichtlich: Das neue Präparat, das die Bezeichnung »BZ 55« erhalten hatte, war mehr als ein Sulfonamid!

Boehringer nahm die breite klinische Prüfung auf und entwickelte das Präparat zum ersten oralen Antidiabetikum.

Auch bei Hoechst, das mit seinen Insulinen eine Spitzenstellung im Kampf gegen Diabetes einnahm, hegte man seit langem die Hoffnung, Tabletten gegen bestimmte Formen der Zuckerkrankheit zu entwickeln. Guanidine, Aminosäuren und Sulfonamide waren erprobt worden. Schließlich waren die Hoechst-Forscher auch bei den Sulfonylharnstoffen angelangt.

Sulfonylharnstoffe bewirken die Freisetzung von Insulin aus den sogenannten B-Zellen der Bauchspeicheldrüse – daran war nicht mehr zu zweifeln.

Den letzten Beweis lieferten Tiere. Als man ihnen die Bauchspeicheldrüse herausnahm, wurden sie prompt zuckerkrank. Man hätte auch annehmen können, daß die Wirkung der Sulfonylharnstoffe außerhalb dieses Organs lag. So war es bei den Guaniden gewesen, die vermutlich an einer anderen Stelle in den Kohlenhydratstoffwechsel eingriffen. Dann aber hätte sich bei den Tieren ohne Bauchspeicheldrüse unter der Einwirkung dieser Verbindungen wohl auch eine Veränderung des Blutzuckerspiegels abzeichnen müssen. Diese Werte blieben jedoch völlig unbeeinflußt.

Früher galt die einfache These: Der Mensch wird zuckerkrank, weil sein Körper, genauer gesagt, die B-Zellen in den Langerhans'schen Inseln »streiken« und kein Insulin mehr erzeugen. Eben deshalb führte man Insulin zu, das der Körper aus eigener Kraft nicht produzieren konnte. Bei den Diabetikern vom Typ I ist dies zutreffend, doch die weitaus meisten Zuckerkranken leiden an Diabetes Typ II und somit nicht an einem absoluten Insulinmangel. Diese Erkenntnis setzte sich erst durch, als die Wirkung der Diabetes-Tabletten genauer erfaßt werden konnte.

Nun stellte man fest: Die B-Zellen älterer Diabetiker sind

durchaus noch fähig, Insulin herzustellen. Aus noch immer nicht ganz geklärten pathologischen Gründen kann dieses Insulin jedoch nicht in Aktion treten. Sulfonylharnstoffe bewirken die Abgabe des Insulins aus der Bauchspeicheldrüse.

Premiere in Graz

Noch blieb die Frage nach den Nebenwirkungen dieser Verbindung bestehen, vor allem bei längerer, vielleicht lebenslanger Anwendung – ein Problem, das sich bei allen chronischen Erkrankungen stellt.

Langwierige Toxizitätsuntersuchungen begannen. Auf der 21. Tagung der Deutschen Gesellschaft für Pharmakologie am 5. Dezember 1955 in Graz gaben dann Hoechst und Boehringer die Einführung ihrer beiden Präparate in die Therapie bekannt. Aus »D 860« wurde Rastinon – bald weltweit von Ärzten und Kranken geschätzt. Boehringer nannte sein Präparat Invenol.

In den USA kam Rastinon als Orinase heraus, und zwar von der Arzneimittelfirma Upjohn in Kalamazoo.

Einen neuen Höhepunkt der oralen Antidiabetika brachte 1964 das Glibenclamid. Es ist in einer nahezu unvorstellbar minimalen Größenordnung bereits wirksam.

Rastinon und Glibenclamid, das den Markennamen Euglucon erhielt und von Hoechst und Boehringer, Mannheim, herausgebracht wurde, wirken unterschiedlich. Die oralen Antidiabetika der ersten Generation, wie Rastinon und Invenol, bewegen die Inselzellen der Bauchspeicheldrüse, Insulin rasch und kurzandauernd ins Blut abzugeben.

Bei Euglucon, also Glibenclamid, setzt die Wirkung später ein, hält dafür aber länger an.

Glibenclamid besitzt gegenüber den Insulin-Rezeptoren eine besondere Wirkung. Solche »Empfänger«, die heute in der Pharmakologie eine große Rolle spielen, binden die Insulin-Moleküle. Erst durch eine solche Bindung können sie ihre Wirkung entfalten. Ohne Rezeptor hieße es für das Insulin »Fehlanzeige«.

Glibenclamid erhöht nicht nur die Aufnahmebereitschaft der vorhandenen Rezeptoren für Insulin. Es steigert auch die Zahl der Insulin-Rezeptoren auf den Zellen. Damit wird die Bindungsfähigkeit für das Insulin normalisiert, der Organismus braucht weniger Insulin.

Wenn Insulin unerläßlich ist

Diabetiker vom Typ I sind jedoch nach wie vor auf Insulin angewiesen. Der englische Biochemiker Frederic Sanger aus Cambridge fand 1954 nach zehnjähriger Arbeit heraus, daß das Eiweiß-Molekül Insulin aus 51 Aminosäuren besteht. Sanger ermittelte auch, in welcher Reihenfolge die Aminosäuren angeordnet sind. Zwei Ketten, die durch Schwefelbrücken verbunden sind, bilden das Molekül; es gehört mit einem Molekulargewicht von knapp 6000 zu den kleinsten Eiweiß-Gebilden.

Das Insulin zu synthetisieren, die einzelnen Aminosäuren in der richtigen Sequenz in zwei Ketten anzuordnen und diese Ketten durch Schwefelbrücken zu verbinden – das bedeutete eine große Herausforderung für die Eiweißchemiker, denn je länger die Aminosäure-Ketten bei der Synthese wurden, desto mehr näherte man sich dem natürlichen Vorbild.

Erfolg im Labormaßstab

Im Jahre 1963 endlich glückte die Insulin-Synthese: Eine amerikanische Arbeitsgruppe um P. G. Katsojannis von der Universität Pittsburgh meldete die erste Teilsynthese. Noch im gleichen Jahr vollbrachten Professor Zahn und seine Mitarbeiter von der Technischen Hochschule Aachen die erste Insulinsynthese im Labormaßstab.

Das waren Meilensteine der Insulin-Forschung. Sie bedeuteten freilich noch lange nicht, daß für Diabetiker schon in naher Zukunft synthetisches Insulin zur Verfügung gestanden hätte und die pharmazeutische Industrie nicht mehr darauf angewiesen wäre, das Hormon aus tierischen Bauchspeicheldrüsen zu gewinnen, ob von Schweinen oder Rindern. Die Biochemiker wußten, es würde noch lange dauern, bis die in den Laboratorien gefundenen Synthesen auf industriellen Maßstab übertragen werden konnten.

Bei Hoechst machte sich eine Arbeitsgruppe unter Führung des Proteinexperten Rolf Geiger ans Werk, um das große Vorhaben der Insulin-Synthese in Angriff zu nehmen.

Bald darauf ergab sich noch eine andere, verlockende Möglichkeit. Sie betraf die Entwicklung von Human-Insulin, also menschlichem Insulin, aus Schweine-Insulin. Der Weg war folgender: Dank Sangers Erforschung des Insulin-Moleküls wußte man, daß sich das Insulin, das aus den Bauchspeicheldrüsen von Tieren gewonnen wurde, nur geringfügig von menschlichem Insulin unterschied.

Beim Rinder-Insulin waren von den 51 Aminosäuren drei unterschiedlich, beim Schweine-Insulin nur eine Aminosäure. Diese Aminosäure, die den »kleinen Unterschied« ausmachte, war Alanin. Es befand sich ganz am Ende der B-Kette des Insulins. Wenn man dieses Alanin durch Enzyme entfernte und durch die Aminosäure Threonin ersetzte, besaß man Insulin, das sich nicht mehr von dem des Menschen unterschied.

Dieses Human-Insulin, das weniger Nebenwirkungen versprach, wurde vom Bundesgesundheitsamt zugelassen und von 1983 an Ärzten und Patienten zur Verfügung gestellt.

Für viele Diabetiker, die tierisches Insulin schlecht vertrugen, bedeutete dies einen großen Fortschritt. Bei Patienten, die Rinder- oder Schweineinsulin gut vertragen, und das vielleicht schon seit vielen Jahren, sehen viele Diabetes-Spezialisten freilich keinen Grund, den Insulin-Typ zu wechseln.

Hormone und ihr Steuerzentrum

Kaum minder interessant als die Insuline sind andere Hormone, denen sich Hoechst in den 70er Jahren zuwandte. Es handelt sich um die sogenannten Releasing-Hormone, ebenfalls Eiweißverbindungen. »Oberste Instanz« für diese Substanzgruppe ist der Hypothalamus, eine Region von Zellen an der Schädelbasis, die unter dem Thalamus liegt.

Der Hypothalamus wiegt nur fünf Gramm. Er ist eine Art von hormoneller Mini-Computer im Gehirn, bei dem auf engstem Raume eine Fülle von Funktionen untergebracht sind. Er sorgt dafür, daß alle biologischen Regelkreise fein aufeinander abgestimmt werden. Die von ihm gebildeten Hormone wirken auf die Hypophyse, die Hirnanhangdrüse. Die Hypophyse wiegt noch nicht einmal ein ganzes Gramm und unterteilt sich in einen Vorder- und einen Hinterlappen.

Vom Vorderlappen werden sechs lebenswichtige Hormone produziert. Nebennieren, die Schilddrüse und die Keimdrüsen sind die Ziele ihrer Tätigkeit, es wird ihnen mitgeteilt, ob sie viel oder wenig Hormon ausschütten sollen.

Auch der Hinterlappen der Hypophyse ist aktiv. Dort werden zwei Hormone gespeichert: Adiuretin, das die Wasserausscheidung der Nieren hemmt und Oxytocin, das die Muskulatur der Gebärmutter bei Geburten zur Kontraktion anregt.

Hormone stimulieren Hormone

Die Botenstoffe des Hypothalamus und der Hypophyse wurden Releasing-Hormone oder Releasing-Faktoren getauft, nach dem englischen »to release« – auslösen. Sie können andere Hormone, etwa die der Keimdrüsen, stimulieren oder hemmen. Die Hormone, die stimulieren, werden Liberine, jene, die hemmen, Statine genannt.

Anfang der 70er Jahre gelang es, Releasing-Hormone (RH) synthetisch herzustellen, zum Beispiel das sogenannte LH-RH.

»LH« steht für luteinisierendes Hormon, »RH« für Releasing-Hormon. Dieses Releasing-Hormon besteht aus zehn Aminosäuren, ist also ein Peptid.

In den Folgejahren wurden zahlreiche Varianten des LH-RH hergestellt. Sie wirken wesentlich länger als das natürliche Hormon, das nach extrem kurzer Zeit vom Organismus abgebaut wird. Auch die Wirkungsstärke des synthetischen Hormons konnte gegenüber dem natürlichen verbessert werden.

Werden diese LH-RH-Analoge dem Körper in hohen Dosen zugeführt, so steigern sie nicht, wie zu erwarten wäre, die Geschlechtshormone, sondern vermindern sie. Wahrscheinlich führen solche überhöhten Dosierungen dazu, daß die LH-RH-Rezeptoren an den Zellen »übersättigt« oder vermindert werden.

Die LH-RH-Rezeptoren wurden zunächst beim sogenannten Kryptorchismus (Hodenhochstand) verwendet. Bei normaler Entwicklung sorgen Geschlechtshormone dafür, daß der zunächst in der Bauchhöhle befindliche Hoden in den Hodensack gleitet. Gelegentlich unterbleibt dieser Vorgang. Dann kann mit einem Nasenspray, das LH-RH enthält, dieses Problem gelöst werden. »Kryptocur«, so nennt Hoechst das entsprechende synthetische LH-RH, bewirkt den Abstieg des Hodens durch die Stimulierung gewisser Zellen im Regelkreis Hypothalamus-Hypophyse und der Gonaden, der Keimdrüsen.

Da es sich um eine Nachahmung des normalen Wirkungsmechanismus handelt, wird nur so viel von dem männlichen Hormon Testosteron ausgeschüttet, wie es der altersmäßigen Norm entspricht und für den Hodendeszensus notwendig ist.

Die meisten biologischen Regelkreise verfügen über eine Rückkopplung, einen negativen Feedback. Dadurch werden zuviel produzierte Wirkstoffe abgebaut und über die Hypophyse der Hypothalamus veranlaßt, die Bildung weiterer Hormone zu stoppen.

Bei einem großen Teil der mit Kryptocur behandelten Knaben – es leiden immerhin zwei Prozent aller männlichen Kinder im ersten Lebensjahr an Hodenhochstand – wurden auf diese Weise operative Eingriffe vermieden.

Richtige Dosierung entscheidend

Auch Fruchtbarkeitsstörungen können durch Releasing-Hormone behoben werden. Vorher mußte allerdings eine Reihe von Regulationsmechanismen aufgeklärt werden. Sie zu beherrschen, war für eine sichere klinische Anwendung notwendig. Entscheidend ist die richtige Dosierung. Eine niedrige Dosis von LH-RH führt zu einer starken Stimulierung der Gonaden, der Keimdrüsen. Stark erhöhte Dosen aber beeinflussen andere hormonale Systeme nicht. Die Substanz, die den Markennamen Buserelin erhielt, erwies sich auch als ausgezeichnet verträglich.

Bei der Beschäftigung mit Releasing-Hormonen ergab sich noch ein anderer überraschender Effekt: normale physiologische Dosen von Buserelin erhöhen die Empfängnisbereitschaft. Anders dagegen hohe, aber nicht toxische Dosen. Sie führen zu einer reversiblen Hemmung der Hypophyse. Der Eisprung, den geringe Dosen hervorrufen, wird mit höheren Dosen verhindert. So wird die Entstehung einer Schwangerschaft blockiert, die Fertilität gehemmt. Wird das Präparat abgesetzt, so wird die Unfruchtbarkeitswirkung nach wenigen Tagen wieder vollständig aufgehoben.

Gegen Prostata-Karzinome

Auch bei fortgeschrittenem Prostata-Karzinom bewährten sich die LH-RH-Antagonisten vom Typ des Buserelin oder Suprefact. Sie reduzieren das männliche Geschlechtshormon Testosteron so stark, daß es fast einer Kastration gleichkommt.

Wichtigstes Anwendungsgebiet von »LH-RH« ist die Endometriose, ein Auftreten von Uterus-Schleimhaut außerhalb der Gebärmutter. Das führt zu starken Schmerzen während der Zeit der Regelblutungen und nicht selten auch zur Unfruchtbarkeit.

Die wirkungsvollste Behandlung war früher die operative Entfernung aller Endometriose-Herde. Das bedeutete nahezu die Entfernung der Gebärmutter. Mit LH-RH-Analogen wurde in den 80er Jahren an kanadischen und deutschen Kliniken ein anderer Weg eröffnet. Rund 500 Patientinnen mit Endometriose erhielten sechs Monate lang dreimal täglich Buserelin, und zwar in Form von Nasenspray, so wie er auch bei der Behandlung des Prostata-Karzinoms angewendet wird. Die Gesamtmenge des Hormons betrug 900 Mikrogramm, also 900 Millionstel Gramm.

Das Ergebnis wurde auf einem Satellitensymposium von Hoechst im September 1988 in München vorgetragen. Danach konnten in siebzig Prozent der Fälle die Beschwerden beseitigt oder zumindest stark gebessert werden. Viele der Frauen, bei denen wegen der Endometriose eine Schwangerschaft nicht möglich war, konnten sich in der Zwischenzeit ihren Wunsch nach Kindern erfüllen.

Auch gutartige Muskelgeschwülste, sogenannte Myome der Gebärmutter, die etwa bei einer unter 45 Frauen im fortpflanzungsfähigen Alter auftreten, können durch LH-RH-Analoge erfolgreich behandelt werden. Die entsprechende Erfolgsquote liegt zwischen vierzig und fünfzig Prozent. Die Neubildung von Myomen wird verzögert.

Revolution in der Biologie

In den 70er Jahren vollzog sich in den USA eine Revolution im Weltbild der Biologie. Nicht nur die herkömmlichen Vorstellungen von den Genen änderten sich, sondern mit ihnen auch wesentliche Grundlagen der Arzneimittelherstellung. Vor allem lebenswichtige Eiweißverbindungen, die vom menschlichen Körper nur in Milligramm- oder Mikrogramm-Mengen hergestellt werden, sollten bald mit Hilfe der Rekombinationstechnik in beinahe beliebiger Menge gewonnen werden können. Außerdem ermöglichte die neue Molekulargenetik einen Einblick in bisher verborgene Krankheitszusammenhänge, der bahnbrechende Entwicklungen verhieß.

Im Mittelpunkt der Forschungen stand die Desoxyribonukleinsäure, die Doppelhelix, die zwar schon 1869 von dem Schweizer Friedrich Miescher in Spermien von Rheinsalmen entdeckt worden war, jedoch lange Zeit als wahre »Aschenbrödelverbindung« betrachtet wurde. Man wußte, daß sie im Nukleus, also in den Zellkernen vieler Lebewesen enthalten ist und daß sie aus Phosphat- und Zuckermolekülen sowie verschiedenen Basen besteht. Man hatte jedoch keine Kenntnis von ihrer überragenden Funktion als die Substanz, aus der die Gene gemacht sind.

Das änderte sich erst in den 40er Jahren, als der amerikanische Biochemiker Oswald T. Avery mit Untersuchungen an Pneumokokken bewies, daß die DNS den entscheidenden Stoff in den Chromosomen darstellt.

Danach begannen die Biochemiker, die Bestandteile und schließlich die genaue Struktur dieser Moleküle des Lebens zu ermitteln. Schon der deutsche Biochemiker Albrecht Kossel hatte zwei regelmäßig wiederkehrende Bestandteile im DNS-Molekül entdeckt. Es handelt sich dabei um die Basen Adenin und Guanin, die zur chemischen Stoffklasse der Purine zählen.

Später wurden dann auch noch Thymin und Cytosin als Komponenten der DNS nachgewiesen. Sie gehören zur Gruppe der Pyrimidine.

Diese vier Bausteine der DNS werden meist nur mit ihren vier Anfangsbuchstaben bezeichnet. A steht dabei für Adenin, T für Thymin, C für Cytosin und G für Guanin. So überraschend kurz ist das ABC des Lebens.

Der amerikanisch-österreichische Forscher Erwin Chargaff ermittelte, daß sich im DNS-Molekül stets Adenin mit Thymin und Guanin mit Cytosin verbinden.

Welche räumliche Struktur aber besaß das Molekül? Das blieb noch bis zum Jahre 1952 ein Geheimnis. In diesem Jahr klärte eine Londoner Gruppe unter dem Physiker Maurice Wilkins die räumliche Struktur der DNS durch Röntgenstrahlen auf. Die dabei gewonnenen Beugungsbilder zeigten einen regelmäßig dreidimensionalen Aufbau des Moleküls. Dieser Aufbau war bei allen DNS-Molekülen stets gleich. Nur die einzelnen Bausteine dieser allgemein gültigen Struktur waren in jeweils verschiedener Folge angeordnet.

Wie das DNS-Molekül insgesamt geformt war, demonstrierten im Jahr 1953 zwei Forscher in der englischen Universitätsstadt Cambridge, der englische Physiker Francis Crick und der damals 24jährige Amerikaner James Dewey Watson, der ein Stipendium für die Fortsetzung seiner Studien in Europa besaß.

Angeregt durch die Beugungsbilder von Wilkins, gelang es Crick und Watson, ein Strukturmodell des DNS-Moleküls zu entwerfen. Es war ebenso kühn wie wissenschaftlich überzeugend: die heute schon den Schulkindern bekannte Doppel-Helix.

Jetzt begriff man, wie ein solches biologisches Makromolekül genetische Informationen speichert. Eine Reihe weiterer Erkenntnisse kamen hinzu, die notwendig waren, um die theoretischen Ergebnisse der Molekularbiologie in Nutzanwendungen umzusetzen:

- Es zeigte sich, daß der in der DNS verankerte genetische Code universell ist. Das heißt, auch die Erbsubstanz von Viren, Bakterien und anderen Lebewesen besteht aus einer ständig variierten Abfolge der vier Bausteine der DNS.
- Nicht nur in den Chromosomen im Zellkern ist DNS gespeichert. Es gibt in den Zellen auch noch andere »Lagerplätze« für DNS. Solche außerchromonalen Gebilde sind zum Beispiel die in den Bakterien vorhandenen Plasmide, kleine ringförmige, aus DNS bestehende Gebilde.

  Manche Bakterien besitzen Hunderte solcher Plasmide. Sie werden bei der Zellteilung genetisch exakt weitergegeben. In diesen Plasmiden können sich zum Beispiel die Gene befinden, die ein Bakterium resistent gegen bestimmte Antibiotika machen.
- Es wurden bakterielle Enzyme entdeckt, sogenannte Restriktionsenzyme, mit deren Hilfe die DNS in Stücke geschnitten werden konnte. Die genetische Botschaft, die einzelne DNS-Stücke enthielten, konnte nach der Aufeinanderfolge (Sequenz) der einzelnen Basen entschlüsselt werden.
- Neben den Restriktionsenzymen, die gewissermaßen als mole-

kulare »Scheren« dienen, gibt es auch Enzyme, Ligasen genannt, mit denen die einzelnen Genstücke wieder verbunden, »zusammengeklebt« werden konnten.

In USA hatten in den 70er Jahren Teams begonnen, mit den Plasmiden zu experimentieren. Sie ermittelten die entsprechenden Schnittstellen für die Enzym-Scheren, schnitten den Plasmid-Ring auf und holten sich daraus bestimmte DNS-Abschnitte. Im Austausch dafür konnten den Plasmiden fremde DNS-Abschnitte eingefügt werden.

Durch Austausch genetischer Informationen gelang es 1973 den Amerikanern Stanley Cohen und Annie Chang in Stanford sowie Herbert Boyer und Robert Helling in San Franzisco, in E.-coli-Bakterien ein neues Gen einzubauen. Es stammte aus Salmonellen und machte diesen Erreger resistent gegen das Antibiotikum Streptomycin. Das übertragene Gen verlieh nun auch den E.-coli-Bakterien die gleiche Widerstandsfähigkeit gegen Streptomycin.

Durch derlei genetische Rekombinationen könnte im Prinzip jedes menschliche und tierische Eiweiß hergestellt werden. Das bewies vor allem ein Experiment, das eine Gruppe um Howard Goodman, damals an der Universität von Kalifornien, unternahm. Goodman verpflanzte ein aus Ratten isoliertes Gen in das Plasmid von E.-coli-Bakterien, die anschließend tatsächlich sogar Ratten-Insulin produzierten.

Damit kamen die Molekularbiologen dem Ziel näher, fremde Erbinformationen in Mikroorganismen einzubringen und diese zur Bildung fremder Proteine anzuregen. Durch neue Genkombinationen konnten dem Menschen nützliche Verbindungen hergestellt werden, deren bisher übliche Herstellung zu teuer oder nur in geringen Mengen möglich war.

Kalifornien wurde zum Mekka der Gentechnologen. Einige der erfolgreichsten unter ihnen gründeten eigene Firmen, um die großen wissenschaftlichen Erkenntnisse in technisch-wirtschaftliche Erfolge umzumünzen. Als eine der bald bekanntesten und erfolgreichsten etablierte sich Genentech, gegründet von Herbert Boyer.

Genentech gelang tatsächlich bald ein spektakulärer Durchbruch: 1978 meldete das Unternehmen, es sei ihm geglückt, Insulin gentechnisch herzustellen. Das geschah mit Hilfe von E.-coli-Bakterien, in deren Plasmide die genetische Information für die Herstellung von Insulin eingeschleust wurde.

Eli Lilly, der größte Insulin-Produzent der Welt, erwarb noch im gleichen Jahr von Genentech die Lizenz, Insulin nach diesem gentechnischen Verfahren herzustellen.

Hoechst, drittgrößter Produzent von Insulin aus tierischen Bauchspeicheldrüsen, erkannte mit schmerzlicher Deutlichkeit, daß nun keine Zeit mehr zu verlieren war. Natürlich hätte man sich gerne mit einem deutschen Forschungszentrum zusammengetan, um so schnell wie möglich in der Gentechnik Fuß zu fassen und den Vorsprung der Amerikaner aufzuholen.

Wo aber gab es in der Bundesrepublik ein solch erfahrenes Institut? Hansgeorg Gareis, Chef des Hoechster Geschäftsbereiches Pharma, beschrieb diesen Sachverhalt im Dezember 1981 in der Financial Times: »Die Bundesrepublik Deutschland steht auf diesem Wissenschaftsgebiet nicht in der vordersten Front.« Das war für die damalige Situation noch recht zurückhaltend.

Ein Bündnis mit Boston

Wie aber ließ sich dieser amerikanische Vorsprung aufholen? Diese Frage stand im Mittelpunkt eines wissenschaftlichen Kolloquiums in Ising am Chiemsee. Unter den amerikanischen Teilnehmern befand sich Professor Howard Goodman. Er zählte zur Spitzengruppe der Genforscher und besaß besondere Erfahrung mit dem Insulin-Gen.

Erste Fühlungnahmen mit Goodman, der mittlerweile von Kalifornien nach Boston übergesiedelt war, eröffneten die Möglichkeiten der Zusammenarbeit. Sie war allerdings mit einem 50-Millionen-Dollar-Zuschuß verknüpft, den Hoechst für seine neue Abteilung im Massachusetts General-Hospital im Laufe der nächsten zehn Jahre geben sollte.

Als Gegenleistung sollte Hoechst über alle Arbeiten in Boston informiert werden und zudem, wenn es um ihre technisch-wissenschaftliche Umsetzung ging, den ersten Zugriff haben. Das betraf nicht nur gentechnische Errungenschaften bei der Pharma, sondern auch auf dem Agrargebiet. Außerdem sollten junge Wissenschaftler aus Deutschland zu Studienaufenthalten zu Goodman nach Boston kommen.

Im Vorstand von Hoechst wurde das Angebot mitsamt den finanziellen Verpflichtungen sehr gründlich diskutiert. Wenn man noch etwas wartete – so die Meinung einiger Vorstandsmitglieder – würde der amerikanische Vorsprung in der Bundesrepublik vielleicht doch aufgeholt werden. Andernfalls aber sei man auf zehn Jahre in den USA festgelegt.

Sammets Eintreten für das Abkommen mit Boston gab dann aber den Ausschlag – ohne seine Hilfe wäre der Vertrag nicht zustande gekommen. Nun war der Weg für die Vereinbarung mit Boston frei.

Werben für Gentechnik

Wesentlicher deutscher Berater wurde Professor Ernst Ludwig Winnacker, Lehrstuhlinhaber für Biochemie in München. Winnacker war lange in den USA geschult und ist ein hervorragender Kenner der gentechnischen Spitzenforscher.

Winnacker erkannte auch als einer der ersten Wissenschaftler, daß die Öffentlichkeit intensiv mit der Gentechnik vertraut gemacht werden müsse, wenn man zum öffentlichen Konsens kommen wolle.

In Vorträgen, Zeitungsartikeln und Büchern bemühte er sich, die häufig auch aus Unkenntnis stammenden Ängste gegen die Gentechnik zu verringern. »Jeder Anwender einer Technologie, einerlei ob seine Arbeit wirtschaftlich oder wissenschaftlich orientiert ist, hat sich mit deren Auswirkungen zu befassen. In der Gentechnik hat die Diskussion über die Sicherheit von Anfang an eine große Rolle gespielt. Sie ist mangels eines berechenbaren Risikos nur schwer zu führen und gerät daher besonders leicht in Gefahr, emotionell zu werden.«

Winnacker hatte dabei die Erfahrungen aus den USA im Auge. Als einer von zwei deutschen Experten hatte er an der Konferenz von Asilomar teilgenommen.

Die Konferenz von Asilomar

In den USA waren es 1975 Gen-Experten wie Paul Berg von Stanford, später Nobelpreisträger, die das Bedürfnis empfanden, über die Risiken nachzudenken, die mit der sich so rapide entwickelnden Bio-Wissenschaft verbunden sein könnten. Berg war damals gerade im Begriff, genetische Teile des SV-40-Virus mit E.-coli-Bakterien zu verschmelzen. SV-40 (Simian Virus) erzeugt bei Tieren Krebs. Berg hoffte, daß die Verschmelzung dieses Virus mit einem Bakterium etwas Licht in die Ursachen von Krebs beim Menschen bringen könnte.

Aber übersah man bei den Experimenten, die in das Genom, in den Kern der Schöpfung führten, nicht unbekannte, aber um so schwerwiegendere Gefahren? Konnten dadurch nicht völlig unvorhersehbare Gebilde entstehen, gegen die es keine Abwehr gab?

Mit dem National Institute of Health (NIH) und der National Science Foundation organisierte Berg im Februar 1975 im Kongreßzentrum von Asilomar am Pazifischen Ozean eine Zusammenkunft, an der alle namhaften Gen-Forscher der USA, aber auch ihre Kollegen aus siebzehn verschiedenen Ländern teilnahmen. Wie sich bald zeigte, bestand in vielen Fragen Uneinigkeit. Doch niemand besaß exakte Anhaltspunkte für die Risiken, die sehr unterschiedlich eingeschätzt wurden. Es fehlte nicht einmal an Stimmen, die forderten, einige Todesfälle in Kauf zu nehmen, angesichts der Hoffnung, möglicherweise Millionen von Krebskranken zu retten.

Die Mehrheit indes war dafür, klare und sichere Regularien zu schaffen, die in Zukunft für die Forscher verpflichtend waren.

Nicht alle haben sich anschließend an die in Asilomar beschlossenen »Guidelines« gehalten – doch sie trugen viel dazu bei, daß sich die amerikanische Öffentlichkeit und die Wissenschaftler fortan auf etwas festerem Boden bewegten, daß Vertrauen erwuchs. Wenn heute in den USA über Gentechnik rationaler diskutiert wird als in manchen anderen Teilen der Welt, dann ist dies nicht zuletzt ein Erfolg von Asilomar.

In der Bundesrepublik belebte sich die Diskussion erst später, wobei sich angesichts der Risiken eine erklärte Gegnerschaft formierte. Extrakorporale Geburt, somatische Gentherapie, Gen-Diagnostik, korrigierende Eingriffe in Körperzellen, Eingriffe in die Keimbahn und schließlich die Gewinnung von Arzneimitteln aus rekombinierten Bakterien oder genetisch veränderter Hefe: Die Konfrontation mit solchen Begriffen, deren konkreter wissenschaftlicher Hintergrund sich dem Normalbürger nicht erschließt, sondern nur als Schlagwort offenbart, löste Verunsicherung und Skepsis aus.

Hoffentlich gibt es bald auch hier mehr Wissenschaftler, ähnlich wie in den USA oder wie Winnacker es tut, die bereit sind, sich mit diesen schwierigen Themen der breiten Öffentlichkeit zu stellen, um eine klare, trennscharfe Diskussion zu ermöglichen. Nur eine über die Grundzüge der Bio-Wissenschaft informierte Öffentlichkeit kann Nutzen und Risiken erkennen und versuchen, möglichen Mißbrauch zu verhindern.

Kein Eingriff in die Keimbahn

Auch bei Hoechst stellte man sich diesem Thema. Professor Hansgeorg Gareis, Chef der Pharma und einer der Initiatoren für das Bündnis mit Boston, erläuterte unermüdlich in Podiumsdiskussionen, Fernsehdebatten und Interviews die Einstellung seines Hauses zur Gentechnik. Vor allem bemühte sich Gareis, eine klare Grenze zu den Eingriffen in die Keimbahn zu ziehen, die von Hoechst kategorisch abgelehnt werden. Gareis: »Die Gentechnik hat dem Menschen eine solche Macht in die Hand gegeben, daß die daraus entstehende Verantwortung größer ist, als je zuvor. Hoechst wird keine Experimente an der menschlichen Keimbahn durchführen. Wir sind der Ansicht, daß der Eingriff in die Keimbahn des Menschen für alle ein Tabu sein sollte.«

Gareis sorgte auch dafür, daß der Philosoph Hans Jonas als Festredner gewonnen wurde, als die Pharma 1984 ihr hundertjähriges Jubiläum feierte. Zu den oft erwogenen Vorhaben, in die menschliche Erbanlage einzugreifen, sagte Jonas, dies wäre nicht eine vorhersehbare, kalkulierbare Schadensbehebung, sondern ein unkalkuliertes Experiment mit menschlichem Leben: »Experimente an Ungeborenen sind als solche unethisch. Der Natur der Sache nach ist aber jeder Eingriff in den delikaten Steuermechanismus eines werdenden Lebens ein Experiment mit hohem Risiko, daß etwas schief geht und eine Mißbildung herauskommt. Fehlschläge mechanischer Konstruktion verschrotten wir. Sollen wir dasselbe mit den Fehlschlägen biologischer Rekonstruktionen tun? Unser ganzes Verhältnis zu menschlichem Unglück und den davon Geschlagenen würde sich im antihumanen Sinn verändern. Mechanische Kunstfehler sind reversibel. Biogenetische Kunstfehler sind irreversibel.«

Eingriffe in die genetische Substanz von Bakterien, so wie sie beispielsweise zur Gewinnung von Insulin geschehen, hält Jonas dagegen für zulässig. »Das vielbenötigte Insulin, das menschliche Wachstumshormon, das Agens für Blutgerinnung, das seltene Interferon für Immunität werden auf diesem Weg reichlicher und stetiger verfügbar, als es aus ihren natürlichen Organquellen oder durch Synthese möglich wäre. Die anfangs vieldiskutierte Gefahr des Entkommens solcher neuartiger Mikroben in die Außenwelt, mit nicht vorhersehbarer ökologischer Laufbahn, scheint hier nicht zu bestehen, da die betreffenden Organismen im Freien bald zugrunde gehen würden.«

In der Zwischenzeit, im Frühjahr 1989, hat sich der Europarat den Fragen der Biotechnologie, zu der die Gentechnik gehört, angenommen. Eine »Europäische Konvention« soll Erlaubtes und Unerlaubtes in der Biotechnologie definieren. Experimente mit lebenden Föten und Embryonen werden dabei in jedem Fall untersagt werden.

Ein deutsches Gesetz zur Gentechnik ist in Vorbereitung. Material dafür hat der Bundestagsausschuß »Chancen und Risiken der Gentechnik« in reichem Maß gesammelt, nachdem er ausgedehnte Hearings veranstaltet hatte, bei denen zahlreiche Wissenschaftler und Experten, und zwar nicht nur aus der Biotechnologie, auftraten. Das Ergebnis ist ein über 400 Seiten starkes Buch, das alle, zum Teil sehr unterschiedlichen Referate und Vorschläge enthält.

Ob sich die prinzipiellen Gegner durch Kontrollen und Auflagen für die Gentechnologie von ihrem »Nein« abbringen lassen, scheint jedoch fraglich. Eines Tages könnten, so die Furcht vieler Menschen, eben doch nicht nur Bakterien und Pflanzen, sondern auch Tiere und schließlich Menschen genetisch »umprogrammiert« werden.

Aber auch die Vorstellung, daß es eines Tages möglich sein werde, mit Hilfe von Gensonden die Krankheitsbereitschaft zu erfahren, schreckt viele. So genau will mancher sein offenbar in den Genen verborgenes Schicksal gar nicht wissen. Auf der anderen Seite hat das Argument durchaus Gewicht, daß genetische Diagnosen manchen dazu bringen könnten, etwa durch Verzicht auf Rauchen, dem Schicksal von Lungenkrebs zu entgehen.

Über die Gentechnik entscheiden heute nicht allein die Wissenschaftler, auch die Meinung von Philosophen und Ethikern hat Gewicht. Wichtig ist, wie der katholische Moraltheologe Professor Franz Böckle betont, daß der Wissenschaftler »sich nicht auf eine bloß wissenschaftsimmanente Prüfung der Chancen und Risiken seiner Forschung zurückzieht, sondern auch die Auswirkungen für Gesellschaft und Welt mitbedenkt.«

Im Dickicht der Genehmigungen

Hoechst hatte 1982 beschlossen, sich der Gentechnik zuzuwenden. Das erste mit Hilfe der neuen Technik hergestellte Produkt sollte Insulin sein. Mit über 70 Millionen Mark wurde eine aus drei Stufen bestehende Produktionsanlage errichtet.

Im Mittelpunkt der ersten Anlage, Fermtec genannt, befindet sich ein 45000 Liter fassender Fermenter zur Vermehrung der genetisch veränderten E.-coli-Bakterien vom Typ K 12. Diese Fermentertechnik ist bei Hoechst wohlbekannt. Sie wird bei der Herstellung von Antibiotika angewandt, wo Pilze vermehrt werden, um anschließend ihr Stoffwechselprodukt zu gewinnen, die antibiotisch wirksame Substanz.

Der erste Schritt zur Herstellung von Insulin war natürlich die Einfügung der neuen genetischen Information in die Bakterien, oder genauer, in ihre Plasmide.

Eine stecknadelkopfgroße Menge von exakt geprüften neuprogrammierten E.-coli-Bakterien wird in einem ersten Zwei-Liter-Fermenter vermehrt. Da sie sich jeweils in einer Stunde teilen und verdoppeln, existieren nach kurzer Zeit Milliarden und Abermilliarden von Bakterien, die nach zwei Tagen den großen Fermenter füllen. Um ihnen einen Anstoß zur Bildung einer Insulinvorstufe zu geben, erhalten die Bakterien noch ein Milchzucker-Derivat.

Dann werden die Bakterien getötet und das von ihnen produzierte Fusionseiweiß in der zweiten Anlage – sie heißt Chemtec – abgetrennt. Jetzt besitzt man eine angereicherte Insulinvorstufe.

In der dritten Anlage, Insultec genannt, wird mit Hilfe von Enzymen die Insulinvorstufe in reines Insulin umgewandelt.

Außerhalb des Labors nicht lebensfähig

Was geschieht aber, wenn es nun doch einigen Bakterien gelingt, den noch so streng abgeschirmten Produktionsplatz zu verlassen und ins Freie zu entkommen?

Die Hoechster Molekularbiologen (Biotechniker) halten dem entgegen:

Der für die Eiweißherstellung verwendete Stamm vom Typ E.-coli K 12 ist seit 1922 bekannt. Er hat die für das Überleben außerhalb des menschlichen und tierischen Darms und des Labors notwendigen Gene verloren und wird nur durch besondere Nährmedien am Leben erhalten, ohne die er nicht mehr fähig ist, sich im menschlichen Darm anzusiedeln.

Viele Untersuchungen an Freiwilligen in den USA haben ergeben: wenn sie Bakterien in erheblichen Mengen schluckten, wurden die Mikroorganismen (mit oder ohne Plasmide) wenige Tage später nicht mehr im Stuhl gefunden. Diese E.-coli K 12-Bakterien haben die bestimmten natürlichen E.-coli-Bakterien eigenen, krankheitserzeugenden Fähigkeiten verloren. Sie dürfen nicht mit den sogenannten koliformen Bakterien verwechselt werden, die sporadisch in Gewässern als Maß für organische Verunreinigungen gefunden werden.

Schließlich noch ein letztes Argument: Im Rhein-Main-Gebiet mit etwa zwei Millionen Einwohnern werden täglich aus den Klärwerken sechs bis acht Tonnen normaler, lebenstüchtiger Darmbakterien freigesetzt.

Die erste Produktionsstufe, Fermtec, ist seit 1985 fertiggestellt. Die zweite Stufe, Chemtec, wurde im Oktober 1987 als Versuchsanlage zugelassen.

Umweltschützer protestieren

Doch dann erhob sich lauter Protest. Rund 300 Einsprüche wurden aus der Bevölkerung gegen das Hoechster Insulinprojekt angemeldet. Daraufhin wurde die erteilte Genehmigung von den Behörden zur erneuten Prüfung wieder zurückgezogen.

»Speerspitze« der Anlage-Gegner bildet eine schon seit vielen Jahren aktive Umweltgruppe, die sich »Hoechster Schnüffler und Maagucker« nennt. Sie verfolgt alle Schritte des Unternehmens mit größter Aufmerksamkeit und schlägt sofort Alarm, wenn sie Gefahr für die Umwelt sieht. Das führte, besonders beim Abwasser, oft zu bitteren Auseinandersetzungen. Dabei ging es zum Beispiel um den Bau einer Pflanzenschutzanlage, den die Umweltschützer verzögerten, bis sie sich durch Einblick in die Genehmigungsunterlagen von der Umweltverträglichkeit der Anlage überzeugt hatten und Hoechst einige technische Änderungen vorgenommen hatte.

Versuchsanlage für zwei Jahre

Im Juli 1988 genehmigte der hessische Umweltminister Karl-Heinz Weimar den Bau der dritten Stufe und den Betrieb der gesamten Anlage als Versuchsanlage für zwei Jahre. Erst danach wird eine endgültige Produktionsgenehmigung beantragt werden, verbunden mit einer öffentlichen Anhörung, die Hoechst von sich aus führen wird.

Schon seit einiger Zeit bemühen sich viele Experten des Unternehmens in kleinen Gesprächsrunden in der Nachbarschaft, gesprächsbereite Mitbürger zu informieren. Sie erleben dabei Zustimmung und Ermunterung für die Politik des Hauses, aber auch Zweifel, Mißtrauen und Voreingenommenheit. Insgesamt sind diese Begegnungen nach den Aussagen der Beteiligten jedoch so fruchtbar, daß sie unter allen Umständen fortgesetzt werden sollen.

Da von Umweltgruppen und der Partei der Grünen juristische Schritte gegen die Entscheidung der hessischen Landesregierung eingeleitet wurden, ist kaum eine Prognose möglich, ob und wann die Insulin-Anlage ihre Produktion aufnehmen kann.

Für Hoechst geht es dabei nicht nur um die Insulin-Herstellung. Insulin soll nur das erste Arzneimittel sein, das man gentechnisch herstellen will.

Im Gegensatz zu Hoechst produziert die amerikanische Firma Eli Lilly seit mehreren Jahren biosynthetisch erzeugtes Insulin, das vom Bundesgesundheitsamt seit 1983 zugelassen ist. Insgesamt bietet dic amerikanische Firma, die 1978 von Genentech eine Lizenz für die gentechnische Herstellung von Humaninsulin erhielt, ihr Produkt in 18 Ländern der Welt an.

Aber auch die Nummer zwei auf dem Insulin-Weltmarkt, die dänische Firma Industrie Novo SA erzeugt biosynthetisches Human-Insulin. Die Dänen verwenden dazu allerdings nicht E.-coli-Bakterien, sondern genetisch veränderte Hefezellen. Der seit altersher im Dienste der Biotechnik stehende Hefepilz »Saccharomyces cerevisiae« erregt bei den Gegnern der Gentechnik weniger Mißtrauen als E.-coli. Deshalb gab es auch gegen die biosynthetische Herstellung des Hepatitis-B-Impfstoffes aus Hefe kaum Widerstände. Von den Behringwerken werden diese von Merck, Sharpe + Dohm gentechnisch hergestellten Hepatitis-B-Vakzine vertrieben.

Blut-Hormone in Marburg

Aber in Marburg gibt es noch andere Pläne, die Gentechnik für die Herstellung neuer Arzneimittel zu verwenden, beispielsweise für blutbildende Faktoren vom Typ CSF oder für das Erythropoietin. Mit Hilfe dieser Stoffe kann die Blutzell-Neubildung wesentlich gesteigert werden: Im Falle von Erythropoietin die Bildung der roten Blutkörperchen, bei den koloniestimulierenden Faktoren die der weißen, die für die Abwehr von Infektionen lebenswichtig sind.

Leider sind die meisten weißen Blutkörperchen nicht sehr langlebig. Im Gegensatz zu den roten Blutzellen, den Erythrozyten, die immerhin etwa 100 Tage leben, bringen es die Granulozyten meist nur auf eine Lebenszeit von wenigen Stunden. Das bedeutet, Millionen von weißen Blutkörperchen müssen ständig neu gebildet werden, etwa 400 Millionen in der Stunde – eine Zahl, die einem wieder einmal Respekt vor dem Wunderwerk unseres Organismus abnötigt.

Stammzellen im Knochenmark

Bildungsstätte der weißen Blutzellen ist vor allem das Knochenmark. Hier ist der Sitz der sogenannten Stammzellen oder anderer Vorläuferzellen, aus denen die feiner differenzierten Blutzellen, d. h. die verschiedenen Leukozytenarten, hervorgehen. Diese übernehmen besondere Abwehraufgaben im Körper. Dazu gehören die Granulozyten, so genannt, weil sie verschiedene anfärbbare Granula, also Körnungen aufweisen, oder die Makrophagen, die großen Freßzellen, die einen für uns lebenswichtigen Heißhunger auf infektiöse Keime und andere Eindringlinge von außen entwickeln, und die Lymphozyten, die wichtige weitere Immunfunktionen erfüllen. Produziert der Körper zu wenig weiße Blutzellen, kann dies lebensbedrohlich sein. Durch einen Ausfall der Granulozyten-Neubildung kann die Agranulozytose entstehen, eine glücklicherweise seltene Krankheit, da sie den Organismus wichtiger Abwehrkräfte beraubt.

Die Ursachen liegen meist in einer Störung der Blutbildung im Knochenmark, bei der teilweise auch genetische Faktoren eine Rolle spielen können. Die Übertragung von gesundem Knochenmark, und zwar von möglichst engen Verwandten, kann in diesem Fall lebensrettend sein.

Ein Mangel ist gefährlich

Es gibt zahlreiche andere Krankheiten, die sich negativ auf die Zellbildung im Knochenmark, die sogenannte Hämatopoese, auswirken. Der Arzt stellt solche Leukopenien bei der Blutuntersuchung leicht fest, wenn die Zahl der weißen Blutkörperchen stark vermindert ist und eventuell sogar unter tausend pro Milliliter absinkt. Dann ist Gefahr im Verzug.

Ein besonders gravierendes Beispiel dafür ist Aids, wo es bekanntlich zu einem lebensbedrohenden Mangel an bestimmten Blutzellen, vor allem den Lymphozyten, kommt – der Betroffene ist Krankheitskeimen nahezu schutzlos preisgegeben.

Auch bestimmte Medikamente können die Streitmacht der weißen Blutkörperchen gefährlich vermindern. So reduzieren die meisten Krebsmedikamente, wenn sie längere Zeit gegeben werden, die Zahl der weißen Blutkörperchen. Die Therapie kann dann nicht so hoch dosiert und so lange gegeben werden, wie nötig wäre, um die Krebszellen zu zerstören. Aus diesem Grund muß ja auch diese zytostatische Therapie immer wieder unterbrochen werden, damit sich das Knochenmark regeneriert und neue weiße Blutkörperchen hergestellt werden können.

Deshalb fanden Mitte der 60er Jahre neu entdeckte Faktoren große Beachtung, die offensichtlich Bildung und Reifen von Zellen des Knochenmarks fördern. In den Labors des australischen Walter und Eliza Hall-Instituts, seit langem eine Hochburg immunologischer Untersuchungen, fanden Mitarbeiter unter Führung von Professor Donald Metcalf heraus: Blutzellen vermehren sich besonders stark und bilden Kolonien, wenn sich in der Zellkultur ein Faktor befindet, der sie stimuliert.

Ähnliche Ergebnisse wurden Ende der 60er Jahre auch aus dem renommierten Weizmann-Institut in Jehovot in Israel von der Forschergruppe um Professor Leo Sachs gemeldet.

Diesen Stimulator, der die Blutzellen antrieb, sich zu vermehren, nannten die Wissenschaftler »Kolonie-stimulierenden Faktor«, im Englischen »Colony stimulating Factor«, abgekürzt »CSF«.

Die weitere Erforschung der Kolonie-stimulierenden Faktoren – man kennt heute mindestens vier unterschiedliche – war kompliziert und langwierig. Sie sind sehr schwer zu reinigen und nur in winzigsten Mengen vorhanden. So hätte man eine Milliarde Mäuse-Lungen benötigt, um ein Gramm CSF zu erhalten.

Auf der anderen Seite wirken die CSF aber auch in unvorstellbar geringen Mengen.

Erst die gentechnische Herstellung brachte den entscheidenden Fortschritt und die erforderlichen Mengen an »Kolonie-stimulierenden Faktoren«, die eine Prüfung am Menschen zuließen.

Schon seit 1987 ist die klinische Entwicklung in vollem Gang. Auch die Behringwerke haben bereits einige CSF-Faktoren in klinischer Prüfung. In Marburg haben die Forscher um Professor Gerhard Schwick schon früh die Bedeutung der neuen Proteine erkannt.

Die neuen Möglichkeiten, die Bluthormone CSF medikamentös anzuwenden, sind so faszinierend, daß ein Wissenschaftler 1988 vor Medizinjournalisten den Satz wagte, man stehe, dank der Kolonie-stimulierenden Faktoren, vor einer therapeutischen Revolution.

Die Hoffnungen sind vor allem bei den Erkrankungen groß, bei denen die Blutbildung gestört und dadurch das Abwehrsystem geschwächt ist, ob als Folge eines angeborenen oder erworbenen Leidens. Das gilt für Aids, wo der Mangel an bestimmten weißen Blutkörperchen den Erkrankten allen möglichen Infektionen preisgibt, aber auch für manche Formen von Leukämie, besonders wenn eine Knochenmarkstransplantation notwendig wäre. Ein weiteres Indikationsgebiet wären andere Krebserkrankungen, wenn es darauf ankommt, die Anwendungszeit für krebszellhemmende Substanzen, für Zytostatika, zu verlängern.

Sogar bei der aplastischen Anämie haben CSF erste Erfolge erbracht. Diese Form der Anämie ist besonders gefährlich. Das Knochenmark produziert in diesem Fall entweder gar keine oder viel zu wenige Vorläuferzellen der weißen und roten Blutkörperchen und der Blutplättchen. Bisher aussichtsreichste Behandlungsform war eine Knochenmarkstransplantation. Die CSF nun könnten die Prognose bei aplastischen Anämien wesentlich verbessern.

Nierenkranke hoffen auf »EPO«

Große Erwartungen verbinden sich auch mit einer anderen Substanz, die ebenso wie die CSF oder die Interleukine, zu den hormonartigen Botenstoffen gerechnet wird. Ihr Name ist Erythropoietin, abgekürzt EPO. Sie ist eine Verbindung aus

Eiweiß und Zucker. Die Folge der Aminosäurebausteine, die sogenannte Aminosäuresequenz, beträgt 166.

EPO wird in winzigen Mengen bei gesunden Menschen in den Nierenzellen gebildet. Als Botenstoff transportiert es gewissermaßen die »Parole« an das Knochenmark, dort die Bildung von roten Blutkörperchen anzuregen.

Das ist für Menschen wichtig, die an chronischen Nierenerkrankungen leiden, beispielsweise für die 20000 Dialyse-Patienten in der Bundesrepublik. Ihre Nieren haben die Fähigkeit verloren, EPO in ausreichender Menge zu produzieren. Sie brauchen deshalb häufig Blutübertragungen, die jedoch zu Belastungen führen können, zum Beispiel zu einer unerwünscht großen Zufuhr an Eisen. Selbst ein Infektionsrisiko ist trotz aller Fortschritte bei Transfusionen nicht völlig auszuschließen. Durch den Mangel an roten Blutkörperchen fühlen sich die Patienten ständig schlapp und müde, neigen zu Schwindel und sind nur noch wenig belastbar. Durch EPO werden sich Blutübertragungen völlig vermeiden lassen, denn es regt die körpereigene Produktion von roten Blutkörperchen an und führt damit zu neuem Wohlbefinden.

Auch EPO wird gentechnisch hergestellt. Genauso wie bei den Kolonie-stimulierenden Faktoren sind klinische Prüfungen voll im Gange, bei EPO seit 1986. Das Material wurde allerdings bis vor kurzem noch aus USA bezogen. Hoffentlich werden bürokratische Hindernisse nach Abschluß der Prüfungen nicht den Weg versperren, dem Arzt dieses »Medikament von morgen« in die Hand zu geben.

Neue Wege in der Gerinnung

1986 ist es den Behringwerken gelungen, erstmals die genetische Information für den Gerinnungsfaktor XIII aus menschlichem Blut zu gewinnen. Der aus dem menschlichen Genom isolierte Faktor wurde in verschiedene Wirtszellen eingeschleust.

Noch 1981 war kein Gen isoliert, das den genetischen Code für die Herstellung von Eiweißstoffen im Plasma trug. Mittlerweile wurden nicht weniger als achtzig solcher Gene isoliert, so etwa alle bekannten Gerinnungs- und Fibrinolysefaktoren, Protease-Hemmstoffe, Komplement-Faktoren, Apolipoproteine. Auch die genetische Struktur der Immunglobuline ist aufgeklärt.

Die Firmen, die auf die Gentechnik gesetzt haben, stehen in intensivem Wettbewerb. An der gentechnologischen Entwicklung des Plasminogen-Aktivators beispielsweise arbeiten etwa dreißig leistungsfähige Unternehmen. Einige davon, wie Thomae, eine Tochter von Boehringer Ingelheim, haben ihren Plasminogen-Aktivator schon auf dem Markt.

Eine Waffe gegen Krebs

Die Fortschritte der Molekularbiologie und der Gentechnik werden vor allem auch der Immunologie zugute kommen, der Wissenschaft von den Abwehrkräften. Im Zentrum der Immunologie stehen die Antikörper, die Immunglobuline.

Neue Möglichkeiten in der Herstellung von Antikörpern brachte 1975 die Entwicklung der sogenannten »monoklonalen Antikörper« durch Georges J. F. Köhler und Cesar Milstein. Durch die Verschmelzung einer Immunzelle, die Antikörper bildet, und einer Krebszelle gelang es den beiden Forschern, ein Zellhybrid herzustellen, welches bei geeigneter Selektion Antikörper nur einer gewünschten Spezifität in der Zellkultur produziert.

Monoklonale Antikörper, die gegen tumorassoziierte Antigene bestimmter Tumoren gerichtet sind, können sich an Tumoren im Organismus anreichern und durch radioaktive Markierung sichtbar gemacht werden. Eine Hoffnung ist, daß diese derart am Tumor angereicherten Antikörper die Tumorzellen direkt zerstören, zusammen beispielsweise mit anderen Faktoren wie dem Komplementsystem. Die Lokalisation ist bisher jedoch noch derartig gering, daß eine Tumortherapie mit toxischen Prinzipien (Zytostatika, Toxine, Isotopen), gekoppelt an den Antikörper einer Fernlenkwaffe vergleichbar, aufgrund pharmakokinetischer Untersuchungen an Tumorpatienten vorerst aussichtslos erscheint. Jedoch gibt es hoffnungsvolle Ansätze, die am Tumor befindliche geringe, aber längerfristig verbleibende Antikörpermenge zu vergrößern. An dieser Aufgabe wird in den Behringwerken und in einigen anderen Labors der Welt intensiv gearbeitet.

Die Rolle der Onkogene

Zu den Schwerpunkten der Forschung in Marburg gehört auch die Suche nach Inhibitoren von Onkogenprodukten. Schon lange hatten die Forscher darüber gerätselt, welche Mechanismen in den Körperzellen für die Wachstumskontrolle der Krebszellen verantwortlich waren, deren Hauptmerkmal die unbegrenzte Vermehrung ist.

Je mehr man über die DNS erfuhr, desto klarer wurde, daß in den Erbsubstanzen der Körperzellen das Krebsgeschehen seinen verhängnisvollen Anfang nehmen mußte.

Wie aber sah dies im einzelnen auf molekularer Ebene aus? Drei Forschergruppen in den USA brachten erstes Licht in dieses Dunkel. Sie wiesen nach, daß in jeder Zelle Gene vorliegen, die das Wachstum einer Zelle über ihre Produkte kontrollieren. Erst bestimmte Ereignisse, wie etwa das Zusammentreffen mit chemischen Substanzen, Strahlen oder Viren, verwandeln diese Gene in Onkogene, d. h. in Genstrukturen, die nicht mehr oder nicht ausreichend einer Kontrolle unterliegen und sich dadurch am Amoklauf der Tumorzellen beteiligen.

Wie dies im einzelnen geschieht, ist trotz intensiver Forschung zu einem großen Teil noch ungeklärt.

Die Entdeckung von Onkogenen hat die Hypothesen jener Wissenschaftler unterstützt, die schon in den 30er Jahren vermuteten, Krebs werde durch eine Mutation in den Körperzellen erzeugt.

Die neuen Antibiotika

Während in der Krebsbehandlung die Fortschritte bisher »quälend langsam« waren, wie der verstorbene amerikanische Forscher David Karnowki einmal klagte, sind die Erfolge im Kampf gegen die Infektionskrankheiten offensichtlich.

Eine Pause darf sich die Forschung im Ringen mit den kleinsten Erzfeinden der Menschheit jedoch nicht gönnen. Noch sind die Waffen gegen manche gefährliche Keime nicht umfassend und scharf genug, bestimmte Erreger sind von vornherein nicht empfindlich oder sie werden im Laufe der Zeit resistent.

Hoechst besitzt seit der Zusammenarbeit mit Paul Ehrlich beim Salvarsan auf diesem Gebiet eine große Tradition. Einer der ersten Neubauten im Jahre 1950 war der Penicillin-Betrieb. Er wurde von dem damaligen amerikanischen Hochkommissar John McCloy eingeweiht.

Bald wurden auch Breitband-Antibiotika, wie die Tetracycline, von Hoechst hergestellt.

Besonders wichtig: Cephalosporine

Seit einiger Zeit nehmen auch die Cephalosporine im Antibiotika-Sortiment einen wichtigen Platz ein.

Das erste Cephalosporin war schon 1945 gefunden worden. Es wurde von dem Pilz Cephalosporium acremonium gebildet, wirkte jedoch nur schwach auf Erreger. 1961 glückte es dann, die chemische Struktur dieses Antibiotikums zu ermitteln und seinen Grundkörper darzustellen, die 7-Amino-cephalosporan-Säure.

Nun wiederholten die Forscher, was sie schon beim Penicillin erfolgreich praktiziert hatten. Wenn man dieses Antibiotikum auf seinen Kern, die 6-Amino-penicillan-Säure, reduzierte, ließen sich neue Gruppen an das Molekül anhängen und Penicilline halbsynthetisch herstellen. Diese Penicilline erwiesen sich als wesentlich widerstandsfähiger gegen die Enzyme, die von Bakterien in ihrem Abwehrkampf gegen das Antibiotikum mobilisiert werden.

Produktionsstätte des Kunststoffs Hostaform: Ticona

Züchtung von Penicillin-Stämmen

Alexander Fleming – der Entdecker des Penicillins

Charles Best (links) und Frederick Banting, die Entdecker des Insulins mit ihrem Hund Majorie

Durch neue Seitengruppen an der 7-Amino-cephalosporan-Säure wurden die ersten halbsynthetischen Cephalosoporine gewonnen. Mit Claforan, generischer Name Cefotaxim, gelang Hoechst einer der großen Treffer in der Pharma-Entwicklung der letzten Jahrzehnte.

Bei der Synthese dieses Medikaments, das lange zu den zehn erfolgreichsten Arzneimittelspezialitäten der Welt gehörte, haben Forschungsgruppen von Hoechst eng mit Roussel-Uclaf in Paris in Form einer »Recherche Commune« zusammengearbeitet. Die ersten Verbindungen waren in Paris hergestellt worden.

Als Claforan als gemeinsames Produkt schließlich herausgebracht war, zeigte sich bald, daß die Wirkung des Präparates alle älteren Cephalosporine und Penicilline bei gramnegativen Keimen um das zehn- bis hundertfache übertraf. Es verhielt sich auch stabil gegen die von Bakterien gebildeten Abwehrstoffe, die sogenannten Beta-Lactamasen. Claforan wirkte auch gegen die Erreger, die durch diese Enzyme resistent gegen ältere Cephalosporine waren.

Keine Resistenz gegen Chinolone

Im ewigen Kampf zwischen Erregern und Antibiotika wird vermutlich eine neue antibiotische Stoffgruppe, die Chinolone, ebenfalls einen festen Platz erringen. Die Chinolone werden nicht aus Pilzen oder Bakterien gewonnen wie andere Antibiotika, sondern vollsynthetisch hergestellt. Da diese Stoffe also nicht in der Natur vorkommen, verringert sich die Gefahr, irgendwo könnten bereits resistente Bakterienstämme existieren. Vor allem aber können Resistenzfaktoren gegen Chinolone nicht mit Hilfe von Plasmiden von unempfindlichen auf empfindliche Erreger übertragen werden.

Die Grundstruktur der Chinolone ist schon seit dem vergangenen Jahrhundert bekannt. Synthetische Chinolon-Präparate wurden damals zur lokalen Wundbehandlung verwendet. Die älteren Chinolone, wie etwa die Nalidixinsäure, waren gegen Infektionserreger relativ schwach wirksam und konnten daher nur bei wenigen Krankheitsbildern angewendet werden.

Erst die Anfang der 80er Jahre fluorierten Chinolone zeigten eine starke Wirkung. Das von Hoechst 1985 herausgebrachte Ofloxacin, Markenname Tarivid, eroberte sich schnell einen Platz unter den antibakteriellen Substanzen.

Tarivid besitzt ein breites Wirkungsspektrum gegen gramnegative Erreger. Besonders bei Infektionen im Bereich der Harnwege wird es viel verwendet.

Das Medikament greift in die Synthese der Erbsubstanz, der Desoxiribonukleinsäure (DNS) der Erreger ein und hemmt ein wichtiges Enzym, Gyrase genannt. Deshalb wird Ofloxacin in die Gruppe der sogenannten Gyrase-Hemmer eingereiht.

Die teuerste Krankheit der Welt

In einer Umfrage, die der Bundesverband der Pharmazeutischen Industrie Anfang 1989 über die Einstellung der Bevölkerung zu Medikamenten vorlegte, ergab sich: Rheumatiker sind am kritischsten, was die Wirkung und den Nutzen von Medikamenten betrifft.

Das ist nicht besonders verwunderlich. Im Gegensatz zum Hochdruck-Patienten oder zum Diabetiker, die meist wenig unmittelbar von ihrer Krankheit spüren, werden die Rheumatiker fast täglich von Schmerzen geplagt.

Dabei existieren gegen kaum eine Krankheit so zahlreiche Medikamente, wie gegen die verschiedenen Erkrankungen des rheumatischen Formenkreises, denn es gibt viele verschiedene Formen des »Reißens«. Bis 1985 verzeichnete die »Rote Liste« – ein vom Bundesverband der pharmazeutischen Industrie herausgegbenes Werk, in dem 8500 Arzneimittel verzeichnet sind – beim Stichwort »Rheuma« allein rund 500 Präparate.

1984 allerdings wurden vom Bundesgesundheitsamt fast 200 dieser Medikamente vom Markt genommen oder ihre Anwendung und Dosicrung eingeschränkt.

Große Hoffnungen wurden enttäuscht

Hoechst bemüht sich schon seit über hundert Jahren, zum Kampf gegen diese Volkskrankheit beizutragen.

In den 70er Jahren glaubte man, eine Substanz gefunden zu haben, die zu großen Hoffnungen in der Therapie berechtigte. Sie war bei vielen Formen der Krankheit wirksam, und, wie es schien, sehr gut verträglich. Doch dann stellte sich bei der klinischen Prüfung heraus, daß bei einigen Kranken Nebenwirkungen auftraten. Obwohl man bereits 70 Millionen Mark in die so vielversprechende Substanz investiert hatte, wurde bei Hoechst beschlossen, die weiteren Arbeiten an diesem Präparat einzustellen. Die Nebenwirkungen, auch wenn sie noch so selten beobachtet wurden, durften nicht toleriert werden.

Seit einiger Zeit ist wiederum eine aussichtsreiche Substanz im Werk Albert in Prüfung. Sie verspricht sogar bei den rheumatischen Erkrankungen Erfolge, die auf schweren Entgleisungen des Immunsystems beruhen, wie etwa dem Lupus erythematodes. Trotzdem wagt niemand zu prophezeien, ob aus dem Versuchspräparat eines Tages ein Arzneimittel wird.

Langfristig wird es in der medikamentösen Rheumatherapie wohl erst durchschlagende Erfolge geben, wenn die vielfältigen Ursachen dieses Krankheitskomplexes geklärt sind – und dafür vermag niemand den Zeitpunkt anzugeben.

Bockmühl schuf das Novalgin

Alle Schmerzmittel, die Hoechst herstellte, wurden gegen rheumatische Schmerzen verwendet. Das galt schon für das erste Präparat, das Antipyrin, das sich besonders bei Gelenkrheuma bewährte. Auch Pyramidon und später Melubrin wurden in der Rheumabehandlung angewandt. Melubrin war zwar nicht so stark fiebersenkend wie Pyramidon, besaß aber dafür eine gute Wirkung gegen Gelenkrheumatismus.

Einige Jahre nach dem Melubrin synthetisierte eine Forschergruppe um Max Bockmühl ein Präparat: Novalgin (es wird international als Metamizol oder Dipyron bezeichnet) ist ein Abkömmling der Melubrin-Reihe. Es übertrifft jedoch die Ausgangssubstanz in mehrfacher Hinsicht. Es wirkt stärker gegen Fieber und gegen Schmerzen.

Novalgin ist wasserlöslich. Es eignet sich also nicht nur für die Einnahme als Tablette, sondern läßt sich auch injizieren und entfaltet so seine intensivste Wirkung.

Metamizol kann in manchen Fällen sogar das Morphin oder dessen Abkömmlinge ersetzen, besitzt wie alle Medikamente allerdings auch Nebenwirkungen, von denen die Agranulozytose und der anaphylaktische Schock sehr selten, aber im Einzelfalle lebensbedrohlich sein können.

Die Agranulozytose wurde 1922 zum erstenmal von dem Berliner Arzt Werner Schultz beschrieben: »Die Patienten erkranken akut mit hohem Fieber, haben eine stark beschleunigte Blutsenkung mit Geschwüren an den Mandeln und den Schleimhäuten.« Verursacht wird die Agranulozytose dadurch, daß eine bestimmte Gruppe der weißen Blutkörperchen, der Granulozyten, aus dem Blut und dem Knochenmark verschwindet.

Die Granulozyten gehören aber zu den wichtigsten Verbündeten gegen Bakterien, Viren und Parasiten. Ohne sie ist der Organismus gegenüber Infektionen fast wehrlos.

Die andere ernsthafte Nebenwirkung ist der Schock. Ein solcher Zusammenbruch des Kreislaufs kann sich – wenn auch sehr selten – nach der Gabe von Metamizol ereignen. Insgesamt kennt man rund hundert Präparate, bei deren Gabe solche Erscheinungen auftreten können, zum Beispiel Antirheumatika, Mittel gegen Malaria, Antibiotika und Psychopharmaka.

Um im Falle von Metamizol Klarheit zu gewinnen, gab Hoechst 1978 eine umfassende internationale Studie zur Agranulozytose in Auftrag. Unabhängige Wissenschaftler aus vielen Ländern sollten Nutzen und Risiko der Agranulozytose im Zusammenhang mit Metamizol, aber auch mit anderen Schmerzmitteln prüfen. In diese Studie wurden 20 Millionen Menschen einbezogen.

Das Ergebnis der Untersuchung zeigte, daß das absolute Risiko bei den untersuchten Medikamenten verschwindend gering ist. Professor S. Shapiro, Boston, wählte dazu den Vergleich: Eine Autofahrt zum Kino nimmt mit einer wesentlich höheren Wahrscheinlichkeit ein tödliches Ende als die Einnahme eines Analgetikums.

Noch ehe das gesamte Ergebnis der Boston-Studie vorlag, hat das Bundesgesundheitsamt die Anwendung von Novalgin auf starke Schmerzen oder hohes Fieber beschränkt, wenn andere Maßnahmen nicht in Frage kommen.

Nebenwirkungen bei Alival

Im Gegensatz zu Novalgin, bei dem nur eine eingeschränkte Indikation verfügt wurde, hat Hoechst ein Präparat ganz zurückgezogen: Nomifensin (Markenname Alival). Diese Substanz war in den 70er Jahren bei Hoechst synthetisiert worden und zeigte einen antidepressiven, stimmungsaufhellenden Effekt.

Da die Verbindung eine völlig neue Substanzklasse repräsentierte, wurde sie von Hoechst pharmakologisch, toxikologisch und schließlich in den verschiedenen Phasen klinisch intensiv untersucht. Und zwar nicht nur in der Bundesrepublik, sondern auch in einer Reihe von anderen Ländern.

Schon bald nach seiner Zulassung fand Alival einen breiten Markt, denn Depressionen, ob endogen oder exogen, sind stark verbreitet und nehmen weiterhin zu. Ihre medikamentöse Behandlung ist nicht einfach und stellt die Psychiater manchmal vor schwierige Aufgaben.

Bald war Alival eine fest etablierte Substanz, die sich durch sehr geringe Nebenwirkungen auszeichnete. Doch dann kamen Meldungen englischer Ärzte, in denen von schweren Nebenwirkungen, ja von Todesfällen bei Patienten die Rede war, die mit Alival behandelt worden waren. Obwohl zu jenem Zeitpunkt kein eindeutiger Zusammenhang nachgewiesen werden konnte, entschloß sich Hoechst, das Präparat zurückzuziehen.

Die Risiko-Nutzen-Abwägung, die bei jedem Arzneimittel immer wieder vorgenommen werden muß, hatte zu diesem Entschluß geführt, obwohl viele Psychiater sehr ungern auf Alival verzichteten und als Maßnahme lediglich eine strengere Indikationsstellung vorgeschlagen hatten. Gerade der Erfolg von Alival, die millionenfache Anwendung, hatte überhaupt erst die äußerst seltenen Nebenwirkungen aufgezeigt, die bei einem weniger häufig angewendeten Medikament möglicherweise gar nicht aufgefallen wären. Deshalb zeigt dieser Fall doch sehr deutlich die Problematik der Arzneimittelzulassung und -überwachung auf.

Die großen Analgetika

Nach dem Novalgin wurden bei Hoechst zwei große Schmerzmittel entwickelt, die die Morphium-Derivate ersetzen sollten. Die organische Synthese von Arzneimitteln hatte in den 30er und 40er Jahren bei Hoechst, aber auch bei Bayer einen Höhepunkt erreicht.

An der Snythese von Dolantin – international Pethidin – war der Chemiker Otto Eisleb besonders beteiligt. Ihm stand bei seinen Arbeiten das Alkaloid Atropin vor Augen. Diese aus der Tollkirsche gewonnene giftige Substanz ist durch hervorragende krampflösende, spasmolytische Eigenschaften bekannt.

Die von Eisleb synthetisierten Verbindungen leiteten sich vom Ringsystem eines Phenylpiperidins mit einem zentralen quartären Kohlenstoff-Atom ab. Diese Atomgruppierung galt bei den Pharmakologen als entscheidend für die schmerzstillende Wirkung.

Eisleb konnte tatsächlich zwei Eigenschaften im Dolantin-Molekül vereinen: die krampflösende spasmolytische des Atropins und die schmerzhemmende des Morphiums.

Dolantin wurde in Dosen von 25 bis 100 Milligramm angewandt. Es erzielte besonders bei der Injektion einen starken Effekt, konnte aber auch als Tablette oder Zäpfchen gegeben werden. Besonderes Anwendungsgebiet von Dolantin wurden schwere Koliken, etwa Nierenkoliken, bei denen Novalgin nicht mehr ausreichte.

Aber auch bei Gefäßkrämpfen, bei Angina pectoris-Anfällen oder bei akutem Glaukom, dem grünen Star, lernten die Ärzte dieses Mittel bald schätzen. Es erwies sich zwar etwas schwächer als Morphium, war jedoch besser verträglich und beeinflußte die Atmung und die Darmtätigkeit nicht.

Die Geburt von Methadon

Fast gleichzeitig mit Dolantin konnte Hoechst einen weiteren großen Erfolg auf dem Gebiet der stark wirkenden Schmerzmittel verzeichnen. Er ist mit den Namen Gustav Ehrhart, Max Bockmühl und Otto Schaumann verbunden. Diese Forschergruppe hatte eigentlich nicht das Ziel, eine bestimmte Wirkgruppe des Morphins oder eines anderen Naturstoffes nachzubilden, so wie es Eisleb mit dem Atropin gemacht hatte. Sie wollten ein Schmerzmittel entwickeln, das völlig »auf eigenen Füßen stand«, also chemisch mit dem Morphin nicht verwandt war.

Zu diesem Zweck synthetisierten Ehrhart und Bockmühl Diphenyl-methan-Derivate.

Ein solches Präparat, synthetisiert von Gustav Ehrhart, trug die Prüfnummer »Hoechst 10820«. Es wurde später, nachdem der Pharmakologe Otto Schaumann seine Wirkung bestätigen konnte, Polamidon genannt. Seine internationale Bezeichnung ist Methadon.

Mit Polamidon-Methadon war das erste vollsynthetische Schmerzmittel geschaffen, das sogar Morphin übertraf. Die Nebenwirkungen, wie sie bei Morphin auftraten, Atemdepression, Verstopfung, Übelkeit und Erbrechen, waren bei diesem »Super-Morphium« wesentlich geringer.

Leider zeigte sich aber bei Methadon (wie auch beim Dolantin), daß die Substanz, wie alle morphin-ähnlichen Verbindungen, bei längerer Anwendung süchtig machte. Daß Polamidon einmal zur Entwöhnungstherapie bei Heroin verwendet würde, konnte damals noch niemand ahnen.

Als die Gruppe um Gustav Ehrhart das Polamidon/Methadon kreierte, trat der Zweite Weltkrieg in seine Schlußphase. Bald darauf wurde Hoechst von amerikanischen Truppen besetzt: Pethidin und Methadon wanderten als »Beutegut« in die USA. Bald darauf kamen sie unter den verschiedensten Bezeichnungen in den Handel.

Gustav Ehrhart wurde 1955 in den Vorstand von Hoechst berufen. Er leitete von 1957 bis 1960 die Forschung des Unternehmens.

Niemand kann voraussagen, wann sich die Hoffnungen auf neue und noch spezifischere Schmerzmittel erfüllen werden. Doch vieles spricht dafür, daß die jüngsten Erkenntnisse, wonach es körpereigene Rezeptoren für Opiate natürlicher oder synthetischer Herkunft in den Zellen gibt, zu neuen Medikamenten führen werden.

Die Aufgaben von morgen

Die Aufgaben, die auf die Arzneimittelfirmen in der westlichen Welt warten, sind groß. Doch nicht minder gewaltige Herausforderungen warten in der Dritten Welt. Immerhin sind bei der Bilharziose, der »Krankheit der Pharaonen«, und der Leberentzündung vom Typ Hepatitis B in den letzten Jahrzehnten große Erfolge erzielt worden.

Die Bilharziose, häufig auch Schistosomiasis genannt, kann durch ein chemotherapeutisches Präparat, das Merck und Bayer entwickelten, seit einigen Jahren wirkungsvoll behandelt werden. Dabei hatte man bei Merck keineswegs die Bekämpfung der Bilharziose im Auge, als die erste Synthese für »Praziquantel« erfolgt war. Man dachte in Darmstadt bei dem Pyrazino-Isochinolin-Derivat vielmehr an ein Psychopharmakon, doch dann stellte sich heraus, daß die Merck-Verbindung eine erhebliche Wirkung gegen Würmer zeigte.

Da Bayer bei den Arzneimitteln gegen tropische Erkrankungen führend ist, verbanden sich Merck und das Leverkusener Weltunternehmen zur gemeinsamen Entwicklung von Praziquantel.

Ein großer Vorzug von Praziquantel besteht darin, daß es bereits bei einmaliger Behandlung wirksam ist. Das ist für die Länder der Dritten Welt besonders wichtig, denn jede individuelle Mehrfachbehandlung erfordert einen so hohen logistischen Aufwand, daß sie praktisch unbezahlbar ist.

Aus diesem Grund wäre natürlich eine Vakzine gegen die Schistosomiasis die beste Lösung. Die Behringwerke bemühten sich lange darum – jedoch ohne Erfolg, denn der Parasit verfügt über eine ganze Reihe von Tricks, um das Abwehrsystem des Menschen zu täuschen und zu umgehen.

Hoffnungen, die sich nicht erfüllten

Schlimmste Geißel der Tropen ist nach wie vor die Malaria. Sie ist in 107 Ländern der Welt verbreitet; rund 150 Millionen Menschen erkranken im Jahr. Eineinhalb Millionen Kinder sterben daran.

Leider haben sich die großen Hoffnungen in den 60er Jahren, diese Krankheit durch ein weltweites, von der WHO gesteuertes Bekämpfungsprogramm erfolgreich zu beherrschen, nicht erfüllt. Damals hatte es schon einmal so ausgesehen, als verlöre die uralte Krankheit allmählich ihre Schrecken. In einigen Ländern, wo früher Millionen von Menschen, vor allem Kinder, an Malaria gestorben waren, schien das »Sumpffieber« völlig ausgerottet, so etwa in Thailand oder Indien. Die Erreger, einzellige Sporentierchen, Plasmodien genannt, hatten – so schien es – vor neuen chemischen Präparaten kapituliert. Auch die ihnen Unterkunft gewährenden Stechmücken, die Anophelen, fielen dem Angriff von Insektiziden, vor allem DDT, zum Opfer.

Doch die Hoffnung auf eine Welt ohne Malaria trog. Ein Teil der Plasmodien erwies sich als Meister im Überleben. Zwar wurden mit Hilfe der Chemotherapeutika die meisten der Plasmodien vernichtet, die überlebenden vermehrten sich aber bald wieder in gigantischem Ausmaß. Eine Veränderung des Erbgutes hatte den Parasiten einen genetischen Panzer gegen die chemischen Substanzen verliehen. Auch die Anopheles-Mücken kehrten nun wieder zurück und brachten Fieber und Tod. Sie waren ebenfalls unempfindlich gegen die Insektizide geworden.

Vor allem verbreitete sich nun die gefährlichste Art der vier humanpathogenen Erreger, das sogenannte Plasmodium falciparum. Es erzeugt die Malaria tropica, die zum Tode führt, wenn sie nicht rechtzeitig erkannt und behandelt wird.

Bei den anderen Malaria-Formen wird der Erkrankte in regelmäßigen Abständen von Fieberanfällen heimgesucht. Bei der Tertiana kommen sie regelmäßig alle 48 Stunden, bei der Malaria quartana im 72stündigen Rhythmus. Daher stammt auch der Name Wechselfieber.

Solch regelmäßige Fieberintervalle sind bei Malaria tropica selten. Hier kommt es zu schweren hämolytischen Störungen, die roten Blutkörperchen lösen sich massenhaft auf. Dieser Zerfall der Erythrozyten führt zu Fieberanfällen und schweren allgemeinen Störungen im Organismus.

Angriff auf die roten Blutzellen

Die Schwierigkeit, gegen die Krankheit ein geeignetes Mittel zu finden, ergibt sich aus dem komplizierten Lebenszyklus der Erreger. Sie verändern immer wieder Gestalt, Aussehen und Oberflächenstruktur. Als »Sichelkeime« (Sporozoiten) dringen sie mit dem Stich der Anopheles-Mücken, die übrigens nur in der Dämmerung und nachts ausschwärmen, ins Blut. Von dort befallen sie die Leberzellen. In der Leber bleiben sie etwa fünfzig Stunden und reifen dort zu den sogenannten Gewebeschizonten und Merozoiten heran.

In einem Videofilm der Behringwerke ist ein solcher Überfall von Merozoiten auf die Blutzellen zum erstenmal festgehalten worden – ein dramatischer Vorgang. Man sieht, wie sich die Parasiten, geradezu magnetisch angezogen, den roten Blutkörperchen nähern, wie sie sich an die Membranen dieser Zellen heften und im Nu im Innern der Blutkörperchen verschwinden.

Die Blutzelle wird dann von den Parasiten vollkommen zerstört. 20–24 neue Merozoiten verlassen das »Zellwrack« und stürzen sich auf neue Erythrozyten. Der »Totentanz« für die roten Blutkörperchen beginnt aufs neue.

Ein anderer Teil der Merozoiten verwandelt sich in Geschlechtszellen, die Gametozyten. Aus diesen Gametozyten entwickeln sich nach geschlechtlicher Vermehrung im Mückenmagen sog. Sporozoiten – diese stationieren sich in den Saugwerkzeugen der Mücken. Beim Stich der Mücken dringen sie dann in das Blut der Menschen ein, die ihre Haut nicht genügend geschützt haben. Bis dann die Krankheit ausbricht, dauert es zwischen sieben und etwa zwanzig Tage, je nach dem Typ des Parasiten.

In den Labors der großen Pharmafirmen und staatlichen Forschungsinstanzen wird seit Jahren mit großer Intensität nach einem Impfstoff gegen Malaria gesucht. Beachtliche Erfolge haben dabei die Behringwerke aufzuweisen. Sie entwickelten Methoden, um aus den Antigenen der Merozoiten-Form der Parasiten einen Impfstoff zu gewinnen. Eine wesentliche Voraussetzung dafür ist die Züchtung der Erreger in großen Mengen. Das ist bereits geglückt, jedoch wird ein definierter Malaria-Impfstoff nur mit Hilfe gentechnologischer Methoden herzustellen sein.

Um alle Kräfte gegen die Malaria zu konzentrieren, arbeitet Behring eng mit dem Pasteur-Institut in Paris zusammen. Die Forscher in Marburg stehen aber auch in Kontakt mit Instituten in allen anderen Ländern der Welt, dort, wo an den großen humanitären Aufgaben unserer Zeit gearbeitet wird.

Aids – Schrecken unserer Zeit

Auch beim Kampf gegen Aids setzt Hoechst auf Zusammenarbeit.

Die Substanz, die gegenwärtig von Hoechst und Bayer untersucht wird, greift an einem »Schwachpunkt« des Virus an, bei dem Enzym Reverse-Transkriptase. Retroviren, zu denen der Aids-Erreger gehört, besitzen nur eine einsträngige Ribonukleinsäure, eine RNS. Wenn Retroviren Zellen infizieren, dann wird mit Hilfe eines Enzyms, der Reversen Transkriptase, die RNS in DNS genetisch verwandelt – ein Vorgang, den man einst für unmöglich hielt.

Der »Startschuß« für die Entwicklung von Hoe/Bay 946 (so lautet die Labornummer der Substanz) kam aus dem Robert-Koch-Institut in Berlin. Professor Heiko Diringer vom Robert-Koch-Institut und Frau Professor Karin Mölling vom Max-Planck-Institut für molekulare Genetik in Berlin untersuchten zahlreiche Verbindungen auf Hemmwirkung gegen die Reverse Transkriptase, bis sie mit einem polysulfatierten Polysaccharid, einer langkettigen, aus vielen Zuckermolekülen aufgebauten Substanz, eine Verbindung entdeckten, die gegen Aids weiter untersucht werden konnte.

Die Ergebnisse aus Berlin konnten auch von Hoechst in Zusammenarbeit mit dem Georg Speyer-Haus in Frankfurt an menschlichen Zellkulturen bestätigt werden. Als dann auch noch bekannt wurde, daß Experimente an Mäusen positiv verliefen, wurde Hoe/Bay 946 auch in der Öffentlichkeit große Aufmerksamkeit zuteil.

Die Forscher bei Hoechst und in Leverkusen warnten vor dem Aufsehen um ein Präparat, das noch einen langen Weg vor sich hat, denn die bisher vorliegenden Ergebnisse ließen noch keineswegs Aussagen über die therapeutische Wirkung von Hoe/Bay 946 zu. Bis März 1989 gab es nur zwei Pilotstudien mit je vierzig Patienten, die lediglich zeigen sollten, ob die Verbindung überhaupt verträglich ist.

Da es sich bei Aids um eine Krankheit handelt, bei der viele

Jahre vergehen können, bis die Erreger ihr Zerstörungswerk beginnen, wird es lange dauern, bis über das jetzige Versuchspräparat Klarheit besteht – ebenso wie über mögliche Nachfolgesubstanzen. Bei der immensen Publizität, die dem Thema Aids seit einiger Zeit widerfährt, ist es natürlich verständlich, daß die Öffentlichkeit auch an minimalen Fortschritten größtes Interesse besitzt, doch wäre es verfehlt, möglicherweise unberechtigte Hoffnungen zu erwecken.

Das gleiche gilt für die Krebsbekämpfung. Sobald über eine neue Substanz berichtet wird, die sich noch in der Erprobung befindet, erwecken entsprechende Meldungen stets aufs neue die Hoffnung verzweifelter Menschen.

Das beste Beispiel für solche Hochs und Tiefs bei bestimmten Arzneimitteln sind die Interferone, die in den 70er Jahren eine neue Phase im Kampf gegen Krebs einzuleiten schienen. Die bald folgenden Enttäuschungen waren so riesengroß, daß viele bis heute übersehen, daß bestimmte Interferone immerhin in der Therapie der sogenannten Haarzell-Leukämie wirksam eingesetzt werden können.

Eine generell wirksame Therapieform scheint den meisten Experten dennoch fern. Die Voraussetzung dafür wäre die genaue Kenntnis darüber, welche molekularen und zellulären Mechanismen den Weg in das Zell-Unheil bereiten. Alles spricht dafür, daß es sich bei der Krebsentstehung um einen Prozeß handelt, der in vielen Stufen abläuft. Chemische Substanzen, Strahlen, Viren sowie immunologische Vorgänge spielen hier eine Rolle. Erst wenn diese Zusammenhänge geklärt sind, werden gezielte Therapien möglich sein, um die Entwicklung zum Krebs an einer oder mehreren Stellen zu unterbinden.

Ein neues Kapitel beginnt

Die gezielte Suche nach den molekularen oder pathophysiologischen Eingriffsmöglichkeiten hat in den vergangenen Jahren weithin das früher übliche Screening abgelöst, bei dem der Zufall eine große, manchmal durchaus segensreiche Rolle spielte. Viele Arzneimittel, man denke an Penicillin oder an bestimmte Psychopharmaka, verdanken ihre Geburt einer zufälligen Beobachtung. Doch die Zukunft, das beweist die Geschichte der Beta-Blocker, der ACE-Hemmer, der Histamin-Antagonisten und vieler anderer neuer Mittel, liegt in der rationalen, planvollen Entwicklung von Substanzen, die aufgrund einer klaren Einsicht in die biologischen Abläufe des Krankheitsgeschehens gewonnen wird. Die zunehmende Erkenntnis über die Rezeptoren an der Oberfläche von Zellen wird zum »Drug Design« führen, zur Entwicklung maßgeschneiderter Wirkstoffe, die sich wie Schlüssel und Schloß verhalten und ein neues Kapitel in der Geschichte der Arzneimittel einleiten.

Kapitel 12

Nahrung für sechs Milliarden Menschen

Der Platz auf unserem Planeten wird enger und enger. Bis zum Jahr 2000 werden mehr als sechs Milliarden Menschen auf der Erde leben. Jeder von ihnen will satt werden. Doch schon heute leiden Hunderte von Millionen Menschen Hunger, Millionen von ihnen, darunter unzählige Kinder, sterben.

Um noch größere Katastrophen abzuwenden, muß vieles geschehen, muß vor allem die Bevölkerungsexplosion gestoppt werden. Aber auch die Produktion von Nahrungsmitteln und anderen Gütern muß gesichert und noch weiter gesteigert, besser gelagert und verteilt werden. Wir brauchen mehr Getreide, Reis, Hirse, Mais und Kartoffeln, aber auch mehr Energie und Rohstoffe.

Ohne Zweifel kann dieses Problem nur durch die Mithilfe der Chemie gelöst werden. Doch das Zusammenwirken von Chemie und Landwirtschaft wird von manchen Zeitgenossen voll Skepsis betrachtet. Für sie sind »Chemie« in der Nahrungsmittelerzeugung und »Gift« fast schon ein Synonym. Deshalb erzielen Bücher wie »Gift in der Nahrung« und andere wahre Auflagen-Rekorde.

Auch viele Anhänger eines modischen »Zurück zur Natur« machen sich leider nicht die Mühe, auch diejenigen Tatsachen zur Kenntnis zu nehmen, die für ein sinnvolles Zusammenwirken von Chemie und Landwirtschaft sprechen. Sie sollten einmal lesen, was der Nobelpreisträger für Chemie, Max Perutz, zu diesem Thema sagt: »Ich habe mich davon überzeugt, daß meine ursprüngliche Einschätzung der Gefahren, die von der Umweltbelastung mit Agrochemikalien ausgehen, von Leuten inspiriert waren, die deren schädliche Aspekte laut publizieren, jedoch deren segensreiche Wirkungen verschweigen. Tatsächlich sind jene Substanzen, sofern sie mit Sorgfalt behandelt und vernünftig angewandt werden, für Mensch und Tier unschädlich – und sie haben die landwirtschaftlichen Erträge, von denen unser aller Leben abhängt, vervielfacht.«

Liebig bahnt den Weg

Eine enge Partnerschaft zwischen Chemie und Landwirtschaft ist nicht neu. Ihre Ursprünge gehen auf Justus von Liebig und seine Schüler zurück. Er hat ermittelt, welche chemischen Elemente – in Form von Salzen – für die Pflanzen am wesentlichsten sind: Stickstoff, Phosphor und Kalium. Sie werden durch die Pflanzen dem Boden entzogen und mit der Ernte entfernt. Würde dieses Nährstoff-Defizit nicht wieder ausgeglichen, müßten die Pflanzen verhungern. Solche Gefahren drohten in Deutschland Mitte des vergangenen Jahrhunderts. Damals waren die Pflanzenerträge auf einem Minimum angelangt.

Kali zu gewinnen, war in Deutschland verhältnismäßig einfach, denn es gab große Lagerstätten an Kaliumsalzen, die man Mitte des vergangenen Jahrhunderts entdeckte. Meist lagerten die Kalisalze über den Steinsalzen, mußten also erst weggeräumt werden. Die größten Vorkommen dieser »Abraum«-Salze befinden sich im Raum Hannover, im Werra-Fulda-Gebiet und in der Gegend von Staßfurt.

Phosphor wurde im vergangenen Jahrhundert aus Knochen gewonnen, so von dem Apotheker und Liebigschüler Albert und seiner »Knochenmühle« in Biebrich, einem der Vorläufer der Firma Albert. Bald reichten die Knochen nicht mehr. Der große Bedarf wurde später gedeckt, als die großen Phosphorlagerstätten, entstanden aus den Exkrementen von Seevögeln und anderen jahrtausendealten Meeres-Ablagerungen, in Florida, in Algerien, Marokko und Tunesien und im pazifischen Raum in großem Stil ausgebeutet werden konnten. Um den Phosphor aufzuschließen, bedarf es allerdings großer Mengen von Schwefelsäure.

Nur über stickstoffhaltige Düngemittel verfügte Deutschland nicht. Sie mußten in Form von Salpeter aus Chile importiert werden.

Der Start ins Geschäft

Die Herstellung von Kalkstickstoff wurde 1907 zum erstenmal im späteren Werk Knapsack bei Köln aufgenommen. Von 1912 an wurden Stickstoff-Düngemittel auch im Werk Gersthofen erzeugt, das ursprünglich Vorprodukte für die Indigo-Synthese liefern sollte. Die Herstellung der Düngemittel geschah durch Verbrennen von Ammoniak. Noch 1913 aber wurden 775000 Tonnen Chilesalpeter im Wert von 171 Millionen Mark eingeführt. Doch dann gelang der Badischen Anilin- und Soda-Fabrik im gleichen Jahr einer der großen Durchbrüche in der technischen Chemie: die Gewinnung von Stickstoff aus dem unendlichen Reservoir der Luft – vier Fünftel davon sind ja Stickstoff – durch hohen Druck und hohe Temperatur. Carl Bosch entwikkelte das von Fritz Haber im Labor geschaffene Verfahren zur großtechnischen Reife.

Schon 1914 entstand in der Nähe der BASF eine Versuchsstation, die über alle Einrichtungen landwirtschaftlicher Versuchstechnik gebot: der Limburger Hof. Dort wurden die Düngemittel auf dem Feld, in Gefäßen und untermauerten Parzellen, in einer Lysimeteranlage, aber auch in Warm- und Kaltgewächshäusern auf ihre besondere Wirksamkeit geprüft.

Die BASF richtete landwirtschaftliche Beratungsstellen ein, von wo aus Spezialisten die Landwirte an Ort und Stelle informieren konnten. Vor Ort wurde den Landwirten gezeigt, den mineralischen Dünger zum richtigen Zeitpunkt und in der richtigen Menge zu streuen. Das war in jenen Jahren noch keineswegs eine Selbstverständlichkeit.

Das Kriegsministerium drängte ...

In Gersthofen und bei Hoechst mußten die Anlagen für Natronsalpeter während des Ersten Weltkrieges in den Dienst des preußischen Kriegsministeriums gestellt werden. In Berlin drängte das Ministerium unerbittlich darauf, die Anlagen für Salpetersaure ständig auf Hochtouren zu halten, um den ständig steigenden Bedarf an Natronsalpeter für die Munitionsfabriken zu decken. Bis Mitte 1918 wurden monatlich 3000 Tonnen konzentrierter Salpetersäure hergestellt.

Das Kriegsende, der Mangel an Kohlen und Rohstoffen sorgten zunächst für ein jähes Ende dieser Produktionen. Für wie lange? Das wußte niemand im geschlagenen Deutschland. Sollten die Produktionen vielleicht vollständig eingestellt werden? Erst nach dem Friedensschluß von Versailles ließ sich die Lage einigermaßen übersehen. Sie war nicht dazu angetan, große Hoffnungen zu wecken, vor allem was das Auslandsgeschäft betraf.

Nach der Gründung der I.G. wurde bei Hoechst eine Kalkammonsalpeterfabrikation nach dem Vorbild von Oppau eingerichtet. Schließlich konnte Hoechst ein neues Verfahren zur Herstellung von Kalisalpeter und Natronsalpeter entwickeln und sich erfolgreich unter die Düngemittel-Produzenten einreihen.

Ammoniak aus Ludwigshafen

Nach dem Ende des Zweiten Weltkrieges war die Lage wiederum sehr schlecht. Auch jetzt war zunächst die Produktion von Düngemitteln verboten. Doch allmählich setzte sich bei den Alliierten die Vernunft durch. Schließlich konnte man die Deutschen nicht einfach verhungern lassen. Und selbst die Jünger des Morgenthauplans, wonach Deutschland in einen Agrarstaat verwandelt werden sollte, konnten just nicht die dafür notwendige Voraussetzung, nämlich genügend Düngemittel, verweigern.

So wurden Hoechst Ammoniak-Lieferungen, das unerläßliche Vorprodukt aus Oppau, in Aussicht gestellt. Die französische Besatzung und die Werksleitung Oppau waren zu den Lieferungen bereit, verlangten dafür aber Kohle aus der amerikanischen Zone, und zwar für je eine Tonne Stickstoff zwei Tonnen Koks und zwei Tonnen Kohle. Im verarmten und besetzten Deutschland bildete solcher Tauschhandel, ob im kleinen Rahmen oder auch in der Großindustrie, die Geschäftsbasis.

Als Ende März 1946 die erste und Mitte April die zweite Tankschiffladung aus Ludwigshafen eintraf, herrschte bei Hoechst eine in jener Zeit ungewöhnliche Hochstimmung, besonders als sich Ende April 1946 sogar die Nachricht verbreitete, Ammoniak würde bald regelmäßig geliefert werden.

Von der nun wieder beginnenden Kalkammonsalpeter-Produktion profitierte nicht nur die Landwirtschaft, sondern auch die Mitarbeiter im Unternehmen. Hans Bassing, der Betriebsratsvorsitzende, und einige Helfer fuhren in einem alten Lastwagen zu den Bauern in der Nähe des Werkes. Sie tauschten Düngemittel und Süßstoff gegen Kartoffeln. Damit ließ sich die schmale Werksverpflegung etwas aufbessern.

Solche Geschäfte waren zwar etwas »außerhalb der Legalität«, aber Not kannte im Nachkriegsdeutschland eben kein Gebot.

Später erhielt Hoechst Ammoniak aus der britischen Besatzungszone, und zwar von dem ehemaligen Hydrierwerk U.K. Wesseling bei Köln, dem heutigen Lieferanten petrochemischer Stoffe.

Der Bau einer Fabrik für Volldünger nach Nitrophoska-Art mußte wieder aufgegeben werden, da in der Zeit vor der Währungsreform manche Materialien nicht zu beschaffen waren, obwohl hessische Staatsregierung und Militärregierung ihr möglichstes taten. Auch andere Pläne zerschlugen sich. Das hing wohl auch mit einer gewissen Entschlußlosigkeit und Unsicherheit der damaligen Führung von Hoechst zusammen. Die Lage war tatsächlich auch schwer zu beurteilen. Vor der Währungsreform war natürlich jedes Kilo Düngemittel glänzend abzusetzen. Aber würde das auch so bleiben? Niemand wagte allzu präzise Vorhersagen auf längere Sicht.

Tatsächlich ließ die starke Nachfrage erst im April 1949 nach. Nun aber häuften sich die Stornierungen. Die Produktion von Kalksalpeter mußte auf etwa sechzig Prozent der Kapazität zurückgefahren werden.

Dennoch entschloß sich Hoechst 1950, eine Versuchsanlage zu bauen, um den ersten Mehrnährstoffdünger herzustellen. Dieser Dünger erschien am vielversprechendsten.

Im September 1952 wurde der neue Volldüngerbetrieb fertiggestellt: »Volldünger Hoechst 12–12–21,5« und »Spezialvolldünger Hoechst 12–12–18 mit Hochleistungselementen« hießen die beiden Sorten. Für den Export wurden sechs verschiedene Volldünger unter dem Markenzeichen Complesal hergestellt. Reagierten die Abnehmer am Anfang noch etwas verhalten, so entwickelte sich der Absatz bald sehr zufriedenstellend.

Die Complesal-Mehrnährstoff-Dünger enthielten Stickstoff, Phosphat, Kali und zum Teil auch Magnesium in ausgewogener Zusammensetzung. Zusätzliche Bestandteile waren Spurennährstoffe wie Bor, Mangan, Zink und Kobalt. Damit konnten Mangelerscheinungen bei Pflanzen vermieden werden.

»Düngung nach Maß«

Wenn man Complesal- und reine Stickstoffdünger kombinierte, ließ sich die Düngemittelzufuhr dem Nährstoffbedarf der Pflanzen und den Gegebenheiten des Bodens individuell anpassen. Das ermöglichte eine »Düngung nach Maß«.

Heute werden die Düngemittel in mehreren Gaben entsprechend dem Bedarf der Pflanzen verabreicht. So entspricht die Nährstoffzufuhr den für das Pflanzenwachstum benötigten Mengen. Insbesondere die Qualität der Erntegüter kann so erfolgreich beeinflußt werden. Diese Aufteilung verringert aber auch mögliche Nährstoffverluste durch Auswaschen in das Grundwasser und damit eine unnötige Belastung der Umwelt.

Doch gerade jene Länder, die Düngemittel am notwendigsten bräuchten, um höhere Ernten zu erzielen, sind häufig nicht in der Lage, das Geld dafür aufzubringen, von einer eigenen Düngemittelherstellung gar nicht zu reden.

Immerhin entstanden in den sogenannten Schwellenländern in den letzten zwanzig Jahren zahlreiche Düngemittelfabriken. Die Hoechst-Tochter Uhde in Dortmund, die Chemieanlagen schlüsselfertig liefert, trug wesentlich dazu bei. Ihre erste große Spezialität war die Errichtung von Ammoniak- und Düngemittelanlagen.

Steigende Importe drückten schon in den 70er Jahren auf den deutschen Markt. Das führte dazu – verbunden mit anderen Faktoren – daß im Inland die Anlagen zeitweise ungenügend ausgelastet waren.

Im Jahre 1983 wurde die Situation kritisch. Hoechst mußte erhebliche Verluste bei den Düngemitteln hinnehmen. Den anderen großen Herstellern ging es allerdings auch nicht besser. Auch BASF und Ruhr-Stickstoff erlitten Rückschläge.

Schwere Entscheidung bei Hoechst

Der Tag kam, an dem der Vorstand bei Hoechst eine schwere, aber unausweichliche Entscheidung zu treffen hatte. Sollte man die Düngemittel-Verluste weiterhin in Kauf nehmen im Vertrauen auf bessere Zeiten? Würden solche Zeiten je kommen? Die Hochrechnungen auf die Zukunft gaben solche Hoffnungen nur geringe Chancen.

So wurde 1984 die Düngemittelherstellung im Stammwerk eingestellt.

Hoechst trennte sich zunächst aber nicht völlig von diesem traditionsreichen Bereich. Die Düngemittelproduktion wurde im Werk Ruhrchemie, der früheren Ruhrchemie AG in Oberhausen, konzentriert. Die Produktionskapazität umfaßt dort 40000 Tonnen Ammoniak-Stickstoff.

Im Vergleich dazu beträgt die Kapazität weltweit 115 Millionen Tonnen, jene in Westeuropa 14,5 Millionen Tonnen. Die BASF besaß 1988 eine Kapazität von 1,3 Millionen, Kemira von 1,4 und Norsk Hydro von 2,7 Millionen Tonnen.

Bei den stickstoffhaltigen Düngemitteln verfügte Hoechst im Werk Ruhrchemie 1989 über eine Kapazität von 135000 Tonnen, die BASF von 1,1 Millionen, Kemira von 1,5 Millionen und Norsk Hydro von 3,5 Millionen. Das norwegische Unternehmen hält damit den Spitzenplatz bei stickstoffhaltigen Düngemitteln in Europa.

Der lange Weg zum Pflanzenschutz

Die Zukunft des Hoechster Geschäfts im landwirtschaftlichen Bereich gehört nicht den Düngemitteln, sondern dem Pflanzenschutz und der Tiergesundheit. Sie machten 1988 rund 2,3 Milliarden DM aus.

Pflanzenschutzmittel gab es schon Mitte des vergangenen Jahrhunderts. Damals wurde hauptsächlich Schwefel, Schwefelkalkbrühe oder Kupfervitriolkalkbrühe und dann das berühmte »Schweinfurter Grün« gegen Schädlinge verwendet. Später folgten – und das war zunächst ein großer Fortschritt – quecksilber- und arsenhaltige Verbindungen.

Erst das 1935 von Hoechst herausgebrachte Nirosan, ein Insektizid, enthielt kein Arsen mehr wie seine Vorläufer. Mit Nirosan konnten Schädlinge bekämpft werden, ohne Warmblüter und nützliche Insekten zu schädigen, wie etwa Bienen. Nirosan verdrängte in kurzer Zeit die Arsen-Präparate im Weinbau. Mehr noch, es gab dem gesamten Arbeitsgebiet einen mächtigen Impuls.

An der Entwicklung von Nirosan war der Pflanzenschutzchemiker Dr. Michael Erlenbach wesentlich beteiligt, später Treuhänder von Hoechst und Vorstand für die Sparte »Pharma und Schädlingsbekämpfungsmittel«.

Das endgültige »Aus« für die weiteren anorganischen Insektizide wie Quecksilber, Thallium, Selen oder Fluor kam allerdings erst zu Beginn des Zweiten Weltkrieges, als der Chemiker Paul Müller bei der Schweizer Firma Geigy das DDT entwickelte.

Forschung ist auch heute noch das Lebenselixier im Pflanzenschutz. Auf diesem Gebiet arbeiten die Forscher der verschiedensten Disziplinen eng zusammen: Chemiker und Biochemiker, Analytiker, Radiochemiker, Biologen und Agrarwissenschaftler.

Die Kosten auf dem Pflanzenschutzgebiet kletterten steil in die Höhe. Noch vor etwa zwei Jahrzehnten dauerte die Entwicklung eines neuen Produkts rund fünf Jahre und kostete etwa 10 bis 15 Millionen Mark. Heute erfordert die Entwicklung über 100 Millionen Mark. Die Entwicklungszeit beträgt im Durchschnitt etwa zehn Jahre.

Die Geburtsphase eines Pflanzenschutzmittels beginnt in der Synthese-Abteilung. Etwa 15000 Substanzen sind zu synthetisieren, bis sich möglicherweise eine findet, die sich als Pflanzenschutzmittel eignet.

Der erste Test geschieht in der biologischen Prüfung, das sogenannte Screening. Dafür werden in den Pflanzenschutz-Laboratorien die verschiedensten Nutz- und Unkrautpflanzen in über einer Million Töpfen pro Jahr angesetzt. Über 600000 allein sind notwendig, um neue Herbizide zu prüfen, Mittel gegen unerwünschte Kräuter und Gräser, die Konkurrenten um Platz und Nährstoffe.

Rund 100000 Pflanzen stehen für die Prüfung von Fungiziden zur Verfügung, für Mittel gegen Pilzkrankheiten.

Prüfungen für die Tauglichkeit als Pflanzenschutzmittel erfordern auch Legionen von Fliegen, Käfern, Schnecken, Stechmücken und Schmetterlingsraupen. Dazu kommen noch 10 Millionen Milben. Sie werden ebenfalls bei Hoechst gezüchtet.

Toxikologie – wichtiger denn je

Nicht nur wie neue Substanzen biologisch wirken, wird geprüft. In Fütterungsversuchen mit Mäusen, Ratten und anderen Säugetieren müssen die toxikologischen Eigenschaften der neuen

Substanzen genau ermittelt werden. »Eine Substanz, die diese Prüfungen nicht besteht, muß verworfen werden«, sagt Dr. Gerhard Prante, Leiter des Bereiches Landwirtschaft, »mag ihre biologische Wirksamkeit noch so gut sein.«

Erst wenn die intensiven toxikologischen Untersuchungen keine Risiken bei sachgemäßer Anwendung für Mensch, Tier und Umwelt zeigen, erhält der Wirkstoff eine weitere Chance auf dem langen Weg zum Pflanzenschutzmittel. Früher konzentrierten sich die Forscher auf die biologische Wirksamkeit. Heute heißt die entscheidende Frage: Ist das Präparat leicht abbaubar, und wie weit beeinflußt es die Umwelt? Aber auch die Anwender und Konsumenten müssen der Sicherheit des Präparates voll vertrauen können.

Radiochemiker als Detektive

Zuverlässiger Helfer, um die Wanderschaft und den Abbau eines Pflanzenschutzmittels im Labyrinth der verschiedenen Organismen zu verfolgen, ist das Radiochemische Labor. Es befindet sich im Werk Griesheim und arbeitet auch für andere Bereiche, wie etwa Pharma oder Tenside und Hilfsmittel.

Schon bald nach seiner Gründung, 1958, verzeichnete das Radiochemische Labor einen bemerkenswerten Erfolg. Das neu synthetisierte Pflanzenschutzmittel Brestan wurde radioaktiv gekennzeichnet. So konnte zum erstenmal verfolgt werden, wie die Pflanzen diese Verbindung aufnahmen, weiterleiteten, speicherten und ausschieden. Auch wie sich Brestan im Stoffwechsel von Wiederkäuern verhielt, wurde ermittelt.

Besonders beeindruckend bei dem Verfahren, das längst Routine-Methode geworden ist, sind die präzisen Ergebnisse. Schon in den 60er Jahren kamen die Radiochemiker bei Einzeluntersuchungen bis zu einer Nachweisgrenze der schon kaum mehr vorstellbar geringen Menge von 0,06 ppb, also parts per billion.

Die Rückstandsanalytik ist seither immer weiter ausgebaut worden. Viele Menschen erfüllt die Sorge, ihre Lebensmittel könnten gefährliche Rückstände von Pflanzenschutzmitteln enthalten. Die Ergebnisse der amtlichen Lebensmittelüberwachung vermitteln allerdings ein beruhigendes Bild. Danach wurden in 70 bis 80 Prozent der untersuchten Lebensmittel keine Rückstände gefunden. Selbst wenn welche angetroffen wurden, erreichten sie nicht die amtlichen Grenzwerte. Nur in vier Prozent der Fälle bewegten sich die in Lebensmitteln nachgewiesenen Rückstände über der gesetzlichen Höchstmenge. Diese Mengen sind meistens viel zu gering, um die menschliche Gesundheit zu gefährden. Aber wer kann das schon kompetent beurteilen? Das Vertrauen in Experten und offizielle Zahlen ist vor allem in der Bundesrepublik nicht mehr sonderlich ausgeprägt.

Feldversuche in Hattersheim

Nach den toxikologischen Tests wird der Pflanzenschutz-Prüfling in Freilandversuchen auf »Herz und Nieren« geprüft. Hoechst besitzt dazu eine Freiland-Versuchsabteilung mit der Zentrale in Hattersheim. Sie liegt nahe den Werkstoren und war früher eine Pferdehaltestelle der Post von Thurn und Taxis.

Pflanzenschutzmittel aus Hoechst werden in allen Teilen der Welt angewendet. Deshalb sind zahlreiche Prüfstellen nötig, in denen die Herbizide und Insektizide auf ihre Tauglichkeit in verschiedenen Klimazonen unserer Erde getestet werden. Die Prüfung, die so praxisnah wie möglich sein muß – nimmt die Reisschädlinge auf den Philippinen ebenso unter die Lupe wie an der Elfenbeinküste den gefürchteten Kapselwurm, der die Baumwollpflanzungen schädigt. Und das Wohl der Kaffeestauden in Brasilien liegt den Prüfern nicht weniger am Herzen wie die Maispflanzen in Kenia, der Reis in Japan und die Weizenfelder in Indien.

Versuchsfarmen unterhält Hoechst auch in USA, Spanien, Südafrika, Brasilien und Japan.

Die Herbizide, die Unkraut-Vernichter, sind die »Stars« im

Pflanzenschutz bei Hoechst, wenn man von ihrer wirtschaftlichen Bedeutung ausgeht. Der Weltabsatz an Pflanzenschutzmitteln betrug 1988 rund 33 Milliarden Mark. 15 Milliarden Mark wurden allein für Unkrautbekämpfungsmittel ausgegeben.

Unkräuter fügen der Welternte einen jährlichen Verlust von etwa 20 Prozent zu. Das bedeutet viele verlorene Milliarden Mark. Ingesamt geht durch Schädlinge und Krankheiten mehr als ein Drittel der jährlichen Ernte verloren, rund 35 Prozent. Das sind mehrere Millionen Tonnen.

In den gemäßigten Zonen liegen die Ernteverluste niedriger, in den Tropen und Subtropen höher. Bei Reis z. B. können die Verluste bis zu 50 Prozent und mehr betragen. Und dabei handelt es sich hier nur um Verluste, die bis zur Ernte entstehen. Die enormen Schäden während der Lagerung und des Transports sind in diesen Zahlen nicht enthalten.

Mit »Excel«, »Basta« und »Puma«

Vielversprechende Novitäten im Pflanzenschutz sind die Herbizide Excel, Basta und Puma. Basta wurde 1984 angeboten, Excel 1987, Puma 1988.

Basta gehört zu den modernen Breitband-Herbiziden. Es bekämpft viele Unkräuter in Dauerkulturen und kann auch dazu dienen, die Einsaat ohne Pflug vorzubereiten. Basta hat einen wichtigen Platz in allen Plantagekulturen, wo es allen Ungräsern und Unkräutern den Garaus macht.

Puma, ein selektives Herbizid, hat seinen Markt in allen Weizenanbaugebieten der Welt. Es erfaßt wichtige Schadgräser wie Flughafer, Ackerfuchsschwanz, Windhalm und Hirsen. Excel erfaßt Ungräser in so wichtigen Kulturen wie z. B. Soja, Raps und Reis. Beide Produkte befreien Nutzpflanzenbestände von Ungräsern im modernen »Nachauflauf«-Verfahren. »Nachauflauf« ist ein Schlüsselwort in der Landwirtschaft. Nachauflauf bedeutet, daß Unkräuter und Ungräser erst bekämpft werden, wenn sie aufgelaufen sind im Gegensatz zum »Vorauflauf«. So entfallen vorbeugende Anwendungen.

Zu den bedeutenden Herbiziden von Hoechst gehören auch Illoxan und Arelon gegen Gräser im Getreide. Afalon dient gegen Unkräuter in Soja. In den großen Getreideanbaugebieten unserer Erde nimmt Hoechst mit seinen Gräserherbiziden inzwischen eine Spitzenstellung ein. Thiodan, das gegen beißende und saugende Insekten wirkt, ist besonders bei der Baumwollanpflanzung wichtig. Zu den Fungiziden gehören Afugan, Brestan und Derosal. Letzteres wird besonders bei der Bekämpfung der Halmbruchkrankheit bei Getreide eingesetzt.

Ein Erfolg von Roussel

Sehr gut durchgesetzt hat sich Decis aus den Laboratorien von Roussel. Es gehört zu den sogenannten Pyrethroiden, die von Pyrethrum, dem Inhaltsstoff einer Chrysantheme, abstammen. Diese Chrysanthemenart produziert ihn, um sich damit Schädlinge vom »Leibe« zu halten. Auch Pflanzen kennen die Kunst der Selbstverteidigung. Sie haben sie auch bitter nötig, wenn man an die Scharen von Schädlingen denkt, die sie bedrohen.

Decis wirkt in kleinsten Dosen. Um Insekten zu bekämpfen, sind nur zehn Gramm pro Hektar notwendig. Das Mittel wird überdies schnell abgebaut.

Schon früh forschte und entwickelte Hoechst auf dem Gebiet des biologischen Pflanzenschutzes. Ein Ergebnis ist Biotrap, eine Entwicklung von Hoechst, die in den 70er Jahren eingeführt wurde.

Duftstoffe und ihre Folgen

Es handelt sich dabei nicht um eine »tender trap«, eine sanfte Falle, sondern um eine verderbenbringende für liebeshungrige Insekten. Das Prinzip ist einfach: Schmetterlingsweibchen beispielsweise produzieren, wie viele andere Lebewesen auch, bestimmte Duftstoffe, mit denen sie Männchen anzulocken vermögen. Diese Tatsache brachte Wissenschaftler darauf, solche Stoffe – Pheromone genannt – synthetisch herzustellen, um damit die Männchen anzulocken, nicht zum Liebesakt, sondern in einen »Hinterhalt«, in dem sie eine klebrige Masse daran hindert, sich wieder auf den Flug zu machen.

Wie natürliche Sexuallockstoffe zusammengesetzt sind, konnte 1959 Nobelpreisträger Professor Adolf Butenandt aufklären. Er befaßte sich mit der Analyse und Synthese des Lockstoffes, der von den Seidenspinnern erzeugt wird. Hoechst hat inzwischen verschiedene Sexuallockstoffe entwickelt, für den Apfelwickler, den Fruchtschalenwickler, den Pflaumenwickler und den Traubenwickler.

Diese Falter-Arten sind an sich harmlos. Die kleinen Raupen aber, aus denen sie hervorgehen, bohren Trauben und anderes Obst an.

Winzige Mengen des Duftstoffes – ein tausendstel bis hunderttausendstel Gramm – werden in jener Zeit in den Fallen plaziert, zu der sich die Falter gewöhnlich auf den Flug machen. Sammeln sie sich massenweise in den Fallen, so müssen schleunigst Abwehrmaßnahmen ergriffen werden. Fehlen die Falter in den Fallen, dann herrscht Entwarnung im Pflanzenschutz. Es muß nicht auf Verdacht gespritzt werden.

Biologische Verfahren sind inzwischen fester Bestandteil von Bekämpfungsprogrammen, bei denen räuberische und parasitäre Insekten aus der künstlichen Massenzucht oder insektenpathogene Mikroorganismen, also Viren, Bakterien und Pilze, eingesetzt werden. Ein erster Ansatz wurde von Hoechst schon Ende der sechziger Jahre mit dem »Bacterium thuringensis« gemacht. Trotz verschiedener Teilerfolge auf diesem Gebiet wird der chemische Pflanzenschutz auch weiterhin das Rückgrat bei allen Bemühungen um sichere Ernten darstellen.

Eine der wichtigsten Erkenntnisse der modernen Landwirtschaft ist der »integrierte« Pflanzenbau. Das Konzept des integrierten Pflanzenbaus versucht, ökonomische Ziele mit den ökologischen Forderungen in Einklang zu bringen. Standort, Sortenwahl, Fruchtfolge, Bodenbearbeitung, Pflanzenernährung und Pflanzenschutz sind so aufeinander abgestimmt, daß langfristig die bestmöglichsten Ernten erzielt werden.

Die Rolle der Gentechnik

Auch die Gentechnik wird in der Landwirtschaft ihren Einzug halten. Schon seit altersher greift der Mensch in die Erbsubstanzen der Pflanzen ein, er kreuzt sie mit verwandten Pflanzen, selektioniert sie und schafft veränderte Nachkommen.

Seit einiger Zeit gelingt es sogar, mit den Methoden der Zellbiologie sogenannte Protoplasten herzustellen, einzelne Pflanzenzellen ohne Zellwände, aus denen schließlich wieder ganze Pflanzen heranwachsen. Ein Beweis im übrigen, daß bei Pflanzen wie bei Menschen jede einzelne Zelle die genetischen »Baupläne« für den gesamten Organismus enthält.

Mit Hilfe der »nackten Pflanzenzellen« kann die Züchtung wesentlich beschleunigt werden. Die Gentechnik strebt an, die Pflanzen widerstandsfähiger zu machen. Und zwar gegen:
- Virusinfektionen
- krankheitserregende Pilze, Insekten
- Unkraut
- Hitze und Kältestreß

Als Transporteur, mit dessen Hilfe sich veränderte Gene in die Erbsubstanz von Pflanzen »schmuggeln« lassen, scheint sich das weitverbreitete Bodenbakterium »Agrobacterium tumefaciens« zu bewähren. Dieser Mikroorganismus dringt an verletzten Stellen der Pflanzen ein und programmiert ihren genetischen Apparat dergestalt um, daß sie von nun an Nährstoffe für ihn herstellen. Überdies entwickeln die Pflanzen an der Verletzung Tumoren, den Lebensraum für die Eindringlinge.

Das Bodenbakterium bedient sich dabei eines Plasmids, so wie es auch in der gentechnischen Herstellung von Insulin geschieht. Wenn dieses Plasmid von den Molekularbiologen mit anderen genetischen Teilen ausgestattet wird, bringt es »Agrobacterium tumefaciens« ebenfalls in die Pflanzenzellen.

Auf solche Weise können eingeschleuste Gene diese zum Beispiel widerstandsfähig gegen bestimmte Herbizide machen.

Wesentlich schwerer werden es die Gentechniker haben, wenn sie Pflanzen in die Lage versetzen sollen, den Stickstoff aus der Luft aufzunehmen, den sie – wie jedes andere Lebewesen – brauchen, um Eiweiß herzustellen. Bis auf den heutigen Tag sind die Pflanzen nicht in der Lage, den nahezu unbegrenzten Stickstoff in der Luft zu nutzen. Lediglich einigen Bakterienarten und Blaualgen hat die Natur diese Fähigkeit verliehen. Sie leben in Symbiose mit Hülsenfrüchtlern, Bohnen, Klee, Erlen und Luzerne und vermitteln diesen den Stickstoff.

Pflanzen mit der Fähigkeit auszustatten, den Stickstoff aus der Luft zu binden, stellt eine gewaltige Herausforderung für die Molekularbiologen dar. Bis heute können sie in der Regel nur ein oder wenige Gene – etwa jenes zur Insulinherstellung – in einen Mikroorganismus verpflanzen. Bei der Stickstoff-Fixierung von Knöllchenbakterien auf Pflanzen sind 17 Gene involviert. So viele Gene zu übertragen und vor allem ihr lückenloses Zusammenspiel zu sichern – das übersteigt gegenwärtig noch bei weitem die Fähigkeit der Gentechniker.

Eine eher zu bewältigende Aufgabe könnte es nach den Worten des Hoechster Leiters der Pflanzenschutzforschung Dr. Friedrich Wengenmayer sein, Rapspflanzen so zu verändern, daß sie eine »maßgeschneiderte Zusammensetzung« der von ihnen produzierten Öle liefern, und zwar für verschiedenartige Verwendungen: um Fettsäuren für einige industrielle Bereiche herzustellen, so zum Beispiel bei Waschmitteln, in der Textilindustrie, bei der Herstellung von Lacken, Farben und Kunststoffen oder als Emulgatoren.

Eine interessante Möglichkeit sieht Wengenmayer auch, wie er auf dem Wissenschaftlichen Symposium von Hoechst 1988 darlegte, in einer möglichst brauchbaren Zusammensetzung des Rapsöls, um es als Dieselersatz zu verwenden. Bis diese Ziele erreicht sein werden, ist allerdings noch erhebliche Grundlagenforschung nötig. Der Bereich Landwirtschaft arbeitet auf diesem Gebiet eng mit verschiedenen Wissenschaftlern zusammen.

Wird dic genetische Forschung, besonders wenn es gelingen sollte, herbizidresistente Pflanzen herzustellen, den bisherigen Pflanzenschutz auf absehbare Zeit obsolet machen? Die Molekularbiologen antworten darauf mit einem klaren Nein. Die Entwicklung chemischer Pflanzenschutzmittel, die in immer geringeren Mengen immer gezielter wirken und nebenwirkungsärmer sein sollen, muß weitergehen. Sie sind unerläßlich und ergänzen die künftigen Errungenschaften der Pflanzenzüchtung.

Tiergesundheit – ein wichtiges Arbeitsgebiet

Robert Koch, der mit Hoechst das Tuberkulin herausbrachte, erforschte als Landarzt eine der seinerzeit gefährlichsten Tierseuchen, den Milzbrand bei Rindern, wissenschaftlich Anthrax genannt, weil das Blut der Infizierten schwarz aussah. Diese Krankheit, die gelegentlich auch Menschen befiel, hatte noch 1913 im Reich 5238 Höfe erfaßt.

Koch entdeckte in langer, zäher Arbeit auch den Erreger des Milzbrandes: nur unter dem Mikroskop sichtbare winzige Stäbchen, die sich völlig unbeweglich verhielten. Diese unscheinbaren Bazillen waren in der Lage, ganze Rinderherden auszulöschen. Kochs Entdeckung, die endgültig bewies, daß Seuchen von ganz bestimmten Erregern ausgelöst werden, zählt zu den Sternstunden der Medizin.

Eine besondere, fast schon vergessene Bedeutung errang in der Tiermedizin das Salvarsan, Ehrlichs Chemotherapeutikum gegen Syphilis. Seine erste Anwendung bei Tieren geschah bei der von Spirochäten erzeugten Brustseuche der Pferde. Aber auch gegen andere Tierkrankheiten wurde die Wirkung von Salvarsan untersucht, zum Beispiel bei Tetanus und bestimmten Darmerkrankungen. Dabei zeigte sich Salvarsan als nur wenig erfolgreich. Als sehr wirksam dagegen erwies es sich bei Milzbrand, vor allem Neosalvarsan.

Berenil gegen Trypanosomen

Zu den erfolgreichsten Präparaten bei Hoechst gehört das 1954 entwickelte Berenil. Mit ihm konnte die gefürchtete Nagana bekämpft werden, eine Infektionskrankheit von Tieren im tropischen Afrika. Die Erreger sind Trypanosomen. Sie sind mit jenen verwandt, die bei den Menschen die Schlafkrankheit erzeugen. Die Trypanosomen werden von der Tsetse-Fliege übertragen.

Die infizierten Tiere magern ab, lassen in ihrer Leistung nach und zeigen die Symptome von Blutarmut. Schon mit Hilfe der tropenmedizinischen Präparate, wie Germanin in den 30er Jahren, waren große Erfolge erzielt worden. Doch mit Berenil konnte ein noch tiefgreifenderer Wandel erzielt werden. Es rettete Tausende von Tierbeständen.

Noch heute zählt Berenil zu den Spitzenpräparaten der in Unterschleißheim bei München angesiedelten Veterinär GmbH, einer hundertprozentigen Tochter der Hoechst AG. Im Konzern erreicht das Arbeitsgebiet einen Umsatz von über 500 Millionen Mark und gehört damit zu den zehn größten Unternehmen, die sich mit Präparaten für die Tiergesundheit beschäftigen. Darunter befinden sich Firmen wie Pfizer, MSD Sharp & Dohme, Rhône-Merieux, Bayer und Pitman Moor.

Forschung wird großgeschrieben

Die Hoechst Veterinär GmbH investiert etwa zehn Prozent ihres Umsatzes in Forschung und Entwicklung. Der Wettbewerb ist in der Tiergesundheit nicht weniger ausgeprägt als im Pflanzenschutz. Produkte der Hoechster Tiergesundheit werden heute auf allen fünf Kontinenten und in über 70 Ländern erfolgreich angewandt.

Es sind im wesentlichen drei Säulen, die dieses Hoechst Arbeitsgebiet tragen. Die erste umfaßt chemotherapeutische und pharmazeutische Präparate. Sie dienen zur Bekämpfung der zahlreichen Infektionen durch Viren, Bakterien und Parasiten, an denen Nutz- wie auch Haustiere leiden. Besonders verbreitet sind Infektionen mit Würmern, die schwere Schäden im Darm, im Magen oder in der Lunge von Rindern, Schafen, Schweinen, Pferden und anderen Tieren verursachen können. Die wirtschaftlichen Verluste gehen, weltweit gesehen, in die Milliarden.

Hoechst hat vor einigen Jahren auf diesem Gebiet ein sehr erfolgreiches Präparat herausgebracht: Panacur. Es vernichtet nicht nur die ausgewachsenen Würmer, sondern auch ihre Larven, die im Tierkörper ausreifen und den Infektionskreislauf in Gang halten.

Die zweite Säule

Die biologischen Präparate für die Tiergesundheit werden vornehmlich in Marburg bei den Behringwerken und in Milton Keynes im Vereinigten Königreich hergestellt. Es handelt sich dabei um Impfstoffe gegen verschiedene Erkrankungen bei Hunden, Katzen, Rindern, Pferden und Schweinen. Ein Mehrfach-Impfstoff von Behring, Candivac, schützt zum Beispiel Hunde zugleich gegen Staupe, Hepatitis, Infektionen mit Leptospiren und gegen Tollwut. Die Kompetenz, die Behring auf dem Gebiet der Human-Impfstoffe und Seren besitzt, kommt dabei den entsprechenden Präparaten für die Tiergesundheit zugute.

Die dritte Säule

Neben den chemotherapeutischen Substanzen und den Impfstoffen bilden Futterzusatzstoffe die dritte Säule des Sortiments. Dazu gehören auch Mittel gegen Kokzidien, einzellige Parasiten, die sich im Darm, besonders von Geflügel, breitmachen, empfindliche Schäden anrichten und die Legeleistung von Hühnern beeinträchtigen. Sacox, ein Mittel gegen diese Kokzidien ist deshalb ein Absatzfavorit.

Das jüngste Ergebnis eines langen Forschungs- und Entwicklungsprozesses, der insgesamt viele Jahre dauerte, ist Salocin. Es wurde im Oktober 1987 als Leistungsförderer für die Ferkel- und Schweinemast zugelassen. Das auf fermentativem Weg gewonnene Präparat bewirkt eine Stabilisierung der Darmflora und schaltet grampositive Bakterien aus. Dazu zählen vor allem Staphylokokken und Streptokokken. Wichtige Nährstoffe können von den Tieren besser aufgenommen und verdaut werden. Ihre Leistungskraft wird verstärkt.

Ein fast schon klassisches Präparat für die bestmögliche Futterausnutzung bei Rindern und Schweinen ist Flavomycin. Dieses Antibiotikum wurde gezielt für die Tierernährung entwickelt. Es unterscheidet sich wesentlich von den Antibiotika, die für die Therapie verwendet werden. Es wird nicht resorbiert und erzeugt keine Resistenzen.

All diese Tiergesundheits-Produkte helfen dem Landwirt seine Tierbestände gesund und leistungsfähig zu erhalten. Sie dienen aber auch der Gesundheit unserer Haustiere.

Am wichtigsten: Die Eigenverantwortung

Die Produkte für die Landwirtschaft unterliegen, ebenso wie die Arzneimittel, einer intensiven Prüfung und Überwachung durch Bundesbehörden. Dazu kommt ein dichtes Netz von gesetzlichen Vorschriften, die den Verbraucher und die Umwelt schützen helfen. Nirgends ist dieser Schutz so wichtig wie bei unseren Nahrungsmitteln. Am wichtigsten bleibt freilich die Eigenverantwortung des Unternehmens. Sie kann durch keine noch so ausgeklügelte Vorschrift ersetzt werden.

KAPITEL 13

WAS EIN CHEMIEWERK ALLES BRAUCHT

Das Schiff trägt den Namen »Greiffenstein«. Seine Ladung, die am Kai des Hoechster Hafens gelöscht wird, besteht aus 1200 Tonnen Steinsalz. Dieses »weiße Gold« wurde in der Nähe von Heilbronn, 200 Meter unter Tage, gewonnen. Hersteller ist die Südwestdeutsche Salzwerke AG, die Hoechst schon seit dem vergangenen Jahrhundert beliefert. Viele Schiffsladungen dieser Art sind nötig, um den Hoechster Steinsalzbedarf im Jahr zu decken. Er beträgt gegenwärtig rund 900000 Tonnen jährlich, lag aber in manchem Jahr auch schon darüber. Kosten: 45 Millionen Mark.

Das Salz ist für den Chemikalienbereich bestimmt, von dem dann die Weiterverarbeitung betrieben wird. Das Salz wird zu den zwei Chloralkalielektrolysen im Stammwerk transportiert. Die weiteren Chloralkalielektrolysen in den Werken Gendorf, Gersthofen und Knapsack werden über die Eisenbahn mit Steinsalz versorgt. Mit Hilfe von Strom wird das Salz in seine Bestandteile zerlegt, wobei in einer wässrigen Lösung Chlor und Natronlauge, dazu noch Wasserstoff entstehen.

Die halbe Million Tonnen Chlor, die in der AG jährlich hergestellt werden, dienen für eine Vielzahl von Produktionen, wie etwa zur Methanchlorierung im Stammwerk. Dabei wird der Wasserstoff im Methan durch Chlor ersetzt. Monochloressigsäure und Vinylchlorid werden in Gersthofen und Knapsack hergestellt. Die weitere Umsetzung zu Polyvinylchlorid (PVC) geschieht an den gleichen Standorten.

Die Natronlauge aus den Chloralkalielektrolysen macht rund 560000 Tonnen aus. Sie wird vor allem bei der Herstellung von Natriumtripolyphosphat gebraucht, aber auch für organische Zwischenprodukte, Fasern aus Zellwolle, Farben und Chlorbleichlauge. Ein kleiner Teil wird auch verwendet, um Tylose herzustellen, also Cellulose-Ether.

Der Wasserstoff wird für Hydrierungen, also zur Anlagerung an ungesättigte Verbindungen, wie etwa die Umwandlungen von ungesättigte in gesättigte Fettsäuren, bzw. als Brennstoff zur Energieerzeugung eingesetzt oder komprimiert in Stahlflaschen an Messer Griesheim abgegeben.

Im Werk Gendorf wird Wasserstoff für die Herstellung von Fettaminen gebraucht, die als Waschmittelrohstoffe – zum Beispiel als Wäscheweichmacher – verwendet werden.

Strom dient in der Chemie nicht nur als Energielieferant, sondern auch als Rohstoff. Das gilt im besonderen für die Chloralkalielektrolyse. Das ist einer der Gründe, warum der Geschäftsbereich A ein neues Verfahren weiterentwickelt hat, bei dem Chlor und Natronlauge unter günstigeren Energiebedingungen hergestellt werden. Eine sogenannte Membranzellen-Versuchsanlage wurde 1988 in Betrieb genommen. Dieses Verfahren hat den besonderen Vorteil, kein Quecksilber zu benötigen.

Der Stromverbrauch bei Hoechst ist in den letzten Jahrzehnten infolge vieler Rationalisierungsmaßnahmen in der Produktion zurückgegangen. Er macht etwa ein Viertel von dem aus, was ganz Dänemark verbraucht. Für diese Menge von 5200 Millionen kWh werden bei Hoechst wesentlich mehr Produkte erzeugt als mit der gleichen Strommenge in den 60er und 70er Jahren.

Phosphor in Knapsack und Vlissingen

Früher kamen auch die Schiffe im Hoechster Hafen an, die Schwefelkies brachten. Das hat freilich schon seit längerer Zeit aufgehört. Hoechst arbeitete seit 1976 nach einem neuen Verfahren zur Herstellung von Schwefelsäure, bei dem elementarer Schwefel eingesetzt wird. Dieser Schwefel wird von der Erdgas- und Erdöl GmbH bezogen und von der Mobil-Erdgas aus nord-

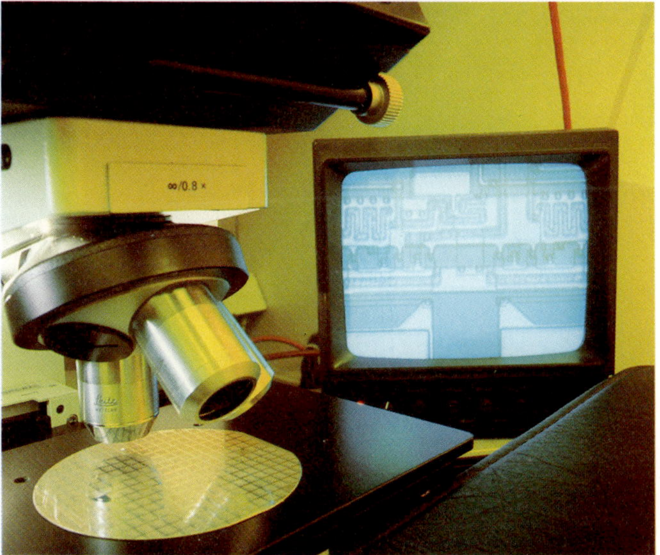

Optische Speicherplatten (Ozadisch, oben) und Mikrochips für die Informationstechnik (unten)

Schweißmaschine von Messer Griesheim

Biohochreaktoren zur Abwasserreinigung

Nächtlicher Blick auf Hoechst

deutschen Gasfeldern gewonnen. In der chemischen Industrie hat er die Schwefelsäureherstellung auf eine neue Basis gestellt.

Die im Stammwerk hergestellte Schwefelsäure, knapp 200 000 Tonnen, dient zur Herstellung zahlreicher chemischer Substanzen, wie Natriumbisulfat, Chlorsulfonsäure und vieler Feinchemikalien wie zum Beispiel Resorcin und Naphtol.

Seit 1989 gibt es bei Hoechst eine neue Rauchgasreinigung. Dort werden die im Rauchgas enthaltenen Stickoxide und danach das Schwefeldioxid entzogen. Später wird die Kohle von dem Schwefel gereinigt und dieser dann zu Schwefelsäure verarbeitet. So trägt das Unternehmen zum Umweltschutz bei und spart durch die neue Technik 1700 Tonnen Naturschwefel im Jahr – ein Beispiel für integrierten Umweltschutz.

Schwefelsäure ist nach wie vor ein Schlüsselprodukt für die gesamte Industrie. Sie wird in rund tausend Bereichen industriell angewendet. Die Weltproduktion an Schwefelsäure ist bedeutend. Sie beträgt 153 Millionen Tonnen. Allein in den USA werden 33,3 Millionen Tonnen Schwefelsäure erzeugt.

Phosphate für Knapsack und Vlissingen

Rohphosphate bezieht das Unternehmen in der Form von Tricalciumphosphat noch per Schiff aus Marokko, USA, Südafrika. Allerdings nicht das Stammwerk, sondern Knapsack und Vlissingen sind die beiden großen Standorte für die Phosphatverarbeitung. Früher wurden die Phosphate benötigt für die Herstellung von Düngemitteln, aber auch für Waschmittel-Rohstoffe.

Die Verwendung von Phosphaten für Düngemittel spielt seit einigen Jahren bei Hoechst keine Rolle mehr. Hoechst hat, wie an anderer Stelle berichtet, im Stammwerk die Herstellung von Düngemitteln aufgegeben; sie war zu einem Verlustgeschäft geworden. Nur noch im Werk Ruhrchemie wird Ammonium-Nitrat hergestellt, das aber ist ein Stickstoff- und kein Phosphordüngemittel. Und in den Waschmitteln ist der Anteil in der

Bundesrepublik an Phosphaten drastisch zurückgegangen. Bei Universalwaschmitteln ist hierzulande inzwischen ein Anteil von über 95 Prozent phosphatfrei.

Unangefochten aber hat der elementare Phosphor seine Hauptanwendung in der Streichholzindustrie. Diese Industrie produzierte im Jahr 1986 rund 56 Milliarden Streichhölzer für das In- und Ausland.

Die Phosphoröfen in Knapsack und Vlissingen produzieren Phosphor zur Herstellung von Phosphorsäure, Phosphaten und Phosphorspezialitäten. Die Phosphorproduktion ist noch stromintensiver als die Chloralkalielektrolyse. Für ein Kilogramm Phosphor werden an die 12 Kilowattstunden benötigt, für Chlor rund 3,8.

Eine Pipeline befördert Ethylen

Ethylen und Propylen sind die für Hoechst unerläßlichen Olefine. Das besonders wichtige Ethylen kommt über eine Pipeline. Aus dem nordwesteuropäischen Pipeline-Netz, das in Rotterdam beginnt, leiten die Produzenten Ethylen bis nach Höchst. Der wichtigste Lieferant von Ethylen ist RWE-DEA (bis vor kurzem U.K. Wesseling).

Die von Wesseling nach Kelsterbach führende Pipeline gehört Hoechst. Und wiederum von Kelsterbach führt eine Pipeline nach Ludwigshafen zur BASF. Im Gegensatz zu anderen Chemieunternehmen hat Hoechst keinen Ehrgeiz, diese Stoffe selbst herzustellen. »Das können die Raffinerien, die über das Rohöl verfügen, wahrscheinlich besser, aber in jedem Fall billiger als wir«, war die von Sammet ausgegebene Devise, die heute noch Gültigkeit besitzt.

Die BASF zum Beispiel ging einen anderen Weg. Noch bevor die BASF die Wintershall AG als Erdölverarbeiter gekauft hatte, wurde sie mit der Entwicklung eigener Verfahren zum Selbstversorger von Olefinen.

Wieder eine andere Lösung wählte die Bayer AG. Sie besitzt

eine Gemeinschaftsgründung mit BP, die Erdölchemie in Dormagen. Entsprechend der Kunststoffstruktur von Bayer, deren Schwerpunkt bei Polyurethanen und Polycarbonaten liegt, ist der Verbrauch von Olefinen bei Bayer nicht so ausgeprägt wie bei den großen Polyethylen-, Polypropylen- und PVC-Herstellern wie Hoechst und BASF.

Um die großen Mengen an Olefinen stets zu sichern, läßt sich Hoechst durch mehrere Produzenten wie RWE-DEA und VEBA versorgen. Der Konzern hat nicht die Zeit von 1973/74 vergessen. Damals brachte die Ölkrise die Lieferungen der Olefine dramatisch ins Stocken. Die Produktion mußte deshalb, soweit sie von diesen Rohstoffen abhing, für geraume Zeit gedrosselt werden.

Ein ähnliches Verbundsystem existiert in Bayern. Eine Pipeline verbindet Gendorf mit der Raffinerie der VEBA in Münchsmünster.

Ethylen hat schon seit den späten 60er Jahren die Nachfolge von Acetylen angetreten. Die Hoechst AG bezieht im Jahr etwa 1,1 Millionen Tonnen Ethylen. Aber auch die Hoechst-Unternehmen in Frankreich, Spanien, Brasilien und Mexiko brauchen Ethylen. Dazu kommt noch die Hoechst Celanese in den USA, die einen erheblichen Ethylen-Bedarf hat. Weltweit betrachtet, ist Hoechst heute der größte Ethylen-Bezieher.

Ethylen wird benötigt für die Herstellung von Polyethylen, für Vinylacetat und Vinylchlorid, für Acetaldehyd und deren Folgeprodukte Essigsäure und -anhydrid, die als Zwischenprodukt für Arzneimittel, Farbstoffe und Pflanzenschutzmittel dienen.

Ferner wird in Frankreich Glyoxal und Glyoxylsäure hergestellt, wichtige Zwischenprodukte für eine Vielzahl weiterer Erzeugnisse. Ein im Alltag vertrautes Endprodukt ist Vanillin.

Schließlich dient Ethylen als Ausgangsprodukt für Ethylenoxid, aus dem das besonders wichtige Glykol hergestellt wird, einer der beiden Ausgangsstoffe für die Polyesterfaser Trevira. Auch für das Frostschutzmittel Genantin hat Glykol einige Bedeutung. Ethylenoxid wird ferner verwendet zur Erzeugung zahlreicher auch wirtschaftlich und technisch wichtiger Stoffe wie Tenside, Textilhilfsmittel, Erdölspalter – um nur einige Einsatzgebiete zu nennen.

Das andere große Produkt, das mit Bahnkesselwagen nach Höchst und in das Werk Kelsterbach gebracht wird, ist Propylen. Polymerisiert verwandelt sich dieses Gas in Polypropylen, einen der bedeutendsten Kunststoffe. Es dient auch als Baustein für die Trespaphan-Folie. Hoechst stellt diese Folie in der Bundesrepublik in Neunkirchen an der Saar her.

Oxo-Chemie in Oberhausen

Propylen gewann in den letzten Jahren wachsende Bedeutung als Ausgangsstoff für Oxo-Alkohole, der Domäne des Werkes Ruhrchemie.

Dort schuf der Chemiker Otto Roelen im Jahre 1938 die sogenannte »Oxo-Chemie«. Dabei wird Kohlenmonoxid und Wasserstoff, die aus »Synthesegas«, aus Kohle oder Erdölprodukten gewonnen werden, mit Hilfe von Katalysatoren aus Kobalt an die Kohlenstoff-Doppelbindungen von beispielsweise Propylen angelagert. Auf diese Weise entstehen Aldehyde, die ein Kohlenstoff-Atom mehr haben als Propylen.

Diese Oxo-Alkohole lassen sich in Alkohole, Säuren, Ester, Amine und wertvolle Folgeverbindungen wandeln.

Sie werden für viele Produktionen benötigt, vor allem für Lösemittel und PVC-Weichmacher.

Unerläßlich ist Propylen auch für die Herstellung von Acrylnitril. Es wird zu Polyacrylnitril polymerisiert und ist als »Dolan« seit vielen Jahren auf dem Markt. Dolan wird im Werk Kelheim hergestellt.

Wie im Faserkapitel erwähnt, ist die modifizierte Dolan-Faser »Dolanit« der bisher meistversprechendste Asbest-Ersatz, und zwar sowohl für Bremsbeläge als auch für Bauplatten.

Auch Zellstoffe bilden einen großen Einkaufsposten. Hoechst braucht sie zur Herstellung seiner Zellwolle in Kelheim, aber auch für Nalo-Wursthüllen und für Tylose.

Hunderte von Tankwagen transportieren aromatische Stoffe nach Höchst. Darunter ist das in den Raffinerien gewonnene Para-Xylol. Dieser aromatische Kohlenwasserstoff wird als zweiter Baustein für die Trevira-Faser benötigt. Etwa 230000 Tonnen im Jahr macht dieses Produkt aus. Lieferanten für Para-Xylol sind verschiedene Raffinerien, darunter RWE-DEA, Shell, Exxon und andere.

Auch Methanol – jährlich rund 200000 Tonnen – wird von Hoechst bezogen. Hauptlieferanten sind Methanor (Niederlande) sowie VEBA und ICI. Es wird zur Herstellung von Formaldehyd, dem Vorprodukt des Kunststoffs Hostaform, für Polyester-Fasern, Methylchlorid und Folgeprodukte sowie für zahlreiche Lösemittel verwendet. Durch den Erwerb der Celanese ist Hoechst Produzent von Methanol in Kanada und Saudi-Arabien geworden. Bei der Polyester-Herstellung wird Methanol seit einigen Jahren wiedergewonnen.

Einen bedeutenden Anteil im Einkauf haben auch die Fettsäuren und Fettalkohole. Sie dienen als Rohstoffe für Waschmittel und Alkydharze, die im Lackbereich verwendet werden.

Die Vorstellung, daß einmal all diese Güter nicht oder nicht rechtzeitig in Höchst eintreffen könnten, hält Alfred X. Rad, der Leiter des Ressorts Beschaffung und Einkauf, für »undenkbar«. Die chemische Produktion verlangt ein Ineinandergreifen vieler Prozesse, denn die Fabriken werden überwiegend kontinuierlich gefahren. Alle Bezüge werden ebenso langfristig wie detailliert mit den Bereichen abgestimmt. Hierfür existiert eine Einkaufskommission und andere Gremien, mit denen jeweils der Rohstoffbedarf des Unternehmens mit dem Ressort Beschaffung festgelegt wird.

Von Juli 1974 bis Oktober 1988 war Professor Wolfgang Hilger im Vorstand für dieses Ressort zuständig, das einen hervorragenden Einblick in alle Abläufe des Unternehmens bietet. Danach hat diese Aufgabe Dr. Ernst Schadow übernommen, der auch für den Geschäftsbereich Anlagenbau und für das Ressort Ingenieurwesen im Vorstand verantwortlich ist.

Veredelung bedeutet Wertsteigerung

Zwischen vierzig und fünfzig Prozent vom weltweiten Umsatz der Hoechst AG von rund 41 Milliarden werden zunächst eingekauft. Wenn sie an die Kunden gehen, haben sie eine hohe Veredelung erfahren. Diese Veredelung kommt in der Wertsteigerung zum Ausdruck, die in der Bilanz des Unternehmens zu den besonderen Positionen zählt.

In der Hoechst AG werden über 7,5 Milliarden Mark für die Beschaffung von Gütern ausgegeben. Knapp die Hälfte machen die Rohstoffe aus, von denen wiederum der Löwenanteil die vom Erdöl abstammenden Olefine sind. Weitere 15 Prozent der Rohstoffe entfallen auf anorganische Produkte. Aromatische Grundstoffe belaufen sich auf rund zehn Prozent. Dazu gehören Anilin, Benzol, Toluol – all die klassischen Rohstoffe der Chemie, die heute noch für pharmazeutische Erzeugnisse, Farbstoffe, Pigmente und Pflanzenschutzmittel benötigt werden.

Rohstoffe für die Pharma summieren sich insgesamt zu rund acht Prozent. Dazu gehören Tonnen tierischer Bauchspeicheldrüsen von zahlreichen Schlachthöfen in der Bundesrepublik. Die Drüsen werden zur Herstellung von Insulin verwandt. Die Pankreas-Drüsen werden in zahlreichen Schlachthöfen der Bundesrepublik und des Auslandes gesammelt und tiefgefroren an Hoechst geliefert. Ihre Verarbeitung ergibt nur einige hundert Gramm Insulin aus einer Tonne Pankreas-Drüsen.

Mehr als 15000 Tonnen dieser Drüsen, von rund 100 Millionen frisch geschlachteter Tiere stammend, werden derzeit benötigt, um den jährlich lebensnotwendigen Insulinbedarf in der westlichen Welt bereitzustellen. Dabei liegt der Insulinbedarf eines einzelnen Diabetikers, grob geschätzt, bei dreißig bis vierzig Internationalen Einheiten, also zwischen ein und zwei Milligramm pro Tag.

Die Verarbeitung der Pankreas-Drüsen, die Reinigung des gewonnenen Schweine- (und Rinder-)Insulins und die chemisch-enzymatische Überführung von Schweine- in Human-Insulin erfordern erhebliche Mengen an weiteren Rohstoffen, insbesondere an Säuren, Alkali und organischen Lösungsmitteln. Viele der Lösemittel können allerdings wiedergewonnen werden.

Große Mengen an Rohstoffen benötigt die Pharma für ihre Fermentation. Sie dient der Herstellung von Antibiotika und anderen Wirkstoffen unter Verwendung von Mikroorganismen. Hier werden Rohstoffe im Gewicht von mehr als einer Tonne eingesetzt, um beispielsweise etwa 100 Kilogramm Penicillin G-Natriumsalz zu erhalten. »Produzent« ist dabei der Mikroorganismen-Stamm, der sich, ausgehend von den zunächst eingesetzten wenigen Milligrammen, im Verlauf des Prozesses so vermehrt, daß er zuletzt ein Gewicht hat, das einem der verwendeten Rohstoffe entspricht.

Zu den sogenannten »nachwachsenden Rohstoffen«, die rund sechs Prozent betragen, gehören Kolophonium-Harze, die vom Bereich G, dem Lackbereich, benötigt werden. Kolophonium-Harze, die aus China und Portugal kommen, waren bis zur Herstellung der ersten Kunststoff-Harze die klassischen Rohstoffe für Lacke.

Zu den nachwachsenden Rohstoffen gehören auch Fette und Öle, besonders deren Abkömmlinge Fettsäuren und Fettalkohole.

Von der Kohle zum Erdgas

Bei der Versorgung mit Brennstoff, die ebenfalls dem Ressort Beschaffung und Einkauf obliegt, hat sich die Struktur der Bezüge fast völlig verändert. Während noch 1975 die Kohle – danach das Erdöl – im Vordergrund stand, dominiert heute das Erdgas. Siebzig Prozent der von Hoechst benötigten Menge werden von der Ruhrgas AG geliefert, die zu den großen Kunden der UdSSR gehört. Dort liegen die größten Reserven an Erdgas, nämlich vierzig Prozent der bekannten Weltvorräte.

Um all die anderen Produkte aufzuzählen, die der Konzern jährlich in seinem »Einkaufsnetz« verstaut, bräuchte man ein eigenes Buch. Es handelt sich um rund 200 000 Artikel, die aus dreißig Branchen stammen, vom Reagenzglas über Verpackungen bis hin zur Großanlage. 1260 Menschen von den insgesamt in der Hoechst AG 63500 Beschäftigten kaufen für Hoechst ein – gern gesehene Damen und Herren bei den Kunden. Sie sind hochspezialisiert, denn nicht nur der günstigste Preis spielt in ihren Verhandlungen eine ausschlaggebende Rolle, sondern natürlich auch eine intime Kenntnis der Beschaffungsmärkte, die Qualität der Produkte und die unbedingte Leistungsfähigkeit des Kunden, was die rechtzeitige Lieferung anbelangt.

Bei Hoechst wird der Einkauf nicht erst eingeschaltet, wenn eine neue Produktionsanlage betriebsbereit ist, sondern bereits, wenn die Ingenieure die ersten Planungen unternehmen.

Chemikalien und Spezialitäten

Großabnehmer des Einkaufs sind sämtliche Geschäftsbereiche, wenn auch in unterschiedlichem Ausmaß. Vom Volumen her zählt der Chemikalienbereich, der Bereich A, zu den besonders gewichtigen Abnehmern.

Der Geschäftsbereich Chemikalien ist einer der chemischen Tragpfeiler des Unternehmens. Seine Produkte sind außerordentlich vielfältig, zu den wichtigsten gehört die Essigsäure. Hoechst stellt davon weltweit rund 1,2 Millionen Tonnen her und ist damit der größte Produzent der Welt. In dieser Kapazität ist die Celanese enthalten, die auf dem Gebiet organischer Chemikalien besonders stark ist.

Aus Essigsäure wird Vinylacetat hergestellt. Die Kapazität für diese Verbindung beträgt derzeit weltweit 730000 Tonnen. Vinylacetat ist notwendig für die Kunststoff-Dispersionen Mowilith und Mowiol. Doch die Essigsäure bzw. Essigsäureanhydrit dient auch für viele andere Produktionen als Vorprodukt.

Der Bereich A beschäftigt sich intensiv mit der Entwicklung neuer Technologien. Sie sollen eine bessere Rohstoff- und Energienutzung sowie eine geringe Umweltbelastung bewirken.

Ersatz für FCKW

Besondere Anstrengungen unternimmt die Forschung angesichts des Ozonlochs in der Stratosphäre.

Schon 1974 hatten die amerikanischen Wissenschaftler Molina und Rowland postuliert: es müsse ein Zusammenhang bestehen zwischen dem verstärkten Auftreten von Fluorchlorkohlenwasserstoffen in der Stratosphäre und dem Abbau von Ozon unter dem Einfluß der UV-Strahlung der Sonne.

In den 80er Jahren häuften sich die Beweise, daß die Ozonschicht tatsächlich durch Fluorchlorkohlenwasserstoffe geschädigt wird. Hoechst suchte nun nach Verbindungen, mit denen die FCKWs ersetzt werden können. Unter der Federführung der NASA wurde im Herbst 1986 ein »Ozone Trends Panel« gewählt. Über hundert namhafte Wissenschaftler beteiligten sich daran und übernahmen die Aufgabe, alle Ozonmeßdaten auszuwerten. Im März 1986 wurden die Ergebnisse veröffentlicht. Seither weiß man: Das atmosphärische Gesamtozon hat in den Jahren 1969 bis 1986 in unseren Breiten um insgesamt 1,7 bis 3,0 Prozent abgenommen.

Hoechst zählt zu den bekanntesten Herstellern von Verbindungen, die durch Chlorierung und Fluorierung von Kohlenwasserstoffen erzeugt werden. Diese Elemente gehören zu der Gruppe der Halogene – daher der Ausdruck »halogenieren«. Die Fluorkohlenwasserstoffe dienen den Kunden des Unternehmens zur Herstellung von Kühlmitteln in Kühlschränken und Klimaanlagen, als Treibmittel in Sprays und zur Kunststoffverschäumung.

In einem Abkommen einigten sich die Industriestaaten darauf, die Herstellung von FCKWs bis 1998 zu halbieren. Auf einer Konferenz im Frühjahr 1989, bei der einige Wissenschaftler sogar argwöhnten, die Zerstörung der Ozonschicht sei weiter fortgeschritten als bisher angenommen, wurde gefordert, die Herstellung des »Ozonkillers« bis zum Ende des Jahrhunderts ganz einzustellen.

Kurz darauf kündigte Hoechst als erstes Chemieunternehmen

den Termin an, zu dem es die Produktion von Fluorchlorkohlenwasserstoffen ganz aufgeben werde. »Wir werden die Produktion dieser Verbindung bis 1995 in sämtlichen Fabriken eingestellt haben«, das versicherte Dr. Hans Georg Janson, zuständig im Vorstand für die Chemikalien, Lacke und Kunstharze, auf einer Pressekonferenz.

Eine vernünftige Übergangslösung

Hoechst hat im Jahre 1988 rund 80000 Tonnen Fluorchlorkohlenwasserstoffe erzeugt. Das sind ungefähr sieben Prozent der Weltproduktion. Nach Hoechst ist die Kalichemie größter FCKW-Produzent in Deutschland.

Für eine akzeptable Übergangslösung soll das teilhalogenierte H-FCKW dienen. Es enthält weniger Chlor und greift die Ozonschicht um 95 Prozent weniger an als das vollhalogenierte FCKW. 1992/93 wird Hoechst eine Produktionsanlage mit einer Kapazität von rund 10000 Tonnen für einen Ersatzstoff in Betrieb nehmen, der kein Chlor mehr enthält.

Ob allerdings der Ausstieg von Hoechst und anderen westlichen Unternehmen das Ende der FCKWs bedeutet, ist nicht sicher. China, andere fernöstliche Länder, aber auch die Sowjetunion, werden möglicherweise noch nicht so schnell Abschied von den Fluorchlorkohlenwasserstoffen nehmen.

Feinchemikalien immer umweltfreundlicher

Auch bei den Feinchemikalien und Farbstoffen setzt Hoechst auf neue Verfahren, mit denen sich Energie und Rohstoffe rationeller nutzen lassen. Das gilt besonders für die Herstellung wichtiger Zwischenprodukte wie Halogenaromaten und Nitroverbindungen.

Viele der im Bereich Feinchemikalien und Farben hergestellten Zwischenprodukte dienen dazu, Farbstoffe und Pigmente herzustellen. Dieser älteste Produktionszweig von Hoechst stand durch das Aufkommen der synthetischen Fasern nach dem Zweiten Weltkrieg vor der Aufgabe, völlig neue Sortimente aufzubauen. Das war schwieriger, als es zunächst schien. Im Gegensatz zu anderen Fasern verlangten die Polyester-Fasern weit höhere Färbe-Temperaturen. Erst bei über 100°C sind sie bereit, Farbstoffe aufzunehmen. Für derartiges Färben brauchte man geschlossene Apparaturen. Es wurden deshalb auch Färbemethoden entwickelt, die mit herkömmlichen Färbeeinrichtungen – den sogenannten Carriern – die Anfärbung von Polyester schon bei 100°C ermöglichten.

Für Schwarz fanden die Chemiker einen außerordentlich echten Farbstoff, das Azanilschwarz. Um die großen Entwicklungen fortzuführen, die vom Werk Offenbach von den Naphtolen ausgegangen waren, wurde eine wertvolle Gruppe von Trevira-Farbstoffen geschaffen, die Intramin-Farbstoffe.

Werdegang eines Farbstoffes

Die Entwicklung eines Farbstoffes dauert mehrere Jahre. Früher wurden im Jahr etwa 2000 Farbstoff-Individuen hergestellt und auf ihre Eigenschaften geprüft, vor allem auf ihr Ziehvermögen und darauf, ob sie lichtecht und waschecht waren. Eine andere Frage heißt: Wie verhält sich der Farbstoff-Aspirant aus dem Labor in der chemischen Reinigung und beim Bügeln?

Die Lichtechtheit wird in der sonnenarmen Herbst- und Winterzeit in Schnellbelichtungsanlagen ermittelt, wo die Färbungen intensiv bestrahlt werden. Das Ergebnis wird dann durch eine Belichtung im natürlichen Sonnenlicht kontrolliert, die sich über ein halbes Jahr oder länger erstrecken kann.

Während dieser ganzen Zeit wird das Verhalten des Farbstoffs intensiv unter die Lupe genommen. Es wird ein »Steckbrief« angelegt, in dem alle »Charakterzüge« des Produktionskandidaten sorgfältig registriert werden. Zeigt eine Brillanz bei der Belichtung keine Beständigkeit, oder zeigt der gefärbte oder bedruckte

Stoff beim Waschen und Bügeln Anzeichen des gefürchteten »Ausblutens«, so ist sein Schicksal besiegelt. Er wird nicht auf den Markt kommen.

Ergeben sich jedoch günstige Resultate, dann werden im Laboratorium einige Kilogramm des Farbstoffs in spe hergestellt; eine Reihe weiterer strenger Prüfungen schließt sich an. Gleichzeitig werden nicht minder wichtige Fragen untersucht: Wie sieht es mit den Möglichkeiten der Großproduktion aus, wie steht es um die Wirtschaftlichkeit, welche Verkaufschancen sind zu erwarten und wie ist die Patentlage?

In den 50er und 60er Jahren brachten die großen Farbstoff-Firmen im Durchschnitt etwa fünfzig Farbstoffe im Jahre heraus, dafür wurde ein Teil der nicht mehr gängigen Produkte fortwährend aus dem Handel gezogen.

Insgesamt verfügt Hoechst gegenwärtig über eine Palette von 1100 verschiedenen Handelstypen von Farbstoffen. Ungefähr 800 davon werden im Stammwerk, die übrigen 300 in Offenbach produziert.

Reaktiv-Farbstoffe – besonders begehrt

Bevor Hoechst das Samaron-Sortiment vorstellte, das sich weitgehend auf bereits bekannten Farbstoffen aufbaute, hatte die Forschung versucht, einem alten Wunschtraum der Chemiker nahezukommen: Farbstoffe zu schaffen, die sich in einer chemischen Reaktion echt an die Faser binden. Auf diese Weise würden die brillanten Farbstoffe auch höchste Ansprüche an Echtheit erfüllen.

Nun war schon lange bekannt, daß Wolle, Seide und Polyamid-Fasern wie Nylon oder Perlon reaktionsfähige Aminogruppen enthalten. Es müßte daher möglich sein, so überlegte man bei Hoechst, diese Aminogruppen mit geeigneten Reaktionspartnern in den Farbstoff-Molekülen zu einer echten chemischen Bindung zu bringen.

Versuche bestätigten diese These nicht nur im Hinblick auf

diese Fasern. Es erwies sich, daß auch die in der Baumwolle vorhandenen Hydroxylgruppen mit geeigneten Farbstoffen reagieren können. Das hieß, auch für Cellulose-Fasern kamen Reaktiv-Farbstoffe in Frage.

Bereits 1949 konnte Hoechst ein grundlegendes Patent über diese Reaktiv-Farbstoffe vorlegen. Drei Jahre später wurde mit den Remalan-Farbstoffen mit Brillant-Blau ein Reaktiv-Farbstoff auf dem Weltmarkt präsentiert, der sich an die Wolle bindet. Weitere Entwicklungen haben dann zum Aufbau eines ganzen Sortiments von Reaktiv-Farbstoffen für Cellulose-Farbstoffe geführt.

Für den weiteren Ausbau der Reaktiv-Farbstoffe wurden größere Kapazitäten an Zwischenprodukten und Feinchemikalien benötigt. Ausgehend von einfachen aromatischen Verbindungen wie Benzol, Toluol, Naphthalin und anderen werden Farbstoffe ja erst in zahlreichen chemischen Umsetzungen aufgebaut, ob es sich um Nitrieren, Reduzieren, Oxidieren, Sulfieren, Chlorieren, Methylieren handelt.

Die ersten sechs Farbstoffe aus dem Reaktiv-Sortiment wurden 1957 unter der Bezeichnung Remazol-Farbstoffe herausgebracht. Noch heute sind die Remazole die wichtigsten Farbstoffe.

Hansagelb – das erste Pigment

Mit Pigmenten und Farbstoffen war Hoechst schon früh am Startplatz. 1909 eröffnete Hansagelb das Pigment-Sortiment. Hansagelb zeichnete sich durch besonders klare, kräftige und sehr lichtechte Gelbtöne aus. Später kamen Hansarot und die Hansa-Scharlachmarken hinzu. Sie bildeten den Grundstock für die weiteren Sortimente.

Ob es um die Lackierung eines Autos geht, das Titelbild einer Illustrierten, den Anstrich von Häuserwänden oder das farbenfrohe Muster von Fußbodenbelägen – Hoechster Pigmente sind fast immer dabei.

Die Konkurrenz auf dem Farbstoffgebiet schläft allerdings nicht. Alle großen Farbenhersteller wollen ihre Marktanteile behalten oder weiter ausbauen. Gegenwärtig besitzen die sogenannten »Big Six« eine dominierende Stellung auf dem Weltmarkt für Textilfarbstoffe, der etwa zehn Milliarden Mark umfaßt: Ciba Geigy mit 13 Prozent, Bayer mit 11 Prozent, Hoechst 10 Prozent, BASF 8 Prozent, ICI 9 und Sandoz ebenfalls 9 Prozent.

Wer seine Stellung auf dem Gebiet der Farbstoffe und Pigmente behalten will, darf an intensiver Forschung nicht sparen. Hoechst wendet dafür etwa 80 Millionen Mark auf. Die Aufgaben ergeben sich durch die immer beliebtere Verwendung von Mischgeweben aus Natur- und Synthesefasern, aus der Weiterentwicklung der bestehenden Fasertypen oder durch neue Waschmittel.

Farbstoffe für Wolle, die in der Waschmaschine gewaschen wird, müssen natürlich besonders fest auf der Faser haften. Hoechst entwickelte deshalb ein spezielles System von Reaktiv-Farbstoffen, die sich besonders dafür eignen, das Hostalan-Sortiment.

Entsprechend den in den letzten Jahrzehnten stark gestiegenen und sehr differenzierten Anforderungen der verarbeitenden Industrie wurden zusätzliche Pigmentsortimente zum Einfärben von Lacken, Druckfarben und Kunststoffen entwickelt. Besonders erwähnt sei das Hostaperm-Sortiment, in dem Pigmente mit höchsten Echtheitsansprüchen, insbesondere bezüglich Wetterechtheit, zusammengefaßt sind.

Ein Hoffnungsträger im Bereich der Feinchemikalien und Farbstoffe ist der Süßstoff Sunett.

Lieferant vieler Industriezweige

Zu den eifrigsten Beziehern von Chemikalien gehört – neben fremden Firmen – der Bereich Tenside und Hilfsmittel. Seine Produkte sind dem Normalbürger wenig bekannt, um so besser aber den zahlreichen Abnehmern, den Herstellern von Waschmitteln, Textilien, Kosmetik oder die Erdölindustrie.

Tenside sind ambivalente Verbindungen. Ihr Molekül vereinigt einen wasser- und einen öl-löslichen Teil. Dadurch können Tenside das Löseverhalten von nicht mischbaren Stoffen beeinflussen. Sie werden an Grenz- und Oberflächen gebunden und deshalb oft auch oberflächenaktive Stoffe genannt. Mit Hilfe der Tenside ist es möglich, Schmutz abzulösen, die Bildung von Schaum zu steuern, Textilien weicher zu machen und zu ermöglichen, daß sich Wasser mit Ölen und Fetten mischt.

Die Hilfsmittel dienen zur Veredelung von Textilfasern, von Geweben und Leder. Sie haben auch bei der Erdölgewinnung, der Metallverarbeitung, im Baustoff- und Anstrichsektor und bei der Formulierung von Pflanzenschutzmitteln ihren Platz.

Folien – ein heiß umkämpfter Markt

Während sich bei den Chemikalien die »Hochburgen« in der Bundesrepublik im Stammwerk und in Griesheim befinden, sind die Bereiche Folien und Informationstechnik in Wiesbaden beheimatet. Ihr Stammsitz ist das Werk Kalle, das 1988 mit dem Werk Albert vereinigt wurde. Heute arbeiten in diesem »Doppel-Werk« rund 8500 Menschen.

»Fragen Sie Kalle, wenn Folien in Frage kommen«, hieß einst ein hübscher Werbe-Slogan. Seit einigen Jahren müßte man das Wort Kalle durch Hoechst ersetzen. Denn die Folien tragen seither das Signum Hoechst. Überdies besitzt der Bereich nicht mehr den Ehrgeiz, ein möglichst alle Folien-Typen umfassendes Sortiment anzubieten. »Der scharfe Wettbewerb im internationalen Geschäft und die hohen Investitionskosten erfordern die Konzentration auf die hochwertigsten Folien mit breiten Anwendungsmöglichen«, sagt Bereichsleiter Dr. Werner Schuhmann.

Aus Gründen der Rationalisierung mußte 1985 die Cellophan-Produktion aufgegeben werden, das altbewährte »Zellglas«, mit dem Kalle 1925 einst sein Folien-Reich begründet hatte. Cellophan machte noch in den 50er und 60er Jahren fast die Hälfte des Folien-Geschäftes aus. Doch nicht nur ökonomische, sondern auch ökologische Gründe waren dafür maßgebend. Cellophan war in einer Zeit geboren und entwickelt worden, wo der Umweltschutz nicht entfernt die Priorität von heute besaß.

Zwei Folien mit Zukunft

Die beiden großen Folien, die heute in Wiesbaden produziert werden, stammen nicht mehr von der Cellulose ab, sie sind Abkömmlinge der Kunststoff-Nobility, des Polyester und des Poly-Propylen. Der Kunststoff- und Faserbereich liefert den größten Teil der Rohstoffe. Kleine Mengen werden auch von anderen Firmen bezogen, nicht zuletzt um dem Hoechster Einkauf die ständige Möglichkeit des Preis- und Qualitätsvergleichs zu geben. Ohnehin herrscht zwischen den Hoechster Lieferanten und dem verarbeitenden Bereich nicht stets nahtloses Einverständnis. Die Klage, im eigenen Unternehmen würde der eine Bereich auf Kosten eines anderen die Preise ungebührlich hochschrauben, ist altgewohnt und wird wohl nie gänzlich verstummen.

Polyester-Folien verzeichneten seit Jahren ein hohes Wachstum. Das kommt vor allem daher, daß diese Folie als Trägermaterial für Ton- und Videobänder in aller Welt bevorzugt wird.

Bei den Polyesterfolien erleben die westeuropäischen Hersteller, darunter vor allem die starke ICI, immer wieder die Expansionskraft und die technologische Stärke der japanischen Unternehmen, besonders von Teijin und Toray. Aber auch die Koreaner stehen vor der Tür, sie stützen sich auf ihre Erfahrungen als Video-Hersteller.

Trespaphanfolien aus Polypropylen haben ihre Domäne als Verpackungsmaterial und als sehr dünne Typen bei der Herstellung von Hochleistungskondensatoren.

Trespaphan wird auch als Trägerfolie zum Übertragen von dünnen Metallschichten verwendet.

Ganz hat die Cellulose in Wiesbaden allerdings noch nicht ausgedient. Die Wursthüllen, die Kalle unter dem Markenzeichen Nalo anbietet, beruhen auf Cellulosehydrat. Sie brachten es 1988 auf einen Umsatz von 275 Millionen Mark – kein Wunder, denn die Deutschen sind die größten Wurstesser der Welt. Über tausend verschiedene Sorten werden derzeit in der Bundesrepublik verzehrt.

Eine der schon klassischen Folien, die Hart-PVC-Folie, wird im bayerischen Gendorf und in Weert in den Niederlanden produziert. Während sich Gendorf selbst mit dem Rohstoff versorgt, bezieht ihn Weert von Knapsack. Große Produzenten – zum Teil größer als Hoechst – sind die ICI oder die belgische Solvay.

Die PVC-Folie war lange Zeit die einzige Folie, die Hoechst in USA produzierte. In Delaware City hatten Hoechst und Stauffer eine gemeinsame Produktion aufgebaut, die schließlich eine Kapazität von 30000 Jahrestonnen erreichte. Das war nur ein kleiner Teil des US-Marktes, der beim PVC 3,8 Millionen Tonnen beträgt. Da der Rohstoff zugekauft werden mußte, war das Unternehmen nicht sonderlich lukrativ.

Im Jahre 1985 kam unvermittelt die Chance, mit einer neuen Folie auf dem größten Chemiemarkt der Welt ausgreifend Fuß zu fassen. Die amerikanische Celanese unterhielt in Greer ein Polyester-Folien-Werk. Angesichts der großen Wettbewerber im Lande, vor allem Du Pont und ICI, war Celanese an einem intensiven Technologieaustausch interessiert. Der Bereich bei Hoechst wiederum sah die Möglichkeit, auf diesem Weg in USA stärker in das amerikanische Geschäft einzudringen.

Schließlich landete man bei konkreten Verkaufsgesprächen. Doch würde die amerikanische Organisation von Hoechst ein solches Werk integrieren können? Schließlich aber fiel die Entscheidung zum Kauf von Greer, für das sich Hilger, damals im Vorstand für den Bereich Folien verantwortlich, stark eingesetzt hatte. Hoechst verstärkte damit sein Foliengeschäft in den USA wesentlich.

Der Erfinder war ein Mönch

Kalle, das bei der Gründung der I.G. alle seine Farbstoffproduktionen an andere Werke hatte abgeben müssen, hatte sich schon vor dem Ersten Weltkrieg wenigstens einen zukunftsträchtigen Produktionsbereich gesichert. Die ersten Voraussetzungen dafür ergaben sich an einem ungewöhnlichen Ort: Im stillen Kloster Beuron. Dort beschäftigte sich der einfallsreiche Mönch Raphael, bürgerlicher Name Gustav Kögel, in den 20er Jahren damit, alte Handschriften und Bücher zu vervielfältigen. Da die bis dahin üblichen Blaupausen Kögel in ihrer Qualität keineswegs befriedigten, versuchte er es mit Diazo-Verbindungen, deren besondere Lichtempfindlichkeit er erkannte.

Als er schließlich ein eigenes Verfahren gefunden hatte, bot Kögel es der I.G. zum Kauf an. Doch man winkte ab. Zwar war der Vorzug dieses neuen Lichtpausepapiers augenfällig: man brauchte es nicht mehr umständlich in Wasserbädern zu entwickeln, es konnte trocken entwickelt werden. Doch der zu erwartende Umsatz schien nicht den Größenordnungen nahezukommen, die der Konzern gewohnt war.

Kalle aber griff zu. Zwar hatte das Verfahren Kögels nicht mehr viel mit der klassischen Chemie zu tun, wie etwa die Farbstoffe. Doch es bot endlich die Chance, die schmale Produktionsbasis des Unternehmens um den Bereich Photochemie zu erweitern.

Kalle begann 1923 mit der Fabrikation der neuen Ozalid-Papiere. Auch die dafür notwendigen Reproduktionsmaschinen wurden hergestellt und an Kunden vermietet. Auf diese Weise sicherte sich Kalle den unerläßlichen Kundendienst. Das neue Ozalid kostete damals zwar wesentlich mehr als gewöhnliches Blaupapier, doch es setzte sich überraschend schnell durch. Schon 1933 deckte Kalle sechzig Prozent des Bedarfs an Lichtpausepapieren in Deutschland.

Nach den Lichtpausepapieren kamen die Mikrofilme. Mit einem silberfreien Duplizierfilm machte man den Anfang. Heute werden Mikrofilme überall verwendet, wo Informationen große Mengen von Papier erfordern. Wie hilfreich dabei der Mikrofilm ist, dazu nur ein einziges Beispiel: Beim Bau des »Airbus« waren 26000 Seiten voller Zeichnungen und Text notwendig. Sie konnten auf acht kleinen Mikrofilmkassetten untergebracht werden.

Platten für den Zeitungsdruck

Schon bald nach dem Zweiten Weltkrieg war die Fotochemie mit Hochdruck vorangetrieben worden. Bereits 1946 brachte Kalle seine erste vorsensibilisierte Druckplatte heraus, die unter dem Markennamen »Ozasol« schnell bekannt wurde. Die Ozasol-Platten lösten im Offsetdruck die bis dahin durch Schleudern beschichteten Platten ab. Später wurde mit Hilfe von Fotohalbleitern die vollautomatische Herstellung für die Bedürfnisse des Zeitungsdrucks möglich. Inzwischen sind die »Elfasol-Platten« längst in den meisten großen Verlagshäusern heimisch. Jeden Tag werden Millionen von Zeitungsseiten nach dem Verfahren hergestellt.

Gewaltige Impulse erhielt schließlich die Informationstechnik durch den Aufstieg der Elektronik. Gestützt auf ihre Erfahrungen in der Photo- und Polymer-Chemie entwickelten die Forscher in Wiesbaden lichtempfindliche Substanzen für die Elektronikindustrie, wie etwa die Ozatec Trockenresists für die Fertigung von Leiterplatten. Aber auch bei den Flüssigresists konnte sich der Bereich gut etablieren.

Das Jahr 1972 sah auch den Start von Kalle Infotec. Dabei handelt es sich um Kopierautomaten, Textsysteme und Fernkopierer. »Der Weg in diese moderne Bürokommunikation war dornig«, sagte Hans Georg Janson, damals für die weltweite Expansion dieses neuen Geschäftszweiges verantwortlich. »Wir mußten viel Lehrgeld bezahlen und erhebliche Rückschläge einstecken. Doch aus heutiger Sicht hat es sich gelohnt.«

Obschon die Mikrochips eine Leistungsfähigkeit erreicht haben, von der man vor Jahrzehnten kaum zu träumen wagte, sind weitere Innovationen zu erwarten. Dabei werden die einzelnen Bauelemente der »Winzlinge« weiter »miniaturisiert«, wie der beliebte Fachausdruck lautet, also weiter verkleinert und die Resists noch feiner strukturiert.

Statt dem bisher verwendeten UV-Licht mit einer Wellenlänge um 0,4 Mikrometer werden schon bald Röntgenstrahlen mit einer noch kürzeren Wellenlänge von nur 0,001 Mikrometer verwendet werden. Bildhafter ausgedrückt: diese neuen Strukturen werden bei einem Hundertstel der Dicke eines menschlichen Haares liegen, ja selbst unterhalb der Teilchengröße des Zigarettenrauchs.

Um die Röntgenlithographie wirtschaftlich zu halten, muß die Bearbeitungszeit für die Chips möglichst kurz sein. Dafür sind neue Fotoresists notwendig, von denen die ersten bereits von Hoechst entwickelt wurden. Das Unternehmen wurde dafür mit einem Innovationspreis der deutschen Wirtschaft ausgezeichnet.

Jüngster Sprößling der Hoechster Informationstechnik sind magneto-optische Speicherplatten, genannt »Ozadisc«. Diese Platten sind löschbar und können immer wieder beschrieben werden. Eine Platte von dreieinhalb Zoll Durchmesser kann pro Seite 150 Megabyte aufnehmen, das bedeutet die kaum vorstellbare Zahl von 30000 Schreibmaschinenseiten.

Hochleistungskeramik aus Franken

Wenn Hoechst für die fotochemische Aufbereitung der Resists sorgt, so sind für das Trägermaterial vor allem die Keramikhersteller zuständig. Aber auch auf diesem Gebiet ist Hoechst seit einigen Jahren zu Hause. Das Stichwort in diesem Fall heißt Hoechst CeramTec AG.

Dieses Unternehmen war ursprünglich Teil der Rosenthal AG, weltbekannt durch feine Prozellane. Rosenthal hatte freilich auch schon frühzeitig erkannt, welch große Zukunftsmöglichkeiten die technische Keramik, vor allem die Hochleistungskeramik, versprach. Der Ausbau dieses Gebietes, vor allem auch in den USA, überstieg auf die Dauer die Finanzkraft des oberfränkischen Unternehmens.

Über den Chef der Technischen Keramik, Dr. Edgar Lutz, der früher Geschäftsführer bei Wacker-Chemitronic in Burghausen gewesen war, kam die Verbindung zwischen Rosenthal und Hoechst zustande, die schließlich mit dem Erwerb durch Hoechst endete.

»Wir sehen in der Keramik eine hervorragende Ergänzung unserer Aktivitäten auf dem Gebiet der Polymere«, sagte Rolf Sammet 1984 in München vor Journalisten. Denn Werkstoffe aus Keramik können zum Beispiel noch in Temperaturbereichen bis etwa 1400° C verwendet werden. Vor allem auch können keramische Teile Metalle ablösen, wenn für sie die Beanspruchung zu groß ist.

Feldspat und Quarz in reicher Menge

Sitz der Hoechst CeramTec ist Selb in Oberfranken. Andere Produktionsstandorte sind Lauf, Wunsiedel und Marktredwitz. In Marktredwitz und Wunsiedel hatte sich im vergangenen Jahrhundert die deutsche Porzellanindustrie konzentriert, denn in dieser Region fanden sich ausreichend Grundstoffe wie Kaolin, Feldspat und Quarz. Auch das für die Keramik notwendige Brennmaterial war dort leicht zu beschaffen. In Lauf hatte sich die technische Keramik angesiedelt.

Töpferwaren, Ziegel und Fliesen werden schon seit Jahrtausenden gefertigt; Ton als keramisches Material ist jedem bekannt. Aber auch die technische Verwendung von Porzellan ist älter als man glaubt. So wurde Porzellan bereits 1849 für die Isolatoren der Telegraphenleitungen von Frankfurt nach Berlin verwendet. Die damals einsetzende Entwicklung der Elektroindustrie schuf bald einen großen Bedarf. Schon 1900 begann auch Rosenthal, eine Sparte für die Elektrotechnik aufzubauen.

Keramik ist berühmt für seine große Standfestigkeit gegenüber Hitze, hat aber auch einen Nachteil: Die aus diesem Material hergestellten Produkte sind spröde und neigen zum Zerbrechen. Kaum sichtbare Fehler im Gefüge können zu sich immer weiter fortsetzenden Rissen führen – im Gegensatz zu Metallen, die eine gewisse Selbstheilungstendenz aufweisen.

Die Keramik-Forschung bemühte sich deshalb seit langem, diese Sprödigkeit zu vermindern, indem man nach anderen Zusammensetzungen des Rohstoffs suchte. Heute werden als Rohstoffe Oxide, Karbide, Nitride, Titanate und Boride verwendet, und zwar reiner als sie in der Natur vorkommen.

Keramik – Gehäuse für Chips

Keramische Produkte sind in zahlreichen Branchen gefragt. Das gilt besonders für die Elektronik, wo Trägerplatten aus besonders gut wärmeleitender Keramik für Hybridschaltungen und Widerstände verwendet werden. Keramik-Gehäuse für integrierte Schaltungen werden immer kleiner, um so stärker dafür in ihrer Leistung.

In der Elektronik hat sich Keramik aus Aluminiumoxid besonders bewährt. Je nach ihrer Zusammensetzung können die Eigenschaften der Aluminiumoxide verändert werden. Je reiner zum Beispiel die Werkstoffe sind, desto höher ist ihre Biegefestigkeit und die Wärmeleitfähigkeit. Aluminiumoxide sind verschleißfest, besitzen eine besondere Oberflächengüte und sind überdies korrosionsbeständig. Deshalb wird Aluminiumoxid besonders gerne im Maschinenbau und in der Verfahrenstechnik genutzt. Typische Teile aus Aluminiumoxid sind Dreh- und Regelscheiben für Wasserarmaturen, aber auch in der modernen Medizintechnik wird Aluminiumoxid angewendet.

Werkstoffe der sogenannten Piezokeramik besitzen spezielle Eigenschaften. Sie machen es möglich, elektrische Energie unmittelbar in mechanische umzuwandeln. Aber auch in umgekehrter Richtung, von der mechanischen zur elektrischen Energie, läßt sich dieses Prinzip verwirklichen. Piezokeramik dient deshalb zur Herstellung von Tongebern, Leistungswandlern für Ultraschallreinigungsanlagen und Sensoren.

Brennerrohre und Wärmetauscher

In der Ingenieurkeramik werden Bauteile aus Siliciumcarbid, Siliciumnitrid und Aluminiumtitanat hergestellt. Darunter sind Produkte wie Dicht- und Gleitringe, Brennerrohre, Wärmetauscher, Portliner sowie Teile für die Aluminiumgießerei.

Neben dem Turbolader-Rotor sind vielversprechende keramische Produkte für den Automobilbau: wärmeisolierende Teile aus Aluminiumtitanat für die Abgaskanalführung, um Wärmeverluste zu vermindern; Teile für die Verschleißtechnik wie zum Beispiel Lager, Wellen, Ventilführungen und Dichtungen aus Siliciumcarbid und Siliciumnitrid; zusätzliche Teile zur Gewichtsverminderung, wie Ventile und Ventilfederteller aus Siliciumnitrid. Dadurch ließe sich die Motordrehzahl ohne wesentliche Änderung erhöhen und der Verbrauch senken.

Motoren ganz aus Keramik?

Wann wird es den Motor geben, der ganz oder weitgehend aus Keramik besteht? Bei der Hoechst CeramTec in Selb hält man sich mit Prognosen zurück. Nach anderen Quellen ist vom Jahr 2000 die Rede. Dann soll Keramik die Metallteile ersetzt haben. Der Markt für technische Keramik verspricht ein erfreuliches Wachstum. Er betrug 1987 rund 10 Milliarden Dollar. Führend sind die japanischen Unternehmen, die neunzig Prozent des Weltmarktes beherrschen, dazu kommen noch die USA. Schwerpunkte der Anwendung in beiden Ländern ist die Elektronik, vor allem die Gehäuse für die integrierten Schaltungen, aber auch die Ingenieurkeramik.

Die hohen Erwartungen, die in die Hochleistungskeramik gesetzt werden, führen zu verstärktem Wettbewerb. Bei Hoechst CeramTec braucht man nicht weit zu gehen, wenn man auf Konkurrenz treffen will. Am gleichen Ort, in Selb, ist die Firma Hutschenreuther beheimatet, die als Porzellanhersteller zu den führenden Unternehmen in Deutschland gehört. Nach gründlichen Vorbereitungen hat sich Hutschenreuther 1989 verstärkt in das Geschäft mit technischer Keramik eingeschaltet. Die Selber Firma suchte sich dabei in der Deutschen Shell einen kompetenten und international erfahrenen Partner, der auch einen hohen Eigenbedarf besitzt, wenn man an Rohrleitungen und Pumpen in den Raffinerien denkt.

Ob Hutschenreuther und Shell auch den amerikanischen Markt anvisieren, ist bisher noch nicht zu sagen. Hoechst CeramTec jedenfalls hat ihre dortige, verlustbringende Produktion eingestellt.

Neben Hoechst CeramTec und Hutschenreuther ist auch die Keramiksparte der Feldmühle AG sehr aktiv. Schneid- und Medizinkeramik sind ihre besondere Stärke.

Das große Ziel der Keramik-Hersteller sind die sogenannten Supraleiter. Supraleiter, die einen Transport von Strom völlig verlustfrei möglich machen, gehören zu den aufregendsten Themen unter den Forschern, seit der Schweizer Karl Alex Müller und sein deutscher Kollege Johannes Georg Bednorz gezeigt haben, daß ein Oxid aus Barium, Lanthan und Kupfer nicht nur bei Temperaturen nahe dem Nullpunkt, also Minus 273, 16° C, sondern auch bei wesentlich höheren Temperaturen elektrischen Strom »supraleiten«. Beide Physiker erhielten dafür 1987 den Nobelpreis.

Die Forscher von Hoechst haben sich zusammen mit ihren Kollegen von der Daimler Benz AG und der Siemens AG dieses Themas angenommen, um Supraleiter aus Hochleistungskeramik zu entwickeln. Der Fortschritt in vielen technischen Bereichen könnte von dieser Kooperation abhängen.

Komplette Anlagen gefällig?

Wer sich über die Uhde GmbH in Dortmund umfassend informieren will, der bucht am besten ein Flugticket rund um die Welt oder nimmt wenigstens einen dickleibigen Atlas zur Hand. Denn auf allen Kontinenten »produziert« diese Hoechst-Tochter nicht einzelne Erzeugnisse, sondern schlüsselfertige chemische Fabriken und andere Industrieanlagen. Es sind mittlerweile mehr als 1200, und alle paar Monate kommen einige weitere hinzu.

Im Jahre 1988 arbeiteten Uhde-Ingenieure auf 61 Baustellen in aller Welt:

- In Ägypten einen Komplex zur Erzeugung von Düngemitteln, der dem Land am Nil helfen soll, seinen Bedarf selbst zu dekken. Die Bau- und Montagearbeiten wurden von einheimischen Firmen ausgeführt.
- In der Volksrepublik China eine Anlage zur Herstellung von Ammoniak, eine Anlage für Acetaldehyd, eine Anlage zur Herstellung von Fettalkoholen.
- In Indien entstehen eine Salpetersäure-Anlage, eine Anlage zur Herstellung von Caprolactam, dem Ausgangsmaterial für Polyamide.
- In Thailand eine Großanlage zur Erzeugung von Polypropylen.
- In der Sowjetunion eine Anlage für Aluminiumband-Lackierung.

Dies sind nur einige Beispiele für die internationale Aktivität von Uhde.

Woher stammen nun Verfahrenstechnik und Know-How der »Technologieschmiede«, wie sich Uhde gerne nennen läßt? Professor Lothar Jaeschke, der Vorsitzende der Geschäftsführung von Uhde, sagt: »Etwa ein Drittel entstammt der eigenen Forschung und Entwicklung, für die immerhin 35 Mitarbeiter tätig sind. Ein zweites Drittel kommt von der Konzernmutter Hoechst und schließlich das letzte Drittel von anderen Firmen. Zu diesen anderen Firmen gehören Unternehmen von Weltrang wie Bayer, BASF, Henkel oder Wacker.«

Ein bescheidener Beginn

Angefangen hat Uhde mit einem bescheidenen Ingenieurbüro, das Firmengründer Friedrich Uhde 1921 in Dortmund etablierte. Seine ersten Aufträge umfaßten Anlagen zum Verarbeiten von Ammoniak zu Salpetersäure und Stickstoff-Düngemitteln. 1925 kam von der Gewerkschaft Mont Cenis die Order zum Bau einer Ammoniak-Anlage. Bald danach wurden in Holland, Frankreich und USA Ammoniak-Werke nach dem Mont Cenis-Verfahren errichtet.

Da Uhde sich später besonders auch mit Entwicklungsarbeiten im Bereich der Hochdruck-Hydrierung beschäftigte, die sehr viel Kapital erforderten, kam es 1937 zur Beteiligung der I.G. Farbenindustrie an Uhde. 1952 wurden die Anteile an die Knapsack-Griesheim AG übertragen, die schließlich in Hoechst aufging. 1975 wurde Uhde eine 100prozentige Tochtergesellschaft von Hoechst.

Aus dieser Tradition ergaben sich für Uhde besondere Stärken auf dem Gebiet der Ammoniak- und Methanol-Synthesen. Mehr als 300 Salpeter-, über 100 Ammoniak- und Düngemittelanlagen und mehr als 150 Elektrolyse-Anlagen hat Uhde bisher abgewickelt.

Heute stehen Technologien im Vordergrund, die dazu beitragen, den Energieeinsatz zu vermindern, vor allem den Verbrauch an fossilen Energierohstoffen zu drosseln, ein vermehrtes Recycling zulassen und eine geringere Umweltbelastung mit sich bringen.

Für den Umweltschutz baut Uhde Anlagen zur mechanischen, physikalisch-chemischen und biologischen Reinigung von Abwässern. Für Stoffe, deren Recycling aus technischen und wirtschaftlichen Gründen nicht möglich ist, werden Verbrennungsanlagen mit Energierückgewinnung errichtet.

Um Schadstoffe aus den Rauchgasen von Kraftwerken und industriellen Anlagen zu entfernen, hat Uhde ein Verfahren entwickelt, mit dem diese Gase gleichzeitig entschwefelt und – wie der Fachausdruck lautet – entstickt werden. Die erste Anlage dieser Art konnte 1988 im Kraftwerk Arzberg in der Oberpfalz in Betrieb genommen werden. Diese Anlage ist für einen Durchsatz von 1,1 Millionen Kubikmeter pro Stunde konzipiert.

Nach dem Arzberg-Auftrag konnten sich die Uhde-Techniker über einen Auftrag freuen, der aus dem Mutterhaus kam, für das Uhde häufig tätig ist, denn bei Uhde und Hoechst hat das Sprichwort, daß der Prophet im eigenen Lande nichts gilt, vernünftigerweise keine Geltung. Uhde wurde beauftragt, im Kraftwerk von Hoechst eine Rauchgasreinigung zu installieren. Aus einer Kesselanlage, die für Steinkohle, Heizöl und Erdgas dienen kann, sollen 325000 Kubikmeter Rauchgase von Schwefeldioxid und Stickoxiden befreit werden.

Besonderen Anklang fand das von Uhde und Hoechst entwikkelte Verfahren für die Chloralkali-Elektrolyse, das mit einer Membranzellen-Technologie arbeitet.

Forschung sichert den Erfolg

Welche Bedeutung die Forschung in der chemischen Industrie besitzt, zeigen die hohen Aufwendungen. Bei einem Umsatz von 150 Milliarden Mark im Jahre 1988 investierte die Industrie 11 Milliarden Mark in die Forschung.

Hoechst allein gab 1988 rund 2,4 Milliarden Mark aus, Bayer die gleiche Summe und die BASF rund 1,8 Milliarden, eine etwas niedrige Summe, die vermutlich nur damit zusammenhängt, daß bei der »Badischen« die Pharma keine so große Rolle spielt wie bei Hoechst und Bayer.

Auch in den USA werden rund 25 Milliarden Mark in die Forschung gesteckt.

Je vielseitiger die Produktion eines Unternehmens ist, desto vielseitiger muß auch die Forschung angelegt sein. Wenn es um spezielle Produkte geht, die schon bald auf den Markt kommen, geschieht die Forschung bei Hoechst im Rahmen der verschiedenen Geschäftsbereiche. Der größte Anteil kommt dabei der Pharma zugute, nämlich 48 Prozent. Die nächsten Bereiche sind

Chemikalien und Farben mit 13 und die Landwirtschaft mit 12 Prozent.

Für übergeordnete Themen ist die Zentralforschung zuständig. In dem großzügigen Forschungszentrum auf der südlichen Seite im Stammwerk, für das schon 1960 die ersten Laboratorien entstanden, arbeiten Chemiker, Biochemiker, Genetiker, Molekularbiologen, Biologen, Mikrobiologen und Vertreter anderer Disziplinen in engster Tuchfühlung. Das gilt auch für andere Forschungsstätten von Hoechst, wie etwa in den USA oder in Japan.

»Neue Erkenntnisse aus den verschiedenen Fachbereichen und Schulen bewirken oft hochwillkommene Synergien in Chemie, Biologie und Physik. Sie lassen für enge Fachbezogenheit keinen Raum«, sagt Forschungschef Professor Harnisch.

Herausfordernde Themen sind Mikroelektronik, deren Existenz ohne die Chemie kaum denkbar gewesen wäre, Gentechnik, Arzneimittel gegen bisher noch unbezwungene Krankheiten, Pflanzenschutz-Präparate, neue Werkstoffe, polymere Lichtwellenleiter, Supraleiter und viele andere Zukunftsgebiete.

Blick auf Bayer heute
(Bayer AG)

Werke an Main und Rhein: Hoechst (oben) und BASF (unten)
(Bildarchiv BASF AG)

Der Peter-Behrens-Bau in Höchst aus dem Jahre 1924

Professor Wolfgang Hilger im Kreis seiner Vorstandskollegen

KAPITEL 14

Die große Verantwortung

In den Jahren 1983 bis 1985 wurde bei den »Großen Drei« der deutschen Chemie wieder eine »Wachablösung« eingeläutet. Als erstes Unternehmen war die BASF an der Reihe: Professor Matthias Seefelder, Nachfolger von Professor Bernhard Timm und »erster Mann« der BASF seit 1974, übergab das Steuer an Dr. Hans Albers.

1984 war es bei Bayer soweit: Professor Herbert Grünewald reichte den Stab an Hermann-Josef Strenger weiter.

Im nächsten Jahr, bei der Hauptversammlung 1985, verließ Professor Rolf Sammet die Kommandobrücke von Hoechst, die er 1969 als Nachfolger Karl Winnackers übernommen hatte. Hans K. Herdt, Chefredakteur der Börsen-Zeitung, kennzeichnete Sammets Beitrag so: »Fast 36 Jahre im Unternehmen, 23 Jahre im Vorstand und davon 15 Jahre als die treibende, die wägend-prüfende und die lenkende Kraft an der Spitze.« Sammets Nachfolger wurde Professor Wolfgang Hilger.

In der deutschen Öffentlichkeit erregte diese Wachablösung nicht allzu großes Aufsehen. Alle drei Männer waren seit einigen Jahren als »Kronprinzen« nominiert, alle drei stammten aus dem eigenen Unternehmen: Albers war bereits seit 1953 bei der BASF, Strenger seit 1949 bei Bayer, Hilger seit 1958 bei Hoechst.

Wesentlich erschien den Berichterstattern lediglich die Tatsache, daß mit Hermann-Josef Strenger zum erstenmal ein Kaufmann den Chefposten bei Bayer bezogen hatte. Alle drei konnten ihre neuen Ämter zu einer Zeit antreten, als sich die Konjunktur von der freundlichsten Seite zeigte: Die deutsche Chemie fuhr rund 138 Milliarden Mark Umsatz in die Scheuern.

Bei den großen Unternehmen sah es 1986 hervorragend aus:

Die BASF erzielte einen Umsatz von 43 Milliarden; Bayer 41 Milliarden und Hoechst präsentierte 38 Milliarden.

Auch die Erträge konnten sich sehen lassen. Bayer hatte einen Gewinn vor Steuern von 2,3 Milliarden Mark, die BASF von 2,63 Milliarden Mark und Hoechst meldete 3,21 Milliarden Gewinn. Für Vater Staat mußten die drei Unternehmen Milliarden Mark Steuern locker machen.

Weltweit war die chemische Industrie mit einem Umsatz von insgesamt 1,8 Billionen Mark in eine neue Dimension des Wachstums vorgestoßen.

Dennoch herrschte in den Chefetagen der Chemie keine ungetrübte Hochstimmung. Es gab ein Problem, mit dem sich die Männer der ersten Stunde nicht auseinandersetzen mußten, ob es sich bei der BASF um Carl Wurster handelte, bei Bayer um Ulrich Haberland oder um Karl Winnacker bei Hoechst: Das sich rapide verschlechternde Ansehen der chemischen Industrie.

Was sich schon all die vergangenen Jahre abgezeichnet hatte, war Mitte der 80er Jahre eklatant geworden: Das Ansehen der Chemie in der Öffentlichkeit näherte sich, trotz aller wirtschaftlichen und wissenschaftlichen Erfolge, dem Tiefpunkt. Mochte es auch die einzelnen Unternehmen etwas unterschiedlich treffen, die Chemiefeindlichkeit wuchs ringsum. Das bestätigte fast täglich ein Blick in die Presse oder ins Fernsehen, das ergaben Gespräche im kleineren Kreis, das bestätigten alle Meinungsumfragen.

Chemie gleich Umweltverschmutzung

Die Vorwürfe gegen die Chemie als gefährlicher Umweltverschmutzer hatten schon Anfang der 70er Jahre begonnen. Für die meisten Zeitgenossen schien die Chemie ausgesprochen janusköpfig. Ihre Kompetenz wurde zwar kaum bestritten, dagegen um so mehr ihr moralisches Verhalten.

Schon 1970 hatte der Verband der Chemischen Industrie diese

Tendenzen registriert und darauf erstmals reagiert. Er rief eine eigene Abteilung »Technik und Umwelt« ins Leben. Um den Sachverstand der Experten nutzbar zu machen, wurde eine intensive Zusammenarbeit angebahnt.

Dieser Erfahrungsaustausch führte 1979 zu der »Initiative geschützter Leben«. Ihre Aufgabe sollte sein, der Öffentlichkeit die wirklichen Zusammenhänge der Chemie darzustellen und ihre Bedeutung für das moderne Leben. Ihren Vorsitz übernahm Professor Matthias Seefelder, Vorstandsvorsitzender der BASF und Präsident des Verbandes der Chemischen Industrie. Die Botschaft kam allerdings nur unvollkommen an. Sie wurde vor allem über Anzeigen vermittelt und fiel natürlich nicht immer auf fruchtbaren Boden, zumal man sich damals in der chemischen Industrie noch schwertat mit jeglicher Form der Selbstkritik. Das galt auch für die einzelnen Unternehmen.

Jetzt, Mitte der 80er Jahre, mußten sich die neuen Männer an der Spitze der chemischen Industrie mit dieser in weiten Teilen der Bevölkerung mittlerweile schon tief verankerten Einstellung auseinandersetzen. Sie erhielt ab 1985 kräftig Nahrung, als sich eine Reihe von Chemieskandalen ereignete, etwa der Brand bei Sandoz in Basel 1986.

Nun wurden auch viele der »Stillen im Lande« alarmiert. Offenbar hatten die unentwegten Warner vor der Chemie doch recht. Sie gefährde das Leben von Millionen von Menschen ohne jede Rücksicht, für sie zähle lediglich das Profitinteresse. Der Staat müsse diesen notorischen Umweltverschmutzern so schnell wie möglich harte Zügel anlegen.

Wer in jenen Wochen für »ruhig Blut« plädierte und dafür warb, den verantwortlichen Männern der Chemie trotz dieser massiven Störfälle weiterhin Vertrauen entgegenzubringen, hatte es schwer. In fast jede noch so sachliche Diskussion mischten sich aufgestaute Emotionen. Die Schuldigen standen schon von vornherein fest.

Es ging nun nicht mehr um einzelne Schadstoff-Emissionen, sondern auch um die Frage, wie sicher chemische Anlagen überhaupt seien. »Kann Bophal, kann Seveso auch bei uns passieren?« hieß die Frage, die viele angstvoll stellten. Immer wieder mußten die Verantwortlichen erklären, daß so etwas bei uns nicht passieren könne.

Abgesehen von der Selbstverantwortung der chemischen Unternehmen, sorgt ein dicht gespanntes Netz verschiedener Institutionen für die Sicherheit bei der Planung und dem Betreiben von Chemieanlagen. Das sind die Berufsgenossenschaften der chemischen Industrie, die staatliche Gewerbeaufsicht, der Technische Überwachungsverein und die Genehmigungsbehörden. Eine derartig umfassende Kontrolle existiert in keinem anderen Land der Welt.

Schadstoffe durch den Verkehr

Wie ist die Situation nun wirklich hinsichtlich der Reinhaltung von Luft und Wasser? Eine objektive Bestandsaufnahme ergab folgendes Bild für die Bundesrepublik: Die Belastung der Luft ist tatsächlich noch immer hoch. Doch die Schadstoffe stammen zu achtzig Prozent aus dem Verkehr, der öffentlichen und privaten Energieerzeugung und der Müllverbrennung. Lediglich zwanzig Prozent gehen auf das Konto der Industrie, und nur fünf auf jenes der chemischen Industrie.

Rund 3,5 Millionen Tonnen Schwefeldioxid werden jährlich in die Luft entlassen. Davon kommen neunzig Prozent von Kraftwerken und Heizungen, die mit Kohle oder Öl betrieben werden, und von Raffinerien. Wesentliche Emissionen von Schwefeldioxid kommen aus den Industriegebieten in England, in Lothringen, im Ruhrgebiet und vor allem in der DDR und der CSSR. Die dortige Industrie arbeitet fast ausschließlich auf der Basis von Braunkohle. Das spürt der Besucher, der sich von Westberlin in den Ostteil der Stadt begibt, sofort sogar in der Nase.

Stickstoffmonoxid und Stickstoffdioxid entstehen hauptsächlich beim Verbrennen. Über sechzig Prozent der Gesamtbelastung in der Bundesrepublik stammt aus den Auspufftöpfen von

Kraftfahrzeugen. In der chemischen Industrie fallen Stickstoffoxide hauptsächlich in Kraftwerken, weniger in der Produktion an. Es handelt sich dabei um rund 87000 Tonnen, das sind 2,8 Prozent der gesamten Emissionen von Stickstoffoxiden in der Bundesrepublik. In Deutschland sind hochverdichtete Motoren üblich, da sich die Kraftfahrzeugsteuer an der Größe des Hubraums orientiert.

Giftiges Kohlenmonoxid entsteht bei allen Arten von Verbrennung in den Motoren von Autos, beim Verbrennen von Holz, Kohle und Öl. Die Chemie hat ihre Emissionen an Kohlenmonoxid – die hauptsächlich aus den Kraftwerken der Firmen stammen – um fast die Hälfte gesenkt. Sie betrugen 1986 rund 10000 Tonnen. Das sind 4,7 Prozent der Gesamtbelastung.

Die chemische Industrie hat in den vergangenen 25 Jahren ihre Produktion um 200 Prozent erhöht. Der Ausstoß von Schadstoffen sank dagegen zwischen siebzig und neunzig Prozent. Insgesamt brachte die chemische Industrie seit 1970 über 10 Milliarden Mark für den Umweltschutz auf. Sie braucht dabei international keinen Vergleich zu scheuen. Zusammen mit der Schweiz liegt sie weltweit an der Spitze.

Wie ist die Lage bei Hoechst?

Die Produktion bei Hoechst ist seit 1952, dem Jahr der Neugründung, enorm gewachsen. Das gilt für fast alle Arbeitsgebiete.

Ein solches Wachstum schuf Probleme, die zunächst in all ihren Auswirkungen nicht voll erkannt wurden. Das verhielt sich in anderen Chemieländern nicht anders, wenngleich die chemische Industrie in der Bundesrepublik infolge des Krieges einen besonders großen Nachholbedarf hatte. Nur durch äußerste Leistungen konnte sie wieder einen internationalen Spitzenplatz erringen. Die Leistungen wurden einst bewundert. Sie wurden zum großen Teil mit Anlagen erzielt, die noch aus der Vorkriegszeit stammten. Investitionen von vielen Hunderten von Millionen waren erst in den 70er Jahren möglich, denn in den ersten

Jahrzehnten nach der Neugründung fehlte das technische Know-How und das notwendige Eigenkapital.

Die Stationen im Umweltschutz, der bald immer größeres Gewicht erhielt, sahen so aus:

- 1951 wurde bereits eine Überwachung von Luft- und Abwasser in speziellen Labors eingerichtet.
- 1957 wurden automatische Probenehmer an den Abwasserkanälen installiert.
- 1961 wurde die Abteilung »Reinhaltung Wasser und Luft« gegründet. Sie erhielt weitgehende Vollmachten und wurde unter ihrem Leiter Karlheinz Trobisch kontinuierlich ausgebaut. Erster Chef war Professor Dr. Wolfgang Teske.
- Mitte der 60er Jahre wurde die erste biologische Kläranlage gebaut. Dabei wurden zum erstenmal Bakterien zum Reinigen der Abwässer benutzt.
- 1977 folgte die zweite Baustufe der biologischen Kläranlage im Stammwerk. Auch in den anderen Werken entstehen zentrale biologische oder thermische Reinigungsanlagen, um die bisherigen Abwasser-Einrichtungen zu ergänzen.
- Der erste Biohoch-Reaktor wurde 1978 von Hoechst zusammen mit Uhde entwickelt. Er besitzt zahlreiche Vorteile. Er braucht weit weniger Platz im Vergleich zu den weiträumigen Kläranlagen, er benötigt weniger Energie, ist leise und verursacht kaum mehr eine Geruchsbelästigung.
- 1980 wird der zweite Stufenplan zur Abwasserreinigung im Rhein-Main-Gebiet vorgestellt. Es ist die Zeit, wo Hoechst unter starkem Beschuß einiger Medien steht und als Main-Verschmutzer angeprangert wird.
- Sechs Biohoch-Reaktoren stehen im Rhein-Main-Gebiet, ein siebter steht im Werk Kelheim in Bayern. Dort wird jetzt ein achter gebaut.

Nach dieser Kraftanstrengung auf dem Abwassergebiet kann Dr. Karl Holoubek, seit 1986 Mitglied des Vorstandes und technischer Leiter des Stammwerkes, 1987 bei der Weltkonferenz des Unternehmens in Wien folgende interne Bilanz ziehen: »Trotz gestiegener Produktion haben wir in den letzten zehn

Jahren die Emission organischer Substanzen um 75 Prozent reduziert. Unser heutiger Stand stellt weder für die Umwelt noch für das Trinkwasser eine Gefahr dar.«

Bei der öffentlichen Diskussion über die Zusammensetzung chemischer Abwässer gibt es oft Mißverständnisse und Fehl-Interpretationen, was den Schadstoffgehalt angeht. Was, beispielsweise, ist Gift? Gift ist ein Stoff, der Leben schädigt oder zerstört. Für jede Giftwirkung sind aber die Menge des Giftes, die Form, in der es einwirkt, die Art der Einwirkung und die Aufnahme in den Körper maßgebend. Neben der Menge ist die Konzentration von Bedeutung.

Konzentrierte Essigsäure ist stark ätzend, aber sie findet sich in verdünnter Form als Essig in jeder Küche. Konzentrierte Salzsäure ist Gift, in verdünnter Form erfüllt sie als Magensäure des Menschen eine wichtige Funktion. Ohne Kochsalz kann der Mensch nicht leben, doch mehr als 35 Gramm am Tag können für ihn tödlich sein.

Neue Methoden der Analytik in der Chemie haben ungewollt bei vielen Menschen für Unruhe gesorgt, wenn in diesem Zusammenhang von Rückständen und Schadstoffgehalten die Rede ist. Die Analytik hat den Vorstoß in nahezu unvorstellbare Dimensionen ermöglicht und kann heute auch noch die kleinsten Mengen erfassen. Sie kann, um einen beliebten Vergleich zu wählen, ein Roggenkorn in 100000 Tonnen Weizen nachweisen.

Der Nachweis einer Substanz ist derzeit in günstigen Fällen noch in einer Verdünnung von 1:0,000000000000001 möglich und entspricht fast einem »Nullgehalt«. Und die Nullgehalte von heute können morgen bereits meßbare Konzentrationen sein.

Wie für sechs Millionen Menschen

Die Klärkapazität, die Hoechst mittlerweile erreicht hat, ist eindrucksvoll. Sie reicht für eine Großstadt von sechs Millionen Einwohnern. Substanzen, die dem Leben im Fluß den Sauerstoff entziehen, gelangen kaum noch ins Wasser. Die Belastung des Wassers mit Quecksilber, die 1980 im Stammwerk noch 3,1 Kilogramm im Jahr ausmachte, ist auf einige Gramm zurückgegangen. Auch Cadmium ist bei so geringen Werten angelangt, daß selbst engagierte Umweltschützer kaum mehr Grund zur Klage finden. Dieses Schwermetall ist im übrigen nie in den eigentlichen Produktionsprozessen angefallen. Es geriet durch Verschmutzungen von Rohmaterialien in den Main.

Reduziert werden muß indessen die Menge Salz, die der Main zu verkraften hat.

1988 waren das noch 440 Tonnen täglich. Es handelt sich dabei um gewöhnliches Salz, das hauptsächlich bei der Produktion von Schwefelsäure anfällt. Da nun die Schwefelsäure zurückgewonnen werden kann, wird sich diese Salz-Fracht wesentlich vermindern.

Noch größere Anstrengungen als die Salz-Reduzierung erfordern die organischen Abwasserinhaltsstoffe. Der Anteil dieser schwer abbaubaren Stoffe wurde zwar von 1980 bis 1988 schon drastisch gesenkt. Hoechst will dennoch 400 Millionen Mark investieren, um diese Menge von 45 Tonnen pro Tag in den nächsten zehn Jahren auf die Hälfte zu reduzieren.

Wasser war für die chemische Industrie von Anfang an unentbehrlich. Aus diesem Grund haben sich fast alle Firmen, Hoechst, Bayer, BASF und die Schweizer Großchemie an Main oder Rhein etabliert. Neunzig Prozent des Wassers – und das gilt für alle Unternehmen – dienen lediglich als Kühlwasser.

Das Stammwerk Hoechst benötigt am Tag rund 550000 Kubikmeter Wasser. Doch nur etwa ein Zehntel davon kommt unmittelbar mit der Produktion in Berührung.

Luft wesentlich reiner

Um die Luft rein zu halten, hat die Hoechst AG in den letzten zehn Jahren rund 400 Millionen Mark investiert. Rund 1400 Vorrichtungen zur Abgasreinigung befinden sich im Stammwerk, ob es sich um Staubabscheider, Wäscher, Kondensatoren, Absorber oder Elektrofilter handelt. Die Luftbelastung beträgt heute knapp sechzig Prozent weniger als vor zehn Jahren.

Viele Nachbarn in der Umgebung des Werkes freuten sich, daß die »gelbe Fahne« verschwunden ist, wie die Rauchgase genannt wurden, die viele Jahre dem höchsten Kamin entströmten. Ihre gelblich-bräunliche Farbe ließ sie sehr bedrohlich aussehen, obwohl die Fachleute versicherten, diese Nitrose-Gase seien verhältnismäßig harmlos. Sie entstanden bei der Herstellung von Düngemitteln. Als diese Produktion im Stammwerk eingestellt wurde, löste sich die »gelbe Fahne« in Luft auf.

Das Ziel: »Integrierter Umweltschutz«

Am besten ist in den Augen von Professor Wolfgang Hilger freilich »eine Technik, die natürliche Ressourcen schont, bei der Rest- und Abfallstoffe gar nicht erst entstehen«. Bei der Hauptversammlung im Juni 1989 gab er das Stichwort vom »integrierten Umweltschutz«. Hilger: »Das ist unser Ziel. In dem Maße, in dem es uns gelingt, solche modernen Technologien einzusetzen, werden nachträgliche Maßnahmen für den additiven Umweltschutz entbehrlich, und das muß sich dann auch bei den laufenden Kosten bemerkbar machen. Wäre es nicht ein großer Erfolg«, so fragt der Vorstandsvorsitzende, »wenn wir den Aufwand für den additiven Umweltschutz zurückfahren könnten, wenn im Zuge neuer Produktionsverfahren die Ausgaben für Abfallbeseitigung und Abwasserreinigung sinken würden?«

Hilger ist davon überzeugt: »Auf lange Sicht wird sich der produktionsintegrierte Umweltschutz als die im Grundsatz sinnvollere Technik durchsetzen.«

Chemische Produktion ganz ohne Abfall ist leider utopisch. Selbst bei der Herstellung von Abgaskatalysatoren oder Solarzellen entstehen Emissionen. Wichtig aber ist, daß künftig Produktionen von vornherein so angelegt werden, daß Schadstoffe gar nicht mehr oder nur in geringsten Mengen entstehen. Das bedeutet, daß Umweltschutz von den Anlagen-Konstrukteuren schon am Reißbrett betrieben werden sollte.

Heute bereitet besonders die Abfallbeseitigung noch große Sorgen. Es geht dabei in erster Linie um die anfallende Biomasse. Wie hoch diese sein kann, ergibt sich zum Beispiel aus der Produktion von Antibiotika: 95 Prozent bildet die zu entsorgende Biomasse, fünf Prozent das Antibiotikum.

Nach dem Abfallgesetz von 1986 gilt für die Müllentsorgung folgende Rangreihe: vermeiden, verwerten, schadlos beseitigen. »Doch Bioschlamm läßt sich weder vermeiden noch verwerten, er ist aber auf Deponien schadlos zu beseitigen«, sagt Karl Holoubek. »Neue Deponien aber waren in den letzten Jahren in Hessen politisch nicht durchsetzbar.« Die Widerstände gegen solche Anlagen sind im übrigen keine hessische Spezialität. Sie treten in allen Ländern der Bundesrepublik auf. Die Kommunen und Bürgerinitiativen wehren sich gegen neu zu errichtende Deponien wie auch gegen Abfall-Verbrennungsanlagen.

Wesentlich dramatischer ist in den Augen von Holoubek indes die Situation beim Sondermüll.

Hoechst gibt bis 1991 rund 125 Millionen Mark aus, um die Abfallverbrennungsanlage im Werk Hoechst zu erweitern. Das ist der größte Einzelposten von den 400 Millionen Mark, die insgesamt für Umweltschutzanlagen in den deutschen Standorten vorgesehen sind.

Der Vorstandsvorsitzende Wolfgang Hilger sagte dazu auf der Hauptversammlung 1989: »Dies zeigt, welche Anstrengungen es kostet, eine in 125 Jahren gewachsene Struktur auf die heutigen Ziele des Umweltschutzes auszurichten. Wir wollen unsere Standorte hier im Lande langfristig sichern.«

Ein erheblicher Teil der Forschungsmittel geht in den Umweltschutz. Hilger: »Rund ein Fünftel unserer Forschungsmittel dient ganz gezielt der Sicherheit von Mensch und Umwelt. Für alle unsere Forschungsprojekte gilt: Wir müssen den Weg eines Produktes sehen von der Herstellung über Transport und Verwendung bis hin zur Entsorgung. Unsere Verantwortung endet nicht am Werkstor, wir müssen das Gesamtsystem betrachten und zu ausgewogenen Lösungen kommen.«

Hoechst will deshalb bis 1996 2,2 Milliarden Mark in den Umweltschutz investieren. Hilger: »Das sind keine politischen Willenserklärungen, sondern dahinter stehen konkrete Planungen und Maßnahmen.« Wer den Hoechst-Chef kennt, wird ihm diese Worte abnehmen.

Hilger hat sozusagen auch die erste Unterschrift geleistet, als es um das Selbstverständnis des Unternehmens beim Umweltschutz ging. Darin heißt es: »Sicherheit und Umweltschutz sind für Hoechst ein Gebot vorausschauenden Handelns und eigener Verantwortung. Sicherheit und Umweltschutz stehen gleichrangig neben dem Ziel der Leistungsfähigkeit im internationalen Wettbewerb.«

Erstmals bei einem chemischen Unternehmen in der Bundesrepublik wurde bei Hoechst eine besondere Betriebsvereinbarung im Hinblick auf den Umweltschutz unterzeichnet. Danach werden die Betriebsräte über alle Themen des Umweltschutzes informiert – denn auf diesem Gebiet gilt schließlich ebenfalls die Regel: ein gut informierter Mitarbeiter ist ein besserer Mitarbeiter.

Umweltschutz soll bereits in der Ausbildung beginnen, »um bei den Auszubildenden«, wie es im Sozialbericht 1988 heißt, »das Bewußtsein über Emissionen, Verunreinigungen und Rückstände sowie Vermeidungs- und Entsorgungsaufgaben zu schärfen«.

Verantwortung gegenüber Mitarbeitern

Die Chemie trägt gegenüber der Gesellschaft eine besondere Verantwortung. Am unmittelbarsten besteht diese Aufgabe natürlich gegenüber den Mitarbeitern des eigenen Unternehmens.

Die Chemie war schon in ihrer »Jugendzeit« sozialen Anliegen aufgeschlossen. In den ersten Jahrzehnten nach der Gründung der Firmen handelte es sich dabei allerdings hauptsächlich um eine patriarchalische Fürsorge. Sie wurde von den Fabrikherren seiner Belegschaft gewährt.

Immerhin wurden so bis 1914 zahlreiche soziale Errungenschaften eingeführt, wie etwa die werksärztliche Betreuung, die betriebliche Krankenversicherung, Werkswohnungen und Prämien für besondere Leistungen. Nach dem Zweiten Weltkrieg ergaben sich noch tiefergreifende soziale Veränderungen. Die noch verbliebenen Relikte des alten Klassenstaates zerbröckelten weiter.

Die neugegründeten Gewerkschaften spielten nun eine große Rolle, sie wurden von den Alliierten als in antinazistischem Sinne verläßliche Organisationen betrachtet und kräftig gefördert, nicht zuletzt, da einzelne Gewerkschaftsmitglieder aktive Widerstandsarbeit geleistet hatten. Nicht nur beim Wiederaufbau waren sie aktiv dabei, sondern vorher schon bei der Auswahl der neuen oder alten Chefs.

Ein Hering und drei Pellkartoffeln

Jetzt ruhte das Schicksal der Werke auf den Schultern eines alten Stammes von Arbeitern und Angestellten. Für viele von ihnen war nach dem Kriegsende aus der alten Erwerbsgemeinschaft nun fast eine Lebensgemeinschaft geworden, die man nicht ohne schwerwiegende Gründe verließ.

Ganz unmittelbare Bedürfnisse galt es in der ersten Nachkriegszeit zu stillen. Michael Erlenbach hat dies einmal recht plastisch geschildert: »Eine junge Generation wird heranwachsen, die sich nicht mehr daran erinnern kann, daß ihre Väter von den Müttern zur Arbeit geschickt wurden, weil dort eine warme Suppe auf sie wartete, die sogenannte I.G.-Suppe. Und mehrere tausend Menschen freuten sich eine Woche lang auf den Freitag, an dem ein Hering mit drei Pellkartoffeln serviert wurde. Die Menschen kamen zu Fuß, in zum Bersten vollen Autobussen, Straßenbahnen und fensterlosen Zügen sommers und winters zur Arbeit.

Damals schlug die große Stunde der Bewährung für die Männer und Frauen, die in die Betriebsvertretungen gewählt wurden, um dort nicht nur ihre Interessen, und zwar die primitivsten, ihrer Werksangehörigen zu vertreten, sondern auch um an den für die Zukunft entscheidenden Maßnahmen der Werksleitung mitzuarbeiten.« Betriebsratsvorsitzende wie Hans Bassing und Nikolaus Fleckenstein oder die Vertreter der Angestellten Peter Braun und Wilhelm Götz werden unvergessen bleiben.

Werksgelände verwandelte sich in jenen Jahren zu Ackerland. Düngekalk wurde an Bauern, Salz an Bäcker und Metzger abgegeben, um Lebensmittel einzutauschen. In bescheidenem Maß ergänzte die Werksleitung die Löhne durch Naturalien. Saccharin, Waschpulver und Kunstdünger waren davon die begehrtesten.

Auch die Pensionäre erhielten diese Sonderleistungen. Sie litten ohnehin Not, weil ihre Renten bis 1947 gesperrt waren. So sehr sich Hoechst auch bemühte, zusätzliche Verpflegung zu beschaffen, nicht immer gelang es, alle Werksangehörigen sattzubekommen. Wer kein eigenes Land besaß, kein eigenes Gärtchen und keine Verwandte und Freunde auf dem Land, kein Geld für verschwiegene Einkäufe auf dem Schwarzen Markt, bei dem war der Hunger Dauergast.

So eng sich in den schweren Jahren nach 1945 die Hoechster Werksfamilie zusammenschloß, eines war unübersehbar: Die seit Kriegsende selbständigen Unternehmensteile hatten sich unter der Kontrolle der Amerikaner an viel Eigenleben gewöhnt. Die Neugründung im Jahr 1951 warf deshalb nicht nur auf technischem und wirtschaftlichem, sondern auch auf dem sozialen Bereich viele Probleme auf. Auch sozialpolitisch mußte ein gemeinsamer Rahmen gefunden werden.

Dabei ging es nicht um simple Gleichmacherei. Die Aufgabe hieß vielmehr, die sozialen Verhältnisse in den einzelnen Werken behutsam einander anzugleichen. Dies zu meistern, oblag dem Sozialausschuß, den der Vorstand zusammen mit den Vertretern der Belegschaft etabliert hatte. Am Anfang stand eine Bestandsaufnahme aller sozialen Leistungen. Das bedeutete, bewährte Einrichtungen beizubehalten, neue soziale Einrichtungen zu übernehmen, aber sich auch von überholten Institutionen zu trennen.

Das betraf zum Beispiel die »Konsumanstalt«, also die Lebensmittelabteilung und Bäckerei des werkseigenen Kaufhauses. Sie war 1885 gegründet worden, »um Werksangehörigen den Bedarf an Waren für die Haushaltung zu mäßigen Preisen in bester Güte zu beschaffen«. Im Zeichen der Großkaufhäuser und Supermärkte war nun dafür kein Bedarf mehr.

Geschlossen wurde auch die Haushaltungsschule, 1895 für Töchter von Arbeitern geschaffen. Die neuen Möglichkeiten zur Berufsausbildung von Mädchen und Frauen machten diese Einrichtung überflüssig. Gesangsvereine, Werksorchester, Betriebssportvereine wurden aufgelöst. Statt dessen unterstützte das Unternehmen die privaten Vereine. Kostenlos wurden ihnen Sportanlagen der Firma überlassen. Die Mitarbeiter sollten sich in ihrer Freizeit nicht unablässig vom »Großen Bruder« beobachtet und betreut fühlen. Dem Vereinsleben in Höchst hat das nicht geschadet.

Auch im »Storchennest«, wie die Werksangehörigen das heute schon legendäre Wöchnerinnenheim nannten, hieß es 1962 »Feierabend«. Rund 30000 Kinder von »Rotfabrikern« erblickten einst in dieser Anstalt das Licht der Welt – fast so viele wie heute die Belegschaft im Stammwerk.

Eine neue Ära beginnt

Großzügig ausgebaut wurde indes die betriebliche Altersversorgung. Sie soll die Risiken abdecken, die sich im Alter, bei Invalidität und der Familiensicherung im Falle des Todes ergeben. Früher konnten nur Angestellte Mitglieder dieser »Pensionskasse« sein, deren Vorläufer schon 1886 gegründet worden war. Erst im Jahre 1984 wurde die Kasse für alle Mitarbeiter des Unternehmens ausgedehnt – ein wesentlicher Schritt in eine neue Ära der Sozialpolitik.

Die Pensionskasse – intern »Penka« genannt – arbeitet ähnlich wie eine Versicherung und ist auch ein Versicherungsverein: sie bildet Rücklagen, sammelt Vermögen an. Die Ansprüche ihrer Mitglieder sind heute durch ein Vermögen in Höhe von 4,4 Milliarden Mark gesichert. Hinzu kommen Pensionsrückstellungen des Unternehmens in Höhe von 2,7 Milliarden Mark.

Hilfe beim Hausbau

Die Pensionskasse dient nicht nur dem in Pension gehenden Mitarbeiter, sondern schon vorher vielen jüngeren: Ein gutes Drittel des »Penka«-Vermögens ist in Hypothekendarlehen angelegt. Sie haben zu günstigen Konditionen bereits mehr als 32 000 Mitarbeitern nach dem Krieg zu den eigenen vier Wänden verholfen.

Die Eigentumsbildung wird mannigfach gefördert: das beginnt bei der Finanzierung und Bereitstellung von Baugrundstücken bis hin zur eingehenden Beratung – der Frage etwa, wie sich durch Eigenleistungen des Mitarbeiters Kosten senken lassen.

Früher gehörten alle Wohnungen und Häuser dem Unternehmen. Sie wurden an die Mitarbeiter vermietet, wie etwa die Häuser der großen Werks-Siedlungen in der Nachbarschaft des Stammwerks. Um dem Wunsch nach Eigenheimen und nach mehr Eigenständigkeit und Selbständigkeit Rechnung zu tragen, bietet Hoechst den Mitarbeitern die bisherigen Wohnungen und Häuser zum Kauf an.

Einer der glücklichsten Entschlüsse des Unternehmens war die Ausgabe von Belegschaftsaktien. Vorstand und Betriebsrat hatten im Sozialausschuß schon in den 50er Jahren solche Pläne erwogen. Um dabei auch genügend Resonanz zu finden, wurden der Belegschaft zunächst nicht Aktien, sondern Investmentzertifikate zum Kauf angeboten. Dies geschah zum Börsenkurs, aber mit einem Rabatt von zweieinhalb Prozent.

Da die Börse und ihre Gesetze für manche Mitarbeiter noch

ein Buch mit sieben Siegeln darstellte, wurde in der »Farben-Post«, der Werkszeitschrift, eine Artikelserie veröffentlicht und Beratungsstellen eingerichtet. So war die Ausgabe von Belegschaftsaktien hinreichend vorbereitet.

Den unmittelbaren Anlaß bot die Kleine Aktienrechtsreform. Sie gestattete unter gewissen Bedingungen, eigene Aktien lohnsteuerfrei der Belegschaft anzubieten. Noch ehe in Bonn die Ausführungsbestimmungen unter Dach und Fach waren, entschloß sich Hoechst, die so lange im Sozialausschuß, kurz »Soa« genannt, gehegten Pläne zu verwirklichen.

In einem persönlich gehaltenen Schreiben empfahl der Vorstand 1960 jedem Belegschaftsmitglied, zwei Aktien von je 100 Mark zu einem Ausgabekurs von 250 Prozent zu erwerben.

»Nach Erwerb der Aktien hat jeder Mitarbeiter, abgesehen von der zeitlichen Veräußerungssperre, alle Rechte, die einem Aktionär zustehen«, hieß es in dem Brief des Vorstands.

Mitarbeiter und Aktionäre

Nicht alle im Vorstand und Betriebsrat erwarteten einen »Run« auf die ersten Belegschaftsaktien. Manche bezweifelten, daß die Arbeiter Interesse daran hätten. Sie rechneten bestenfalls mit 3000 bis 4000 Zeichnungsanträgen. Doch am Ende der Zeichnungsfrist, am 15. September 1960, war die Zahl auf 12000 Anträge gewachsen. Die meisten bezogen zwei Aktien.

Eine spätere Auswertung ergab: Unter den Firmenangehörigen, die Aktionäre geworden waren, befanden sich sowohl viele jüngere Mitarbeiter wie auch zahlreiche Werksangehörige mit mehr als 25jähriger Dienstzeit. Erfreulicherweise hatten sich auch viele Familienväter an der Aktion beteiligt. Geringeres Interesse bekundete dagegen die »Steuerklasse IV« – Werksangehörige also, bei denen beide Ehepartner berufstätig sind.

Die Aktien wurden zum Tageskurs an der Börse bezogen. Die Firma brachte dafür zunächst 16 Millionen Mark auf. Etwa sechs Millionen davon flossen beim Verkauf an die Belegschaft in die

Firmenkasse zurück. Jeder neue Aktienbesitzer besaß vom ersten Tag an das uneingeschränkte Stimmrecht. Er erhielt sämtliche Aktionärsmitteilungen zugesandt und hatte neben der Dividende auch das freie Bezugsrecht. Lediglich die Verfügung über die Aktien selbst wurde in gewissem Maß eingeschränkt. Die Aktien durften nicht vor dem 1. Januar 1962 veräußert werden.

Nicht ohne Spannung warteten die Väter dieser Belegschaftsaktien, was nach dem 1. Januar 1962 geschehen werde: Würden sich viele der neuen Aktionäre von ihrem Besitz wieder trennen?

Das Ergebnis überraschte selbst die Optimisten: nur rund 200 der 12000 Belegschaftsaktionäre wollten verkaufen. Und für viele davon war es durchaus kein leichter Verzicht, für den persönliche Gründe ausschlaggebend waren.

Von nun an wurden die Börsennotierungen für viele Hoechster Mitarbeiter interessant: ihr Verständnis für wirtschaftliche Zusammenhänge wuchs. Viele Belegschaftsaktionäre gehören längst zu den ständigen Teilnehmern an den Hauptversammlungen.

In dem seit 1978 angebotenen Vermögensbildungspaket bildet das Aktienangebot des Unternehmens einen festen Bestandteil. Die Beteiligungsquote stieg seither von Jahr zu Jahr. Sie erreichte 1988 beinahe 75 Prozent der erwerbsberechtigten Mitarbeiter. Besonders erfreulich war, daß sich 64 Prozent der gewerblichen Mitarbeiter am Aktienerwerb beteiligten.

Im Jahr 1988 haben fast 70000 Mitarbeiter knapp eine Million Belegschaftsaktien erworben. In dieser Zahl sind die beiden Aktien enthalten, die jeder Mitarbeiter aus Anlaß des 125. Firmenjubiläums als Geschenk erhielt.

Jahresprämie und Erfolgsbeteiligung

Bei vielen Hoechst-Mitarbeitern ist der Monat Juni besonders beliebt. Nicht nur, weil in diesem Monat gewöhnlich die Hauptversammlungen stattfinden und die Dividende beschlossen wird.

Vom Dividendensatz hängt auch ihre Jahresprämie oder Erfolgsbeteiligung ab. Sie ist schon im Jahr 1953 eingeführt worden. Sie ist im Tarifbereich nach Einkommen und Dienstalter, im außertariflichen Bereich nur nach dem Einkommen gestaffelt. »Neben den Belegschaftsaktien hat die Jahresprämie und Gewinnbeteiligung sehr dazu beigetragen, die so oft beschworenen gegensätzlichen Positionen von Mitarbeitern und Aktionären abzubauen«, sagt Erhard Bouillon, bis 1988 Arbeitsdirektor in Hoechst und über 25 Jahre lang maßgeblicher Architekt der Sozialpolitik.

Bouillon: »Wir hatten noch nie Probleme, eine hohe Dividende vor der Belegschaft zu vertreten: die Mitarbeiter freuen sich ebenso darauf und darüber wie die Aktionäre – heute als Belegschaftsaktionäre in doppelter ›Funktion‹.«

Die Ausschüttung der Dividendensumme an 330000 Aktionäre und der Jahresleistung an 56000 Mitarbeiter schneiden fast gleichgroße Stücke aus dem Unternehmenserfolg. Im Jahre 1988 sah das so aus: Die Sonderzahlungen für die Belegschaft erreichten in der Hoechst AG rund 630 Millionen Mark. Die Ausschüttung an die Aktionäre betrug 679 Millionen Mark.

Aufstieg für Arbeiter

Die Qualifikation bei den Arbeitern verbesserte sich in den 60er und 70er Jahren ständig. 1960 befand sich unter den gewerblichen Arbeitnehmern nur ein gutes Drittel gelernter Facharbeiter. Jeder zweite Arbeitnehmer war ungelernt. 1988 aber waren nahezu zwei Drittel Facharbeiter. Der Anteil an ungelernten Arbeitern sank auf ein Fünftel.

Das Qualitätsniveau stieg insgesamt beträchtlich. Im gleichen Maß wie der Anteil der Arbeiter wuchs auch die Gruppe der technischen Angestellten. Sie hat sich innerhalb von 25 Jahren verdreifacht. 1988 waren 18 Prozent der Mitarbeiter technische Angestellte. Der Anteil der Hochschulabsolventen, vor allem der Naturwissenschaftler stieg ebenfalls an. Er erhöhte sich von knapp fünf auf 6,3 Prozent der Belegschaft.

Eine bessere Ausbildung war besonders im gewerblichen Sektor gefragt. Das betraf vor allem die naturwissenschaftlichen Auszubildenden. Früher war dies eine Domäne der Laboranten, also eines Angestelltenberufs. Wenn die Facharbeiterausbildung im Jahr 1960 nur 5,6 Prozent der naturwissenschaftlichen Auszubildenden erreichte, so machte sie 1988 knapp die Hälfte aus. Im Gleichklang mit dieser Aufwertung der naturwissenschaftlichen Facharbeiterausbildung wurde der Chemiefacharbeiter in den Beruf des Chemikanten und Pharmakanten umbenannt.

Klassenlose Lehrlinge

Arbeiter und Angestelltenberufe in eine gleichwertige Ausbildungsordnung zusammenzufassen, war ein wichtiger Schritt. So gibt es nun in der Grundbildung im naturwissenschaftlichen Lernbereich im ersten Ausbildungsjahr keinen Unterschied mehr zwischen Chemikant und Laborant.

»Ich kann mich noch gut erinnern«, erzählt Bouillon, »welch bedrückende Differenzierungen es einmal zwischen Arbeiter- und Angestellten-Lehrlingen gab: Hier die Arbeiter-Lehrlinge, sie waren der Sozialabteilung unterstellt und in einer alten Bäkkerei untergebracht, und dort die »feineren« technischen und kaufmännischen Lehrlinge, die unter der Obhut und Pflege ihrer Abnehmer, der Ingenieurs- und Verkaufsabteilungen standen.«

Erst in den 60er Jahren, und von manchem nicht ohne Skepsis betrachtet, konnten schließlich die verschiedenen Ausbildungsberufe unter einem gemeinsamen Dach im modernen Ausbildungszentrum zusammengeführt werden. Für die Ausbildung wurden 1988 136 Millionen Mark aufgewendet. Insgesamt sind es Jahr für Jahr 6000 Jugendliche, die bei Hoechst ihre Ausbildung beginnen. Insgesamt 80 Berufe stehen zur Auswahl. Besonders begehrt ist das Computerlernzentrum, das 1986 eingeweiht wurde.

Auch die Arbeiter bekamen immer mehr Chancen zur Weiterbildung. Wer sie nützte, hatte nicht länger das Gefühl, man könnte bei Hoechst nichts werden, wenn man »unten« begonnen hatte, und im Grunde stünde nur den Angestellten die Welt offen. Heute gibt es zahlreiche Beispiele, wie zunächst ungelernte Mitarbeiter den Aufstieg zum Techniker »meisterten«.

All diese Reformen haben bei Hoechst zu einem neuen Mitarbeiterbild geführt. »Ein starkes Berufsbewußtsein ist aber nur eine Seite dieser Entwicklung«, sagt Bouillon. »Die andere ist unser Grundsatz, alle Mitarbeiter gleich zu behandeln. In wichtigen Fragen der Sozialpolitik haben wir nie Unterschiede gemacht. In anderen waren betriebliche Schritte erforderlich, um mittlerweile unhaltbare Unterscheidungen aufzuheben.«

Monatslohn für alle

Besonders spektakulär war 1974 die Demontage der Stechuhren, deren erste von Bouillon und dem Betriebsratsvorsitzenden Rolf Brand gemeinsam abmontiert wurde. Im gleichen Jahr wurde auch für Arbeiter, die bisher ihren Lohn wöchentlich bezogen, der Monatslohn eingeführt. Damit war ein großes Stück der Kluft beseitigt, die in der Vergangenheit Angestellte und Arbeiter zu trennen schien.

Bald folgten weitere Fortschritte: von 1978 an brauchten auch die Arbeiter bei kurzfristigen Erkrankungen kein Attest mehr vorzulegen. Eine Kleinigkeit vielleicht, aber doch psychologisch von einiger Bedeutung. Und was noch viel wichtiger war: 1984 wurde die Pensionskasse, der bisher nur die Angestellten angehörten, auch für die gewerblichen Arbeitnehmer geöffnet. Danach war noch ein letztes großes Hindernis zu nehmen, wenn die Vorstellungen vom neuen Mitarbeiter Wirklichkeit werden sollten: noch immer gab es eine scharfe Trennung in Lohn- und Gehaltsgruppen.

Schließlich gelang 1987 die Vereinbarung eines Entgelt-Vertrages, der die unterschiedliche Tarifstruktur zwischen Angestellten und Arbeitern endgültig beseitigte. Bevor Hermann

Rappe, Inkarnation des modernen, undogmatischen Gewerkschaftsführers, von der I.G. Chemie und Dr. Karl Molitor vom Arbeitgeberverband Chemie, ihre Unterschriften unter diesen Vertrag setzten, waren langjährige Verhandlungen notwendig.

Einer der Väter dieses »Jahrhundertvertrages« war Erhard Bouillon, 19 Jahre Mitglied des Vorstandes und Arbeitsdirektor. Als die großen Meilensteine der Sozialpolitik gesetzt waren, kam für den über 60jährigen die Zeit des Abschieds, von der Wolfgang Hilger in seiner Rede meinte, daß sie »gut programmiert« gewesen sei.

Bouillon unterstrich bei dieser Gelegenheit noch einmal, was er in seinem Amt all die Zeit als das wichtigste empfunden hatte: Vertrauen herzustellen, Vertrauen zwischen Führung und Mitarbeitern, Vertrauen zwischen Unternehmen und den Belegschaftsvertretungen. Unerläßlich war ihm der Satz, der auch im »Selbstverständnis« verankert wurde: »Hoechst will, daß es im Unternehmen menschlich zugeht.«

Goldene Regeln für den Nachfolger

Bouillons Rezept für eine gute Tarifpolitik heißt: »Partnerschaft ist eine saubere Auseinandersetzung um der Sache willen, Realitätssinn, auch gegenseitiges Vertrauen und Verläßlichkeit, und schließlich müssen sich Tarifpartner etwas einfallen lassen – Phantasie darf also nicht fehlen.«

Sein Nachfolger wurde Justus Mische. Ihm gab Bouillon eine alte Regel mit auf den Weg, die von klugen Benediktinern für ihren Abt verfaßt worden war: »Er suche, mehr geliebt als gefürchtet zu werden; er sei nicht eifersüchtig und argwöhnisch, weil er sonst nie zur Ruhe kommt. Er nehme sich vor, die Unterscheidungsgabe, die Mutter aller Tugenden zu erwerben. So ordne er alles mit Maß, damit die Starken finden, was sie suchen – und den Schwachen geholfen wird, stark zu werden.«

Justus Mische, einst erfolgreicher Faserverkaufschef, hat den Übergang in sein neues Amt nicht allein auf Benediktiner-Weisheiten gründen müssen. Als auf der Weltunternehmenskonferenz 1985 in Lissabon beschlossen wurde, das Unternehmen solle ein alle verpflichtendes »Selbstverständnis« erarbeiten, gehörte er zum Redaktionskomitee, das diese »Magna Charta« zu kreieren hatte.

Das war keine einfache Arbeit – mochte später auch manches einfach und selbstverständlich klingen. Zunächst jedoch galt es sich über vieles klar zu werden, mußte der Standort bestimmt, mußten Fragen über den Sinn eines industriellen Unternehmens gestellt werden sowie über den Rang der einzelnen Aktivitäten.

Nach vielen Klausuren mit dem Redaktionsteam und mit Wolfgang Hilger wanderten dann so beherzigenswerte Sätze in das Selbstverständnis wie: »Es ist wichtiger denn je, daß wir sagen, was wir wollen und was wir nicht wollen, daß wir unsere Ziele nennen und die Grundprinzipien unseres Handelns darlegen, nach außen und nach innen.« Und weiter: »Wir binden unsere Unternehmensziele an die Wertvorstellungen unserer Kultur und Gesellschaftsordnung.«

Auch für Auslandstöchter

Hoechst war bei aller Bedeutung des Auslandsgeschäftes in den ersten hundert Jahren ein rein national gesteuertes Unternehmen gewesen. Alle großen Entscheidungen fielen in der Zentrale. Auch die Führung der Auslandsgesellschaften lag fast ausschließlich in der Hand von Menschen, die aus dem Mutterhaus kamen. Zwar hat sich in dieser Hinsicht in den letzten zwei Jahrzehnten schon einiges geändert, aber erst der Erwerb der Celanese in den USA machte einen noch gründlicheren Wandel nötig. Nun richtet Hoechst auch den Blick in fernöstliche Regionen, vor allem nach Japan. Es war kein Zufall, daß dieses wachstumsfreudige Inselreich bei der Unternehmenskonferenz in Wien eine so große Rolle gespielt hat.

Auch für die Auslandstöchter gibt es eine klare Aussage im Selbstverständnis. Justus Mische erläuterte: »Bei der weltweiten Ausrichtung unserer Aktivitäten wollen wir Initiative und Eigenverantwortung der ausländischen Tochtergesellschaften deutlich machen, stärken. Im Rahmen gemeinsamer Zielsetzungen sollte eher der Gedanke der Partnerschaft als der einer lähmenden Abhängigkeit von der Zentrale in Hoechst in den Vordergrund rücken. Die Hoechster Familie besteht nicht nur aus einem Nebeneinander vieler Firmen, die mit der Mutter nur rechtlich und finanziell verbunden sind, sondern aus einer denselben Grundwerten verpflichteten Gemeinschaft. Der letzte Unternehmenszweck, seine raison d'être gewissermaßen, ist es, den Menschen zu dienen.«

Daß Hoechst auch Geld verdienen muß, wird in dem Selbstverständnis nicht unterschlagen. »Hoechst braucht Gewinn. Der Gewinn ist Maßstab für erfolgreiches Wirtschaften. Er eröffnet Spielräume, macht es möglich, verantwortbare Risiken, die das Unternehmen in seiner Entwicklung, seinen Dimensionen vorantreiben, einzugehen. Der Celanese-Erwerb ist ein Beispiel eines solchen unternehmerischen Spielraums. Der Gewinn ist keine Größe von morgen, er muß heute erzielt werden. Das bedeutet, daß unzählige Aufgaben rationell und korrekt ausgeführt werden müssen. Die tägliche Leistung jedes einzelnen vergrößert – oder verkleinert – den Gewinn. Jeder Mitarbeiter ist für unseren Gewinn verantwortlich.«

»Gewinn«, so formulierte Mische, »schafft auch sozialpolitische Beweglichkeit. Er ist Voraussetzung für neue Arbeitsplätze, für hohes Entgeltniveau und Sozialleistungen, die sich sehen lassen können. Über unseren Gewinn leisten wir aber auch in Form von Steuern einen Milliarden-Beitrag für das Gemeinwesen.«

Natürlich werden auch Umweltschutz und Arbeitssicherheit in dem Selbstverständnis ausführlich angesprochen. Mische sagt: »Auch wenn das Vertrauen der Öffentlichkeit in die Chemie angeschlagen ist, sind wir sicher, daß wir auf der Basis unserer Leistungen beim Umweltschutz und im intensiven Dialog mit der kritischen Öffentlichkeit wieder zu einem Konsens kommen. Ein Nullrisiko allerdings gibt es nicht.«

Aufgaben für die nächsten Jahre

Unternehmenschef Wolfgang Hilger weiß, welche hohen Ansprüche ein solches Selbstverständnis an jeden Mitarbeiter stellt. Er weiß auch, daß es Papier bleiben muß, wenn es nicht gelingt, das Selbstverständnis in die Hirne und Herzen aller Rotfabriker zu bringen, zu verankern, wenn das etwas pathetische Wort gestattet ist. Er selbst, der am 16. November 1989 seinen sechzigsten Geburtstag feierte, sieht darin gewiß eine seiner vornehmsten Aufgaben der nächsten fünf Jahre.

Danksagung

Der Autor hat am Ende vielen zu danken, die ihm in den teils schwierigen Monaten der Entstehung dieses Buches mit Rat und Tat geholfen haben. Stellvertretend für alle, die mich mit Material unterstützten, das Manuskript kritisch lasen und Anregungen gaben, seien hier genannt: Dr. Heinz Lüdemann, Willy Hoerkens, Wolfgang Metternich, Dr. Manfred Simon, Professor Dr. Klaus Trouet, Dieter Cron, Dr. Gerald Fuchs, Dr. Gerhard Waitz, Dr. Hans-Bernd Heier, Norbert Dörholt, Jürgen Cantstetter, Frau Sybille Strametz, die Damen und Herren der Zentralen Direktionsabteilung, der einzelnen Bereiche und des Firmenarchivs.

Besondere Freude hat es mir bereitet, daß der Vorstandsvorsitzende des Unternehmens, Professor Dr. Wolfgang Hilger, und der Aufsichtsratsvorsitzende der Hoechst AG, Professor Dr. Rolf Sammet, sich die Mühe gemacht haben, das Manuskript durchzusehen. Ermutigung, Anregung und Unterstützung in schwierigen Phasen habe ich von Erhard Bouillon erfahren. Ausgesprochen anregend empfand ich die Gespräche mit dem ehemaligen Vorstandsvorsitzenden der Bayer AG, Professor Dr. Kurt Hansen.

Besonders möchte ich auch Frau Waltraud Wiegand danken, die nicht nur das Manuskript schrieb, sondern auch mit Eifer und Sorgfalt viele Informationen besorgte.

Zwei Chemikern gilt mein herzlicher Dank, die mir sehr geholfen haben, Herrn Dr. Walter Wetzel aus Bad Soden und meinem Freund Reinhard Woller, selbst Autor zahlreicher Chemiebücher.

Last but not least sei Claudia Negeh erwähnt, deren umsichtiger Redaktionsarbeit ich viel verdanke.

Literaturverzeichnis

Bäumler, Ernst: Ein Jahrhundert Chemie, Düsseldorf 1963
BASF (Hrsg.): Chemie in der Landwirtschaft, Köln 1980
Bayha, Richard (Hrsg.): Bauern: Die Grüne Gefahr?, Berlin 1986
Beger, H. G., Büchler, M., Reisfeld, R. A., Schulz, G. (Hrsg.): Cancer Therapy, Berlin 1989
Berndt, Dr.: Das Urteil im I. G.-Farben-Prozeß, Offenbach 1948
Borkin, Joseph: Die unheilige Allianz der I. G. Farben. Eine Interessengemeinschaft im Dritten Reich, Frankfurt 1979
Chancen und Risiken der Gentechnologie. Der Bericht der Enquete-Kommission, Bonn 1987
Duisberg, Kurt: Nur ein Sohn. Ein Leben mit der Großchemie, Stuttgart 1981
Enzensberger, Hans Magnus (Hrsg.): O. M. G. U. S. Ermittlungen gegen die I. G. Farbenindustrie AG, Nördlingen 1986
Fischer, Ernst Peter: Gene sind anders. Erstaunliche Einsichten einer Jahrhundertwissenschaft, Hamburg 1988
Gassen, Martin, Sachse: Der Stoff, aus dem die Gene sind, München 1986
Grandhomme, Dr. Wilhelm: Die Anilinfarben Fabriken in sanitärer und sozialer Beziehung, Heidelberg 1883
Hall, Stephan S.: Invisible Frontiers. The Race to synthesize a human Gene, New York 1987
Henrichsmeyer, Prof. Dr. W.; Haushofer, Prof. Dr. H.; Fischbeck, Prof. Dr. G.; Wiebecke, Prof. Dr. C.: Integrierte Produktionsverfahren im Landbau, Frankfurt 1985
Holdermann, Karl: Carl Bosch. Im Banne der Chemie, Düsseldorf 1953
Judson, Horace Freeland: The Eighth Day Of Creation. The Makers of the Revolution in Biology, New York 1979
Khuon, Ernst von: Diese unsere schöne Erde. Leben mit dem Fortschritt, München 1980
Kourilsky, Philippe: Genetik–Gentechnik–Genmanipulation. Riesenmoleküle als Handwerker des Lebens, München 1989
Kränzlein, Paul: Chemie im Revier, Düsseldorf 1980
Kraus, Herbert (Hrsg.): Das Urteil von Nürnberg 1946, München 1962
Lanz, Kurt: Weltreisender in Chemie. Erfahrungen in fünf Kontinenten, Düsseldorf 1978
Lepsius, Prof. Dr. B.: Deutschlands Chemische Industrie, 1988–1913, Berlin 1914
Markert, Ernst-Richard: A. G. Chemie, Berlin 1932
MSD, Sharp & Dohme GmbH (Hrsg.): MDS-Manual der Diagnostik und Therapie, München 1988
Mutschler, Ernst: Arzneimittelwirkungen. Ein Lehrbuch der Pharmakologie für Pharmazeuten, Chemiker und Biologen, Stuttgart 1981

Plesser, Ernst H. (Hrsg.): Was machen die Unternehmer? Über wirtschaftliche Macht und gesellschaftliche Verantwortung, Freiburg 1974
Schäfer, Dr. Helmut K.: Sicherheit in der Chemie. Sicherheitstechnik–Arbeitsschutz–gefährliche Stoffe, München 1979
Schneider, Wolfgang: Geschichte der pharmazeutischen Chemie, Weinheim 1972
Spitz, Peter H.: Petrochemicals – The Rise of an Industry, New York 1988
Stockhausen, George (Hrsg.): Das Deutsche Jahrhundert in Einzelschriften, Berlin 1902
Stratmann, Friedrich: Chemische Industrie unter Zwang? Staatliche Einflußnahme am Beispiel der chemischen Industrie Deutschlands, Stuttgart 1985
Verband der Chemischen Industrie (Hrsg.): Umwelt und Chemie von A–Z, Freiburg 1975
Verg, Erik: Meilensteine, Die Geschichte von Bayer in 130 Kapiteln, Leverkusen 1988
Wehrenalp, Erwin Barth von: Farbe aus Kohle, Stuttgart 1937
Weissermel, K., Arpe, J.-J.: Industrielle Organische Chemie. Bedeutende Vor- und Zwischenprodukte, Weinheim 1988
Winnacker, Ernst-Ludwig: Gene und Klone. Eine Einführung in die Gentechnologie, Weinheim 1985
Winnacker, Karl, Biener, Hans: Grundzüge der Chemischen Technik, Wien 1974
Winnacker, Karl: Nie den Mut verlieren. Erinnerungen an Schicksalsstunden der deutschen Chemie, Düsseldorf 1971
Woller, Reinhard: Umweltsicherheit und Chemie, Köln 1988
Woller, Reinhard: Chemie in Bayern, München 1984
Zahn, Peter von, Rheinholz, Ingolf: Forschung hat viele Gesichter, Düsseldorf 1978

Weiteres Material waren Broschüren und Geschäftsberichte der erwähnten Unternehmen.

Personenregister

Sachregister